T0171853

G. Aichholzer
Elektromagnetische
Energiewandler

Elektrische Maschinen, Transformatoren, Antriebe

1. Halbband, S. 1 - 494

Springer-Verlag Wien GmbH

Prof. Dr. Gerhard Aichholzer
Lehrkanzel und Institut
für Elektromagnetische Energieumwandlung
Technische Hochschule in Graz

Das Werk ist urheberrechtlich geschützt.

Die dadurch begründeten Rechte, insbesondere die der Übersetzung, des Nachdruckes, der Entnahme von Abbildungen, der Funksendung, der Wiedergabe auf photomechanischem oder ähnlichem Wege und der Speicherung in Datenverarbeitungsanlagen, bleiben, auch bei nur auszugsweiser Verwertung, vorbehalten.

© 1975 by Springer-Verlag Wien

Ursprünglich erschienen bei Springer-Verlag/Wien 1975

Mit 456 Abbildungen

Library of Congress Cataloging in Publication Data

Aichholzer, G   1921-
   Elektromagnetische Energiewandler.

   Includes index.
   1. Electric machinery. 2. Electric driving.
3. Electric transformers. I. Title.
TK2000.A5   621.313   75-2253

ISBN 978-3-211-81297-6   ISBN 978-3-7091-7091-5 (eBook)
DOI 10.1007/978-3-7091-7091-5

VORWORT

Als elektromagnetische Energiewandler wird hier die Gesamtheit aller in einem elektrischen Antrieb (Regelkreis) zu-
sammengefaßten Elemente verstanden (elektrische Maschinen,
Transformatoren und Stelleinrichtungen), wobei das Haupt-
gewicht auf die elektrischen Maschinen und Transformatoren
gelegt wurde. Regeltechnische Einrichtungen und Zusammenhänge werden nur soweit behandelt, als es notwendig ist,
die Eigenschaften der elektrischen Maschinen in die Sprache
des Regelungstechnikers zu übersetzen (Signalflußpläne).
Die Darstellungen sind so ausführlich, daß sie auch für das
Selbststudium geeignet sind; sie sollen vor allem ein
tieferes Verständnis der physikalischen Zusammenhänge in
elektromagnetischen Energiewandlern vermitteln, ohne auf
Spezialfragen und spezielle Methoden einzugehen. Darüber
hinaus soll der Stoff den Leser in die Lage setzen, eine
elektrische Maschine so zu berechnen, daß sie zumindest
technisch brauchbare Eigenschaften aufweist; der Schritt
von der technisch brauchbaren zur optimalen (konkurrenz-
fähigen) Maschine bleibt nach wie vor den Lehrjahren in
der Industrie vorbehalten.

Der Verfasser hat in den einzelnen Kapiteln versucht, einen
Mittelweg zwischen rein mathematischer Beschreibung der Vorgänge und bildlicher Darstellung zu finden; beides sollte
dem Studierenden geläufig sein, wenn er später im Beruf
den Stand der Entwicklung rasch beurteilen und neue Wege
erkennen und beschreiten will.
Großer Wert wurde auch darauf gelegt, daß der Leser erkennen
und lernen möge, ein beliebiges technisch-physikalisches
Problem mathematisch zu formulieren (beschreibende Differentialgleichungen). Weniger am Herzen liegt es dem Autor, in

allen Fällen Wege zur geschlossenen Lösung aufzuzeigen; dies
ist eher Aufgabe des Mathematikers und seiner Hilfsmittel
(Beschränkung auf Differentialgleichungen, graphische Lösungs-
verfahren oder Ansatz zur numerischen Behandlung).

Nicht weniger wichtig erschien ihm eine einheitliche Beschreibung aller elektrischen Maschinen und Transformatoren (Raumzeigerbild, Zeitzeigerbild, Ersatznetzwerke usw.), wozu auch
die Reduktion des Formelapparates auf ein Mindestmaß allge-
meingültiger Ausdrücke gehört und die Vermeidung zu spezieller
Methoden.

Die gegenwärtige Entwicklung der elektromagnetischen Energiewandler zielt auf Vereinheitlichung, die Reduktion von allzu-
vielen Varianten und ein Mindestmaß an Wartungsaufwand ab.
Dieser Erkenntnis folgend wurden in dem vorliegenden Buch
Transformator, Synchronmaschine, Gleichstrommaschine, Asynchronmaschine, Einphasen-Reihenschlußmotor ausführlich behandelt. Die Behandlung des läufergespeisten Drehstrom-Neben-
schlußmotors wurde hingegen nur auf die Ortskurventheorie
beschränkt. Anstelle des dadurch frei gewordenen Raumes ist
der Autor näher auf das Zusammenwirken von elektrischen Maschinen mit verschiedenen Ventilanordnungen (Umrichter, Pulssteller usw.) eingegangen; er hat dabei versucht, Begriffe der
Stromrichtertechnik in die Begriffswelt der elektrischen Maschinen einzugliedern.

Auf die Angabe von Zeitschriftenliteratur wurde zugunsten
einer ausführlicheren Bücherliste verzichtet.

Bei der mathematischen Darstellung von physikalischen
Zusammenhängen hat sich der Autor mit wenigen Ausnahmen
(Entwurfsformeln mit bezogenen Einheiten) der Beschreibung
mit Hilfe von Größengleichungen bedient. Die wenigen Maß-
zahlgleichungen (praktische Formeln für Reaktanzen u.ä.)
sind für die kohärenten Einheiten Newton, Meter und Sekunde
entwickelt, so daß sie auch unverändert als Größengleichungen
verwendet werden können.

Das Buch ist aus dem persönlichen Vorlesungsmanuskript des
Verfassers entstanden; es enthält eine große Zahl von
Anregungen und Verbesserungen, die der Autor den Herren
Dipl.Ing.E. Calisto
Dipl.Ing.Dr.L. Intichar
Dip..Ing.Dr.H. Köfler
Dipl.Ing.F. Müller
Dipl.Ing.O. Perner
verdankt.
Ihnen und Frau A. Pochlatko
Herrn Dipl.Ing.E. Nitsche und
Herrn Dipl.Ing.H. Stübler,
die sich bei der Niederschrift und der Ausarbeitung des
Bildmateriales und der Zeichnungen große Mühe gegeben haben,
möchte der Verfasser hier Dank und Anerkennung aussprechen.
Auch möchte er nicht vergessen, seines verehrten Lehrers,
Prof.Dr.Alfred Grabner, zu gedenken, dem er vieles verdankt.

Wien, im Dezember 1974   G. Aichholzer

Inhaltsverzeichnis

1. LISTE DER ZEICHEN, ABKÜRZUNGEN, VEREINBARUNGEN *)

Symbol Index

A,a		Fläche,Querschnitt
A		Strombelag
	Al	Aluminium
	A	Ausschalt-
a		Temperaturleitfähigkeit
a		Zahl der parallelen Zweige
a		Fensterbreite
a		Beschleunigung
	auf	aufgenommen
	a	außen
	a	Ausgangsgröße
	a	Anlauf
	abg	abgegeben
B		Induktion
B		Blindleitwert
	B	Bürste
	B	Brems-
	B	Beschleunigung
b		Breite
b		Bogen
b		Nutenzahl je Urschema und Phase (Strang)
b		Wicklungslänge
	b	Blindkomponente
	b	Bohrung
C		Kapazität
	C	kapazitiv
	Cu	Kupfer
c		Kapazitätsbelag
c		Polzahl je Urschema
c		Faktor
c		spezifische Wärme
D,d		Durchmesser
	D	Druck
	d	doppelt
	d	Längsachse
E,e		Elektromotorische Kraft
E,e		Netz-EMK
	el	elektrisch
	e	Erde
	e	Endwert
	e	Eingangsgröße
	e	eigen
F		Kraft
	Fe	Eisen
f		Faktor
f		Frequenz
	f	Funken

*) Nach Möglichkeit wurden nur genormte, bzw. empfohlene
Zeichen verwendet. Komplexe Zeiger : siehe Seite 7

G		Gewichtskraft
G		elektrischer Leitwert
	G	Generator
	G	Grund
g		Erdbeschleunigung
	g	gleichstromseitig
	ges	gesamt
	gg	gegen
H		magnetische Feldstärke
	H	Hysteresis
h		Höhe
	h	haupt-
	h	hydraulisch
	h	Hauptfeld
I,i		Stromstärke
	I	Strom
	i	innen
	i	ideell
J		polares Massenträgheitsmoment
j		imaginäre Einheit
	j	Joch
K		Kosten
K		Kühlluftmenge
	K	Kommutator
	K	Kommutierung
	K	Kipp-
k		Faktor
k		Zahl der Kommutatorlamellen
	k	Kopf(Zahn-)
	k	Kurzschluß
	k	Keil
	k	kalt
	kin	kinetisch
	krit	kritisch
L		Induktivität
	L	Luft
	L	Leitung
	L	induktiv
	L	Last
l		Länge
l		Induktivitätsbelag
	l	längs
	l	Lamelle
M,m		Drehmoment
	M	Motor
	M	mechanisch
m		Anzahl der Leiter in der Nut übereinander
m		Strang (Phasen-)zahl
m		Masse
	m	Maschine
	m	magnetisch
	m	mittel, räumlicher Mittelwert
	max	räumlicher Maximalwert

N		Nutenzahl
Nu		Nusseltzahl
	N	Nennwert
n		Drehzahl
n		Anzahl der Leiter in der Nut nebeneinander
	n	normal
	n	Nut-
	n	Drehzahl
	o	Oberstab
P		Wirkleistung
P		Parameter
Pr		Prandtlzahl
p		Polpaarzahl
p		Druck
p		$j\omega$, d/dt
	p	parallel
	p	plötzlich
	p	Pol
	p	Polschuh
Q		elektrische Ladungsmenge
Q		Blindleistung
q		Nutenzahl je Pol und Strang
q		Wärmeleistung
	q	Querachse
R		Widerstand (elektrischer)
Re		Reynolds-Zahl
	R	Röhre
	R	Ring
	R	Reibung
	R	ohmscher Widerstand
r		Widerstand
r		Radius
	r	relativ
	r	Rotation
	r	Reaktanz
	r	radial
S		Stromdichte
S		Scheinleistung
	Sh	Shunt
s		Spulenweite
s		Schlupf
s		Weg
	s	Schein-
	s	Serie
	s	Stirn, Wickelkopf
	s	Stab
	s	Leiter
	s	Spule
	s	Sehnung
	s	Polschaft
	sy	synchron
	schr	Schrägung

T		Zeitkonstante
T		Zeitabschnitt
T		Lebensdauer
T		Temperatur Kelvin
	T	Type
t		Zeitaugenblick
t		Zeitabschnitt
	t	tangential
	t	transformatorisch
U,u		Umfang
	U	Strang (Phase) U
	Ü	Übergang
u		Zahl der Spulenseiten je Nut und Schicht
	u	Umfang
	u	Unterstab
ü		Übersetzungsverhältnis
	ü	übererregt
V		magnetische Spannung
	V	Strang (Phase) V
	V	Ventil
V		Volumen
v		Geschwindigkeit
v		spezifischer Verlust
	v	Ventilation
	v	Verlust
	v	verkettet
	vv	vollverkettet
	tv	teilverkettet
W		Energie
W		Wärmemenge
	W	Strang (Phase) W
	W	Wirbelstrom
w		Windungszahl
	w	Wärme
	w	Wendepol
	w	Wendefeld
	w	Wicklung
	w	Wirkkomponente
	w	wechselstromseitig
X		Blindwiderstand (Reaktanz)
x		Ort
	x	an der Stelle x
Y		Scheinleitwert
	y	Schritt
Z		Scheinwiderstand
z		Leiterzahl
	z	Zahn
	z	Zone
	z	zwischen

Griechische Buchstaben:

α		ideelle Polbedeckung
α		Winkel
α		Bedeckung
α		Wärmeübergangszahl
	α	Eintritt
β		Bürstenbedeckungsverhältnis
	β	Austritt
γ		spezifisches Gewicht
δ	δ	Luftspalt
δ		Verlustwinkel
δ		Materialkonstante
Δ		Dielektrizitätskonstante
ε		Widerstandsbeiwert (Strömung)
ζ		Wirkungsgrad
η		dynamische Zähigkeit
ϑ		Temperatur (Celsius),
ϑ		Polradwinkel
Θ		elektrische Durchflutung
$\varkappa$		elektrische Leitfähigkeit
λ		Streuleitwertzahl
λ		Wärmeleitfähigkeit
λ		magnetischer Leitwert
μ		Permeabilität
ν		Schrägung in Nutenschritten
ν		kinematische Zähigkeit
	ν	Ordnungszahl der Harmonischen (links oben)
ξ		Wicklungsfaktor
ξ		Faktor für Induktivitätsminderung bei Stromverdrängung
ρ		Faktor für Widerstandserhöhung bei Stromverdrängung
ρ		Kühlmitteldichte
σ		Streukoeffizient
σ		Zug-oder Druckspannung
	σ	Streuung
τ		Teilung gemessen in Bogenlänge
τ		mittlerer spezifischer Drehschub
φ		magnetischer Fluß pro Maschinenlänge
φ		Phasenwinkel zwischen Klemmenspannung und Klemmenstrom
φ		mechanischer Drehwinkel
$\dot{\varphi}$		Winkelgeschwindigkeit
$\ddot{\varphi}$		Winkelbeschleunigung
$\dddot{\varphi}$		Ruck
Φ		magnetischer Fluß
ψ		Flußverkettung
ψ		innerer Phasenwinkel
ω		Kreisfrequenz
Ω		Winkelgeschwindigkeit

Ziffern:

0   Null
       leerer Raum
       Leerlauf
       blank
       Anfangs-
       Bezugs-
       Eigen-
       stationär

1   Oberspannungsseite
       Festspannungsseite   Transformator
       Netzseite
       induzierte Wicklung (Ständer), GM, SM

2   Unterspannungsseite
       Regelspannungsseite   Transformator
       Stromrichterseite
       induzierende Wicklung (Polrad, Erregerwicklung)
       Schleifringwicklung, AM
       invers

3   Käfigwicklung, AM
       Dämpferwicklung, SM
       Zusatzwicklung
       Kompensationswicklung, GM

4   Wendefeldwicklung, GM

5   Kompoundwicklung, GM

Sonderzeichen:

$\ldots'$ bezogen (reduziert)
$\ldots''$ Übergangs-
$\ldots'''$ Anfangs-
$\ldots''''$ Näherung
$\ldots^*$ äquivalent
$\ldots_*$ äquivalent
$\ldots_\wedge$ zeitlicher Maximalwert
$\ldots$ zeitlicher Mittelwert (arithmetischer)
$\ldots^-$ Gleichstrom
$\ldots^\sim$ Wechselstrom
$\ldots^{1\sim}$ Einphasen-
$\ldots^{2\sim}$ Zweiphasen-
$\ldots^{3\sim}$ Dreiphasen-

Reihenfolge der Indizes

1   Ortsbezifferung (Wicklung)
2   Ursache (z.B. Haupt-,Streu-,Längs-,Querfeld)
3   Art (z.B. Rotation, Transformation, ind.,kap., ohmsch)
4   Betriebszustand (z.B. Leerlauf, Kurzschluß, Last)

VEREINBARUNGEN

Erzeuger-Zählpfeilsystem:
positive Leistung   ⟶   erzeugte Leistung
negative Leistung   ⟶   verbrauchte Leistung

Wickelsinn aller Spulen: rechtsgängig

Größen in Wicklungsachsen-Richtung zählen positiv.
Größen entgegen der Wicklungsachsen-Richtung zählen negativ
(gilt für E, I, ϕ ,Θ).

Es wird nur mit EMK gearbeitet (E), dem Sprachgebrauch
entsprechend jedoch von (induzierten) Spannungen gesprochen.

Hohle Pfeile kennzeichnen Zählpfeile und Wicklungsachsen.
Volle Pfeile kennzeichnen Umlaufsinn und Augenblicksrichtung
von elektrischen und magnetischen Größen.

Komplexe Zeiger werden entgegen den Normen aus Gründen der
Übersichtlichkeit nicht besonders gekennzeichnet; sie sind
meist aus dem Zusammenhang und der Verwendung von j als solche
erkenntlich.

Magnetische Größen, die nicht besonders gekennzeichnet sind
(z.B.: B, Θ), sind immer als Scheitelwerte zu verstehen.

ABKÜRZUNGEN

EMK	Elektromotorische Kraft E
MMK	Magnetomotorische Kraft Θ
GM	Gleichstrommaschine
SM	Synchronmaschine
AM	Asynchronmaschine
ERM	Einphasen-Reihenschlußmaschine
DNKM	Drehstrom-Nebenschluß-Kommutatormotor
WR	Wechselrichter
GR	Gleichrichter
HT	Hauptthyristor
D	Diode

2. GESCHICHTLICHES

Die Reihe der Wegbereiter der elektrischen Maschinen beginnt
mit dem Dänen Oersted (1777 bis 1851), der um 1820 entdeckte,
daß sich ein stromdurchflossener Leiter mit einem Magnetfeld
umgibt, das er an der Ablenkung einer Magnetnadel erkannte.
Diese Entdeckung datiert sogar vor jener des Ohmschen Gesetzes
1826 durch den deutschen Physiker G.S. Ohm (1787 bis 1854).
Ebenfalls zu den Vätern der elektrischen Maschine zu rechnen
ist der Franzose A.M. Ampere (1775 bis 1836), der anknüpfend
an Oersteds Entdeckung die Grundlagen für die Erkenntnisse
des magnetischen Kreises legte (Amperewindungen), die erst
1881 und 1884 durch den Deutschen Werner Siemens (1816 bis
1892) endgültig niedergelegt wurden. Bis dahin hat man den
magnetischen Kreis von Maschinen und Apparaten mehr nach Gefühl und Erfahrung bemessen. Die abenteuerlichen Formen der
ersten elektrischen Maschinen zeugen von der Unsicherheit,
die bis dahin unter den Ingenieuren geherrscht hat (Abb. 1).
Ohne Zweifel aber zählt der englische Physiker M. Faraday
(Abb. 2) (1791 bis 1867) zu den bedeutendsten Wegbereitern
der elektrischen Maschine. 1831 hat er, belegt durch das Ergebnis unzähliger Experimente, die Erscheinung der elektromagnetischen Induktion beschrieben, die neben der Kraftwirkung
die zweite Wirkung ist, an der wir das magnetische Feld erkennen.
Das Werk der frühen Wegbereiter der heutigen Elektrotechnik
(nicht bloß der Maschinen allein), wie etwa das Werk Faradays,
kann heute gar nicht mehr genug gewürdigt werden. Man denke
nur daran, daß Glaube und Aberglaube zu jenen Zeiten weit
höher im Kurs standen, ja gefördert wurden, als klares nüch-
ternes Denken. Man denke, daß nichts anderes die Forscher vor

Abb. 1 Gleichstrommaschine aus dem 19. Jahrhundert.

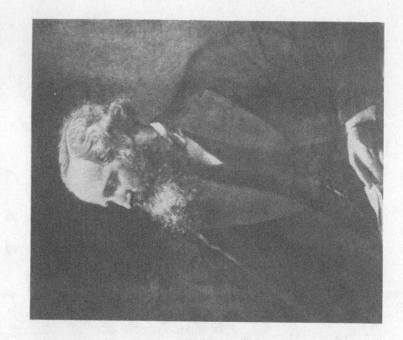

Abb. 3 James Clerc Maxwell

Abb. 2 Michael Faraday   (Deutsches Museum , München)

150 Jahren zu solchen Leistungen befähigte wie Erkenntnis-
drang, das Streben nach Wahrheit, vielleicht auch ein wenig
die in den geistigen Bereich verdrängte Abenteuerlust. Nicht
im Entferntesten konnten die Forscher am Anfang des 19. Jahrhunderts ahnen, daß sie die Grundsteine zu einer neuen Zeit
gelegt haben, einer Zeit, die keine mystischen Vorstellungen
mehr duldet.

Schon sehr früh (1822) begann sich Faraday mit der Frage zu
beschäftigen, ob die von Oersted beobachteten Erscheinungen
nicht eine Umkehrung haben: Wenn der elektrische Strom das
von ihm umkreiste Eisen zum Magneten macht, warum erzeugt ein
Dauermagnet nicht elektrischen Strom in den ihn umgebenden
Windungen ? Es hat neun Jahre gedauert, bis Faraday die Antwort auf diese Frage einigermaßen klar war; er soll in jener
Zeit ständig ein Eisenstäbchen mit einigen Drahtwindungen bei
sich getragen haben, um stets seine Gedanken auf das Problem
zu lenken.

Aufbauend auf Oersteds und Faradays Beobachtungen und Experimente hat dann 1864 J.C. Maxwell (1831 bis 1879) mit seinen
Gleichungen jenes großartige Lehrgebäude aufgerichtet, welches
bis heute wichtigste Grundlage der gesamten Elektrotechnik
geblieben ist (Abb. 3).

$$\operatorname{rot} \vec{H} = \varkappa \vec{E} + \varepsilon \frac{\partial \vec{E}}{\partial t}$$

$$\operatorname{rot} \vec{E} = -\mu \frac{\partial \vec{H}}{\partial t}$$

Hier wird die Trennung der Elektrotechnik in Energietechnik
und elektrische Signal- bzw. Informationstechnik zum ersten
Male sichtbar. Starkstrom- oder Schwachstromtechnik, oder wie
immer man die beiden Bereiche der Elektrotechnik bezeichnet,
es sind dieselben Gesetze und Differentialgleichungen, durch
welche die Erscheinungen hier und dort beschrieben werden.

Der einzige Unterschied besteht darin, daß der Elektromaschi-
nenbauer meist den zweiten Ausdruck der 1. Gleichung vernachlässigt, während der Funktechniker sich um den ersten Term
meist nicht zu kümmern braucht, er arbeitet im nichtleitenden
leeren Raum. Für den Elektromaschinenbau vereinfachen sich
schließlich erste und zweite Maxwell'sche Gleichung in das
Durchflutungsgesetz.

$$I.w = \Theta = \oint \vec{H}.\vec{ds}$$

und das Induktionsgesetz

$$e = -w\,\frac{d\Phi}{dt}$$

Die Tatsache, daß das elektrische und magnetische Feld außerhalb der Quelle (Ladung) bzw. des Wirbels (Stromleiter) ein Po-
tentialfeld ist, findet in den beiden Kirchhoff'schen Gesetzen
seinen Ausdruck (I: Quellenfreiheit, II: Wirbelfreiheit).
Die einfache Beziehung, mit der die Kraftwirkung zwischen
parallelen stromdurchflossenen Leitern berechnet wird:

$$F = \frac{\mu}{2\pi}\cdot\frac{l}{d}\cdot I_1\cdot I_2$$

und jene für die Ablenkkraft eines Stromleiters im magnetischen Feld

$$F = B.l.I.\sin\alpha$$

geht u.a. auf Ampere zurück.

Die Grundlagen der Elektromaschinen wurden von Physikern,
insbesondere Faraday entdeckt; es dauerte jedoch noch ein
halbes Jahrhundert, bis wirklich brauchbare, industriell
hergestellte Maschinen gebaut werden konnten (die ersten
Kraftanlagen entstanden in Berlin 1879 zur Beleuchtung der
Kaisergalerie und des Ostbahnhofes mit Lichtbogenlampen).
Zunächst versuchten unmittelbar nach Faradays Entdeckung
eine große Zahl von Erfindern Maschinen zur Stromerzeugung
zu entwickeln; viele dieser ersten Maschinen waren in ihrem
Aufbau der Dampfmaschine ähnlich (Abb. 4). Schon 1834 treibt
Jacobi auf der Newa im heutigen Leningrad ein Boot elektrisch
an.

Andere wiederum (Generatoren) arbeiteten mit rotierenden Huf-
eisenmagneten (Pixii 1832). Solche Maschinen mit Permanentmagneten wurden als "Magnet-elektrische Maschinen" bezeichnet; zunächst wurden sie als Wechselstrommaschinen ausgeführt. Bekannt geworden ist eine Maschine zur Lichtbogenspei-
sung, die 1849 von Nollet angegeben wurde. Die nach seinem
Tod 1857 in Brüssel von Malderen gebaute Maschine hatte eine
Antriebsleistung von 5 PS und einen Rauminhalt von 3 m^3 !
1854 erfand Werner Siemens den Doppel T Anker, er ist das
Vorbild unseres heutigen Turbogeneratorankers. Magnet-elektrische Maschinen mit Doppel T Anker haben sich bis heute
als Kurbelinduktoren und Zündinduktoren erhalten.

Der zweiteilige Stromwender geht auf die Engländer Ritche
(1833) und Sturgeon (1838) zurück; mit seiner Hilfe war man
in der Lage, welligen Gleichstrom zu erzeugen.

1848 machte Wheatstone den Vorschlag, die Permanentmagneten
durch fremderregte Elektromagnete zu ersetzen, und Sinsteden
ersetzte 1851 schließlich die Erregerbatterien durch eine
eigene magnet-elektrische Erregermaschine.

Die Tatsache, daß die Erregermaschinen dieser Aggregate fast
ebenso groß waren wie Hauptmaschinen, legte sehr bald den
Gedanken der Selbsterregung nahe. Bezeichnend für die Denkart
der damaligen Zeit war die an die elektrischen Maschinen ge-

Abb. 4 Gleichstrommaschine, Baujahr ca. 1840.

knüpfte Hoffnung, man könne mit ihrer Hilfe elektrische Energie ohne laufende Kosten gewinnen. Das von Robert Mayer 1842
aufgestellte Gesetz von der Erhaltung der Energie war damals
noch in weiten Kreisen unbekannt und die Reibungsleistung der
damaligen Maschinen meist höher als die abgegebene Leistung,
so daß die Tatsachen noch nicht klar genug gegen die falsche
Ansicht sprachen.

Schon 1855 erfand der Däne Hjorth die heute als selbsterregte
Gleichstrommaschine bekannte Anordnung (brit.Patent), deren
Ausführung ihm jedoch nicht gelang.

Es war dies einer der vielen Fälle in der Entwicklung der
Technik, daß ein geistig schöpferisches Verdienst später einem
anderen zufiel, der neben dem Wissen der damaligen Zeit auch
genügend praktisches Können aufwies. Im vorliegenden Fall war
es Werner Siemens, ohne Zweifel auch selbst hochbegabt, der
Hjorths Werk zu Ende führte. Darüber hinaus gab aber Siemens
auch die grundsätzliche Erklärung für den physikalischen Vorgang bei der Selbsterregung (1866/67).

Wie auch heute noch liegen bestimmte Erfindungen einfach in
der Luft, und es läßt sich am Ende nur schwer sagen, wem das
eigentliche Verdienst zukommt. Wenige Wochen nach Siemens gab
Wheatstone fast dieselbe Maschine für Selbsterregung an, und
es darf sicher angenommen werden, daß Wheatstone seine Entwicklung unabhängig von Siemens betrieb (siehe oben).

Die berühmte erste elektrische Maschine von Werner Siemens
(Abb. 5) hat sich in kleineren Ausführungen (Minenzünder usw.)
gut bewährt, doch scheiterten größere Ausführungen an der Erwärmung des massiven Rotors. Erst 10 Jahre später fand man die
heute selbstverständliche Maßnahme der Blechung.

Die ersten Maschinen größerer Leistung wurden wegen der hohen
Verluste mit Wasserkühlung ausgeführt, die man heute nach 100
Jahren wieder als den letzten Schrei eingeführt hat !

Der Doppel T Anker mit dem nur zweiteiligen Kommutator hat
seine Unzulänglichkeit bei höheren Leistungen sehr bald gezeigt. Die von Pacinotti 1860 erfundene und von Gramme 1870
erstmals ausgeführte verteilte Ringwicklung (Abb. 6) brachte
hier eine wirksame Abhilfe.

Abb. 5a Werner von Siemens.

Abb. 5 b
Die berühmte 'erste'
elektrische Maschi-
ne von
Werner von Siemens.

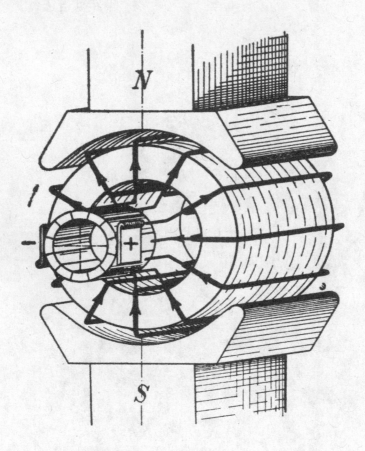

Abb. 6 Ringanker von Pacinotti.

Statt in der gesamten Wicklung, wie beim Doppel T Anker, wird
der Strom bei der Ringwicklung in einem angezapften Abschnitt
nach dem anderen gewendet. Wegen der geringeren Induktivität
der kleinen Wicklungsabschnitte ist naturgemäß auch die Funkenbildung geringer.

Schon 2 Jahre später (1872) fand Hefner Alteneck die noch bessere Trommelwicklung. Die heute überall ausgeführte Zwei-Schicht-
wicklung ist eine Weiterentwicklung; sie wurde 1882 von dem
Amerikaner Weston angegeben.

Damit war die elektrische Gleichstrommaschine den Kinderschuhen
entwachsen, ihre weitere Entwicklung wurde nicht wie bis dahin
durch Probieren, sondern durch Ausbau und Anwendung der Theorie
vorangetrieben.

Es waren also die Einphasen-Wechselstrom-Synchronmaschine und
die Gleichstrommaschine die ersten brauchbaren Bauarten von
elektrischen Maschinen. In der Anfangszeit, in den Siebzigerjah-
ren, glaubte man noch, daß der Gleichstrom die Stromart der Zukunft sei, doch beschäftigte schon damals die Frage der Stromart die Ingenieure, und die Auseinandersetzung zwischen den
Vertretern des Gleichstromes und des Wechselstromes zog sich
noch bis in das 20. Jahrhundert hinein.

Entschieden wurde dieser Streit freilich schon viel früher,
nämlich als man gelernt hatte, brauchbare Transformatoren zu
bauen. Zwar war der Funkeninduktor des Deutschen Rühmkorff
schon ein Vorläufer des Transformators, doch haben erst Deprez
und Carpentier 1881 als erste die Vorzüge der Wechselstromüber-
tragung richtig erkannt. Als dann Dery, Blathy und Zipernovsky
von der Firma Ganz in Budapest 1885 und Ferranti in England
die ersten brauchbaren Transformatoren bauten, war in Wirklichkeit der Streit entschieden. In der Zeit nach der Erfindung des Transformators begann man sich intensiv mit der heute
als Wechselstromtechnik bekannten Theorie der Wechselströme
zu beschäftigen. Namen wie Kapp, Steinmetz, Vidmar, sind mit
der theoretischen Entwicklung des Transformators auf engste
verbunden.

Gleichzeitig entstand das Bedürfnis, geeignetere Motoren für
Wechselstrom zu entwickeln, als es die bis dahin bekannten
einphasigen Maschinen waren, die als Synchronmaschinen nicht
selbst anlaufen konnten. Ferraris war 1885 der erste, der
mit dem von ihm entdeckten Drehfeldprinzip den Weg gewiesen
hat. Auf seiner Erfindung beruhen die noch heute verwendeten
Induktionszähler bzw. die Einphasenmotoren mit einer um 90^{0}
versetzten Hilfswicklung; unabhängig von Ferraris und etwa
gleichzeitig hat auch der Kroate Tesla[*] das Drehfeldprinzip
entdeckt. Allerdings haben die nach diesem Prinzip gebauten
Motoren keine besondere Bedeutung erlangt. Erst Dolivo-Dobro-
wolsky (Abb. 7) war es, der die heute gebräuchliche Dreiphasenwicklung fand, und 1889 wurde auch der von ihm angegebene
Käfigläufer patentiert.

Die theoretischen Grundlagen der Asynchronmaschine wurden
durch den Belgier Heyland und den Südtiroler Ossanna um 1900
auf eine wissenschaftliche Basis gestellt (Ortskreis), während
der Wiener Prof.Pichelmayer 1908 die Theorie der Stromwendung
begründete und damit die Voraussetzungen für den späteren Bau
größerer Gleichstrommaschinen schuf.

Man kann sagen, daß die Grundentwicklung der heute gebräuchlichen elektrischen Maschinen schon um 1910 abgeschlossen war.
Alles, was nach Ende des ersten Weltkrieges hinzukam, war gewissermaßen Weiter- bzw. Spezialentwicklung. Diese läßt sich
mit jener in der Anfangszeit in keiner Weise vergleichen.
Gegen all die scharfsinnigen Untersuchungen und genialen Erfindungen der Folgezeit mußte die Entwicklung während des
19. Jahrhunderts wie ein Tappen in der Dunkelheit erscheinen.
Zu den heute in großem Umfang gebauten Maschinen gehört der
Einphasen-Reihenschlußmotor, der als Lokomotivmotor bei großen
und Universalmotor bei kleinen Leistungen eine weite Verbreitung fand. Als Lokomotivmotor wurde er 1904 von Behn-Eschen-
burg und Richter angegeben.

[*] Tesla hat an der Technischen Hochschule in Graz studiert und
war hier Assistent. Später wurde ihm die Ehrendoktorwürde
verliehen.

Abb. 7 Michael von Dolivo – Dobrowolsky.

Die Geburtsstunde der elektrischen Bahn allerdings schlug
schon viel früher, im Jahre 1879, als Werner Siemens in Berlin eine 300 m lange Rundbahn mit einer 3 PS Lokomotive für
18 Fahrgäste erstellte (Gleichstrommotoren). Die stärkste
heute bekannte Lokomotive (1970) ist die Schweizer Gotthard-
lokomotive Re 6/6 mit 10.600 PS.
Die um die Jahrhundertwende größten elektrischen Maschinen
hatten eine Leistung von 3.700 kW; sie gingen 1894 an den
Niagarafällen in Betrieb.
Heute baut man Turbogeneratoren mit einer Leistung von
1,500.000 kW (Abb. 8; KKW. Biblis 1974), und 1980 wird sich
die Maschinenleistung der Jahrhundertwende etwa vertausend-
facht haben !
Die Entwicklung der elektrischen Maschinen bis etwa 1950 ist
gekennzeichnet durch das Bestreben, für alle Zwecke und An-
sprüche technisch vollkommene Maschinen zu bauen; der Elektromaschinenbau war in diesen Jahren ein Eldorado der scharfsin-
nigsten Erfinder. Es würde den Rahmen dieser Rückschau spren-
gen, wollte man die unzähligen Spezialmotoren aufzählen, die
entwickelt wurden, aber auch wieder verschwunden sind.
Die Maschinen, wie Drehstromreihenschlußmotoren, Phasenregler
usw., sind nicht deshalb verschwunden, weil es Fehlentwick-
lungen waren, sondern weil sie einem Stand der Technik, des
Netzausbaues und der Wirtschaft angepaßt waren, der sich heute
völlig gewandelt hat. Die Entwicklung des Elektromaschinenbaues
seit 1950 wurde vor allem bestimmt durch die zunehmende Automatisierung und durch das Streben nach Rationalisierung. Die
heute verbliebenen etwa fünf wichtigsten Maschinenarten einschließlich Transformator werden in Richtung höherer Leistungen (aus wirtschaftlichen Gründen) und größerer Einfachheit,
Zuverlässigkeit und Wartungsfreiheit (Automatisierung) bei
kleineren Gewichten weiterentwickelt werden. Es versteht sich
von selbst: Je näher man an die noch unbekannten Grenzen kommt,
je mehr die letzten technischen Möglichkeiten ausgeschöpft
worden sind, umso mehr geistige Arbeit erfordert eine weitere
Leistungssteigerung und Verbesserung der Maschinen.

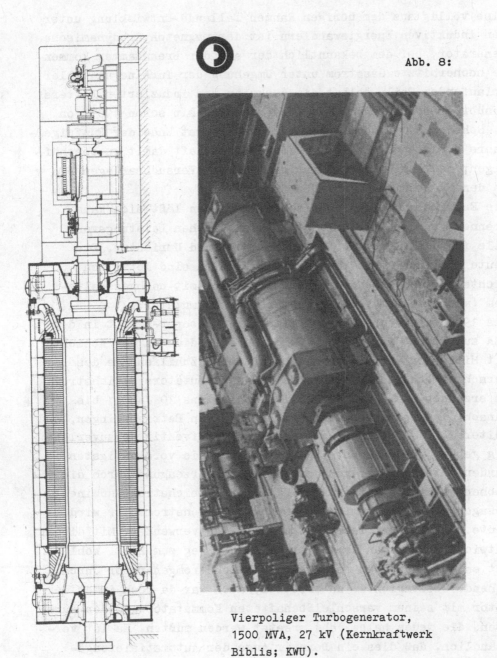

Abb. 8:

Vierpoliger Turbogenerator,
1500 MVA, 27 kV (Kernkraftwerk
Biblis; KWU).

Eine völlig aus dem übrigen Rahmen fallende Entwicklung unter
den induktiven Energiewandlern ist der magnetohydrodynamische
Generator, bei dem bekanntlich der aus der Brennkammer kommen-
de hocherhitzte Gasstrom unter Umgehung der Turbine und aller
umlaufenden Teile selbst die Funktion des induzierten Leiters
ausübt. Erstaunlicherweise wurde das Prinzip schon 1907 von
E. Scherer zum Patent angemeldet, aber erst Ende der Fünfziger-
jahre begannen sich die Großfirmen ernsthaft damit zu beschäftigen; heute gibt es auf der ganzen Welt Versuchsanlagen bis
in den MW-Bereich.

Die Entwicklung der elektrischen Maschinen läßt sich kaum
trennen von der Entwicklung der elektrischen Leistungsven-
tile für Gleichrichter, Wechselrichter und Umrichter. Die
heute gebräuchlichen Gleichstrommaschinen sind letztlich
nichts anderes als Wechselstrommaschinen mit nachgeschaltetem (mechanischem) Gleichrichter, dem Kommutator.

Als 1901 das Quecksilberdampfventil von Cooper-Hewitt in den
USA zum Patent angemeldet wurde, geschah dies in der Absicht,
mit Hilfe von Wechselstrommaschinen ohne Zuhilfenahme des
verschleißbehafteten, störanfälligen Kommutators Gleichstrom
zu erzeugen. Es dauerte freilich wenigstens 10 Jahre, bis
danach die ersten Versuchsgleichrichter in Betrieb gingen, und
weitere 40 Jahre, bis das Quecksilberdampfventil so zuverläs-
sig gebaut werden konnte, daß sich auch die vorsichtigsten
Kunden entschlossen, von der Gleichstromerzeugung durch die
hochentwickelten rotierenden Umformer (Gleichstrommaschinen)
abzugehen. Der stromrichtergespeiste Gleichstrommotor wird
heute für Regelantriebe fast ausnahmslos verwendet. Mit dieser
Entwicklung war man aber erst am halben Weg zum Ziel. Wohl
ist es gelungen, den umlaufenden Gleichstromgenerator durch
ruhende Gleichrichter zu ersetzen, doch war da noch immer der
Motor mit seinem verschleißbehafteten Kommutator und den Bürsten, die jedes halbe Jahr ersetzt werden mußten. Es ist verständlich, daß dies ein Dorn im Auge der Automatisierungs-
fachleute ist und bleibt, deren Ziel es ist,die Anlage sich
selbst überlassen zu können, wenn sie einmal erstellt ist.

Die ersten Versuche, das Problem des kommutatorlosen Gleichstrommotors zu lösen, gehen auf das Jahr 1931 zurück, als
Kern (BBC) den ersten kommutatorlosen Gleichstrommotor angegeben hat.
Heute, 40 Jahre später, hat man zwar schon brauchbare und
leistungsfähige Maschinen gebaut, doch sind die Lösungswege
so verschieden, daß es zum Zeitpunkt durchaus noch nicht klar
ist, wie der Umrichtermotor in seinem Endstadium aussehen wird.

Die langen Entwicklungszeiten, wie etwa jene des Umrichtermotors (40 Jahre) sind einerseits auf die Schwierigkeit der
Materie zurückzuführen, anderseits auf die Mängel, die den
Leistungsventilen und Zündsteuereinrichtungen lange Zeit an-
gehaftet sind. Einen grundsätzlichen Wandel hat hier wie auf
sovielen Gebieten der Elektrotechnik die Erfindung der Tran-
sistoren und Thyristoren gebracht. Als Wegbereiter dieser Erfindung ist Schottky zu nennen, der in den Zwanzigerjahren,
damals verlacht, die Halbleiterphysik begründet hat.
Mit der Erfindung des Transistors 1948 durch Bardeen und
Brattein waren neue Möglichkeiten für die Zündsteuergeräte gegeben, und als 10 Jahre später der Thyristor in den USA von
der GE entwickelt wurde, konnte auch das Hg-Dampfventil durch
ein zuverlässiges Halbleiterelement ersetzt werden. Bedeutende Verdienste bei der gesamten Halbleiterentwicklung hat
der Amerikaner Shockley.
Elektrische Maschinen und Halbleiterventile sind heute schon
bei vielen Ausführungen auch konstruktiv zu einer Einheit zusammengefügt, so daß man Elektromaschinenbau und Leistungselektronik mit gutem Recht zu einem Wissensgebiet zusammenfassen kann.

Neue Impulse wird der Elektromaschinenbau in der Zukunft
zweifellos durch Tiefkühltechnik und Supraleitung erhalten,
aber auch durch die Notwendigkeit, elektrische Straßenfahr-
zeuge zu bauen, zumal die Luftverpestung schon heute an der
Grenze des Erträglichen angelangt ist. Auch das schienenge-

bundene Fahrzeug wird dem Elektromaschinenbau noch viele
völlig neue Probleme stellen. Ebenso wie man mit dem Propeller-
flugzeug über eine physikalisch gegebene Grenzgeschwindigkeit
nicht hinauskam, die man erst mit dem damals völlig neuen
Düsentriebwerk überwinden konnte, wird man beim erdgebundenen
Fahrzeug mit herkömmlichen Antrieben niemals auch nur in die
Nähe der Schallgeschwindigkeit kommen; der Reibungskoeffizient
zwischen Schiene und Rad setzt hier die Grenze.
Der elektrische Linearmotor, welcher sich zur Zeit in Entwicklung befindet, ist hingegen unabhängig von dem Haftwert, ja man
denkt daran, Fahrzeuge der Zukunft magnetisch in Schwebe zu
halten; auch dies ist eine Aufgabe des Elektromaschinenbaues.
Versuchsstrecken solcher Magnetschwebebahnen sind schon in
Betrieb (Messerschnitt-Bölkow-Blohm; Siemens Erlangen usw.).

3. GEMEINSAME THEORETISCHE GRUNDLAGEN FÜR ENTWURF UND BERECHNUNG ALLER ELEKTRISCHEN MASCHINEN UND TRANSFORMATOREN

Elektrische Maschinen im weitesten Sinne sind Energiewandler, mit deren Hilfe elektrische Energie in mechanische umgewandelt werden kann und umgekehrt.

Die grundsätzliche Wirkungsweise der elektrischen Maschinen und ihr Aufbau wird jeweils in einem dem betreffenden Kapitel vorangestellten Abschnitt behandelt werden. Vor Eingehen auf die näheren Einzelheiten sollen jedoch die für alle Maschinen gemeinsamen Probleme behandelt werden. Wenn es auch äußerlich den Anschein hat, als ob die einzelnen Maschinentypen grundverschieden seien, trifft dies nur für Einzelheiten zu, nicht aber für das Grundsätzliche und die Grundelemente, aus denen elektrische Maschinen aufgebaut sind. Es ist sogar eine Maschine denkbar, die als Transformator, als Synchronmaschine, als Asynchronmaschine, als Gleichstrommaschine und Einphasen-Bahnmotor betrieben werden kann. Daß eine solche Super-Universalmaschine nicht für alle Betriebsarten optimale Eigenschaften aufweisen wird können, ist leicht einzusehen, doch wäre sie immerhin technisch brauchbar. Für Labor- und Übungszwecke werden solche Maschinen sogar gebaut. Da die elektrische Maschine auf dem Zusammenwirken von elektrischen und magnetischen Feldern - vereinfacht eines magnetischen Kreises und eines elektrischen Kreises - beruht, sollen magnetischer Kreis und Wicklungen als Grundelemente in einem gemeinsamen Kapitel vorangestellt werden.

Der Magnetische Fluß ϕ wird in der Maschine durch den Eisenkern geführt, während der elektrische Stromfluß durch Kupferleiter in die gewünschten Bahnen gelenkt wird. Die Analogie zwischen magnetischem und elektrischem Kreis ist ein nützliches Hilfsmittel für die vereinfachte Behandlung magnetischer Kreise.

3.1 Der magnetische Kreis

In den Abbildungen 9 bis 13 sind Längs- bzw. Querschnitte
durch unterschiedliche Maschinen- bzw. Transformatortypen
dargestellt. Gleichzeitig wurden typische Feldlinien des
Feldes (jeweils bei Leerlauf und Kurzschluß) dieser Maschinen
eingezeichnet. Wie man erkennt, sind in dem Verlauf des Mag-
netfeldes homogene und inhomogene Bereiche sowohl in Luft wie
auch im Eisen zu unterscheiden, ferner solche Feldlinien,
die mit beiden Wicklungen verkettet sind (Hauptfeldlinien)
und solche, die nur mit einer der beiden Wicklungen verkettet sind (Streufeldlinien). Von den letztgenannten Linien
sind nicht alle voll mit den betreffenden Wicklungen verkettet.

Der Begriff des <u>magnetischen Streufeldes</u> spielt in der Theorie
der elektrischen Maschinen eine wichtige Rolle; er soll an
der denkbar einfachsten Anordnung, nämlich an zwei konzentrischen stromdurchflossenen Luftspulen erklärt werden. Jede der
beiden Spulen erregt ein von der anderen Spule unabhängiges
Magnetfeld, von denen eines in Abb. 14 dargestellt ist. Das
gesamte Magnetfeld der äußeren Spule kann man jeweils in vier
Teile unterteilen: Ein mit der Sekundärspule vollverketteter
Teil ϕ_{ai}, ein mit der Sekundärspule teilverketteter Anteil
ϕ_{aip}, ein nur mit der Primärspule vollverketteter Anteil
ϕ_σ und ein nur mit der Primärspule teilverketteter Anteil
$\phi_{a\sigma p}$, wobei $\phi_{ai} + k \cdot \phi_{aip} = \phi_h$ ist (k = Verkettungsfaktor).
Die gesamte <u>Selbstinduktivität</u> der Spule wird durch das ge-
samte Magnetfeld bestimmt. Die <u>Gegeninduktivität</u> ist mit jenem
Teil dieses Feldes zu berechnen, der mit beiden Spulen verkettet ist. Die <u>Streuinduktivität</u> hingegen errechnet sich aus
jenem Feldanteil, der nur mit einer Spule verkettet ist.
Gelegentlich wird mit Streufeld auch jener Teil des Haupt-
flusses bezeichnet, welcher über den gewünschten Verlauf
(Luftspalt) "hinausstreut", wie z.B. das Polhornfeld (Abb. 9).
Da zwei physikalisch grundverschiedene Dinge nicht mit demselben Namen bezeichnet werden sollen, ist die letztere Bezeichnung zu vermeiden. Man wird in diesem Fall besser von
einem Ausbreitungsfeld sprechen.

Abb. 9: Vereinfachter Verlauf des Magnetflusses bei einer Gleichstrommaschine

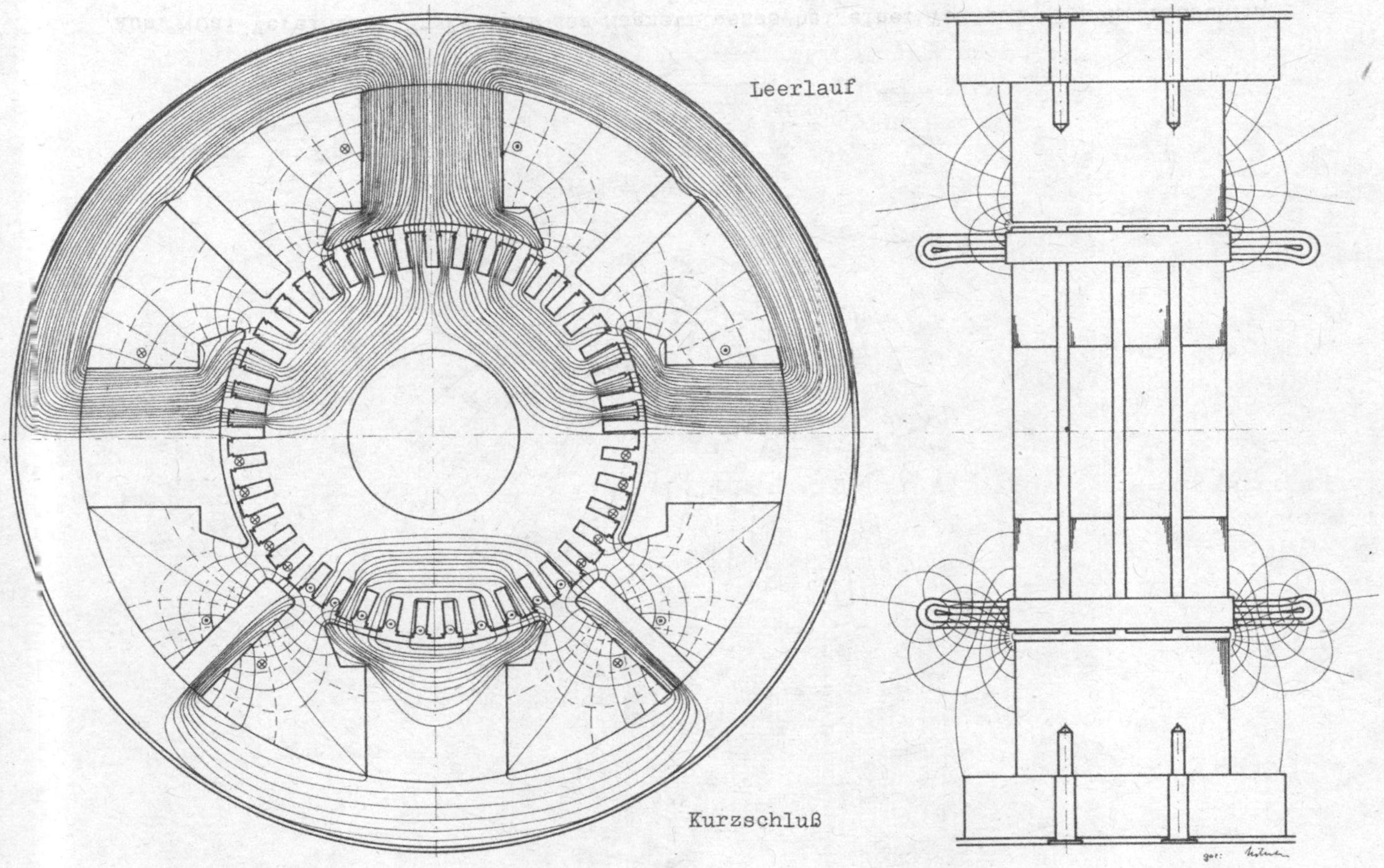

Leerlauf

Kurzschluß

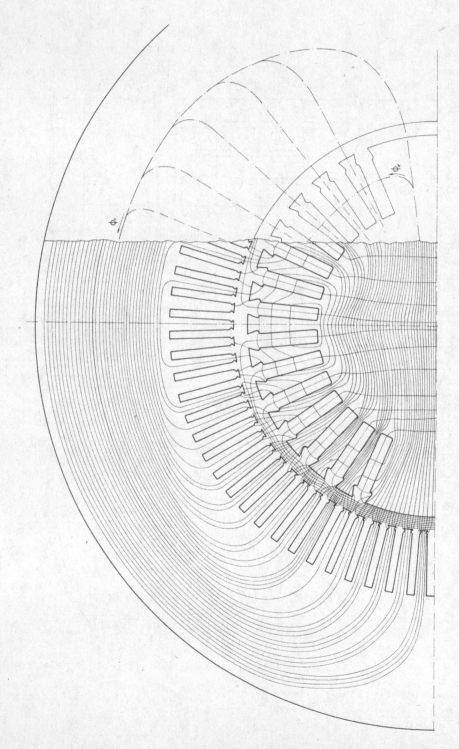

Abb. 10a: Vereinfachter Verlauf des Magnetflusses bei einer Vollpol- Synchronmaschine

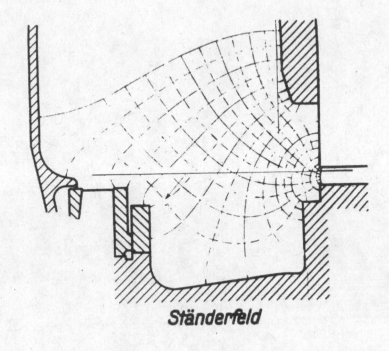

Ständerfeld

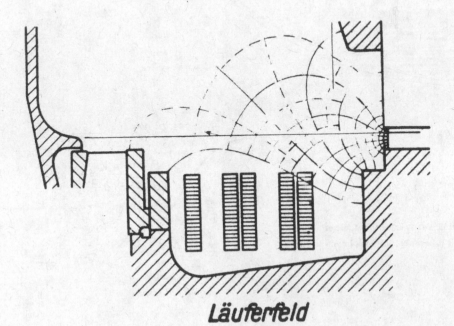

Läuferfeld

Abb. 10b: Felverlauf bei einer Vollpol-Synchronmaschine
(Stirnbereich, Längsschnitt).

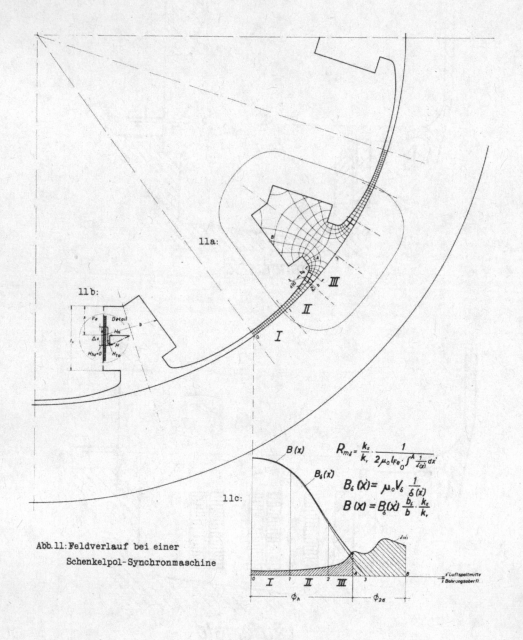

11a:

11b:

11c:

$$R_{m\delta} = \frac{k_z}{k_v} \cdot \frac{1}{2\,\mu_0\,l_{Fe}\,\int_0^A \frac{1}{J_{(x)}}\,dx'}$$

$$B_\delta(x) = \mu_0 V_\delta \frac{1}{\delta(x)}$$

$$B(x) = B_\delta(x)\,\frac{b_\delta}{b}\cdot\frac{k_z}{k_v}$$

Abb.11: Feldverlauf bei einer
Schenkelpol-Synchronmaschine

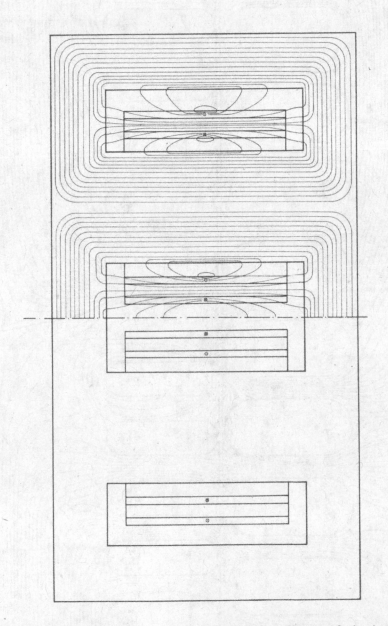

Abb. 12: Vereifachter Verlauf des Magnetflusses bei einem
Einphasen – Manteltransformator

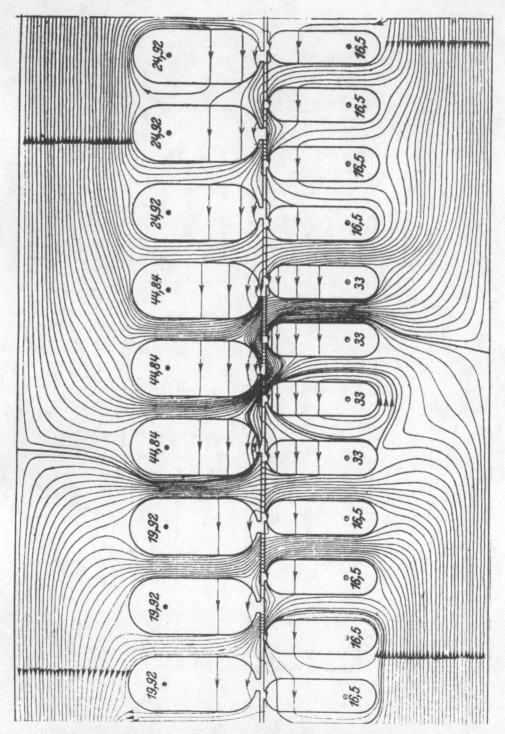

Abb. 13: Feldverlauf in einer belasteten Asynchronmaschine.

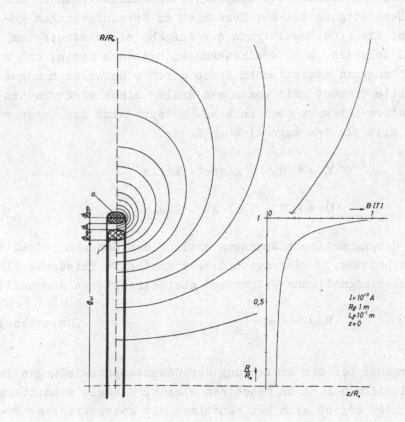

Abb. 14: Zur Definition des Hauptfeldes und Streufeldes.

<u>Aufgabe der Magnetkreisberechnung ist die Bestimmung der Ampere-
windungen, die notwendig sind, um ein bestimmtes vorgegebenes
Luftspaltfeld zu erregen.</u>
Wegen der dreidimensionalen Ausdehnung des teilweise inhomo-
genen Maschinenfeldes bei komplizierten Randbedingungen und
der Eisensättigung ist der Berechner zu Vereinfachungen ge-
zwungen, die eine Bewältigung der Aufgabe mit vertretbarem
Aufwand zulassen. Die Vereinfachungen bestehen darin, daß man
den inhomogenen magnetischen Kreis durch stückweise homogene
Abschnitte ersetzt, mit denen man analog einem elektrischen
Gleichstrom-Netzwerk rechnen kann. Entsprechend dem ohmschen
Gesetz gilt für den magnetischen Kreis:

$$V_m = \phi \cdot R_m \quad ; \text{ magnet. Kreis}$$

$$(U = I \cdot R) \quad ; \text{ elektr. Kreis}$$

V_m ist die magnetische Spannung entlang des homogen gedachten
Teilabschnittes, ϕ der durch diesen Abschnitt fließende Fluß
und R_m der magnetische Widerstand des betrachteten Abschnittes:

$$R_m = \frac{1}{\Lambda} = \frac{l}{\mu \cdot A} \qquad \text{(Reluktanz)}$$

Das Vorgehen bei der Ermittlung der Gesamtamperewindungen ist
grundsätzlich bei allen Maschinen gleich. Nur ein scheinbarer
Unterschied ergibt sich bei Maschinen mit konzentrierter Erregung bzw. Schenkelpolen (GM, SM) und Maschinen mit verteilter Erregung (Turbogenerator, Asynchronmaschine).

Nach dieser Feststellung und durch die Notwendigkeit, möglichst universelle Rechenprogramme für die elektronische Digitalberechnung elektrischer Maschinen zu schaffen, wird man von selbst zur <u>Nachbildung des magnetischen Kreises</u> durch ein Ersatznetzwerk hingeleitet.

Abb. 15b zeigt ein solches Ersatznetzwerk für den allgemeineren Fall einer sinusförmig verteilten Durchflutung im Ständer einer Drehstrommaschine. Anstelle der sinusförmig verteilten MMK im magnetischen Kreis (Augenblicksverteilung) wurden konzentrierte sinusförmig gestufte MMK im Ersatznetzwerk angenommen. Die zugehörige Flußverteilung ist in Abb. 15a schematisch dargestellt.

Die einzelnen magnetischen Widerstände werden durch Indizes gekennzeichnet.

L	Luftweg
Fe	Eisenweg
jr	Joch radial (Pol)
jt	Joch tangential (Joch)
z	Zahn
nr	Nut radial (Parallelfluß)
nt	Nut tangential (Streufluß)
δ	Luftspalt
1	Ständer
2	Läufer

Für den Fall der Gleichstrommaschine ohne Kompensationszähne (Abb. 16) und mäßig gesättigtes Joch (Regelfall) vereinfacht sich das Netzwerk zu jenem nach Abb. 17a und dieses wiederum zu jenem nach Abb. 17b. Der Übersichtlichkeit halber sei der <u>weitere Vorgang</u> bei der Berechnung des magnetischen Kreises <u>am einfachen Beispiel dieser Gleichstrommaschine</u> beschrieben (Leerlauf). Das Neue gegenüber einem normalen elektrischen Netzwerk ist beim magnetischen Kreis die Nichtlinearität. Die Berechnung des gesamten magnetischen Widerstandes (des Netzwerkes) erfordert zunächst die Berechnung der einzelnen Widerstandselemente des Netzwerkes.

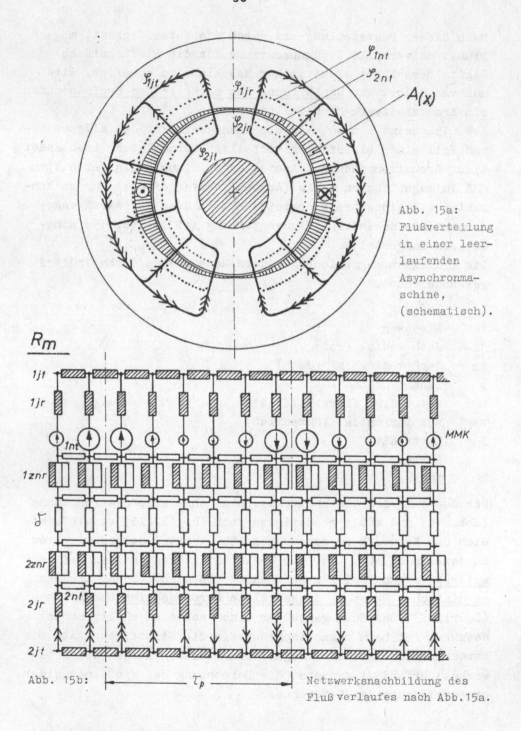

Abb. 15a:
Flußverteilung
in einer leer-
laufenden
Asynchronma-
schine,
(schematisch).

Abb. 15b: Netzwerksnachbildung des
Fluß verlaufes nach Abb.15a.

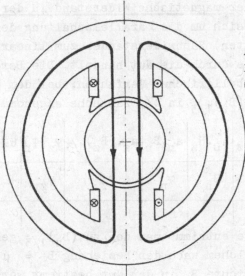

Abb. 16:
Flußverlauf in einer
Gleichstrommaschine,
(Leerlauf, schema-
tisch).

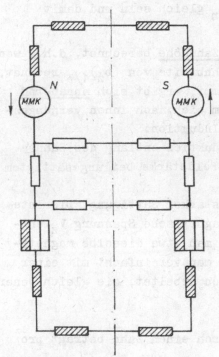

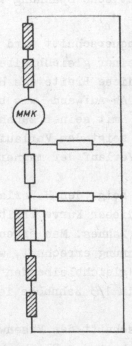

Abb. 17a:
Netzwerksnachbildung des Flußverlaufes nach Abb. 16.

Abb. 17b:
Netzwerksnachbildung des
Flußverlaufes nach Abb. 16,
vereinfacht.

Zu diesen gehört der <u>magnetische Widerstand in der Nut-Zahn-schicht</u>, wobei es sich um die Parallelschaltung des nicht-linearen (gesättigten) Zahnwiderstandes zum linearen Wider-stand des Luftweges durch die Nut handelt. Die Berechnung ge-lingt durch ein tabellarisches Verfahren, bei dem Werte für die Zahninduktion $(B_z)_{1/3}$ in 1/3 Zahnhöhe angenommen werden.

(B-H Kurve)	$h_n \cdot H_z$	$\mu_0 \cdot H_z$	$a_n \cdot B_n$	$a_z \cdot (B_z)_{1/3}$	$\varphi_z + \varphi_n$	$\alpha \frac{N}{2p} \varphi_{zn} l_{Fe}$	$\frac{V_z}{\phi_h}$
$(B_z)_{1/3}$	H_z	V_z	B_n	φ_n	φ_z	φ_{zn}	ϕ_h	R_{mzn}

Aus der B – H Kurve entnimmt man den zu $(B_z)_{1/3}$ gehörigen Wert für H_z, zu welchem nach der Beziehung $B_n = \mu_0 \cdot H_n$ der Wert für die Flußdichte B_n in der Nut bestimmt werden kann (wegen der Parallelschaltung des Luft- und Eisenweges muß die magnetische Spannung V_z und V_n gleich sein und damit auch $H_z = H_n$).

Der Eisenquerschnitt wird in <u>1/3 Zahnhöhe</u> berechnet, d.h., wenn man mit einer gleichbleibenden Zahnbreite von $(b_z)_{1/3}$ rechnet, und für diese Breite das H_z bestimmt, ergibt sich <u>annähernd</u> derselbe AW-Aufwand wie bei einem sich nach innen verjüngen-den Zahn mit seiner zunehmenden Induktion.
Abb. 18a zeigt den Verlauf der Induktion entlang des Zahnes und den Verlauf der magnetischen Feldstärke bei ungesättigtem Eisen.
Abb. 18b zeigt den H-Verlauf bei starker Sättigung. Die Inte-gration dieser Kurve ergibt die magnetische Spannung V_z ent-lang des Zahnes. Man erkennt, daß man etwa dieselbe magneti-sche Spannung errechnet, wie wenn man vereinfacht mit einer fiktiven gleichbleibenden Induktion arbeitet, die gleich jener $(B_z)_{1/3}$ in 1/3 Zahnhöhe ist.

Der Querschnitt des Eisenweges durch einen Zahn beträgt pro Längeneinheit des Blechpaketes

$$(b_z)_{1/3} \cdot k_{Fe} = a_z \quad (k_{Fe} = \text{Eisenfüllfaktor})$$

41

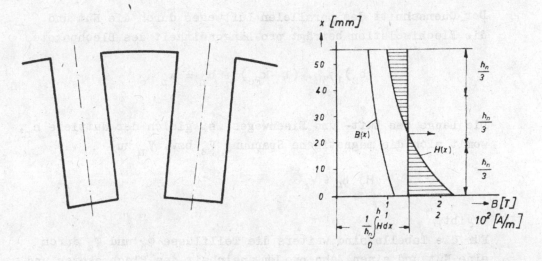

Abb. 18a: Induktionsverteilung in einem ungesättigten Zahn.

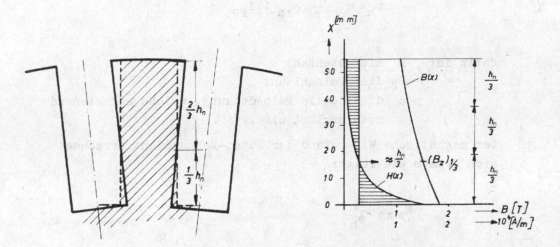

Abb. 18b: Induktionsverteilung in einem gesättigten Zahn.

Der Querschnitt des parallelen Luftweges durch die Nut und
die Blechisolation beträgt pro Längeneinheit des Blechpaketes

$$(b_z)_{1/3} \cdot (1 - k_{Fe}) + b_n = a_n$$

Die Länge des Luft- und Eisenweges ist gleich der Nuttiefe h_n,
womit sich die magnetische Spannung V_z bzw. V_n zu

$$H_z \cdot h_n = V_z$$

ergibt.

Für die Tabelle sind weiters die Teilflüsse φ_n und φ_z durch
eine Nut und einen Zahn pro Längeneinheit des Blechpaketes und
deren Summe φ_{zn} zu bestimmen.

Der gesamte, den Luftspalt überbrückende Hauptfluß über die
Polteilung beträgt dann

$$\phi_h = \alpha \cdot \frac{N}{2p} \cdot \varphi_{zn} \cdot I_{Fe} \quad ;$$

darin ist N die Nutenzahl

2p die Polzahl und

α die ideelle Polbedeckung, welche nachstehend
noch erklärt wird.

Der magnetische Widerstand der Nuten-Zahnschicht errechnet
sich danach wie folgt:

$$R_{mzn} = \frac{V_z}{\phi_h}$$

Damit ist der magnetische Widerstand R_{mzn} in Abhängigkeit vom
Maschinenfluß ϕ_h bekannt.

Als nächstes ist der magnetische <u>Widerstand des Luftspaltes</u> $R_{m\delta}$
zu bestimmen. Da wegen der Feldausbreitung an den Polkanten
und den Stirnflächen dieses Luftspaltfeld nur unter dem Pol
homogen ist, muß für die Berechnung des magnetischen Wider-

standes das teilweise inhomogene, tatsächliche Luftspaltfeld
mit Hilfe eines graphischen Verfahrens (Lehmann) oder
eines Nachbildungsverfahrens (Elektrolytischer Trog) ermittelt
werden.

Beim Lehmann-Verfahren geht man so vor, daß man zunächst eine
Äquipotentiallinie durch die Luftspaltmitte ($\delta/2$) mehr oder
weniger nach Gefühl bzw. auf Grund der Kenntnis von Feld-
bildern ähnlicher Anordnungen zeichnet. Unter der vereinfachenden Annahme, daß der magnetische Widerstand des Eisens
unendlich viel kleiner ist als jener der Luft, können alle
Eisenoberflächen als Niveauflächen angesehen werden, in die
die Feldlinien senkrecht eintreten (Abb. 11b, Luftspaltbereich).
Bei dem nach Richter erweiterten Lehmannverfahren kann man
nicht nur reine Potentialfelder, wie etwa das Feld im Luftspalt ermitteln, sondern näherungsweise auch die Streufelder
im Bereich der Wicklungen (Wirbelfelder).
Zu diesem Zweck wird die räumlich verteilte Erregung durch
einen unendlich dünnen Strombelag A angenähert, den man sich
an den Flanken der Pole konzentriert aufgebracht denkt (Abb. 11b).
Da man annehmen kann, daß sich der Feldverlauf in axialer
Richtung nicht ändert (ebenes Feld), erscheint die Erregerwicklung im Querschnitt als Linienstrombelag

$$\overset{[A/m]}{A} = \frac{\overset{[A]}{I_2} \cdot \overset{[Wdg./Pol]}{w_{2p}}}{l_{s\,[m]}}$$

An der Oberfläche dieses Flächenstrombelages (Linienstrombelag) stellt sich eine Tangentialkomponente der magnetischen
Erregung H_{to} ein, deren Größe gemäß Abb. 11b zu ermitteln ist:

$$\underbrace{\oint \vec{H}.\vec{dx}}_{H_{to}\,dx} = A.dx$$

$$H_{to} = A$$

Hinter dem Strombelag treten die Feldlinien wieder senkrecht
in das Eisen ein, daher ist dort die Komponente $H_{tu} = 0$.
Die Normalkomponente H_n der magnetischen Erregung kann näherungsweise mit

$$H_n = \frac{A.2x}{b}$$

bestimmt werden (Abb. 11b).
Der Tangens des Winkels, unter dem die Feldlinien auf die mit
A belegte Oberfläche eintreten, wird durch das Verhältnis
H_t/H_n bestimmt; senkrecht dazu sind die Äquipotentiallinien.
Der Vorgang bei der Feldbildermittlung möge an Hand der
Abb. 11a verfolgt werden: Als erstes wird wie beim einfachen
Lehmannverfahren eine Äquipotentiallinie durch die Luftspalt-
mitte gezeichnet, die in der Mitte der Erregerwicklungslänge
enden muß, weil sie einerseits die magnetische Spannung im
Luftspalt V_δ teilt und anderseits die MMK der Erregerwicklung
(Abb. 11a). In Abb. 19 ist ein Polpaar durch ein magnetisches
Netzwerk nachgebildet.
Man beginnt danach die Feldlinien in ihrem homogenen Bereich
(Polmitte) zu zeichnen, und zwar derart, daß sich ein quadra-
tisches Netz aus Feld- und Äquipotentiallinien ergibt. Dies
gelingt nach wiederholten Korrekturen sehr gut.
Der nächste Schritt zur Ermittlung des magnetischen Luftspalt-
widerstandes ist die Aufzeichnung des magnetischen Induktionsverlaufes entlang der Polteilung (Abb. 11c). Nimmt man eine
konstante magnetische Spannung V_δ über die gesamte Polteilung
an (was nur näherungsweise zutrifft), findet man die mittlere
Induktion $B_\delta(x')$ jeder Kraftröhre aus diesem V_δ und dem magnetischen Widerstand r_m einer solchen Kraftröhre:

$$B_\delta(x') = \frac{\phi_R}{l_{Fe} \cdot b_\delta} = \frac{V_\delta \cdot \mu_0 b_\delta l_{Fe}}{l_{Fe} \cdot b_\delta \delta(x)} = \frac{\mu_0 \cdot V_\delta}{\delta(x')}$$

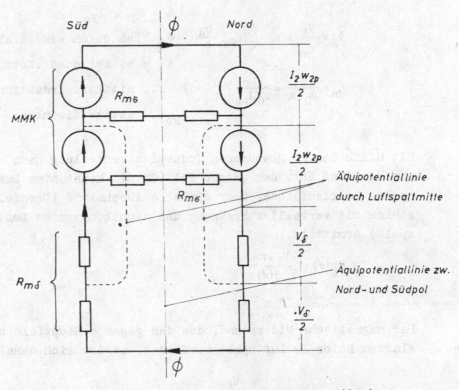

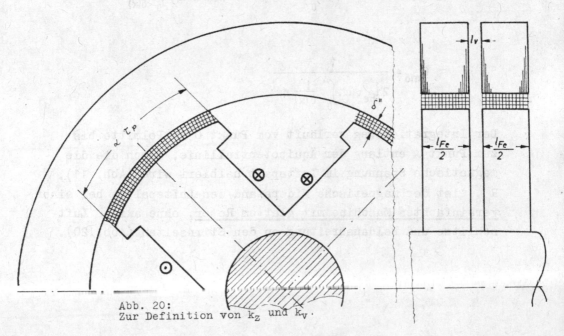

Abb. 19: Zur Feldbildermittlung nach dem erweiterten
Lehmannverfahren.

Abb. 20:
Zur Definition von k_z und k_v.

$$A = b_\delta \cdot l_{Fe}$$

$$\phi_R = \frac{V_\delta}{r_m} = V_\delta \cdot \mu_0 \cdot l_{Fe} \frac{b_\delta}{\delta} \qquad \phi_R \text{ Fluß durch eine Kraftröhre}$$

$$\delta = b_\delta \text{ bei quadr.Netz (Abb.11a)}$$

$$r_m = \frac{\delta}{\mu_0 \cdot A} = \frac{1}{\mu_0 \cdot l_{Fe}} \qquad B_\delta \dots \text{ mittlere Induktion}$$

$$l_{Fe} \dots \text{ aktive Eisenlänge}$$

Mit Hilfe der so gewonnenen Induktionsverteilung kann man
nun den Fluß über den ganzen Pol (GM mit konstantem Luftspalt, Leerlauf) oder über einzelne Abschnitte (Drehfeldmaschine mit verteilter Erregung und nichtkonstantem Luftspalt) ermitteln.

$$B_\delta(x') = \frac{V_\delta \cdot \mu_0}{\delta(x')}$$

Der magnetische Widerstand, den das gesamte Hauptfeld bei
glattem Rotor im Luftspalt vorfindet, ergibt sich dann zu

$$R_{m\delta} = \frac{V_\delta}{\phi_h} = \frac{V_\delta}{2 \cdot l_{Fe} \cdot \int_0^A B_\delta(x')\, dx'} = \frac{V_\delta}{2 \cdot l_{Fe} \cdot V_\delta \cdot \mu_0 \cdot \int_0^A \frac{1}{\delta(x')}\, dx'}$$

$$R_{m\delta} = \frac{1}{2 \cdot l_{Fe} \cdot \mu_0 \cdot \int_0^A \frac{1}{\delta(x')}\, dx'}$$

Der Integrationsweg verläuft vom Punkt 0 in Polmitte bis
zum Punkt A entlang der Äquipotentiallinie, durch die die
magnetische Spannung im Luftspalt halbiert wird (Abb. 11).
$R_{m\delta}$ ist der magnetische Widerstand des Luftspaltes bei einer
vereinfachten Maschine mit glattem Rotor, ohne axiale Luftschlitze und Feldausbreitung an den Stirnseiten (Abb. 20).

In Wirklichkeit hat, wie aus Abb. 9 ersichtlich, die Nutung
eine Feldkontraktion gegenüber dem glattgedachten Rotor (Abb. 20)
zur Folge und die Luftschlitze wiederum eine Ausbreitung.
Beide Einflüsse werden durch je einen Faktor berücksichtigt;
für die Kontraktion gilt der Faktor k_z:

$$k_z = \frac{b_{no} + 4,5\delta}{b_{no} \cdot \frac{\tau_n - b_{no}}{\tau_n} + 4,5\delta} \quad ,$$

für die axiale Ausbreitung:

$$k_v = \frac{(\ 1_{Fe} + \frac{z+1}{2} \cdot 1_v\ )}{1_{Fe}} \quad ;$$

darin ist b_{no} die Nutöffnung (Abb. 21) und τ_n die Nutteilung
an der Eisenoberfläche, z die Anzahl der Luftschlitze und 1_v
die Breite eines Luftschlitzes.
Bei Berücksichtigung der Nutung und der axialen Luftschlitze
ergibt sich ein magnetischer Luftspaltwiderstand

$$R_{m\delta} = \frac{k_z}{k_v} \cdot \frac{1}{2 . 1_{Fe} \cdot \mu_0 \int_0^A \frac{1}{\delta(x)} dx'}$$

Für GM mit konstantem Luftspalt kann man sich aus Gründen
der Übersichtlichkeit das teilweise inhomogene Luftspaltfeld durch ein gleichgroßes homogenes ersetzt denken, wie
es sich bei einem "ideellen" Pol ohne Feldausbreitung an den
Polkanten mit einem Luftspalt δ'' und ungenutetem Läufer
einstellen würde (Abb. 20). Dieser ideelle Pol müßte die
scheinbare Breite $\alpha \cdot \tau_p$ besitzen, welche sich aus der
Bedingung gleichen magnetischen Widerstandes $R_{m\delta}$ ergibt:

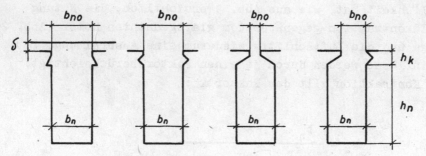

Abb. 21: Häufige Nutformen (zur Definition von k_z).

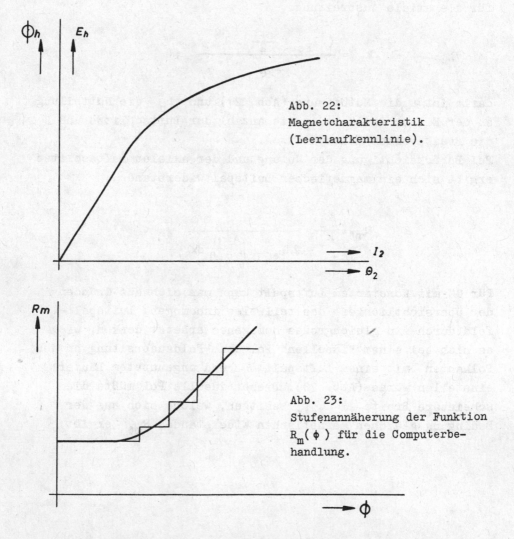

Abb. 22:
Magnetcharakteristik
(Leerlaufkennlinie).

Abb. 23:
Stufenannäherung der Funktion
$R_m(\phi)$ für die Computerbe-
handlung.

$$R_{m\delta} = \frac{\delta \cdot \frac{k_z}{k_v}}{\mu_0 \cdot \alpha \cdot \tau_p' \cdot l_{Fe}} = \frac{\frac{k_z}{k_v}}{2 \cdot l_{Fe} \cdot \mu_0 \cdot \int_0^A \frac{1}{\delta(x')} dx'}$$

$$(\delta'' = \delta \cdot \frac{k_z}{k_v}) \qquad$$ δ ist darin der Luftspalt in Polmitte, τ_p' die Polteilung in Luftspaltmitte.

Damit wird

$$\alpha = \frac{\delta \cdot 2}{\tau_p'} \int_0^A \frac{1}{\delta(x')} dx'$$

Für die Ermittlung der Erregeramperewindungen bei Nenn-spannung bzw. Nennleerlauffluß ist zunächst der magnetische Widerstand der Luftspaltzahnschicht in Abhängigkeit vom Luft-spaltfluß zu bestimmen. Er ergibt sich zu:

$$R_{m\delta z} = R_{mzn}(\phi_h) + R_{m\delta}$$

wobei $R_{m\delta}$ als konstant angenommen werden kann, obwohl er sich mit der Sättigung etwas ändert.

Liegt wie z.B. beim Turborotor oder bei einer Drehstrom-Asyn-chronmaschine eine am Umfang verteilte Erregung vor, oder wie bei der Schenkelpol-Synchronmaschine ein veränderlicher Luftspalt (Abb. 11), muß der magnetische Kreis statt mit dem einfachen Ersatznetzwerk nach Abb. 17 mit dem vollständigen nach Abb. 15 nachgebildet und berechnet werden.

Zweck der verteilten Erregung bzw. eines nichtkonstanten δ ist die Erzeugung einer möglichst sinusförmigen Feldverteilung über dem Polbogen (SM) bzw. eines flacheren Feldanstieges an den Polkanten (GM).

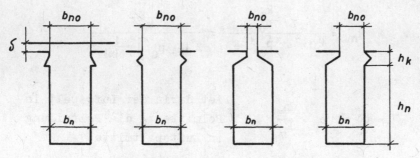

Abb. 21: Häufige Nutformen (zur Definition von k_z).

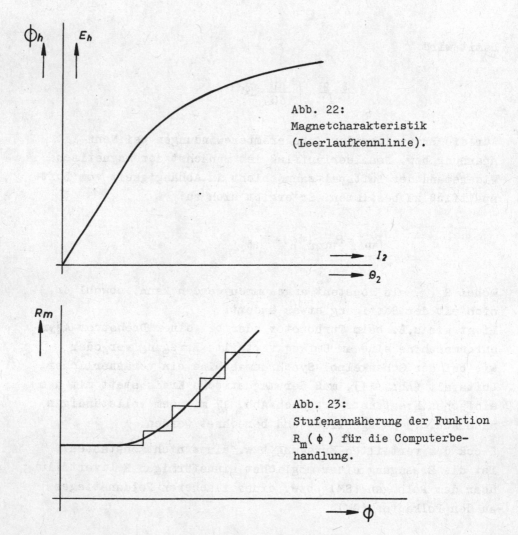

Abb. 22:
Magnetcharakteristik
(Leerlaufkennlinie).

Abb. 23:
Stufenannäherung der Funktion
$R_m(\phi)$ für die Computerbe-
handlung.

Für Näherungsrechnungen kann der Streufluß, welcher durch
die Querwiderstände im Ersatznetzwerk Berücksichtigung findet, vernachlässigt werden.

Für die weitere Beschreibung des Vorganges bei der Magnetkreisberechnung wird wieder das Beispiel der GM herangezogen.
Man kann das Netzwerk, durch das dieser Magnetkreis beschrieben wird, für Näherungsrechnungen noch weiter vereinfachen.
Die Vereinfachung besteht darin, daß man den parallelen Zweig,
durch den der Läuferstreufluß nachgebildet wird, vernachlässigt.

Diese Vernachlässigung kann deshalb vertreten werden, weil
der magnetische Widerstand des Läuferjoches im Vergleich
zu allen übrigen Widerständen sehr klein ist.

Nicht ganz vernachlässigt kann der Parallelzweig werden, durch
den der Pol- bzw. Jochstreufluß nachgebildet wird. Um jedoch
das ohnehin schon einfache Netzwerk auf eine reine Serienschaltung von magnetischen Widerständen reduzieren zu können,
wird der Polstreufluß so berücksichtigt, daß man im Abschnitt
für den Pol und das Statorjoch zum Hauptfluß, der auch über
den Luftspalt geht, einen Prozentsatz von etwa 10-15 % zu-
schlägt. Dies bedeutet einen höheren Sättigungszustand und
damit auch einen höheren magnetischen Widerstand von Ständerjoch
und Pol

$$R_{mjr} = \frac{V_{jr}}{\phi_{jr}}$$

$$\phi_{jr} \doteq 1,15 \cdot \phi_h$$

Die Rechentabelle sieht dann wie folgt aus: man geht von den
Werten für ϕ_h aus, die sich in der Tabelle zur Berechnung
von R_{mzN} ergeben haben.

	$1,15 \cdot \phi_h$	$\dfrac{\phi_{jr}}{A_{jr}}$	B/H-Kurve	$l_{jr} \cdot H_{jr}$	$\dfrac{V_{jr}}{\phi_{jr}}$
ϕ_h	ϕ_{jr}	B_{jr}	H_{jr}	V_{jr}	R_{mjr}

Damit gewinnt man zu jedem Luftspaltfluß die zugehörige
magnetische Spannung V_{jr} bzw. den magnetischen Widerstand R_{mjr}.
Ganz analog hat man bei der Berechnung des magnetischen Widerstandes für das Ständerjoch vorzugehen; hier muß nur berücksichtigt werden, daß für den gesamten Jochfluß wegen der Aufteilung in zwei parallele Zweige der doppelte Jochquerschnitt
zur Verfügung steht.
Die Rechentabelle ergibt sich mit:

$$R_{mjt} = \frac{V_{jt}}{\phi_{jt}} \qquad \text{und}$$

$$\phi_{jt} = 1,15 \cdot \phi_h$$

	$1,15 \cdot \phi_h$	$\dfrac{\phi_{jt}}{2 \cdot A_{jt}}$	B/H	$l_{jt} \cdot H_{jt}$	$\dfrac{V_{jt}}{\phi_{jt}}$
ϕ_h	ϕ_{jt}	B_{jt}	H_{jt}	V_{jt}	R_{mjt}

Da das Ersatznetzwerk auf eine einfache Serienschaltung reduziert wurde, erhält man die für die Erregung eines Luftspaltflusses ϕ_h nötige MMK als Summe aller magnetischen Spannungen an den einzelnen magnetischen Widerständen.
Der Vollständigkeit halber sind auch noch die Läuferjochwiderstände mit zu berücksichtigen.

$$\Theta = \Sigma V = \phi_h \cdot \left[R_{m\delta} + R_{mzN}(\phi_h) + 1,15\, R_{mjr1}(\phi_h) + \right.$$

$$\left. 1,15 \cdot R_{mjt1}(\phi_h) + R_{mjr2}(\phi_h) + R_{mjt2}(\phi_h) \right]$$

Die damit erhaltene Funktion

$$\phi_h = f(\Theta) \qquad \text{(Abb. 22)}$$

stellt die __Magnetcharakteristik__ der Maschine dar; sie ist gleichzeitig auch die __Leerlaufkennlinie__

$$E_{1h} = f(I_2) \qquad \text{(Abb. 22)}$$

da zwischen den Größen E_{1h} und ϕ_h bzw. I_2 und Θ ein proportionaler Zusammenhang besteht:

$$E_{1h} = \phi_h \cdot z \cdot n \cdot \frac{p}{a}$$

$$I_2 = \frac{\Theta}{w_{2p}}$$

Bei der _Drehstrommaschine_ mit sinusförmiger Durchflutungsverteilung ist im Gegensatz zur vorstehend beschriebenen Gleichstrommaschine der magnetische Widerstand der einzelnen
(gleichen) Jochabschnitte zu bestimmen.

Grundsätzlich läuft die Ermittlung der Gesamt-Amperewindungen
in Abhängigkeit von dem Luftspaltfluß auf die Lösung eines
nichtlinearen Netzwerkes hinaus, eine Aufgabe, die bisher wegen
des großen Rechenaufwandes durch noch weitergehende Vereinfachungen umgangen wurde; durch den heute selbstverständlichen
Einsatz von Computern ist dies nicht mehr erforderlich. Zweckmäßigerweise wird man sich bei der Aufstellung des Programmes
eines iterativen Verfahrens bedienen. Im Zuge dieses Verfahrens werden zuerst so kleine Erregungen (MMK) angenommen, daß
die Widerstände in allen Eisenwegen linear bleiben (ungesättigter Zustand). Dies wird Schritt für Schritt mit immer größer
werdender Erregung fortgesetzt und gleichzeitig die Induktionswerte der Eisenwege mit einem Wert zu Beginn der Sättigung
verglichen.
Wird dieser Wert überschritten, ändert das Programm selbsttätig den betreffenden Widerstand im Rechnungsgang, wonach
das Netzwerk unter den geänderten Bedingungen nocheinmal berechnet wird. In den nächsten Berechnungsschritten wird die
Erregung weiter gesteigert, bis neuerlich ein Induktionswert
überschritten wird, der für jeden der Eisenwege vorgegeben
ist (laufender Vergleich). Wieder wird der magnetische Widerstand in dem betreffenden Zweig durch das Programm verändert
usw. (Abb. 23).

Durch Integration der sich über eine Polteilung ergebenden
Flußverteilung, bzw. deren harmonische Analyse bei verschiedenen Erregungen findet man schließlich die gesuchte Abhängigkeit:

$$\Phi_h = f(\Theta_{max}) \quad \text{bzw.}$$
$$^1\Phi_h = f(\Theta_{max}) \qquad \text{siehe Abschnitt 5.9}$$

wobei θ_{max} der räumliche Scheitelwert der Durchflutung ist.
Bei der GM gemäß Abb. 17 entfällt diese Integration, weil
pro Pol nur ein Zweig vorliegt.

Bei der elektronischen Berechnung des Magnetkreises wird man
auch die magnetischen Widerstände genauer als bisher von
Hand bestimmen. Angebracht ist hier eines der elektrischen
Feldnachbildungsverfahren, wie sie in der Vorlesung "Elektrische Analogieverfahren" behandelt werden.

Jede theoretische Berechnung wird letzten Endes durch einen
Versuch auf ihre Richtigkeit geprüft. Der Versuch, der hierzu bei allen Maschinen durchgeführt wird, ist der Leerlaufversuch, bei dem eine Maschine mit Nenndrehzahl läuft, wobei
die Spannung an den offenen Klemmen bei verschiedenen einge-
stellten Erregungen gemessen wird (SM, GM), bzw. der Leerlaufstrom bei verschiedenen Spannungen (AM).
Neben dem Kurzschlußversuch ist der Leerlaufversuch die wichtigste Prüfung der elektrischen Maschine. Aus ihm werden auch
die Leerlaufverluste entnommen; sie setzen sich aus Reibungs-
und Eisenverlusten zusammen (zuzüglich der geringen Wicklungskupferverluste durch den Leerlaufstrom).

3.2 Wicklungen

Nach ihrem Aufbau unterscheidet man
1) Konzentrierte Polwicklungen (SM, GM, ERM), Abb. 24
2) Verteilte konzentrische Einschichtwicklungen (Turboerreger-
   wicklung, Kompensationswicklung, Einphasen- und Drehstromwicklung) (Abb. 25)
3) Verteilte symmetrische Zweischichtwicklungen (Kommutatorwicklung bei GM,Drehstrom- und Einphasenwicklung bei SM und
   AM) (Abb. 26)
4) Käfigwicklungen (Dämpferwicklung bei SM, Läuferwicklungen
   bei AM) (Abb. 27)

Abb. 24 Läufer einer Schenkelpol-Synchronmaschine. (BBC)

Abb. 25 Läufer einer Vollpol-Synchronmaschine
(Stirnverbindungen).

Abb. 26 Synchronmaschine, Einlegen der Zweischicht-
         wicklung im Ständer.

Abb.27 Käfigwicklung eines Asynchronmotors (ohne Eisenkern)

5) Transformator-Röhrenwicklung (Abb. 28)
6) Transformator-Scheibenwicklung

Zu 1) Als Polwicklungen bei Synchron-Schenkelpolmaschinen,
als Hauptpol- und Wendepolwicklung bei Gleichstrom- und Ein-
phasenkommutatormaschinen (Abb. 29).
Die von einer solchen Wicklung im Eisenkern bewirkte Durchflutung ist konstant, im Bereich der Spule nimmt sie bis zur
Außenoberfläche linear ab. In Abb. 30 ist dieser Durchflutungsverlauf in der Mittelebene einer eisenlosen Spule gezeigt.

Zu 2) Abb. 31 zeigt das Schema einer konzentrischen verteilten
Wicklung, wie sie als Kompensationswicklung bei Gleichstrommaschinen, als Erregerwicklung von Turborotoren und als Phasenwicklung kleinerer Drehstrommotoren Anwendung findet.
Zu jedem Schema ist die Gleichstrom- bzw. Augenblicksdurchflu-
tung daruntergezeichnet, zu der die Netzwerksnachbildung
(im selben Bild) gehört. Bei mehrpoligen Maschinen werden die
einzelnen gleichartigen Polpaare in Reihe oder parallelgeschaltet; bei symmetrischem Aufbau können auch einzelne Pole
parallelgeschaltet werden.

Zu 3) Abb. 32 zeigt das Schema einer verteilten symmetrischen
Zweischichtwicklung, wie sie als Kommutatorwicklung
von Gleichstrom- und Einphasenmaschinen Anwendung findet
(Weston) und - nur durch die Schaltung der einzelnen Spulen
unterschieden - als Drehstromwicklung bei Synchronmaschinen
und Asynchronmaschinen (Abb. 33).

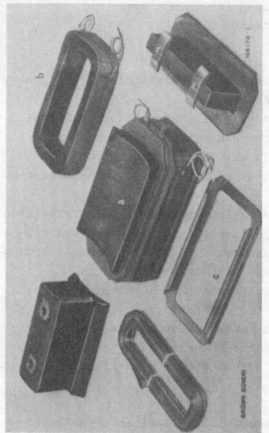

Abb. 29 Zerlegte Gleichstrommaschinenständer.

Abb. 28 Transformator-Röhrenwicklung.

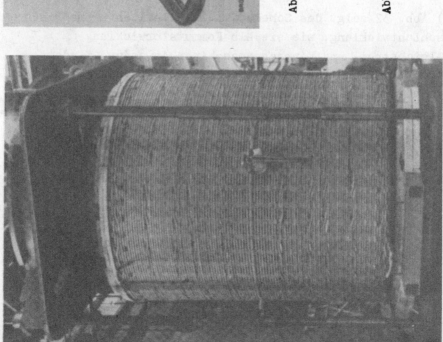

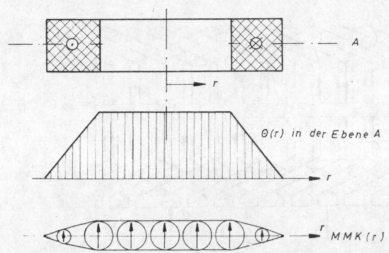

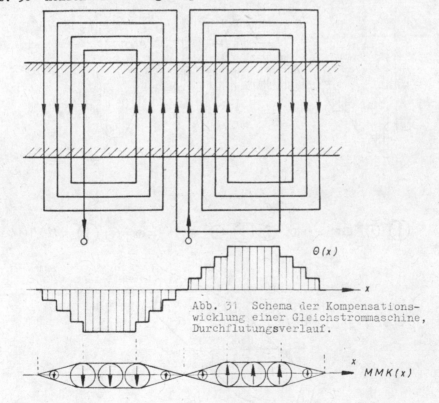

Abb. 30 Konzentrierte Magnetspule, Durchflutungsverlauf

Abb. 31 Schema der Kompensationswicklung einer Gleichstrommaschine,
Durchflutungsverlauf.

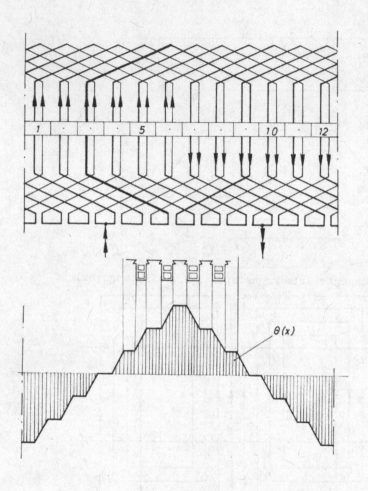

$\theta(x)$

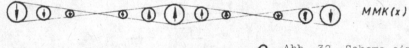

$MMK(x)$

Abb. 32 Schema einer ge-
schlossenen Zweischicht-
wicklung (Kommutatorwick-
lung).

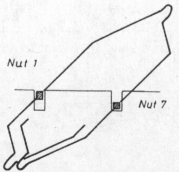

Nut 1

Nut 7

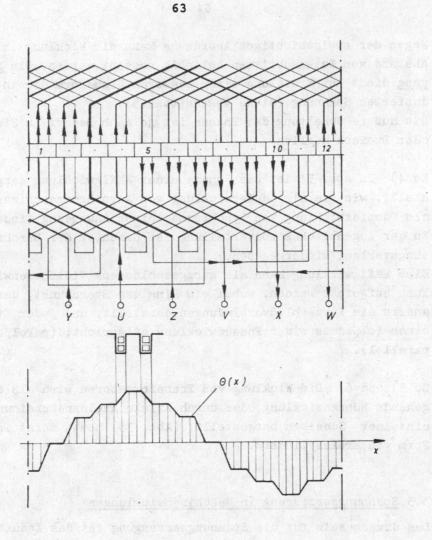

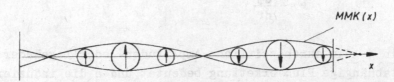

Abb. 33   Zweischichtige Drehstromwicklung; Durchflutungsverlauf.

Wegen der zweischichtigen Anordnung kann die Wicklung im Abstand von Nutenschritten beliebig gesehnt werden. Die Sehnung dient zur Erzielung einer besseren Sinusform der induzierten Spannung (siehe Abschnitt 3.3).
Die äußere Schaltung der Phasen ist je nach Bedarf in Stern oder Dreieck möglich.

Zu 4) In Abb. 34 ist das Schema einer Käfigwicklung dargestellt, wie sie als Läuferwicklung von Asynchronmaschinen und als Dämpferwicklung von Synchronmaschinen Anwendung findet.
Zu der Augenblicksstromverteilung ist darunter der Durchflutungsverlauf wiedergegeben.
Eine Käfigwicklung kann als kurzgeschlossene Vielphasenwicklung aufgefaßt werden, wobei ein Ring den Sternpunkt, der andere die Kurzschlußverbindungen darstellt, und jeder Stab eines Polpaares einer Phasenwicklung entspricht; (p Polpaare parallel).

Zu 5) und 6) Die Wicklung von Transformatoren wird als durchgehende Röhrenwicklung oder durch axiale Aneinanderreihung einzelner Scheiben hergestellt; (Abb. 35) heute meist in Form von Kreiszylindern.

3.3 Spannungserzeugung in Maschinenwicklungen

Das Grundgesetz für die Spannungserzeugung ist das Induktionsgesetz:

$$e = - \frac{d\psi}{dt}$$

worin ψ die durch zeitliche Amplituden- oder Lageänderung zeitabhängige Flußverkettung bedeutet und e die induzierte EMK.

Das Grundelement jeder Wicklung ist eine in zwei Nuten gebettete Spule; in ihr wird bei der Maschine durch Lageänderung mit konstanter Geschwindigkeit relativ zum Magnetfluß eine periodische Wechsel-EMK bestimmter Kurvenform und Phasenlage erzeugt.

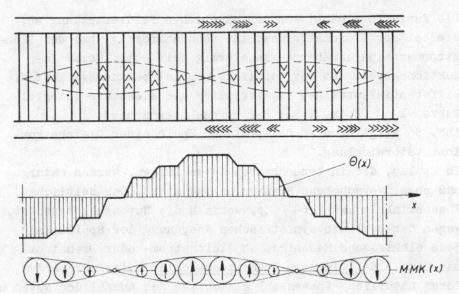

Abb. 34 Käfigwicklung; Durchflutungsverlauf

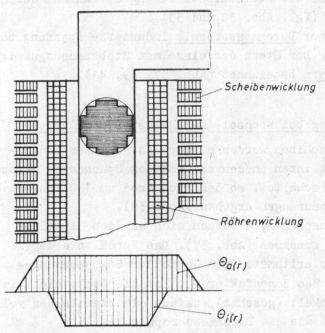

Abb. 35 Transformatorwicklung.

Die Kurvenform hängt von der räumlichen Feldverteilung ab, die bei der Gleichstrommaschine rechteckförmig, bei der Drehstrommaschine annähernd sinusförmig sein soll. Gemäß Induktionsgesetz ist der zeitliche Wechselspannungsverlauf die Differentialkurve des ψ-Verlaufes und diese die Integralkurve $l_{Fe} \int_{x}^{\tau_p+x} B.dx$. (Bei der ungesehnten Spule).
Abb. 36 zeigt dies am Beispiel der Spule einer Gleichstrom-Kommutatorwicklung.

In Spulen, die in benachbarten Nuten liegen, werden naturgemäß phasenverschobene Spannungen induziert. Der zeitliche Phasenwinkel α beträgt $\frac{2\pi}{N}$. p, worin N die Nutenzahl bedeutet. Wegen der zyklisch-symmetrischen Anordnung der Spulen kann jede elektrische Maschine, ob Gleichstrom- oder Drehstrommaschine als <u>Vielphasen-Drehstrommmaschine</u> aufgefaßt werden, deren natürliche Phasenzahl gleich ist der Anzahl der Nuten und diese wiederum bei der Zweischichtwicklung der Anzahl der Spulen pro Polpaar. (Vgl. Abb. 32 und 33)
Die halbe, in einer <u>Durchmesserspule</u> induzierte Spannung nennt man Stabspannung. Der Stern der einzelnen Stabspannungszeiger wird als <u>Nutenstern</u> bezeichnet (Abb. 37, 39, 41).

<u>Spannungserzeugung bei Wechsel- und Drehstromwicklungen</u>

Bei Dreiphasenmaschinen werden mehrere (q) solcher benachbarter Spulen mit ihren phasenverschobenen Spannungen gruppenweise in Reihe geschaltet, so daß sich drei um 120° phasenverschobene Summenspannungen ergeben (Abb. 38).
Diese drei Phasenspannungen setzen sich aus den einzelnen Stabspannungen zusammen (Abb. 37). Das Verhältnis der geometrischen zur arithmetischen Summe der Stabspannungszeiger nennt man den <u>Zonenfaktor f_z</u>. Ist die Spule nicht im Durchmesser gewickelt (gesehnt), umfaßt sie niemals den vollen Polfluß (Abb. 38) wie die Durchmesserspule.
Das Verhältnis des von der gesehnten Spule umfaßten Flusses (schraffiert) zum gesamten Polfluß nennt man den <u>Sehnungsfaktor f_s</u> .

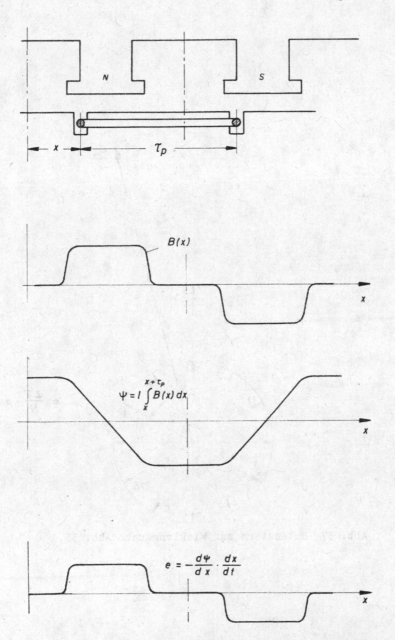

Abb. 36   Spannungserzeugung in der Spule einer Kommutatorwicklung (Gleichstrommaschine).

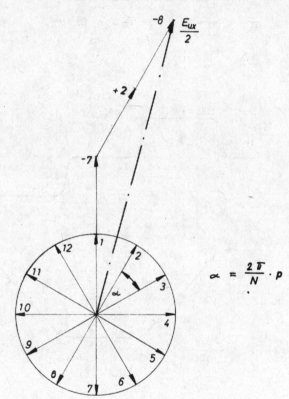

Abb. 37 Nutenstern zur Wicklung nach Abb. 33.

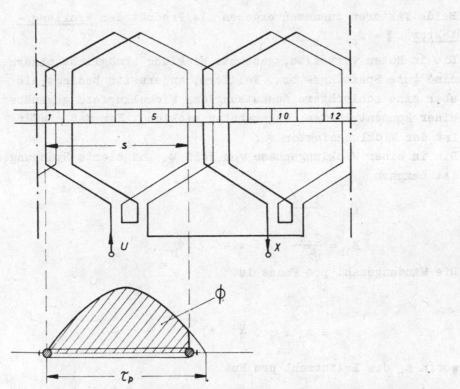

Abb. 38 Wicklungsstrang einer dreiphasigen Drehstromwicklung.

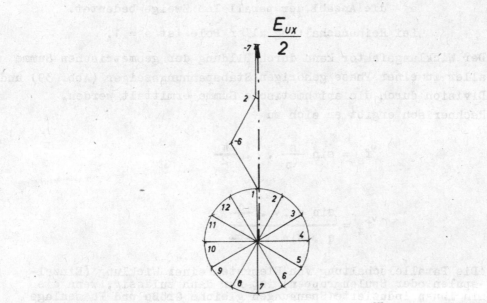

Abb. 39 Nutenstern zur Wicklung nach Abb. 38

Beide Faktoren zusammen ergeben als Produkt den <u>Wicklungs-</u>
<u>faktor</u> $\xi = f_z \cdot f_s$.

Die in Nuten verteilte, gesehnte Wicklung ermöglicht einerseits
eine gute Spannungs- bzw. Feldform, anderseits bedingt sie
aber eine schlechtere Ausnutzung des Wickelkupfers gegenüber
einer konzentrierten, ungesehnten Wicklung. Ein Maß hiefür
ist der Wicklungsfaktor ξ .

Die in einer Wicklungsphase vom Feld ϕ_h induzierte Spannung (EMK)
ist demnach

$$E_{1h} = \frac{2\,\pi}{\sqrt{2}} \cdot f \cdot w \cdot \xi \cdot \phi_h$$

(4,44)

Die Windungszahl pro Phase ist

$$w = z_n \cdot q \cdot \frac{p}{a} \quad *)$$

worin z_n die Leiterzahl pro Nut

   q   die Nutenzahl pro Pol und Phase und
   a   die Anzahl der parallelen Zweige bedeutet.

   Bei Reihenschaltung aller Pole ist a = 1.

Der Wicklungsfaktor kann durch Bildung der geometrischen Summe
aller zu einer Phase gehörigen Stabspannungszeiger (Abb. 39) und
Division durch die arithmetische Summe ermittelt werden.
Rechnerisch ergibt er sich zu

$$^v f_s = \sin \frac{s}{\tau_p} \cdot v \cdot \frac{\pi}{2}$$

$$^v f_z = \frac{\sin q \cdot v \cdot \frac{\alpha}{2}}{q \cdot \sin v \frac{\alpha}{2}}$$

*)Die Parallelschaltung von Elementen einer Wicklung (Einzel-
spulen oder Spulengruppen) ist nur dann zulässig, wenn die
in ihnen induzierten Spannungen gleiche Größe und Phasenlage
aufweisen.

worin α den elektrischen Nutenwinkel bedeutet ($\alpha = \frac{2\pi}{N} \cdot p$).

  q   Nutenzahl pro Pol und Phase

  s   Spulenweite

  τ_p Polteilung ($\tau_p = \frac{D\pi}{2p}$)

  ν Ordnungszahl der Feldkurvenharmonischen

Für genauere Rechnungen kann man die vereinfachende Annahme eines räumlich rein sinusförmig verteilten Feldes nicht mehr aufrechterhalten. Es müssen, um die Kurvenform der induzierten Spannung vorausberechnen zu können, auch jene Spannungsharmonischen berechnet werden, die von höheren Feldharmonischen induziert werden. Die Abweichung von der Sinusform darf nach Normen nicht mehr als 5 % betragen. Bei vielpoligen Wasserkraftgeneratoren werden auch Wicklungen mit gebrochenem q verwendet (Bruchlochwicklungen).

In dem Schema (Abb. 40) ist als Beispiel eine Wicklung für 2p = 4 und q = 1 1/2 gezeigt.

Wie ersichtlich, besitzt jede Drehstromwicklung entsprechend der Pol- und Phasenzahl 2p m Spulengruppen (m: Phasenzahl), die aus je q Spulen in Reihe zusammengesetzt sind (Abb. 33). Bei einer Bruchlochwicklung kann ein gebrochenes q nur dann erreicht werden, wenn man die zu einer Phase gehörigen, in Reihe geschalteten Spulengruppen abwechselnd mit verschiedener Spulenzahl so ausführt, daß sich ein Mittelwert für q entsprechend dem vorgegebenen Bruch ergibt. Aus dieser Bedingung und der Forderung nach Symmetrie der Phasenspannungen resultiert, daß der Nenner des Bruches c höchstens gleich der Polzahl sein kann bzw. in dieser ganzzahlig enthalten sein muß.

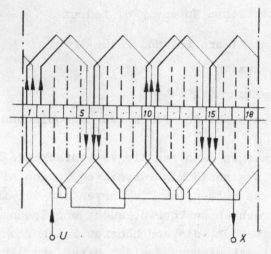

	Oberstab	U
— ‖ —		V
— ‖ —		W

Abb. 40 Wicklungsstrang
einer dreiphasigen Bruch-
lochwicklung, q = 1 1/2.

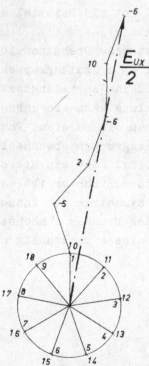

Abb. 41   Nutenstern zur Wicklung nach Abb. 40

Demnach ist für das vorliegende Beispiel der vierpoligen Wicklung eine Halb- bzw. Viertelwicklung denkbar. Dabei können
folgende Spulengruppenaufteilungen getroffen werden:

$$q = 1\ 1/2 \qquad 1 - 2 - 1 - 2$$
$$q = 1\ 1/4 \qquad 1 - 1 - 1 - 2$$
$$q = 1\ 3/4 \qquad 1 - 2 - 2 - 2$$

Nicht ausführbar sind bei dreiphasigen Maschinen Drittelwick-
lungen, da sie für die einzelnen Phasen verschiedene Windungszahlen ergeben.

Einen sich wiederholenden, symmetrischen Wicklungsabschnitt
nennt man das Urschema der Bruchlochwicklung; im vorliegenden
Beispiel ist es ein Abschnitt von zwei Polen, der zweimal
wiederkehrt. Allgemein wiederholt sich das Urschema nach c Polen. Bruchlochwicklungen ermöglichen bei vielpoligen Maschinen
eine feinere Stufung bei der Wahl der Nutenzahl; sie ergeben
eine bessere Spannungsform, da sich die Phasenspannung aus
mehr ungleichphasigen Spannungszeigern zusammensetzt als bei
einer vergleichbaren Ganzlochwicklung. Es liegt hier ein ähnlicher Effekt vor wie bei einer VKM, deren Moment umso gleich-
mäßiger ist, je mehr Zylinder ungleichphasig auf die Welle arbeiten. Eine Bruchlochwicklung mit $\frac{b}{c} = q$ hat die Eigenschaften einer Ganzlochwicklung mit $q = b$ (Abb. 41).

Spannungserzeugung in einer Kommutatorwicklung

Grundsätzlich kann diese auf dieselbe Weise beschrieben werden
wie jene bei einer Drehstromwicklung, da sie nach demselben
Prinzip erfolgt.

Zunächst kann die Kommutatorwicklung als Vielphasenwicklung
angesehen werden, bei welcher die einzelnen Phasen (in diesem
Fall die Spulen) zu einem Ring zusammengeschaltet sind. Dem
entspricht eine in Dreieck geschaltete Dreiphasenwicklung. Der
Unterschied zu dieser besteht darin, daß

bei der Dreieckschaltung nur drei symmetrische Punkte dieses
Ringes zu den Klemmen herausgeführt sind, während bei der
Kommutatorwicklung jede Verbindungsstelle zwischen den Spulen
mit einem Kommutatorsegment verbunden ist.

Sieht man also von der unterschiedlichen Feldverteilung bei
Gleichstrom- und Drehstrommaschine ab, ist zunächst kein
Unterschied in der Spannungserzeugung zu erkennen.

Führt man die Spannung zwischen zwei Lamellen im Durchmesser
über Schleifringe heraus, kann man bei laufender Maschine eine
Wechselspannung messen, die sich aus der geometrischen Summe
aller Spulenspannungen von Lamelle A bis Lamelle B ergibt
(Abb. 42); (vorausgesetzt sinusförmiges Feld). Wählt man ein
anderes Lamellenpaar, mißt man dieselbe Spannung, nur ist sie
entsprechend phasenverschoben. Trägt man die Augenblicksspan-
nungen am Umfang des Wicklungsringes auf, würde man eine räumlich sinusförmige Spannungsverteilung erkennen (Abb. 42), die
relativ zum Läufer mit der Drehfrequenz $2\pi \cdot n$ umläuft. Wegen
der gegenlaufenden Läuferdrehung steht diese Spannungsverteilung im Raum still, so daß man durch stillstehende Schleif-
kontakte (Bürstenkohlen) am Kommutator eine Gleichspannung
abgreifen kann, die je nach Winkellage zu den Polen zwischen
Null und dem Scheitelwert der Wechselspannung veränderlich ist.
Die induzierte Spannung errechnet sich:

$$\hat{e}^{\phi} = \frac{k}{2a} \cdot \hat{e}_s \cdot \frac{2}{\pi} = \phi_h \cdot z \cdot n \cdot \frac{p}{a} \doteq E_-$$

$$\hat{e}_s = 2\pi \underbrace{n \cdot p}_{f_1} \cdot \phi_h \cdot w_s$$

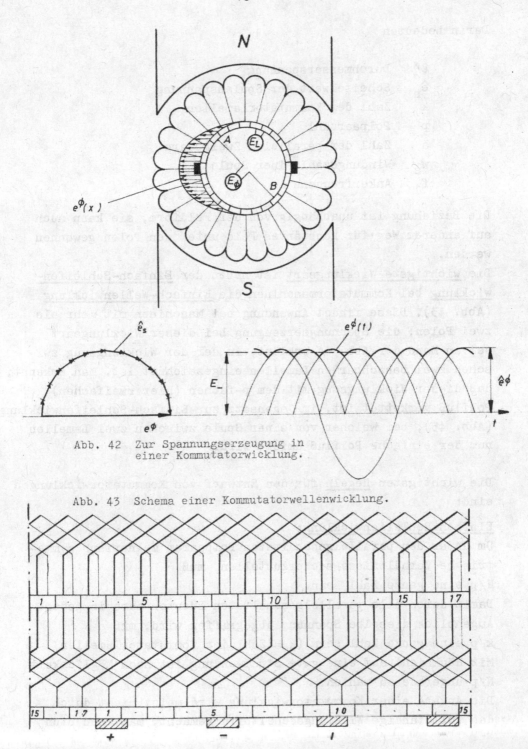

Abb. 42   Zur Spannungserzeugung in
          einer Kommutatorwicklung.

Abb. 43   Schema einer Kommutatorwellenwicklung.

Darin bedeuten

$\hat{e}_\emptyset$ Durchmesserspannung

$\hat{e}_s$ Scheitelwert der Spulenspannung

k   Zahl der Kommutatorlamellen

p   Polpaarzahl

a   Zahl der parallelen Zweigpaare

w_s Windungszahl einer Spule

f_1 Ankerfrequenz

Die Beziehung ist unabhängig von der Feldform, sie kann auch auf anderem Weg für konstantes Feld unter den Polen gewonnen werden.

Die wichtigste Wicklungsart ist neben der Einfach-Schleifenwicklung bei Kommutatormaschinen die Einfach-Wellenwicklung (Abb. 43). Diese findet Anwendung bei Maschinen mit mehr als zwei Polen; die Spannungserzeugung bei dieser Wicklungsart sei an Hand der Abb. 44 erklärt, in der der Wicklungszug zwischen zwei benachbarten Lamellen eingezeichnet ist. Man erkennt, daß dieser Wicklungszug mit dem p-fachen (hier zweifachen) Polfluß verkettet ist, im Gegensatz zur Einfach-Schleifenwicklung (Abb. 45), bei welcher von einer Spule zwischen zwei Lamellen nur der einfache Polfluß umfaßt wird.

Die wichtigsten Regeln für den Entwurf von Kommutatorwicklungen sind:

Einfach-Schleifenwicklung:
Um unter den parallelgeschalteten Polpaaren magnetisch symmetrische Verhältnisse sicherzustellen, muß
N/p eine ganze Zahl sein.
Damit durch alle parallelgeschalteten Bürstenpaare in jedem Augenblick dieselbe Spannung abgegriffen wird, muß
k/p eine ganze Zahl sein (k = Zahl der Kommutatorlamellen).
Mit Rücksicht auf eine gute Stromwendung ist nach Möglichkeit
N/p ungerade zu wählen.
Die Angabe einer Kommutatorwicklung wird meist nicht durch
das vollständige Wicklungsschaltbild gemacht, man kann sich

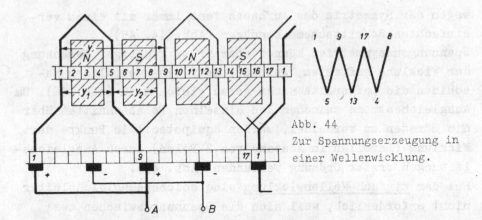

Abb. 44
Zur Spannungserzeugung in
einer Wellenwicklung.

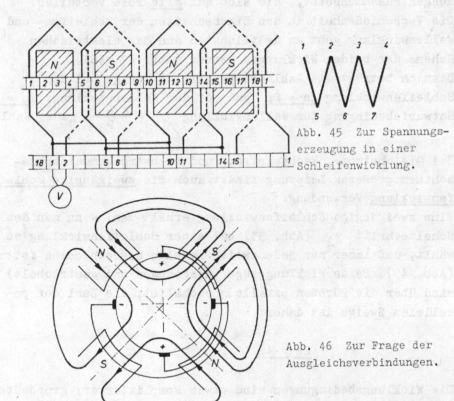

Abb. 45 Zur Spannungs-
erzeugung in einer
Schleifenwicklung.

Abb. 46 Zur Frage der
Ausgleichsverbindungen.

wegen der Symmetrie des Aufbaues fast immer mit einem vereinfachten Schrittschema begnügen (Abb. 44, 45).
Spannungsunsymmetrien können aber trotz richtiger Bemessung
der Wicklung auftreten, wenn bei mehr als zweipoligen Maschinen die Luftspalte nicht genau gleich sind (Abb. 46). Um
Ausgleichsströme zwischen den einzelnen Polabschnitten über
die Bürsten zu vermeiden, werden äquipotentiale Punkte der
Wicklung (Lamellen im Abstand von 2 Polen) durch Ausgleichs-
leitungen erster Ordnung verbunden (Abb. 45).
Bei der Einfach-Wellenwicklung sind solche Ausgleichsleiter
nicht erforderlich, weil sich die Spannung zwischen zwei
Lamellen dort immer aus einer Summe von mehreren Leiterspan-
nungen zusammensetzt, die sich auf alle Pole verteilen.
Die Verschiedenheit in den Eigenschaften der Schleifen- und
Wellenwicklung geht am deutlichsten aus dem elektrischen
Schema der beiden Wicklungen hervor (Abb. 47, 48).
Demnach beträgt die Zahl der parallelen Zweige bei der
Schleifenwicklung $2a = 2p$ und bei der Wellenwicklung: $2a = 2$.
Entwurfsbedingung für Wellenwicklung $y = \dfrac{k \pm 1}{p}$ ganze Zahl.*)

Bei Gleichstrom-, Wechselstrom- und Drehstromkommutatorma-
schinen größerer Leistung findet auch die zweigängige Schleifenwicklung Verwendung.
Eine zweigängige Schleifenwicklung erhält man, wenn man den
Schaltschritt y_2 (Abb. 33) bei einer Schleifenwicklung so
wählt, daß immer nur jede zweite Lamelle angeschlossen ist
(Abb. 49). Beide Wicklungszüge (ausgezogen und gestrichelt)
sind über die Bürsten parallelgeschaltet, die Zahl der parallelen Zweige ist daher:

$$2a = 4p$$

Die Wicklungsbedingungen sind etwas komplizierter; grundsätzlich kann man zwei Möglichkeiten unterscheiden:

*)y ... resultierender Wicklungsschnitt in Lamellenteilungen
   gezählt.

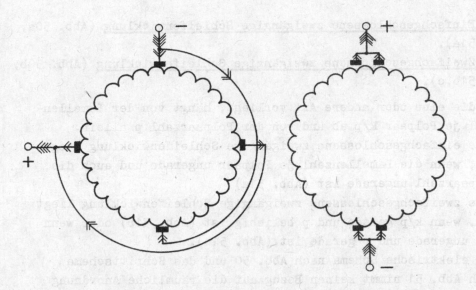

Abb. 47: Elektr. Schema einer vierpoligen Einfach-Schleifenwicklung.

Abb. 48: Elektr. Schema
einer vierpoligen Wellen-
wicklung.

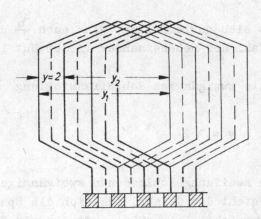

Abb. 49: Schema einer zweigängigen Schleifenwicklung.

1) <u>Einfachgeschlossene zweigängige Schleifenwicklung</u> (Abb. 50a, 51a).

2) <u>Zweifachgeschlossene zweigängige Schleifenwicklung</u> (Abb. 50b, 51b,c).

Ob die eine oder andere Art vorliegt, hängt von der Lamellenzahl je Polpaar k/p ab und von der Polpaarzahl p allein.
Eine einfachgeschlossene zweigängige Schleifenwicklung liegt vor, wenn die Lamellenzahl je Polpaar ungerade und auch die Polpaarzahl ungerade ist (Abb. 51a).
Eine zweifachgeschlossene zweigängige Schleifenwicklung liegt vor, wenn k/p gerade und p beliebig ist (Abb. 51b) oder wenn k/p ungerade und p gerade ist (Abb. 51c).
Das elektrische Schema nach Abb. 50 und das Schrittschema nach Abb. 51 nimmt keinen Bezug auf die räumliche Anordnung der Wicklungselemente.
Die Frage, ob k/p gerade oder ungerade ist, läßt sich rasch aus der Zahl der in der Nut nebeneinander liegenden Leiter erkennen, wenn man voraussetzt, daß N/p ungerade ist.

$$\frac{N}{p} = \frac{k}{\frac{z_n}{2} \cdot p} = \text{ungerade}$$

Diese Bedingung läßt sich nur erfüllen, wenn auch $\frac{z_n}{2}$ ungerade ist, d.i. die Zahl der nebeneinander in der Nut liegenden Stäbe.
Allgemein gilt für die zweigängige Schleifenwicklung

$$y_1 - y_2 = y = \pm 2$$

Insbesondere bei der zweifachgeschlossenen zweigängigen Schleifenwicklung besteht die Gefahr, daß sich die Spannung zwischen den Lamellen nicht gleichmäßig aufteilt. Im Extremfall kann z.B. ein Lamellenschluß bewirken, daß die Spannung

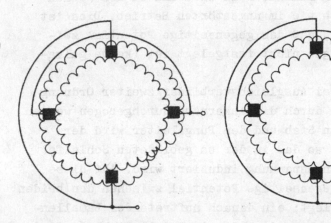

Abb. 50a:Elektr. Schema   **Abb. 50b:Elektr. Schema**

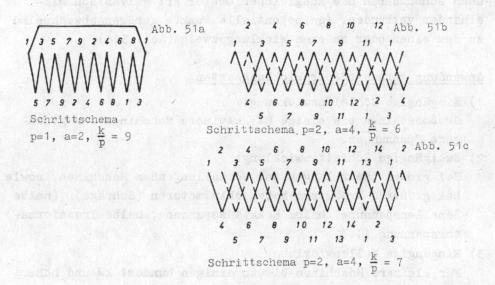

Abb. 51a

Schrittschema
p=1, a=2, $\frac{k}{p}$ = 9

Abb. 51b

Schrittschema p=2, a=4, $\frac{k}{p}$ = 6

Abb. 51c

Schrittschema p=2, a=4, $\frac{k}{p}$ = 7

Abb. 50a u. 51a:Einfachge-schlossene, zweigängige Schleifenwicklung.   **Abb. 50b, 51b u. 51c : Zweifachge-schlossene, zweigängige Schleifen-wicklung.**

zwischen jeder zweiten Lamelle Null wird und an den benachbarten doppelt so hoch wie im ungestörten Betrieb. Dies ist
darauf zurückzuführen, daß das gegenseitige Potential zwischen den Wicklungszügen nicht festgelegt ist (keine galvanische Kopplung).

Abhilfe bringen hierbei Ausgleichsverbinder zweiter Ordnung
(Pungaverbinder), die durch die Ankernabe durchgezogen werden
(Abb. 52). Durch einen Stab und den Pungaleiter wird der
halbe Polfluß umfaßt, so daß in der so gebildeten Schleife
genau die halbe Windungsspannung induziert wird. Auf diese
Weise wird auch das gegenseitige Potential zwischen den beiden
Wicklungszügen festgelegt; ein danach auftretender Lamellen-
schluß würde ausgebrannt werden, da ein Lamellenschluß einen
Kurzschluß der erwähnten Schleife darstellt (Abb. 52).

Bei Wicklungen mit k/p ungerade sind die beiden Wicklungszüge
auch schon durch die Ausgleicher erster Art galvanisch miteinander verbunden. Äquipotentielle Punkte gehören abwechselnd
zu dem einen oder anderen Wicklungszweig (Abb. 51c).

Anwendung verschiedener Wicklungsarten

1) Eingängige Schleifenwicklung:
   Großmaschinen bis einige MW; kleinere Maschinen für geringere Spannungen.
2) Zweigängige Schleifenwicklung:
   Bei großen, sehr langen und schnellaufenden Maschinen, sowie
   bei größeren Drehstrom-Nebenschlußmotoren (Schrage); (halbe
   Lamellenspannung, halbe Reaktanzspannung, halbe Transforma-
   torspannung !).
3) Eingängige Wellenwicklung:
   Für kleinere Maschinen bis zu einigen hundert kW und höhere
   Spannungen.

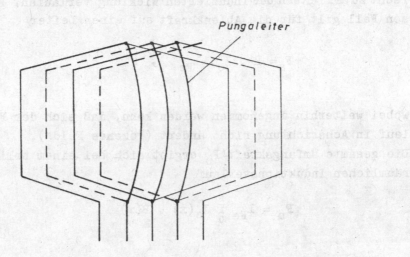

Pungaleiter

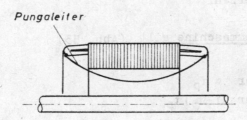

Pungaleiter

Abb. 52: Ausgleichsverbinder zweiter Art (Pungaleiter).

3.4 Die Momentenerzeugung in einer elektrischen Maschine

Bei elektrischen Maschinen kann mit Hinblick auf den aktiven
Teil angenommen werden, daß die magnetischen Feldlinien senkrecht zu den Leitern der induzierten Wicklung verlaufen. Für diesen Fall gilt für die Ablenkkraft auf einen Leiter

$$F_s = B \cdot I_s \cdot l_{Fe} \quad ,$$

wobei weiterhin angenommen werden kann, daß sich der Feldverlauf in Achsrichtung nicht ändert ("ebenes Feld").
Die gesamte Umfangskraft F_u ergibt sich bei einem beliebigen
räumlichen Induktionsverlauf

$$F_u = l_{Fe} \sum_0^z I_s(x) \cdot B(x)$$

Darin bezeichnen

$I_s(x)$ Leiterstrom an der Stelle x am Umfang
$B(x)$ magnetische Induktion an der Stelle x
z Gesamtleiterzahl

Für die Gleichstrommaschine gilt (Abb. 53)

$I_s(x) = const = I_s$
$B(x) = const = B$ über $\alpha \tau_p$
$B(x) = 0$ über $(1 - \alpha) \tau_p$

Damit wird:

$$F_u = z \cdot \alpha \cdot l_{Fe} \cdot B \cdot I_s$$

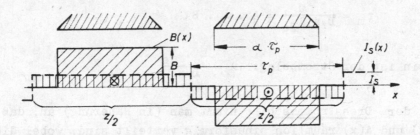

Abb. 53: Zur Momentenerzeugung in der Gleichstrommaschine.

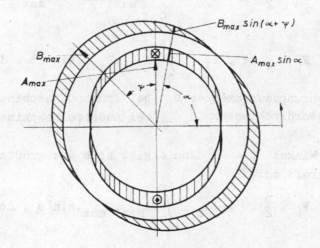

Abb. 54: Zur Momentenerzeugung in einer Drehstrommaschine.

Die Umfangskraft je Einheit der Rotoroberfläche nennt man den mittleren spezifischen Drehschub:

$$\tau_m = \frac{F_u}{D \cdot \pi \cdot l_{Fe}} = A \cdot \alpha \cdot B$$

Darin ist der Strombelag: $A = \dfrac{z \cdot I_s}{D \pi}$

Bei der <u>Drehstrommaschine</u> nimmt man (in Näherung) an, daß $B(x)$ und $A(x)$ räumlich sinusförmig verteilt sind, wobei die beiden Sinusverteilungen ganz allgemein einen räumlichen Phasenwinkel ψ einschließen (Abb. 54), den man den inneren Phasenwinkel nennt, im Gegensatz zum Winkel φ, der den Leistungsfaktor an den Klemmen der Maschine bestimmt. Ist dieser innere Phasenwinkel $\psi = \frac{\pi}{2}$, wird, wenn α den Winkel von A bezogen auf das mitrotierende Achsenkreuz bedeutet:

$$F_u = \frac{D}{2} \cdot \xi \cdot l_{Fe} \cdot \int_0^{2\pi} A_{max} \cdot \sin\alpha \cdot B_{max} \cos\alpha \cdot d\alpha$$

$$F_u = \frac{D}{4} \cdot \xi \cdot l_{Fe} \cdot \int_0^{2\pi} A_{max} \cdot B_{max} \cdot \sin 2\alpha \cdot d\alpha \underline{= 0}$$

D ... Bohrungsdurchmesser D_i (bei Innenpolmaschine);
    Rotordurchmesser d_a (bei Außenpolmaschine)

ist der Winkel $\psi = 0$, dann ergibt sich die größtmögliche Umfangskraft zu:

$$F_u = \frac{D}{2} \cdot \xi \cdot l_{Fe} \cdot \int_0^{2\pi} A_{max} \cdot B_{max} \cdot \sin^2\alpha \cdot d\alpha$$

$$F_u = \frac{D}{2} \cdot \xi \cdot l_{Fe} \cdot \pi \cdot A_{max} \cdot B_{max}$$

darin bedeuten:

$$A_{max} = \frac{\sqrt{2} \cdot z \cdot I_s}{D \pi} = \sqrt{2} \; A \qquad \text{Scheitelwert des Strombelages}$$

$$B_{max} \qquad \ldots\ldots \qquad\qquad \text{Scheitelwert der Induktion}$$

$$z \qquad \ldots\ldots \qquad\qquad\quad \text{Gesamtleiterzahl}$$

Wie schon früher ausgeführt, ist der Wickelfaktor ξ ein Maß
für die Ausnutzung der Maschine.

Er verringert einerseits die Spannung $(E_{1h} = 4,44 \cdot f \cdot \xi \cdot w \cdot \hat{\phi}_h)$
und andererseits den wirkamen Strombelag (Durchflutung
$\Theta_{max} = 1,35 \cdot z_n \cdot q \cdot \xi \cdot I_s$). Für die Momentenbildung muß daher
mit diesem verringerten Strombelag

$$\xi \cdot \frac{\sqrt{2} \cdot I_s \cdot z}{D \pi} \quad \text{gerechnet werden:}$$

$$F_u = \frac{D}{2} \cdot l_{Fe} \cdot \xi \cdot A_{max} \cdot B_{max} \cdot \pi$$

$$\tau_m = \frac{F_u}{D \cdot \pi \cdot l_{Fe}} = A \cdot B_{max} \cdot \frac{\xi}{\sqrt{2}}$$

Das Maschinendrehmoment beträgt

$$M = \frac{D^2}{2} \cdot \tau_m \cdot \pi \cdot l_{Fe}$$

Mit

$$\hat{E}_{1h} = 2 \pi \cdot \overset{n \cdot p}{f} \cdot w \cdot \xi \cdot \hat{B} \cdot l_{Fe} \cdot \frac{D \pi}{2 p} \cdot \frac{2}{\pi} =$$

$$\hat{E}_{1h} = 2 \pi \cdot n \cdot \hat{B} \cdot w \cdot \xi \cdot D \cdot l_{Fe} \quad \text{und}$$

$$A = \frac{I_s \cdot 2m \cdot w}{D \pi} \quad \text{(bei Reihenschaltung) wird :}$$

$$M = \frac{D^2}{2} \pi \cdot l_{Fe} \cdot \frac{1}{\sqrt{2}} \cdot \xi \cdot I_s \cdot \frac{2m \cdot w}{D \pi} \cdot \hat{E}_{1h} \cdot \frac{1}{2\pi \cdot n \cdot w \cdot \xi \cdot D \cdot l_{Fe}}$$

$$M = \frac{m \cdot E_{1h} \cdot I_s}{2 \pi n}$$

m ... Phasenzahl

I_s ... Leiterstrom = Phasenstrom I_1 (bei Reihenschaltung)

Diese Beziehung gilt für cos ψ = 1.

Allgemein ist für alle Maschinen mit der Phasenzahl m:

$$M = \frac{m \cdot E_{1h} \cdot I_1 \cdot \cos \sphericalangle(E_{1h} \ I_1)}{2 \pi n} = \frac{P_\delta}{2\pi n} \ .$$

Für die Gleichstrommaschine ist m = 1 und cos ψ = 1

P_δ nennt man die innere (Wirk)-Leistung.

3.5 Die Induktivitäten der Wicklungen

Abgesehen von Maschinen mit Permanentpolen stehen bei allen
elektrischen Maschinen mindestens zwei Wicklungen miteinander
in Wechselwirkung (Erregerwicklung und induzierte Wicklung).
Für die Beschreibung der physikalischen Vorgänge in der Maschine und die Vorausberechnung des Betriebsverhaltens müssen
die Induktivitäten dieser Wicklungen berechnet werden.
Streng betrachtet, müßte die Eigeninduktivität jeder Wicklung
für sich berechnet werden und darüber hinaus die Gegeninduktivität zwischen den einzelnen Wicklungen. Die Differenz der
beiden Induktivitäten ist die sogenannte Streuinduktivität;
sie ist durch jenen Feldanteil bestimmt, der jeweils nur mit
einer Wicklung verkettet ist.
Bei elektromagnetischen Energiewandlern verläuft das Feld
meist teilweise in Luft, teilweise im Eisen, so daß man von
dem Überlagerungsprinzip für die von verschiedenen Wicklungen
herrührenden magnetischen Felder nicht mehr uneingeschränkt
Gebrauch machen kann.
Hinzu kommt, daß man bei der ausschließlichen Benützung von
Eigen- und Gegeninduktivitäten (anstelle der Hauptfeld- und
Streuinduktivitäten) nicht direkt erkennt, welche Höhe die
einzelnen Felder nach der Überlagerung besitzen.
Dies und die bessere physikalische Anschaulichkeit ist der
Grund, weshalb man sich im Elektromaschinenbau meist der
Unterscheidung in <u>Hauptfeld- und Streuinduktivität</u> L_h und L_σ
(Vgl. auch Abb. 9 bis 13) bedient.

Die Induktivität von mehr oder weniger konzentrierten Magnetspulen mit Eisenkern

Solche Spulen sind Transformator- und Drosselspulen, ferner
Polspulen bei Gleichstrom- und Einphasen-Wechselstrommaschinen,
sowie Polspulen bei Drehstrom-Synchronmaschinen mit Schenkelpolen.
Im Prinzip kann die Induktivität solcher Spulen durch die bekannte Beziehung

$$L = \Lambda\, w^2$$

berechnet werden.
Unter Λ ist hierbei der magnetische Leitwert des ganzen magnetischen Kreises zu verstehen, er setzt sich zusammen aus

$$\Lambda = \Lambda_1 + \Lambda_2$$

worin sich Λ_1 auf den von der Spule erregten Flußanteil
ϕ_1, Λ_2 auf den Flußanteil ϕ_2 bezieht.
Abb. 55 zeigt als Beispiel die zugehörigen Felder in einer
Eisendrosselspule.
Verhältnismäßig einfach zu berechnen ist die Induktivität L_1,
bzw. Λ_1; auf diese möge die nachstehende Betrachtung beschränkt bleiben.
Es liegt hier eine Reihenschaltung eines Luft- und Eisenweges
mit den zugehörigen magnetischen Widerständen R_{mFe}, $R_{m\delta}$ vor;
wegen $\Lambda = \frac{\phi}{\Theta}$ kann das Λ zunächst aus der Magnetcharakteristik
$\phi = f(\Theta)$ berechnet werden.
Der nicht über Kern und Luftspalt verlaufende Flußanteil (ϕ_2)
erscheint in dem Ersatzbild Abb. 55 als Parallelwiderstand
R_{m2}; seine Größe wird wegen des komplizierten Feldverlaufes
meist nur unter groben Vereinfachungen in Prozenten geschätzt,
oder empirisch ermittelt.
Größenordnungsmäßig liegt der Flußanteil ϕ_2 von Maschinen,

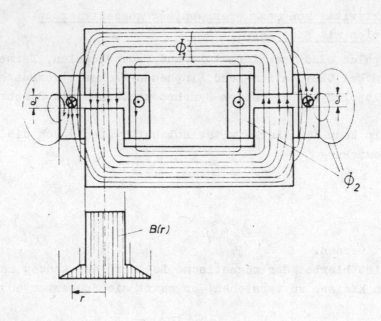

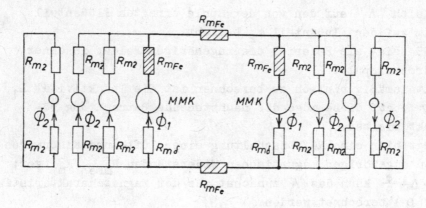

Abb. 55: Magnetischer Kreis einer Eisendrosselspule.

Transformatoren, Eisendrosselspulen zwischen 5 und 20 % des
Flußanteiles ϕ_1.

Ist das Eisen auf dem Weg des Flusses ϕ_1 gesättigt, muß zur
Bestimmung von L_1 ein erweiterter Vorgang eingeschlagen werden;
es genügt nicht, den zu einem bestimmten Θ gehörigen Fluß
aus der Charakteristik zu entnehmen, um das Λ bzw. L gemäß:
$\Theta = \frac{\phi}{\Lambda}$ bzw. $L = \Lambda w^2$ zu berechnen.

Die Spannung der Selbstinduktion e_L errechnet sich zu

$$e_L = -\frac{d\psi}{dt} = -\frac{d}{dt}\left[L(i).i\right] =$$

$$= -L(i).\frac{di}{dt} + \frac{d\,L(i)}{di}\,\frac{di}{dt}\,.\,i =$$

$$= -\frac{di}{dt}\left[L(i) + i\,.\,\frac{d\,L(i)}{di}\right]$$

Die wirksame Induktivität der gesättigten Drosselspule setzt
sich demnach aus zwei Anteilen zusammen, wobei der erste:
$L(i) = \frac{\phi(i)}{i\cdot w}\,.\,w^2 = \frac{\phi\cdot w}{i}$ mit jenem übereinstimmt, der für
eine "gleichwertige" lineare Charakteristik durch den Betriebs-
punkt gelten würde. Hinzu kommt der differentielle Anteil:
$i\,.\,\frac{dL(i)}{di}$, der ebenfalls die Nichtlinearität der Magnetcharakteristik berücksichtigt.

Die wirksame Induktivität $(L(i) + i\,\frac{dL(i)}{di}) = L^*(i)$ wird
durch einen Stern gekennzeichnet; sie wird auf graphischem
Wege gemäß Abb. 56a (siehe auch Abschnitt 3.7) ermittelt.

Von einer Zeitkonstante kann bei Eisendrosselspulen, bzw.
Erregerpolen streng genommen nur dann gesprochen werden, wenn
der durch sie gekennzeichnete Übergangsvorgang durch eine
einfache e-Funktion beschrieben wird (ungesättigtes Eisen).
In allen anderen Fällen (nichtlineare Charakteristik, zusammengesetzte e-Funktionen) ist die Übergangsfunktion (Sprungantwort) kennzeichnend für den zu beschreibenden zeitlichen Vorgang.

92

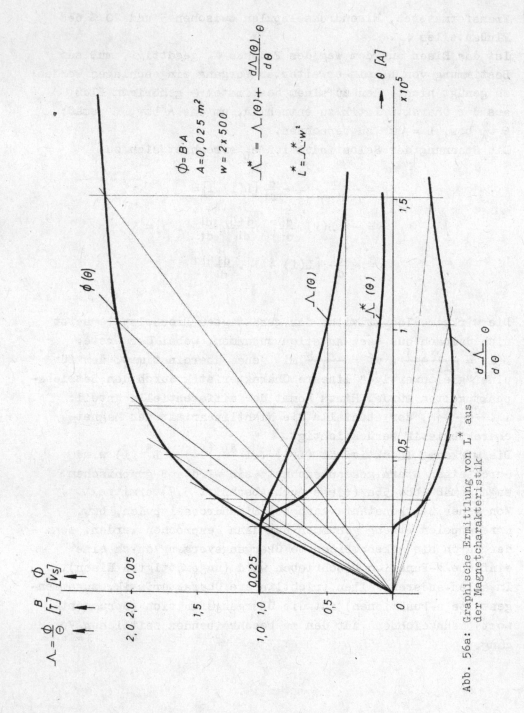

Abb. 56a: Graphische Ermittlung von L* aus
der Magnetcharakteristik

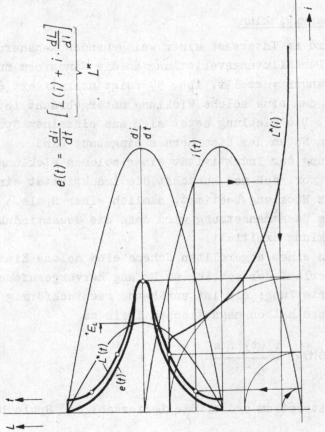

Abb. 56b: Induktivität einer gesättigten Eisendrossel;
graphische Bestimmung von L^*.

Die Induktivität verteilter Maschinenwicklungen

Auch hier werden Induktivität L_h und Induktivität L_σ aus-
einandergehalten und getrennt berechnet. (Siehe auch Abschnitt
3.1, Absatz 2)

Verteilte Einphasenwicklung

Die Wicklung wird im Interesse einer weitgehenden Annäherung
der räumlichen Durchflutungsverteilung an die Sinusform nur
auf 2/3 des Umfanges verteilt. Abb. 57 zeigt schraffiert den
Raumbereich, in dem eine solche Wicklung untergebracht ist
(Wicklungsband). Die Wicklung setzt sich aus einzelnen Spulen
zusammen, die in Nuten des Eisenkernes eingebaut sind.
Bei der Berechnung der Induktivität einer solchen Wicklung
geht man nun so vor, daß man zunächst die Induktivität eines
Elementes dieser Wicklung bestimmt, nämlich einer Spule.
Durch sinngemäße Zusammensetzung wird dann die Gesamtinduk-
tivität der Wicklung ermittelt.
Abb. 58 zeigt in einem abgerollten Schema eine solche Einloch-
spule und den Verlauf der von ihr am Umfang hervorgerufenen
Durchflutungsverteilung; sie ist annähernd rechteckförmig und
errechnet sich pro halben magnetischen Kreis zu

$$\Theta(t) = \frac{i_s(t) \cdot z_n}{2}$$

worin i_s den Leiterstrom und z_n die Leiterzahl der Spule bedeuten.
Da man die Aufgabe durch Überlagerung der einzelnen Spulen-
felder lösen will ($\mu = \infty$), erweist es sich als zweckmäßig,
die räumlich rechteckförmige Durchflutungsverteilung durch
harmonische Analyse in eine Reihe räumlicher Durchflutungswellen zu zerlegen. Diese lassen sich dann für mehrere Spulen
nach den Regeln der komplexen Rechnung, die hier auf räumliche
Wellen angewendet wird, in einfacher Weise zusammensetzen.

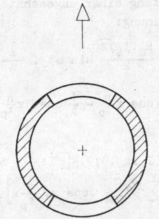

Abb. 57: Verteilte Einphasenwicklung.

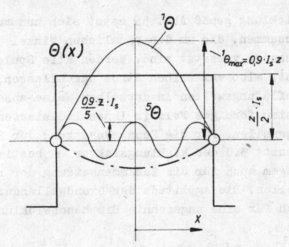

Abb. 58: Räumlicher Durchflutungsverlauf
einer Einlochspule.

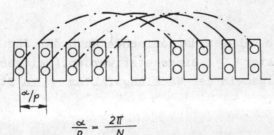

$$\frac{\alpha}{p} = \frac{2\pi}{N}$$

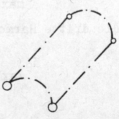

Abb. 59:
Verteilte Einphasen-
wicklung; zur Induk-
tivität einer
Spulengruppe.

Für die Rechteckdurchflutung einer ungesehnten Einlochspule
gilt bei Wechselstromspeisung:

$$\Theta(x,t) = \frac{z_n \cdot I_s \sqrt{2}}{2} \sin \omega t \cdot \frac{4}{\pi} \cdot$$

$$\cdot (\cos x \frac{\pi}{\tau_p} - \frac{1}{3} \cos 3x \frac{\pi}{\tau_p} + \frac{1}{5} \cos 5x \frac{\pi}{\tau_p} - \dots)$$

bzw. allgemein:

$$\Theta(x,t) = I_s \cdot z_n \cdot 0,9 \cdot \left[\sum_1^\nu \pm \frac{1}{\nu} \cos x \frac{\pi}{\tau_p} \nu \right] \cdot \sin \omega t$$

$$= \left[\sum_1^\nu \pm {}^\nu\Theta_{max} \cdot \cos x \cdot \frac{\pi}{\tau_p} \nu \right] \cdot \sin \omega t \quad (\text{Abb. 58})$$

worin I_s der Effektivwert des Wechselstromes ist und ${}^\nu\Theta_{max}$
der Scheitelwert der ν -ten Durchflutungswelle.

Die Einphasenwicklung gemäß Abb. 59 setzt sich nun aus q solcher
Einzelspulen zusammen, die um den räumlichen Winkel $\frac{\alpha}{p}$ am
Umfang gegeneinander versetzt sind. Werden alle Spulen in
Reihe geschaltet, also vom selben Strom durchflossen, setzen
sich ihre Durchflutungswellen in derselben Weise zusammen wie
die durch ein sinusförmiges Feld in ihnen induzierten zeitlichen Spannungswellen. Für die Zusammensetzung der Spannungen
war gemäß Abschnitt 3.3 der Wicklungsfaktor ξ bestimmend; er
ist es nach obigem auch für die Zusammensetzung der räumlichen
Durchflutungswellen. Die Amplitude der Grundwellendurchflutung ist demnach für eine ungesehnte Einphasenwicklung

$$^1\Theta_{max} = 0,9 \cdot z_n \cdot q \cdot {}^1f_z \cdot I_s$$

für die dritte Harmonische

$$^3\Theta_{max} = 0,9 \cdot \frac{1}{3} \cdot z_n \cdot q \cdot {}^3f_z \cdot I_s \quad \text{usw.}$$

Natürlich muß für die höheren Harmonischen auch der für sie
geltende Wicklungsfaktor ${}^\nu\xi$ eingesetzt werden.(Bei gesehnten
Spulen tritt ganz allgemein der Wicklungsfaktor ξ an Stelle
des Zonenfaktors f_z).

Die höheren Durchflutungsteilwellen der Einzelspulen sind ja
bezogen auf ihre eigene Periodenlänge um den ν fachen elektri-
schen Winkel ${}^{\nu}\alpha_{el} = \nu \cdot {}^{l}\alpha_{el}$ gegeneinander versetzt (Abb. 60).

Durch die Durchflutung Θ wird nun ein Magnetfluß über den
Luftspalt erregt, der seinerseits wieder eine induktive Gegen-EMK E_{1h} in der Wicklung induziert, welche zusammen mit
dem erregenden Strom die Hauptfeldreaktanz der Wicklung bestimmt.

$$X_{1h} = \frac{\sum\limits_{1}^{\nu} E_{1h}}{I}$$

$$\widehat{E}_{1h} = 2\pi \cdot f \cdot p \cdot z_n \cdot q \sum {}^{\nu}\widehat{\phi} \; {}^{\nu}\xi$$

Darin bedeuten ${}^{\nu}\widehat{\phi}$ die zeitlichen Scheitelwerte der von
den einzelnen Durchflutungswellen herrührenden Flüsse; diese
sind wie folgt zu berechnen:

$$ {}^{\nu}\widehat{\phi} = \frac{2}{\pi} \cdot l_{Fe} \cdot \frac{\tau_p}{\nu} \cdot {}^{\nu}B_{max}$$

worin B_{max} den Scheitelwert der räumlichen Induktionsverteilung für die ν -te Welle bedeutet; dieser ergibt sich aus dem
Scheitelwert der zugehörigen Durchflutungswelle ${}^{\nu}\Theta_{max}$ und dem
magnetischen Leitwert Λ des magnetischen Kreises.
Für den letztgenannten wird gewöhnlich der differentielle Anteil $(\frac{d\Lambda}{di} \cdot i)$ vernachlässigt und mit einer linearen äquivalenten Kennlinie δ'' gerechnet (Abb. 61).

$$ {}^{\nu}B_{max} = \mu_0 \cdot \frac{{}^{\nu}\Theta_{max}}{\delta'''}$$

(Vgl. Abschnitt 3.1; für konstanten Luftspalt z.B. bei Asynchronmaschinen, Turbogeneratoren).

$$ {}^{\nu}\widehat{\phi} = \frac{2}{\pi} \cdot l_{Fe} \cdot \frac{\tau_p}{\nu} \cdot \mu_0 \cdot 0,9 z_n \cdot q \cdot {}^{\nu}\xi \cdot I_s \cdot \frac{1}{\delta'} \cdot \frac{1}{\nu}$$

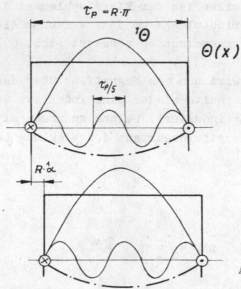

$$^1\alpha_{el} = \frac{2p \cdot \pi}{N}$$

$$^s\alpha_{el} = 5\,\frac{2p \cdot \pi}{N}$$

$$^1\alpha = \frac{2p\pi}{N} = \nu\check{\alpha}$$

Abb. 60: Zur Induktivität einer Spulengruppe.

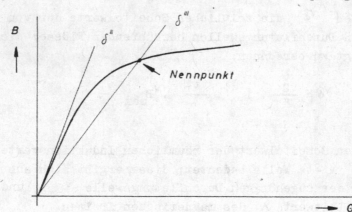

Abb. 61: Äquivalente Magnetcharakteristik

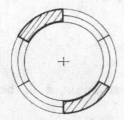

Abb. 62: Mögliche Anordnungen einer Dreiphasen-Drehstromwicklung.

$$E_{1h} = \frac{2}{\pi} \cdot 4{,}44 \cdot f \cdot z_n^2 \cdot q^2 \cdot p \cdot I_s \cdot \frac{\tau_p \cdot l_{Fe}}{\delta''} \cdot 1{,}256 \cdot 10^{-6} \cdot 0{,}9 \cdot \sum_1^\nu \frac{{}^\nu \xi^2}{\nu^2}$$

$$X_{1h} = 3{,}2 \cdot 10^{-6} \cdot f \cdot z_n^2 \cdot q^2 \cdot p \cdot \frac{\tau_p \cdot l_{Fe}}{\delta''} \cdot \sum \pm \left(\frac{{}^\nu \xi}{\nu}\right)^2$$

Die Formel gilt für Reihenschaltung aller Pole. Werden a Pole parallel geschaltet, kommt der Faktor $\frac{1}{a^2}$ hinzu.

Die einfache Summierung der Teilwellenspannungen ist deshalb möglich, weil sie alle mit derselben Frequenz "zeitlich" sinusförmig "atmen".

Ist der Luftspalt nicht konstant, wird die Feldkurve nicht mehr rechteckförmig sein, wie die Durchflutungskurve, es muß dann eine spezielle harmonische Analyse der räumlichen Induktionsverteilung vorgenommen werden.

Der zweite Anteil, die Streuinduktivität, wird später für alle Nutenwicklungen gemeinsam behandelt.

Einphasenwicklungen finden bei Einphasen-Synchron- und Asynchronmaschinen Verwendung. Auch die Rotorwicklung der Gleichstrommaschine ist als Einphasenwicklung aufzufassen; sie unterscheidet sich von den Wechselstromwicklungen dadurch, daß der Rotor voll und nicht nur 2/3 bewickelt ist und auch der Luftspalt bei der GM nicht konstant verläuft (ähnlich Einphasen-Schenkelpolmaschinen).

Die_Hauptfeldinduktivität_einer_verteilten_Drehstromwicklung

Gemäß Abb. 62 setzt sich eine Drehstromwicklung aus 3 um 120° versetzten Einphasenwicklungen zusammen, die jedoch nicht mehr auf 120° sondern über 60° verteilt sind.

Es liegt nahe, für die Berechnung der Hauptfeldinduktivität pro Phase einer Drehstromwicklung, von dem Ergebnis für die Einphasenwicklung auszugehen und die magnetischen Wirkungen der drei Phasenwicklungen zu überlagern.

Der zeitlich-räumliche Verlauf der einzelnen Teilwellen, die
von einer stromdurchflossenen Einphasenwicklung herrühren,
ergibt sich gemäß der Formel:

$$\Theta(x,t) = 0,9.z_n.q.I_s.\sin\omega t \sum_1^\nu \pm \frac{1}{\nu} \, {}^\nu\xi \cos(x \frac{\pi}{\tau_p} \nu)$$

Für die drei um 120° gegeneinander versetzten Einphasenwicklungen, aus denen sich eine Drehstromwicklung aufbaut, ergeben
sich die Argumente der Winkelfunktionen im obigen Ausdruck zu:

(ωt)		U (entsprechend der
		Speisung durch drei
$(\omega t - \frac{2\pi}{3})$	für die Phase V	zeitlich phasenver-
		schobene Ströme)
$(\omega t + \frac{2\pi}{3})$		W

bzw.

$(x \frac{\pi}{\tau_p})$		U (entsprechend der räum-
		lichen Versetzung der
$(x \frac{\pi}{\tau_p} - \frac{2\pi}{3})$	für die Phase V	drei Phasenspulen
		um 120°)
$(x \frac{\pi}{\tau_p} + \frac{2\pi}{3})$		W

Nach Überlagerung der drei um 120° versetzten und zeitlich
phasenverschobenen Einphasendurchflutungen $\Theta(x,t)$ erhält
man nach umständlicher Zwischenrechnung die <u>Reihe der
Durchflutungswellen</u> einer <u>Drehstromwicklung</u>:

$$\Theta(x,t) = 0,45 \, m \, .z_n.q.I_s \left[{}^1\xi \, .\sin(\omega t - x \frac{\pi}{\tau_p}) + \right.$$

$$\left. + {}^5\xi \, \frac{1}{5} \, .\sin(\omega t + 5.x \frac{\pi}{\tau_p} - ... \right]$$

wobei m die Phasenzahl bedeutet (hier 3).

Bemerkenswert an dieser Beziehung ist, daß sie im Gegensatz
zu jener für die Einphasenwicklung keine Glieder mehr enthält, deren Ordnungszahl durch die Phasenzahl (3) teilbar ist.
ν= 1, 5, 7, 11 ... usw.

Bemerkenswert ist ferner, daß jede zweite Welle entgegen
der Grundwelle umläuft, und zwar mit einer Winkelgeschwindigkeit, die umso geringer ist, je höher die Ordnungszahl
der Welle wird. Andererseits sind die Amplituden der Einzelwellen der Ordnungszahl ν verkehrt proportional.
Die Konstante: $1{,}35\ z_n.q$ schließlich unterscheidet sich von
jener für die Einphasenwicklung (0,9) nur um den Faktor 1,5.

Zu den vorstehend angeführten Ergebnissen kann man auch
durch anschauliche Überlegungen kommen, die nachstehend zur
Kontrolle angestellt werden. Abb. 63 zeigt, wie die Überlagerung für die 1., 3. und 5. Harmonische vorgenommen wird;
hierbei wurde ein Zeitaugenblick festgehalten, bei dem sich
die Zeitlinie mit dem Stromzeiger I_U deckt.
Betrachtet man zunächst nur die Grundwellen, erkennt man leicht,
daß die Summe der Grundwellen aller drei Einphasendurchflutungen eine resultierende Drehfeldwelle ergibt, deren Scheitelwert das 1,5 fache jenes der Einphasenwellen mißt. Auch
läßt sich leicht erkennen, daß sich die Durchflutungswellen
mit der Ordnungszahl 3 aufheben ($\Sigma^3\Theta = 0$), d.h. nicht so wie
die Einzelwellen erster und fünfter Ordnung, die wieder ein
Drehfeld ergeben.

Die Teilausdrücke der Formel für $\Theta(x,t)$ bei der Drehstromwicklung stellen räumlich wellenförmige Durchflutungsverteilungen dar, die sich mit einer ganz bestimmten Winkelgeschwindigkeit am Umfang fortbewegen. Die Fortpflanzungsge-
schwindigkeit v kann man aus der identischen Nullsetzung
des Argumentes bestimmen:

für $\nu = 1$: $\omega t = x\,\dfrac{\pi}{\tau_p}$; $\dfrac{x}{t} = {}^1v = \omega\,\dfrac{\tau_p}{\pi}$

für $\nu = 5$: $\omega t = -5\,x\,\dfrac{\pi}{\tau_p}$; ${}^5v = \dfrac{-1}{5}\,\omega\,\dfrac{\tau_p}{\pi}$

d.h. $\dfrac{{}^1v}{{}^5v} = 5$; $\dfrac{{}^1v}{{}^\nu v} = \nu$

Die höherpoligen Wellen pflanzen sich nur mit dem ν-ten Teil
der Grundwellengeschwindigkeit fort.

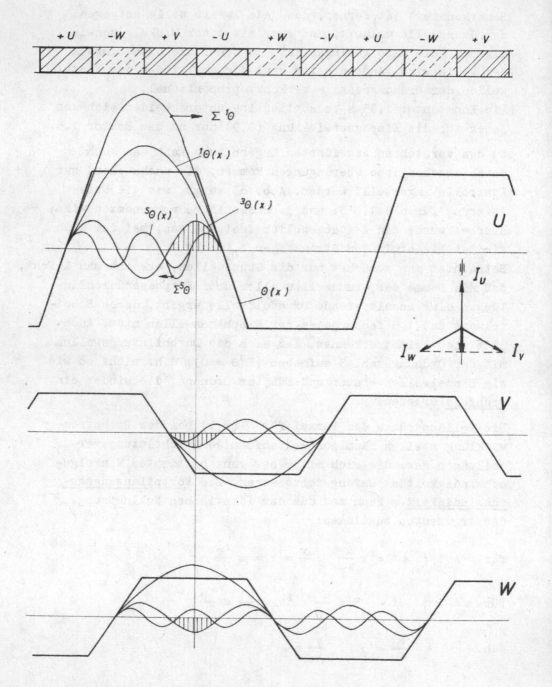

Abb. 63 Zur Entstehung der höherpoligen Wicklungsfelder.

Das negative Vorzeichen weist auf die verkehrte Drehrichtung
hin.

Auch bei der Drehstromwicklung bewirken die Einzelwellen
unabhängig von der Ordnungszahl Spannungen derselben Frequenz, da gemäß:

$$^{\nu}f = {}^{\nu}p \cdot {}^{\nu}n \quad \text{mit}$$

$$^{\nu}p = \nu \cdot {}^1p$$

$$^{\nu}n = \frac{{}^1n}{\nu}$$

die Ordnungszahl ν bei der Frequenz wieder herausfällt. Die
von den <u>Teilwellen</u> induzierten <u>Spannungen</u> können daher ebenso
wie bei der Einphasenwicklung <u>summiert</u> werden.
Dasselbe gilt für die zugehörigen Induktivitätsanteile. Der
Induktivitätsanteil durch die höherpoligen Teilwellen wird im
allgemeinen zur Streuinduktivität geschlagen (doppeltverkettete
Streuung), er wird auch dort behandelt werden.
Die durch die Grundwelle allein bestimmte <u>Hauptfeldreaktanz</u>
der Drehstromwicklung beträgt das 1,5 fache des entsprechenden Ausdruckes für die Einphasenwicklung (abgesehen vom Weg-
fall der Glieder mit Ordnungszahlen, die durch die Phasenzahl
teilbar sind).

$$^1X_{1h} = 4,8 \cdot f \cdot z_n^2 \cdot q^2 \cdot {}^1\xi^2 \cdot p \cdot \frac{\tau_p \cdot {}^1Fe}{\delta'''} \cdot 10^{-6}$$

$$(1/\nu^2 = 1)$$

Diese Formel gilt wieder für <u>Reihenschaltung</u> und <u>konstanten
Luftspalt</u>. Trifft das letztere nicht zu, wie beispielsweise
bei der Schenkelpol-Synchronmaschine, muß auf graphischem
Wege der tatsächliche Feldverlauf im Luftspalt bestimmt und
die zugehörige Grundwelle ermittelt werden. Für praktische
Berechnungen bedient man sich einfacher Faktoren, die den
Einfluß des nicht konstanten Luftspaltes bei verschiedenen

Polformen berücksichtigen $\overline{(Abb. 74)}$:

Für Rechteckpole

$$c_d = (\frac{b_p}{\tau_p} + \frac{\sin \frac{b_p}{\tau_p} \pi}{\pi}) \qquad \text{in Polachse}$$

$$c_q = (\frac{b_p}{\tau_p} - \frac{\sin \frac{b_p}{\tau_p} \pi}{\pi}) \qquad \text{in Querachse}$$

Für Sinusfeldpole

$$c_d = \frac{8}{3\,\pi} \qquad \text{in Polachse}$$

$$c_q = \frac{4}{3\,\pi} \qquad \text{in Querachse}$$

Für die Parallelschaltung einzelner Pole ist der ganze Ausdruck für $^1X_{1h}$ mit $\frac{1}{a}$ zu multiplizieren, wobei a die Zahl der parallelen Zweige bedeutet.

Da z.B. bei Synchronmaschinen das Polrad mit seinen Polen und Pollücken synchron mit dem von der Drehstromwicklung erzeugten Belastungsdrehfeld umläuft, kann es z.B. bei Wirklast und leichter Untererregung vorkommen, daß das Belastungsfeld der Drehstromwicklung genau senkrecht zur Polachse steht (Abb. 64a); bei rein induktiver Last hingegen wirkt es genau in Polachse (Abb. 64b). Die Hauptfeldinduktivität ist in einem Fall mit c_q, im anderen mit c_d zu berechnen:

$$X_{1d} = c_d \cdot X_{1h} \qquad \text{(Längsfeldreaktanz)}$$

$$X_{1q} = c_q \cdot X_{1h} \qquad \text{(Querfeldreaktanz)}$$

Die Streuinduktivität von Maschinen- und Transformatorwicklungen

Die Berechnung der Streureaktanz ist im allgemeinen viel
schwieriger als die der Hauptfeldreaktanz. Dies ist darauf
zurückzuführen, daß der Verlauf des Hauptfeldes durch die
Ausbildung des Eisenkernes viel genauer bekannt ist als jener
des Streufeldes. Letzteres schließt sich z.T. in Luft, z.T.
in Eisen, z.T. wird es durch massive Konstruktionsteile beeinflußt usw. Fast immer hat es eine dreidimensionale Ausdehnung
und kann nicht wie das Hauptfeld ohneweiteres auf einen
"ebenen" Verlauf zurückgeführt werden.
Der Rechnung einigermaßen zugänglich sind jene Anteile der
Streureaktanz, die man auf die Reaktanz einer eisengebetteten
Spule zurückführen kann. Dies trifft zu für die Reaktanz
eines Transformators und teilweise auch für die von nutengebetteten Spulen einer verteilten Wicklung; ferner für den in
der Pollücke befindlichen Teil von Polspulen der Synchron-,
Gleichstrom- und Einphasenmaschinen.

Die Streureaktanz einer eisengebetteten Spule

Abb. 65 zeigt die einfache Anordnung einer feindrähtig ge-
wickelten Spulenseite, die in der Nut eines Blechpaketes gebettet ist. Die Spule sei in 2 Teile aufgeteilt, welche
gleichsinnig oder gegensinnig stromdurchflossen sein können.
Zunächst möge die Anordnung mit gleichsinnig stromdurchflossenen Teilspulen behandelt werden.
Um die Streureaktanz dieser Anordnung zu berechnen, muß das
Feld bekannt sein, mit dem jede einzelne Windung der Spule
verkettet ist.
Sieht man von der Inhomogenität an der Nutenöffnung, sowie
von den Veränderungen durch den Leiter selbst ab, darf man
den Verlauf der Feldlinien als parallel annehmen. Der Verlauf
der Nutenquerfeldinduktion ist in Abb. 65 rechts dargestellt.
Für gegensinnige Durchflutung der Ober- und Unterschicht geht
der Verlauf in jenen gemäß Abb. 66 über.

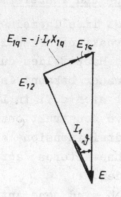
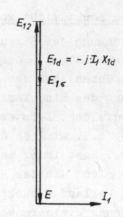

$E_{1q} = -j\,I_1 X_{1q}$

$E_{1d} = -j\,I_1 X_{1d}$

Abb. 64 a   Abb. 64 b

Zur Definition von X_{1d} und X_{1q}

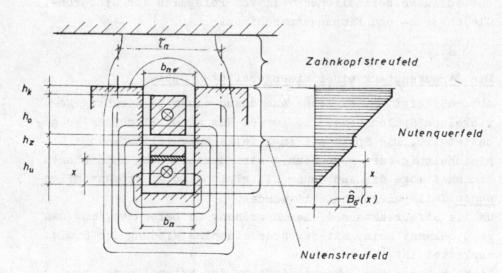

Abb. 65   Verlauf und Verteilung des Nutenquerfeldes
bei gleichsinnigem Strom in Ober- und
Unterschicht.

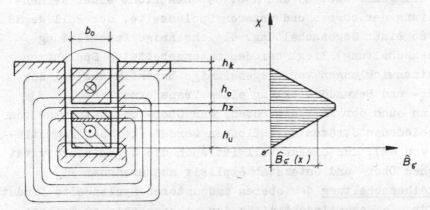

Abb. 66 Verlauf und Verteilung des Nutenquerfeldes
bei gegensinnigem Strom in Ober- und Unterschicht.

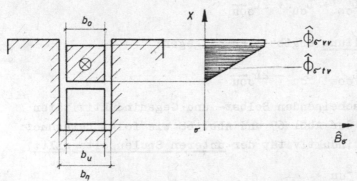

Abb. 67 Verlauf und Verteilung des Nutenquerfeldes
bei Stromdurchflutung der Oberschicht allein.

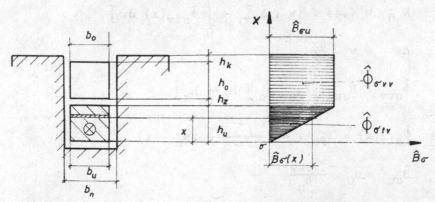

Abb. 68 Verlauf und Verteilung des Nutenquerfeldes
bei Stromdurchflutung der Unterschicht allein.

Der Fall gemäß Abb. 65 und Abb. 69 entspricht einer Reihen-
schaltung der oberen und unteren Spulenseite, der Fall gemäß
Abb. 66 einer Gegenschaltung. Gleichsinnige Durchflutung
(Reihenschaltung) liegt bei den nutengebetteten Spulen von
Maschinenwicklungen vor, gegensinnige Durchflutung bei der
Primär- und Sekundärwicklung eines Transformators.
Es kann auch der Fall eintreten, daß Ober- und Unterstab von
verschiedenen Strömen durchflossen werden (bei der Kommutie-
rung von GM); für diesen Fall ist auch die Gegeninduktivität
zwischen Ober- und Unterstab explizit auszurechnen.
Für <u>Reihenschaltung</u> der oberen und unteren Spulenseite findet
man für die Gesamtinduktivität des eisengebetteten Teiles:

$$L_{\sigma n} = L_{\sigma o} + L_{\sigma u} + 2L_{\overline{\sigma o u}}$$

Für <u>Gegenschaltung</u> ergibt sich hingegen:

$$L_{\sigma n} = L_{\sigma o} + L_{\sigma u} - 2L_{\overline{\sigma o u}}$$

Die darin aufscheinenden Selbst- und Gegeninduktivitäten
werden anhand der Abb. 67 und Abb. 68 wie folgt berechnet:
Für die Selbstinduktivität der <u>unteren Spulenseite gilt</u>:

$$L_{\sigma u} = \frac{E_{\sigma u}}{\omega . I}$$

$$E_{\sigma u} = 4,44 \ f \ \left[w . \hat{\phi}_{\sigma v v} + \int_{0}^{w} \hat{\phi}_{\sigma t v}(x) \ dw \right]$$

$$dw = w . \frac{dx}{h_u}$$

$$\hat{\phi}_{\sigma v v} = \hat{B}_{\sigma u} . l_{Fe} \left[h_o + h_z + h_k \right]$$

$$\hat{\phi}_{\sigma t v}(x) = l_{Fe} . \frac{\hat{B}_{\sigma}(x) + \hat{B}_{\sigma u}}{2} \ (h_u - x)$$

$$\hat{B}_{\sigma u} = \mu_0 . \frac{\hat{I} . w}{b_n}$$

$$\hat{B}_{\sigma}(x) = B_{\sigma u} \frac{x}{h_u}$$

$$L_{\sigma u} = \mu_0 . l_{Fe} \left[\frac{h_u}{3 b_n} + \frac{h_o + h_z + h_k}{b_n} \right] . w^2$$

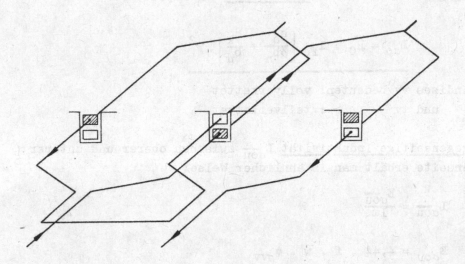

Abb. 69 Zur Entstehung der gleichsinnigen Stromdurchflutung
in einer Nut.

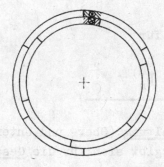

Abb. 70 Zur Entstehung der gegensinnigen Stromdurchflutung
in einer Nut

Analog gilt dann für die <u>Oberschicht</u> der Spule:

$$L_{\sigma o} = \mu_0 \cdot l_{Fe} \left[\frac{h_o}{3b_n} + \frac{h_k}{b_n} \right] \cdot w^2$$

Die Indizes vv bedeuten: vollverkettet

und tv : teilverkettet.

Die <u>gegenseitige Induktivität</u> $L_{\overline{\sigma ou}}$ zwischen oberer und unterer Spulenseite erhält man in ähnlicher Weise:

$$L_{\overline{\sigma ou}} = \frac{E_{\overline{\sigma ou}}}{I\omega}$$

$$E_{\sigma ou} = 4,44 \cdot f \cdot w \cdot \hat{\phi}_{\sigma vv}$$

darin bedeutet $\hat{\phi}_{\sigma vv}$ den gesamten, von der Oberseite allein erregten Streufluß gemäß Abb. 67; er berechnet sich zu:

$$\hat{\phi}_{\sigma vv} = \hat{B}_{\sigma o} \cdot l_{Fe} \left(\frac{h_o}{2} + h_k \right)$$

$$\hat{B}_{\sigma o} = \mu_0 \cdot \frac{\hat{I} \cdot w}{b_n}$$

Nach Einsetzen ergibt sich für

$$L_{\overline{\sigma ou}} = \mu_0 \cdot l_{Fe} \left(\frac{h_o}{2b_n} + \frac{h_k}{b_n} \right) \cdot w^2$$

<u>Für</u> den Fall der <u>Reihenschaltung</u> (Ober- und Unterseite <u>gleichsinnig</u> stromdurchflossen) ergibt sich für die <u>Gesamtinduktivität</u> L_{on}

$$L_{\sigma n} = L_{\sigma o} + L_{\sigma u} + 2L_{\sigma ou} =$$

$$= \mu_0 \, l_{Fe} \, w^2 \left(\frac{h_u + 7h_o}{3 \, b_n} + \frac{4h_k}{b_n} + \frac{h_z}{b_n} \right)$$

$$L_{\sigma n} = \mu_0 \, l_{Fe} \, 4w^2 \left(\frac{h_u + 7h_o}{12 \, b_n} + \frac{h_k}{b_n} + \frac{h_z}{4 b_n} \right)$$

Mit $w = \dfrac{z_n}{2}$ und $h_u = h_o = h$ wird weiter:

$$L_{\sigma n} = \mu_0 \cdot l_{Fe} \cdot z_n^2 \left(\frac{2h}{3 b_n} + \frac{h_k}{b_n} + \frac{h_z}{4 b_n} \right)$$

Sind beide Spulenseiten <u>gegensinnig</u> stromdurchflossen, gilt:

$$L_{\sigma n} = L_{\sigma o} + L_{\sigma u} - 2L_{\sigma ou} =$$

$$\doteq \mu_0 \cdot l_{Fe} \cdot w^2 \left(\frac{2h}{3 b_n} + \frac{h_z}{b_n} \right)$$

$$L_{\sigma n} = \mu_0 \cdot l_{Fe} \cdot z_n^2 \left(\frac{h}{6 b_n} + \frac{h_z}{4 b_n} \right)$$

Den <u>Klammerausdruck</u> nennt man die Streuleitwertzahl der Nutenstreuung λ_n. Der Vergleich mit dem Ergebnis für Reihenschaltung von Ober- und Unterschicht zeigt, daß die Induktivität bei Gegenschaltung erheblich kleiner ist.

Außer dem vorstehend behandelten Anteil der Streuinduktivität, nämlich der <u>Nutenstreuinduktivität</u> müssen auch noch die übrigen Anteile berechnet werden, diese sind:

Die <u>Zahnkopf-Streuinduktivität</u> <u>$L_{\sigma z}$</u>,

die <u>Stirnstreuinduktivität</u>   <u>$L_{\sigma s}$</u> und

die durch <u>Nutenschrägung</u> bedingte Streuinduktivität <u>$L_{\sigma schr}$</u>

Der Verlauf des _Zahnkopf-Streufeldes_ ist aus Abb. 65 zu entnehmen; seine Größe hängt u.a. von der Ausbildung des Ständers (bzw. Läufers) ab, welcher der betrachteten Wicklung gegenübersteht.
Erhebliche Unterschiede ergeben sich, wenn der betrachteten
Wicklung auf der anderen Seite des Luftspaltes eine gegensinnig durchflossene Wicklung gegenübersteht (AM), oder wenn
dieser Luftspalt so groß ist (Pollücke), daß sich das Zahn-
kopfstreufeld ungehindert ausdehnen kann (SM, GM). Der zuletzt-
genannte Fall ist vergleichsweise einfach zu berechnen, da nur
der magnetische Leitwert des Zahnkopfstreufeldes zu ermitteln
ist (Abb. 65):

$$\Lambda_{\sigma z} = \mu_0 \cdot l_{Fe} \cdot \frac{2,3}{\pi} \lg \frac{\tau_n}{b_{no}} = \mu_0 \cdot \lambda_z \cdot l_{Fe} \cdot$$

Darin bedeuten:

τ_n die Nutteilung $\frac{D\pi}{N}$

b_{no} Zahnbreite an der Oberfläche

λ_z Streuleitwertzahl

Die _Zahnkopfstreuinduktivität_ einer Einzelspule ergibt sich
mit $L_{\sigma z} = \Lambda_{\sigma z} \, z_n^2/4 \cdot 4$

$$L_{\sigma z} = \mu_0 \cdot l_{Fe} \cdot z_n^2 \cdot \lambda_z$$

Der magnetische Widerstand des Eisens wird bei der Streu-
feldberechnung vernachlässigt. Weniger einfach zu verstehen
ist die Zahnkopfstreuung bei der AM; sie wird dort _doppelt-_
verkettete Streuung genannt und nach anderen Gesichtspunkten
berechnet. Da dieser Anteil der Streureaktanz (Induktivität)
für eine einzelne Spule nicht definiert werden kann, sondern
nur im Zusammenhang mit der Induktivitätsberechnung der vollständigen verteilten Wicklung, wird die Berechnung im Rahmen
derselben nachgeholt werden.

Die vorstehend gewonnenen Ausdrücke für die Streuinduktivität
einer eisengebetteten Einzelspule sind auch _für_ die Streuin-
duktivitätsberechnung von _Polwicklungen_ bei GM, SM und ERM
anwendbar. Wie beispielsweise für die GM aus Abb. 9 ersehen
werden kann, darf auch eine Polspule im aktiven Bereich der
Maschine als nutengebettete Spule aufgefaßt werden; die Nut
ist hier die Pollücke, ihre andere geometrische Form muß
durch eine entsprechend andere Streuleitwertzahl berücksichtigt werden.

Da sowohl die Spulen von verteilten Wicklungen, wie auch
konzentrierte Polspulen nur teilweise in Eisen gebettet sind
(über die aktive Länge),der übrige Teil aber nur von Luft um-
geben ist _(Stirnverbindungen)_, muß die Induktivität auch für
diesen Anteil berechnet werden. Wegen der komplizierten dreidimensionalen Ausdehnung des Stirnstreufeldes und des Einflusses umliegender Konstruktionsteile ist der Versuch einer
exakten Berechnung der _Stirnstreuinduktivitäten_ von vornherein
zum Scheitern verurteilt. Die Stirnstreuinduktivität unterscheidet sich von der Nutenstreuinduktivität vor allem dadurch,
daß bei ihrer Berechnung auch die _gegenseitige Induktion_ durch
die benachbarten Spulen der verteilten Wicklung berücksichtigt
werden muß. Bei Eisenbettung hingegen sind die Einzelspulen
gegeneinander abgeschirmt. Mit Rücksicht auf die schon oben
erwähnte Unsicherheit bei der Berechnung der Stirnstreuung
wird die Streuleitwertzahl λ_s nur auf empirischer Grundlage
angegeben. Werte hierfür sind in Taschenbüchern für verschiedene Wicklungsanordnungen zu finden; ein brauchbarer _Mittel-
wert_ ist $\lambda_s = 0,3$. Für die _Stirnstreuinduktivität_ einer
Einzelspule gilt die Beziehung:

$$L_{\sigma s} = \mu_0 \cdot z_n^2 \cdot q \cdot l_s \cdot \lambda_s$$

l_s ... Stirnverbindungslänge (nicht in Eisen gebetteter
Leiteranteil)

Bei Maschinen mit zwei Drehstromwicklungen (AM) wird die
Stirnstreuinduktivität <u>für beide Wicklungen gemeinsam berechnet</u>;
hierfür gilt auch die Streuleitwertzahl.
Der Aufbau des Ausdruckes ist derselbe wie jener für den
eisengebetteten Teil. Der zusätzliche Faktor

$$q = \frac{N}{2p\,m}$$

die Nutenzahl pro Pol und Phase, berücksichtigt die <u>gegenseitige
Induktion benachbarter Spulen</u> einer Phase. Anstelle der Eisenlänge tritt nun die Länge des in Luft verlaufenden Spulen-
teiles (Stirnverbindungen, Luftschlitze). Zusammenfassend
kann die <u>Gesamtstreuinduktivität einer Einzelspule</u> wie folgt
angegeben werden (bei ungeschrägter Nut):

$$L_\sigma = L_{\sigma n} + L_{\sigma z} + L_{\sigma s}$$

$$L_\sigma = \mu_0 \cdot l_{Fe} \cdot z_n^2 \left(\lambda_n + \lambda_z + q\,\frac{l_s}{l_{Fe}}\,\lambda_s \right)$$

Die <u>Gesamtstreuinduktivität einer</u> aus <u>2p.q Einzelspulen</u> be-
stehenden <u>verteilten Wicklung</u> ist gleich der Summe aller
Spuleninduktivitäten:

$$L_\sigma = 2\,\mu_0 \cdot l_{Fe} \cdot z_n^2 \cdot q \cdot p \cdot \frac{1}{a^2}\left[\lambda_n \cdot k_s + \lambda_z + q \cdot \frac{l_s}{l_{Fe}} \cdot \lambda_s \right]$$

Darin bedeuten:

$$\lambda_n = \left(\frac{2h}{3\,b_n} + \frac{h_k}{b_n} + \frac{h_z}{4\,b_n} \right)$$

$$\lambda_z = \frac{2,3}{\pi}\,\lg\frac{\tau_n}{b_{no}}$$

$$\lambda_s \cong 0,3$$

a   Zahl der parallelen Zweige

k_s Verschachtelungsfaktor

Der Verschachtelungsfaktor k_s berücksichtigt die Induktivitätsminderung bei gesehnter Wicklung (Abb. 70); er beträgt bei
normaler Sehnung etwa 0,96. Die Induktivitätsminderung kommt
dadurch zustande, daß Ober- und Unterschicht in einzelnen
Nuten bei Sehnung nicht gleichsinnig stromdurchflossen sind
(Abb. 70).
Für die ganze Wicklung trifft dies beim Transformator zu, wo
λ_n nicht mit

$$\lambda_n = (\frac{2h}{3\,b_n} + \frac{h_k}{b_n} + \frac{h_z}{4b_n})$$

einzusetzen ist, sondern entsprechend dem Ausdruck für gegensinnige Stromdurchflutung mit:

$$\lambda_n = (\frac{h}{6b_n} + \frac{h_z}{4b_n})$$

Die Formel für L_σ gilt sowohl für verteilte Drehstromwicklungen als auch für Kommutatorwicklungen; in beiden Fällen ist
nur für a , q und m der entsprechend andere Wert einzusetzen.
Bei der GM ist

$$m = 1$$
$$q = \frac{N}{2p}$$
$$a \longrightarrow 2a$$

Die Formel ist aber auch auf eine Käfigwicklung anwendbar;
es sind nur die für sie gültigen Werte für m, z_h , q und a
einzusetzen.
Wie schon im Abschnitt über die Wicklungen ausgeführt, kann
eine Käfigwicklung als Vielphasenwicklung aufgefaßt werden,
bei welcher ein Ring den Sternpunkt,der andere die Kurzschluß-
verbinder darstellen. Die Formel ergibt sich mit:

$$m_3 = \frac{z_3}{p} \qquad \text{die Phasenzahl}$$

$$z_n = 1$$

$$q = \frac{z_3}{\frac{z_3}{p} \cdot 2p} = \frac{1}{2}$$

$$a = p$$

In die Beziehung für L_σ eingesetzt wird aus dieser:

$$L_{\sigma n} + L_{\sigma_z} = 2 \mu_0 \cdot 1 \cdot \frac{1}{2} \cdot p \cdot \frac{1}{p^2} \cdot l_{Fe} \left[\lambda_n + \lambda_z \right] =$$

$$= 2 \mu_0 \cdot \frac{1}{2p} \cdot l_{Fe} \left[\lambda_n + \lambda_z \right]$$

Der Anteil für die Ringstreuung (entspricht der Stirnstreuung) wird durch den Faktor λ_{1s} bei der Ständerstreuung mitberücksichtigt.
Die Induktivität ist bezogen auf eine Käfigphase, die aus p parallelgeschalteten Stäben besteht. Einer näheren Ausführung bedarf die Berechnung des Ringwiderstandes, da dieser nicht vom selben Strom durchflossen wird wie die Stäbe; es ist daher zunächst der Zusammenhang zwischen Ring- und Stabstrom zu ermitteln. Nimmt man zu diesem Zweck vereinfachend an, daß die Stabzahl pro Pol sehr groß ist, und die Stromverteilung auf die einzelnen Ströme am Umfang sinusförmig (Abb. 34), ergibt sich der maximale Ringstrom (an der Stelle wo der Stabstrom Null ist) zu:

$$I_R = \frac{2}{\pi} \cdot \frac{z_3}{4p} \cdot I_s = \frac{z_3}{2 \, p\pi} \cdot I_s$$

Zur Ermittlung des ohmschen Ringwiderstandes kann man sich einen Ersatzkäfig mit widerstandslos gedachten Ringen vorstellen, in dem bei derselben Stabstromverteilung dieselben Verluste entstehen wie im Originalkäfig. Damit dies möglich

ist, muß jeder Stab des Ersatzkäfigs einen höheren Widerstand aufweisen wie der Originalkäfigstab. Der zusätzliche
Widerstand pro Stab muß so bestimmt werden, daß die Verluste
in den Stäben des Ersatzkäfigs gleich sind den Verlusten
in Stäben und Ringen des Originalkäfigs:

$$z_3 \cdot I_s^2 \cdot R_R^* = I_R^2 \cdot 2 \cdot \frac{D_R \, \pi}{\varkappa \cdot a_R} =$$

$$= \frac{I_s^2 \cdot z_3^2}{4 \cdot p^2 \cdot \pi^2} \cdot 2 \cdot \frac{D_R \, \pi}{\varkappa \, a_R} = I_s^2 \cdot \frac{z_3^2 \cdot D_R}{2p^2 \, \pi \, \varkappa a_R}$$

Daraus wird

$$R_R^* = \frac{z_3 \cdot D_R}{2p^2 \, \pi \, \varkappa a_R}$$

Der gesamte ohmsche Widerstand pro Käfigphase beträgt demnach

$$R_3 = \frac{R_s + R_R^*}{p}$$

Die Induktivität der doppelt verketteten Streuung

Wie schon im Abschnitt über die Hauptfeldinduktivität festgestellt, handelt es sich bei diesem Anteil der Streuinduktivität um eine Erscheinung, die mit der nicht vollkommenen
Verteilung einer Wicklung am Umfang zusammenhängt (endliche
Nutenzahl, endliche Phasenzahl). Die Folge dieser unstetigen
Verteilung ist das Auftreten höherpoliger Durchflutungs- bzw.
Feldwellen, die neben der Grundwelleninduktivität eine zusätzliche Induktivität verursachen. Diesen Induktivitätsanteil erhält man, wenn man von der gesamten Hauptfeldinduk-

tivität

$$L_{1h}=0{,}61\,\mu_0\cdot z_n^2\cdot q^2\cdot p\cdot\frac{\tau_p\cdot l_{Fe}}{\delta'''}\cdot\overset{v}{\underset{\Sigma}{}}\left(\frac{^v\xi}{v}\right)^2$$

Die Anteile für die Grundwelle

$$^1L_{1h}=0{,}61\mu_0\cdot z_n^2\cdot q^2\cdot p\cdot {}^1\xi^2\cdot\frac{\tau_p\cdot l_{Fe}}{\delta'''}$$

abzieht.

Die <u>Selbstinduktivität</u> der <u>doppelt verketteten Streuung</u> wird
damit

$$L_{\sigma d}=L_{1h}-{}^1L_{1h}=0{,}61\,\mu_0\,z_n^2\cdot q^2\cdot p\cdot\frac{\tau_p\cdot l_{Fe}}{\delta'''}\cdot\overset{v}{\underset{5}{\Sigma}}\left(\frac{^v\xi}{v}\right)^2$$

$$=\sigma_d\cdot{}^1L_{1h}=2\mu_0\cdot z_z^2\cdot q\cdot p\cdot l_{Fe}\cdot\underbrace{(0{,}305\,\frac{\tau_p}{\delta''}\cdot{}^1\xi^2\cdot q\cdot\sigma_d)}_{\lambda_d\cdot q}$$

$$\sigma_d=\overset{v}{\underset{5}{\Sigma}}\left(\frac{^v\xi}{{}^1\xi}\right)^2\cdot\frac{1}{v^2}\cdot$$

Die Formel wurde mithin auf denselben Aufbau wie die Formel
für die Stirnstreuinduktivitäten gebracht:

$$L_{\sigma d}=2\,\mu_0\cdot z_n^2\cdot q\cdot p\cdot l_{Fe}\cdot(q\cdot\lambda_d)\cdot\frac{1}{a^2}$$

$$(\lambda_d\cdot q=0{,}305\cdot\frac{\tau_p}{\delta'''}\cdot{}^1\xi^2\cdot q\cdot\sigma_d)\;.$$

Die <u>gesamte Streuinduktivität der Phasenwicklung</u> einer Drehstrom-
Asynchronmaschine wird schließlich:

$$L_\sigma=2\mu_0\cdot z_n^2\cdot q\cdot p\cdot l_{Fe}\cdot\frac{1}{a^2}(\lambda_n\cdot k_s+q(\frac{l_s}{l_{Fe}}\lambda_s+\lambda_d))\;,$$

worin $q\cdot\lambda_d$ der Streuleitwertzahl λ_z bei der SM entspricht.

Für verschiedene Wicklungsausführungen kann σ_d der untenstehenden Tabelle entnommen werden (100 . σ_d). *)
q bezeichnet darin die Nutenzahl pro Pol und Phase.
ν gibt die Zahl der Nuten an, um die die Spule gesehnt ist
(ν = 0 ungesehnt).

ν \ q	$\underline{100\ \sigma_d}$	Drehstromwicklung m = 3						
	1	2	3	4	5	6	7	8
0	9,66	2,84	1,41	0,89	0,65	0,52	0,44	0,38
1	9,66	2,35	1,15	0,74	0,55	0,45	0,38	0,34
2		2,84	1,11	0,62	0,44	0,35	0,30	0,28
3			1,41	0,69	0,41	0,29	0,24	0,21
4				0,89	0,50	0,31	0,22	0,18
5					0,65	0,40	0,26	0,18
6						0,52	0,34	0,23
7							0,44	0,30
8								0,38

*) Nach Nürnberg : Die Asynchronmaschine

q	$\underline{100\ \sigma_d}$	Käfigwicklung						
q	1	2	2 1/3	2 2/3	3	3 1/3	3 2/3	4
100 σ_d	9,66	2,29	1,68	1,28	1,02	0,82	0,68	0,57

$$100\ \sigma_d = \frac{9,15}{q_2^2}$$

Die Bezeichnung: Doppelt verkettete Streuung ist darauf zurückzuführen, daß die sie erregenden höherpoligen Felder, Haupt-
feldanteile sind, die den Luftspalt überbrücken und teilweise
auch mit der gegenüberliegenden Wicklung verkettet sind.

Wäre dies tatsächlich im vollen Umfang der Fall, könnte man
nicht mehr von einem Streufeld sprechen, deren Kennzeichen
es ist, nur mit einer Wicklung verkettet zu sein. Um die vorstehend angeschnittene Frage zu klären, seien einige einfache Überlegungen angestellt.

Da man annehmen muß, daß die höherpoligen Feldwellen einer
Wicklung auch die jenseits des Luftspaltes liegende zweite
Wicklung durchsetzen, werden in dieser zweiten Wicklung
(z.B. Läuferwicklung) magnetische Rückwirkungen hervorgerufen werden. Um die Höhe dieser Rückwirkungen abschätzen
zu können, darf man in erster Näherung die langsam umlaufenden Felder höherer Polzahl als ruhend gegenüber dem mit
Grundwellendrehzahl laufenden Rotor annehmen. Unter dieser
vereinfachenden Voraussetzung liegen Verhältnisse wie bei
einer kurzgeschlossenen vielpoligen SM vor, die durch die
Zeigerdiagramme in Abb. 71 beschrieben werden. Es sind in
dieser Abbildung zwei Diagramme gegenübergestellt, die sich
durch sehr verschiedene Längsfeldreaktanzen X_{1d} unterscheiden.

Das Leerlauffeld entsprechend E_{12} wird durch die Rückwirkung
der kurzgeschlossenen Ständerwicklung bis auf einen Wert
ϕ_{1h} (E_{1h}) entsprechend dem Streuspannungsabfall abgedämpft.
Bei dem vorliegenden Vergleich ist die Polradspannung durch
das höherpolige Ständerfeld bestimmt und dieses wiederum ist
dem Belastungsstrom der AM proportional. Das verbleibende
Restfeld ϕ_{1h} wird durch die Streuinduktivität des Läufers
bestimmt und diese ist unabhängig von der Polteilung.
Anders ist es mit der Ständerlängsfeldinduktivität, deren
bezogener Wert wie folgt berechnet wird:

$$\frac{E_{1d}}{E} = 0,4 \cdot \sqrt{2} \cdot \xi \cdot \frac{\tau_p}{\delta''} \cdot \frac{A_{1max}}{\hat{1}_{Bmax}}$$

Da der Luftspalt für alle Durchflutungswellen derselbe bleibt,
hingegen die Polteilung mit zunehmender Ordnungszahl abnimmt,
wird auch die Längsfeldinduktivität mit zunehmender Ordnungs-

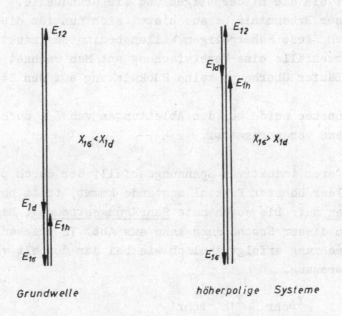

Abb. 71   Zur Frage der doppeltverketteten Streuung.

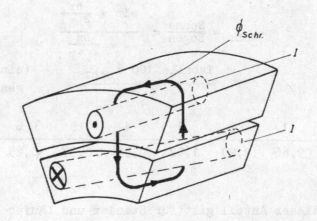

Abb. 72   Zur Frage der Schrägungsstreuung.

zahl kleiner. Die höherpoligen Ständerwicklungsfelder werden demnach durch die rotierende Läuferwicklung weit weniger abgedämpft als die niederpoligen und die Grundwelle.

Aus dieser Erkenntnis heraus bietet sich nun für die Berechnung der durch diese höherpoligen Wellen bedingten induktiven Spannungsabfälle eine Vereinfachung an: Man rechnet so, als ob der Läufer überhaupt keine Rückwirkung auf den Ständer hätte.

Diese Annahme wurde bei den Ableitungen von $L_{\sigma d}$ auch stillschweigend vorausgesetzt.

Ein weiterer induktiver Spannungsabfall, der durch parasitäre Felder höherer Polzahl zustande kommt, tritt bei geschrägten Nuten auf: Die sogenannte Schrägungsstreuung. Das Zustandekommen dieser Erscheinung kann aus Abb. 72 ersehen werden. Die Berechnung erfolgt ähnlich wie bei der doppelt verketteten Streuung.

$$X_{schr} = X_{1h}\, \sigma_{schr}$$

$$\sigma_{schr} = 1 - k_{schr}^2$$

$$k_{schr} = \frac{Sehne}{Bogen} = \frac{\sin \nu\, \frac{b\pi}{2\,\tau_p}}{\nu\, \frac{b\pi}{2\,\tau_p}}$$

Tabelle 100 σ_{schr} (eine Ständernut geschrägt)

q	1	2	3	4	5	6	7	8
$100\sigma_{schr}$	9,66	2,29	1,02	0,57	0,37	0,25	0,19	0,14

Auch dieser Anteil gilt für Ständer und Läufer gemeinsam.

Übersetzungsverhältnisse

Reaktanzen und Widerstände von elektrischen Maschinen und
Transformatoren werden meist im Zusammenhang mit Ersatzschaltbildern verwendet. In diesen Ersatzschaltbildern sind die
Ströme, Spannungen und Widerstände des Läufers (der Sekundärwicklung) auf den Ständer (Primärwicklung) reduziert.
Die Reduktion erfolgt durch Multiplikation mit dem Übersetzungsverhältnis zwischen beiden Wicklungen. Die Definition eines
Übersetzungsverhältnisses ist nur bei Transformatoren und
Drehstromwicklungsanordnungen mit konstantem Luftspalt eindeutig gegeben. Für zwei Drehstrom-Wicklungen findet man
das Strom-Übersetzungsverhältnis aus der Bedingung, daß die
reduzierten Ströme der Wicklung 2 in der Wicklung 1 fließend
dieselbe Grundwellendurchflutung ${}^1\Theta'_{max}$ hervorrufen, wie die
tatsächlichen Ströme in der Wicklung 2 (Durchflutungsinvarianz):

$$^1\Theta'_{2\,max} = {}^1\Theta_{2max}$$

$$0,45 \cdot m_2 \cdot q_2 \cdot z_{2n} \cdot {}^1\xi_2 \cdot I_2 =$$

$$= 0,45 \cdot m_1 \cdot q_1 \cdot z_{1n} \cdot {}^1\xi_1 \cdot I'_2$$

$$I'_2 = I_2 \frac{m_2 \cdot q_2 \cdot z_{2n} \cdot {}^1\xi_2}{m_1 \cdot q_1 \cdot z_{1n} \cdot {}^1\xi_1} = \underbrace{\frac{m_2 \cdot w_2 \cdot {}^1\xi_2}{m_1 \cdot w_1 \cdot {}^1\xi_1}}_{ü_I} \cdot I_2$$

$$I'_2 = ü_I \cdot I_2$$

Das Übersetzungsverhältnis (Reduktionsfaktor) für die Widerstände ergibt sich aus der Bedingung, daß die reduzierten
Ströme I'_2 in den reduzierten Widerständen R'_2 dieselben Verluste verursachen wie die tatsächlichen Ströme I_2 in den

Widerständen R_2 (Leistungsinvarianz)

$$m_2 \cdot I_2^2 \cdot R_2 = m_1 \cdot I_2'^2 \cdot R_2'$$

$$R_2' = R_2 \cdot \frac{m_2}{m_1} \cdot \frac{I_2^2}{I_2'^2} = R_2 \cdot \frac{m_1 \cdot (w_1 \cdot {}^1\xi_1)^2}{m_2 \cdot (w_2 \cdot {}^1\xi_2)^2} = R_2 \cdot \ddot{u}_R$$

$$w = q \cdot z_n \cdot p$$

Die vorkommenden Ströme sind <u>Leiterströme</u>[*](unabhängig von der Schaltung).
Das <u>Übersetzungsverhältnis für die Spannungen</u> findet man über das Induktionsgesetz:

$$\frac{E_2}{E_2'} = \frac{4,44 \cdot f \cdot w_2 \cdot \phi \cdot {}^1\xi_2}{4,44 \cdot f \cdot w_1 \cdot \phi \cdot {}^1\xi_1}$$

$$E_2' = E_2 \cdot \frac{w_1 \cdot {}^1\xi_1}{w_2 \cdot {}^1\xi_2} = \ddot{u}_E \cdot E_2$$

Für das Übersetzungsverhältnis: Drehstrom-Ständerwicklung → <u>Dämpferwicklung</u> kann man die Reduktionsfaktoren auf dieselbe Weise bestimmen, wenn man formal die für die Dämpferwicklung geltenden Werte einsetzt:

[*]Unter Leiterstrom wird der Strom in einem Leiter (Draht) verstanden und nicht etwa der Außenleiterstrom I_L in einem Drehstromsystem.

$$m_3 = \frac{z_3}{p}$$

$$q_3 = \frac{z_3}{2p \cdot \frac{z_3}{p}} = \frac{1}{2} \qquad I_3 = p \cdot I_{3s}$$

$$z_{3n} = 1$$
$${}^1\xi_3 \doteq 1$$
$$a = p$$

$$\frac{z_3}{p} \cdot \frac{1}{2} \cdot 1 \cdot 1 \cdot I_{3s} = m_1 \cdot q_1 \cdot z_{1n} \cdot {}^1\xi_1 \cdot I_3'$$

daraus :

$$I_3' = I_{3s} \cdot \underbrace{\frac{z_3}{2m_1 \cdot (w_1) \cdot {}^1\xi_1}}_{\ddot{u}_I} = I_3 \cdot \frac{z_3}{2m_1 \cdot w_1 \cdot {}^1\xi_1 \cdot p}$$

Für das __Widerstandsübersetzungsverhältnis__ gilt:

$$m_3 \cdot I_3^2 \cdot R_3 = m_1 \cdot I_3'^2 \cdot R_3'$$

$$R_3' = R_3 \cdot \frac{I_3^2}{I_3'^2} \cdot \frac{m_3}{m_1} = \frac{4m_1 \cdot (w_1 \cdot {}^1\xi_1)^2 \cdot p}{z_3} \cdot R_3$$

Der Strom pro __Käfigphase__ I_3 ist gegeben durch

$$I_3 = p \cdot I_{3s}$$

(siehe auch unter: Streuinduktivität einer Käfigwicklung).

Weniger eindeutig ist das <u>Übersetzungsverhältnis</u> zwischen der
<u>dreiphasigen Ständerwicklung</u> und einer <u>einphasigen Polwicklung.</u>
Man kann hier zwei Wege beschreiten:
Entweder man denkt sich die Einphasendurchflutung in zwei
gegenläufige Durchflutungen halber Amplitude zerlegt und
nimmt stillschweigend an, daß die gegenlaufende Komponente
durch die Dämpferwicklung "gelöscht" wird, oder es wird angenommen, daß die einachsige Polwicklung in der Querachse durch
die Dämpferwicklung zu einer zweiachsigen Wicklung ergänzt
wird.

Eine Polwicklung kann als <u>Einphasen-Einlochwicklung</u> aufgefaßt werden, deren Durchflutungsverlauf bei einer gedachten
Polform nach Abb. 73 rechteckig ist. Die räumliche Grundwellenamplitude hierzu berechnet sich zu:

$$^1\Theta_{2max} = 0,45 \cdot m_2 \cdot z_{2n} \cdot q_2 \cdot {}^1\xi_2 \cdot I_2$$

$$^1\Theta_{2max} = 0,9 \cdot \frac{w_2}{p} \cdot I_2$$

wobei w_2 die Gesamtwindungszahl aller Pole in Serie bedeutet.

$$q_2 = 1 \qquad\qquad m_2 = 2$$
$$z_{2n} = 2 \cdot \frac{w_2}{2p} = \frac{w_2}{p}$$
$$^1\xi_2 = 1$$

Denkt man sich die Polwicklung <u>durch</u> eine <u>zweite Wicklung</u> in der
Querachse <u>ergänzt</u>, gilt:

$$^1\Theta_{2\,max} = {}^1\Theta'_{2max}$$

$$0,9 \cdot \frac{w_2}{p} \cdot I_2 = 0,45 \cdot m_1 \cdot q_1 \cdot z_{1n} \cdot {}^1\xi_1 \cdot I'_2$$

$$I'_2 = I_2 \cdot \underbrace{\frac{2 \cdot w_2}{m_1 \cdot w_1 \cdot {}^1\xi_1}}_{ü_I}$$

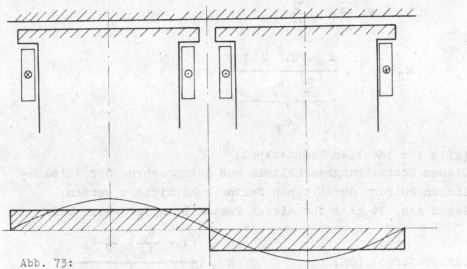

Abb. 73:
Zur Bestimmung des Übersetzungsverhältnisses zwischen
Drehstromwicklung und Polwicklung.

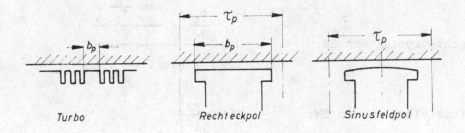

Abb. 74:
Zur Bestimmung des Faktors k für das Übersetzungsverhältnis
zwischen Drehstromwicklung und Polwicklung sowie der
Faktoren c_d und c_q.

Das <u>Widerstandsübersetzungsverhältnis</u> resultiert aus der
Gleichsetzung der Verluste:

$$m_2 \cdot I_2^2 \cdot R_2 = m_1 \cdot I_2'^2 \cdot R_2'$$

$$R_2' = R_2 \cdot \frac{I_2^2}{I_2'^2} \cdot \frac{m_2}{m_1}$$

$$R_2' = R_2 \cdot \underbrace{\frac{m_1 \cdot w_1^2 \cdot {}^1\xi_1^2}{2 \cdot w_2^2}}_{\ddot{u}_R}$$

(gilt für ideellen Rechteckpol)
Dieses Übersetzungsverhältnis muß entsprechend der tatsäch-
lichen Polform durch einen Faktor k korrigiert werden.
Gemäß Abb. 74 gilt für diesen Faktor beispielsweise bei:

Turborotoren (SM) :
$$k = \left(\frac{(1 - \frac{b_p}{\tau_p}) \cdot \frac{\pi}{2}}{\sin.(1 - \frac{b_p}{p}) \cdot \frac{\pi}{2}}\right)^2$$

Rechteckpolen von SM:
$$k = \frac{\frac{b_p}{\tau_p} + \frac{\sin \frac{b_p}{\tau_p} \pi}{\pi}}{\sin . \frac{b_p}{p} \cdot \frac{\pi}{2}}$$

Sinusfeldpolen von SM:
$$k = \frac{32}{3\pi^2}$$

$$\underline{R_2' = k \cdot \ddot{u}_R \cdot R_2}$$

Die Messung der Wicklungswiderstände und Induktivitäten

Die Messung der ohmschen Widerstände erfolgt durch eine der
üblichen Widerstandsmeßmethoden. Bei der Käfigwicklung ist
jedoch eine direkte Messung ausgeschlossen; der Widerstand
kann nur indirekt, etwa über den sogenannten Kurzschlußversuch, gemessen werden.

Der Kurzschlußversuch ist neben dem Leerlaufversuch die wichtigste Messung, die bei fast allen elektrischen Maschinen und
Transformatoren vorgenommen wird; vor allem dient sie der
Ermittlung des Kurzschlußwiderstandes, der annähernd mit der
Impedanz aus Streublindwiderstand und ohmschen Widerstand
übereinstimmt ($X_h \gg X_\sigma$). Beide Anteile können durch eine
wattmetrische Messung getrennt werden.

Während bei der Asynchronmaschine und beim Transformator die
Kurzschlußimpedanz neben dem ohmschen Widerstand im wesentlichen die Streureaktanz enthält, enthält sie bei der Synchronmaschine neben der Ständerstreureaktanz auch die Hauptfeldreaktanz (Synchronreaktanz). Die Streureaktanz allein
wird dort durch eine Strom-Spannungs-Messung bei ausgebautem
Läufer festgestellt.

Der physikalische Vorgang beim Kurzschlußversuch geht am deutlichsten beim Transformator hervor. Beim Kurzschlußversuch
bricht das Hauptfeld so weit zusammen, daß es gerade ausreicht, um in der kurzgeschlossenen Wicklung eine Spannung
zu induzieren, welche den Nennstrom durch den ohmschen- und
Streublindwiderstand dieser Wicklung treibt.

Die Eisenverluste sind daher beim Kurzschlußversuch vernachlässigbar klein; der Versuch dient somit auch zur Bestimmung
der Wicklungskupferverluste.

Mit Hilfe des Leerlaufversuches kann neben den Leerverlusten
auch die Gesamtreaktanz ($X_h + X_\sigma$) ermittelt werden.

3.6 Stromverdrängungserscheinungen bei Maschinen und Transformatorwicklungen

Eine erhöhte Stromverdrängung tritt vor allem bei in Eisen gebetteten Wicklungen auf (Nutenwicklungen von Maschinen), aber auch in Wicklungen, die man als solche auffassen kann. Mit Ausnahme des Stromverdrängungsläufers ist die Stromverdrängung wegen der zusätzlichen Verluste nach Möglichkeit zu unterbinden. Die am meisten interessierende Anordnung ist die in Nuten gebettete Spule, die zunächst am Beispiel eines massiven Käfigstabes studiert werden soll (Abb. 75).

Denkt man sich die Leiterhöhe in einzelne kleine Abschnitte zerlegt, so fließt in jedem dieser Abschnitte ein nach Größe und Phasenlage unterschiedlicher Strom. Man kann den massiven Leiter daher als Parallelschaltung einer großen Zahl von Bändern gleichen ohmschen und unterschiedlichen induktiven Widerstandes auffassen. Die untersten Leiter führen den kleinsten Strom, da sie mit dem größten Fluß verkettet sind und damit den höchsten Blindwiderstand aufweisen.
Die Verdrängung des Stromes hat nun zweierlei Folgen:
1. Eine scheinbare Erhöhung des ohmschen Widerstandes (bei Wechselstrom) in Abhängigkeit von f.
2. Eine Verminderung der Streuinduktivität, weil diese umso kleiner ist, je geringer die stromführende Leiterhöhe (h_s in λ_n) ist; diese wird aber durch die Stromverdrängung scheinbar verringert (in Abhängigkeit von f).
Beide Erscheinungen: Die Widerstandserhöhung und die Induktivitätsverminderung sind z.B. beim Hochstabläufer von Interesse.
Die Ableitung der Beziehungen für den Faktor ρ (Widerstandserhöhung) und ξ (Induktivitätsverminderung) geht aus von der Bestimmung der Stromdichteverteilung $S(x, t)$ und der Induktionsverteilung $B_\sigma (x, t)$ in Abhängigkeit vom Abstand x vom Nutengrund.

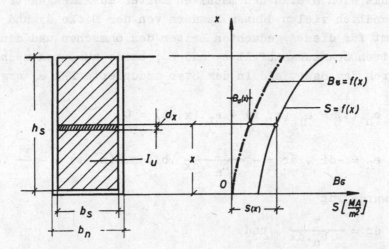

Abb. 75: Zur Stromverdrängung in einer Rechtecknut.

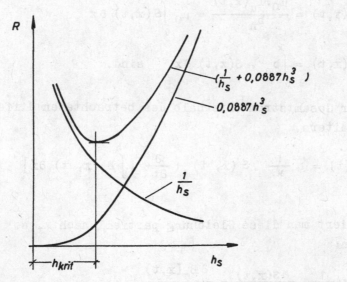

Abb. 76: Zur Definition der kritischen Leiterhöhe.

Man denkt sich hierzu den massiven Leiter zusammengesetzt aus unendlich vielen dünnen Bändern von der Dicke dx und bestimmt für diese gedachten Leiter den ohmschen und den induktiven Spannungsabfall e_R und e_L; beide zusammen müssen die durch das Hauptfeld in dem Stab induzierte EMK e_h ergeben.

$$e_h(t) + e_R(x, t) + e_L(x, t) = 0$$

$$e_R = -di \cdot dr = - \frac{1}{\kappa b_n \cdot dx} \cdot b_n \cdot dx \cdot S(x, t) = - \frac{1}{\kappa} \cdot S(x,t);$$

darin wurde für

$$dr = \frac{1}{\kappa \, b_n \cdot dx} \quad \text{und}$$

$$di = b_n \cdot dx \cdot S(x, t) \quad (\text{für } b_s \doteq b_n) \text{ eingesetzt}.$$

$$e_L = - \frac{\partial \phi(x,t)}{\partial t} = - \frac{\partial}{\partial t} \left[1 \cdot \mu_0 \int_x^h \int_0^x S(x,t) \, \partial x \, \partial x \right],$$

wobei $\quad \phi(x,t) = 1 \int_x^h B_\sigma(x,t) \, \partial x = \mu_0 \cdot 1 \cdot \int_x^h \int_0^x S(x,t) \, \partial x \, \partial x$,

$$B_\sigma(x,t) = \frac{\mu_0 \cdot I_u(x,t)}{b_n} = \mu_0 \int_0^x S(x,t) \, \partial x$$

und $\quad I_u(x,t) = \int_0^x b_n \cdot S(x,t) \, \partial x \quad$ sind.

I_u ist der Gesamtstrom unterhalb des betrachteten differentiellen Leiters.

$$e_h(t) = \frac{1}{\kappa} \cdot S(x, t) + \frac{\partial}{\partial t} \left[1 \cdot \int_x^h B_\sigma(x, t) \, \partial x \right]$$

Differenziert man diese Gleichung partiell nach x, so erhält man:

$$0 = + \frac{1}{\kappa} \frac{\partial S(x,t)}{\partial x} - \frac{\partial B_\sigma(x,t)}{\partial t}$$

$$\frac{\partial B_\sigma(x,t)}{\partial x} = \mu_0 \cdot S(x,t)$$

Durch nochmalige Differentiation obiger Gleichung und Einsetzen in vorletzte Gleichung ergibt sich schließlich für B_σ (x, t) eine partielle Differentialgleichung zweiter Ordnung:

$$\frac{1}{\varkappa\,\mu_0} \cdot \frac{\partial^2 B_\sigma(x,\ t)}{\partial x^2} = \frac{\partial B_\sigma(x,\ t)}{\partial t}$$

In ähnlicher Weise findet man die Differentialgleichung für S (x, t):

$$\frac{1}{\varkappa\,\mu_0} \cdot \frac{\partial^2 S(x,\ t)}{\partial x^2} = \frac{\partial S(x,\ t)}{\partial t}$$

Aus dem vorstehenden Ergebnis läßt sich erkennen, daß die Stromdichteverteilung unabhängig von der Nuttiefe ist, d.h., für eine flache Nut gilt einfach der Anfangsbereich der Verteilungskurve.

Nach Kenntnis der Stromdichteverteilung lassen sich auch die Verluste bestimmen und somit der Faktor ρ für die Widerstandserhöhung. Analoges gilt für den Faktor ξ, der die Induktivitätsminderung bestimmt.

Die Lösung und Auswertung der oben stehenden Differentialgleichungen führt auf komplizierte Hyperbelfunktionen, deren Verlauf in Abb. 77, 78 wiedergegeben ist.

Sind in der Nut mehrere Windungen mit Rechteckquerschnitt, so ergibt sich für den Faktor ρ näherungsweise(unter Voraussetzung, daß $0 \leqq T \leqq 1$):

$$\rho = 1 + \frac{m^2 - 0,2}{9} \cdot T^4$$

worin m die Zahl der übereinanderliegenden Leiterlagen bedeutet,

$$T = h_s^{[cm]} \sqrt{\frac{f}{50} \cdot \frac{\varkappa^{\left[\frac{m}{\Omega mm^2}\right]}}{50} \cdot \frac{n \cdot b_s}{b_n}}$$

die reduzierte Leiterhöhe, n die Zahl der nebeneinanderliegenden Leiterlagen, b_s und h_s die Abmessungen der einzelnen Leiter.

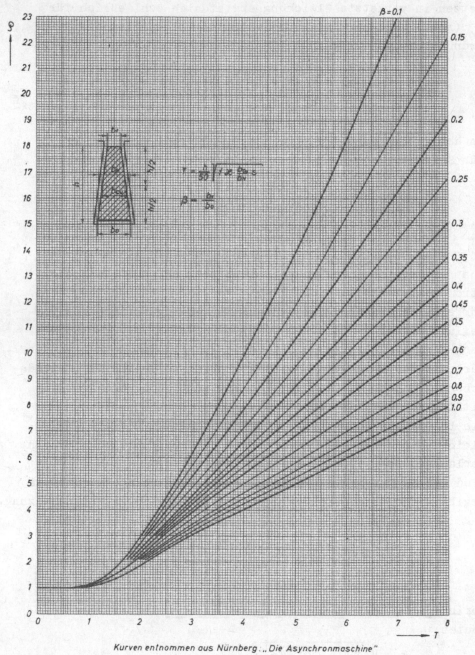

Widerstandserhöhung ϱ durch Stromverdrängung

Kurven entnommen aus Nürnberg: „Die Asynchronmaschine"

Abb. 77: Widerstandserhöhung durch Stromverdrängung $R_\sim = \varrho \cdot R_-$.

Reaktanzverminderung ξ durch Stromverdrängung

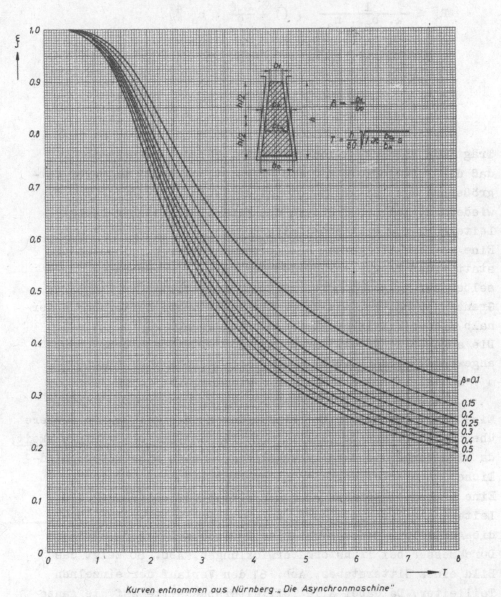

Kurven entnommen aus Nürnberg „Die Asynchronmaschine"

Abb. 78: Induktivitätsverminderung durch Stromverdrängung.

Für 50 Hz und Kupfer kann T näherungsweise gleich h_s gesetzt werden; damit wird der gesamte Wechselstromwiderstand :

$$R_\sim \doteq \frac{1}{\varkappa \cdot b_n \cdot h_s} \cdot (1 + \frac{0,8}{9} \cdot h_s{}^4)$$

$$R_\sim \doteq \frac{1}{\varkappa \cdot b_n} \cdot (\frac{1}{h_s} + 0,0887 \cdot h_s{}^3) ;$$

dies gilt für einen Leiter (m = 1).

Trägt man diese Funktion gemäß Abb. 76 auf, erkennt man, daß die Funktion ein Minimum aufweist, d.h., bei weiterer Vergrößerung der Leiterhöhe steigt der Wechselstromwiderstand wieder an. Man nennt die zu den Minimalverlusten gehörige Leiterhöhe die kritische Leiterhöhe.
Eine weitere Steigerung der Leiterhöhe über h_{krit} hat also statt einer Verkleinerung der Verluste eine Erhöhung derselben zur Folge. Um die zusätzlichen Verluste in tragbaren Grenzen zu halten, muß daher die ausgeführte Leiterhöhe unterhalb dieser kritischen Leiterhöhe bleiben.
Die angegebene Formel für ρ kann auch für Transformatoren angewendet werden, wobei n . b_s die Zylinderhöhe b und m . h_s die Zylinderstärke h der Wicklung ist (Abb. 79).

Eine Verminderung der Leiterhöhe durch Unterteilung in mehrere übereinanderliegende parallele Leiter hat nur wenig Wirksamkeit, da sich durch die Parallelschaltung dennoch eine unterschiedliche Stromverteilung einstellen kann !
Eine wirksame Maßnahme hingegen stellt die Ausführung des Leiters als Gitterstab dar (bei Maschinenwicklungen) bzw. die Aufteilung jedes parallelen Zweiges auf verschiedene Durchmesser bei Transformatorwicklungen. Abb. 80 zeigt das Bild eines Gitterstabes, Abb. 81 den Verlauf der einzelnen Teilleiter. Da dabei alle Teilleiterabschnitte auf die ganze Nuttiefe verteilt sind, wird durch das Streufeld in jedem

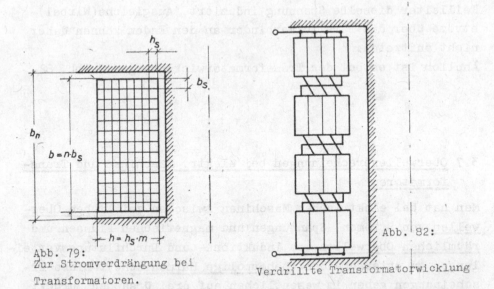

Abb. 79:
Zur Stromverdrängung bei
Transformatoren.

Abb. 82:
Verdrillte Transformatorwicklung

Abb. 80: Gitterstab.

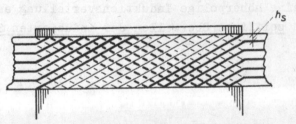

Abb. 81: Leiterführung im Gitterstab.

Teilleiter dieselbe Spannung induziert. Ausgleichs(Wirbel)-
ströme über die Parallelverbinder an den Enden können daher
nicht auftreten.
Ähnlich ist es bei der Transformatorwicklung gemäß Abb. 82.

3.7 Oberwellenerscheinungen bei elektr. Maschinen und Transformatoren

Man hat bei elektrischen Maschinen zwischen zeitlichen Oberwellen von Strömen, Spannungen und magnetischen Flüssen und
räumlichen Oberwellen von Induktions- und Durchflutungsverteilungen zu unterscheiden (höherpolige Harmonische). Diese Erscheinungen gehen im wesentlichen auf drei Ursachen zurück:

1. Die endliche Nuten- und Phasenzahl von Wicklungen
2. Unregelmäßigkeiten im Luftspalt (Pollücken)
3. Sättigung der Eisenwege.

Die erste Ursache wurde schon im Abschnitt über die Spannungserzeugung besprochen; sie hat primär höherpolige Harmonische
in der Durchflutungsverteilung zur Folge, jedoch keine zeitlichen Oberwellen in der induzierten Spannung.
Die zweite Ursache wurde schon im Abschnitt über den magnetischen Kreis behandelt (nicht sinusförmige Induktionsverteilung); sie hat primär höherpolige Induktionsverteilungen zur
Folge und sekundär zeitliche Oberwellen in der induzierten
Spannung.
Die dritte Ursache schließlich tritt bei Maschinen in Form
einer Feldabplattung zutage, die ebenfalls im Abschnitt über
den magnetischen Kreis und die Hauptfeldinduktivität berührt
wurde (unterschiedliche Sättigung am Umfang); sie wirkt sich
primär durch eine höherpolige Induktionsverteilung aus und
sekundär durch zeitliche Oberwellen der induzierten Spannung.

Bei Transformatoren und Drosselspulen wirkt sich die Sättigung durch zeitliche Strom- bzw. Spannungsoberwellen aus; diese Erscheinung soll nachfolgend etwas näher untersucht werden.

Einfluß der Eisensättigung auf Strom und Spannung bei Transformatoren und Drosseln

Wird eine gesättigte Drosselspule (mit vernachlässigbar kleinem ohmschen Widerstand) durch eine sinusförmige Spannung gespeist, nimmt sie einen oberwelligen Strom auf. Da die induktive Gegen-EMK ebenfalls sinusförmig sein muß, gilt dasselbe für den zeitlichen Flußverlauf. In Abb. 83 ist dieser erzwungene Flußverlauf dargestellt, und der zugehörige Strom (Durchflutung) über die Magnet-Charakteristik $\Phi(\theta)$ konstruiert.

Wird die Drossel hingegen von einem sinusförmigen Strom durchflossen, ergibt sich ein nicht sinusförmiger Flußverlauf (Abb. 84).

Will man den induktiven Spannungsabfall einer gesättigten Drosselspule bestimmen, ist zu beachten, daß $L^*(I)$ nur für kleine Stromschwankungen um den betrachteten Wert von I Gültigkeit hat.

Wird die gesättigte Eisendrosselspule von einem sinusförmigen (Konstant-)Strom durchflossen, so ergibt sich der zeitliche Verlauf der Selbstinduktionsspannung gemäß

$$e(t) = -\frac{di}{dt}\left(X(i) + i\,\frac{dX(i)}{di}\right) =$$

$$= I\cos\omega t \underbrace{\left(X(i) + i\,\frac{dX(i)}{di}\right)}_{X^*(i)}$$
$$\frac{di(t)}{dt}$$

Bei Kenntnis von $X^*(t)$ gemäß Abb. 56a läßt sich der zeitliche Verlauf von $e(t)$ einfach graphisch ermitteln (Abb. 56b).

Aus beiden Kurvenformen (Konstanspannungs- bzw. Konstantstromspeisung) ist zu entnehmen, daß sie eine starke dritte Harmonische enthalten. Die harmonische Analyse kann nach einem der bekannten Verfahren vorgenommen werden, die "von Hand" ziemlich langwierig sind. Im Elektromaschinenbau benötigt man in vielen Fällen nur die Grundwelle, die näherungsweise rasch durch das nachstehend beschriebene Verfahren ermittelt werden kann. Anwendbar ist dieses Verfahren vornehmlich dort, wo

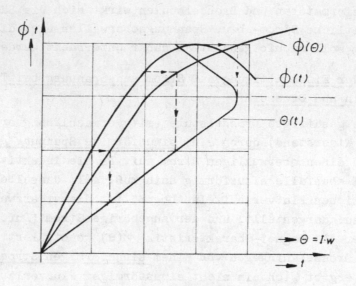

Abb. 83: Gesättigte Eisendrosselspule bei
Konstantspannungsspeisung.

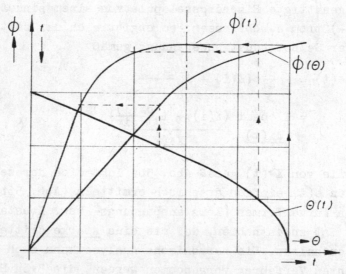

Abb. 84: Gesättigte Eisendrosselspule bei
Konstantstromspeisung.

man wie im vorliegenden Fall auf den ersten Blick sieht, daß
vor allem eine starke dritte Oberwelle überwiegt.

Unter der Annahme, daß diese allein vorhanden ist, wird die
verzerrte Kurve die Grundwelle bei 60° schneiden, womit der
Scheitelwert 1/0,866 über diesem Schnittpunkt liegen muß
(Abb. 85). Der Scheitelwert der dritten Harmonischen ergibt
sich dann aus der Differenz zwischen der verzerrten Kurve
und der Grundwelle.

Ist die dritte Oberwelle wie bei der Konstantspannungsspeisung eine negative Sinuslinie, ist das Verfahren in gleicher
Weise anwendbar (Abb. 86).

Bei <u>Drehstromsystemen</u> hat bekanntlich die Art der Schaltung
einen wesentlichen Einfluß auf die Ausbildung von dritten
Harmonischen in Strom und Spannung.

Abb. 87a bis c zeigt verschiedene Schaltungen bei <u>Konstant-
spannungsspeisung</u>.Abb. 88a bis c zeigt dieselben Schaltungen
bei <u>Konstantstromspeisung</u>.

Bei Sternschaltung der gesättigten Drossel und Konstantspannungsspeisung gemäß Abb. 87a kann sich bei fehlendem Nulleiter
kein Oberwellenstrom der dritten Ordnung einstellen, weil
dieser in allen Wicklungsphasen gleichgerichtet ist; Kirchhoff I kann hierfür nur bei vorhandenem Nulleiter erfüllt
werden.

Da in den Wicklungen aber nur der Grundwellenstrom fließt,
wird bei Sättigung ein <u>oberwelliger Fluß</u> und damit eine ober-
wellige Spannung <u>erzwungen</u>.

Diese Spannung kann zwischen den beiden Sternpunkten gemessen
werden.

Ebenso verhält es sich bei Konstantstromspeisung gemäß Abb. 88a.

<u>Bei</u> Vorhandensein eines <u>Nulleiters</u> und Konstantspannungsspei-
sung Stern wird sich eine dritte <u>Stromharmonische</u> einstellen
(Abb. 87b).

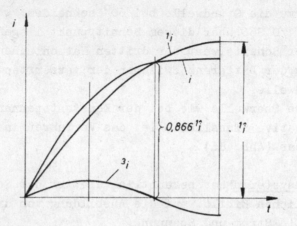

Abb. 85: Vereinfachte Ermittlung der Grundwelle.

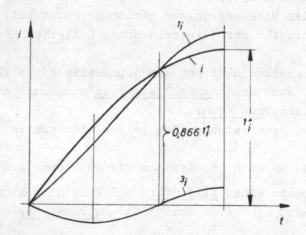

Abb. 86: Vereinfachte Ermittlung der Grundwelle.

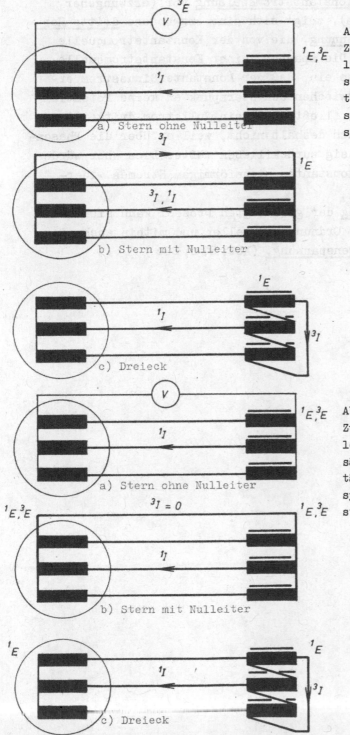

Abb. 87 a),b),c):
Zur Frage der Oberwellenentstehung bei gesättigten Induktivitäten in Drehstromsystemen bei Konstantspannungsspeisung.

a) Stern ohne Nulleiter

b) Stern mit Nulleiter

c) Dreieck

Abb. 88 a),b),c):
Zur Frage der Oberwellenentstehung bei gesättigten Induktivitäten in Drehstromsystemen bei Konstantstromspeisung.

a) Stern ohne Nulleiter

b) Stern mit Nulleiter

c) Dreieck

Liegt jedoch eine <u>Konstantstromspeisung</u> vor (erzwungener
sinusförmiger Strom), zeigt sich eine erzwungene <u>dritte Har-</u>
<u>monische in der Spannung</u>, die von der Konstantstromquelle
aufgenommen wird. (Die Spannung einer Konstantstromquelle
stellt sich immer so ein, daß der konstante Sinusstrom erzwungen wird). Da zwischen den Sternpunkten keine Potential-
differenz herrscht, fließt auch kein Nullstrom dritter Ordnung; er kann es auch deshalb nicht, weil er über die Phasen-
leitungen gleichphasig zurückfließen müßte. Dies aber würde
der Voraussetzung konstanten sinusförmigen Stromes wider-
sprechen.

Bei <u>Dreieckschaltung</u> der gesättigten Drossel kann sich ein
Phasenstrom dritter Ordnung einstellen und mithin auch eine
<u>oberwellenfreie Gegenspannung.</u> (Abb. 87 c, 88c)

3.8 Erwärmung und Kühlung elektrischer Maschinen

Die Berechnung der Wärmeabfuhr gehört nach dem Entwurf der
elektrisch und magnetisch wirksamen Teile zu den wichtigsten
Aufgaben beim Bau von elektrischen Maschinen und Transformatoren (vgl. Regeln und Vorschriften für Elektr. Maschinen und
Transformatoren, ÖVE M10 und M20).
In Übereinstimmung mit diesen Regeln kann das Kühlverfahren
nach dem Gesichtspunkt der Kühlmittelart, dem Gesichtspunkt der
Kühlmittelführung und der Kühlmittelbewegung gewählt werden.
Bei elektrischen Maschinen sind Luft, Wasserstoffgas, Öl, Askarele und Helium (flüssig und gasförmig) sowie Wasser die gebräuchlichsten Kühlmittel.
Bei Transformatoren sind es Öl, Luft und Askarele. Die Wirksamkeit dieser Kühlmittel kann aus der nachstehenden Tabelle
entnommen werden, in der die relativen Werte der spezifischen
Wärme c und der Wärmeübergangszahl α gegenübergestellt sind
(bezogen auf Luft).

	$\dfrac{c}{c_{Luft}}$	$\dfrac{\alpha}{\alpha_{Luft}}$
Luft	1	1
Heliumgas 0,035 atü	5,25	0,75
Wasserstoffgas 2 atü	14,35	3,0
-- " -- 3 atü	14,35	4,0
Öl	2,09	21
Clophen	1,09	21
Wasser	4,16	50

Kühlmittelführung bei Maschinen

Hierbei wird zwischen:
a) Mittelbarer Kühlung und
b) unmittelbarer Kühlung unterschieden.
Bei a) wird das Kühlmittel von außen einem Wärmetauscher zugeführt, in welchem es die Verlustwärme der Maschine aufnimmt.
Bei b) wird das Kühlmittel unmittelbar über oder durch die aktiven Teile geführt (-durch- besser als -über-).

Kühlmittelbewegung

Hier unterscheidet man zwischen:

a) Selbstkühlung (Konvektion, Strahlung),

b) Eigenlüftung (Lüfter auf der Motorwelle),

c) Fremdlüftung (durch fremdangetriebenen Lüfter; drehzahlunabhängig).

Bei Transformatoren wird die Kühlmittelbewegung vor allem nach:
Natürlicher Bewegung und
erzwungener Bewegung (besser, teurer) unterschieden.

Überschlägige Beurteilung der Erwärmung und Kühlung von Maschinenwicklungen

Der Hauptteil der Verluste in einer elektrischen Maschine entsteht in der Wicklung in Form von Stromwärmeverlusten.
Je mehr Verluste je Einheit der Rotoroberfläche entstehen, desto
mehr Wärme ist vom Kühlmittel abzuführen. Bei gleicher Eintritts-
temperatur und gleicher Geschwindigkeit des Kühlmittels steigt
daher die Austrittstemperatur und somit die Temperatur der Maschine mit zunehmender Verlustdichte.
Ein Maß für die thermische Beanspruchung einer Wicklung sind
also die Wicklungskupferverluste je Einheit der Rotoroberfläche;
diese ergeben sich bei warmer Maschine (bezogen auf die aktive
Länge) zu:

$$\frac{P_{vCu}}{d_a \cdot \pi \cdot l_{Fe}} = \frac{2{,}5 \cdot 10^{-13} \cdot S^2 \cdot G_{Cu}}{d_a \cdot \pi \cdot l_{Fe}}$$

vgl. auch
Abschn.: Nichtsta-
tionäre Wärmeströmung

darin bedeuten:

S Stromdichte $\left[A/m^2\right]$

G_{Cu} Kupfergewicht der aktiven Länge $[N]$

$$G_{Cu} = A_{Cu} \cdot l_{Fe} \cdot \gamma_{Cu} = d_a \cdot \pi \cdot l_{Fe} \cdot \frac{A}{S} \cdot \gamma_{Cu}$$

A_{Cu} gesamte Kupfer-Querschnittsfläche.

Mit $\gamma_{Cu} = 8,9 \cdot 10^4$ N/m^3 wird die Verlustdichte

$$\frac{P_{vCu}}{d_a \cdot \pi \cdot l_{Fe}} = 2,2 \cdot 10^{-8} \cdot A \cdot S$$

A Strombelag [A/m]

Um sich ein Bild von der so definierten Beanspruchung zu machen, seien die ungefähren Werte für einige typische Fälle angegeben:

Rotoroberfläche einer luftgekühlten größeren Maschine: 5 kW/m^2

Kommutatoroberfläche: 20 kW/m^2

Kochplatte: 50 kW/m^2

Für den raschen Entwurf hat man Anhaltswerte für das zulässige Produkt A . S aus der Erfahrung zur Verfügung; für eine genauere Beurteilung ist eine ausführlichere Erwärmungsrechnung angebracht, die Hand in Hand mit einer Kühlstromberechnung geht (siehe später).

Die erforderliche Kühlluftmenge kann überschlägig nach den folgenden Überlegungen berechnet werden; hierzu ist die Annahme einer bestimmten Kühlmittelerwärmung beim Durchströmen der Maschine erforderlich (üblicherweise 20° bis 30° C).
Bei Kenntnis der Gesamtverluste und der spezifischen Wärme der Luft (Wärmespeicherfähigkeit) ergibt sich die erforderliche Kühlluftmenge in m^3/s zu:

$$K = \frac{\Sigma P_v}{1100 \cdot \Delta \vartheta}$$

Ob sich die Temperaturzunahme tatsächlich mit $\Delta \vartheta$ einstellt, hängt u.a. auch von den Wärmeabgabe- und Wärmeleitungsbedingungen in der Maschine ab. Bei üblichen Bauarten ist dies jedoch mit vertretbarer Abweichung zu erwarten.

Es kann bei dieser Kühllufterwärmung desweiteren erwartet
werden, daß die Wicklungsübertemperatur in der Größenordnung
von 60° liegen wird.

Für die Bestimmung bzw. Berechnung des erforderlichen Lüfters
fehlt noch der Druckverlust, der zu überwinden ist. Für überschlägige Ermittlungen kann dieser mit ca. 30 kp/m^2 (mm Wasser-
säule) angesetzt werden.

Die ausführlichere Erwärmungsrechnung

Für die Bestimmung der Übertemperatur in den einzelnen Ma-
schinenabschnitten ist die Kenntnis der Kühlmittelgeschwin-
digkeit und Kühlluftmengen in den einzelnen Strömungskanälen
erforderlich. Die Erwärmungsrechnung erfolgt demnach in zwei
Abschnitten:

1. Kühlstromberechnung
2. Wärmestromberechnung

Kühlstromberechnung:

Die nachstehende Berechnung der Kühlluftströme führt zwar zu
genaueren Ergebnissen als die vorstehende Überschlagsmethode,
doch kann auch sie keinen sehr großen Anspruch auf Genauigkeit
erheben; ähnliches gilt auch für die Berechnung der Wärme-
ströme.

Der Nutzen einer solchen Berechnung ist weniger in der genauen
Vorausberechnung der gesamten Kühlluftmenge oder der genauen
Temperaturerhöhung gelegen, sondern vielmehr in der Kenntnis
der Temperaturverteilung in der Maschine, aus der dann Hinweise auf eine bessere konstruktive Durchbildung der Kühlluft-
wege gewonnen werden können. Diese Temperaturverteilung wird
weit weniger durch Fehler der Näherung beeinträchtigt sein,
als die absolute Höhe der Temperaturen.

Der Strömungsverlauf in einer elektrischen Maschine kann ganz allgemein durch ein Strömungsnetzwerk nachgebildet werden, dessen Elemente die Druckerzeuger (Radial- oder Axiallüfter, radiale Kühlschlitze usw.) und die Strömungswiderstände sind.

Wie sich ein solches Strömungsnetzwerk aus dem Kühlstromverlauf im Längsschnitt ableiten läßt, zeigt Abb. 89a, b.
Die Druckerzeuger sind hier die Radiallüfter, die Stege in den radialen Kühlschlitzen und die Kommutatorfahnen.
Die rein statische Druckerhöhung (bei sehr kleinen Fördermengen) in einem Radiallüfter kann nach der folgenden Beziehung errechnet werden:

$$p = \frac{\gamma}{2\,g} \cdot \dot{\varphi}^2 \left(r_\beta^{\,2} - r_\alpha^{\,2}\right)$$

darin bedeutet:

r_β Austrittsradius   (vgl. Abb. 89a)
r_α Eintrittsradius
$\dot{\varphi}$ Winkelgeschwindigkeit
$\gamma \doteq 12 \ \text{N/m}^3$ für Luft

Der Gegendruck durch die Strömungswiderstände kommt zustande durch
a) Gasreibung
b) Umlenkung
c) Geschwindigkeitsänderung
d) Stoß

Bei dem vorliegenden Berechnungsverfahren sind alle diese Anteile des Gegendruckes durch die Beziehung

$$p_{gg} = \zeta \cdot \frac{\gamma}{2\,g} \cdot v^2$$

zu berechnen.

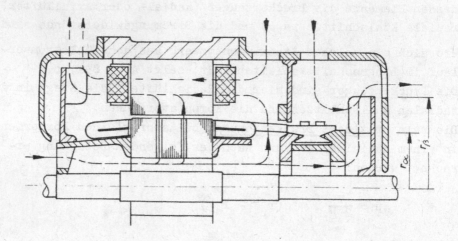

Abb. 89a   Kühlstromschema einer Gleichstrommaschine;
           Längsschnitt.

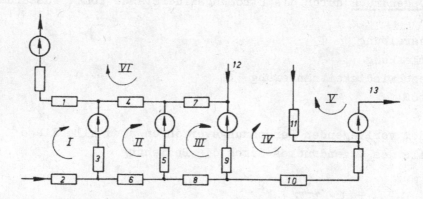

Abb. 89b   Kühlstromnetz zur Gleichstrommaschine nach
           Abb. 89a.

Darin bedeuten:

ζ einen dimensionslosen Widerstandsbeiwert,

v die Strömungsgeschwindigkeit.

Um den Widerstandsbeiwert ζ für den Reibungsanteil zu bestimmen, muß zunächst der Strömungszustand bekannt sein (laminar oder turbulent); er wird durch die Reynolds-Zahl gekennzeichnet.

$$Re = \frac{v \cdot d_h}{v}$$

worin

d_h der hydraulische Durchmesser ist: $d_h = \frac{4\,a}{U}$

a   Durchflußquerschnitt
U   Umfang
v   die kinematische Zähigkeit
η die dynamische Zähigkeit
ρ die Kühlmitteldichte

$$v = \frac{\eta}{\rho}$$

bedeuten.

Der Widerstandsbeiwert für Reibung ist neben der Reynoldszahl auch von Kanallänge und hydraulischem Durchmesser abhängig:

$$\zeta_R = \lambda\,(Re) \cdot \frac{l}{d_h}$$

λ (Re) kann Kurventafeln entnommen werden (Richter I, 3.Aufl.). Für die übrigen Anteile des Druckverlustes findet man ζ ebenfalls in einschlägigen Büchern (Richter I).

Um die einzelnen Zweigströme zu berechnen, hat man für das Strömungsnetzwerk die den Kirchhoffschen Gesetzen entsprechenden Gleichungen aufzustellen.

Für die 13 Zweigströme (Abb. 89b) stehen 7 lineare Verzweigungsgleichungen (Kirchhoff I) und 6 quadratische Maschengleichungen (Kirchhoff II) zur Verfügung. Die Lösung dieses gemischt linear-quadratischen Gleichungssystemes stößt u. U. auf Schwierigkeiten, wenn das angenommene Vorzeichen (Zählpfeil) einer der zu errechnenden Zweigströme nicht mit dem sich einstellenden übereinstimmt. Es ergeben sich für diesen Fall imaginäre Lösungen, und das System ist dann mit gewechseltem Vorzeichen nochmals zu berechnen.

Wärmestromberechnung:

Die Wärmestromberechnung erfolgt für den stationären Endzustand, bei dem die gesamte Verlustwärme durch das Kühlmittel abgeführt wird; sie wird unter Ausnützung der formalen Ähnlichkeit der stationären Wärmeströmung und der stationären elektrischen Strömung vorgenommen. Abgesehen von den unterschiedlichen Größen und Konstanten, sind die Gleichungen, durch die beide Strömungen beschrieben werden, dieselben.

Als erster Schritt ist die komplizierte dreidimensionale Wärmeströmung analog einer elektrischen Strömung in einem dreidimensionalen Netzwerk nachzubilden.
Wegen der Rotationssymmetrie kann das räumlich rotationssymmetrische Netzwerk auf ein ebenes Netzwerk zurückgeführt werden, wie es für die Maschine gemäß Abb. 89a in Abb. 90 dargestellt ist.
Dieses Wärmeströmungsnetzwerk muß in das Kühlstromnetzwerk hineingeschachtelt werden, da sich nur so die verschiedenen Wärmeübergangsbedingungen zwischen Luftein- und Austritt berücksichtigen lassen.
Mit ● sind darin die Wärmequellen (z.B. das Kupfer in der Nut) bezeichnet.
Mit -◯- sind Wärmeaustauschpunkte und Wärmeübergangswiderstand gekennzeichnet (Kühlkanal).
Mit -\/- sind die Wärmeleitungswiderstände dargestellt.

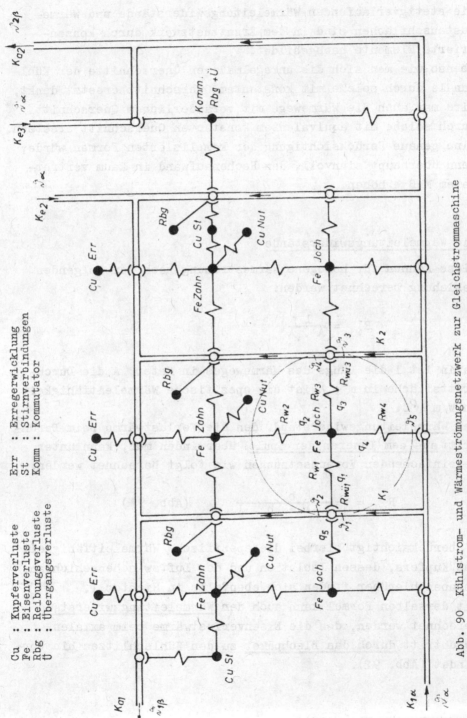

Cu : Kupferverluste
Fe : Eisenverluste
Rbg : Reibungsverluste
Ü : Übergangsverluste

Err : Erregerwicklung
St : Stirnverbindungen
Komm : Kommutator

Abb. 90 Kühlstrom- und Wärmeströmungsnetzwerk zur Gleichstrommaschine
nach Abb. 89.

Die stetigverlaufenden Wärmeleitungswiderstände und Wärme-
austauschflächen sind in dem Ersatznetzwerk durch konzentrierte Elemente nachgebildet.

Ebenso,wie man sich die unregelmäßigen Querschnitte der Kühlkanäle durch solche mit konstantem Querschnitt ersetzt denkt,
wird man auch die Wärmewege mit veränderlichem Querschnitt
durch solche mit äquivalentem konstanten Querschnitt ersetzen.
Eine genaue Berücksichtigung der komplizierten Formen würde,
wenn überhaupt sinnvoll, den Rechenaufwand in kaum vertretbarem Maß erhöhen.

Die Wärmeleitungswiderstände

Diese können für homogene Wärmeströmung nach der folgenden
Beziehung berechnet werden:

$$R_{wL} = \frac{l}{A \cdot \lambda}$$

darin ist l die Länge des Wärmeweges in Meter, A die Durch-
trittsfläche in m^2; λ ist die spezifische Wärmeleitfähigkeit
in $W/m \cdot {}^oC$.

Der Wärmeleitungswiderstand, den die Verlustwärme beim Durchtritt aus dem Inneren der Spule überwinden muß, kann unter
vereinfachenden Voraussetzungen wie folgt berechnet werden:

$$R_{wL} = \frac{b}{12 \cdot \lambda' \cdot h \cdot l} \qquad \text{(Abb. 91)}$$

λ' berücksichtigt hierbei die spezifische Wärmeleitfähigkeit
des Kupfers, dessen Isolation und der Luftzwischenschichten.
Angaben hierüber finden sich ebenfalls in Richter I.

Mit derselben Formel kann auch der Wärmeleitungswiderstand
berechnet werden, den die Eisenverlustwärme beim axialen
Durchtritt durch das Blechpaket zu den Kühlschlitzen hin vorfindet (Abb. 92).

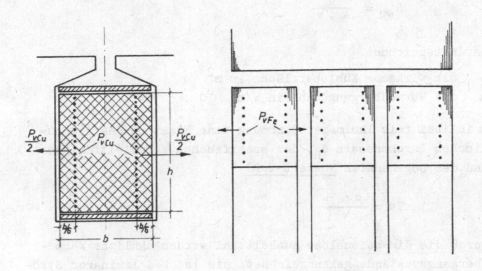

Abb. 91
Zum Wärmeleitungswider-
stand aus dem Spulen-
inneren.

Abb. 92   Zum axialen Wärmeleitungs-
Widerstand aus einem Blechpaket.

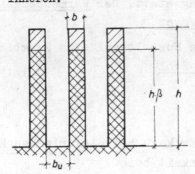

Abb. 93   Zur Bemsssung von Kühlrippen.

Der Wärmeübergangswiderstand

Dieser kann nach der folgenden Beziehung bestimmt werden:

$$R_{wü} = \frac{1}{A \cdot \alpha}$$

darin bezeichnet

A   die wirksame Kühloberfläche in m^2

α die Wärmeübergangszahl in $W/m^2 \cdot {}^{\circ}C$.

α ist bei rein laminarer Strömung eine Funktion des hydrau-
lischen Durchmessers d_h, der spezifischen Wärmeleitfähigkeit λ
und der sogenannten Nusselt-Zahl

$$Nu = \frac{\alpha \cdot d_h}{\lambda}$$

Durch die dimensionslose Nusseltzahl werden ähnliche Wärme-
übergangszustände gekennzeichnet; sie ist bei laminarer Strömung des Kühlmittels nur vom Strömungsprofil, nicht aber von
der Reynoldszahl abhängig. Bei der laminaren Strömung erfolgt
der Wärmeaustausch normal zum Strömungsprofil nur durch Wärme-
leitung. Hingegen findet bei der turbulenten Strömung ein
Wärmeaustausch auch durch Mischung statt. Der Wärmeübergang
wird durch die Turbulenz daher besser.

Für turbulente Strömungen ist die Nusseltzahl eine Funktion
von Re und Pr, worin die Prandtl-Zahl

$$Pr = \frac{v \cdot \rho \cdot c_p}{\lambda}$$

eine weitere Kennzahl bedeutet. Es kann bei elektrischen Maschinen mit großer Wahrscheinlichkeit bei

$$Re \gtreqless 3000$$

mit einem Umschlagen der laminaren in turbulente Strömung
gerechnet werden, mit Sicherheit aber bei

$$Re > 10000$$

Kühlrippen

Die Bemessung und Bestimmung deren wirksamer Oberfläche kann
nach den Angaben von Heiles: "Über die zweckmäßige Gestal-
tung und Anordnung von Kühlrippen" (E u. M 1952, S. 323) vorgenommen werden.
Nach den dort angestellten Überlegungen wird eine <u>wirksame Ober-
fläche</u>

$$A = 1 \cdot z \cdot (b_U + 2 h \cdot \beta) \quad \text{definiert (Abb. 93).}$$

$z \dots$ Anzahl der Kühlrippen

Sie entspricht der Oberfläche äquivalenter Kühlrippen, die
unendlich gut wärmeleitend gedacht sind, also überall dieselbe
Oberflächentemperatur aufweisen.
Den Wert für ß findet man aus Kurven im zitierten Aufsatz, die
in Abhängigkeit von dem Parameter

$$p = h \sqrt{\frac{2 \cdot \alpha}{\lambda \cdot b}} \quad \text{gezeichnet sind.}$$

Die Wirksamkeit von Kühlrippen wird durch deren Temperaturab-
nahme zufolge des endlichen Wärmeleitungswiderstandes vermindert, den die Wärme beim Durchströmen der Rippen vorfindet.

Aus dem Wärmeströmungsnetzwerk und dem Kühlstromnetz lassen
sich ohne Schwierigkeiten die Gleichungen herauslesen, deren
Lösung die <u>räumliche Temperaturverteilung</u> ergibt.
Es sind dies vier Typen von Gleichungen:

1. Die Kontinuitätsgleichung für die stationäre Wärmeströmung;
2. Verzweigungsgleichung (Kirchhoff I);
3. Temperaturgleichung (Kirchhoff II);
4. Wärmeaufnahmegleichung (für Kühlmittel).

Für einen kleinen Ausschnitt des Netzwerkes gemäß Abb. 90

(eingekreist) ergeben sich beispielsweise die folgenden Gleichungen:

1. $P_v = 1100 \cdot \left[k_{1\alpha} (\vartheta_{1\beta} - \vartheta_\alpha) + K_{2\beta}(\vartheta_{2\beta} - \vartheta_\alpha) \right]$

$K_{1\beta} + K_{2\beta} = K_{1\alpha} + K_{2\alpha} + K_{3\alpha}$

K ... Kühlluftmenge

2. $-q_1 + q_2 - q_3 - q_4 = P_{vFe}$

3. $\vartheta_3 - \vartheta_1 = q_1 (R_{w1} + R_{wü1}) - q_3(R_{w3} + R_{wü3})$

4. $\vartheta_2 - \vartheta_1 = \dfrac{q_1 + q_5}{1100 \cdot K_1}$

Die Lösung des so gewonnenen Gleichungssystemes ist mit Hinblick auf den Umfang ohne Zuhilfenahme einer Digitalrechenanlage kaum möglich.
Abb. 94 zeigt das Ergebnis einer Erwärmungsrechnung für einen Drehstrom-Nebenschlußmotor.

Nichtstationäre Wärmeströmung

Eine solche tritt in einer elektrischen Maschine bei Belastungsänderungen sowie beim Anlauf und Bremsen auf.
Wird eine elektrische Maschine aus dem kalten Zustand (Leerlauf) belastet, wird die plötzlich anfallende Wärmeenergie teilweise im Kupfer und Eisen gespeichert, während ein anderer Teil durch die Kühlluft abgeführt wird.
Nach einer sehr langen Zeit stellt sich ein stationärer Zustand ein, bei dem die Temperatur konstant bleibt und die gesamte entstehende Wärme durch das Kühlmittel abgeführt wird.
Diesen Vorgang kann man durch eine einfache Differentialgleichung beschreiben:

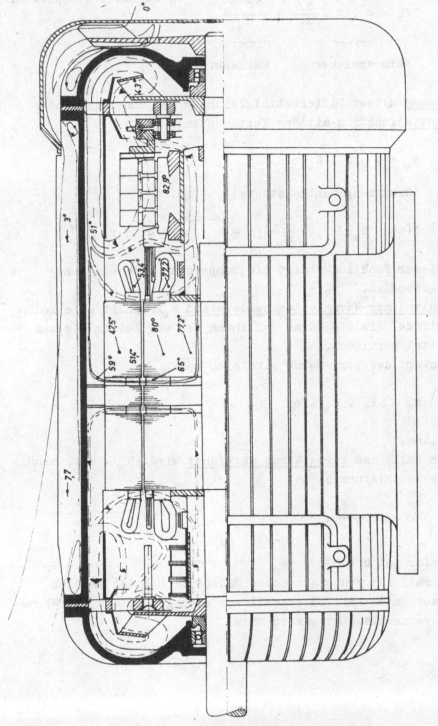

Abb. 94 Gerechnete Temperaturverteilung in einem Schragemotor.

$$\Sigma P_V = c \cdot G \cdot \frac{d\vartheta}{dt} + \underbrace{\frac{\vartheta - \vartheta_\alpha}{R_W}}_{} \qquad \vartheta_\alpha \text{ Kühlmitteltemperatur}$$

$$\underbrace{\qquad\qquad\qquad}_{\text{Wärmespeicherung}} \quad \underbrace{\qquad}_{\text{Wärmeabfuhr}}$$

Die <u>Lösung</u> dieser Differentialgleichung ist eine einfache <u>Exponentialfunktion</u> mit der Zeitkonstante

$$T_W = c \cdot G \cdot R_W$$

(Erwärmungszeitkonstante)

$$\vartheta(t) = R_W (\Sigma P_V + \frac{\vartheta_\alpha}{R_W})(1 - e^{-\frac{t}{T_W}}) + \vartheta(0) \cdot e^{-\frac{t}{T_W}}$$

Nach dieser Funktion steigt die Temperatur nach einem Belastungsstoß an.

Der <u>äquivalente Wärmeleitungswiderstand</u> R_W enthält alle Teilwiderstände, die die Wärme auf ihrem Weg vom Leiter bis zum Kühlmittel vorfindet.

Der Endwert der Temperatur wird sich bei

$$\vartheta_e = \Sigma P_V \cdot R_W + \vartheta_\alpha$$

einstellen.

Für den Fall, daß <u>keine Wärme abgeführt</u> wird ($R_W = \infty$), erhält man die Temperaturzunahme

$$\Delta\vartheta = \Delta t \; \frac{\Sigma P_V}{c \cdot G}$$

Für Kupfer ist $c = 39 \cdot \frac{Ws}{N \, ^0C}$

Dieser Fall ist von praktischer Bedeutung bei den meisten Anlaufvorgängen, die so schnell vor sich gehen, daß die Wärmeabfuhr vernachlässigt werden kann.

Für diesen Fall gilt:

$$\int_0^{T_K} P_{vCu} \cdot dt = c \cdot G_{Cu} \, \Delta\vartheta$$

$$\int_0^{T_K} \frac{1}{\varkappa \, \gamma} \cdot G_{Cu} \cdot S^2 \cdot dt = c \cdot G_{Cu} \, \Delta\vartheta$$

$$\Delta\vartheta = \int_0^{T_K} \frac{1}{\varkappa \, \gamma \, c} \cdot S^2 \cdot dt$$

T_K ist die Dauer (z.B. Kurzschlußdauer) der Stromführung,

S die Stromdichte.

Daraus geht hervor, daß die <u>Kurzschlußerwärmung nur von der Stromdichte abhängig ist</u>.

Von der Temperatur, die sich an der Isolation einstellt, hängt die Lebensdauer derselben und damit der Maschine ab.

Nach <u>Montsinger</u> gilt:

$$T = T_0 \cdot 2^{\frac{\vartheta - \vartheta_0}{\Delta_0}} \quad \text{(Abb. 95)}$$

darin bedeuten

T_0 die Bezugslebensdauer

ϑ_0 die Bezugstemperatur

Δ_0 Materialkonstante

Aus diesem Gesetz läßt sich beispielsweise erkennen, daß die Bezugslebensdauer von $T_0 = 10$ Jahre bei einer Bezugstemperatur von 95^0 C auf 5 Jahre absinkt, wenn die Wicklungstemperatur nur um 10^0 C gesteigert wird, also auf 105^0 C (Baumwolle).

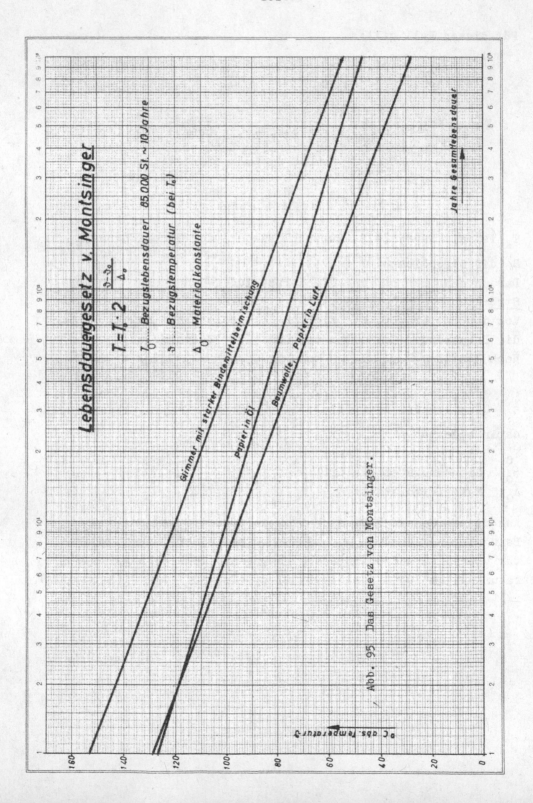

Abb. 95. Das Gesetz von Montsinger.

4. TRANSFORMATOREN

4.1 Grundsätzlicher Aufbau, Wirkungsweise, Aufgabe

Transformatoren (Umspanner, Übertrager, Stromwandler, Spannungswandler) sind elektromagnetische Einrichtungen, mit deren Hilfe
die mit einer bestimmten Spannung, einem bestimmten Strom und
einer bestimmten Frequenz erzeugte elektrische Wechselstromleis-
tung in eine nahezu gleich große (Verluste) mit anderer Spannung, anderem Strom und gleicher Frequenz umgeformt wird. In
seiner einfachsten Ausführung besteht der Transformator aus einem
geblechten Eisenkern (eisengeschlossener magnetischer Kreis) und
je Schenkel einem Paar konzentrisch gewickelter Magnetspulen,
deren Windungszahl im allgemeinen verschieden ist. Das Verhältnis der Windungszahlen bestimmt das Übersetzungsverhältnis der
Spannungen bzw. Ströme (Abb. 96).

Sieht man zunächst vom Streufluß ϕ_σ ab, sind beide Spulenpaare
mit demselben Hauptfluß ϕ_h verkettet, so daß das Verhältnis der
in ihnen durch den sich zeitlich sinusförmig ändernden Fluß ϕ_h
induzierten EMK$_e$ E_{1h}, E_{2h} dem Verhältnis der Windungszahlen w_1
und w_2 entspricht:

$$\frac{E_{1h}}{E_{2h}} = \frac{4,44 \cdot f \cdot w_1 \cdot \phi_h}{4,44 \cdot f \cdot w_2 \cdot \phi_h} = \frac{w_1}{w_2} = \ddot{u}$$

(Induktionsgesetz für sinusförmige Wechselspannung)

Der Hauptfluß ϕ_h wird im unbelasteten Zustand (Leerlauf) nur
von einer Wicklung, im belasteten Zustand von beiden Spulenpaaren
gemeinsam erregt.

Im Leerlauf liegt nur eine Wicklung an Spannung, während die
Klemmen der anderen offen sind. Der Transformator stellt in
diesem Zustand eine Eisendrosselspule dar (Abb. 97).

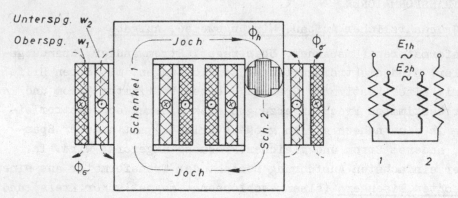

Abb. 96: Einphasentransformator;grundsätzlicher Aufbau.

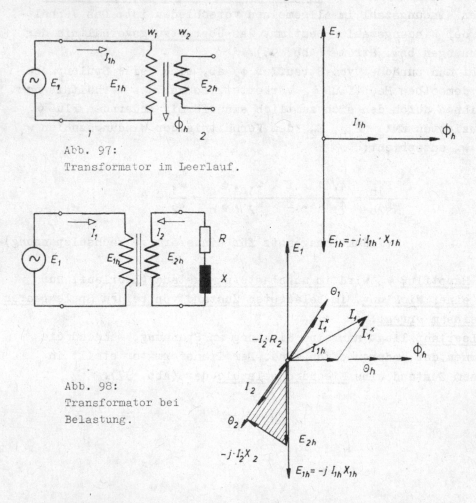

Abb. 97:
Transformator im Leerlauf.

Abb. 98:
Transformator bei
Belastung.

Sieht man vom ohmschen und induktiven Wicklungswiderstand (Streublindwiderstand) ab, nimmt die Induktivität einen reinen Blindstrom I_{1h} gemäß Abb. 97 auf. Dieser Blindstrom erregt das Hauptfeld ϕ_h, welches gleichphasig mit demselben einen zeitlich sinusförmigen Verlauf hat.

$$\underbrace{I_{1h} \cdot w_1}_{\Theta_h} \cdot \Lambda_h = \phi_h$$

Mit diesem Feld ist aber auch die offene Wicklung (2) vollverkettet, so daß in ihr eine Spannung der gegenseitigen Induktion E_{2h} induziert wird:

$$E_{2h} = 4{,}44 \cdot f \cdot w_2 \cdot \phi_h \quad ,$$

die dem Fluß ϕ_h um 90° nacheilt.

Im geschlossenen Kreis (1) halten sich die <u>Netz-EMK</u> E_1 und die <u>EMK der Selbstinduktion</u> E_{1h} das <u>Gleichgewicht</u>.

Wird nun die <u>Wicklung (2)</u> auf eine Impedanz (R +j X) <u>belastet,</u> treibt die induzierte EMK E_{2h} einen Strom:

$$I_2 = \frac{E_{2h}}{R + j\,X} \quad , \quad \text{(Abb. 98)}$$

der in der Wicklung (2) fließend eine zusätzliche magnetische Durchflutung:

$$\Theta_2 = I_2 \cdot w_2$$

bewirkt.

Da aber auch in dem Kreis der Wicklung (1) Kirchhoff II:

$E_1 - E_{1h} = 0$ erfüllt bleiben muß, ist dies nur dann möglich, wenn die Wicklung (1) einen zusätzlichen Strom I_1^x aufnimmt, der gerade so groß ist, daß die von ihm in der Wicklung (1) hervorgerufene Durchflutung:

$$\Theta_1 = I_1^x \cdot w_1$$

die Belastungsdurchflutung:

$$\Theta_2 = I_2 \cdot w_2$$

aufhebt.

Das Feld wird dann nach wie vor nur durch ϕ_{1h} erregt.

Aus der Bedingung: $\Theta_1 = \Theta_2$ (Amperewindungsgleichgewicht) resultiert:

$$\frac{I_1{}^x}{I_2} = \frac{w_2}{w_1} = \frac{1}{ü}$$

Der Gesamtstrom I_1, der dann in der Wicklung (1) fließt, setzt sich aus

$$I_1 = I_1{}^x + I_{1h}$$

zusammen.

Der Strom I_{1h} (Magnetisierungsstrom) beträgt im allgemeinen nur wenige % des Nennstromes;(die Darstellung in Abb. 97, 98 ist stark übertrieben).

Die vorstehenden Überlegungen gelten für den "idealen", widerstandslosen Transformator. In Wirklichkeit haben aber beide Wicklungen einen (inneren) Wirk- und Streublindwiderstand, dessen Wirkung durch je eine gedachte konzentrierte Induktivität L_σ und je einen gedachten ohmschen Widerstand R im Kreis der Wicklung (1) und (2) berücksichtigt werden kann.

Der Streublindwiderstand hat seine Ursache in den Streufeldern $\phi_{1\sigma}$ und $\phi_{2\sigma}$, die gemäß Abb. 96 und 12 nur mit je einer der beiden Spulen verkettet sind; daher ist auch der Blindspannungsabfall $E_{1\sigma}$ und $E_{2\sigma}$ nur dem betreffenden Strom (I_1 bzw. I_2) proportional.

Der Streuspannungsabfall liegt zwischen 4 und 12 % der Nennspannung; der ohmsche Abfall jedoch liegt bei Leistungstransformatoren zwischen 0,5 und 3 %.

Abb. 99 zeigt das durch diese Wicklungswiderstände ergänzte Schaltschema des Transformators.

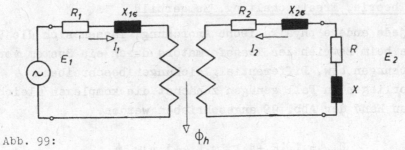

Abb. 99:

Ersatzschaltung des Transformators (Zwischenform).

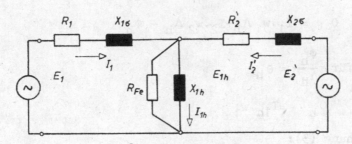

Abb. 100:

Ersatzschaltbild des Transformators.

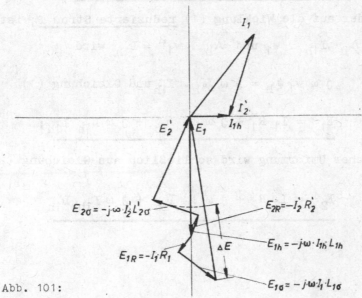

Abb. 101:

Zeigerbild des Transformators.

4.2 Theorie, Ersatzschaltung, Zeigerbild

Wie jede andere physikalische Anordnung, lassen sich die Vorgänge beim Betrieb des Transformators durch ein System von
Gleichungen bzw. Differentialgleichungen beschreiben.
Im vorliegenden Fall genügen zunächst die komplexen Gleichungen,
die an Hand der Abb. 99 angeschrieben werden.

$$E_1 = I_1 \cdot R_1 + j\, I_1\, \omega\, L_{1\sigma} + j\, \omega\, w_1\, \phi_h \qquad (1)$$

$$E_2 = I_2 \cdot R_2 + j\, I_2\, \omega\, L_{2\sigma} + j\, \omega\, w_2\, \phi_h \qquad (2)$$

$$0 = I_1 \cdot w_1\, \Lambda_h + I_2 \cdot w_2\, \Lambda_h - \phi_h \qquad (3)$$

Setzt man für $\dfrac{\phi_h}{\Lambda_h} = \Theta_h$

und für $\qquad \Theta_h = I_{1h} \cdot w_1$

wird Gleichung (3):

$$0 = I_1 + I_2 \cdot \frac{w_2}{w_1} - I_{1h} = I_1 + I_2{'} - I_{1h} \qquad (3a)$$

worin $I_2{'}$ der auf die Wicklung (1) reduzierte Strom I_2 ist.
Mit $\phi_h = \Lambda_h \cdot I_{1h} \cdot w_1$ und $\Lambda_h \cdot w_1^2 = L_{1h}$ wird

$$j\, \omega\, w_1\, \phi_h = j\, \omega\, L_{1h} \cdot I_{1h} \text{ und Gleichung (1)}$$

$$E_1 = I_1\, R_1 + j\, \omega\, I_1\, L_{1\sigma} + j\, \omega\, L_{1h}\, I_{1h}; \qquad (1a)$$

nach einfacher Umformung wird schließlich aus Gleichung (2)

$$E_2 = I_2{'}\, R_2{'} + j\, \omega\, I_2{'}\, L_{2\sigma}{'} + j\, \omega\, I_{1h}\, L_{1h} \qquad (2a)$$

worin die <u>reduzierten Größen</u> wie folgt berechnet werden:

$$E_2' = E_2 \cdot \frac{w_1}{w_2}$$

$$I_2' = I_2 \cdot \frac{w_2}{w_1}$$

$$R_2' = R_2 \cdot \left(\frac{w_1}{w_2}\right)^2$$

$$L_{2\sigma}' = L_{2\sigma} \cdot \left(\frac{w_1}{w_2}\right)^2$$

Die gestrichenen Größen nennt man kurz die auf die Wicklung (1) "reduzierten Größen".

Sieht man die komplexen Gleichungen (1a), (2a), (3a) näher an, erkennt man, daß man sie als eine Knotenpunktsgleichung und zwei Maschengleichungen auffassen kann, durch die das einfache galvanisch geschlossene Netzwerk nach Abb. 100 wechselstromtechnisch beschrieben wird.
Dieses Netzwerk wird das <u>Ersatzschaltbild</u> des Transformators genannt.
Da dieses Ersatzschaltbild durch dieselben (nur umgeformten) Gleichungen wie der Transformator selbst beschrieben wird, kann man alle Fragen, die beim Betrieb des Transformators auftreten, an Hand dieses Ersatzschaltbildes behandeln. Man tut dies, weil das galvanisch gekoppelte Ersatzschaltbild einfacher und übersichtlicher als das induktiv gekoppelte System des Transformators selbst ist.
Die Größen des Transformators I_2, ϕ_h können aus dem Ergebnis I_2', I_{1h} über die ausgeführten Zusammenhänge einfach gewonnen werden.
Zur übersichtlichen Darstellung der durch die Gleichungen (1a) bis (3a) gegebenen Zusammenhänge dient das Zeigerbild gemäß Abb. 101.

Die drei geschlossenen Polygone stellen die Knotenpunktsgleichung (3a) und die   Maschengleichungen (1a), (2a) dar.

Da das Ersatzschaltbild ein lineares Netzwerk darstellt, gilt
es für alle Frequenzen und damit auch für eine Überlagerung
mehrerer Frequenzen. Als eine Überlagerung unendlich vieler
Frequenzen kann z.B. jeder Schaltvorgang angesehen werden; das
Ersatzschaltbild gibt daher nicht nur die stationären Vorgänge
getreu wieder, sondern auch Schaltvorgänge.

Wie aus dem Zeigerbild ersichtlich, tritt zwischen Leerlauf und
Belastung an der Wicklung (2) eine Spannungsänderung ΔE_2 auf,
wenn man annimmt, daß E_1 konstant bleibt.(Vgl. Abb. 103).
Für diese Spannungsänderung ist der innere Spannungsabfall, gebildet aus E_{1R}, E'_{2R}, $E_{1\sigma}$, $E'_{2\sigma}$ verantwortlich.
Die Eisenverluste werden im Ersatzschaltbild durch einen ohmschen
Parallelwiderstand zu X_{1h} berücksichtigt, da diese durch die Höhe
der Kerninduktion B_h und damit durch den Fluß ϕ_h bzw. I_{1h} bestimmt werden. In der Praxis werden sie wegen ihrer Kleinheit
selten berücksichtigt.

Ebenso vernachlässigt man im Zeigerbild meist den Strom I_{1h} wegen
dessen Kleinheit, womit sich dieses gemäß Abb.102 weiter vereinfacht.
Das Zeigerbild gemäß Abb.101 vereinfacht sich demnach zu jenem
gemäß Abb.103.
Das Dreieck der Spannungsabfälle nennt man das Kappsche Dreieck.

Mit Hilfe dieses Kappschen Dreieckes kann man in einfacher Weise
die Spannungsabfälle bei Belastung durch einen, in seinem Betrag konstanten Strom beliebiger Phasenlage bestimmen.
Zu diesem Zweck zeichnet man einen Kreis mit dem Durchmesser
der konstanten Klemmenspannung E_1 . Statt für verschiedene Betriebszustände mit dem Phase winkel φ zwischen Klemmenspannung
E_1 und Klemmenstrom I_1 den Zeiger I_1 und damit das Kappsche
Dreieck zu drehen, ist es einfacher I_1 mit dem Dreieck festste-
hen zu lassen und den Zeiger E_1 zu drehen.

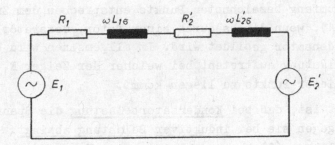

Abb. 102: Vereinfachte Ersatzschaltung des Transformators.

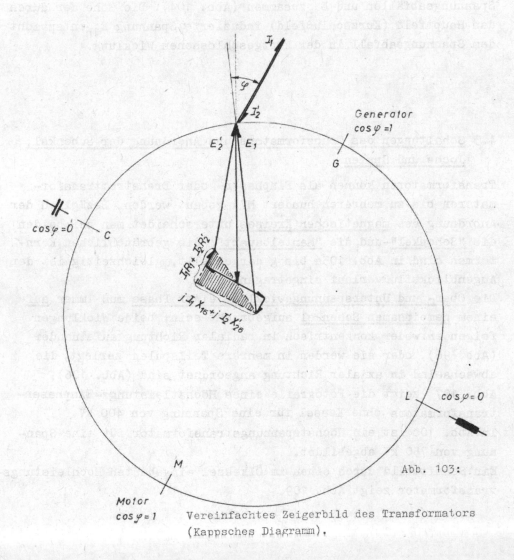

Abb. 103:

Vereinfachtes Zeigerbild des Transformators
(Kappsches Diagramm).

Die am Kreisumfang bezeichneten Punkte entsprechen dem Zustand des Netzes (1), wenn dieses durch einen Motor, Generator, Drossel oder Kondensator gebildet wird. Im allgemeinen wird eine gemischte Belastung auftreten, bei welcher der Zeiger E_1 zwischen zwei dieser Punkte zu liegen kommt.

Bemerkenswert ist, daß bei <u>Kondensatorbelastung</u> die Spannung E_2 <u>ansteigt</u>, wogegen sie bei <u>induktiver Belastung absinkt</u>.
Werden die Klemmen (2) <u>kurzgeschlossen</u>, ist $E_2 = 0$, und das Polygon für den Kreis (2) setzt sich allein aus den inneren Spannungsabfällen und E_{1h} zusammen (Abb. 104). Die Höhe der durch das Hauptfeld (Kurzschlußfeld) induzierten Spannung E_{1h} entspricht dem Spannungsabfall in der kurzgeschlossenen Wicklung.

4.3 <u>Schaltungen des Transformators und Anordnung der Schenkel, Joche und Spulen</u>

Transformatoren können als Einphasen- oder Drehstromtransformatoren bis zu mehreren hundert MVA gebaut werden. Bezüglich der Anordnung des <u>magnetischen Kreises</u> unterscheidet man bei beiden die "<u>Schenkel</u>"-und die "<u>Mantelbauart</u>"; die gebräuchlichen Kernformen sind in Abb. 105a bis g dargestellt, gleichzeitig ist der Augenblicksflußverlauf eingetragen.
Die <u>Ober- und Unterspannungswicklung einer Phase</u> muß immer <u>auf</u> einem <u>gemeinsamen Schenkel</u> aufgebracht sein; beide Wicklungen folgen entweder konzentrisch in radialer Richtung aufeinander (Abb. 96), oder sie werden in mehrere Teilspulen zerlegt, die abwechselnd in axialer Richtung angeordnet sind (Abb. 106).
Abb. 107 zeigt die Fotografie eines Höchstleistungs-Einphasentransformators ohne Kessel für eine Spannung von 400 kV.
In Abb. 108 ist ein Höchstspannungstransformator für eine Spannung von 750 kV abgebildet.
Ein Schnittbild durch einen im Ölkessel eingebauten Hochleistungstransformator zeigt Abb. 109.

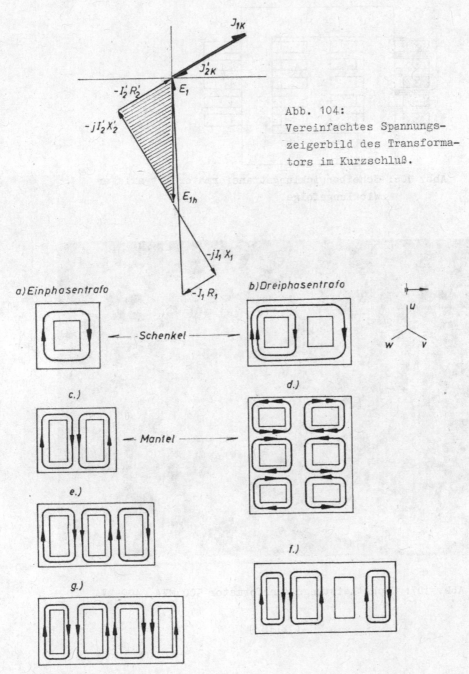

Abb. 104:
Vereinfachtes Spannungs-
zeigerbild des Transformators im Kurzschluß.

Abb. 105: Verschiedene Kernformen.

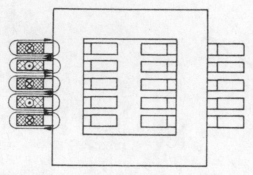

Abb. 106: Scheibenwicklungstransformator mit axialer
Wicklungsfolge.

Abb. 107: Höchstleistungstransformator 500 MVA, 400 kV.

(ELIN)

Abb. 108: Höchstspannungstransformator.

(BBC)

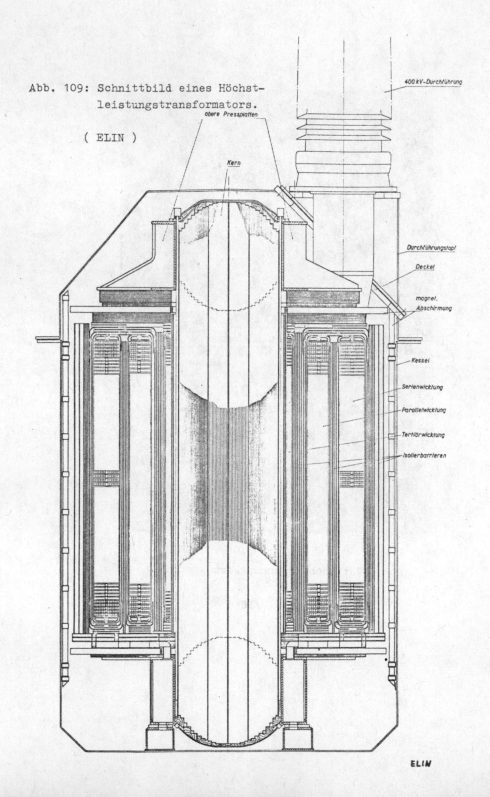

Abb. 109: Schnittbild eines Höchst-
leistungstransformators.

(ELIN)

obere Pressplatten

Kern

400 kV-Durchführung

Durchführungstopf

Deckel

magnet.
Abschirmung

Kessel

Serienwicklung

Parallelwicklung

Tertiärwicklung

Isolierbarrieren

ELIN

Einphasen-Transformatoren werden als Bahntransformatoren
(16 2/3 Hz) oder in sogenannten Drehstrombänken verwendet, bei
welchen jeder Phase ein eigener Transformator zugeordnet ist.
(Dies macht man dann, wenn eine Drehstrom-Einheit nicht mehr
transportfähig gebaut werden kann).
Die Schenkel eines Einphasen-Transformators können in Serie
(hohe Spannungen) oder parallel (hohe Ströme) geschaltet werden.
Bei Parallelschaltungen innerhalb der Wicklung ist darauf zu
achten, daß in allen parallelen Zweigen derselbe Streuspannungsabfall vorhanden ist, da sich anderenfalls eine ungleiche Stromverteilung einstellt.
Bei Drehstrom-Transformatoren können außerdem die Phasen auf der
Primär- und Sekundärseite verschieden geschaltet sein. Man spricht
von sogenannten Schaltgruppen, die in den Normen festgelegt sind.
(ÖVE M20).
Es sind im Prinzip alle Kombinationen von Stern-, Dreieck- und
Zick-Zack-Schaltung möglich. Jede dieser Kombinationen kann wieder
durch zyklische Vertauschung der Klemmen variiert werden. Diese
wirkt sich durch eine jeweils andere Phasenlage zwischen Ober-
und Unterspannung aus.
Das Wesen dieser Schaltgruppen möge an Hand der Schaltung   Y z11
erklärt werden (Abb. 110).

Wie immer im Elektromaschinenbau wird angenommen, daß alle Wicklungen rechtsgängig sind, ferner ist durch die Lage von Wicklungsanfang und Wicklungsende festgelegt, daß z.B. bei   YyO Schaltung
beide Sternpunkte sich am selben Ende des Kernes befinden.
Abb. 110 zeigt die Phasenspannungen der drei Wicklungsabschnitte;
diese setzen sich auf der Oberspannungsseite zur Spannung E_{1UV}
zusammen

$$E_{1UV} = E_{1U} - E_{1V} \qquad\qquad und$$

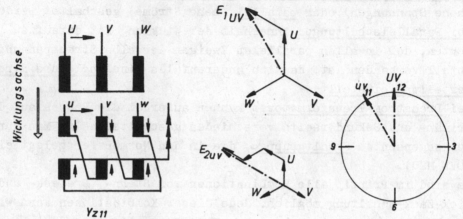

Abb. 110: Schaltgruppe Y z11.

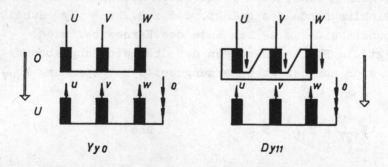

Abb. 111: Zur Frage der Nullstrombelastbarkeit.

auf der Unterspannungsseite unter Beachtung der Zählpfeile
(zum Sternpunkt) zu: (Zählpfeile in Richtung der Wicklungsachsen
positiv zu nehmen)

$$E_{2uv} = E_{2u} - E_{2v} + E_{2w} - E_{2v}$$

Die gegenseitige Phasenlage der beiden Spannungsvektoren bestimmt
die Kennzeichnung der Schaltgruppe in folgender Weise:
Dreht man den Vektor der Oberspannung E_{1UV} in einem Zifferblatt
auf 0^h, dann weist im vorliegenden Fall der Zeiger der Unterspannung auf 11^h. Der Index der Schaltgruppe ist dann 11. In völlig
analoger Weise werden alle anderen Schaltgruppen beziffert.

Y bedeutet Stern
D bedeutet Dreieck
Z bedeutet Zick-Zack
Großbuchstaben : Oberspannung
Kleinbuchstaben: Unterspannung

Die Wahl der Schaltgruppe erfolgt nach den Gegebenheiten des Ent-
wurfes und der Betriebsbedingungen.
Sternschaltung ist aus Gründen der Isolation bei hohen Spannungen
zu bevorzugen, da dann die Wicklung eines Schenkels nur für die
Phasenspannung bemessen werden muß.
Auch bietet die Sternschaltung bei Regeltransformatoren Vorteile.
(Regelschalter im Sternpunkt, daher nur für Regelspannung zu iso-
lieren !).
Nachteilig ist die Sternschaltung bei einseitigem Anschluß eines
Nulleiters, weil dann der Nullstrom nicht auf die andere Seite
übertragen werden kann, da er dort keinen Rückschluß hat. Dies ermöglicht jedoch die Dreieckschaltung, bei welcher sich die gleichphasigen Nullströme im Kreis schließen können (Abb. 111).
Allenfalls kann bei Sternschaltung eine Hilfswicklung (Tertiärwicklung) in Dreieck angebracht werden. Diese Hilfswicklung soll
vor allem das Nullfeld unterbinden, das sich einstellt, wenn der
gleichphasigen Nulldurchflutung auf der Oberspannungsseite keine
Gegendurchflutung auf der Unterspannungsseite gegenübersteht.

Dreieckschaltung ist auch bei Stromrichter-Transformatoren angebracht (Mittelpunktsschaltung).
Die Zick-Zackschaltung schließlich erzeugt nicht nur kein Nullfeld (Abb. 110), sie wirkt auch vergleichmäßigend bei unsymmetrischer Belastung. Nachteilig ist, daß die Ausnützung vermindert
wird, weil man 15 % mehr Kupfer für die Zick-Zackwicklung braucht.

Regeltransformatoren

Bei Regeltransformatoren werden Oberspannungs- oder Unterspannungswicklung angezapft und die Anzapfungen zum Regelschalter geführt.
Man kann drei verschiedene Regelschaltungen unterscheiden:

1. Anzapfung auf der Regelspannungsseite
2. Anzapfung auf der Festspannungsseite
3. Zusatztrafo + Erregertrafo

Bei Anzapfungen auf der Regelspannungsseite ist der zusätzliche
Aufwand an aktivem Material am geringsten.
Im Vergleich zu einem ungeregelten Zweiwicklungstransformator
bedingt jede Regelausführung einen Mehraufwand an Kupfer bzw.
aktivem Material.
Ein Maß für den Aufwand an aktivem Material (Kupfer und Eisen)
ist die sogenannte "Typenleistung" oder "Bauleistung".
Als Durchgangsleistung hingegen bezeichnet man die Scheinleistung,
welche von der Oberspannungs- zur Unterspannungsseite übertragen wird bzw. umgekehrt.
Beim ungeregelten Zweiwicklungstransformator ist die Typenleistung gleich der Durchgangsleistung.
Der Mehraufwand an Bauleistung muß aber nicht allein durch die
Regelung bedingt sein, auch die Art des Betriebes (konstante Leistung; konstanter Strom, usw.) und die Zahl der Wicklungen
(Sparschaltung, Dreiwickler, usw.) haben einen wesentlichen Einfluß auf die Typenleistung.

Als <u>Typenleistung</u> eines Transformators wird jene Leistung definiert, die ein ungeregelter Zweiwicklungs-Vergleichs-Transformator mit demselben Kupfer- und Eisengewicht bei gleichen Kupfer- und Eisenverlusten abgeben würde.

<u>Näherungsweise</u> erhält man die <u>Typenleistung</u>, indem man die Leistung jeder Wicklung und jedes Wicklungsabschnittes bestimmt, die sich formal aus dem maximalen Strom bei maximalem Feld(Spannung)ergibt.

Da auch beim Zweiwicklungstransformator diese Summe gleich der doppelten Durchgangsleistung ist, hat man die Summe der Teilleistungen noch zu halbieren.

$$P_T \quad = \frac{\sum\limits_1^\nu S_\nu}{2} \cdot m$$

$$S_\nu = I_{\nu\,max} \cdot E_{\nu\,max}$$

m = Phasenzahl

ν = Ordnungszahl der Wicklungen einer Phase

Damit ist die Bauleistung eines Zweiwicklungstransformators:

$$P_T = \frac{I_{1max} \cdot E_{1max} + I_{2max} \cdot E_{2max}}{2} \cdot m = S$$

$$I_{1max} = I_{1N} \quad ; \quad E_{1max} = E_{1N}$$

$$I_{2max} = I_{2N} \quad ; \quad E_{2max} = E_{2N}$$

$$m \cdot I_{1N} \cdot E_{1N} = m \cdot I_{2N} \cdot E_{2N} = S$$

(Durchgangsleistung)

Die Bauleistung eines <u>Regeltransformators mit vielen Anzapfungen</u>
auf der <u>Regelspannungsseite</u> ergibt sich bei <u>konstanter Durch-</u>
<u>gangsleistung</u> und konstanter Stromdichte auf der Regelspannungs-
seite wie folgt:

$$P_T = 1/2 \cdot (E_1 \cdot I_1 + \int_a^b I_2 \cdot dE_2 + E_{2a} \cdot \frac{S}{E_{2a}}) \quad \text{(Abb. 112)}$$

$$I_2 = \frac{S}{E_2}$$

$$S = E_1 \cdot I_1 = E_2 \cdot I_2$$

$$P_T = \frac{S}{2} \cdot (1 + \ln(\frac{E_{2b}}{E_{2a}}) + 1) = S \left(1 + \frac{\ln \frac{E_{2b}}{E_{2a}}}{2}\right)$$

Bei einem Regelbereich 1 : 2 würde sich die Typenleistung
zu $P_T = 1,345\ S$ ergeben (konstante Durchgangsleistung).
In manchen Fällen ist die Spannungsregelung durch Anzapfungen
auf der Regelspannungsseite unzweckmäßig, insbesondere dann,
wenn die Ströme auf der Regelspannungsseite sehr hoch sind
(Ofentrafo, Lok-Trafo usw.).
In solchen Fällen <u>zapft</u> man die <u>Festspannungsseite an</u>, was allerdings eine erheblich <u>größere Bauleistung</u> bedingt als die Anzapfung auf der Regelspannungsseite (Abb. 113).
Während der <u>Fluß</u> im Eisen beim letztgenannten Fall konstant
bleibt, <u>sinkt</u> er bei der Festspannungsanzapfung <u>linear mit der</u>
<u>Regelspannung ab</u>.
Ein echter Vergleich zur Bestimmung der Bauleistung müßte von
der Forderung ausgehen, daß die Verluste des Regeltransformators
höchstens so hoch sind, wie jene des Vergleichstransformators.
Bei der <u>Bestimmung der Typenleistung</u> ist die Leistung der einzelnen Wicklungsabschnitte mit jener Spannung zu bestimmen, die
sich beim höchsten Feld (kleinste primäre Windungszahl) einstellt.
Als Strom ist der höchste Strom einzusetzen, der sich bei irgend
einer Regelstellung ergibt.

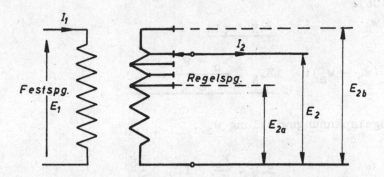

Abb. 112: Transformator mit Spannungsregelung auf der
Regelspannungsseite.

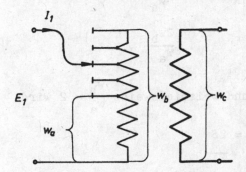

Abb. 113: Transformator mit Spannungsregelung auf der
Festspannungsseite.

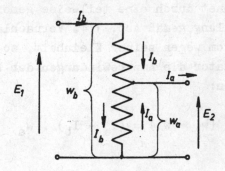

Abb. 114: Spartransformator.

Für die Festspannungswicklung ergeben sich bei konstanter Durchgangsleistung die Bauleistungen der einzelnen Wicklungsabschnitte (Abb. 106):

Abschnitt w_a : $\underline{E_{1N} \cdot I_{1N}}$

Abschnitt $(w_b - w_a)$: $\underline{E_{1N} \cdot \dfrac{w_b - w_a}{w_a} \cdot I_{1N}}$

Für die Regelspannungswicklung w_c :

$$\underline{E_{1N} \cdot \frac{w_c}{w_a} \cdot I_{1N} \cdot \frac{w_b}{w_c}}$$

$$P_T = \frac{1}{2} \cdot E_{1N} \cdot I_{1N} \cdot \left(1 + \frac{w_b - w_a}{w_a} + \frac{w_b}{w_a}\right)$$

$$\frac{2w_b}{w_a}$$

Mit $I_{1N} \cdot E_{1N} = S$ und beispielsweise $\dfrac{w_b}{w_a} = 2$ wird:

$$\underline{P_T} = \frac{S}{2} \cdot 2 \cdot 2 = \underline{2S}$$

Eine Sonderbauart des Transformators ist der sogenannte Spartransformator, der häufig als Regeltransformator ausgeführt wird.
Er ist gekennzeichnet durch eine teilweise gemeinsame Ober- und
Unterspannungswicklung gemäß Abb. 114. Vernachlässigt man den
Magnetisierungsstrom wegen seiner Kleinheit, so müssen sich auch
beim Spartransformator die Amperewindungen der beiden Wicklungsabschnitte aufheben:

$$I_b \cdot (w_b - w_a) = (I_a - I_b) \cdot w_a$$

Die maximalen Wicklungsleistungen sind danach bei konstanter Durchgangsleistung:

Abschnitt $(w_b - w_a)$: $\quad I_b \cdot E_{1N} \cdot \dfrac{w_b - w_a}{w_b}$

Abschnitt w_a $\qquad$: $(I_a - I_b) \cdot E_{1N} \cdot \dfrac{w_a}{w_b}$

$$P_T = \frac{E_{1N}}{2} \cdot \left(I_b \cdot \frac{w_b - w_a}{w_b} + (I_a - I_b) \cdot \frac{w_a}{w_b} \right) =$$

$$= \frac{E_{1N} \cdot I_b}{2} \cdot \left(\frac{w_b - w_a}{w_b} + \left(\frac{I_a}{I_b} - 1 \right) \cdot \frac{w_a}{w_b} \right) =$$

$$P_T = S \cdot \left(1 - \frac{w_a}{w_b} \right) = S \cdot \left(1 - \frac{E_{2N}}{E_{1N}} \right)$$

Die Bauleistung des Spartransformators ist demnach umso kleiner, je geringer die Differenz zwischen Ober- und Unterspannung ist. Die beiden Wicklungsabschnitte müssen wie die Ober- und Unterspannungswicklungen eines Zweiwicklungstransformators konzentrisch auf einem Schenkel angeordnet sein, wenn man nicht starke Querstreufelder in Kauf nehmen will.
Die Streureaktanz des Spartransformators ist immer geringer als jene eines Zweiwicklers gleicher Durchgangsleistung S :
Wegen der geringeren Bauleistung ist auch das Streufeldvolumen kleiner und damit auch dessen magnetische Energie. Daraus folgt eine geringere Streublindleistung und ein geringerer Streuspannungsabfall; (hohe Kurzschlußströme). Ein weiterer Nachteil des Spartransformators ist die galvanische Verbindung zwischen Ober- und Unterspannung; eine solche ist nur bei starrer Erdung zulässig, wie sie bei Höchstspannungs-Netzen angewendet wird.
Wird der Spartransformator als Drehstrom-Regeltransformator eingesetzt, muß man auf Anzapfungen im Sternpunkt verzichten (Abb. 115a).

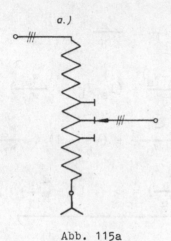

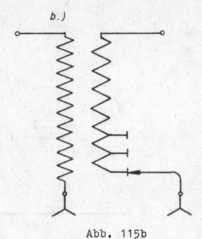

Abb. 115a   Abb. 115b

Spartransformator mit   Regeltransformator mit Anzapfung
Anzapfung.   im Sternpunkt.

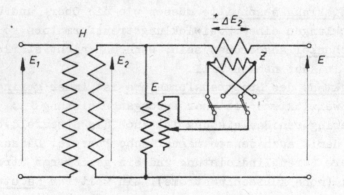

Abb. 116   Zusatz-Regeltransformator-Schaltung.

Bei Zweiwicklungstransformatoren können diese deshalb mit Vorteil in den Sternpunkt verlegt werden, weil dann die Stufenschalter der einzelnen Phasen gegeneinander nur für die (kleine) Regelspannung bemessen werden müssen (Abb. 115b).

Die dritte Möglichkeit der Spannungsregelung (Stellung) von Transformatoren ist die mit Hilfe von Zusatztransformatoren Z (Abb. 116) und Erregertransformatoren E.

Diese Anordnung wird bei Transformatoren mit sehr hohen Strömen auf der Regelspannungsseite bevorzugt, weil man dabei die Stufenschaltwerke für kleinere Ströme ausführen kann. Vorteilhaft ist eine solche Gruppe auch bei sehr hohen Spannungen, weil beim Haupttransformator H ohne Regelanzapfungen die hohe Spannung leichter zu beherrschen ist. Die Unterspannung setzt sich dabei aus einem festen Anteil E_2 vom Haupttransformator H und einem $\pm$ veränderlichen Anteil ΔE_2 zusammen, der über den Erreger- und Zusatztransformator in den Unterspannungskreis hineintransformiert wird. Bei einem Spannungsbereich $2 \Delta E_2$ z.B. 10 % müssen die Transformatoren E und Z nur für 5 % der Leistung von H bemessen werden.

Der Erregertransformator E kann auch als Spartransformator ausgeführt werden oder überhaupt entfallen, wenn die Erregerspannung an Anzapfungen der Ober- oder Unterspannungswicklung abgegriffen wird.

Ein Beispiel für den letztgenannten Fall ist der Lokomotiv-Transformator der Österr. Standardlokomotive 1042 (Abb. 117). Es ist dies auch ein Beispiel für eine Anordnung, bei der die Durchgangsleistung nicht konstant ist, sondern proportional mit der Regelspannung absinkt. Aus dieser Bedingung ergibt sich konstanter Strom auf der Unterspannungsseite.

Wie aus den Strompfeilen in Abb. 117 hervorgeht, ändert sich die Stromdichte auf der Oberspannungsseite je nach Spannungsstufe zwischen Null und dem doppelten Wert dessen, der sich bei der Mittelstellung gemäß Abb. 117 einstellt.

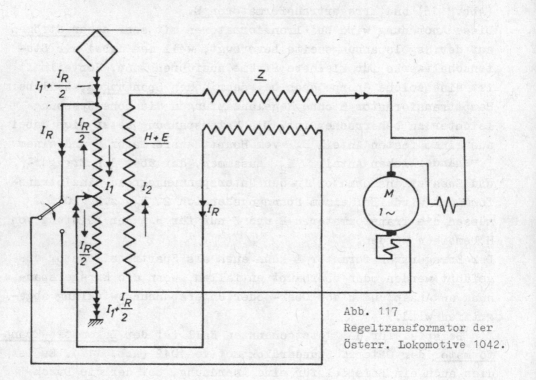

Abb. 117
Regeltransformator der
Österr. Lokomotive 1042.

Das eigentliche technische Problem beim Regeltransformator
ist die <u>Weiterschaltung der Anzapfungen unter Last</u>. Dabei darf
weder der Stromkreis unterbrochen werden, noch dürfen Wicklungsabschnitte beim Überschalten ohne Schutzwiderstand kurzgeschlossen werden. Es gibt eine Anzahl von Vorschlägen und Ausführungen
zur Lösung dieses Problemes; die bekannteste Ausführung ist der
<u>Sprunglastschalter</u> mit Stufenwähler (<u>Jansen</u>), welcher in Abb. 118
dargestellt ist. Bei der gezeichneten Mittelstellung, die der
Schalter während des 40 Millisekunden dauernden Überschaltvor-
ganges einnimmt, wird die Spannung zwischen beiden Stufen ge-
teilt.

Das wesentliche an der Einrichtung ist, daß die gewählte Stufe
über einen <u>Stufenwähler</u> zunächst stromlos vorgewählt wird, wonach für alle Stufen durch ein und denselben <u>Lastschalter</u> die
eigentliche Umschaltung vorgenommen wird. Abb. 119 zeigt die einzelnen Schaltzustände während des Umschaltvorganges.

Die Überschaltwiderstände, welche zur Vermeidung einer Unterbrechung erforderlich sind, können sehr klein bemessen werden,
da sie sich in der kurzen Zeit des Schaltvorganges (0,04 sek)
auch bei höchsten Stromdichten nur mäßig erwärmen.

Stufenwähler und Lastschalter sind durch einen Maltesertrieb
zwangsläufig gekuppelt; es kann daher auch immer nur eine Stufe
nach der anderen geschaltet werden.

<u>Thyristorschaltwerk</u>

Bei Lokomotivtransformatoren wird neuerdings der Lastschalter
durch einen Thyristorschalter ersetzt (Abb. 120).

190

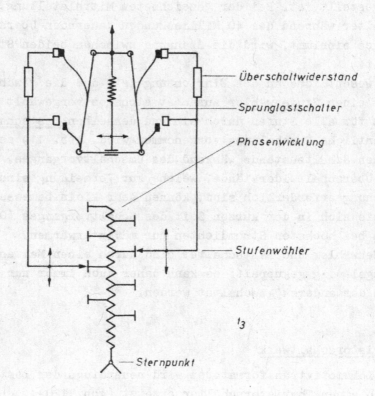

Abb. 118   Jansenschalter.

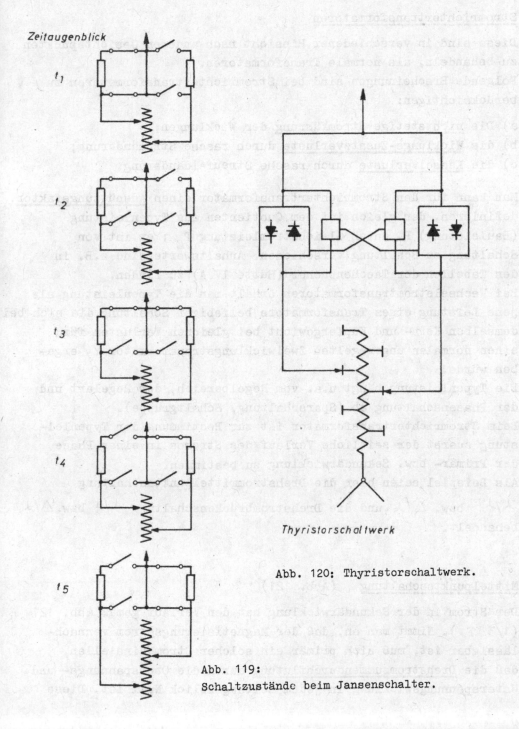

Zeitaugenblick

t_1

t_2

t_3

t_4

t_5

Thyristorschaltwerk

Abb. 120: Thyristorschaltwerk.

Abb. 119:
Schaltzustände beim Jansenschalter.

Stromrichtertransformatoren

Diese sind in verschiedener Hinsicht nach anderen Gesichtspunkten
zu behandeln, als normale Transformatoren.
Folgende Erscheinungen sind bei Stromrichtertransformatoren zu
berücksichtigen:

a) Die <u>nichtstetige Stromführung</u> der Wicklungen;
b) die <u>Wicklungs-Zusatzverluste</u> durch rasche Stromänderung;
c) die <u>Kesselverluste</u> durch rasche Streufeldänderung.

Man kann für den Stromrichtertransformator einen <u>Ausnützungsfaktor</u>
definieren, der gleich ist dem Quotienten aus Typenleistung
(Bauleistung) P_T durch Gleichstromleistung P_g ; er ist von
Schaltung zu Schaltung verschieden. Anhaltswerte sind z.B. in
den Tabellen der Taschenbücher (Hütte IV A) zu finden.
Bei Wechselstromtransformatoren erhält man die Typenleistung als
jene Leistung eines Transformators beliebiger Schaltung,die sich bei
demselben Kern- und Kupfergewicht bei gleichen Verlusten für
einen normalen ungeregelten Zweiwicklungstransformator Yy ergeben würde.
Die Typenleistung hängt u.a. vom Regelbereich, der Regelart und
der Phasenschaltung ab (Sparschaltung, Schaltgruppe).
Beim Stromrichtertransformator ist zur Bestimmung der Typenleistung zuerst der zeitliche Verlauf des Stromes in einer Phase
der Primär- bzw. Sekundärwicklung zu bestimmen.
Als Beispiel seien hier die Drehstrommittelpunktsschaltung
$\curlywedge/\curlywedge$ bzw. $\triangle/\curlywedge$ und die Drehstrombrückenschaltung $\curlywedge/\curlywedge$ bzw. $\triangle/\curlywedge$
behandelt.

<u>Mittelpunktsschaltung</u>   (Abb. 121)

Der Strom in der Sekundärwicklung hat den Verlauf gemäß Abb. 121
(1/3 T). Nimmt man an, daß der Magnetisierungsstrom vernachlässigbar ist, muß sich primär ein solcher Strom einstellen,
daß die <u>Drehstromsummendurchflutung</u> durch die Oberspannungs- und
Unterspannungswicklung in jedem Zeitaugenblick Null ist. Diese

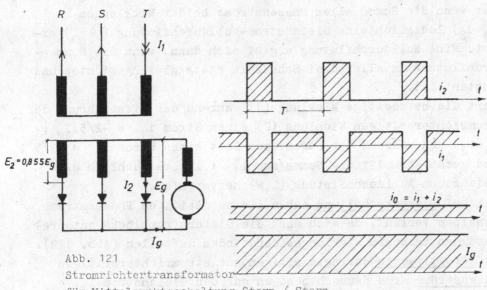

Abb. 121
Stromrichtertransformator
für Mittelpunktsschaltung Stern / Stern.

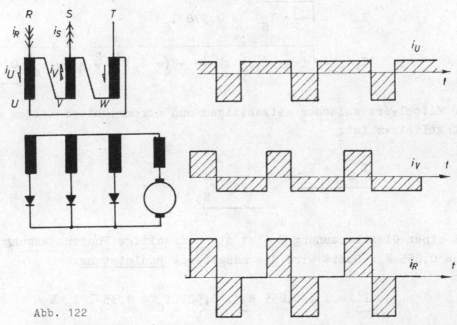

Abb. 122
Stromrichtertransformator
für Mittelpunktsschaltung Dreieck / Stern.

Bedingung ist erfüllt, wenn die Summe aller Durchflutungen 0 ist, oder wenn die Summe aller Phasenströme beider Wicklungen (i_1+i_2) lediglich eine Gleichstrom-Nulldurchflutung (Θ_{g0}) ergibt. Eine Nulldurchflutung ergibt sich dann, wenn die Summendurchflutung in allen drei Schenkeln stets gleichgerichtet und konstant ist.

Führt die netzseitige Wicklung (1) während der Stromführung der stromrichterseitigen Wicklung (2) einen Strom $i_1 = -2/3 \cdot I_g$; ($w_1=w_2$) und während der stromlosen Zeit einen Strom $i_1 = +1/3\ I_g$, wird gemäß Abb. 121 die Summe aus $i_1 + i_2$ tatsächlich eine Gleichstrom-Nulldurchflutung ($i_0 w$) hervorrufen.

Auch bei <u>Dreieckschaltung</u> haben die netzseitigen Phasenströme denselben Verlauf, da sich dort die Gleichstromblöcke entsprechend den ohmschen Wicklungswiderständen aufteilen (Abb. 122). Die <u>Effektivwerte</u> der netzseitigen und stromrichterseitigen <u>Phasenströme</u> sind demnach bezogen auf den Gleichstrom I_g.

$$I_2 = \sqrt{\frac{1}{3}\ I_g^{\ 2}} = 0{,}578\ I_g$$

$$I_1 = \sqrt{(-\frac{2}{3}\ I_g)^2 \cdot \frac{1}{3} + (\frac{1}{3}\ I_g)^2 \cdot \frac{2}{3}} = \sqrt{\frac{6}{27} \cdot I_g^{\ 2}} = 0{,}472\ I_g$$

Der Mittelwert zwischen netzseitigem und stromrichterseitigem Effektivstrom ist:

$$\frac{I_2 + I_1}{2} = 0{,}525\ I_g$$

Bei einer Gleichspannung E_g ist die netzseitige Phasenspannung $E_1 = 0{,}855\ E_g$. Damit wird die maßgebende <u>Bauleistung</u>:

$$\underline{P_T} = 3 \cdot 0{,}855\ E_g \cdot 0{,}525\ I_g = 1{,}35 \cdot I_g\ E_g =$$

$$= 1{,}35\ P_g$$

Der Netzstrom unterscheidet sich bei Stern- bzw. Dreieck-
schaltung gemäß Abb. 122, 121.
Im allgemeinen wird die Dreieckschaltung bevorzugt, obwohl der
Netzstrom auch hier nur spiegelsymmetrisch ist (Abb. 122 unten).

Brückenschaltung

Der Strom in der stromrichterseitigen Wicklung hat den Verlauf
gemäß Abb. 123 (1/3 T), er fließt in jeweils 2 Phasen.
Wenn auch hier die AW-Summe für $3\sim$ Strom in jedem Schenkel zu
jeder Zeit gleich Null sein soll, muß in der Primärwicklungs-
phase derselbe Strom fließen wie in einer Phase der stromrichterseitigen Wicklung. Der Effektivwert dieses Stromverlaufes
ist auf den Gleichstrom bezogen:

$$I_2 = \sqrt{\frac{2}{3}\ I_g^{\ 2}} = 0,817\ I_g$$

$$E_{2VW} = 0,74\ E_g$$

damit wird die Typenleistung:

$$P_T = 3 \cdot 0,74\ E_g \cdot 0,817\ I_g = \underline{1,05\ E_g\ I_g}$$

Zwar tritt bei dieser Schaltung kein Nullfluß auf, doch wechselt
der Streufluß räumlich seine Lage. Auch hier ist bei Dreieckschaltung die Kurvenform des Netzstromes günstiger (Abb. 123).

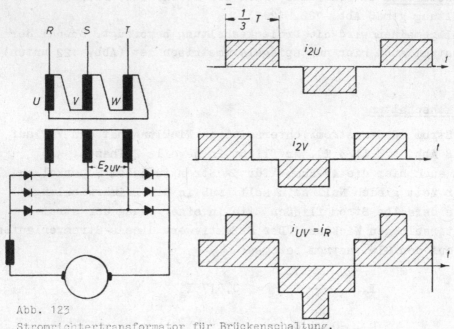

Abb. 123
Stromrichtertransformator für Brückenschaltung.

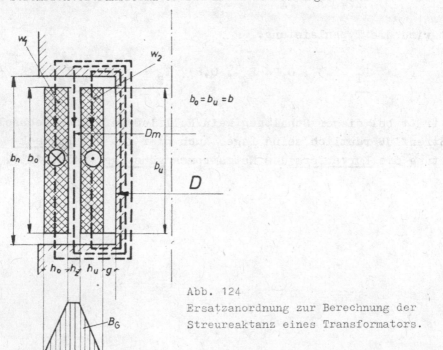

Abb. 124
Ersatzanordnung zur Berechnung der
Streureaktanz eines Transformators.

4.4 Reaktanzen des Transformators

Die Hauptfeldreaktanz von Leistungstransformatoren ist zufolge
der kornorientierten Bleche so groß, daß der Leerlaufstrom nur
wenige % beträgt. Aus diesem Grunde spielen die Oberwellen
durch die Sättigung eine weit geringere Rolle als früher bei
warmgewalzten Blechen.

Die Streureaktanz

Wie aus Abb. 12 hervorgeht, wird der magnetische Widerstand,den
das Streufeld vorfindet, vorwiegend durch den Luftweg innerhalb
der Wicklung bestimmt; hier hat es seine größte Dichte.
Außerhalb derselben breitet es sich rasch im umgebenden Luft-
raum aus, durch den es sich zurückschließt.
Ein Teil des Streufeldes schließt sich jedoch wiederum über das
Eisen, wodurch die Induktion im Kern verkleinert oder vergrößert
wird. Die Erfahrung hat gezeigt, daß man den magnetischen Widerstand des Rückschlusses überhaupt vernachlässigen kann, soferne
man annimmt, daß die Streulinien entlang der Wicklung parallel
verlaufen. Diese Annahme legt eine eisengebettete Ersatzanordnung nahe, die in Abb. 124 dargestellt ist. Bei einer solcherart
in Eisen gebetteten Spule würden die Feldlinien tatsächlich
parallel verlaufen, wie jene, die von einer Maschinenwicklungs-
spule in der Nut bewirkt werden. Daher kann auch die für eine
eisengebettete Spule abgeleitete Induktivitätsformel zur Reak-
tanzberechnung herangezogen werden. Mit $X_\sigma = 2\pi\,f\,L_\sigma$ wird die
Streureaktanz einer Transformator-(Röhren)Wicklung

$$X_\sigma = 7{,}9 \cdot f \cdot w_1^2 \cdot \frac{D_m \cdot \pi}{b_o} \cdot (h_z + \frac{h_o + h_u}{3}) \cdot 10^{-6} \quad \text{[*]}$$

(Vergl. Abschnitt 3.5)

Aus der obenstehenden Streureaktanz-Formel geht hervor, wie man
durch den Entwurf die Höhe der Streureaktanz beeinflussen kann.

[*]Das Einsetzen der Wicklungslänge b_o ergibt im allgemeinen
zu große Werte von X_σ; das Einsetzen der Kernlänge A zu
kleine Werte.

Der bezogene Wert (p.u.) des Streuspannungsabfalles ergibt
sich zu:

$$\frac{I_N \cdot X_\sigma}{E_N} = \frac{I_N \cdot \mu_0 \cdot 2\pi \cdot f \cdot w_1^2 \; \dfrac{D_m \cdot \pi}{b_n} \; (h_z + \dfrac{h_o + h_u}{3})}{\sqrt{2} \cdot \pi \cdot f \cdot w \; \dfrac{D^2 \cdot \pi}{4} \cdot \widehat{B}}$$

$$= I_N \; \frac{4 \cdot \sqrt{2} \; \mu_0}{\widehat{B}} \cdot \frac{D_m \cdot w_1}{D^2 \cdot b_n} \; (h_z + \frac{h_o + h_u}{3})$$

Die Streureaktanz in p.u. steigt demnach bei Vergrößerung des
Streukanales, bei Vergrößerung der Windungszahl pro Wicklungslänge ($\frac{w_1}{b_n}$) (mehr Kupfer) und Verkleinerung des Kerndurchmessers
D (weniger Eisen).
Abweichungen zwischen Rechnung und Messung, welche durch die
vereinfachenden Annahmen gegeben sind (parallele Streufeldlinien), können durch den sogenannten Rogowski-Faktor verkleinert werden. Für Entwurfsrechnungen ist die vorstehende Beziehung jedoch völlig ausreichend.
Neben der Streureaktanz, die durch den sogenannten Längsstreufluß bedingt ist, tritt bei ungleichen Wicklungslängen ein
weiteres Streufeld auf, welches eine Erhöhung der Streureaktanz
bewirkt.
Abgesehen von dieser Reaktanzerhöhung ist der sogenannte Quer-
streufluß auch wegen der zusätzlichen Wirbelstromverluste unerwünscht, die er in massiven Eisenteilen und im Kessel verursacht. Insbesondere bei Großtransformatoren muß darauf geachtet werden, daß die Wicklungslängen ober- und unterspannungs-
seitig gleich sind, wenn sich dies auch nicht immer erreichen
läßt (insbesondere bei Regeltransformatoren). Das Querstreufeld
ist die Ursache der axialen Stromkräfte. Abb. 125 zeigt, wie
es etwa bei einem Manteltransformator verläuft, wenn man es getrennt vom Längsstreufluß zeichnet.
In Wirklichkeit überlagern sich natürlich die beiden Komponenten
$B_{\sigma l}$ und $B_{\sigma q}$ zu einem Gesamtstreufluß, der eine Axial- und eine
Radialkomponente besitzt. Für die Berechnung ist jedoch die
getrennte Behandlung einfacher.

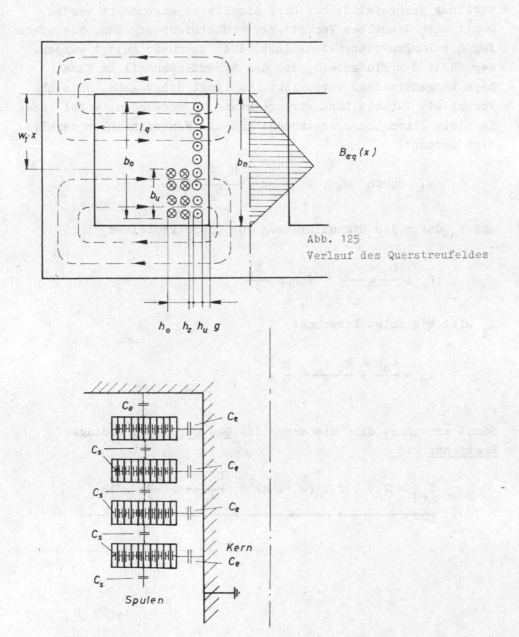

Abb. 125
Verlauf des Querstreufeldes

Abb. 126 Kapazitäten einer Transformatorwicklung.

In Abb. 125 ist der Verlauf der Querstreuinduktion entlang der
Wicklung dargestellt; sie darf als linear angenähert werden,
womit sich dieselben Verkettungsverhältnisse ergeben, die schon
für die Längsstreureaktanz (Abb. 124) zugrunde gelegt wurden.
Weg fällt der Flußanteil, der dem Streuflußanteil im Kanal
beim Längsstreufluß entspricht. Es liegt daher nahe, dieselbe
Formel wie für die Längsstreureaktanz zu verwenden, wobei einfach die Dimensionen vertauscht und die Windungszahlen verkleinert werden:

$$w_1 \quad \text{durch} \quad w_1 \cdot x \quad ; \quad x = \frac{b_o - b_u}{b_o}$$

und b_n durch den Streulinienweg des Querstreufeldes l_q,

$$(h_z + \frac{h_o + h_u}{3}) \quad \text{durch} \quad \frac{b_n}{3}$$

l_q wird wie folgt berechnet:

$$l_q = \frac{b_o}{\pi} + \frac{h_o + h_u}{2} + g$$

Damit errechnet sich die durch das <u>Querstreufeld</u> bedingte
<u>Reaktanz:</u>

$$X_{\sigma q} = 7,9 \cdot f \cdot (w_1 \cdot x)^2 \cdot \frac{D_m \cdot \pi}{l_q} \cdot \frac{b_n}{3} \cdot 10^{-6}$$

4.5 Die Beanspruchungen des Transformators

Zu unterscheiden sind:

1. Dielektrische Beanspruchungen (z.B. bei Stoßspannungen);
2. Magnetische Beanspruchungen;
3. Thermische Beanspruchungen;
4. Mechanische Beanspruchungen.

Dielektrische Beanspruchungen

Die Isolierstoffe, welche hauptsächlich im Transformator Verwendung finden, sind Papier, Öl, Hartpapier, Holz, Porzellan.
Die höchsten dielektrischen Beanspruchungen treten betriebsmäßig an den Wicklungsenden auf, da dort das elektrische Feld in starkem Maße inhomogen ist. In diesem Zusammenhang kommt der Ausbildung der "Schirmringe" und der Joche eine besondere Bedeutung zu. Die Schirmringe sind aus leitendem Material, jedoch am Umfang aufgeschlitzt, da sie sonst eine Kurzschlußwindung bilden. Sie sind elektrisch mit dem Wicklungsende oder auch der Wicklungsmitte verbunden, da sie neben der Preßdruckübertragung auch die Aufgabe der Potentialsteuerung an den Wicklungsenden übernehmen sollen. Sie dürfen insbesondere bei größeren Transformatoren nicht aus massivem Material hergestellt sein, da sie sonst durch das Streufeld zu stark angeheizt werden (Abb. 109).
Die Bemessung der Isolationen ist eine hochspannungstechnische Aufgabe; eine wichtige Rolle hierbei spielt die Tatsache, daß insbesondere bei hohen und höchsten Spannungen die Durchschlagsfestigkeit des Öles mit der (ununterbrochenen) Streckenlänge ganz erheblich kleiner wird als bei kürzeren Isolationsstrecken (darum Barrierenisolation Abb. 109).
Grundlage für die Isolationsbemessung sind die Prüfungen, denen ein Transformator vor der Abnahme nach den Normvorschriften unterzogen werden muß. Die wichtigsten davon sind die Wicklungsprüfung und die Stoßwellenprüfung. Die entsprechenden Prüfungsspannungen sind in den Vorschriften ÖVE M20 zu finden.

Während die Wicklungsprüfung vornehmlich die Spannungsfestig-
keit gegenüber Überspannungen durch atmosphärische - und Schalt-
überspannungen gewährleisten soll, ist es die Aufgabe der Stoß-
wellenprüfung, die Spannungsfestigkeit einzelner Windungen und
Wicklungsteile gegeneinander sicherzustellen.
Bei der Wicklungsprüfung wird der Kern geerdet, wonach eine
Wicklung nach der anderen an die Prüfungsspannung gelegt wird.
Ein Pol der Prüfungsspannung liegt ebenfalls an Erde.

Bei der Stoßwellenprüfung wird die geerdete Wicklung mit einer
Stoßwelle sehr steiler Flanke, wie sie in Wirklichkeit durch
Wanderwellen auftritt, beaufschlagt. Wie nachstehend gezeigt
wird, stellt sich hierbei entlang der Wicklung eine nicht-
lineare Spannungsverteilung ein, die dazu führt, daß einzelne
Wicklungsabschnitte (Wicklungsanfang) mit dem Vielfachen der
Windungsspannung im stationären Betrieb beansprucht werden.
Es kommt hierbei durchaus nicht so sehr auf die Scheitelhöhe
der Stoßwelle an, als auf ihre Steilheit. (Die eigentlichen
Überspannungsspitzen werden immer durch Überspannungsableiter
abgeschnitten).
Eine genaue Berechnung der Spannungsverteilung entlang der
Wicklung in Abhängigkeit von Ort und Zeit ist wegen der Kompli-
ziertheit des Verlaufes der elektrischen und magnetischen Felder,
sowie wegen der Anwesenheit von Eisen so gut wie unmöglich.
Man hilft sich auch hier wieder durch Ersatzschaltungen, indem
man die Transformatorwicklungen mit den einzelnen Spulen als
eine Art Kettenleiter auffaßt.
Für die raschen Vorgänge beim Auftreffen einer steilen Wellen-
stirn können die Erscheinungen auf Grund kapazitiver Wirkungen
nicht mehr vernachlässigt werden. (Zweiter Ausdruck in der
1. Maxwellschen Gleichung):
Betrachtet man beispielsweise eine aus Spulenscheiben aufge-
baute Transformatorwicklung (Abb. 126), kann man zweierlei
kapazitive Kopplung unterscheiden:

1. Die kapazitive Kopplung zwischen der Wicklung und Erde;
2. die kapazitive Kopplung zwischen hintereinanderliegenden
   Wicklungsteilen (Teilspulen, Windungen).

Nimmt man an, daß sich das Hauptfeld im Kern für diese über-
schnellen Vorgänge nicht ausbilden kann, ist jedem Wicklungsabschnitt lediglich eine Streuinduktivität zuzuordnen (Hauptfeld abgedämpft).

Diese Streuinduktivitäten ergeben zusammen mit den genannten
Kapazitäten eine Ersatzschaltung, die durch Erhöhung der Glied-
zahl beliebig verfeinert werden kann (Abb. 127).

Betrachtet man ein Element dieser Kette (Abb. 127), kann man
hierfür unter Vernachlässigung des ohmschen Widerstandes folgende Gleichungen anschreiben:

Darin bedeuten:

c_e = Erdkapazität
c_s = Serienkapazität $\left.\right\}$ je Einheit der Wicklungslänge
l = Induktivität

$$\Delta i = \Delta i_1 + \Delta i_2$$

$$\frac{\partial i}{\partial x} = \frac{\partial i_1}{\partial x} + \frac{\partial i_2}{\partial x} \tag{1}$$

$$\Delta Q_e = - E \cdot c_e \cdot \Delta x$$

$$\Delta i = \frac{\partial \Delta Q_e}{\partial t} = \frac{-\partial E}{\partial t} \cdot c_e \cdot \Delta x$$

$$\frac{\partial i}{\partial x} = - c_e \cdot \frac{\partial E}{\partial t} \tag{2}$$

$$Q_s = - \frac{c_s}{\Delta x} \cdot \Delta E$$

$$\frac{\partial Q_s}{\partial t} = i_2 = - c_s \cdot \frac{\partial^2 E}{\partial x \partial t}$$

$$i_2 = - c_s \cdot \frac{\partial^2 E}{\partial x \partial t} \tag{3}$$

$$\Delta E = - \Delta x \cdot l \cdot \frac{\partial i_1}{\partial t}$$

$$\frac{\partial E}{\partial x} = - l \frac{\partial i_1}{\partial t} \tag{4}$$

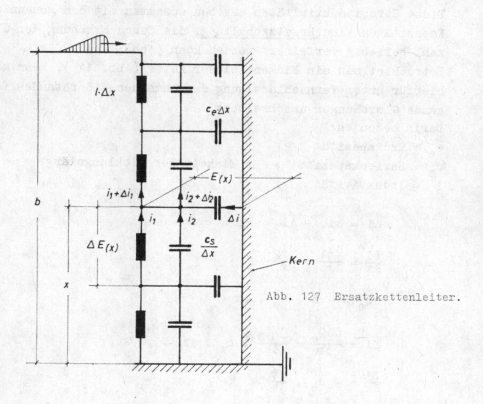

Abb. 127 Ersatzkettenleiter.

Hierbei wurde schon vereinfachend angenommen, daß sich benachbarte Wicklungselemente gegenseitig nicht induzieren, was aber durch einen entsprechenden höheren Wert von 1 berücksichtigt werden kann.

Die Lösung dieses partiellen Differentialgleichungssystems führt auf eine räumlich-zeitliche Spannungsverteilung gemäß Abb. 128.

Es läßt sich zeigen, daß die Transformatorspule unendlich viele Eigenfrequenzen aufweist, daß jedoch eine obere Grenzfrequenz existiert:

$$\omega_0 = \frac{1}{\sqrt{1 \cdot c_s}}$$

die mit der Eigenfrequenz einer Windung identisch ist.

Verhältnismäßig einfach kann das Gleichungssystem für die Anfangsspannungsverteilung beim Auftreffen einer Sprungwelle der Höhe E_0 mit unendlich steiler Stirn gelöst werden. Man kann annehmen, daß die Induktivitäten die Spannungsverteilung im Augenblick desAuftreffens nicht beeinflussen, da i_1 in diesem Zeitpunkt gleich Null ist. Die Spannung verteilt sich dann im ersten Augenblick so, als ob nur eine Kondensatorkette vorhanden wäre. Dadurch vereinfacht sich das Differentialgleichungssystem zu

$$\frac{\partial i}{\partial x} = \frac{\partial i_2}{\partial x}$$

$$\frac{\partial i}{\partial x} = - c_e \cdot \frac{\partial E}{\partial t}$$

$$i_2 = - c_s \cdot \frac{\partial^2 E}{\partial x \partial t}$$

mit der Lösung für den Zeitaugenblick $t = 0$

$$E(x,t)\big|_{t=0} = E_0 \frac{\sinh \sqrt{\frac{c_e}{c_s}} \cdot x}{\sinh \sqrt{\frac{c_e}{c_s}} \cdot b}$$

Am Ende des gedämpften Schwingungsvorganges stellt sich schließlich eine lineare Spannungsverteilung ein ($t = \infty$).

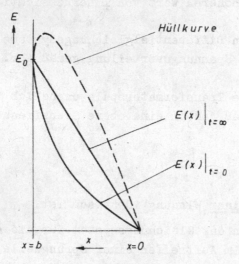

Abb. 128 Stoßspannungs-Anfangsverteilung in einer
Transformatorwicklung.

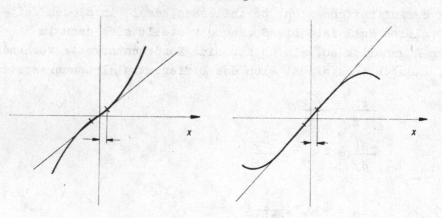

sinh(x)   sin(x)

Abb. 129 Zur Linearisierung des Hyperbelsinus bei
kleinem Argument.

Aus dieser Beziehung kann entnommen werden, daß für sehr große Werte von c_s die Anfangsspannungsverteilung linear wird, da man für kleine Werte von $\sqrt{\dfrac{c_e}{c_s}}$ die Funktion gleich dem Argument setzen kann (ähnlich wie man es bei der Kreisfunktion für kleine Winkel macht; Abb. 129).

Aus dieser Erkenntnis ergibt sich sofort ein Hinweis auf Abhilfemaßnahmen: Entweder man vergrößert bei konstantem c_e das c_s künstlich durch eine spezielle Wicklungsausführung, oder man verkleinert bei konstantem c_s das c_e. Beide Maßnahmen werden ausgeführt (Lagenwicklung, geschachtelte Wicklung, Kapazitäts-schirme).

Magnetische Beanspruchung des Transformators

Moderne Großtransformatoren werden heute mit Eiseninduktionen bis 1,65 T ausgeführt. Eine weitere Erhöhung ist vom Stand-punkt der Ausnützung zwar wünschenswert, doch ist dem durch das Auftreten verschiedener Nebenerscheinungen eine Grenze ge-setzt; diese sind:

1) Ansteigen der Verluste mit B^2
2) Ansteigen des Erregerstromes I_h
3) Verstärkung der Stromoberwellen wegen Sättigung
4) Verstärkung der Geräuschbildung

Zu den Punkten 1 bis 3 ist keine weitere Erklärung notwendig, wohl aber zur Geräuschbildung.

Die Ursache der Geräuschbildung ist die sogenannte Magneto-striktion, d.h. die Längenänderung eines Eisenkernes bei mag-netischer Erregung.

Das Grundwellengeräusch weist wie alle magnetischen Geräusche die doppelte Netzfrequenz auf. Wegen der nichtlinearen Abhängig-keit der Längenänderung von der Induktion überlagern sich dieser Grundwellen-Geräuschanregung noch höhere Harmonische.

Die Anregung durch höhere Harmonische steigt mit zunehmender
Induktion außerordentlich stark an.
Das schwierigste Problem bei der theoretischen Behandlung des
Transformatorengeräusches ist die Bestimmung der Eigenfrequenz
des Eisenkernes. Es handelt sich bei der Kernschwingung um
eine gekoppelte Longitudinal-Biegeschwingung, die ohne vereinfachende Annahmen sehr schwierig zu behandeln ist. Durch Schall-
absorber oder schalldämmende Ummantelung können störende Geräusche weitgehend unterdrückt werden.

Thermische Beanspruchungen des Transformators

Die Verluste setzen sich beim Transformator aus Wicklungskupfer-
und Eisenverlusten einerseits und Wirbelstromverlusten in Wicklungen und massiven Eisenteilen andererseits zusammen (Kessel,
Druckplatten usw.). Abgeführt wird die Verlustwärme durch das
zirkulierende Öl, welches in Fremdkühlern oder angebauten
Radiatoren rückgekühlt wird. Bei den heute üblichen Kühlmethoden
(vgl. Abschnitt 3.) geht man mit den Stromdichten nicht höher
als bis 3 - 5 A/mm^2.
Die Kesselzusatzverluste, hervorgerufen durch die Streufelder,
sind kaum einer genauen Berechnung zugänglich; hingegen lassen
sich die Stromverdrängungsverluste in der Wicklung einigermaßen
genau ermitteln.
Wie schon im Abschnitt 3. über die Stromverdrängungserscheinungen
erwähnt wurde, kann man die Wicklung als eisengebettet betrachten und die für diesen Fall entwickelten Näherungsbeziehungen
benutzen:

$$\rho = 1 + \frac{m^2 - 0,2}{9} \cdot T^4 \quad ,$$

worin m die Zahl der in einer Wicklung radial übereinanderliegenden Lagen bedeutet, n die Zahl der in einer Wicklung
axial nebeneinanderliegenden Windungen.

$$T = \frac{h_s}{50} \cdot \sqrt{\frac{n \cdot b_s}{b_n} \cdot f \cdot \varkappa \cdot k}$$

die reduzierte Leiterhöhe, k den Rogowski-Faktor (siehe Abschn. 4.4), h_s die radiale und b_s die axiale Leiterabmessung (siehe Abb. 79). Abhilfe ist also durch Verringerung der Leiterabmessungen in radialer Richtung möglich. Abb. 82 zeigt, wie man z.B. die parallelen Zweige einer Drehstromwicklung ausführen bzw. verdrillen muß, um eine ungleiche Stromverteilung auf die einzelnen Zweige zu unterbinden.

Ohne die gezeichnete Verdrillung würde die Stromdichte in einem parallelen Zweig umso höher sein, je näher dieser am Streukanal liegt.

Gefährliche Erwärmungen können vor allem bei Kurzschlüssen auftreten, wenn diese nicht rechtzeitig abgeschaltet werden. Wie man die Zeit berechnet, nach welcher der Kurzschluß spätestens abgeschaltet werden muß (sollte eine bestimmte Temperaturgrenze eingehalten werden),wurde in Abschnitt 3.8 gezeigt.

Mechanische Beanspruchung des Transformators

Aus Abb. 130 ersieht man, daß sich die gegensinnig durchflossenen Röhren der Primärwicklung und Sekundärwicklung abstoßen. Dadurch wird die äußere Wicklung auf Zug beansprucht, die innere auf Knickung. Die Kräfte lassen sich unter Zuhilfenahme von Energiebetrachtungen vereinfacht berechnen. Die Energie des Streufeldes wird berechnet zu:

$$W_{m\sigma} = \frac{1}{2} \cdot L_\sigma \cdot I^2$$

Unter dem Einfluß der radialen Kräfte wird der Streukanal erweitert und mit ihm der voll verkettete Streufluß. Die Zunahme der magnetischen Energie in diesem Streukanal durch Volumensvergrößerung muß gleich sein der geleisteten (mechanischen) Arbeit:

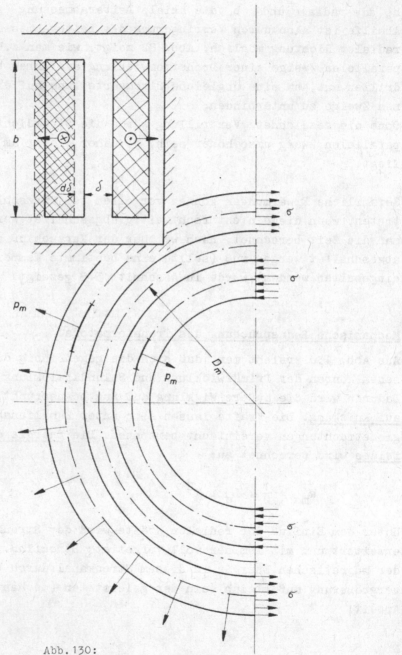

Abb. 130:
Zur Entstehung der radialen Stromkräfte
in einem Transformator.

$$d\delta \cdot F = p_m \cdot A_0 \cdot d\delta = d\,W_m = \frac{I^2}{2} \cdot d(L_\sigma)$$

$$= p_m \cdot D_m \cdot \pi \cdot b \cdot d\delta$$

$$p_m \cdot D_m \cdot \pi \cdot b = \frac{I^2}{2} \cdot \frac{d(L_\sigma)}{d\delta} = \frac{\mu_0}{2} I^2 \cdot \frac{D_m \cdot \pi}{b} \cdot w^2$$

$$p_m = \frac{\mu_0}{2} \cdot \left(\frac{I \cdot w}{b}\right)^2 \quad N/m^2$$

Will man die Beanspruchung der Wicklung auf Zug berechnen, geht man genauso vor wie bei einem Kessel oder Schwungrad. Im vorliegenden Fall tritt anstelle des Dampfdruckes die magnetische Kraft je Flächeneinheit p_m (Abb. 130).

$$\sigma \cdot a_{Cu} \cdot 2 \cdot w = \frac{D_m \cdot \pi}{2}\; b \cdot \frac{\mu_0}{2} \cdot \left(\frac{I \cdot w}{I_w}\right)^2 \cdot \frac{2}{\pi}$$

$$\sigma = p_m \cdot \frac{A_0}{A_{Cu}} \cdot \frac{1}{\pi} \quad ; \quad A_0{}^{*)} = D_m \cdot \pi \cdot b$$

$$A_{Cu} = 2 a_{Cu} \cdot w$$

*) Bezugsoberfläche (in Streukanalmitte)

Um sich ein Bild von der Größenordnung dieser Radialkräfte bei Kurzschluß machen zu können, mögen diese an Hand eines Zahlenbeispieles berechnet werden:

Drehstrom-Transformator:

S_N= 46,7 MVA, E_N = 10,5/30 kV ; I_N = 530 A ; e_k = 0,0632 p.u,
Schaltung: $\curlywedge/\triangle$
Oberspannung: 303 Windungen/Phase
Drahtquerschnitt: a_{Cu} = 160 mm^2
Wicklungsoberfläche: $A_0 = D_m \cdot \pi \cdot b$ = 5,4 m^2
Wicklungskupferquerschnitt: A_{Cu} = 2 $\cdot$ w $\cdot$ a_{Cu} = 0,0965 m^2
Wicklungsbreite: b = 1,8 m
Mittlerer Durchmesser (siehe Abb. 130): D_m = 0,955 m

Der Stoßkurzschlußstrom beträgt:

$$I_k = 1,8 \cdot \sqrt{2} \cdot \frac{530}{0,0632} = 21300 \text{ A, der magnetische Druck:}$$

$$p_m = \frac{1,256 \cdot 10^{-6}}{2} \cdot (\frac{21300 \cdot 303}{1,8})^2 = 8,05 \cdot 10^6 \text{ N/m}^2$$

Die Zugspannung:

$$\sigma = \frac{1}{\pi} \cdot 8,05 \cdot 10^6 \cdot \frac{5,4}{0,0965} = 1,425 \cdot 10^8 \text{ N/m}^2$$

Neben den radialen Kräften treten bei ungleichen Wicklungslängen auch axiale Kurzschlußkräfte auf, die versuchen, die Wicklungen axial auseinander zu schieben (da sich dabei die Streuinduktivität vergrößern muß).
Diese Kräfte können grundsätzlich auf dieselbe Weise berechnet werden wie die radialen Kräfte, nur wird anstelle der Längsstreureaktanz die Querstreureaktanz in die Rechnung eingehen (Abb. 131).

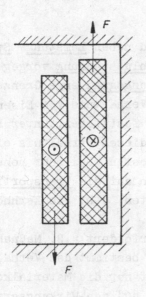

F

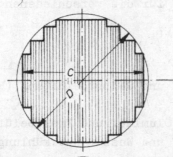

F

Abb. 131:
Zur Entstehung der axialen
Stromkräfte in einem Trans-
formator.

Abb. 132:
Kernabmessungen.

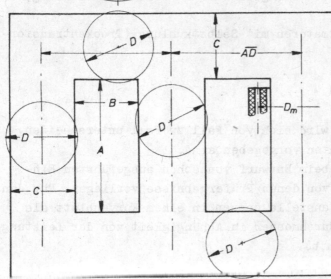

4.6 Der Entwurf des Transformators

Für den Entwurf des Transformators sind neben <u>Leistung</u>, <u>Spannungen</u>, <u>Frequenz</u>, <u>Schaltgruppe</u> usw. die <u>Kurzschlußspannung</u> vorgegeben. Unter Umständen sind auch für den <u>Wirkungsgrad</u> enge Grenzen gesetzt, und nicht zuletzt wird auch das Verhältnis vom Eisen zum Kupfergewicht in einem gewissen Rahmen festliegen. Unter Beachtung des Eisen- und Kupferpreises hat dieses Verhältnis einen wesentlichen Einfluß auf die Materialkosten. Bei sehr hohen Transformatorleistungen ist ferner noch auf die <u>Transportfähigkeit</u> (<u>Bahnprofil</u> 3 - 3,5m Höhe) zu achten, d.h. die Kernhöhe ist dann aus diesen Gründen beschränkt.

Die Einhaltung aller dieser Vorgaben erfordert u.U. Maßnahmen, die widersprüchlich ausfallen. So z.B. bestimmt das Verhältnis zwischen Kupfer- und Eisengewicht nicht nur die Materialkosten sondern auch die Kurzschlußspannung e_k und den Wirkungsgrad η ! Nachstehend werden einige <u>Richtwerte</u> für die verschiedenen <u>Beanspruchungen</u> angegeben.

a) Für Öltransformatoren:

$\hat{B}$ = 1,35 bis 1,65 T;

S = 3 A/mm^2 bei natürlichem Ölumlauf und Selbstbelüftung (Radiatoren);

S = 3,2 - 3,8 A/mm^2 bei natürlichem Ölumlauf und Fremdbelüftung;

S = 3,5 - 5 A/mm^2 bei Zwangsumlauf und Wasser-Rückkühlung;

b) Für Luft-Transformatoren mit Selbstkühlung (Trockentransformatoren)

$\hat{B}$ = 1,25 T

S = 2 A/mm^2

Der Entwurfsvorgang wird sich von Fall zu Fall unterscheiden, je nachdem, welche Daten vorgegeben sind.

Im allgemeinen wird beim Entwurf von schon ausgeführten Einheiten ausgegangen, von denen Prüfergebnisse vorliegen. Für den Studierenden werden anstelle dessen in einem Kurvenblatt als Richtwerte die Kerndurchmesser in Abhängigkeit von der Leistung angegeben (Abb. 133a,b).

215

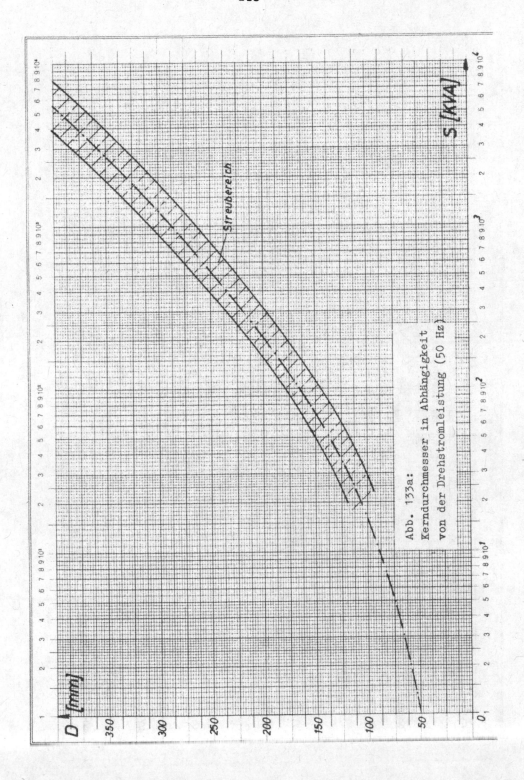

Abb. 133a:

Kerndurchmesser in Abhängigkeit
von der Drehstromleistung (50 Hz)

216

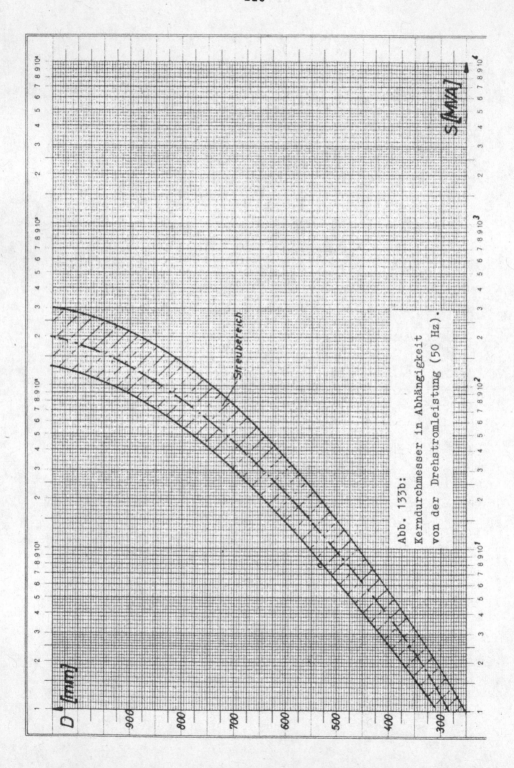

Abb. 133b:
Kerndurchmesser in Abhängigkeit
von der Drehstromleistung (50 Hz).

Streubereich

D [mm]

S [MVA]

Das Verhältnis zwischen wirksamer Eisenfläche A_{Fe} (ohne Blechisolation) und der Fläche des Umkreises kann mit $k = 0,7$ bis $0,8$ angenommen werden (Abb. 132).

Der Kerndurchmesser D ergibt sich demnach zu:

$$D = \sqrt{\frac{A_{Fe} \cdot 4}{\pi \cdot k}}$$

Es erweist sich als zweckmäßig, den Rohentwurf für wenigstens 3 Kerndurchmesser auszuführen, da sich aus dem Ergebnis leicht ablesen läßt, in welcher Richtung der Entwurf geändert werden muß, um die vorgegebenen Werte einzuhalten.

Ausgangsdaten für jeden Entwurf sind die Werte für

Kerninduktion $\hat{B}$

Kerndurchmesser D

Stromdichte S

Das <u>Kerngewicht</u> wird zunächst angenähert berechnet zu:

$$G_{Fe} = \gamma \cdot A_{Fe}(3A + 4B + 6C)$$

Mit $B \doteq C$ und
$C \doteq 0,9\,D$ wird:

$$G_{Fe} \doteq \gamma \cdot A_{Fe}(3A + 9D) \qquad \text{(Abb. 132)}$$

Die Kernlänge kann entweder gewählt oder durch Abzug der Jochhöhen und der Kastenabstände bestimmt werden (Jochhöhe = C). Genauer kann man den ersten Entwurf machen, wenn man den <u>Kupferfüllfaktor</u> schätzt bzw. aus Kurven entnimmt (Abb. 134). Dieser Füllfaktor bezieht sich auf die ganze Fensterfläche A , B . Damit können nach Bestimmung der Windungszahl w_1 auch die <u>Fenstermaße</u> (A , B) festgelegt werden, sowie der mittlere Wicklungsdurchmesser D_m.

218

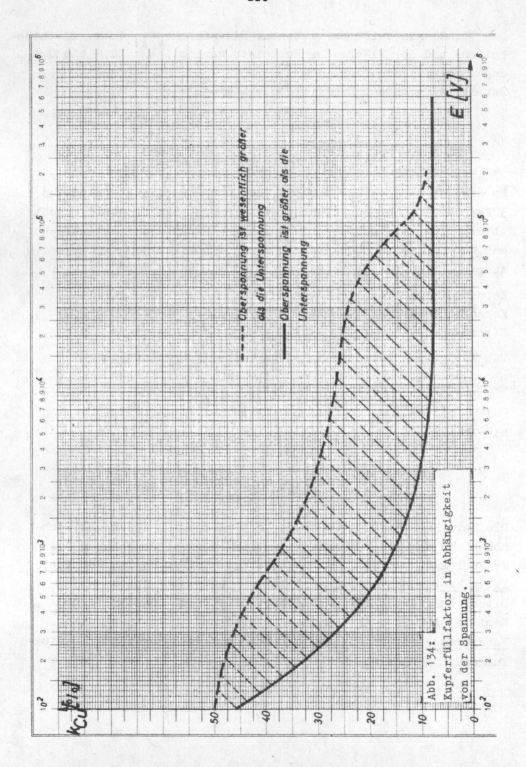

Abb. 134: Kupferfüllfaktor in Abhängigkeit von der Spannung.

In allen größeren Industriewerken wird das, was hier als Entwurfsvorgang von Hand skizziert wurde, mit Hilfe einer Digitalrechenanlage durchgeführt, wobei natürlich auch Konstruktionsteile, Kosten und Kühlung sowie Preiskalkulation eingeschlossen werden (seit 1956).

Für die <u>analytische Bestimmung</u> der günstigsten Daten eines Transformators liegt eine <u>Entwurfstheorie vor</u>, die sich in vier Gleichungen zusammenfassen läßt:

$$P_{vFe} = f_1(D, A, B, \overline{AD}) \qquad \text{Eisenverluste}$$

$$P_{vCu} = f_2(D, A, B, \overline{AD}) \qquad \text{Kupferverluste}$$

$$e_k = f_3(D, A, B, \overline{AD}) \qquad \text{Kurzschlußspannung}$$

$$K = K_{Fe}\, G_{Fe} + K_{Cu}\, G_{Cu} \qquad \text{Kosten für aktives Material}$$

(vgl. Abb. 132)

P_{vFe}, P_{vCu}, e_k sind mit bestimmten Toleranzgrenzen vorgegeben; die <u>Kosten</u> K müssen <u>minimiert</u> werden.

In Abb. 135 und 136 ist in Form von Blockdiagrammen der grobe Ablauf der digitalen Transformatorberechnung wiedergegeben. Selbstverständlich ist dieser Ablauf nur einer von vielen möglichen; er setzt die Annahme von Ausgangswerten voraus.

Die Ausarbeitung eines Rechenprogrammes für Transformatoren oder elektrische Maschinen stellt eine Arbeit dar, mit der ein bis zwei Mann ein Jahr lang beschäftigt sind. Ein solches Programm läßt sich naturgemäß nur für Transformatoren erstellen, die nach feststehenden konstruktiven Prinzipien gebaut werden; es kann also nur einem bestimmten Stand der Technik und der wissenschaftlichen Erkenntnis angepaßt sein. Daher wird ein solches Rechenprogramm vor allem geeignet sein, Routineberechnungen für die laufende Produktion und das Anbotwesen schneller und genauer durchzuführen als dies bisher von Hand möglich war. Der Weiterentwicklung dient die elektronische Berechnung nur deshalb, weil sie dazu anregt, exaktere Rechenmethoden zu ersinnen, die praktisch nur unter Zuhilfenahme von Computern

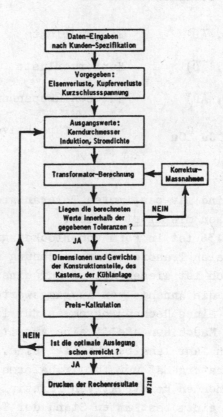

Abb. 135: Digitale Transformatorberechnung,
Blockdiagramm.

221

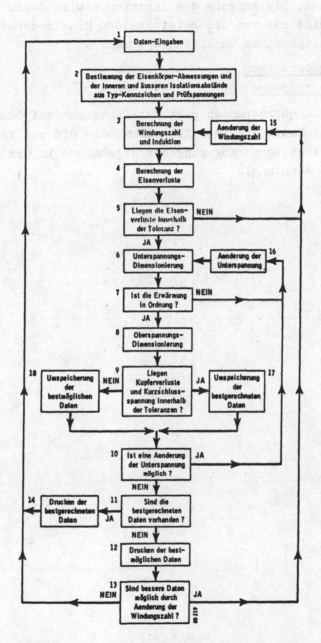

Abb. 136: Digitale Transformatorberechnung,
vereinfachtes Flußdiagramm.

anwendbar sind. Die Aufgabe des Ingenieurs wird daher nicht einfacher, er wird nur von der geisttötenden Routinearbeit entlastet. Im allgemeinen unterscheidet man:

<u>Nachrechnungsprogramme</u> und
<u>Optimierungsprogramme</u>

Bei Nachrechnungsprogrammen gibt der Ingenieur auf Grund seiner
Erfahrung die Hauptdaten des Transformators ein und variiert
sie unter Beachtung vorangegangener Ergebnisse in der einen
oder anderen Richtung.

5. SYNCHRONMASCHINEN

5.1 Drehfeld und Wechselfeld

Als Wechselfeld wird ein einachsiges, zwischen einem positiven und negativen Höchstwert pulsierendes magnetisches Feld verstanden. Der räumliche Scheitelwert dieses Feldes befindet sich immer in derselben Achse (Abb. 137, Wicklungsachse).

Als Drehfeld wird ein zweiachsiges, seinem Betrag nach konstantes und seiner Winkellage nach veränderliches Feld verstanden; es kann durch ein beliebigphasiges, mindestens jedoch zweiphasiges Drehstrom- und Wicklungssystem erzeugt werden (Abb. 138). Um mit einem beliebigphasigen Drehstromsystem ein räumlich sinusförmiges Drehfeld erzeugen zu können, müßten auch die Einphasenfelder der Phasenwicklungen räumlich sinusförmig verteilt sein.

Mit Rücksicht auf eine einfache Wicklungsherstellung verzichtet man jedoch darauf und ordnet die Spulen z.B. gemäß Abb. 138 am Umfang an.

Wie schon im allgemeinen Teil festgestellt wurde, ist der räumliche Durchflutungsverlauf nichts anderes als die Integralkurve des Strombelages. Sieht man von der Sättigung ab, ist dieser Verlauf auch gleichzeitig der Induktionsverlauf des Drehfeldes. In der Abb. 139 ist die Entstehung eines Drehfeldes durch eine zweiphasige Wicklung dargestellt. Es ist daraus zu erkennen, daß das resultierende Feld (strichpunktiert) der zweipoligen Anordnung sich um denselben Raumwinkel α weiterdreht, wie die Zeitlinie im Zeigerbild der Drehströme. Der räumliche Durchflutungsverlauf $\theta(x,t)$ ändert dabei seine Form, was auf die nicht sinusförmige Verteilung der Wicklung zurückzuführen ist. Die Grundwellenamplitude bleibt jedoch konstant.

Je vielphasiger die Drehstromwicklung ist, umso besser wird die Kurvenform des Durchflutungsverlaufes der Sinusform angenähert sein.

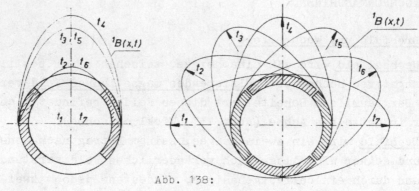

Abb. 138:

Zur Definition des Drehfeldes.

Abb. 137:

Zur Definition des Wechselfeldes.

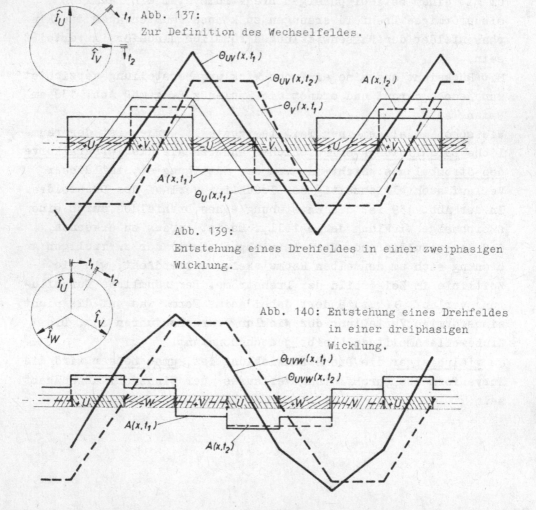

Abb. 139:

Entstehung eines Drehfeldes in einer zweiphasigen
Wicklung.

Abb. 140: Entstehung eines Drehfeldes
in einer dreiphasigen
Wicklung.

Bei <u>unendlich vielen Phasen</u> wäre das Drehfeld auch dann <u>sinus-förmig</u>, wenn die Wicklungsverteilung einer einzelnen Phasenwick-lung nicht sinusförmig ist.

Eine <u>ideale Wicklung</u> hat demnach <u>unendlich viele Nuten und Phasen</u>; bei der grundsätzlichen Behandlung elektrischer Maschinen wird immer eine solche ideale Maschine stillschweigend vorausgesetzt. Daß mit zunehmender Phasenzahl die räumliche Verteilung des Drehfeldes immer ähnlicher der Sinusform wird, geht aus dem Ver-gleich der Durchflutungsverteilungen zwischen der zwei- und drei-phasigen Maschine hervor (Abb. 139, 140).

5.2 <u>Aufgabe, Aufbau, Wirkungsweise von Synchronmaschinen</u>

Synchronmaschinen sind elektromechanische Energiewandler, mit deren Hilfe Wechselstrom- oder Drehstromleistung in mechanische Leistung umgeformt wird (Synchronmotor) oder umgekehrt (Synchron-generator).

Die nähere Bezeichnung "Synchron-" dieser Maschine weist darauf hin, daß die Maschine <u>synchron mit der Netzfrequenz</u> läuft, d.h. eine konstante Drehzahl aufweist:

$$n = n_{sy} = \frac{f}{p}$$

worin p die Polpaarzahl bedeutet und f die Frequenz. Bei der Synchronmaschine dreht sich der Rotor ebenso schnell wie das Drehfeld.

Wie aus dem Abschnitt über das Drehfeld hervorgeht, läuft dieses bei der zweipoligen Maschine mit derselben Winkelgeschwindigkeit um wie die elektrische Kreisfrequenz $2\pi.f = \omega = 2\pi.n$.

Bei <u>mehrpoligen Maschinen</u> sind am Maschinenumfang mehrere zwei-polige Wicklungen lückenlos aneinander gereiht und dann elektrisch in Reihe oder parallel geschaltet (Abb. 141).

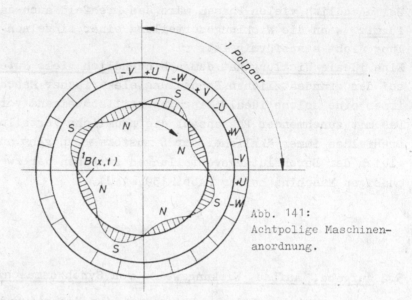

Abb. 141:
Achtpolige Maschinen-
anordnung.

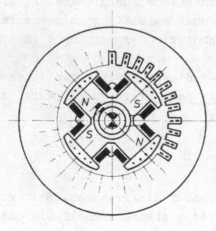

Abb. 142:
Schenkelpol-Synchron-
maschine.

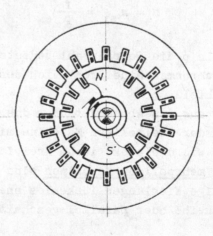

Abb. 143:
Vollpol-Synchronmaschine.

Der räumliche Winkel, den das Drehfeld in der Zeiteinheit zurücklegt, beträgt hier nur das $\frac{1}{p}$ fache desjenigen bei einer zwei-poligen Maschine, also 1/4 im vorliegenden Beispiel.
Die räumliche Winkelgeschwindigkeit, mit welcher sich das achtpolige Drehfeld dreht und damit auch diejenige des Rotors, beträgt demnach nicht 50 U./s sondern 12,5 U./s.
Durch Wahl der Polzahl kann man daher bei der Synchronmaschine auch verschiedene Drehzahlen erreichen:

$2p$	n_{sy}
2	50
4	25
6	16 2/3
8	12,5
10	10 U/s usw. (bei f = 50 Hz)

Das grundsätzliche Verhalten einer mehrpoligen Maschine unterscheidet sich aber nicht von jenem der zweipoligen. Aus Gründen der Übersichtlichkeit werden daher alle prinzipiellen Fragen an Hand der zweipoligen Maschine behandelt.

Die Synchronmaschine besteht im allgemeinen aus einer Dreh- oder Wechselstromwicklung im Ständer und einer gleichstromerregten Polwicklung im Läufer (oder umgekehrt) (Abb. 142). Die Drehstromwicklung ist in Nuten eines geblechten Eisenkernes untergebracht, die Erregerwicklung auf massiven Polschenkeln (Schenkelpolmaschine), oder ebenso wie die Ständerwicklung in Nuten eines massiven Rotorzylinders (Vollpolmaschine)(Abb. 143). Außer der (induzierten) Ständerwicklung und der (induzierenden) Rotorwicklung besitzt die Synchronmaschine in den meisten Fällen noch eine sogenannte Dämpferwicklung, die am selben Teil wie die induzierende Wicklung untergebracht ist; sie dient:

a) Zur Dämpfung der Polradpendelung,
b) zur Aufhebung der gegenläufigen Ständerdurchflutung bei unsymmetrischer Belastung oder Einphasenmaschinen,

c) zum asynchronen Anlauf,

d) zur Abschirmung der Erregerwicklung gegen asynchrone Felder bei Störungen,

e) zur Herabsetzung der Überspannung in der unbeteiligten Phase beim zweipoligen Kurzschluß.

Der Erregergleichstrom wird meist durch Schleifringe zugeführt. Die höchsten Leistungen von ausgeführten zweipoligen Turbogeneratoren (Vollpoltypen) liegen z.Z. bei etwa 800 MVA.[*] Bei langsamlaufenden Wasserkraftgeneratoren (Schenkelpoltypen) ist man ebenfalls schon bei 590 MVA angelangt (Krasnojarsk, 2p = 108). Die allergrößten Leistungen werden als vierpolige Vollpol-Turbogeneratoren ausgeführt (1,5 GVA;KKW Biblis, BRD; Abb. 8). Weitere Leistungssteigerungen bis 3 GVA liegen schon heute im Bereich der technischen Möglichkeiten; Arbeiten in dieser Richtung wurden vom Institut für Elektromagnetische Energieumwandlung veröffentlicht;es wurde auch eine Reihe von Patenten erteilt, auf denen die gänzlich neue Konzeption dieser Maschinen aufbaut. Mit den Maschinenspannungen liegt man zur Zeit bei 28 kV, doch wurden in den oben genannten Arbeiten des Institutes schon gangbare Wege angegeben, bei deren Beschreitung 60 kV Maschinenspannung erreicht werden könnte.

Gerade die immer größer werdenden Leistungen machen wegen der nur schwer beherrschbaren Ströme von einigen 10000 A eine weitere Steigerung der Maschinenspannung unumgänglich, zumal auch für den Blocktransformator die hohen Ströme ein erhebliches Problem darstellen.

Anwendung findet die Synchronmaschine vor allem als Stromerzeuger in Kraftwerken und Kleinaggregaten. In immer zunehmendem Maße findet die Synchronmaschine aber auch als Motor zum Antrieb von Turbo- und Kolbenkompressoren sowie von Pumpen und Holzschleifern Verwendung. Die Motorleistungen liegen heute etwa bei 10000 kW und mehr. Der Synchronmotor wird vor allem wegen seines guten cosφ in vielen Fällen dem Asynchronmotor vorgezogen.

[*] 880 MVA beim 1. österr. KKW, Tullnerfeld

Darüber hinaus dient die Synchronmaschine auch zusätzlich zur
Lieferung von magnetischer Blindleistung an die anderen Verbraucher des Netzes.
Gelegentlich baut man Synchronmaschinen, die ausschließlich zur
Deckung von Blindleistung dienen (Phasenschieber). Solche Maschinen laufen ohne Antrieb am Netz mit und entnehmen diesem
nur die zur Deckung der Verluste nötige Wirkleistung; sie sind
in einem geschlossenen Kessel eingebaut und mit Wasserstoffgas
gekühlt.

Die grundsätzliche Wirkungsweise der Synchronmaschine im stationären Betrieb kann sehr einfach unter Zuhilfenahme des Ersatzschaltbildes an Hand des Zeigerdiagrammes beurteilt werden
(Abb. 144, 145). Die genaue Behandlung und Herleitung dieser
Methode erfolgt später im Kapitel über die Theorie.
Gemäß Abb. 144 kann die tatsächliche Maschine als widerstandslose Spannungsquelle E_{12} aufgefaßt werden, die unter Vorschaltung
eines konzentriert gedachten, induktiven und ohmschen Widerstandes (X_d, R_1) an das Netz geschaltet ist. Der induktive Widerstand (Synchronreaktanz) rührt von der Selbstinduktivität der
induzierten Wicklung her; der ohmsche Wicklungswiderstand wird
in den meisten Fällen wegen seiner Kleinheit vernachlässigt.
Da die vom Belastungsstrom durchflossene Drehstromwicklung in
der Maschine ein Belastungsdrehfeld erregt, wird in ihr auch
eine Spannung E_d der Selbstinduktion induziert. Das Belastungsdrehfeld besitzt nun zwei Anteile: Einen, der nur mit der Drehstromwicklung verkettet ist (Streufeld), und das über den Luftspalt verlaufende Hauptfeld. Die sogenannte Polradspannung E_{12}
wird durch die rotierenden gleichstromerregten Pole induziert,
sie ist daher proportional dem Erregerstrom, während die Selbstinduktionsspannung E_d naturgemäß dem Belastungsstrom verhältnisgleich ist. Ein Maß für das in der Maschine tatsächlich erregte
Feld ist die Summe aus E_{12} und E_{1d}: E_{1h}, da sich die Polraddurchflutung und jener Durchflutungsanteil der Drehstromwicklung, der
das Belastungsfeld im Luftspalt erregt, im Hauptfeldkreis überlagern. Die resultierende Luftspaltdurchflutung erregt das resultierende Feld und dieses induziert die innere Spannung E_{1h}
in der Maschine.

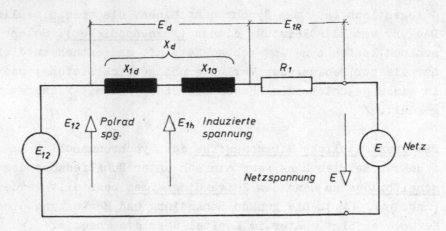

Abb. 144: Ersatzschaltbild der Synchronmaschine
(für statisches Verhalten).

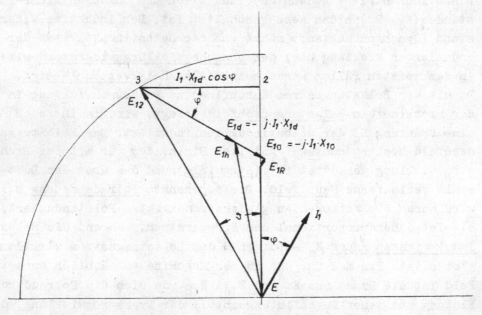

Abb. 145: Zeigerdiagramm der Synchronmaschine.

Zieht man von dieser tatsächlich durch das Hauptfeld induzierten
Spannung den Streuspannungsabfall ab, erhält man die Klemmenspannung E. Der Sättigungszustand im Hauptfeldkreis beeinflußt
das X_{1d} und damit die Spannung $E_{1d} = -j\,I_1\,X_{1d}$, da $X_{1d} = \omega.\Lambda.w^2$
vom magnetischen Leitwert im magnetischen Kreis abhängt. Für die
Bestimmung dieses Sättigungszustandes ist daher nicht E_{12} oder
E maßgebend, sondern E_{1h}. Die Ströme und Spannungen der Maschine
lassen sich nun in einfacher Weise durch Anwendung der Regeln
der Wechselstromtechnik auf die Ersatzschaltung bestimmen. Da nur
ein Kreis vorliegt, bedeutet dies die Anwendung von Kirchhoff II
(Spannungsgleichung) auf diesen Kreis: $\Sigma E = 0$. Das Netz wird
dabei wie beim Transformator durch eine widerstandslose Spannungsquelle ersetzt. Die Darstellung dieser Spannungsgleichung erfolgt durch das Spannungspolygon (Abb. 145)

$$E_{12} + E_{1d} + E_{1\sigma} + E_{1R} + E = 0$$

Aus diesem "Spannungsdiagramm" der Synchronmaschine können alle
ihre Eigenschaften im stationären Betrieb entnommen werden.
Um dieses Spannungsdiagramm unter Berücksichtigung des Sättigungszustandes richtig ermitteln zu können, ist die Kenntnis
der Leerlaufkennlinie (Magnetcharakteristik) $E_{1h} = f(I_2)$, der
Kurzschlußkennlinie $I_{1k} = f(I_2)$ und des Streuspannungsabfalles $E_{1\sigma}$
erforderlich. Diese Angaben können rechnerisch oder durch Ver-
such gewonnen werden. Gemäß Abb. 146 ergibt sich dann die dort
wiedergegebene Konstruktion, bei der das Spannungspolygon und
die Leerlauf- und Kurzschlußkennlinie nebeneinander gezeichnet
sind.
Die experimentell aufgenommene Kurzschlußkennlinie (siehe 5.7)
liefert den Kurzschluß-Erregerstrom I_{2k}, der notwendig ist, um
die kurzgeschlossene Maschine auf Nennstrom zu bringen.
Ebenfalls experimentell kann der Streuspannungsabfall $E_{1\sigma}$ ermittelt werden, den man braucht, um die innere Spannung E_{1h}
der Maschine zu bestimmen.
Geht man mit der inneren Spannung E_{1h} in die Magnetcharakteristik,
so erhält man jenen Erregerstrom I_{2h}, der zum Aufbau des Luftspaltfeldes bei Nennspannung und Nennstrom notwendig ist. Durch den

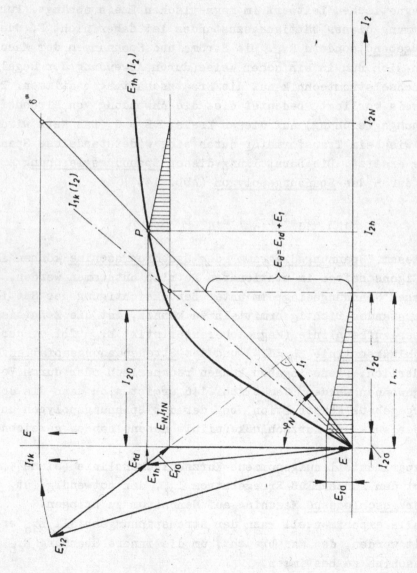

Abb. 146: Bestimmung des Belastungserregerstromes einer Synchronmaschine.

Punkt P wird der <u>magnetische Sättigungszustand</u> im Hauptfeldkreis
bei der vorgegebenen Belastung bestimmt. Ersetzt man nun die
Leerlaufkennlinie durch eine Gerade durch den Punkt P (Linearisierung), so kann mit ihrer Hilfe die Selbstinduktionsspannung E_d
der Drehstromwicklung gewonnen werden; sie entspricht jener
Spannung auf der "äquivalenten" Magnetcharakterstik δ'', die
sich beim Kurzschlußerregerstrom I_{2k} einstellt. Trägt man diese
Spannung E_d vom Punkt E_N auf der Senkrechten zu I_1 auf, so erhält man die Polradspannung E_{12}, die ein Maß für den Erregerstrom I_2 bei der vorgegebenen Belastung darstellt; man erhält
ihn, indem man mit E_{12} in die äquivalente Kennlinie δ'' zurückgeht; das gezeichnete typische Dreieck nennt man das <u>Potiersche
Dreieck</u>.
Nun ist es möglich, für jeden beliebigen Laststrom I_1 den erforderlichen Erregerstrom zu bestimmen; er kann größer, aber auch
<u>kleiner als der Leerlauferregerstrom</u> I_{20} sein; letzteres tritt
bei <u>Kondensatorbelastung</u> ein.
In Abb. 147 sind die vier (fünf) typischen <u>Belastungszustände
der Synchronmaschine</u> an Hand der zugehörigen Zeigerbilder dar-
gestellt; die Größe von E_{12} weist auf den jeweils erforderlichen
Erregerstrom I_2 hin.
Der sogenannte <u>Polradwinkel ϑ</u> stellt den Winkel dar, den die
Polradspannung E_{12} der Netzspannung E vor- oder nacheilt. Im
Leerlauf ist sie phasengleich mit der Netzspannung

$$E_{12} = -E \quad : \vartheta = 0$$

Der Polradwinkel ϑ ist bei der zweipoligen Maschine identisch
mit dem Winkel zwischen Polachse und der gedachten, synchron
umlaufenden Achse des Leerlauffeldes, bei mehrpoligen Maschinen
das p-fache dieses räumlichen Winkels.
Damit die Maschine aus dem Leerlauf am Netz (Abb. 147a) in den
<u>motorischen Zustand</u> (Abb. 147b) übergeht, muß demnach das <u>Polrad
vorübergehend verzögert</u> werden. Um in den <u>generatorischen Zustand</u>
zu gelangen (Abb. 147c), ist umgekehrt eine <u>vorübergehende Be-
schleunigung</u> notwendig.

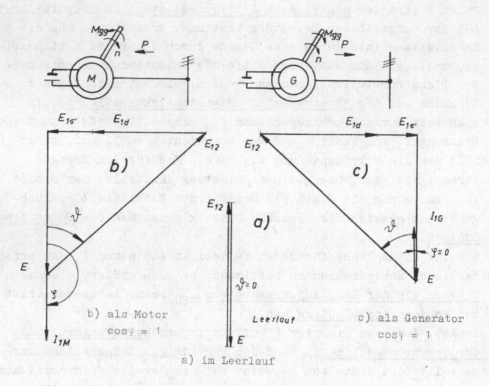

b) als Motor
cos φ = 1

Leerlauf

c) als Generator
cos φ = 1

a) im Leerlauf

**Abb. 147: Die verschiedenen Belastungszustände
der Synchronmaschine.**

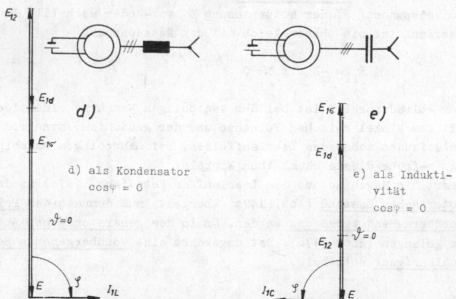

d) als Kondensator
cos φ = 0

e) als Indukti-
vität
cos φ = 0

Soll die leerlaufende Maschine gezwungen werden, reine Magnetisierungsblindleistung zu liefern (Abb. 147d), muß die Erregung
über die Leerlauferregung erhöht und umgekehrt verringert werden,
wenn kapazitive Blindlast vorliegt (Abb. 147e).

Aus dem Spannungsdiagramm der Synchronmaschine kann schließlich
auch der wichtige Zusammenhang zwischen Maschinenmoment und dem
Polradwinkel entnommen werden.

Das Maschinenmoment ist bei konstanter Drehzahl der Wirkleistung
proportional:

$$M = \frac{E \cdot I_1 \cdot \cos\varphi \cdot m}{2\pi n}$$

Der Teilausdruck $I_1 \cdot \cos\varphi$ ist aber dem Abschnitt $\overline{23}$ ' in Abb. 145
proportional. Der Abschnitt $\overline{23}$ ist somit ein Maß für das Maschinenmoment; es nimmt mit zunehmendem Polradwinkel bei konstantem
E_{12} und E zu; erreicht der Polradwinkel 90°, so kippt die Maschine,
da sie nicht mehr imstande ist, einem weiter zunehmenden Antriebsmoment (Generator) oder Gegenmoment (Motor) das Gleichgewicht zu halten:

Das bremsende Gegenmoment überwiegt, die Maschine bleibt stehen
oder das Antriebsmoment überwiegt, die Maschine geht durch.

Der Durchmesser des Kreises mit dem Radius der Polradspannung E_{12}
ist demnach ein Maß für das Kippmoment.

Anhand der vorstehenden Betrachtungen kann man nun auch besser
verstehen, daß die Maschine ohne weiteres Zutun nur durch das
Auftreten eines Antriebs- oder Belastungsmomentes jeweils in
den generatorischen oder motorischen Belastungszustand übergeht.
(Beaufschlagen der Turbine bzw. Bremsen an der Welle)

5.3 Aufbau der Synchronmaschine

Der Aufbau der Synchronmaschine ist in sehr charakteristischer
Weise durch die Drehzahl bestimmt. So unterscheiden sich die
Maschinen mit extrem hoher Drehzahl (Turbogeneratoren) und solche
mit extrem tiefer Drehzahl (Wasserkraftgeneratoren, Kolbenkompres-
sormotoren) im Aufbau der aktiven wie auch konstruktiven Teile
beträchtlich.

Abb. 148 bis 150 zeigen schematische Längsschnitte durch verschiedene Bauarten. Die extremsten Typen sind die sogenannten
Schirmgeneratoren einerseits und die Turbogeneratoren andererseits. Der Schirmgenerator (Abb. 148) hat seinen Namen von der
schirmähnlichen Anordnung der Polradspeichen; die Zugkraft in
diesen Speichen ist umso geringer, je kleiner der Kegelwinkel
ist. Abb.151 zeigt vereinfacht, wie sich die einzelnen Kräfte
zusammensetzen.

Der Läuferkranz ist kettenförmig aus überlappten Stahlsegmenten
aufgebaut - er wird wie der Stator am Ort der Aufstellung zusam-
mengebaut (Blechkettenläufer Abb. 152).

Zum Anfahren und Auslaufen muß das Spurlager (Kippsegment)
entlastet werden; dies geschieht durch eine hydraulische Hebe-
und Bremsvorrichtung. Schirmgeneratoren werden bei Läuferdurch-
messern über 5 m ausgeführt.

Abb.148a zeigt eine Ausführung, die für kleinere Durchmesser
von senkrechten Wasserkraftgeneratoren bevorzugt wird; hier
hängt das Polrad im Spurlager, der Polkranz ist aus massivem
Stahlguß.Eine sogenannte Rohrturbinenanlage zeigt Abb. 149.

Schnellaufende Wasserkraftgeneratoren (Peltonantrieb) werden mit
Rillenwelle und eingekämmten Polen ausgeführt (Abb. 153).

Die Bauausführung von Turbogeneratoren ist abgesehen von Einzelheiten und verschiedenen Kühlsystemen bei allen Herstellern
sehr ähnlich. Ein Beispiel in schematischer Darstellung zeigt
Abb. 150.

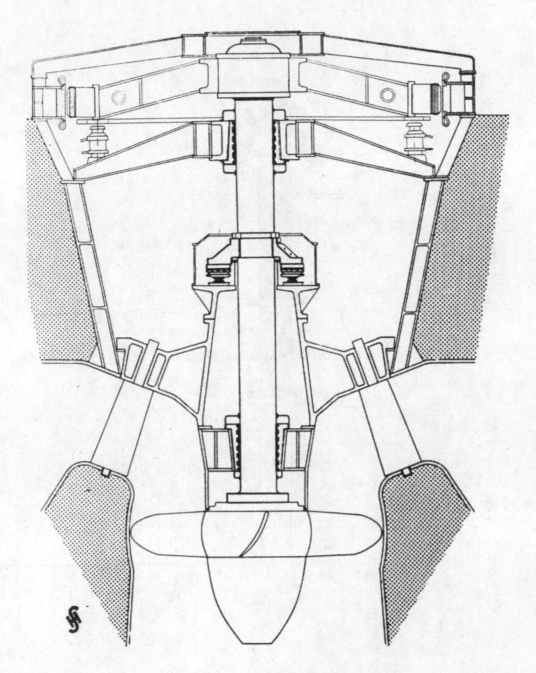

Abb. 148: Schnittbild durch einen Schirmgenerator.

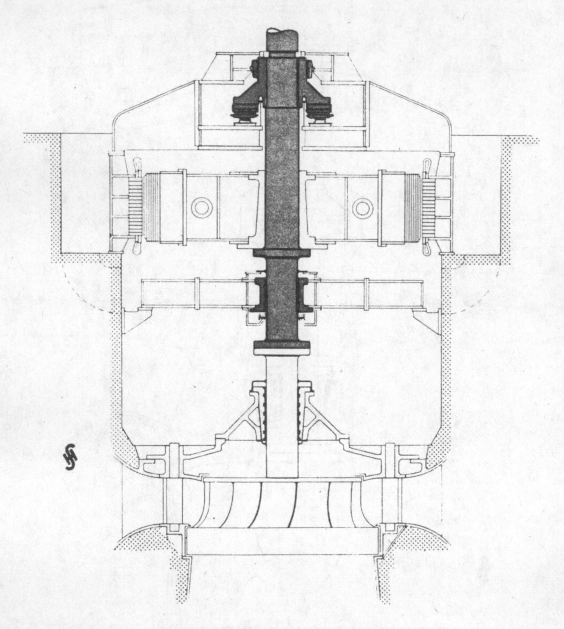

Abb.148a: Schnittbild durch einen senkrechten
Wasserkraftgenerator.

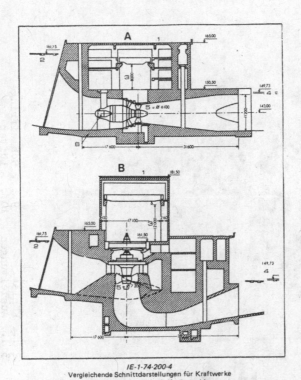

IE-1-74-200-4
Vergleichende Schnittdarstellungen für Kraftwerke
mit Rohrturbinen und mit Kaplanturbinen.

A — Kraftwerk mit Rohrturbinen   4 — Niedrigwasserstand
B — Kraftwerk mit Kaplanturbinen   5 — Laufrad
1 — Querschnitt   6 — Längsstollen für den
2 — Grösste Stauhöhe   Durchgang und zum Ausbauen
3 — Hakenhöhe   der Spurlagerpfannen

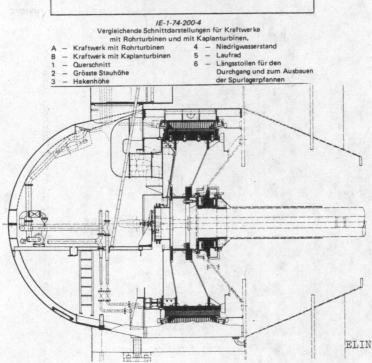

Abb. 149: Rohrturbinen-Generator; Gegenüberstellung
zum Schirmgenerator.

240

Abb. 150: Schnittbild durch einen Turbogenerator.

2	...	Kühler	9	...	Schleifringe
3	...	Ausleitungen	10	...	Lüfter
6	...	Blechkern	11	...	Rotorkörper
8	...	Preßplatten	13	...	Rotorkappe

(AEG)

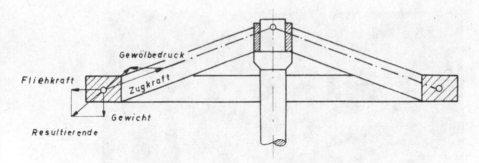

Abb. 151: Kräfte in einem Schirmrotor.

Abb. 152: Blechkettenläufer (WKW Stalingrad).

Abb. 153: Rillenwelle.

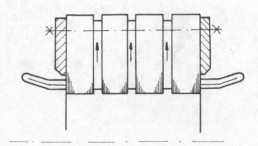

Abb. 154: Ständerblechpaket einer Synchronmaschine.

Der Rotor von zweipoligen Turbogeneratoren ist meist aus einem
einzigen Schmiedestück (Ballen) hergestellt (Ni-Cr-,Mo-Stahl).
Die Beanspruchungen dieses Rotors sind gewaltig (siehe Abschnitt
Beanspruchungen). Mit den heute zur Verfügung stehenden Stählen
kann daher der Durchmesser wegen der Fliehkraftbeanspruchung
nicht größer als 1,3 m gemacht werden. Die Länge des Turborotors
ist wiederum durch die zulässige Biegewechselspannung und vor
allem durch die Begrenzung der biegekritischen Drehzahl nach
unten gegeben (zur Zeit 6 - 7 m bei zweipoligen Maschinen).

Der Magnetkern des Ständers von Synchronmaschinen ist aus 0,5 mm
starkem Dynamoblech geschichtet. Bei kleineren Maschinen bis
ca. 1 m Durchmesser, werden die Bleche als ganze Ringe gestanzt,
bei allen größeren Durchmessern in Form von Kreisringstücken,
welche überlappt geschichtet und durch isolierte Bolzen zusammen-
gespannt werden. Der Preßdruck wird durch sogenannte Preßplatten
an beiden Paketenden übertragen. Das Material dieser Preßplatten
soll unmagnetisch und gut leitend sein (Bronze, siehe Abschnitt
Beanspruchungen, Abb. 154).
Zum Zwecke der Wärmeabfuhr ist das Blechpaket in Teilpakete
unterteilt; die Teilpakete sind unter Freilassung von Kühlschlitzen durch Stege distanziert (Abb. 154).
Bei verschiedenen Bauarten werden anstelle dieser achsnormalen
Kühlschlitze achsparallele Kühlkanäle angeordnet. Axiale Kühlkanäle sind wirksamer, da dabei die Wärme nicht wie bei den
achsnormalen Kühlschlitzen senkrecht zur Blechschichtung durch
die Blechisolation strömen muß.

Ständerwicklungsaufbau

In der Mehrzahl werden Drehstromwicklungen als Zweischichtwicklungen ausgeführt. Die Einzelspulen werden bei Drahtwicklungen
als sogenannte Fische flach gewickelt (Abb. 155) und dann in
einer maschinellen Vorrichtung an den "Augen" gefaßt und auseinan-
dergezogen. Danach werden sie isoliert und eingelegt.

"Auge"

(Spulen) 'Fisch'

Abb. 155: "Spulenfisch".

Abb. 156: Evolventenwicklung.

Die Stirnverbindungen sind entweder wie der nutengebettete
Teil auf einem gedachten Zylindermantel angeordnet, oder auf
einem mehr oder minder steilen Kegelmantel. Wegen der gleich-
mäßigen Isolation sollen die einzelnen Spulen gegeneinander
denselben Abstand besitzen. Eine solche Eigenschaft besitzen
evolventenförmig gebogene Stirnverbindungen. Abb. 156 zeigt
eine solche Evolventenwicklung.

Polwicklungen

Diese werden wenn möglich aus Hochkant-Kupfer gewickelt (wegen
der Wärmeabfuhr). Um eine größere Oberfläche zu erzielen, werden
einzelne Windungen vorgezogen (Abb. 24).

Kühlsysteme

Bei Synchronmaschinen werden heute alle denkbaren Kühlsysteme
ausgeführt. Die gewaltige Steigerung der Maschinengrenzleistung
von 100 MVA (1950) auf 1500 MVA (1972) ist fast ausschließlich
der Einführung neuer Kühlsysteme zu verdanken.
Wegen der beschränkten Rotorabmessungen ist eine Steigerung
durch Vergrößerung der Abmessungen kaum mehr möglich.

Eine Steigerung der Maschinengrenzleistung wurde im letzten
Jahrzehnt, außer durch verbesserte Kühlung, durch die Entwicklung vierpoliger Turbogeneratoren (für Kernkraftwerke, Satt-
dampfturbinen) möglich gemacht. Dieser Weg ist allerdings
durch eine erhebliche Verteuerung erkauft worden, zumal
solche Maschinen um vieles schwerer werden. Die Länge vierpoliger Motoren beträgt z.Z. etwa 13 m, ihr Durchmesser: 1,8m.

Abb. 157 zeigt die den einzelnen Leistungsbereichen von
Turbogeneratoren zugeordneten Kühlsysteme sowie die Leistungsgewichte in kp/kW.

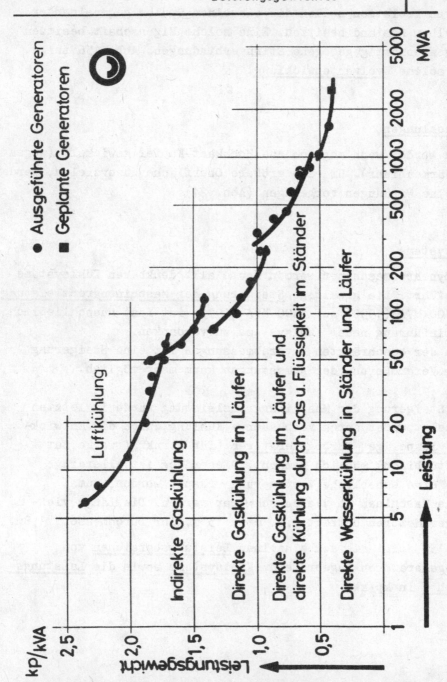

Abb. 157: Leistungsgewichte von Turbogeneratoren bei verschiedenen Kühlsystemen.

Die erste erhebliche Steigerung der Maschinengrenzleistung
nach 1945 ist durch die Einführung von Wasserstoffgas als
Kühlmittel möglich gemacht worden. Wie aus den physikalischen Eigenschaften (Abschnitt 3.8: Erwärmung, Kühlung)
desselben hervorgeht, ist nicht nur die Wärmespeicherfähigkeit und die Wärmeübergangszahl des Wasserstoffgases erheblich besser als bei Luft; wegen der geringeren Dichte
sind auch die Gasreibungsverluste beträchtlich kleiner.

Der zweite bedeutende Fortschritt war zunächst die Einführung
der direkten Gaskühlung im Läufer (Abb. 159) und dann auch
der direkten Wasserkühlung im Ständer (Abb. 158).
Der derzeit letzte Stand der Entwicklung ist direkte Wasserkühlung für Ständer und Läufer.
Zu diesem Zweck werden die Leiter als Hohlleiter ausgeführt,
so daß die Wärme schon am Ort der Entstehung abgeführt werden
kann, ohne daß sie zuvor durch die schlecht wärmeleitende
Isolation hindurchtreten muß. Neuerdings wird Wasserkühlung
auch bei Wasserkraftgeneratoren ausgeführt.
In neuester Zeit sind Entwicklungen im Gange, welche auf die
Ausführung supraleitender Erregerwicklungen abzielen. Mit ihrer
Hilfe wird man die heute bekannten Grenzleistungen u.U. ver-
vielfachen können.

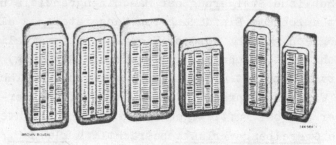

Abb. 158: Ständerhohlleiter für Wasserkühlung.

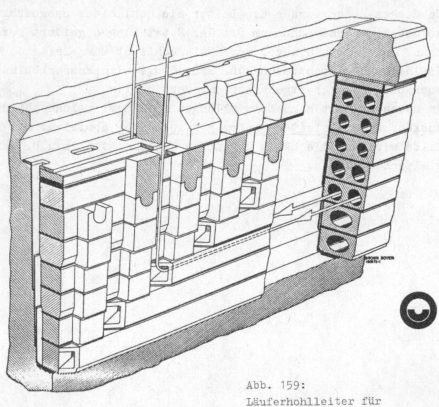

Abb. 159:
Läuferhohlleiter für
Gaskühlung.

5.4 Die Theorie der Synchronmaschine

5.4.1 Stationärer Betrieb

Die prinzipielle Wirkungsweise der Synchronmaschine wurde
in Abschnitt 5.2 an Hand der Ersatzschaltung erklärt,
ohne daß deren Herleitung genau ausgeführt worden ist.
Diese Herleitung soll nun an Hand des Raum- und Zeit-
zeigerbildes behandelt werden, wobei der Übersichtlichkeit halber zunächst nur die Vollpolmaschine untersucht
wird.

Das Raumbild stellt die Phasenwicklungen der zweipoligen
Maschine in ihrer räumlichen Anordnung schematisch dar
(Abb. 160a). Dabei genügt es, die Wicklungen durch ihre
Wicklungsachsen darzustellen; es sind dies die Symmetrie-
achsen der einzelnen Felder, welche von den drei Phasen-
wicklungen erregt werden. Der Pfeil stellt hierbei einen
Zählpfeil dar. Mit Hinblick auf die Symmetrie des Dreh-
stromsystemes müssen alle Pfeile entweder zum Mittel-
punkt (Sternpunkt) hin, oder vom Mittelpunkt weg weisen.
(Vorausgesetzt gleicher Wicklungssinn).

Es gilt dann die Vereinbarung: Ströme, Spannungen und
Felder, die in Wicklungsachse gerichtet sind, werden positiv gezählt; umgekehrt ist ihr Vorzeichen negativ, wenn
sie gegensinnig gerichtet sind.

Für die Darstellung im Raum- und Zeitbild müssen ausreichend viele Größen als gegeben angenommen werden, da ja
das Spannungs-Polygon nur eine Darstellung der gelösten
Spannungsgleichung ist.; z.B. könnten der Belastungsstrom
I_1 und die Netzspannung E einer Synchronmaschine als bekannt angenommen werden. Aus verschiedenen Gründen erweist es sich jedoch als zweckmäßig, anstelle der Netzspannung E den Maschinenfluß $^1\phi_h$ und I_1 als gegeben
vorauszusetzen, um dann rückwärtsschreitend jenes E zu
bestimmen, das zu diesem Fluß $^1\phi_h$ und Belastungsstrom I_1
gehört.

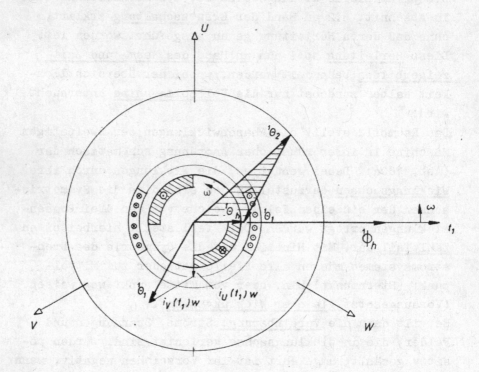

Abb. 160a: Raumzeigerbild der Synchronmaschine.

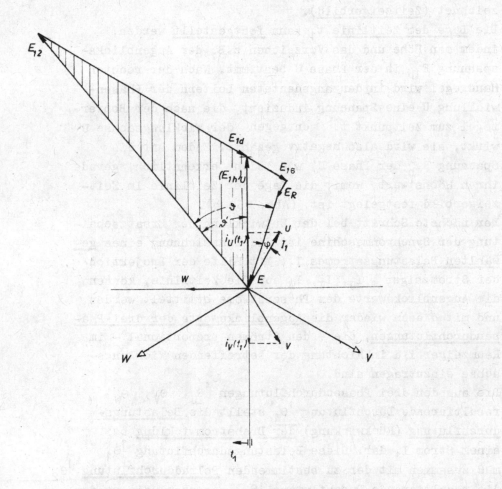

Abb. 160b: Zeitzeigerbild der Synchronmaschine.

In Abb. 160a ist ein räumlich sinusförmig verteilter Fluß $^1\phi_h$ in der Augenblickslage t_1 im Raumzeigerbild eingetragen (Annahme). In Abb. 160b ist desweiteren der Stern der von diesem Fluß $^1\phi_h$ in den Phasenwicklungen induzierten Spannungen E_{1h} zunächst ohne Zeitlinie gezeichnet (<u>Zeitzeigerbild</u>).

Die <u>Lage der Zeitlinie</u> t_1 kann <u>festgestellt</u> werden, indem man Höhe und das Vorzeichen z.B. der Augenblicksspannung E_{1h} in der Phase U bestimmt. Nach der rechten Handregel wird in den angedeuteten Leitern der Phasenwicklung U eine Spannung induziert, die nach der Bohrerregel zum Zeitpunkt t_1 entgegen der Wicklungsachse U wirkt, sie wird also negativ gezählt. Zudem hat die Spannung E_{1h} der Phase U, wie leicht erkenntlich, gerade ihren Höchstwert, womit die Lage der Zeitlinie im Zeitzeigerbild festgelegt ist (Abb. 160 b).

Der nächste Schritt bei der Entwicklung der Ersatzschaltung der Synchronmaschine ist die Einzeichnung eines <u>gewählten Belastungsstromes</u> I_1. Mit Hilfe der Projektion der Stromzeiger I_U, I_V, I_W auf die Zeitlinie, können die Augenblickswerte der Phasenströme ermittelt werden und mit diesen wieder die <u>Augenblickswerte der drei Phasendurchflutungen</u>, die – den Strömen proportional – im Raumzeigerbild in Richtung der betreffenden Wicklungsachse einzutragen sind.

Die aus den drei Phasendurchflutungen $^1\theta_U$, $^1\theta_V$, $^1\theta_W$ resultierende Durchflutung $^1\theta_1$ stellt die <u>Belastungsdurchflutung</u> (Rückwirkung) <u>der Drehstromwicklung</u> bei einem Strom I_1 dar. Diese Belastungsdurchflutung $^1\theta_1$ muß zusammen mit der zu bestimmenden <u>Polraddurchflutung</u> $^1\theta_2$ die <u>resultierende Durchflutung</u> $^1\theta_h$ ergeben, die zu dem angenommenen Fluß $^1\phi_h$ gehört bzw. diesen erregt. Damit ist es möglich, die für diesen Belastungsfall erforderliche <u>Polraddurchflutung</u> zu bestimmen :

$$^1\theta_2 + {^1\theta_1} = {^1\theta_h}$$

Das sich ergebende <u>Durchflutungspolygon</u> läuft <u>synchron</u> um,
ohne seine Form und Größe zu verändern. Hiervon kann
man sich leicht überzeugen, indem man die Konstruktion
für einen beliebigen anderen Zeitpunkt t_2 wiederholt.
Auf diese Weise ist auch die <u>Augenblickslage des Polrades</u>
im Raumzeigerbild festgelegt:
Während bei Leerlauf der Maschine der Hauptfluß $^1\phi_h$ in
der Polachse verläuft, eilt das Polrad bei <u>Generatorbetrieb</u>
dem Fluß $^1\phi_h$ um den Winkel ϑ' <u>vor</u> (die Polachse ist durch
die Lage von $^1\Theta_2$ festgelegt) und bei <u>Motorbetrieb</u> um ϑ'
<u>nach.</u>
Dieses <u>Ausschwenken des Polrades</u> ist, wie schon im Abschnitt 5.2 ausgeführt, mit einer <u>Zunahme des Maschinen-</u>
<u>momentes</u> verbunden, sodaß sich das <u>Momentengleichgewicht</u>
<u>an der Welle selbsttätig</u> einstellt.
Man kann nun jeder dieser Einzeldurchflutungen ($^1\Theta_1, ^1\Theta_2, ^1\Theta_h$)
ein (fiktives) Feld ($^1\phi_1, ^1\phi_2, ^1\phi_h$) zuordnen und diesen
Einzelfeldern auch wieder Einzelspannungen (E_{1d}, E_{12}, E_{1h}).
Voraussetzung ist hierbei ein <u>linearer Zusammenhang</u> zwischen Feld und Durchflutung.
Da der <u>Sättigungszustand</u> der Maschine und damit der Be-
trag von Λ nur <u>durch</u> die <u>resultierende Durchflutung</u> $^1\Theta_h$
bestimmt wird, genügt es, wenn man mit einer äquivalenten
Charakteristik δ'' rechnet, die durch den Belastungspunkt P
der gesättigten Magnetkennlinie geht (Abb. 146). Das sich
ergebende <u>Spannungs-Polygon</u> im Zeitbild ist wegen des
linearen Zusammenhanges <u>ähnlich</u> dem <u>Durchflutungspolygon</u>.

E_{1d} steht erwartungsgemäß normal auf den Stromzeiger I_1
und eilt diesem als Selbstinduktionsspannung nach.
Bis hierher wurde angenommen, daß die Maschine keinen ohmschen und keinen Streublindwiderstand besitzt. Die <u>Spannungs-</u>
<u>abfälle</u> durch dieselben können nun <u>nachträglich</u> phasen-
richtig <u>hinzugefügt</u> werden (Abb. 160b); die Netzspannung
muß danach das Spannungs-Polygon schließen ($\Sigma E = 0$).

Das sich ergebende Spannungs-Polygon beschreibt die
Ersatzschaltung gemäß Abb. 144; der Beweis ihrer Gültigkeit ist mithin erbracht. Wie schon im Abschnitt 5.2
festgestellt wurde, kann an Hand des Spannungszeiger-
bildes das stationäre Verhalten der Synchronmaschine eindeutig beschrieben werden.

Um dem Spannungszeigerbild alle Eigenschaften einer bestimmten Synchronmaschine entnehmen zu können, müssen
folgende Daten bekannt sein:

1. Magnetkennlinie (gerechnet) $E_{1h} = f(I_{2h}\big]_{\substack{n=c \\ I_1=I_N}}$ oder

   Leerlaufkennlinie (gemessen aus Leerlaufversuch)

   $$I_{2h} = \frac{\Theta_h}{w_{2p}} \quad ; \quad I_2 = \frac{\Theta_2}{w_{2p}} \quad ; \quad E_{1h} = f(I_{2h}\big]_{\substack{n=c \\ I_1=0}}$$

2. Die Längsfeld-Reaktanz X_{1d} (gerechnet) oder
   der Kurzschlußerregerstrom I_{2k} (gemessen aus Kurzschlußversuch)

3. Die Ständer-Streureaktanz $X_{1\sigma}$ (gerechnet) oder
   die Potierreaktanz X_p (bestimmt aus dem Versuch
   von Fischer Hinnen).

Zu den Betriebsdaten, welche von einer Synchronmaschine
bekannt sein müssen, gehört u.a. der erforderliche
Belastungserregerstrom I_2 bei einem beliebigen Belastungsstrom I_1 und cosφ. Die Ermittlung dieses Belastungserregerstromes muß auf verschiedene Weise vorgenommen werden,
je nachdem, ob Berechnungsdaten oder Meßdaten als Basis
vorliegen. Dies ist deshalb nötig, weil für den Erreger-
AW-Aufwand die Magnetkennlinie bei Belastung bestimmend
ist; sie berücksichtigt auch die zusätzliche Pol- und
Jochsättigung durch die Belastungsstreufelder. *)
Meßbar ist hingegen nur die Leerlaufkennlinie, bei welcher
dieser Einfluß nicht berücksichtigt ist.

*) Vgl. auch Seite 369

a.) Konstruktion bei Vorliegen von Berechnungsdaten.
Hierzu ist die <u>Magnetcharakteristik</u> unter Berücksichtigung der Belastungsstreufelder (Magnetcharakteristik) zu berechnen ($E_{1h} = f(I_{2h}$ $\big]$ $n = $ const
$I_1 = I_N$

(entspricht:$\phi_h = f(\Theta_h)$ bei Last) $\big]$ $\cos\varphi = \cos\varphi_N$

(am genauesten nach der Netzwerksmethode, bei welcher
die Belastungsdurchflutung berücksichtigt wird).

Die Berechnung der <u>Streureaktanz</u> $X_{1\sigma}$ erfolgt nach
Abschnitt 3.5, ebenso die der <u>Hauptfeldreaktanz</u> X_{1d},
wobei zunächst δ''' gemäß Abb. 162a für den Sättigungszustand (P) bei jenem E_{1h} zu ermitteln ist, das sich
im Zeitzeigerbild aus E und $E_{1\sigma}$ ergibt:

$$\delta''' = \frac{k_z}{k_v} \; \delta \cdot \frac{\Sigma V}{V_\delta} \quad = \frac{k_z}{k_v} \delta \; \cdot \frac{a}{b} \quad \text{(im Punkt P,Abb. 162a).}$$

Danach kann die Polradspannung E_{12} aus dem Spannungszeigerbild konstruiert werden; zu diesem E_{12} gehört auf
der äquivalenten Magnetcharakteristik δ''' durch P
der Belastungserregerstrom I_2 (für E_{1d} und $E_{1\sigma}$ werden
die gerechneten Werte eingesetzt).

b.) Konstruktion bei Vorliegen der Meßdaten (Abb. 162b).
Für diesen Fall geht man von der reinen (gemessenen)
<u>Leerlaufcharakteristik</u> $E_{1h} = f(I_{2h}$ $\big|$ $n = $ const aus,
$I_1 = 0$

ferner von der <u>Kurzschlußkennlinie</u> und der <u>Potier-</u>
<u>reaktanz</u> X_P (bzw. $E_P = I_1 X_P$); letztere ist eine
Hilfsgröße, die aus dem Versuch von Fischer-Hinnen
gewonnen werden kann.
Aus der Kurzschlußkennlinie gewinnt man den Kurzschluß-
erregerstrom I_{2k} und mit Hilfe von E_P das <u>Potiersche</u>
<u>Dreieck</u> für Kurzschluß.
Als nächsten Schritt hat man den Punkt P auf der Leerlaufkennlinie zu bestimmen, der für den Sättigungszustand bei Nennspannung und Nennstrom maßgebend ist.

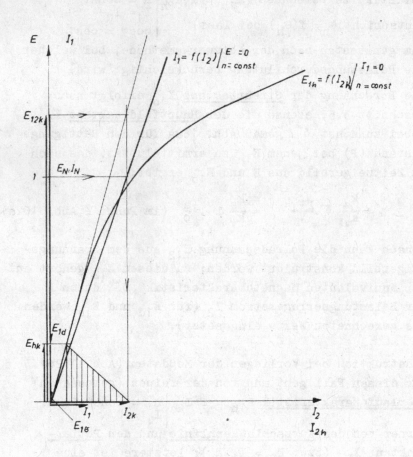

Abb. 161: Spannungs-Zeigerbild der Synchronmaschine
           im Kurzschluß.

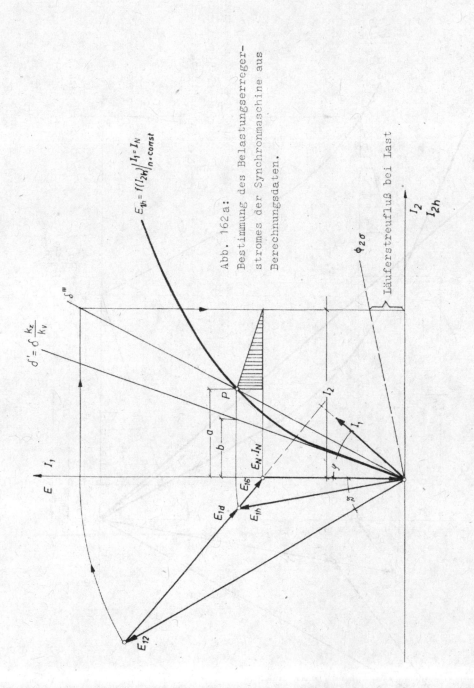

$E_{th} = f(I_{2h}) \Big|_{n \cdot const}^{I_1 = I_N}$

Abb. 162 a:

Bestimmung des Belastungserregerstromes der Synchronmaschine aus
Berechnungsdaten.

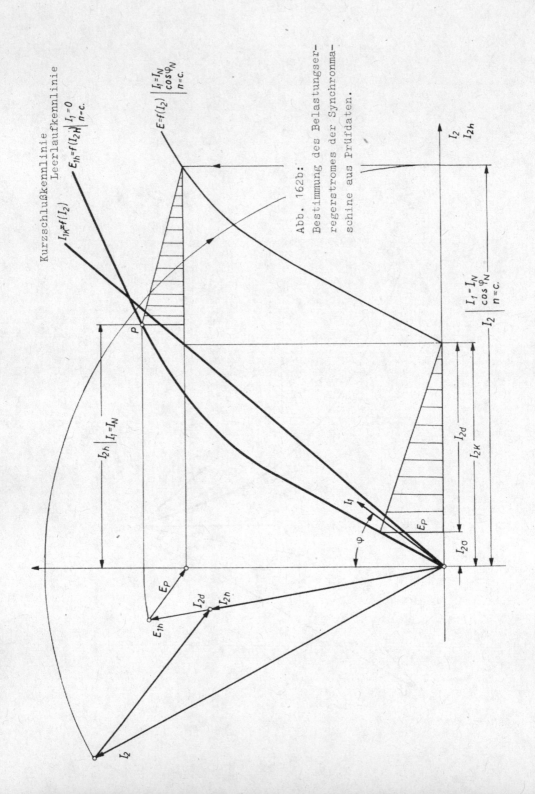

Abb. 162b:
Bestimmung des Belastungserregerstromes der Synchronmaschine aus Prüfdaten.

Dies geschieht auf dieselbe Weise wie bei der Konstruktion aus den Berechnungsdaten; anstelle von $E_{1\sigma}$
ist jedoch E_p zu setzen.

Während der Strom I_{2d} der Belastungsdurchflutung θ_1
proportional ist:

$$(^1\theta_1 = 1,35 \cdot z_n \cdot q \cdot {}^1\xi \cdot I_1)$$

ist der Strom I_{2h} ... der resultierenden Durchflutung θ_h verhältnisgleich. Beide zusammen ergeben im
Raumzeigerbild (Abb. 162b) als Summe den Belastungserregerstrom I_2, der der Polraddurchflutung θ_2 proportional ist.

Das in Abb. 162b schraffiert gezeichnete Polygon ist
somit das Durchflutungspolygon aus dem Raumzeigerbild
im Erregerstrommaßstab. Die vorstehend beschriebene
Konstruktion entspricht jener in den VDE-Vorschriften.

Der Kurzschlußversuch wird gemäß Abschnitt 5.7 vorgenommen.
In Abb. 161 ist dargestellt, in welcher Weise sich das
Spannungszeigerbild beim Kurzschlußversuch verändert.
Der beim Kurzschlußversuch nötige Erregergleichstrom I_{2k}
in der Erregerwicklung erregt hierbei zusammen mit I_1
in der Drehstromwicklung ein Kurzschluß-(Haupt)feld ϕ_{hk}.
Dieses (Rest)-Hauptfeld induziert seinerseits eine innere
Spannung E_{1hk}, die gerade ausreicht, um den Kurzschluß-
(Nenn)strom durch die Streureaktanz zu treiben. Das Haupt-
feld sinkt demnach im Kurzschluß auf den Wert des Streufeldes ab (1/4 bis 1/3 des Luftspaltfeldes bei Nennspannung
und Leerlauf).

Zum Kurzschluß-Erregerstrom I_{2k} gehört nach Abb. 161 eine
Polradspannung E_{2k}, die gleich der gesuchten Selbstinduktionsspannung E_d bei Nennstrom und ungesättigtem Zustand
ist (kleines Kurzschluß-Hauptfeld). Gebraucht wird aber
meist E_d für den gesättigten Zustand, wie er sich im Betrieb
bei Belastung einstellt ($E \neq 0$).

Bei <u>übererregtem Betrieb</u> mit $\cos\varphi = 0$ kann die Belastungs-
Klemmenspannung E (E_{12}= const) näherungsweise so gewonnen
werden, daß man das <u>Potiersche Dreieck</u> entlang der Leerlaufkennlinie in der in Abb. 182 gezeigten Weise <u>verschiebt</u>
(gilt nur für schwache Sättigung), in allen anderen Fällen
($\cos\varphi \neq 0$) muß die Konstruktion gemäß Abb. 162 für jeden
Punkt wiederholt werden. Die Spitzen des Potierschen
Dreieckes beschreiben dann die <u>Belastungskennlinie</u>

$$E = f(I_2) \left| \begin{array}{l} I_1 = \text{const} \\ \cos\varphi = \text{const} \\ n = \text{const} \end{array} \right.$$

Bei <u>kapazitiver Belastung</u> liegt die Lastkennlinie <u>über der
Leerlaufkennlinie</u>.

Etwas andere Verhältnisse ergeben sich bei der <u>Schenkel-
pol-Synchronmaschine</u>, weil bei ihr die Reluktanz in
Polachse eine andere ist als in Querachse. Die Berücksichtigung dieses Umstandes wird möglich, wenn man den Belastungsstrom I_1 in eine Komponente I_{1d} die nur in <u>Polachse</u>
magnetisiert und eine darauf senkrechte Komponente I_{1q}
welche nur in <u>Querachse</u> magnetisiert, zerlegt.

Um das Spannungsdiagramm für die <u>Schenkelpol-Synchronmaschine</u>
zu entwickeln, müssen andere Größen als bei der Vollpolmaschine angenommen werden; letztere waren: $^1\Theta_h$ ($^1\Phi_h$)
im Raumzeigerbild und I_1 im Zeitzeigerbild.
Bei der Schenkelpolmaschine wird ebenfalls $^1\Phi_h$ als gegeben
angenommen, anstelle von I_1 werden jedoch die Winkel

$$\varphi' = \sphericalangle E_{1h},\ I_1$$

$$\vartheta' = \sphericalangle E_{1h},\ E_1$$

angenommen (Abb. 163a,b).

E und I_1 sind dann so zu bestimmen, daß die gemachten Annahmen erfüllt sind.

Bei der Konstruktion gemäß Abb. 163 wird so vorgegangen, daß $^1\phi_h$ und ϑ' im Raumzeigerbild, sowie φ' im Zeitzeigerbild in beliebiger Größe eingetragen werden.

Von der Spitze von $^1\phi_h$ ist dann ein Strahl in Richtung von $^1\phi_1$ zu zeichnen und mit dem Richtungsstrahl von $^1\phi_2$ (ϑ') zum Schnitt zu bringen. Der Schnittpunkt bestimmt die Spitze des Flußzeigers $^1\phi_2$ (Polradfluß). Die Richtung des Strahles, in dem $^1\phi_1$ liegt, erhält man wie folgt:

Zu der gewählten Phasenlage von I_1 (φ') gehört im Raumzeigerbild eindeutig eine Augenblicksrichtung von $^1\Theta_1$ (Konstruktion wie bei der Vollpolmaschine). Die Komponenten des Belastungsdrehfeldes $^1\phi_1$ in Längs- und Querrichtung ergeben sich aus den Komponenten der Belastungsdrehdurchflutung entsprechend dem unterschiedlichen magnetischen Widerstand in Längs- und Querachse:

$$^1\phi_{1d} = {}^1\Theta_{1d} \; \Lambda_{1d}$$

$$^1\phi_{1q} = {}^1\Theta_{1q} \; \Lambda_{1q}$$

Die Richtung des Zeigers $^1\phi_1$ läuft demnach vom Ursprung durch den Teilungspunkt A (Abb. 163a) der Querkomponente $^1\Theta_{1q}$:

$$\underline{\frac{b}{a} = \frac{X_{1q}}{X_{1d}}}$$

Dem Polygon der drei Flußzeiger im Raumzeigerbild entspricht eindeutig ein ähnliches Spannungspolygon im Zeitzeigerbild (schraffiert). Der zu den gemachten Annahmen gehörige Strom I_1 ergibt sich mit seinen Komponenten I_{1d} und I_{1q} aus den nun bekannten Komponenten E_{1d} und E_{1q}:

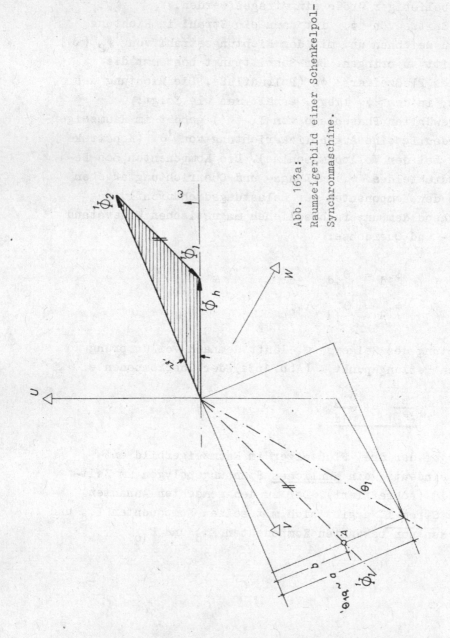

Abb. 163a:
Raumzeigerbild einer Schenkelpol-
Synchronmaschine.

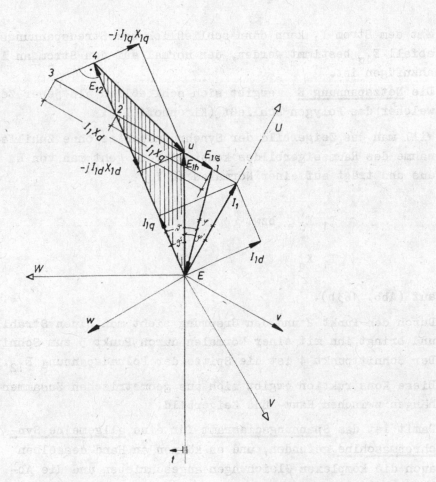

Abb. 163b: Zeitzeigerbild einer Schenkelpol-Synchronmaschine
(gemäß Abb. 163a).

$$I_{1d} = \frac{E_{1d}}{X_{1d}} \quad \text{(magnetisiert nur in Längsachse)}$$

$$I_{1q} = \frac{E_{1q}}{X_{1q}} \quad \text{(magnetisiert nur in Querachse)}$$

Mit dem Strom I_1 kann dann schließlich der Streuspannungsabfall $E_{1\sigma}$ bestimmt werden, der normal auf den Strom an E_{1d}
anzufügen ist.

Die <u>Netzspannung E</u> ergibt sich schließlich als jener Zeiger,
welcher das Polygon schließt (Kirchhoff II).

Will man das Zeigerbild der Synchronmaschine ohne Zuhilfenahme des Raumzeigerbildes konstruieren, geht man von E
aus und trägt auf einer Normalen zu I_1

$$I_1 \, X_d \quad \text{bzw.}$$

$$I_1 \, X_q$$

auf (Abb. 163b).

Durch den Punkt 2 und den Ursprung zieht man einen Strahl
und bringt ihn mit einer Normalen durch Punkt 3 zum Schnitt.
Der Schnittpunkt 4 ist die Spitze der Polradspannung E_{12}.

Diese Konstruktion ergibt sich aus geometrischen Zusammenhängen zwischen Raum- und Zeigerbild.

Damit ist das <u>Spannungsdiagramm</u> für eine <u>allgemeine Syn-
chronmaschine</u> gefunden, und es können an Hand desselben
auch die komplexen Gleichungen angeschrieben und die Abhängigkeit des Momentes vom Polradwinkel ermittelt werden.

Das von der <u>Maschine</u> entwickelte <u>Moment</u> ist ganz allgemein (Abschnitt 3.4):

$$M = \frac{E_{1h} \cdot I_1 \cdot \cos \sphericalangle E_{1h}, \ I_1}{2 \pi n_{sy}} \cdot m$$

Mit $E_{1h} \cos \sphericalangle E_{1h}, \ I_1 = E \ \cos\varphi$ wird

$$M = \frac{E \cdot I_1 \cos\varphi}{2 \pi n_{sy}} \cdot m$$

m ... Phasenzahl

Um außerdem die Ortskurve des Stromes I_1 zu bestimmen, die dieser beschreibt, wenn die Synchronmaschine an der Welle bei konstanter Nennspannung E_N belastet wird, muß man die Komponenten von I_1:

$$I_1 \ \cos\varphi$$

$$I_1 \ \sin\varphi$$

kennen.

Aus den geometrischen Zusammenhängen in Abb. 164 findet man:

$$I_1 \cos\varphi \cdot X_d = \overline{34}' + \overline{4'3}'$$

$$\overline{4' \ 3'} = E_{12} \sin\vartheta$$

$$\overline{3 \ 4'} = \overline{3 \ 4} \cos\vartheta$$

$$\frac{\overline{3 \ 4}}{\overline{3 \ 2}} = \frac{\overline{1 \ 1'}}{\overline{2 \ 1}}$$

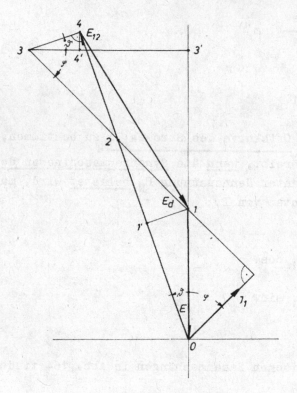

Abb. 164: Zur Ermittlung der Abhängigkeit $M \doteq f(\vartheta)$.

$$\overline{1\ 1'} = E \quad . \quad \sin\vartheta$$

$$\overline{2\ 1} = I_1 X_q$$

$$\overline{3\ 2} = I_1(X_d - X_q)$$

Setzt man die Teilausdrücke zurück ein, erhält man für:

$$I_1 \cdot \cos\varphi = \frac{E_{12}}{X_d}\sin\vartheta + \frac{E}{2} \cdot \frac{X_d - X_q}{X_d \cdot X_q} \sin 2\vartheta$$

---

und das Moment:

$$M = \frac{3\ E}{2\pi\ n_{sy}}\left[\frac{E_{12}}{X_d}\sin\vartheta + \frac{E}{2} \cdot \frac{(X_d - X_q)}{X_d \cdot X_q} \sin 2\vartheta\right]$$

(für $\cos\varphi = 1$), und $m = 3$).

Ebenfalls aus geometrischen Zusammenhängen in Abb. 164
erhält man:

$$I_1 \sin\varphi = \overline{1\ 3'} = \frac{E_{12}}{X_d}\cos\vartheta - E\left[\frac{1}{X_d} + \frac{X_d - X_q}{X_d \cdot X_q} \sin^2\vartheta\right]$$

$$\overline{1\ 3'} = E_{12}\cos\vartheta - E - \overline{4\ 4'}$$

$$\overline{4\ 4'} = \overline{3\ 4}\sin\vartheta$$

$$\frac{\overline{3\ 4}}{\overline{1\ 1'}} = \frac{X_d - X_q}{X_q}$$

$$\overline{1\ 1'} = E \quad . \quad \sin\vartheta$$

Setzt man wieder zurück ein, ergibt sich:

$$I_1 \cdot \sin\varphi = \frac{E_{12}}{X_d}\cos\vartheta - E\left[\frac{1}{X_d} + \frac{X_d - X_q}{2X_d \cdot X_q} - \frac{X_d - X_q}{2X_d \cdot X_q} \cdot \cos 2\vartheta\right]$$

Um die Ortskurve von I_1 zu gewinnen, bestimmt man zunächst
die Ortskurve von $E_d = -j\,I_1\,X_d$ mit dem Ursprung in Punkt 1.

Nach Abb. 165 kann man aus den beiden Ausdrücken für $I_1 \cos\varphi$
und $I_1 \sin\varphi$ eine praktische Konstruktion für die Ortskurve
von E_d bei konstantem E_{12} ableiten.
In der Konstruktion gemäß Abb. 165 hat der sogenannte
Reaktionskreis einen Durchmesser von

$$ d = E \cdot \frac{X_d - X_q}{X_q} $$

Bewegt sich bei Belastung an der Welle die Spitze von E_2
auf einem Kreis (E_{12} = const), kann der Punkt 3 und damit
auch E_d einfach unter Benutzung des Satzes vom Zentriwinkel
gewonnen werden, indem man durch den Punkt 5 und 5′ einen
Strahl zieht, der parallel zu E_{12} verläuft. Der Schnittpunkt dieses Strahles mit dem (oberen) Reaktionskreis liefert den Punkt 3.
Daß der so gewonnene Zeiger $-j \cdot I_1 X_d$ tatsächlich die

Komponenten $I_1 \sin\varphi$
$\qquad\qquad I_1 \cos\varphi$ gemäß
den obenstehenden Ausdrücken besitzt, davon kann man sich
an Hand der Abb. 165 leicht überzeugen.
Zur Aufzeichnung der Ortskurve von $-j\,I_1\,X_d$ hat man, wie
aus Abb. 165 hervorgeht, nun verschiedene Strahlen mit dem
Mittelpunkt 5′ zu zeichnen und vom Schnittpunkt mit dem
unteren Reaktionskreis 5″ den jeweils konstanten Wert von
E_{12} anzutragen.
Für $E_{12} = 0$ (unerregte Maschine) ist demnach die Ortskurve
von E_d identisch mit dem unteren Reaktionskreis, der für
Werte $E_{12} \neq 0$ in eine Pascalsche Schnecke übergeht. In
Abb. 165 sind 3 Ortskurven für verschiedene konstante Werte
von E_{12} angeführt. Es ist nun nicht schwer, auch die Ortskurve
für I_1 selbst zu zeichnen (Verschiebung des Ursprunges von E_d
nach dem Punkt 0, Drehung um $\pi/2$ und Division von E_d durch X_d).

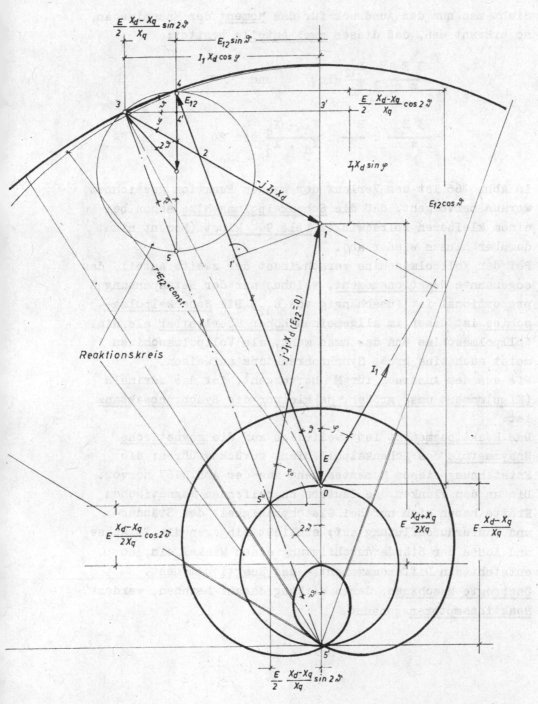

Abb. 165: Konstruktion der Ortskurve von E_d (Reaktionskreis).

Sieht man nun den Ausdruck für das <u>Moment</u> der Maschine an,
so erkennt man, daß dieses <u>zwei Anteile</u> besitzt:

$$\frac{3\,E}{2\,\pi\,n} \cdot \frac{E_{12}}{X_d} \sin\vartheta \qquad \text{und}$$

$$\frac{3\,E}{2\,\pi\,n} \cdot \frac{E}{2} \cdot \frac{X_d - X_q}{X_d \cdot X_q} \sin 2\vartheta$$

In Abb. 166 ist der Verlauf der ganzen Funktion gezeichnet,
woraus hervorgeht, daß die <u>Schenkelpolmaschine</u> schon bei
einem kleineren Polradwinkel ϑ <u>als 90°</u> kippt (Moment nimmt
darüber hinaus wieder ab).
Bei der Vollpolmaschine verschwindet der zweite Anteil, das
sogenannte <u>Reaktionsmoment</u>, welches nur der Netzspannung E
proportional ist (unabhängig von E_{12}).Die <u>Schenkelpolma-
schine</u> ist daher im allgemeinen <u>höher überlastbar</u> als die
Vollpolmaschine und das umso mehr, als Vollpolmaschinen
meist auch eine große Synchronreaktanz aufweisen.
Wie aus dem Ausdruck für M hervorgeht, ist das maximale
<u>(Kipp)moment umso größer, je kleiner die Synchronreaktanz</u>
ist.
Das <u>Reaktionsmoment</u> ist zweifellos auf die <u>magnetische
Unsymmetrie</u> des Schenkelpolläufers zurückzuführen; die
Entstehung dieses Momentes geht aus der Abb. 167 hervor.
Die an den Flanken des Läufers angreifenden magnetischen
Kräfte heben sich nur bei Gleichphasigkeit der Ständer-
und Läuferdurchflutung auf; schließt hingegen die Polachse
und Achse der Ständerdurchflutung einen Winkel ein, so
entsteht ein Differenzmoment - das Reaktionsmoment.
<u>Unerregte Maschinen</u>, deren Wirkung darauf beruhen, werden
<u>Reaktionsmotoren</u> genannt.

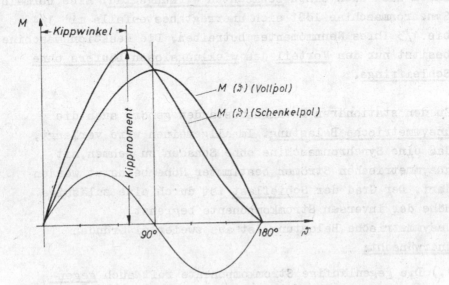

M

←Kippwinkel→

$M(\vartheta)$ (Vollpol)

$M(\vartheta)$ (Schenkelpol)

Kippmoment

90°   180° ϑ

Abb. 166: Verlauf des Maschinenmomentes in Abhängigkeit von ϑ

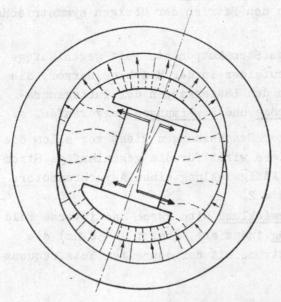

Abb. 167: Zur Entstehung   des Reaktionsmomentes.

Wie sich aus der Ortskurve in Abb. 165 erkennen läßt,
weisen Reaktionsmotoren einen außerordentlich schlechten
cosφ und eine geringe Überlastbarkeit auf. Darüber hinaus
haben sie auch einen schlechten Wirkungsgrad. Eine normale
Synchronmaschine läßt sich unerregt bestenfalls mit 1/4
bis 1/3 ihres Nennmomentes betreiben. Die Reaktionsmaschine
besitzt nur den Vorteil des wicklungslosen Läufers ohne
Schleifringe.

Zu den stationären Betriebszuständen gehört auch die
unsymmetrische Belastung. Im allgemeinen wird verlangt,
daß eine Synchronmaschine ohne Schaden zu nehmen, mit
unsymmetrischen Strömen bestimmter Höhe belastet werden
darf. Der Grad der Schieflast ist durch eine zulässige
Höhe der inversen Stromkomponente begrenzt.
Unsymmetrische Belastung ist aus zweierlei Gründen
unerwünscht:

1.) Die gegenläufige Stromkomponente ruft auch gegen-
     läufige Spannungsabfälle hervor, die ihrerseits
     wieder Spannungsunsymmetrien im Netz bewirken; diese
     beeinträchtigen den Betrieb der übrigen symmetrischen
     Verbraucher.

2.) Die gegenläufige Stromkomponente ruft gegenläufige
     Haupt- und Streufelder in der Maschine hervor, die
     insbesondere in den Läuferkappen der Turbogenera-
     toren Wirbelströme und Erwärmungen hervorrufen.

Zur Vermeidung dieser Erscheinungen dient vor allem die
Dämpferwicklung; diese wirkt für die gegenläufige Stromkomponente wie die Käfigwicklung eines Asynchronmotors
bei einem Schlupf $s = 2$.
Auch in der Dämpferwicklung wird durch das inverse Feld
eine 100 Hz-Spannung induziert, (bei $f = 50$ Hz) die
ihrerseits Dämpferströme mit der doppelten Netzfrequenz $(2f)$

treibt. Die magnetische Wirkung des inversen <u>Stromsystemes</u>
wird durch diese Dämpferströme zum Großteil <u>aufgehoben</u>;
der <u>inverse Spannungsabfall</u> wird <u>unterbunden</u>.

Wegen der 100 Hz Ströme dürfen die Käfigstäbe nur als
<u>Rundstäbe</u> ausgeführt werden, da sonst durch die Stromver-
drängungswirkung mit erhöhten Verlusten zu rechnen ist.

Bei unsymmetrischer Belastung führt die Dämpferwicklung
dauernd Strom.

Einen Grenzfall der unsymmetrischen Belastung stellt der
reine <u>Einphasenbetrieb</u> dar, bei dem eine Phase überhaupt
keinen Strom führt. (Mit- und Gegenkomponente gleich groß).

Einphasen-Synchronmaschinen sind nur über <u>2/3</u> des Anker-
umfanges <u>bewickelt</u>, weil sich dabei der beste Durchflutungsverlauf des Wechselfeldes ergibt (Abb. 168).

Beim Einphasenbetrieb entwickelt die Synchronmaschine ein
<u>pulsierendes Moment</u>, da auch die Einphasenleistung mit
100 Hz pulsiert. Dieser Erscheinung muß durch <u>federnde</u>
<u>Aufstellung des Ständers</u> Rechnung getragen werden; sie
bewirkt, daß das pulsierende Moment nicht in der vollen
Höhe auf das Fundament übertragen wird, (weil es sich zum
Teil an der bewegten Masse des Ständers abstützt).

Wegen der hohen gegenlaufenden Stromkomponente muß bei
der Einphasenmaschine die <u>Dämpferwicklung</u> besonders <u>stark</u>
ausgeführt werden.

Für die Bemessung der <u>Dämpferstäbe</u> ist der in ihnen
fließende <u>stationäre Strom</u> zu bestimmen. Man erhält ihn
aus der Gleichsetzung der Grundwellendurchflutung durch
die inversen Ströme I_2 und der Grundwellendurchflutung
durch den Dämpferstrom:

$$m_1 \cdot 0{,}45 \cdot \xi_1 \cdot q_1 \cdot z_{1n} \cdot I_2 = 0{,}45 \cdot \frac{z_3}{p} \cdot \frac{1}{2} \cdot 1 \cdot I_{3s}$$

I_2 ... inverser Strom (= 1/2 Einphasenstrom)
I_{3s} ... Stabstrom in der Käfigwicklung

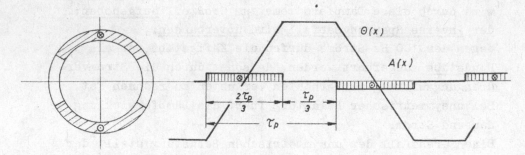

Abb. 168: Durchflutungsverlauf einer Einphasenwicklung.

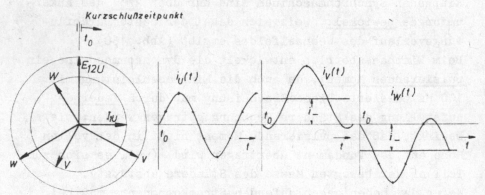

Abb. 169a: Zeitlicher Verlauf der 3-poligen Stoßkurzschluß-
ströme (vereinfacht).

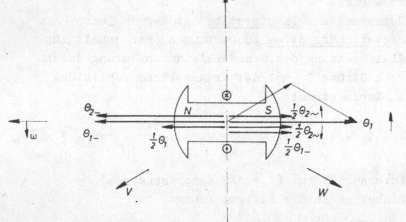

Abb. 169b: Einzeldurchflutungen beim Stoßkurzschluß.

Um die Synchronmaschine zur Lieferung von <u>Magnetisierungs-Blindleistung</u> zu veranlassen, muß sie <u>übererregt</u> werden, ein weiterer Eingriff ist nicht nötig.
<u>Untererregung</u> hingegen ist zur Lieferung von kapazitiver Blindleistung erforderlich. Der erstgenannte Fall ist die Regel, weil alle Netze neben den Wirklastverbrauchern auch induktive Verbraucher (Motoren) angeschlossen haben.
Der zweite Fall (Untererregung) ist von Interesse beim Unterspannungsetzen langer leerlaufender Leitungen.

Die <u>Bauleistung</u> einer <u>Synchronmaschine</u> ist nicht nur durch die Scheinleistung wie beim Trafo bestimmt, sondern auch durch den Leistungsfaktor $\cos\varphi$. Je höher der Anteil der Magnetisierungsblindleistung an der Scheinleistung ist, umso mehr Kupfer muß in der Erregerwicklung untergebracht werden (Übererregung).

Die stationäre <u>Belastungsgrenze</u> einer Synchronmaschine mit <u>Ladeblindstrom</u> ist dann erreicht, wenn der <u>Erregerstrom Null</u> geworden ist; in diesem Zustand wird die Maschine <u>instabil.</u>
Bei <u>Vollpolmaschinen</u> ist die höchste Ladeblindleistung

$$Q_{max} = 3 \frac{E^2}{X_d} \quad \text{bzw.,}$$

wenn bei der <u>Schenkelpolmaschine</u> eine hochwertige (schnelle) Regelung vorhanden ist

$$Q_{max} = 3 \frac{E^2}{X_q}$$

Die höchste Wirkleistung der Vollpolmaschine ist gegeben durch:

$$P_{max} = \frac{3 E \cdot E_{12}}{X_d} = 3 E \cdot I_{1k}$$

I_{1k} ... Dauerkurzschlußstrom.

Eine kleine Synchronreaktanz ist sowohl im Interesse einer hohen Überlastbarkeit im Wirkungsbereich als auch im (kapazitiven) Blindleistungsbereich anzustreben.

5.4.2 Instationärer Betrieb

Als instationärer Betrieb werden alle Betriebszustände bezeichnet, bei denen der stationäre Betrieb durch Einwirkungen von außen gestört wird, z.B.

- a) Zwei- und dreipoliger Stoßkurzschluß;
- b) Unterbrechung (Lastabwurf);
- c) Plötzliche Laständerungen;
- d) Regelungsvorgänge;
- e) Pendelungen des Antriebs- oder Gegenmomentes;
- f) Hochlauf, Synchronisation usw.

Die exakte Behandlung aller dieser Vorgänge ist unverhältnismäßig schwieriger als die der stationären Vorgänge. Zu den wichtigsten Fällen gehört der dreipolige Stoßkurzschluß, der nachstehend als repräsentatives Beispiel für den instationären Betrieb behandelt werden soll. Bevor das Differentialgleichungssystem aufgestellt wird, durch welches die Synchronmaschine bei allen Betriebszuständen beschrieben werden kann, soll der spezielle Vorgang beim dreipoligen Stoßkurzschluß an Hand einfacher physikalischer Überlegungen verständlich gemacht werden. Dies ermöglicht einen besseren Einblick in das physikalische Geschehen. Es wird hierzu der dreipolige Stoßkurzschluß an Hand einer weitgehend vereinfachten Maschine beschrieben:

Keine Dämpferwicklung: $X_d' = X_d''$

$R_1 = 0 \qquad T_d' = \infty$
$ T_d'' = \infty$
$R_2 = 0 \qquad T_1 = \infty$

$\delta \longrightarrow 0 \longrightarrow X_d = X_q = X_q'' = \infty$

Schließt man eine erregte, angetriebene Drehstrom-Synchronmaschine plötzlich kurz, kann der Stoßkurzschlußstrom näherungsweise so ermittelt werden, als ob die
Synchronmaschine ein Transformator wäre, der an der
Polradspannung E_{12} liegt, und der verbraucherseitig plötzlich kurzgeschlossen wird.
Die Amplitude des Stoßkurzschluß-Wechselstromes wird dann
näherungsweise:

$$\hat{I} = \frac{\hat{E}_{12}}{X_k} \quad \text{sein,}$$

worin X_k die Kurzschlußreaktanz bedeutet (bei der Synchronmaschine ohne Dämpferwicklung: X_d' - siehe später).
In Abb. 169a sind die zeitlichen Verläufe der drei, sich
beim Stoßkurzschluß ergebenden Phasenströme dargestellt;
der Kurzschlußaugenblick fällt mit dem Nulldurchgang des
Stromes I_1 in der Phase U zusammen. Während der Strom i_U
ein reiner Wechselstrom ist, weisen die Phasenströme i_V
und i_W Gleichstromglieder auf, (wegen R = 0 kein Abklingen).
Links in Abb. 169a sind die Wechselanteile der Ströme
vektoriell, zusammen mit den Zeigern der Polradspannung E_{12}
dargestellt.
Abb. 169b stellt das Raumdiagramm mit der Polradstellung
im Kurzschlußaugenblick t_0 dar. Der näherungsweise ermittelte Stoßkurzschlußstrom übt nun eine magnetische Wirkung auf den Rotor aus, wodurch auch in diesem Ausgleichsströme I_2 bewirkt werden, die ihrerseits wieder auf den
Stator zurückwirken.
Man kann dieses Wechselspiel zwischen Ständer- und Läuferdurchflutung sehr einfach verfolgen, wenn man von der Annahme ausgeht, daß die Summe aller Einzeldurchflutungen Null
ergeben muß (für $\delta \rightarrow 0$).

Zunächst werden in der Ständerwicklung vom Kurzschlußstrom eine Drehstromdurchflutung $- \Theta_1$ (mit ω) und eine Gleichstromdurchflutung $+ \Theta_{1-}$ erregt; sie sind in Abb. 169b eingezeichnet.

Die <u>Gleichstromdurchflutung</u> Θ_{1-} steht im <u>Raum still</u>; sie erregt ein Gleichfeld, in dem sich die Polwicklung dreht.

Die in der Polwicklung induzierte Wechselspannung $E_{2\sim}$ treibt nun einen Wechselstrom $I_{2\sim}$, dem ebenfalls ein Gleichstromglied I_{2-} überlagert ist.

Der zeitliche Verlauf der Ströme und das Zeigerbild sind in Abb. 170a und 170b dargestellt; die durch I_2 bewirkten Durchflutungen $\frac{1}{2} \Theta_{2\sim}$ und $\frac{1}{2} \Theta_{2-}$ wurden in Abb. 170b eingetragen.

Die <u>Wechselstromdurchflutung</u> $\Theta_{2\sim}$ kann man sich <u>in zwei gegenläufige Drehstromdurchflutungen</u> $\frac{1}{2} \Theta_{2\sim}$ zerlegt denken, von denen eine im Raum still steht ($\frac{1}{2} \Theta_{2\sim}$), während die andere mit doppelter Kreisfrequenz (2ω) umläuft ($\frac{1}{2} \Theta_{2\sim}$). Das Gleichstromglied I_{2-} dieses Stromes hingegen erregt eine Durchflutung, die mit dem Polrad (ω) umläuft. (Relativ zum Polrad stillstehend).

Eine <u>Wechselwirkung</u> zwischen diesen <u>Läuferdurchflutungen</u> und der <u>Ständerwicklung</u> kann sich wieder nur durch jene Anteile von $\frac{1}{2} \Theta_{2\sim}$ einstellen, die relativ zum Ständer umlaufen; also durch die Anteile mit ω und 2ω.

Während sich die Durchflutung Θ_{2-} mit ω, mit der Ständerdurchflutung aufhebt, verursacht die Durchflutung mit 2ω $\frac{1}{2} \Theta_{2\sim}$ in der Ständerwicklung eine Gegendrehstromdurchflutung $\frac{1}{2} \Theta_1$ mit 2ω und ein Gleichstromglied $\frac{1}{2} \Theta_{1-}$ (Abb. 169b, 170a,b).

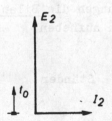

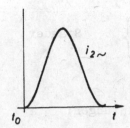

Abb. 170a: Zeitzeigerbild und
zeitlicher Verlauf für die Polrad-
größen beim Stoßkurzschluß.

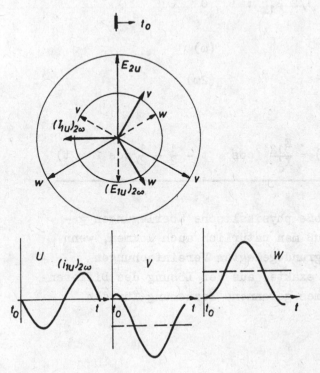

Abb. 170b: Zeitzeigerbild und zeitlicher Verlauf des
doppeltfrequenten Anteiles des Stoßkurzschlußstromes.

Zieht man nach den vorstehenden Überlegungen die <u>Bilanz</u>, findet man, daß sich alle Durchflutungen aufheben:

$$
\begin{array}{lll}
-\ \Theta_1 & \omega & \left.\right\} \ \text{Ständer} \\
+\ \Theta_{1-} & 0 & \\
-\ 1/2\ \Theta_{2\sim} & 2\omega & \left.\right\} \\
-\ 1/2\ \Theta_{2\sim} & 0 & \left.\right\} \ \text{Läufer} \\
+\ \Theta_{2-} & \omega & \\
+\ 1/2\ \Theta_1 & 2\omega & \left.\right\} \ \text{Ständer} \\
-\ 1/2\ \Theta_{1-} & 0 &
\end{array}
$$

Zu den resultierenden Ständerdurchflutungen:

$$+\ \Theta_{1-} -\ 1/2\ \Theta_{1-} = +\ 1/2\ \Theta_{1-} \ ; \qquad 0$$

$$-\ \Theta_1 \qquad\qquad\qquad\qquad\qquad (\omega)$$

$$+\ 1/2\ \Theta_1 \qquad\qquad\qquad\qquad\qquad (2\omega)$$

gehört ein Strom:

$$i_1(t) = \frac{\hat{E}_{12}}{X_d} \left(\cos \omega\, t - \frac{1}{2} - \frac{1}{2} \cos 2\,\omega\, t\right)$$

Zu diesem, durch bloße physikalische Überlegungen gewonnenen Ergebnis muß man natürlich auch kommen, wenn man die eingangs zugrundegelegten Vereinfachungen (R = 0 usw.) in die exakte, aus der Lösung des Differentialgleichungssystemes gewonnene Beziehung für den

dreipoligen Stoßkurzschlußstrom der Synchronmaschine
einsetzt. Für die ungesättigte Maschine gilt allgemein
(Abb. 171):

$$i_1(t) = \hat{E}_{12}\left[\frac{1}{X_d} + \left(\frac{1}{X_d'} - \frac{1}{X_d}\right)\cdot e^{-t/T_d'} + \left(\frac{1}{X_d''} - \frac{1}{X_d'}\right)\cdot e^{-t/T_d''}\right]\cos\omega t$$

$$- \frac{\hat{E}_{12}}{2}\left[\left(\frac{1}{X_d''} + \frac{1}{X_q''}\right)\cdot e^{-t/T_1} + \left(\frac{1}{X_d''} - \frac{1}{X_q''}\right)\cdot e^{-t/T_1}\cdot\cos 2\omega t\right]$$

(ω = const ; siehe später)

Mit den erwähnten Vereinfachungen reduziert sich dieser
Ausdruck zu:

$$i_1(t) = \frac{\hat{E}_{12}}{X_d''}(\cos\omega t - \frac{1}{2} - \frac{1}{2}\cos 2\omega t)$$

in Übereinstimmung mit dem schon oben gewonnenen Ergebnis.

Der zweipolige Stoßkurzschlußstrom der Synchronmaschine
kann in geschlossener Form nur für die widerstandslose
Vollpolmaschine mit vollständiger Dämpferwicklung angegeben werden:

$$i_1(t) = \frac{\sqrt{3}}{2}\cdot\frac{\hat{E}_{12}}{X_d''}\left[\cos(\omega t - \alpha) - \cos\alpha\right]$$

Dabei wurde vorausgesetzt, daß $e_{12}(t) = \hat{E}_{12}\sin(\omega t - \alpha)$
ist und α der Zuschaltwinkel im Kurzschlußaugenblick;
auch hier ist ω als unveränderlich angenommen.

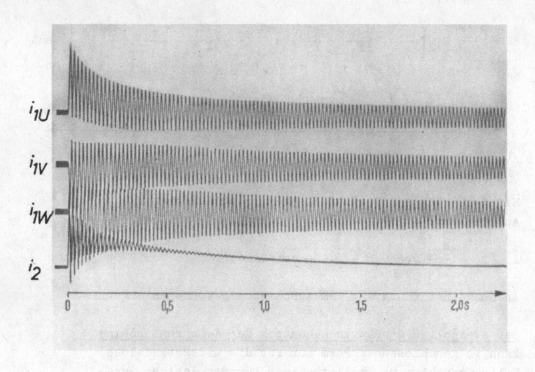

Abb. 171: Oszillogramm des 3-poligen Stoßkurzschlußstromes
einer Synchronmaschine.

Die in den vorstehenden Ausdrücken vorkommenden Reaktanzen
und Zeitkonstanten werden im Abschnitt 5.6:
"Reaktanzen der Synchronmaschine", behandelt und definiert
werden.
Es handelt sich hierbei um zusammengesetzte Parameter,
deren Elemente gemäß Abb. 172 bis 176 die ohmschen Widerstände und Reaktanzen der einzelnen Wicklungen sind, welche
in der gezeigten Weise an Hand von Ersatzschaltungen miteinander verknüpft werden. Aus Abb. 172 bis 176 ist ferner
erkenntlich, daß diese Ersatzschaltungen transformato-
risch gekoppelte Anordnungen von zwei, bzw. drei Wicklungen
beschreiben. Dieser Umstand weist darauf hin, daß sich
die Synchronmaschine für alle netzfremden Frequenzen, zu
denen auch nichtperiodische Vorgänge (Störungen) gehören,
vorübergehend wie ein Transformator benimmt.

Bevor neben dem Stoßkurzschluß noch weitere instationäre
Vorgänge behandelt werden, soll im Folgenden das vollständige
Differentialgleichungssystem entwickelt werden, durch das
sich alle Vorgänge in der Synchronmaschine exakt analytisch
beschreiben lassen. Die vorstehenden Ergebnisse wurden ja
unter Voraussetzung beträchtlicher Vereinfachungen gewonnen.

Die allgemeinste Form der Drehfeldmaschine ist die Schenkelpolmaschine mit zweiachsiger Erregung und mit zweiachsiger
Dämpferwicklung. Die gewöhnliche Schenkelpol- oder Vollpolmaschine ist nur ein Sonderfall dieser allgemeinsten Maschine; ihre Erregerwicklung, u.U. auch ihre Dämpferwicklung sind einachsig.
Die mathematische Behandlung dieser allgemeinen Maschine
ist deshalb sehr kompliziert, weil sich einerseits der
magnetische Widerstand am Umfang des Polrades von Ort zu Ort
ändert, andererseits sich alle Wicklungen der Dreiphasen-
maschine gegenseitig induzieren, wobei sich die räumliche

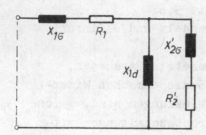

Abb. 172:
Zur Definition von X_d'.

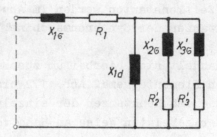

Abb. 173:
Zur Definition von X_d''.

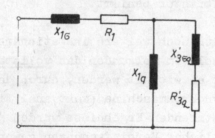

Abb. 174:
Zur Definition von X_q'.

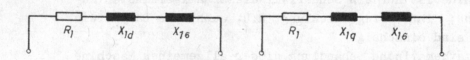

Abb. 175:
Zur Definition von X_d.

Abb. 176:
Zur Definition von X_q.

Verkettung bei der Drehung zeitabhängig verändert.

Um das die Drehfeldmaschine beschreibende Differentialgleichungssystem auf ein einfacheres zurückführen zu
können, wird man zweckmäßigerweise die mehr(drei)phasige
Drehfeldmaschine durch eine äquivalente zweiphasige
ersetzen (Phasentransformation), da sich bei einer solchen
die beiden aufeinander normal stehenden Phasenwicklungen
nicht induzieren; dadurch fallen einzelne Ausdrücke in den
Gleichungen weg, und gleichzeitig wird die Anzahl der
Gleichungen geringer.

Eine weitere Vereinfachung gelingt durch eine Koordinatentransformation, die man physikalisch wie folgt deuten kann:
Statt die zweiphasige Drehfeldmaschine an feststehenden
Anschlüssen mit einem zweiphasigen Drehstrom zu speisen,
kann man sich, ohne an der magnetischen Wirkung etwas zu
ändern, die Speisepunkte synchron mit dem Polrad umlaufend
denken (über einen Kommutator) und die Wicklung mit transformierten Strömen speisen. Es ergibt sich dann eine Ersatzmaschine gemäß Abb. 177 (Außenpolmaschine).

Im stationären Zustand werden die Ersatzströme i_d und i_q -
wie leicht einzusehen ist - Gleichströme sein. Dabei wählt
man die Lage der Speisepunkte d und q zum synchron umlaufenden Polrad so, daß der Strom i_d nur in Längsachse und
der Strom i_q nur in Querachse magnetisiert.

Aus der Bedingung der Durchflutungsinvarianz für die
echte und für die Ersatzanordnung ergibt sich ein Paar
Transformationsgleichungen, die auch für die Spannungen
gelten:

Die Transformation des üblichen dreiphasigen Drehstrom-
systemes auf das seltenere Zweiphasensystem ist ein for-
maler Vorgang, der aus der Gleichsetzung der räumlichen
Durchflutungsvektoren beider Systeme abzuleiten ist ($\theta_{2\sim} = \theta_{3\sim}$).
Dieser Vorgang wird hier der Übersichtlichkeit halber über-
gangen und nur die Koordinatentransformation ins Auge gefaßt. Auch wird aus denselben Gründen auf die Miteinbe-
ziehung des Nullsystemes verzichtet.

$$\begin{pmatrix} i_U \\ i_V \\ i_W \end{pmatrix} \quad \ldots \text{ Dreiphasen-Drehstrom}$$

$$\begin{pmatrix} i_A \\ i_B \end{pmatrix} \quad \ldots \text{ äquivalenter Zweiphasendrehstrom}$$

$$\begin{pmatrix} i_d \\ i_q \end{pmatrix} \quad \ldots \quad \begin{array}{l} \text{koordinatentransformierter, äquivalenter} \\ \text{Zweiphasendrehstrom} \\ \text{(phasen- und koordinatentransformierter} \\ \text{Dreiphasendrehstrom)} \end{array}$$

$$w_d = w_q = w_{dq}$$

$$w_A = w_B = w_{AB} \ldots \begin{array}{l} \text{Phasenwindungszahl einer Phase der} \\ \text{äquivalenten Zweiphasen-Drehstromwicklung} \end{array}$$

$$w_{dq} = w_{AB}$$

Die Spannungen e_ρ und e_t sind in Abb. 177a in den Richtungen
eingezeichnet, die den Vorzeichen in den Gleichungen entsprechen.

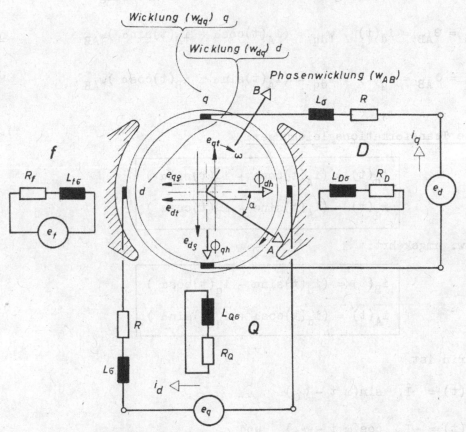

Abb. 177a: Ersatzmaschine zur Synchronmaschine.

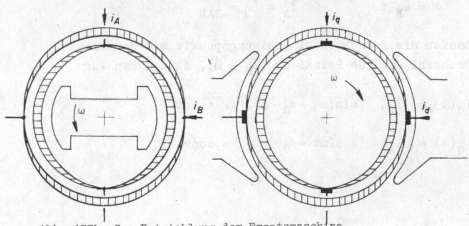

Abb. 177b: Zur Entwicklung der Ersatzmaschine.

Gemäß Abb. 177a ergeben sich aus der Gleichsetzung

$$\Theta_d = \Theta_{AB} = i_d(t) \cdot w_{dq} = (i_A(t)\cos\alpha + i_B(t)\sin\alpha)w_{AB}$$

$$\Theta_q = \Theta_{AB} = i_q(t) \cdot w_{dq} = (i_A(t)\sin\alpha - i_B(t)\cos\alpha)w_{AB}$$

die Transformationsgleichungen:

$$\boxed{\begin{aligned} i_d(t) &= (i_A(t)\cos\alpha + i_B(t)\sin\alpha) \\ i_q(t) &= (i_A(t)\sin\alpha - i_B(t)\cos\alpha) \end{aligned}}$$

bzw. umgekehrt:

$$\boxed{\begin{aligned} i_B(t) &= (i_d(t)\sin\alpha - i_q(t)\cos\alpha) \\ i_A(t) &= (i_d(t)\cos\alpha + i_q(t)\sin\alpha) \end{aligned}}$$

Darin ist

$$i_A(t) = \hat{I}_A \sin(\omega t - \alpha_0)$$

$$i_B(t) = -\hat{I}_B \cos(\omega t - \alpha_0) \quad \text{und}$$

$$\alpha = \omega_N t \qquad \hat{I}_A = \hat{I}_B = \hat{I}_{AB}$$

Laufen die gedachten Einspeisungspunkte mit derselben Drehzahl wie das Polrad um ($\omega_N = \omega$), findet man für

$$i_d(t) = \hat{I}_{AB} (\sin(\omega t - \alpha_0 - \omega t) = \text{const}$$

$$i_q(t) = \hat{I}_{AB} (\cos(\omega t - \alpha_0 - \omega t) = \text{const}$$

d.h., die transformierten Ströme werden im stationären Betrieb Gleichströme.

Mit Hilfe der obenstehenden Transformationsgleichungen, die auch für Spannungen gelten, können die Größen der zweiphasigen Synchronmaschine in die Größen einer Kommutator-Ersatzmaschine gemäß Abb. 177a übergeführt werden.

An Hand dieser Ersatzmaschine werden die (Park)- transformierten Differentialgleichungen der Synchronmaschine entwickelt.

Spannungs-Gleichungen für den d- und q-Kreis gemäß Abb. 177a

$$e_q = i_d \cdot R + L_\sigma \cdot \frac{di_d}{dt} + e_{q\rho} + e_{dt}$$

$$e_d = i_q \cdot R + L_\sigma \cdot \frac{di_q}{dt} - e_{d\rho} + e_{qt}$$

Indizes: ρ ... Rotationsspannung

t ... Transformationsspannung.

Die Spannung durch Rotation im Hauptfeld: $e_{h\rho}$ bei einer ideellen (sinusförmig verteilten) Wicklung ist gemäß Abb. 178 wie folgt zu berechnen:

$$e_{h\rho} = l_{Fe} \cdot D \cdot \pi \cdot n \int_{0}^{\tau_p} B(x) \cdot Z(x) \, dx$$

$$Z(x) = \frac{z \cdot \pi}{D \cdot \pi \cdot 2} \cdot \sin(x \frac{\pi}{\tau_p})$$

$$B(x) = \hat{B} \sin(x \frac{\pi}{\tau_p})$$

$Z(x)$ ... Leiterzahl je Längeneinheit

z ... Gesamtleiterzahl einer Phasenwicklung.

Wegen der beiden parallelen Zweige der Kommutatorwicklung erfolgt die Integration nur über eine Polteilung.

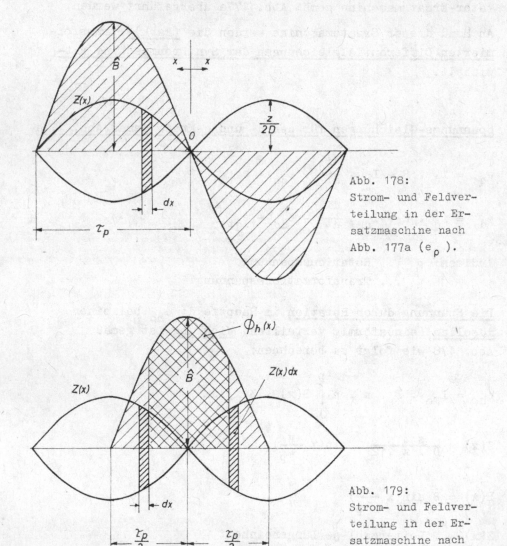

Abb. 178:
Strom- und Feldver-
teilung in der Er-
satzmaschine nach
Abb. 177a (e_ρ).

Abb. 179:
Strom- und Feldver-
teilung in der Er-
satzmaschine nach
Abb. 177a (e_t).

$$e_{h\rho} = \frac{l_{Fe} \cdot \pi \cdot D \cdot \hat{B} \cdot n \cdot z}{2\,D} \cdot \frac{2}{\pi} \cdot \frac{\pi}{2} \cdot \frac{p}{p} \underbrace{\int_0^{\tau_p} \sin^2\left(x\,\frac{\pi}{\tau_p}\right)\, dx}_{\frac{\tau_p}{2} = \frac{D\,\pi}{4\,p}}$$

$${}^1\phi_h = \frac{D\,\pi}{2\,p} \cdot l_{Fe} \cdot \frac{2}{\pi} \cdot \hat{B}$$

$$e_{h\rho} = {}^1\phi_h \cdot n \cdot z \cdot \frac{\pi^2}{8} = \pi^2 \cdot w_1 \cdot {}^1\phi_h \cdot n \cdot p$$

$$w_1 = \frac{z}{8p} \quad (\text{für } a = 1)$$

$$n = \frac{1}{2\pi p} \cdot \frac{d\alpha}{dt} \quad (\alpha \text{ ist ein elektrischer Winkel})$$

$$e_{h\rho} = \underbrace{\frac{\pi}{2} \cdot w_1 \cdot {}^1\phi_h}_{\psi_h} \cdot \frac{d\alpha}{dt} = \psi_h \cdot \frac{d\alpha}{dt}$$

$$\psi_h = \frac{\pi}{2} \cdot w_1 \cdot {}^1\phi_h$$

$$e_{h\rho} = \psi_h \cdot \frac{d\alpha}{dt}$$

Eine <u>Spannung durch Rotation</u> wird aber nicht nur durch das
<u>Luftspaltfeld</u> (Hauptfeld) induziert, sondern auch durch das
räumlich feststehende <u>Streufeld</u> der Wicklungen d und q, in
dem sich die Läuferleiter drehen.
Demnach ist die gesamte, durch Rotation induzierte Spannung
nicht nur mit der Hauptflußverkettung ψ_h sondern mit der
Gesamtflußverkettung: $(\psi_h + \psi_\sigma)$ zu berechnen.
Die Flußgleichungen für die d- und q-Achse lauten dann:

$$\psi_d = i_d(L_{dd} + L_\sigma) + i_D \cdot L_{dD} + i_f \cdot L_{fd}$$

$$\psi_q = i_q(L_{qq} + L_\sigma) + i_Q \cdot L_{qQ}$$

In die beiden obenstehenden Differentialgleichungen für den d- und q-Kreis ist die gesamte Rotationsspannung mit

$$e_{d\rho} = \Psi_d \cdot \frac{d\alpha}{dt} \quad , \text{ bzw.}$$

$$e_{q\rho} = \Psi_q \cdot \frac{d\alpha}{dt}$$

einzusetzen.

<u>Die Spannung der Transformation</u> in der ideellen Wicklung ergibt sich gemäß Abb. 179 für einen zeitlich sinusförmigen Feldverlauf zu:

$$\hat{e}_{ht} = 2\pi\, f \int_{-\tau_p/2}^{+\tau_p/2} \phi_h(x) \cdot dw \quad ; \quad \hat{e}_{ht}\ldots \text{ zeitlicher Schei-}$$
$$\text{telwert}$$

$$\phi_h(x) = \underbrace{\frac{2}{\pi} \cdot \hat{B} \cdot l_{Fe} \cdot \tau_p}_{^1\phi_h} \cdot \sin(x\,\frac{\pi}{\tau_p})$$

$$dw = \frac{1}{2}\, Z(x) \cdot dx$$

$$Z(x) = \frac{z}{2\,D} \cdot \sin(x\,\frac{\pi}{\tau_p})$$

$$\hat{e}_{ht} = 2\pi\, f \cdot {}^1\phi_h \cdot \frac{z}{2\,D\,2} \underbrace{\int_{-\tau_p/2}^{+\tau_p/2} \sin^2(x\,\frac{\pi}{\tau_p})\, dx}_{\frac{D}{4}\,\frac{\pi}{p}}$$

$$\hat{e}_{ht} = \frac{\pi^2}{8} \cdot \frac{f}{p} \cdot {}^1\phi_h \cdot z = 2\pi\, f \cdot \frac{\pi}{2} \cdot w_1 \cdot {}^1\phi_h \qquad (a = 1)$$

$$\hat{e}_{ht} = 2\pi f \cdot \Psi_h$$

$$e_{ht}(t) = - \frac{d \Psi_h(t)}{dt}$$

Da auch die durch Transformations-Wirkung erzeugte Spannung
sowohl durch das Luftspaltfeld (<u>Hauptfeld</u>)als auch durch
das <u>Streufeld</u> der induzierten Wicklung hervorgerufen wird,
kann man auch bei der Spannung der Transformation Hauptfeld und Streufeld zusammenziehen und diese mit dem Gesamt-
feld Ψ_d bzw. Ψ_q berechnen.

$$e_{dt} = - \frac{d \Psi_d}{dt}$$

$$e_{qt} = - \frac{d \Psi_q}{dt}$$

Für Ψ_d und Ψ_q gelten dieselben Flußgleichungen, wie sie
bei der Rotationsspannung angegeben wurden.

Die Ausdrücke $L_\sigma \frac{di_d}{dt}$ und $L_\sigma \frac{di_q}{dt}$ entfallen dann in den beiden
Spannungsgleichungen, weil sie nach obenstehender Definition
schon in e_{dt} und e_{qt} einbezogen sind.

Für die vollständige Beschreibung des dynamischen Verhaltens ist noch die <u>Momentengleichung</u> erforderlich und als
Bestandteil derselben die Abhängigkeit des Maschinenmomentes von i_d, i_q, Ψ_d, Ψ_q.
Ganz allgemein kommt das Maschinenmoment durch das Zusammenwirken eines Flusses Ψ_d und eines Stromes i_q
zustande, bzw. durch Ψ_q und i_d

$$m_d = \frac{-e_{d\rho h} \cdot i_q}{2\pi n} = -\Psi_{dh} \cdot i_q \cdot p$$

$$e_{d\rho h} = \Psi_{dh} \cdot \frac{d\alpha}{dt} = 2\pi n \cdot p \cdot \Psi_{dh}$$

$$m_q = +\Psi_{qh} \cdot i_d \cdot p$$

Das Vorzeichen findet man an Hand der Abb. 177a durch
Anwendung der linken Handregel.

Das Moment setzt sich aus zwei Anteilen zusammen:

$$m_M = p \cdot (-\Psi_{dh} \cdot i_q + \Psi_{qh} \cdot i_d)$$

erweitert man um den Ausdruck

$$p \cdot (-L_\sigma \cdot i_d \cdot i_q + L_\sigma \cdot i_d \cdot i_q)$$

ändert sich nichts; man kann aber den Ausdruck mit
Ψ_d und Ψ_q schreiben. Das von der Synchronmaschine erzeugte Moment wird danach:

$$m_M(t) = p \cdot (\Psi_q \cdot i_d - \Psi_d \cdot i_q) \quad \text{(positiv in Drehrichtung)}$$

Die gesamte Momentengleichung lautet:

$$\pm M_{gg} + p \cdot (\Psi_q \cdot i_d - \Psi_d \cdot i_q) - J \cdot \frac{d^2\alpha_M}{dt^2} = 0$$

$$\pm \frac{M_{gg}}{p} + (\Psi_q \cdot i_d - \Psi_d \cdot i_q) - \frac{J}{p^2} \cdot \frac{d^2\alpha}{dt^2} = 0$$

$-M_{gg}$ ... Gegenmoment entgegen der Drehrichtung (Belastung
für Motor)

$+M_{gg}$ ... Gegenmoment in Drehrichtung (Antrieb für Generator).

Zu den beiden Spannungsgleichungen, den beiden Flußgleichungen und der Momentengleichung kommen noch die
Spannungsgleichungen für den <u>Erregerkreis</u> und die <u>Dämpfer-
kreise</u> hinzu:

$$e_f = i_f \cdot R_f + \frac{d \psi_f}{dt}$$

$$0 = i_D \cdot R_D + \frac{d \psi_D}{dt}$$

$$0 = i_Q \cdot R_Q + \frac{d \psi_Q}{dt}$$

weiters die <u>Spannungsgleichung</u> für das <u>Nullsystem</u>:

$$e_0 = i_0 \cdot R_0 + \frac{d \psi_0}{dt}$$

und die <u>Flußgleichungen</u> für die Erregerwicklungs-, Dämpfer-
wicklungs- und Nullflußverkettung:

$$\psi_D = i_d \cdot L_{Dd} + i_D \cdot \underbrace{(L_{DD} + L_{D\sigma})}_{L_D} + i_f \cdot L_{Df}$$

$$\psi_Q = i_q \cdot L_{qQ} + i_Q \cdot (L_{QQ} + L_{Q\sigma})$$

$$\psi_0 = i_0 \cdot L_0$$

Das gesamte transformierte <u>Differentialgleichungssystem</u>
lautet nach dem Vorstehenden <u>zusammengefaßt</u>:

$$e_q = i_d \cdot R + \Psi_q \cdot \frac{d\alpha}{dt} + \frac{d\Psi_d}{dt}$$

$$e_d = i_q \cdot R - \Psi_d \cdot \frac{d\alpha}{dt} + \frac{d\Psi_q}{dt}$$

$$e_f = i_f \cdot R_f + \frac{d\Psi_f}{dt}$$

$$0 = i_D \cdot R_D + \frac{d\Psi_D}{dt}$$

$$0 = i_Q \cdot R_Q + \frac{d\Psi_Q}{dt}$$

$$e_0 = i_0 \cdot R_0 + \frac{d\Psi_0}{dt}$$

$$\Psi_d = i_d \cdot \underbrace{(L_{dd} + L_\sigma)}_{L_d} + i_D \cdot L_{dD} + i_f \cdot L_{fd}$$

$$\Psi_q = i_q \cdot \underbrace{(L_{qq} + L_\sigma)}_{L_q} + i_Q \cdot L_{qQ}$$

$$\Psi_f = i_d \cdot L_{fd} + i_D \cdot L_{fD} + i_f \cdot \underbrace{(L_{ff} + L_{f\sigma})}_{L_f}$$

$$\Psi_D = i_d \cdot L_{Dd} + i_D \cdot \underbrace{(L_{DD} + L_{D\sigma})}_{L_D} + i_f \cdot L_{Df}$$

$$\Psi_Q = i_q \cdot L_{Qq} + i_Q \cdot \underbrace{(L_{QQ} + L_{Q\sigma})}_{L_Q}$$

$$\Psi_0 = i_0 \cdot L_0$$

$$\pm \frac{M_{gg}}{p} = \Psi_q \cdot i_d - \Psi_d \cdot i_q + \frac{J}{p^2}\frac{d^2\alpha}{dt^2}$$

‖In der Literatur ist meist e_d als e_q bezeichnet und‖
‖umgekehrt.‖

Für den dreipoligen Stoßkurzschluß führt die Lösung dieses
Gleichungssystemes mit der Annahme, daß n konstant bleibt,
zu der schon oben angegebenen geschlossenen Beziehung.
Sobald jedoch $\frac{d\alpha}{dt}$ nicht konstant angenommen werden kann,
ist das Gleichungssystem wegen der Produkte in der Momentengleichung nicht linear. Für diese Fälle ist eine Behandlung mit dem Analogrechner angebracht.
Für rasche, näherungsweise Berechnungen genügen in vielen
Fällen vereinfachte Verfahren, wie dies an Hand der nachstehenden Behandlung des Regelverhaltens und der Eigenschwingungszahl der Synchronmaschine gezeigt wird.

Die Stoßbelastung der Synchronmaschine

Ein mit dem des Stoßkurzschlusses sehr verwandtes Problem
ist das der Stoßbelastung. Der Einfluß einer solchen interessiert vor allem wegen des damit verbundenen Spannungs-
einbruches und der Mittel, die zu dessen Ausregelung be-
reitzustellen sind.
Naturgemäß rufen nicht Wirklaststöße die schwersten
Spannungs-Einbrüche hervor, sondern vor allem Blindlaststöße,
da hierbei die Belastungsdurchflutung Θ_1 der Polraderregung Θ_2
genau entgegenwirkt.
Nachstehend soll das Beispiel einer plötzlichen Blindlast-
steigerung auf den doppelten Ausgangswert näher untersucht werden. Als bekannt seien vorausgesetzt:

1. Leerlaufcharakteristik $\frac{E_{1h}}{E_N} = f(I_2')$

2. Kurzschlußcharakteristik $\frac{I_{1k}}{I_{1N}} = f(I_2')$

3. Ständerstreuspannung $E_{1\sigma}$

4. Reduzierte Läuferstreuspannung $E_{2\sigma}' = f(I_2')$

5. Erregerspannung, ungeregelt E_2

Folgende **vereinfachende Annahmen** werden getroffen:

a) Maschine arbeitet im linearen Bereich
b) Subtransiente Vorgänge bleiben außer Betracht
   (keine Dämpferwicklung)
c) Die ohmschen Widerstände seien vernachlässigbar
   klein (kein Abklingen der Übergangsvorgänge)
d) Vollpolmaschine ($X_d = X_q$)

Abb. 180 zeigt die (lineare) Leerlaufkennlinie und das
Potier-Dreieck für den Ausgangszustand (klein; $I_1 = I_a$).
Damit ist auch die stationäre Belastungskennlinie:

$$E = f(I_2') \left| \begin{array}{l} I_1 = I_a \\ n = \text{const.} \end{array} \right.$$

und die Kennlinie der inneren Spannung:

$$E_{1h} = f(I_2') \left| \begin{array}{l} I_1 = I_a \\ n = \text{const.} \end{array} \right.$$

gegeben.

Wird die Maschine nun z.B. plötzlich auf den doppelten
Blindstrom belastet, entspricht dem das verdoppelte
Potier-Dreieck für den stationären Endzustand und eine
entsprechend verschobene (stationäre) Belastungskennlinie:

$$E = f(I_2') \left| \begin{array}{l} I_1 = I_b \\ n = \text{const.} \end{array} \right.$$

bzw.

$$E_{1h} = f(I_2') \left| \begin{array}{l} I_1 = I_b \\ n = \text{const.} \end{array} \right.$$

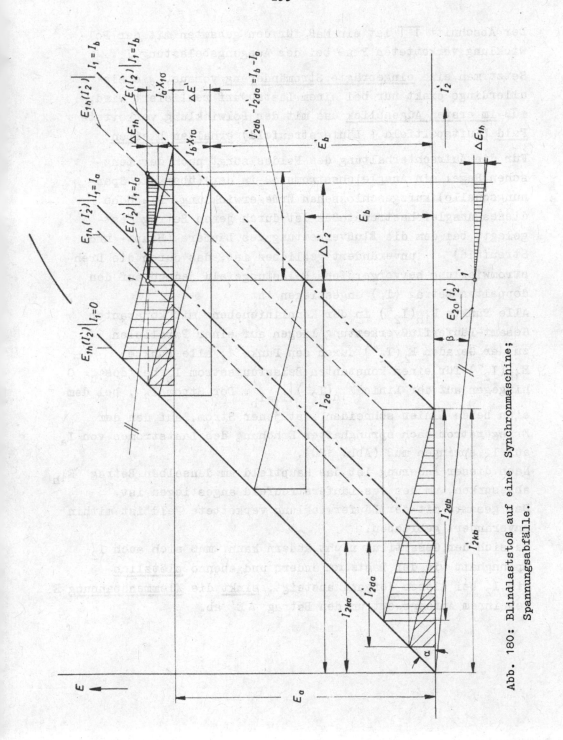

Abb. 180: Blindlaststoß auf eine Synchronmaschine;
Spannungsabfälle.

Der Abschnitt $\overline{1\ 1'}$ ist ein Maß für den gesamten mit der Polwicklung verketteten Fluß bei der Ausgangsbelastung I_a.

Setzt man eine <u>eingeprägte Stromänderung</u> voraus, wie sie
allerdings exakt nur bei einem Lastabwurf realisiert wird,
muß <u>im ersten Augenblick</u> das mit der Polwicklung verkettete
<u>Feld</u> (Luftspaltfeld + Läuferstreufeld) <u>erhalten bleiben</u>.

Für die Aufrechterhaltung des Feldes sorgt nach der Lenzschen Regel ein Ausgleichsstromstoß in der (über die Spannungsquelle) kurzgeschlossenen Erregerwicklung. Die Höhe
dieses Ausgleichsstromstoßes ist durch jenen Betrag festgelegt, bei dem die Flußverkettung des Läufers (Haupt- und
Streufeld)   unverändert geblieben ist, das durch die Drehstromwicklung hervorgerufene Belastungsfeld jedoch auf den
doppelten Betrag (I_b) angestiegen ist.
Alle Punkte $E_{1h}(I_2')$ in der Kennlinienebene mit konstanter
Gesamt-Läuferflußverkettung liegen auf einer Parallelen
zu der Geraden $E_{2\sigma}'(I_2')$ durch den Punkt 1, alle Punkte
$E_{1h}(I_2')$ für einen konstanten Belastungsstrom I_b bei $\cos\varphi_{ü} = 0$
hingegen auf der Linie $E_{1h}(I_2')\big|_{I_1 = I_b}$. Der Strom I_2', bei dem
sich beide Linien schneiden, ist jener Strom, auf den der
Erregerstrom nach sprunghafter Erhöhung des Laststromes von I_a
auf I_b springen muß (Abb. 180).
Nach dieser Änderung ist das Hauptfeld um denselben Betrag E_{1h}
abgesunken, um den das Läuferstreufeld angestiegen ist.
Das gesamte mit der Läuferwicklung verkettete Feld ist mithin
unverändert geblieben.
Da sich der Gesamtfluß nicht ändern kann, muß sich auch I_2'
sprunghaft wie der Laststrom ändern und ebenso <u>plötzlich</u>
wie I_2' bei diesem Vorgang ansteigt, <u>sinkt</u> die <u>Klemmenspannung</u> E
von ihrem Anfangswert um den Betrag $\Delta E'$ ab.

Aus den geometrischen Beziehungen ergibt sich dieser
Spannungssprung $\Delta E'$ gemäß Abb. 180 zu:

$$\Delta E' = (I_b \cdot X_{1\sigma} + \Delta E_{1h}) - I_a \cdot X_{1\sigma} = (I_b - I_a) \cdot X_{1\sigma} + \Delta E_{1h} \;,$$

$$\Delta E_{1h} = I_1 \frac{tg\,\alpha \cdot tg\,\beta}{tg\,\alpha + tg\,\beta} \;,$$

$$\Delta I_1 = (I_b - I_a) = \Delta I'_{2d} = (I'_{2db} - I'_{2da}) \;,$$

wobei I'_{2d} jenen Erregerstromanteil darstellt, welcher zur
Aufhebung von I_1 erforderlich ist; der reduzierte Wert I'_{2d}
ist daher identisch mit I_1.

$$tg\,\alpha = \frac{E_{1h}}{I'_2} = X_{1h}$$

$$tg\,\beta = \frac{E_{2\sigma}}{I'_2} = X'_{2\sigma}$$

Damit ergibt sich:

$$\underline{\Delta E' = \Delta I_1 \cdot \left(X_{1\sigma} + \frac{X_{1h} \cdot X_{2\sigma}}{X_{1h} + X_{2\sigma}} \right) = \Delta I_1 \cdot X'_d}$$

$\Delta E'$ nennt man den transienten Spannungs-Sprung; er kann
auch durch den besten Regler nicht vermieden werden; lediglich die Ausregelzeit läßt sich durch den Regler beeinflussen.

Man entnimmt diesem Ergebnis, daß im ersten Augenblick der
Stoßbelastung ein plötzlicher Spannungs-Einbruch auftritt,
der nicht wie der stationäre Spannungsabfall mit X_d berechnet wird, sondern mit dem viel kleineren Wert X'_d.

Daraus kann gefolgert werden:

1. Für alle <u>raschen Vorgänge</u>, wie Laststöße usw., bestimmt · mit Ausnahme der ersten 100 - 200 ms die <u>Transient-reaktanz das Übergangsverhalten</u> der Maschine einschließ-lich der <u>dynamischen Stabilität</u>.

2. <u>Die Spannungsabsenkung</u> geht ebenso <u>sprunghaft</u> vor sich wie der Blindlaststoß und der Erregerstromsprung.

3. Bei <u>Stabilitätsuntersuchungen</u> kann man so rechnen, als ob die Maschine im ersten Augenblick durch einen zu-sätzlichen Gleichstrom erregt wäre; dem entspricht eine vorübergehende höhere Polradspannung E_{12}^{*} und damit eine <u>vorübergehende höhere Überlastbarkeit</u>:

$$I_{1K} = \frac{E_{12}^{*}}{X_d}$$

(Vollpolmaschine)

Gleichzeitig mit der sprunghaften Spannungsabsenkung <u>springt</u> auch der <u>Erregerstrom</u> vorübergehend auf einen höheren Wert (um $\Delta I_2'$, Abb. 181). Umgekehrt ist es bei einem Lastabwurf, bei dem die Spannung E plötzlich ansteigt und I_2 absinkt.
Von der plötzlich um $\Delta E'$ abgesenkten Spannung sinkt die Spannung weiter mit einer Zeitkonstanten T_{dL}' - die vom   *)
Zustand des Netzes nach dem Stoß abhängt - bis auf den stationären Endwert E_b. Die Größe von T_{dL}' bewegt sich zwischen T_{d0}' (Lastabwurf) und T_d' (unendlich starres Netz).

Abb. 181 zeigt den grundsätzlichen zeitlichen Verlauf der einzelnen Größen bei einer Maschine ohne Regelung.
Liegt eine Regelung vor, wird durch den transienten Spannungs-sprung eine plötzliche Regelabweichung zwischen Soll- und Istwert im Regler bewirkt und damit ein Ansteigen der Er-regerspannung. Die <u>Ausregelzeit</u> hängt wesentlich von der <u>Spannungsreserve der Erregerspannungsquelle</u> ab (Haupter-regermaschine, Erregerstromrichter).

*) Siehe auch Abschnitt 5.6: Reaktanzen und Zeitkonstanten der Synchronmaschine.

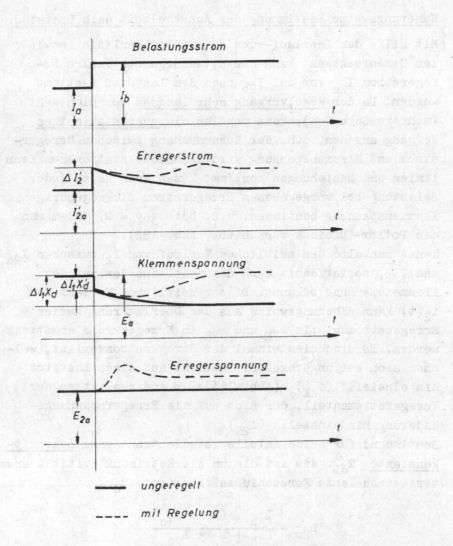

Abb. 181: Verlauf der Ströme und Spannungen
nach einem Blindlaststoß.

Die vorstehenden Ergebnisse haben nur dann Gültigkeit,
wenn die Stromänderung durch eine Konstantstrombelastung
erzwungen wird.

Näherungsweise Bestimmung der Ausregelzeit nach Laststoß

Mit Hilfe der Leerlauf- und Kurzschlußkennlinie sowie
der Streureaktanz kann der notwendige stationäre Erregerstrom I_{2a} vor und I_{2b} nach dem Laststoß bestimmt
werden. Da der Regelvorgang sehr langsam vor sich geht
(mehrere Sekunden), kann man ihn als quasistationären
Vorgang ansehen, d.h., der Zusammenhang zwischen Erregerstrom und Klemmenspannung wird durch die stationären Kennlinien und Beziehungen bestimmt (man kann ja zu jeder
Belastung bei vorgegebenem Erregerstrom die zugehörige
Klemmenspannung bestimmen, z.B. bei $\cos\varphi_{\ddot{u}} = 0$, indem man
das Potier- Dreieck verschiebt, Abb. 182).
Kennt man also den zeitlichen Verlauf von I_2 zwischen I_{2a}
und I_{2b}, so ist damit auch der zeitliche Verlauf der
Klemmenspannung bekannt. Dieser zeitliche Verlauf von
$i_2(t)$ kann näherungsweise aus der Überlagerung zweier
Erregerstromanteile i_{2K} und i_{2R} im Erregerkreis ermittelt
werden. Es sind dies einmal der Erregerstromverlauf, welcher sich bei ungeregelter Maschine auf einen Laststoß
hin einstellt (i_{2K}) (Abb. 183); zum anderen ist es der
Erregerstromanteil, der sich auf die Erregerspannungs-
änderung hin einstellt (i_{2R}).
Bestimmend für beide Anteile ist die transiente Lastzeitkonstante T'_{dL}, das ist die um die Netzinduktivität L erweiterte transiente Kurzschlußzeitkonstante T_d .

$$T'_{dL} = \frac{L'_{2\sigma} + \dfrac{L_{1h} \cdot (L + L_{1\sigma})}{L_{1h} + L + L_{1\sigma}}}{R'_2}$$

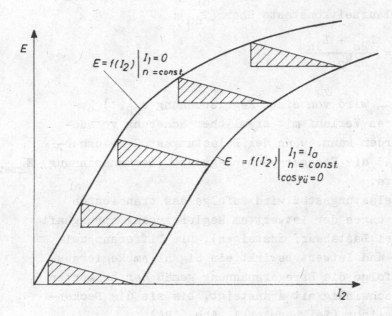

Abb. 182: Belastungskennlinie der Synchronmaschine
bei $\cos\varphi = 0$.

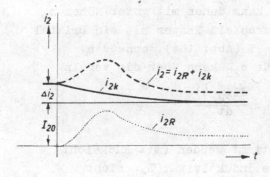

Abb. 183:
Erregerstromverlauf bei
geregelter Synchronma-
schine.

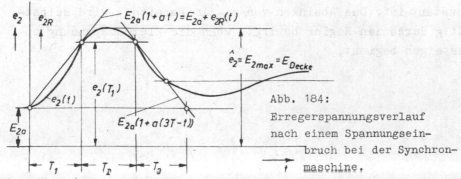

Abb. 184:
Erregerspannungsverlauf
nach einem Spannungsein-
bruch bei der Synchron-
maschine.

Bei einem Lastabwurf ist $L = \infty$. T'_{dL} geht in die transiente Leerlaufzeitkonstante über (T'_{d0}):

$$T'_{d0} = \frac{L'_{2\sigma} + L_{1h}}{R'_2}$$

Der Strom i_{2R} wird von einer Regelspannung $e_{2R}(t)$ getrieben, deren Verlauf mit ziemlicher Näherung vorausbestimmt werden kann, wenn der Belastungsstoß so erheblich ist, daß die Erregerspannungsgrenze (Deckenspannung) E_{2max} erreicht wird.

Bei einem Belastungsstoß wird zufolge des transienten Spannungssprunges der Istwert am Reglereingang sprunghaft absinken (bei Lastabwurf ansteigen). Die Differenz zwischen Soll- und Istwert bewirkt ein Signal am Reglerausgang, demzufolge die Erregerspannung gemäß der bekannten Erregungsgeschwindigkeit a ansteigt, bis sie die Deckenspannung erreicht (Zeitbereich 1, Abb. 184).

Der Verlauf der Erregerspannung ist im wesentlichen eine gedämpfte Sinusschwingung; man kann daher mit guter Näherung die Überschwingungsamplitude durch ein Trapez mit ein Drittel Gegenbasis, d.h. $T_1 = T_2 = T_3 = T$ (Abb. 184), ersetzen. Mit dieser Näherungsfunktion für e_{2R} kann über die vereinfachte Differentialgleichung:

$$e_{2R}(t) = i_{2R} \cdot R_2 + L_{dL} \cdot \frac{di_{2R}(t)}{dt}$$

die Funktion i_{2R} numerisch bestimmt werden (mit Rücksicht auf die Eisensättigung), da die Induktivität L_{dL} nicht konstant ist. Das Absinken von e_{2R} im Bereich 3 wird selbsttätig durch den Regler bewirkt, wenn die Klemmenspannung anzusteigen beginnt.

Für den Zeitbereich T_1 gilt:

$$e_{2R}(t) = E_{2a} \cdot a \cdot t$$

$$a = \frac{1}{T_1} \cdot \left(\frac{e_2(T_1)}{E_{2a}} - 1 \right)$$

$$E_{2a} \cdot a \cdot t = i_{2R} \cdot R_2 + L_{dL} \cdot \frac{di_{2R}}{dt}$$

$$\frac{di_{2R}}{dt} = \frac{E_{2a} \cdot a \cdot t - i_{2R} \cdot R_2}{L_{dL}} = \frac{\Delta E}{L_{dL}}$$

Diese Differentialgleichung, von der sich unter Voraussetzung ungesättigter Verhältnisse (konstantes L_{dL}) ein geschlossenes Ergebnis angeben läßt, kann auch numerisch gelöst werden.

Das auf der folgenden Seite 308 wiedergegebene einfache numerische Verfahren wird in der Praxis durch ein exaktes, wie etwa das Runge - Kutta - Verfahren, zu ersetzen sein. Ersteres wurde nur der besseren Übersichtlichkeit halber gewählt; die dadurch gemachten Fehler dürften bei den großen zu erwartenden Zeitkonstanten nur wenig ins Gewicht fallen.

Den zeitlichen Verlauf des gesamten Erregerstromes $i_2(t)$ erhält man durch Überlagerung von $i_{2R}(t)$ und $i_{2K}(t)$ gemäß Abb. 183.

Nachstehend wird der oben erwähnte numerische Berechnungsgang für einige Schritte wiedergegeben:

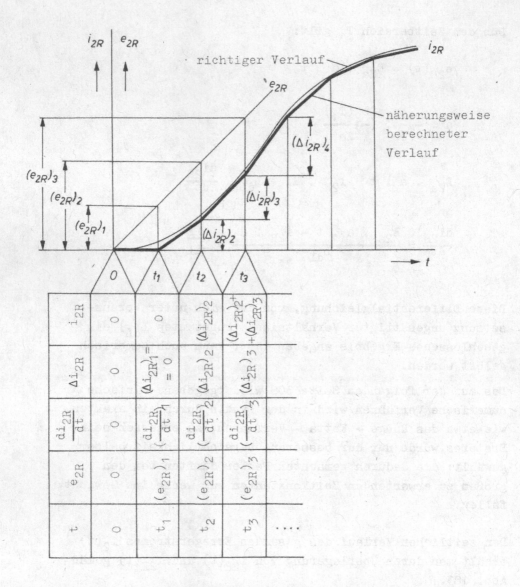

Zu dem zeitlichen Verlauf des Stromes i_2 gehört nach Abb. 181 ein bestimmter Verlauf der Klemmenspannung E.
Bei Sättigung ist L_{dL} von E_{1h} bzw. i_2 abhängig; die Rechentabelle ist demnach durch je eine Kolonne für $i_{2K}(t)$, $i_2(t)$, E_{1h} und $L_{dL} = f(E_{1h})$ zu ergänzen.
Bei der Ermittlung des zeitlichen Verlaufes des Stromes i_{2R} in den weiteren Zeitbereichen hat man analog vorzugehen.

Die Pendelungen der Synchronmaschine

Der Rotor einer Synchronmaschine, die an einem Netz liegt,
benimmt sich bei Laständerungen wie ein Torsionspendel,
das Schwingungen um eine stationäre, synchron umlaufende
Mittellage ausführt. Da er einerseits eine Schwungmasse besitzt und andererseits ein elektrodynamisches
Moment, das in Abhängigkeit von der Winkelauslenkung ϑ zunimmt (Rückstellmoment), stellt er ein schwingungsfähiges Gebilde mit einer Dreheigenfrequenz dar.
Die Schwingungen, die das Polrad relativ zur synchron umlaufenden stationären Mittellage ausführt, werden durch
die linearisierte Schwingungsgleichung beschrieben; bekanntlich ist ein lineares System dadurch gekennzeichnet,
daß man seinen Augenblickszustand aus der Überlagerung des
Stationärzustandes und kleiner dynamischer Abweichungen Δ
bestimmen kann; für diese gilt die Differentialgleichung:

$$ J \cdot \frac{d^2 \Delta \vartheta_M}{dt^2} + C_D \cdot \frac{d \Delta \vartheta_M}{dt} + m \cdot \Delta \vartheta_M = \Delta m $$

darin bedeutet $\Delta \vartheta_M$ eine kleine Abweichung des Polrad-
winkels von seinem Stationärwert ϑ_M.

J das Massenträgheitsmoment

C_D die Dämpfungskonstante

m die "Drehfederkonstante" $\frac{dM}{d\vartheta_M}$, die das elektrodynamische
Rückstellmoment je Einheit von ϑ_M darstellt.

Δm Belastungsmomentensprung, Anregemoment

m kann für langsame Pendelungen dem bekannten Verlauf von
M = f(ϑ) entnommen werden. Abb. 185.

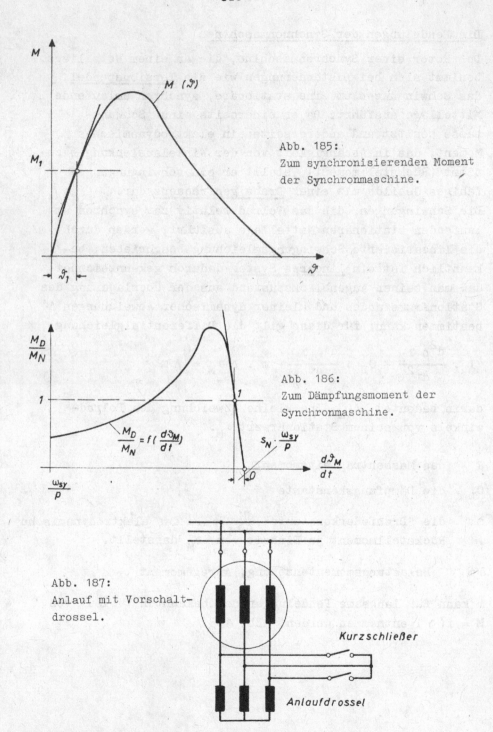

Abb. 185:
Zum synchronisierenden Moment
der Synchronmaschine.

Abb. 186:
Zum Dämpfungsmoment der
Synchronmaschine.

Abb. 187:
Anlauf mit Vorschalt-
drossel.

Zur Vereinfachung des Problemes wird wie üblich die
"Federkonstante" m bei kleinen Schwingungsausschlägen
$\Delta \vartheta_M$ als konstant angenommen (Linearisierung), sodaß man für
dieselbe schreiben kann:

$$m = \frac{dM(\vartheta)}{d\vartheta_M}\bigg|_{\vartheta_1} \quad , \quad \vartheta_M = \frac{\vartheta}{p} \quad ;$$

damit wird

$$m = \frac{d\,M(\vartheta)}{d\,\vartheta_M}\bigg|_{\vartheta_1} = p \cdot \frac{3E}{2\pi \cdot n} \cdot \left(\frac{E_{12}}{X_d} \cdot \cos\vartheta_1 + E \cdot \frac{X_d - X_q}{X_d \cdot X_q} \cdot \cos 2\vartheta_1\right).$$

Man nennt diese "Federkonstante" das <u>synchronisierende</u>
<u>Moment</u> (in Wirklichkeit: Moment je Winkeleinheit) also
jenes"Moment", mit welchem das Polrad auch beim Anlauf
in den Synchronismus gezogen wird.
Die Dämpfungskonstante C_D ist das bremsende Moment, das
die Dämpferwicklung bei einer relativen Winkelgeschwindigkeit $\frac{d\,\vartheta_M}{dt} = 1$ ausübt.

Diese relative Winkelgeschwindigkeit entspricht einer
Schlupfdrehzahl (s . n_{sy})im asynchronen Betrieb, zu
der nach der M - n Kennlinie (asynchron), Abb. 186,
ein bestimmtes Moment gehört.
Auch die Dämpfungskonstante muß linearisiert werden;
im Schlupfbereich s = 0 bis s = s_N gilt:

$$\frac{\dfrac{M_D}{M_N}}{\dfrac{d\,\vartheta_M}{dt}}\bigg|_{s_N} = \frac{1}{s_N \cdot \dfrac{\omega_{sy}}{p}}$$

$$M_D = \frac{d\,\vartheta_M}{dt} \cdot \underbrace{\frac{M_N}{s_N \cdot 2\pi \cdot f/p}}_{C_D}$$

s_N bedeutet den Schlupf bei Nennmoment.

Bringt man die vorstehende Schwingungsgleichung auf
die Normalform, so erhält man:

$$\frac{d^2 \Delta \vartheta_M}{dt^2} + 2 \cdot \underbrace{\frac{C_D}{2.J}}_{2/T_D} \cdot \frac{d \Delta \vartheta_M}{dt} + \underbrace{\frac{m}{J}}_{\omega_e^2} \cdot \Delta \vartheta_M = \frac{\Delta m}{J}$$

Darin ist, wie aus $\omega_e^2 = \frac{m}{J}$

und $\omega_e = 2\pi \cdot f_e$ folgt,

die <u>Dreheigenfrequenz</u>:

$$f_e = \frac{1}{2\pi} \cdot \sqrt{\frac{m}{J}}$$

sowie die <u>Dämpfungszeitkonstante</u>:

$$T_D = \frac{2.J}{C_D}$$

Die Bestimmung des synchronisierenden Momentes m aus der
Abhängigkeit $M = f(\vartheta)$ im stationären Betrieb ist nur
für kleine Relativbewegung zwischen Polrad und Feld und
sehr <u>langsame Vorgänge</u> zulässig.
<u>Bei rascheren Vorgängen erhöht sich das synchronisierende
Moment</u> durch die Ausgleichsströme im Läufer.

Arbeitet die Synchronmaschine auf eine eigene Belastung
(<u>Inselbetrieb</u>), kann ein synchronisierendes Moment nicht in
derselben Weise auftreten, da bei Polradpendelungen auch
die Spannung E pendelt.

Es liegt dann ein stationärer Betrieb vor, dem erzwungene,
gedämpfte Pendelungen überlagert sind.

Die Eigenschwingungszahl der Synchronmaschine im <u>Netz-
betrieb</u> ist vor allem dann genau zu bestimmen, wenn das
<u>Antriebs-</u> bzw. <u>Gegenmoment pulsierend</u> ist, wie es bei
VKM bzw. Kolbenverdichtern zutrifft. <u>Im Resonanzfall</u>
kommt es zu einer Aufschaukelung der Pendelungen, bis
der Kippwinkel überschritten wird und die Maschine außer
Tritt fällt (hiebei braucht die Maschine nicht einmal
belastet zu sein !).
Bei Inselbetrieb sind die Drehzahlschwankungen und die
damit verbundenen Spannungsschwankungen (Flimmern des
Lichtes) störend; außer Tritt kann jedoch die Maschine
nicht fallen.

5.5 Schaltungen der Synchronmaschine

Im Betrieb kann die Ständerwicklung der Synchronmaschine
sowohl in Stern als auch in Dreieck geschaltet sein, so-
ferne nicht ein $\curlywedge/\triangle$ Anlauf mit Hilfe der Dämpferwicklung
vorgesehen ist.

Die Polwicklungen sind meist in Reihe geschaltet, um möglichst kleine Ströme zu erhalten, die man über die Schleifringe zu führen hat.

Der Anlauf der Synchronmaschine erfolgt bei Generatoren von
der Antriebsmaschine her, bei Motoren erfolgt er asynchron
mit Hilfe der Dämpferwicklung. Um den Anlaufstrom dabei in
zulässigen Grenzen zu halten, werden verschiedene Anlaufschaltungen ausgeführt.

Die Anlaufschaltungen für Synchronmotoren werden in gleicher
Weise für Asynchron-Käfigläufermotoren verwendet. Heute werden
allerdings bei starken Netzen schon Motoren mit mehreren
1000 kW direkt eingeschaltet.

Noch härter beansprucht werden die Motoren bei Netzumschal-
tung, bzw. Wiederzuschalten bei nicht abgeklungenem Restfeld,
wobei induzierte Spannung und Netzspannung gleichsinnig auf die
Kurzschlußimpedanz wirken.

In sehr vielen Fällen werden von den Käufern Motoren verlangt, die solchen Beanspruchungen betriebsmäßig gewachsen
sind; ihre Wicklungen müssen besonders versteifte Stirnverbindungen aufweisen.

Folgende Anlaufschaltungen sind gebräuchlich:

1) Vorschaltdrossel (im Sternpunkt) (Abb. 187).
   Der zusätzliche Aufwand besteht aus der Drossel, den
   2 einpoligen Kurzschlußschaltern und den zusätzlichen
   3 Klemmen.

2) Teilspannungs-Anlauf (3 Schaltermethode) (Abb. 188a).
   Der zusätzliche Aufwand besteht in einer Spannungsteiler-
   drossel und zwei dreipoligen Leistungsschaltern.
   Beim Teilspannungsanlauf sinkt das Moment quadratisch mit der verringerten Spannung (kleinerer Strom,
   kleineres Feld).

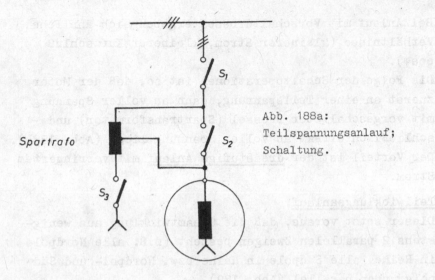

Abb. 188a:
Teilspannungsanlauf;
Schaltung.

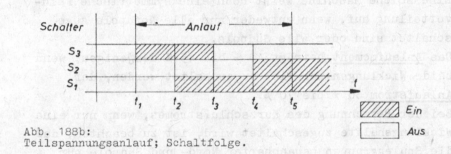

Abb. 188b:
Teilspannungsanlauf; Schaltfolge.

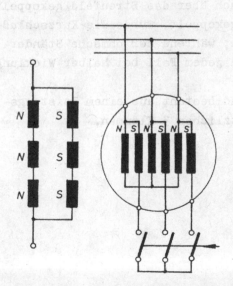

Abb. 189:
Teilwicklungsanlauf.

Bei Anlauf mit Vorschaltdrossel ergeben sich ähnliche
Verhältnisse (kleinerer Strom, kleinerer Kurzschluß
cosφ).

Die Folge der Schaltoperationen ist so, daß der Motor
zuerst an einer Teilspannung, dann an voller Spannung
mit vorgeschalteter Drossel (Spartransformator) und
schließlich direkt an voller Spannung liegt (Abb. 188b).
Der Vorteil ist der dreistufige Anlauf mit verringertem
Strom.

3) Teilwicklungsanlauf.

Dieser setzt voraus, daß die Gesamtwicklung aus wenigstens 2 parallelen Zweigen besteht (z.B. alle Nordpole
in Reihe, alle Südpole in Reihe bzw. Nordpol- und Süd-
polgruppen parallel (Abb. 189).

Eine solche Maschine weist noch eine symmetrische Feldverteilung auf, wenn entweder nur alle Nordpole zugeschaltet sind oder alle Südpole.

Das Anlaufmoment beträgt 40 % bis 45 % desjenigen, wenn
beide Wicklungen parallel zugeschaltet werden, der
Anlaufstrom 60 % bis 70 %.

Bei der Berechnung des Kurzschlußstromes, wenn nur eine
Wicklungshälfte zugeschaltet wird, ist zu beachten, daß
die Spulengruppen benachbarter Nord- und Südpole nur
im Nutbereich magnetisch über das Streufeld gekoppelt
sind. Wären sie voll gekoppelt, würde die Kurzschlußreaktanz gleichbleiben, während der ohmsche Ständer-
wicklungswiderstand in jedem Fall bei halber Wicklung
doppelt so groß wird.

Der zusätzliche Aufwand besteht aus einem Leistungsschalter und den zusätzlichen 3 Klemmen.

4) Stern-Dreieckanlauf ohne Feldunterbrechung.
   (Abb. 190a)
   Da bei gleichzeitigem Bestehen der Stern- und Dreieckverbindungen das Netz kurzgeschlossen sein würde,
   werden die Dreieckverbindungen über 3 Überschaltwiderstände geführt (Schaltfolge siehe Abb. 190b).
   Der zusätzliche Aufwand besteht aus den Überschalt-
   widerständen und 3 dreipoligen Schaltern.
   Das Anlaufmoment bei Sternschaltung beträgt:

$$^{\curlywedge} M_a = \frac{1}{3} \, ^{\triangle} M_a$$

Synchronisation

Diese kann automatisch oder von Hand erfolgen, wobei Gleich-
heit von Spannung, Phasenlage, Phasenfolge und Frequenz erreicht werden muß (Hell- und Dunkelschaltung; Abb. 191).
Bei Drehstrom ist nur die Dunkelschaltung oder die gemischte
Schaltung brauchbar.
Bei der Dunkelschaltung hat man zuerst die Phasenfolge zu
kontrollieren; sie ist richtig, wenn alle 3 Lampen gleichzeitig aufleuchten und verlöschen; sie ist verkehrt, wenn
sie nacheinander aufleuchten und verlöschen. Das Zuschalten erfolgt bei Verlöschen aller Lampen.
Bei der gemischten Schaltung sind die Lampen auf einem
Kreis angeordnet. Durch Kreuzung werden sie von einem
Mit- und Gegenspannungssystem (überlagert) gespeist. Sind
beide Systeme synchron, resultiert aus der Überlagerung ein
einphasiges Speisesystem, bei dem z.B. nur zwei Lampen aufleuchten. Weichen die Frequenzen beider Systeme voneinander
ab, wechseln einander die hellen und dunklen Lampen zyklisch

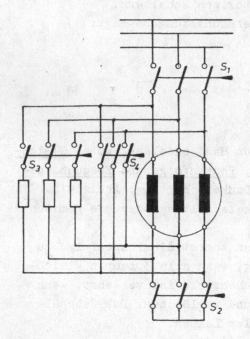

Abb. 190a:
Stern-Dreieckanlauf ohne
Feldunterbrechung;
Schaltung.

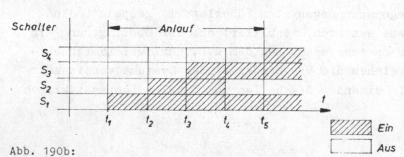

Abb. 190b:
Stern-Dreieckanlauf ohne Feldunterbrechung;
Schaltfolge.

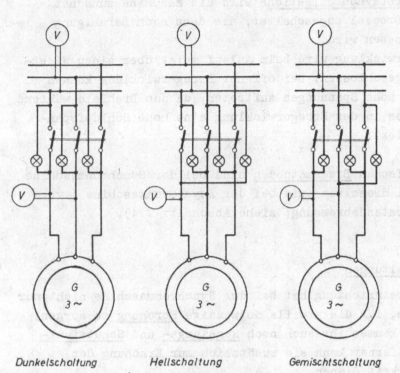

| Dunkelschaltung | Hellschaltung | Gemischtschaltung |

Abb. 191: Synchronisierschaltungen.

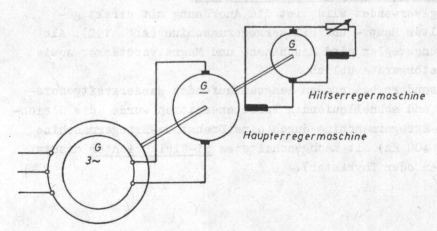

Abb. 192: Erregung der Synchronmaschine über
Haupt- und Hilfserregermaschine.

mit der Schlupffrequenz ab; es entsteht der Eindruck einer
langsamen Drehung der Leuchterscheinung.

Bei der "Grobsynchronisation" wird die Maschine zunächst
über eine Drossel zugeschaltet, die dann nach Beruhigung
kurzgeschlossen wird.

Die Erregerwicklung wird beim Anlauf meist über einen Widerstand kurzgeschlossen; bei offener Erregerwicklung können
unzulässig hohe Spannungen auftreten, da das Drehfeld während
des Anlaufes in der Erregerwicklung eine hohe Schlupfspannung induziert.

Die elektrischen Bremsmethoden sind bei der Synchronmaschine
prinzipiell dieselben wie bei der Asynchronmaschine (vor
allem Widerstandsbremsung; siehe Abschnitt 7.4).

Erregerschaltungen

Die Erregereinrichtung hat bei der Synchronmaschine nicht nur
die Aufgabe, für die jeweils notwendige Erregung zu sorgen,
sondern es kommen ihr auch noch Regelungs- und Schutzfunk-
tionen zu, ferner kann sie zusätzlich zur Erhöhung der
Überlastbarkeit dienen.

Die konventionelle Erregereinrichtung, die auch heute noch
häufig verwendet wird, ist die Anordnung mit direkt ge-
kuppelter Haupt- und Hilfserregermaschine (Abb. 192). Als
Leistungsregler sind Maschinen- und Magnetverstärker sowie
Thyristorgeräte üblich.

Insbesondere bei großen langsamlaufenden Wasserkraftgeneratoren und schnellaufenden Turbogeneratoren wurde die Gleich-
strom-Erregermaschine durch eine Drehstrom-Erregermaschine
(50 - 400 Hz) mit nachgeschaltetem Si-Gleichrichter ersetzt
(Dioden oder Thyristor).

Die Gründe hierfür sind verschiedene. Im erstgenannten Fall
spielen die hohen Kosten der langsamlaufenden Gleichstrommaschine eine ausschlaggebende Rolle, sowie deren große
Feldzeitkonstante, im letztgenannten Fall ist eine direkt-
gekuppelte Gleichstrommaschine bei hohen Leistungen
nicht mehr ausführbar (Turbo).
Ein weiterer Entwicklungsschritt in dem vergangenen Jahrzehnt
war die Ausführung von mitumlaufenden Gleichrichterventilen
(Entfall der Schleifringe). Über 300 MW wird nur mehr
Stromrichtererregung ausgeführt.
Abb. 193 zeigt das Ausführungsbeispiel einer Dioden-Stromrichtererregung. Sie besteht aus einer Haupt- und Hilfserregermaschine, einem Haupt- und einem Erregerstromrichter
mit zugehörigem Überstrom- und Überspannungsschutz. (Durch
Generatorstörungen und Kurzschlüsse können in der Erregerwicklung erhebliche Überspannungen entstehen). Ferner ist
ein Entregungswiderstand und die Regeleinrichtung vorgesehen.
Ausführungen mit Thyristoren, sowie umlaufenden Ventilen
sind in Abb. 194, 195 dargestellt.
Eine häufig (insbesondere bei kleineren Maschinen) ange-
wendete Erregungseinrichtung ist die stromabhängige Erregung nach Dr.Harz (Abb. 196). Bei dieser Anordnung wird
dem Erregerstromrichter ein Strom zugeführt, der wechsel-
stromseitig durch Überlagerung zweier Ströme zustande kommt.

Die Stromüberlagerung erfolgt in einem Stromwandler und
ist nur dadurch möglich, weil der der Spannung proportionale Stromanteil unabhängig von der Belastung durch die
betreffende Wicklung "gedrückt" wird. (Zufolge der Vorschaltdrossel, deren Blindwiderstand etwa das 10-fache
von dem der Erregerwicklung beträgt).
Wie aus Abb. 197 hervorgeht, setzen sich die beiden Strom-
anteile I_1' und I_D' [*] unter demselben Winkel zusammen, wie
E_d und E , so daß sich in der Tat für jede Belastung der

[*] I_1' , I_D' sind die auf die Erregerseite des Stromwandlers
bezogene Größen

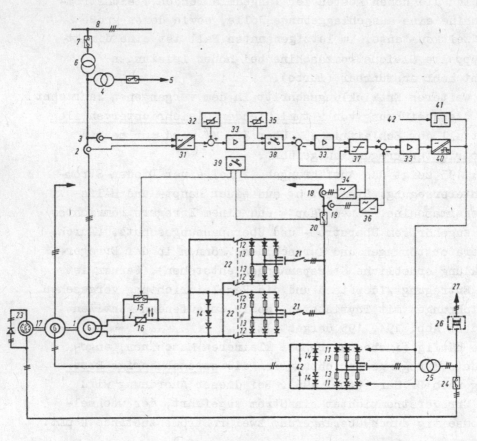

1 Synchrongenerator
2 Generatorstromwandler
3 Generatorspannungswandler
4 Eigenbedarfstransformator
5 Block-Eigenbedarf
6 Maschinentransformator
7 Maschinenschalter
8 Hochspannungsnetz
11 Thyristor
12 Siliziumdiode
13 Spezialsicherung
14 U-Dioden
15 Entregungsschalter
16 stromabhängiger
   Entregungswiderstand

17 Drehstrom-Haupterreger-
   generator
18 Erregerstromwandler
19 Erregerspannungswandler
20 Leistungsschalter
21 Lasttrenner
22 Trennschalter
23 Drehstrom-Hilfserreger-
   generator
24 Schutzschalter
25 Stromrichtertransformator
26 Spannungskonstanthalter
27 Regel- und Steuergeräte
31 Generatorspannungs-Istwert
   mit Blindstromstatik

32 Generatorspannungs-Sollwert
33 Regelverstärker
34 Erregerstrom-Istwert
35 Handsollwert
   (Erregerstrom-Sollwert)
36 Erregerspannungs-Istwert
37 Sollwertbegrenzung
   für Erregerspannungsregler
38 Hand-Automatik-Umschalter
39 Entregungskommando
40 Steuerimpulsstufe
41 Dauerimpuls
42 Überspannungserfassung

Abb. 193: Dioden-Stromrichtererregung.

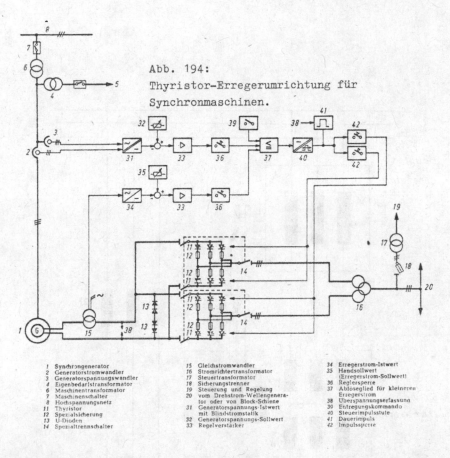

Abb. 194:
Thyristor-Erregerumrichtung für
Synchronmaschinen.

1 Synchrongenerator	15 Gleichstromwandler	34 Erregerstrom-Istwert
2 Generatorstromwandler	16 Stromrichtertransformator	35 Handsollwert
3 Generatorspannungswandler	17 Steuertransformator	(Erregerstrom-Sollwert)
4 Eigenbedarfstransformator	18 Sicherungstrenner	36 Reglersperre
5	19 Steuerung und Regelung	37 Ablöseglied für kleineren
6 Maschinentransformator	20 vom Drehstrom-Wellengenera-	Erregerstrom
7 Maschinenschalter	tor oder von Block-Schiene	38 Überspannungserfassung
8 Hochspannungsnetz	31 Generatorspannungs-Istwert	39 Entregungskommando
11 Thyristor	mit Blindstromstatik	40 Steuerimpulsstufe
12 Spezialsicherung	32 Generatorspannungs-Sollwert	41 Dauerimpuls
13 U-Dioden	33 Regelverstärker	42 Impulssperre
14 Spezialtrennschalter		

Abb. 195: Dioden-Stromrichtererregung mit rotierenden Ventilen.

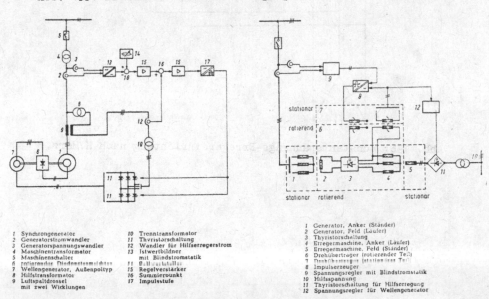

1 Synchrongenerator	10 Trenntransformator	1 Generator, Anker (Ständer)
2 Generatorstromwandler	11 Thyristorschaltung	2 Generator, Feld (Läufer)
3 Generatorspannungswandler	12 Wandler für Hilfserregerstrom	3 Thyristorschaltung
4 Maschinentransformator	13 Istwertbildner	4 Erregermaschine, Anker (Läufer)
5 Maschinenschalter	mit Blindstromstatik	5 Erregermaschine, Feld (Ständer)
6 rotierender Diodenstromrichter	14 Ballaststellen	6 Drehübertrager (rotierender Teil)
7 Wellengenerator, Außenpoltyp	15 Regelverstärker	7 Drehübertrager (stationärer Teil)
8 Hilfstransformator	16 Summierpunkt	8 Impulserzeuger
9 Luftspaltdrossel	17 Impulsstufe	9 Spannungsregler mit Blindstromstatik
mit zwei Wicklungen		10 Hilfsspannung
		11 Thyristorschaltung für Hilfserregung
		12 Spannungsregler für Wellengenerator

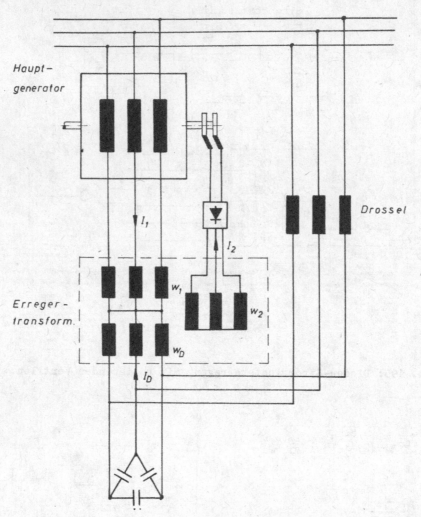

Abb. 196: Konstantspannungs-Erregereinrichtung nach H.Harz.

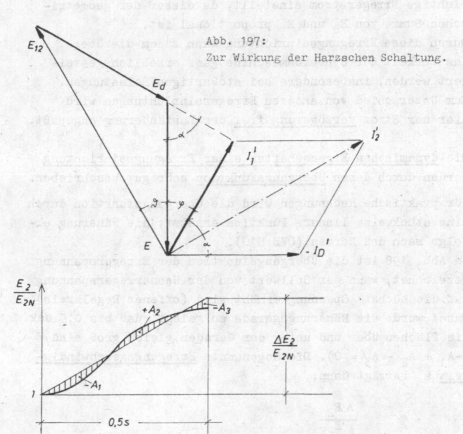

Abb. 197:
Zur Wirkung der Harzschen Schaltung.

Abb. 198: Zur Definition der Erregungsgeschwindigkeit a.

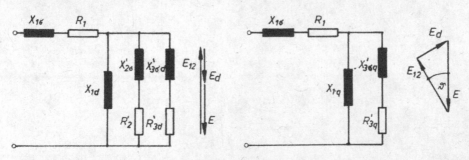

Abb. 199: Zur Definition von $X_d^"$ und $X_q^"$.

richtige Erregerstrom einstellt, da dieser der geometrischen Summe von E_d und E proportional ist.
Durch diese Erregungseinrichtung kann zudem die Überlastbarkeit der Synchronmaschine ganz erheblich gesteigert werden, insbesondere bei stoßartigen Belastungen.
Zum Unterschied von anderen Erregereinrichtungen wird
hier der Strom verzögerungsfrei der Laständerung angepaßt.

Die dynamischen Eigenschaften einer Erregungseinrichtung
werden durch deren Übergangsfunktion sehr gut beschrieben.

Für praktische Rechnungen wird die Übergangsfunktion durch
eine stückweise lineare Funktion ersetzt; die Näherung erfolgt nach den Normen (ÖVE M10).
In Abb. 198 ist die Übergangsfunktion der Erregerspannung
gezeichnet, wenn der Sollwert von der Nennerregerspannung
auf die höchste Spannung erhöht wird (offener Regelkreis).
Dabei wurde die Näherungsgerade so gelegt, daß bis 0,5 sek.
die Flächen über und unter der Geraden gleich groß sind
$(-A_1 + A_2 - A_3 = 0)$. Die sogenannte Erregungsgeschwindigkeit a beträgt dann:

$$a = \frac{\dfrac{\Delta E_2}{E_{2N}}}{0,5}$$

5.6 Reaktanzen der Synchronmaschine

Bezogene Einheiten (per unit)

Die Angabe der verschiedenen Widerstände und Reaktanzen
erfolgt für alle elektrischen Maschinen nicht in Ohmwerten,
sondern in sogenannten bezogenen Einheiten (per unit).
Die bezogene Einheit wird wie folgt definiert:

Widerstand $\qquad\dfrac{\text{Nennspannung/Phase}}{\text{Nennstrom /Phase}} = \dfrac{E_N}{I_N}$

Spannung $\qquad$ Nennspannung E_N

Strom $\qquad$ Nennstrom $\quad I_N$

Leistung $\qquad$ Nennleistung $3\,I_N\,E_N$

Statt beispielsweise bei einer Spannungsangabe die Einheit
1 Volt zu benützen, verwendet man für jede Maschine eine
andere Einheit, nämlich ihre Nenn-Phasenspannung. Bei einem
380 Volt Drehstrommotor bei $\perp$-Schaltung wäre dann die Spannungs-
einheit 220 Volt; die Phasenspannung beträgt 1 p.u.
Die Umrechnung von Ohmwerten auf p.u.-Werte erfolgt beispielsweise bei Widerständen:

$$R^{[p.u.]} = R^{[\Omega]} \cdot \frac{I_N}{E_N} = E_R^{[p.u.]} = P_V^{[p.u.]}$$

Die Angabe eines ohmschen Wicklungswiderstandes in p.u.
ist gleichzeitig der Zahlenwert für den prozentuellen Spannungsabfall durch 100 und der Zahlenwert für die prozentuellen
Stromwärmeverluste durch 100:

$$P_V^{[p.u.]} = \frac{3 \cdot (I_N^{[A]})^2 \cdot R^{[\Omega]}}{3 \cdot I_N \cdot E_N} = R^{[\Omega]} \frac{I_N}{E_N} = R^{[p.u.]} = \frac{E_R}{E_N} = E_R^{[p.u.]}$$

Die Betriebseigenschaften der Synchronmaschine werden
wie bei allen anderen Maschinen vornehmlich durch deren
Widerstände und Reaktanzen, sowie durch ihre Zeitkonstanten
bestimmt. Die Ermittlung dieser Kennwerte gehört somit
zu den wichtigsten Aufgaben des Berechners im Hersteller-
werk.
Die Ableitungen der Berechnungsformeln für die Reaktanzen
und Übersetzungsverhältnisse wurde schon im Abschnitt 3.5
vorweggenommen, da diese Ausdrücke für alle elektrischen
Maschinen Gültigkeit haben. Die Ergebnisse werden nachstehend nocheinmal zusammengefaßt, wobei statt der im
Abschnitt 3.5 angegebenen Induktivitäten hier die Reaktanzen angegeben werden. $(X = 2\pi \cdot f \cdot L)$.

Einphasen-Synchronmaschine; Hauptfeldreaktanz der Einphasenwicklung:

$$X_{1h} = 3,2 \cdot f \cdot (z_{1n} \cdot q_1 \cdot {}^1\xi)^2 \cdot p \, \frac{\tau_p \cdot l_{Fe}}{\delta'''} \cdot \frac{1}{a^2} \cdot 10^{-6}$$

Drehstrom-Synchronmaschine; Hauptfeldreaktanz je Phase
der Drehstromwicklung:

$$X_{1d} = 4,8 \cdot f \cdot (z_{1n} \cdot q_1 \cdot {}^1\xi)^2 \cdot p \, \frac{\tau_p \cdot l_{Fe}}{\delta'''} \cdot \frac{1}{a^2} \cdot c_d \cdot 10^{-6}$$

(Längsfeldreaktanz)

$$X_{1q} = 4,8 \cdot f \cdot (z_{1n} \cdot q_1 \cdot {}^1\xi)^2 \cdot p \, \frac{\tau_p \cdot l_{Fe}}{\delta'''} \cdot \frac{1}{a^2} \cdot c_q \cdot 10^{-6}$$

(Querfeldreaktanz)

Synchronmaschine; Streureaktanz der Drehstrom-, bzw.
Einphasenwicklung:

$$X_{1\sigma} = 15,79 \cdot f \cdot \frac{z_{1n}^2}{a_1^2} \cdot q_1 \cdot p \cdot l_{Fe} \left(\lambda_{1n} \cdot k_s + \lambda_{1z} + \frac{l_{1s}}{l_{Fe}} \cdot q_1 \cdot \lambda_s\right) \cdot 10^{-6}$$

Schenkelpol-Synchronmaschine; Nut-Streureaktanz der Polwicklung

$$X_{2\sigma n} = 15{,}79 \cdot f \cdot \frac{w_2^2}{p} \cdot l_{Fe} \cdot \lambda_{2n} \cdot \frac{1}{a_2^2} \cdot 10^{-6}$$

Der Anteil der Polstreureaktanz durch die stirnseitigen Spulenabschnitte kann bei der Berechnung der Stirnstreureaktanz der Ständerwicklung mitberücksichtigt werden, die für Ständer- und Läuferwicklung meist gemeinsam durchgeführt wird. Etwa 40 % der gemeinsamen Stirnstreureaktanz:

$$X_{\sigma s} = 15{,}79 \cdot f \cdot z_{1n}^2 \cdot \left(\frac{q_1}{a_1}\right)^2 \cdot p \cdot l_{1s} \cdot \lambda_s \cdot 10^{-6}$$

entfallen auf die Läufer-(Pol)wicklung, 60 % auf die Ständerwicklung $(X_{2\sigma s}' \doteq 0{,}4\, X_{\sigma s})$

Synchronmaschine; Streureaktanz der Dämpferwicklung (Nutteil)

Die Streureaktanz der Dämpferwicklung wird vereinfacht so berechnet, als ob die Dämpferstäbe auch bei der Schenkelpolmaschine gleichmäßig am Umfang verteilt wären:

$$X_{3\sigma n} = 15{,}79 \cdot \frac{f}{2p} \cdot l_{Fe} \cdot (\lambda_{3n} + \lambda_{3z}) \cdot 10^{-6}$$

(gilt pro Käfigphase, d.s. p Stäbe parallel).

Der Anteil der Käfigstreureaktanz durch die Stirnverbindungen, d.s. die Ringe, kann ebenfalls aus der gemeinsamen Stirnstreureaktanz entnommen werden:

$$X_{3\sigma s}' \doteq 0{,}4\, X_{\sigma s}$$

Die Übersetzungsverhältnisse werden in Abschnitt 3.5 behandelt (siehe dort).

Die im Abschnitt 5.4 schon erwähnten zusammengesetzten
Reaktanzen und Zeitkonstanten X_d, X_q, X_d', X_d'', X_q'', X_2
(X_2: Inversreaktanz) usw. werden nachstehend wie folgt definiert.

Synchronreaktanz des Längsfeldes:

$$X_d = X_{1d} + X_{1\sigma}$$

(0,8 bis 2,5 p.u.)   (Abb. 175)

Synchronreaktanz des Querfeldes:

$$X_q = X_{1q} + X_{1\sigma}$$

(0,5 bis 1,0 p.u.)   (Abb. 176)

Durch X_d und X_q wird das stationäre Verhalten der Synchronmaschine bestimmt.

Übergangsreaktanz (Transientreaktanz):

$$X_d' = X_{1\sigma} + \frac{X_{1d} \cdot X_{2\sigma}'}{X_{1d} + X_{2\sigma}'}$$

(0,25 bis 0,5 p.u.) Abb. 172)

Diese Reaktanz bestimmt das Übergangsverhalten der Synchronmaschine (mit Ausnahme der ersten 100 bis 200 ns
nach Auftreten der Störung) sowie das Verhalten bei
schnellen Regelvorgängen.

Stoßreaktanz des Längsfeldes (Subtransientreaktanz):

$$X_d'' = X_{1\sigma} + \frac{X_{1d} \cdot X_{2\sigma}' \cdot X_{3\sigma d}'}{X_{1d} \cdot X_{2\sigma}' + X_{1d} \cdot X_{3\sigma d}' + X_{2\sigma}' \cdot X_{3\sigma d}'}$$

(0,15 bis 0,4 p.u.) (Abb. 173)

Stoßreaktanz des Querfeldes:

$$X_q'' = X_{1\sigma} + \frac{X_{1q} \cdot X_{3\sigma q}'}{X_{1q} + X_{3\sigma q}'}$$

(0,12 bis 0,5 p.u.)   (Abb. 174)

Durch X_d'' und X_q'' wird der zeitliche Verlauf der Ströme innerhalb der ersten 100 bis 200 ms nach Auftreten der Störung bestimmt.

Inversreaktanz:

$$X_2 \doteq \frac{X_d'' + X_q''}{2}$$

(0,13 bis 0,45 p.u.)

Durch die Inversreaktanz wird der (inverse) Spannungsabfall durch das inverse Stromsystem bei unsymmetrischer Belastung bestimmt. (Gilt nur für den Fall, daß X_d'' und X_q'' nicht sehr verschieden sind).

Transiente Leerlaufzeitkonstante:

$$T_{do}' = \frac{X_{1d} + X_{2\sigma}'}{2\pi\, f \cdot R_2'}$$

(2 bis 7 sek)   (Abb. 172)

Diese Zeitkonstante bestimmt den zeitlichen Anstieg
des Leerlauferregerstromes beim Zuschalten der Erregerspannung (vorwiegend nach Ablauf der ersten 100 bis
200 ms) und der Klemmenspannung nach einem Lastabwurf.

Transiente Lastzeitkonstante:

$$T'_{dL} = \frac{X'_{2\sigma} + \dfrac{X_{1d} \cdot (X_{1\sigma} + X_L)}{X_{1d} + X_{1\sigma} + X_L}}{2\pi f \cdot R'_2}$$

X_L = Reaktanz des Netzes

Diese Zeitkonstante bestimmt den zeitlichen Verlauf des
Erregerstromes bei Regelung unter Last.

Subtransiente Leerlaufzeitkonstante:

$$T''_{d0} = \frac{X'_{3\sigma d} + \dfrac{X_{1d} \cdot X'_{2\sigma}}{X_{1d} + X'_{2\sigma}}}{2\pi f \cdot R'_{3d}} \qquad \text{(Abb. 173)}$$

Diese Zeitkonstante bestimmt den zeitlichen Anstieg des
Leerlauferregerstromes innerhalb der ersten 100 bis 200 ms
nach dem Zuschalten der Erregergleichspannung.

Transiente Kurzschlußzeitkonstante:

$$T'_d = \frac{X'_{2\sigma} + \dfrac{X_{1d} \cdot X_{1\sigma}}{X_{1d} + X_{1\sigma}}}{2\pi f \cdot R'_2}$$

(0,5 bis 2,5 s)   (Abb. 172)

Sie bestimmt das zeitliche Abklingen des Stoßkurzschluß-
wechselstromes im Zeitbereich von etwa 100 bis 200 ms nach
dem Kurzschluß.

Subtransiente Kurzschlußzeitkonstante:

$$T_d'' = \frac{X_{3\sigma d}' + \dfrac{X_{1d} \cdot X_{1\sigma} \cdot X_{2\sigma}'}{X_{1d} \cdot X_{1\sigma} + X_{1d} \cdot X_{2\sigma}' + X_{1\sigma} \cdot X_{2\sigma}'}}{2 \pi f \cdot R_{3d}'}$$

(0,02 bis 0,1 s)   (Abb. 173)

Durch diese Zeitkonstante wird das Abklingen des Stoß-
kurzschlußwechselstromes innerhalb der ersten 100 bis
200 ms bestimmt.

Zeitkonstante des Gleichstromgliedes:

$$T_1 = \frac{X_2}{2 \pi f \cdot R_1}$$

(ca. 0,05 s)

X_2 . . . Inversreaktanz

Sie bestimmt das Abklingen des Gleichstromgliedes in
der Drehstromwicklung nach einem Stoßkurzschluß.

In den vorstehenden Ausdrücken bedeuten die Indizes
folgende Zugehörigkeiten:

1 ... Drehstromwicklung
2 ... Erregerwicklung   oder Invers-
3 ... Dämpferwicklung
σ ... Streufeld
1d ... Längs-Hauptfeld
d ... Längs-Hauptfeld + Streufeld
1q ... Quer-Hauptfeld
q ... Quer-Hauptfeld + Streufeld

Die vorstehend angegebenen Ausdrücke für die Reaktanzen
und Zeitkonstanten lassen sich jeweils einer bestimmten
Ersatzschaltung zuordnen, die in den Abb. 172 bis 176 dargestellt sind.

Bei der Definition der verschiedenen Reaktanzen wurde der
Einfluß der ohmschen Wicklungswiderstände vernachlässigt.

Bei der Definition der Zeitkonstanten wurde nur jener
ohmsche Widerstand nicht vernachlässigt, der die betreffende Zeitkonstante vorwiegend bestimmt.

Die Betrachtung der Ersatzschaltbilder zeigt deutlich,
daß die Synchronmaschine für fremdfrequente Übergangsvorgänge als Transformator aufzufassen ist (jede sprung-
hafte Änderung kann ja mit Hilfe des Fourierintegrales
als Überlagerung unendlich vieler sinusförmiger Einzelwellen verschiedener fremdfrequenter Frequenzen dargestellt werden).

5.7 Beanspruchungen und Prüfung der Synchronmaschine

Dielektrische Beanspruchungen

Die Untersuchung derselben gehört im wesentlichen zum
Aufgabengebiet der Hochspannungstechnik; ein Buch, das
sich speziell mit Isolationsproblemen bei elektrischen
Maschinen beschäftigt, wurde von H.Meyer verfaßt:
"Isolierung großer elektrischer Maschinen".
Der folgende kurze Abschnitt soll nur auf einige Auf-
gaben in diesem Gebiet hinweisen.

Wicklungen von Synchronmaschinen werden sowohl als
Stabwicklungen (2, 4 oder 6 Leiter je Nut) als auch
als Spulenwicklungen ausgeführt, wobei die Spulen aus
isolierten Drähten gewickelt und dann geformt werden.
Die dielektrische Beanspruchung tritt einerseits zwischen
Spule und Eisenkern (Nut) auf und zwischen Spule und
Spule (Stirnverbindung), wobei insbesondere auf die Phasengrenzen zu achten ist, an denen zwischen den Spulen die
volle verkettete Spannung betriebsmäßig auftritt, und auf
die Nutausgänge, wo sich erhöhte elektrische Feldstärken
einstellen.
Andererseits tritt eine dielektrische Beanspruchung auch
zwischen den Windungen einer Spule auf (Windungsspannung),
die ihrerseits von der Aufteilung Windung und Lage abhängt
(Längs- oder Querwicklung; Abb. 200).
Zu den hochspannungstechnischen Gesichtspunkten bei der
Isolationsbemessung kommen bei Maschinenwicklungen noch
thermische und mechanische Probleme hinzu. Zu den ther-
misch-mechanischen Problemen gehört auch die unterschiedliche Wärmedehnung von Spule und Eisenkern, die insbesondere bei langen Maschinen (Turbogeneratoren) zu einer Be-
schädigung der Nutisolation führen kann.

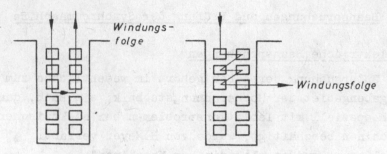

Abb. 200: Längs- und Querwicklung.

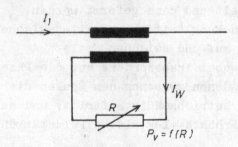

Abb. 201: Ersatzschaltung für Wirbelstromverluste in den
Preßplatten.

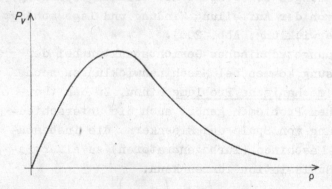

Abb. 202: Zur Abhängigkeit der Wirbelstromverluste in den
Preßplatten.

Zu den mechanischen Problemen gehört die Beanspruchung
der Stirnverbindungen durch Kurzschlußstromkräfte. Auch
der in Nuten gebettete Teil einer Spule wird durch pulsierende magnetische Kräfte zum Nutengrund hin mechanisch
beansprucht.
Die Spulen-Außenisolation besteht aus einer umpreßten
Hülse aus glimmerhältigem Isolationsmaterial, die außen
mit Graphitpapier belegt ist. Dieses hat die Aufgabe,
ein homogenes elektrisches Feld im Bereich der Hülse
sicherzustellen. Dielektrisch besonders gefährdet sind
die Nutenausgänge. Die Auswirkungen der ungleichen Wärmedehnung kann man durch Gleithülsen beherrschen.
Erhöhte Beanspruchungen treten beim Eindringen von Wanderwellen in die Wicklung auf, sie beruhen auf demselben
Effekt, wie er beim Transformator dargelegt wurde.
Beträchtliche Überspannungen können auch bei zweipoligen
Kurzschlüssen und mangelhafter Dämpferwicklung auftreten
(bis zum achtfachen der Nennspannung in der unbeteiligten
Phase); auch nach Vollastabschaltung ist mit einer Span-
nungserhöhung bis zu 50 % zu rechnen.
Die mehrfache Beanspruchung der Isolation bei elektrischen
Maschinen bedingt eine nicht unbeträchtliche Überdimen-
sionierung derselben.

Magnetische Beanspruchung

Die Luftspaltinduktion ist bei der Synchronmaschine wie
bei allen elektrischen Maschinen mit durchschnittlich
1 Tesla begrenzt. Die Beschränkung ist aus dreierlei Gründen notwendig:

    1) Eisensättigung

    2) Eisenverluste

    3) Geräuschbildung.

Die Eisensättigung kann mit Rücksicht auf den Erreger-
aufwand und die Spannungsform nicht beliebig gesteigert
werden. Die höchsten örtlichen Induktionen treten
zwischen den Keilspitzen in den Zähnen auf (bis 2,5 T);
sie bilden eine Gefahr für beginnenden "Eisenbrand"
(durch thermische Zerstörung der Blechisolation).
Grundsätzlich trachtet man, die Luftspaltinduktion so
hoch wie möglich zu treiben, weil damit eine bessere
Ausnützung der Maschine ($\tau_m = \frac{A \cdot B_{max} \cdot \xi}{\sqrt{2}}$) bzw. eine kleinere
Synchronreaktanz X_d Hand in Hand geht.
Im allgemeinen sind die Eisenteile von Synchrongeneratoren
wegen der Spannungsform nicht sehr hoch gesättigt, doch
darf die Kennlinie auch nicht zu weit linear verlaufen,
da sonst die Forderungen bezüglich der Spannungserhöhung
bei Entlastung nicht eingehalten werden können.

Thermische Beanspruchung

Neben den normalen Stromwärmeverlusten in den Wicklungen
und den Eisenverlusten treten bei der Synchronmaschine an
verschiedenen Teilen Wirbelstromverluste auf. In der
Wicklung selbst begegnet man diesen zusätzlichen Verlusten
durch Ausführung von Gitterstäben (siehe Abschnitt 3.6).

Wirbelstromverluste treten auch in den Polschuhen auf;
sie kommen durch die Feldpulsation zufolge der Ständer-
nutung zustande. Aus diesem Grunde müssen die Polschuhe
geblecht werden.
Wirbelstromverluste entstehen ferner auch in den Druckplatten
des Ständerblechpaketes, da sich diese im Bereich des
Stirnstreufeldes befinden. Man kann sie in tragbaren Grenzen halten, wenn man diese Druckplatten aus gut leitendem Material (Bronze) ausführt, oder durch gut leitende
Schirmplatten das Eindringen des Streufeldes in das
schlechter leitende,massive Eisen der Platten verhindert
(nur bei Großmaschinen nötig).

Will man diese Wirbelstromerscheinung richtig verstehen,
so muß man sich vor Augen halten, daß die massive Druckplatte für das Streufeld die Wirkung einer kurzgeschlossenen Sekundärwindung besitzt; die Stirnverbindungen der Wicklung können in Verbindung mit den Druckplatten als
Stromwandler aufgefaßt werden (Abb. 201):
Bestünde die Druckplatte aus nicht leitendem Material,
entspräche dies einem "Stromwandler" ohne Belastung, die
Verluste in der Druckplatte sind Null. Wären hingegen die
Druckplatten unendlich gut leitend, entspräche dies einem
kurzgeschlossenem "Stromwandler"; auch hierbei sind die
Plattenverluste Null.
Es ist nun leicht einzusehen, daß zwischen den beiden gedachten Grenzfällen bei endlicher Leitfähigkeit der Platten,
auch endliche Wirbelstromverluste in diesen auftreten; ihr
Verlauf in Abhängigkeit von dem spezifischen Widerstand
ist in Abb. 202 dargestellt.
Eine weitere Zusatzbeanspruchung durch Wirbelströme tritt
in den massiven Läuferwicklungskappen von Turbogeneratoren
auf, wenn die Maschine unsymmetrisch oder gar einphasig
belastet wird.
Das die Läuferkappen durchsetzende Streufeld wird bei
symmetrischer Belastung synchron mit dem Läufer umlaufen
(Streudrehfeld). Beim Auftreten einer Unsymmetrie hingegen
stellt sich auch ein gegenlaufendes Streufeld ein, das die
Läuferkappen mit 100 Hz induziert und in ihnen Wirbelströme
hervorruft.

Durch die thermische Beanspruchung wird vor allem dem Strombelag in der Maschine eine Grenze gesetzt und damit auch
der Ausnützung ($\tau_m = \frac{A \cdot \xi \cdot B}{\sqrt{2}}$max).Die Ausnützung kann jedoch
durch Wahl einer wärmebeständigeren Isolation gesteigert
werden. Hinweise für die Auswahl geben die Isolationsklassen
in den Vorschriften ÖVE M10.

Die wichtigste Maßnahme zur Leistungssteigerung stellt jedoch ein wirksameres <u>Kühlsystem</u> dar. (Siehe Abschnitt 3.8 und 5.3).

Nicht übersehen darf schließlich auch die <u>Erwärmung</u> der Dämpferwicklung beim asynchronen Hochlauf werden, bzw. bei der Einphasenmaschine, bei welcher die Dämpferwicklung dauernd Strom führt.

Mechanische Beanspruchung der Synchronmaschine

Mechanische Beanspruchungen,mit denen man sich auch beim Entwurf der aktiven Teile und im Betrieb auseinandersetzen muß,sind:

1) Fliehkraftbeanspruchungen
2) Biegewechsel- und Biegeschwingungs-Beanspruchungen
3) Drehschwingungsbeanspruchungen
4) Kurzschlußstromkräfte in der Wicklung.

Die <u>Fliehkraftbeanspruchung</u> ist naturgemäß bei großen, schnellaufenden Maschinen von ausschlaggebender Bedeutung. Konstruktionsteile, die sich an der Oberfläche eines zweipoligen Turbogenerators befinden, werden beispielsweise einer Fliehkraft unterworfen, die das 5000-fache ihres Gewichtes beträgt. Daraus erkennt man die gewaltigen Schwierigkeiten, die die Konstruktion eines Turborotors bietet. Besonders trifft dies für die Befestigung der Stirnverbindungen der Erregerwicklung zu, die durch Wicklungskappen aus unmagnetischem Stahl gehalten werden müssen. Der Rotorballen ist aus Chrom-Nickel-Molybdänstahl mit einer Bruchfestigkeit von nahezu 100 kp/mm^2 geschmiedet. Um sich eine Vorstellung von der Höhe der Fliehkraftbeanspruchung zu machen, kann man diese näherungsweise so bestimmen, daß man sich den Rotorzylinder in zwei Teile geschnitten denkt (Abb. 203). Die Eigenfliehkraft einer Hälfte

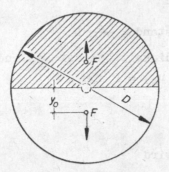

Abb. 203: Zur näherungsweisen Berechnung der Fliehkraftbeanspruchung eines Turborotors.

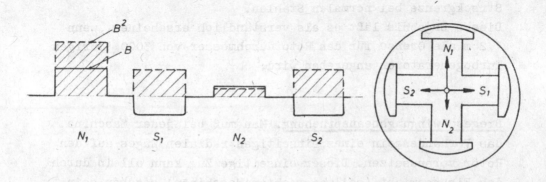

Abb. 204: Bestimmung des einseitig magnetischen Zuges
bei einer Synchronmaschine.

kann dann ersetzt werden durch eine gleichmäßige Zugspannungsverteilung über die gedachte Schnittfläche:

$$F = m \cdot y_0 \cdot \dot{\varphi}^2 = \frac{\gamma}{g} \cdot 1 \cdot \frac{D^2 \cdot \pi}{8} \dot{\varphi}^2 \frac{2}{3\pi} \cdot D = \frac{\gamma}{g} \cdot 1 \cdot \frac{D^3 \cdot \dot{\varphi}^3}{12}$$

y_0 ... Schwerpunktsabstand $= \frac{2}{3\pi} D$

$\dot{\varphi}^2$ ... Winkelgeschwindigkeit bei der Schleuderdrehzahl $(1,25\, n_N) = 2\pi n$

Für D = 1,2 m

$\quad$ n = 62,5 U/s

$\quad$ γ = 78000 N/m^3 $\quad$ wird

$$F = \frac{78000}{9,81 \cdot 12} \cdot 1,2^3 \cdot 392^2 \cdot 1 = 1,76 \cdot 10^8 \cdot 1 \quad N$$

Diese Fliehkraft verteilt sich in Wirklichkeit ungleich auf die Schnittfläche. Die größte Zugspannung tritt an der Mittelbohrung auf, sie beträgt dort etwa das 2,5-fache der mittleren Spannung.

$$\sigma_{max} = \frac{F}{1 \cdot D} \cdot 2,5 = \frac{1,76 \cdot 2,5 \cdot 10^8}{1,2} = 3,66 \cdot 10^8 \, N/m^2$$

Die Spannung liegt also schon in der Größenordnung der Streckgrenze bei normalen Stählen.

Dieses Ergebnis läßt es als verständlich erscheinen, wenn 1,2 m als Grenze für den Rotordurchmesser von 3000 tourigen Turbogeneratoren angegeben wird.

Biegeschwingungsbeanspruchung. Man muß bei jeder Maschine das Vorhandensein eines einseitigen radialen Zuges auf den Rotor voraussetzen. Dieser einseitige Zug kann allein durch das Eigengewicht (bei waagrechten Maschinen) gegeben sein.

Aber auch bei senkrechten Anordnungen ist mit einem einseitigen
magnetischen Zug durch die unvermeidlichen, magnetischen Un-
symmetrien zu rechnen (Exzentrizität). Unter dem Einfluß
dieser einseitigen Zugkräfte wechseln in der Welle an jeder
Stelle des Querschnittes Zug- und Druckspannung im Takte
der Umdrehungsfrequenz. Dieser Wechsel von Zug- und Druckspannung kommt einer Anregung gleich, die eine erzwungene
Schwingung auslösen wird.
Andererseits besitzt jede beidseitig gelagerte Welle eine
Biegeeigenfrequenz, die umso tiefer liegt, je größer der
Lagerabstand und je höher die Wellen- und Rotormasse ist.

Das eigentliche Problem bei den biegekritischen Drehzahlen
ist die Vorausbestimmung der Biegeeigenfrequenz; bei Übereinstimmung von Drehfrequenz und Biegeeigenfrequenz kann
nämlich durch Resonanz eine Schwingungsanfachung eintreten,
die bis zum Bruch der Welle führen kann.
Einfluß auf diese Eigenfrequenzen haben:

> Rotorgewicht
> Wellenmaterial
> Wellendicke
> Lagerabstand
> Lagerart- und Konstruktion.

Für den ersten Entwurf genügt es, wenn man das Problem auf
den allereinfachsten Fall zurückführt, wobei man annimmt,
daß die gesamte Läufermasse in einem Punkt der Welle konzentriert ist und die Wellenmasse in diese konzentrierte
Masse einbezogen ist. Es gilt dann für die sogenannte
kritische Drehzahl erster Ordnung, bei welcher sich Resonanz
einstellt:

$$n_{krit} = 0,5 \cdot \sqrt{\frac{c - c_m}{G}}$$

c ... Federkonstante $c = \dfrac{G}{y}$ N/m

y ... statische Durchbiegung m

c_m ... einseitig magnetische Zugkraft je m Durchbiegung N/m

Sowohl die elastische Rückstellkraft, wie auch der einseitig magnetische Zug sind linearisiert; beide Kräfte wirken einander entgegen:

Die elastische Rückstellkraft sucht die Exzentrizität zu verkleinern, der einseitig magnetische Zug sucht sie zu vergrößern.

Die genaue Berechnung der kritischen Drehzahl ist außerordentlich langwierig, weil meist mehrere Massen auf der Welle sitzen, die Welle selbst abgestuft ist und auch der Einfluß der Lagerung und des Ölfilmes nicht unbeträchtlich sind (vgl. Wiedemann/Kellenberger: Konstruktion elektrischer Maschinen).

Der einseitig magnetische Zug auf den Rotor einer Synchronmaschine, in Abhängigkeit von der Exzentrizität kann entweder mit Hilfe von Näherungsformeln gewonnen werden, oder man bestimmt diese Zugkraft über den Induktionsverlauf entlang des Umfanges bei unsymmetrischem Luftspalt.

Der magnetische Zug je Einheit der Ankeroberfläche läßt sich berechnen zu:

$$p_m = \frac{B^2}{2\,\mu}$$

Die vektorielle Integration über den Umfang ergibt dann den zu der gewählten Exzentrizität gehörigen, einseitig magnetischen Zug, der auf den Rotor ausgeübt wird (Abb. 204).

Die kritische Drehzahl erster Ordnung liegt bei Turbogeneratoren etwa bei der halben Nenndrehzahl. Das Durchlaufen
des kritischen Bereiches stellt sowohl beim Hochlauf wie
auch beim Auslauf eine Gefahr dar, da insbesondere das
Stillsetzen immer so lange dauert, daß sich die Schwingungen zu gefährlicher Höhe aufschaukeln können.

Dreheigenschwingungsbeanspruchung. Bei jeder Generatoranlage,
bei jedem elektrischen Antrieb sitzen mindestens <u>zwei</u>
<u>Schwungmassen</u> in einem bestimmten Abstand auf einer Welle.
Die Welle selbst stellt durch ihre elastischen Eigenschaften eine <u>Torsionsfeder</u> dar, so daß das ganze System ein
schwingungsfähiges Gebilde vorstellt. Als solches besitzt
es auch eine ganz bestimmte mechanische <u>Dreheigenfrequenz</u>,
die bei Momentenpulsationen derselben Frequenz zur Resonanz
führt. Die beiden Schwungmassen führen dabei gegeneinander
Schwingungen aus, die bei Resonanz zu so großen Ausschlägen
führen, daß es zum Bruch der Welle kommt.
Die Anregung zu solchen Resonanzschwingungen kann entweder
vom pulsierenden Gegenmoment (z.B. eines Kolbenkompressors)
her kommen, oder von den pulsierenden Momenten, welche bei
einem Stoßkurzschluß auftreten. Es gilt daher, sowohl die
Dreheigenfrequenz des Systemes, wie auch die mögliche An-
fachungsfrequenz zu bestimmen (zeitlicher Verlauf des Kurz-
schlußdrehmomentes). Ein Ausweichen aus dem Resonanzbereich
ist vor allem durch Veränderung der Schwungmassen möglich.

Kurzschlußkräfte in den Wicklungen. Beim Stoßkurzschluß
können die bei Nennstrom ungefährlichen Stromkräfte
das $(1,8 \cdot \sqrt{2} \cdot \frac{E_N \ p.u.}{x_d^s \ p.u.})^2$-fache derselben erreichen.

Insbesondere an den Phasengrenzen der Stirnverbindungen treten
dann Kräfte auf, welche zur Deformation und Zerstörung der

Wicklung führen können.

<u>Schutzmaßnahmen</u> dagegen sind mehr oder weniger schwere Ver-
steifungen. Bei mehrpoligen Maschinen reichen hierzu meist
Versteifungsringe aus, die mit der Wicklung fest verschnürt
werden (Abb. 205).

SIEMENS
1954

Ständer des Drehstromgenerators PFL 670/47-34 Maithon

Bestell-Nr.
5408
149 Bx

Abb. 205: Verschnürter Versteifungsring um den
Stirnkopf einer Ständerwicklung.

Prüfung der Synchronmaschine

Wie bei allen elektrischen Maschinen und Transformatoren
ist zur Prüfung der Isolationsfestigkeit, die Wicklungs-
und Windungsprüfung vorgesehen, die nach den ÖVE Vorschriften M10/1970 durchzuführen ist.
Andere Prüfungen, die ebenfalls dort definiert werden,
sind die Feststellung des Wirkungsgrades, der Reaktanzen,
der Erwärmung usw..
Wichtig ist auch wie überall der Leerlauf- und Kurzschlußversuch; er liefert die Grundlage für die Bestimmung des
Belastungserregerstromes I_{2N}.
Beim Leerlaufversuch (Abb. 206) wird die drehstromseitig
offene Maschine mit Nenndrehzahl angetrieben und mit verschiedenen Stromwerten I_2 erregt; gleichzeitig wird die
zu jedem Stromwert gehörige Drehspannung E_{1h} sowie die
Antriebsleistung gemessen. Trägt man Ströme und Spannungen
in einem Achsenkreuz auf, ergibt sich eine gesättigte
Kurve - die Leerlaufkennlinie.
Die Antriebsleistung in Abhängigkeit von der Klemmenspannung ergibt den Verlauf der Leerverluste von der Spannung (Abb. 206). Die Leerlaufverluste ihrerseits lassen
sich in zwei Anteile zerlegen: Die spannungsabhängigen
Eisenverluste und die konstanten Reibungsverluste.

Beim Kurzschlußversuch (Abb. 207) wird die drehstromseitig
kurzgeschlossene Maschine mit Nenndrehzahl angetrieben, und
die Polwicklung ebenfalls mit verschiedenen Erregerstrom-
werten gespeist. Zu jedem Erregerstromwert wird gleich-
zeitig der zugehörige Kurzschlußstrom gemessen, ferner die
Antriebsleistung. Trägt man die beiden Ströme in einem
Achsenkreuz auf, ergibt sich eine im wesentlichen lineare
Kurzschlußkennlinie (die Streufelder verlaufen größten-
teils in Luft). Die Antriebsleistung stellt die Summe aus
Reibungsverlusten und Kupferverlusten dar.
Zu den genannten Verlustanteilen sind bei Leerlauf und
Kurzschluß noch die sogenannten Zusatzverluste hinzuzurechnen.

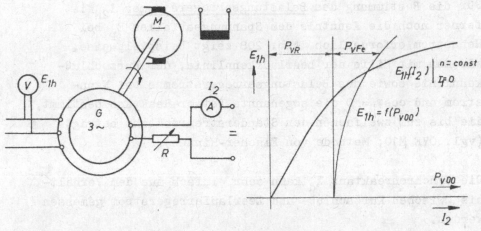

Abb. 206: Leerlaufversuch, Leerlaufkennlinie.

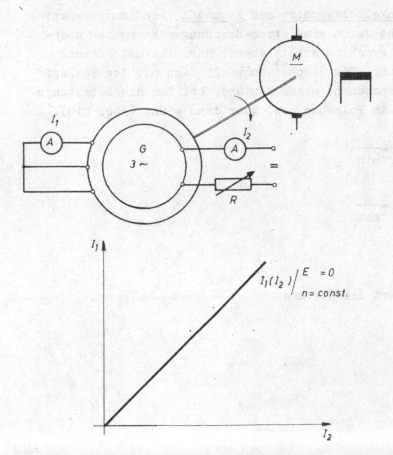

Abb. 207: Kurzschlußversuch; Kurzschlußkennlinie.

Für die Bestimmung des _Belastungserregerstromes_ I_{2N} ist ferner noch die Kenntnis des Spannungsabfalles E_p bei Nennstrom erforderlich. Abb. 208 zeigt beispielsweise, wie man mit Hilfe der Leerlaufkennlinie, der Kurzschluß- kennlinie sowie des Belastungserregerstromes bei Nenn- strom und $\cos\varphi_{ü}= 0$ die sogenannte Potier-Reaktanz bestimmt, die bis zum zweifachen der Ständerstreureaktanz beträgt (vgl. ÖVE M10; Methode von Fischer-Hinnen).

Die Synchronreaktanz X_d kann sehr einfach aus dem Verhält- nis zwischen Kurzschluß- und Leerlauferregerstrom gemessen werden.

$$(\frac{I_{2k}}{I_{20}}) = X_d \quad \text{p.u.} \quad \text{(Abb. 209)}$$

Für die _Schenkelpolmaschine_ muß $\underline{X_d \text{ und } X_q}$ bestimmt werden; dies geschieht durch eine Strom-Spannungsmessung bei uner- regter, fast synchron angetriebener Maschine mit offener Erregerwicklung. Der Strom[*] schwankt dann mit der Schlupf- frequenz entsprechend einem Zustand, bei dem die Belastungs- durchflutung in Polachse bzw. quer dazu wirkt (Abb. 210).

$$X_d = \frac{E}{I_{min}}$$

$$X_q = \frac{E}{I_{max}}$$

[*] Effektivwert des Stromes

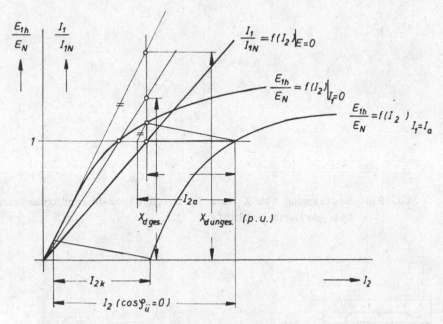

Abb. 208: Bestimmung des Streuspannungsabfalles nach Fischer-Hinnen.

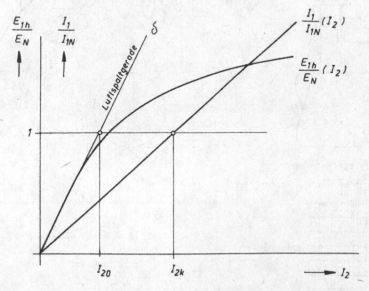

Abb. 209: Bestimmung der Synchronreaktanz aus dem Leerlaufkurzschlußverhältnis.

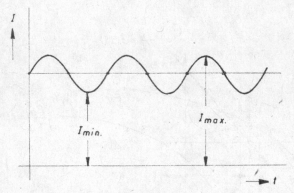

Abb. 210: Bestimmung von X_d und X_q durch Strom-Spannungsmessung
bei geringem Schlupf.

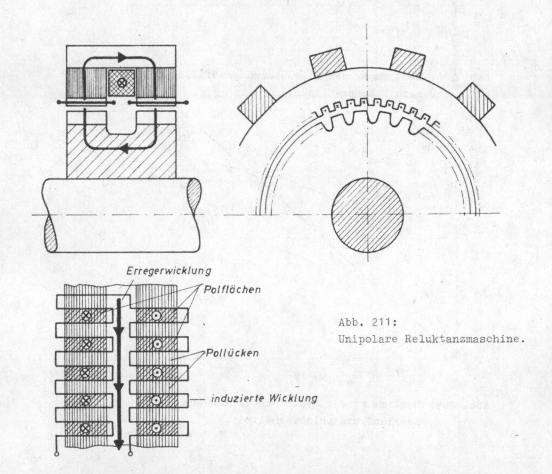

Abb. 211:
Unipolare Reluktanzmaschine.

5.8 Sonderbauarten der Synchronmaschine

Maschinen mit wicklungslosem Läufer

Alle diese Maschinen zählen mehr oder weniger zu den
Synchronmaschinen. Zu unterscheiden sind:

1. Reaktionsmotoren
2. Reluktanzmaschinen
3. Hysteresemotoren
4. Permanentpolmaschinen

Als Reaktionsmotoren bezeichnet man Synchron-Schenkelpolmaschinen, die ohne Gleichstromerregung laufen (zum Unterschied von Reluktanzmotoren), oder andere prinzipiell
ähnliche Bauweisen (vgl. Abschnitt 5.4.1).

Als Reluktanzmaschinen bezeichnet man Maschinen, die eine
(meist ruhende) Gleichstromerregerwicklung besitzen und
deren Wirkungsweise auf der zeitlichen Schwankung des
magnetischen Widerstandes beruht (hervorgerufen durch die
Winkeländerung des Läufers). Als Beispiel für Reluktanzmaschinen wird nachstehend eine unipolare Type mit wicklungslosem Läufer beschrieben. Das Prinzip dieser Maschinen unterscheidet sich wesentlich von dem der Wechselstrommaschinen
üblicher Bauart. Während bei der herkömmlichen Wechselstrommaschine die Spannungserzeugung durch gegenseitige Lageänderung zwischen induzierender und induzierter Wicklung bewirkt
wird, wird bei Reluktanzmotoren die Änderung der Flußverkettung ψ durch mechanisch bewirkte magnetische Widerstands-
schwankungen hervorgerufen (Reluktanzänderung).

Beim Transformator wird die Änderung der Flußverkettung
durch eine zeitliche Änderung der Primärspannung erzwungen.

Bei der konventionellen Wechselstrommaschine wird durch
die Rotordrehung die geometrische Lage der induzierenden
und induzierten Spule gegenseitig zeitlich verändert und
damit die Flußverkettung und Gegeninduktivität.

Bei der Maschine mit wicklungslosem Läufer wird die Gegeninduktivität durch Schwankungen des magnetischen Widerstandes
(Reluktanz) zeitlich verändert.

Im Prinzip erzielt man die zeitliche Reluktanzänderung durch
einen einfachen Zahnläufer, dessen Zahnteilung gleich der
doppelten Polteilung entspricht, wobei die Wicklung beispielsweise wellenförmig ausgebildet ist (Mäanderwicklung)
(Abb. 211). Das Magnetgestell kann dabei nach der Unipolar-
bauart oder nach der Wechselpolbauart ausgebildet sein
(Abb. 212).

Vergleicht man eine Synchronmaschine mit erregtem Polrad
mit einer Reluktanzmaschine bei gleicher maximaler Induktion
B_{max} ergibt sich das Ausnützungsverhältnis gemäß Abb. 213 zu:

$$a = \frac{B_{max} - B_{min}}{2 B_{max}} \quad ;$$

es liegt unter 0,4 (Luftspalt 0,3 mm !).   Unipolar-
Maschinen dieser Art sind deshalb so bestechend, weil sie
mit einem wicklungslosen massiven Rotor und massivem Ständerjoch
ausgeführt und daher bis zu viel höheren Drehzahlen betrieben werden können.

Auf diese Weise kann das Gewicht, das durch die schlechte
Ausnützung übermäßig groß ist, in noch stärkerem Maße
durch Drehzahlerhöhung verringert werden. Ein schon ins
Auge gefaßtes Anwendungsgebiet sind Gasturbogeneratoren
auf Fahrzeugen und Fahrzeugmotoren selbst, die dann über
Umrichter gespeist werden.

Insbesondere für Kleinstmotoren, bei denen die Ausnützung
und der Wirkungsgrad keine so überragende Rolle spielen
und ebenso nicht die Materialkosten, sondern Herstellungs-
kosten und Wartungsfreiheit im Vordergrund stehen, findet
das Prinzip des Hysteresemotors (meist mit Spaltpolerregung)
Anwendung.

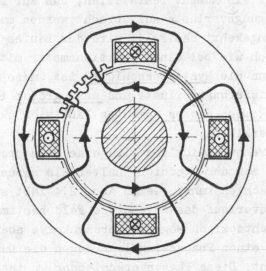

Abb. 212: Heteropolare Reluktanzmaschine.

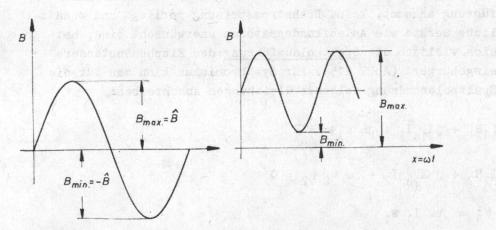

Abb. 213: Zur Ausnutzung von Reluktanzmaschinen.

Dreht man einen wicklungslosen, nutenlosen, feinst lamellierten Rotor in einem Magnetfeld, kann man trotz Wirbel-
stromfreiheit ein Moment feststellen, das zur Deckung der
Ummagnetisierungsverluste aufgebracht werden muß.

Dreht sich umgekehrt das Feld, wird der Läufer durch dieses
Moment ähnlich wie bei einem Reaktionsmotor mitgeschleppt.
Je breiter nun die Hystereseschleife ist, umso größer sind
die Ummagnetisierungsverluste und umso größer ist das Moment.
Das Zustandekommen dieses Momentes läßt sich auf die fol-
gende Weise erklären:

Durch eine Drehstromwicklung wird eine Drehdurchflutung $\Theta(x,t)$
erzeugt, die man der Übersicht halber als sinusförmig erzwungen betrachten kann. Gemäß Abb. 214 läßt sich zu diesem
Durchflutungsverlauf das zugehörige Feld bestimmen, welches
bei einer rechteckigen Magnetisierungskurve ebenfalls rechteckig und um einen Phasenwinkel ψ gegen die Durchflutung
verschoben ist. Diese Phasenverschiebung ψ ist umso größer,
je breiter die Schleife ist. Andererseits ist bekannt, daß
das Drehmoment, welches durch Wechselwirkung zwischen Läuferfeld und Ständerdurchflutung entsteht, umso stärker ist, je
näher dieser Phasenwinkel an 90° liegt.

Da es bei Kleinstmotoren auf eine möglichst einfache Ausführung ankommt, keine Drehstromspeisung vorliegt und zusätzliche Geräte wie Anlaufkondensatoren unerwünscht sind, hat
sich vielfach die Spaltpolausführung des Einphasenständers
eingebürgert (Abb. 215). Für Synchronismus kann man für die
Spaltpolanordnung folgende Gleichungen anschreiben:

$$I_1 R_1 + j X_{1\sigma} I_1 + j\omega\, w_1 \phi = E$$

$$I_2 R_2 + j\, X_{2\sigma}\, I_2 + j\omega\, w_2 \phi_2 = 0$$

$$\phi_1 = \Lambda \cdot I_1\, w_1$$

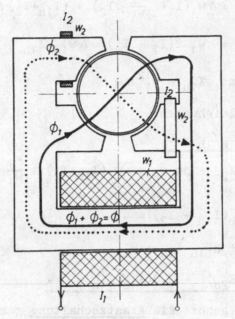

Abb. 215: Spaltpolständer.

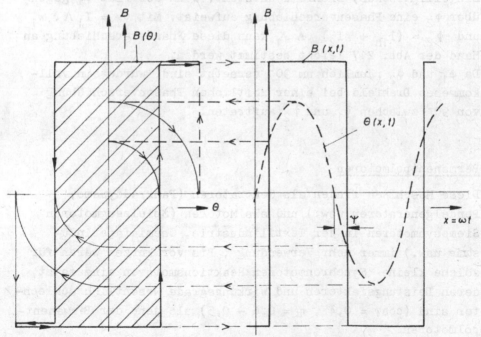

Abb. 214: Zur Momentenbildung beim Hysteresemotor.

$$\phi_2 = \Lambda\,(I_1 w_1 + 2I_2 w_2) = \Lambda\,w_1(I_1 + 2\,\frac{w_2}{w_1}\,.I_2) = (I_{1h}+I_2')\,\Lambda\,w_1$$

$$\phi \;= \Lambda\,(2I_{,}w_1 + 2I_2 w_2) = \Lambda\,w_1\,2(I_1 + I_2') = \Lambda\,w_1\,2I_{1h}$$

Mit $I_{1h} = I_1 + I_2'$ und $X_{1h} = w_1^{\,2}\Lambda\,\omega$

werden die Spannungsgleichungen:

$$\underline{I_1(R_1 + j\,X_{1\sigma}) + 2j\,I_{1h}X_{1h} = E}$$

$$I_2.(\frac{w_2}{w_1}).R_2.(\frac{w_1}{w_2}) + jI_2 X_{2\sigma} + j\omega\,w_2\,.\Lambda\,w_1(I_{1h}+I_2)\,.\,\frac{w_1}{w_1} = 0 \qquad \Big|.\,\frac{w_1}{w_2}$$

$$I_2'\,R_2' + jI_2'\,X_{2\sigma}' + jX_{1h}(I_{1h} + I_2') = 0$$

$$I_2'\big[R_2' + j(X_{1h} + X_{2\sigma}')\big]+ jX_{1h}\,I_{1h} = 0 \qquad\qquad \Big|.\,2$$

$$\underline{I_2'\,.\,2\,\big[R_2' + j(X_{1h} + X_{2\sigma}')\big] + 2\,j\,X_{1h}\,I_{1h} = 0\,.}$$

Zu diesen Gleichungen gehört die Ersatzschaltung gemäß Abb. 216
Ein(elliptisches) Drehfeld entsteht, wenn der Fluß ϕ_1 gegenüber ϕ_2 eine Phasenverschiebung aufweist. Mit $\phi_1 = I_1\,\Lambda.\,w_1$
und $\phi_2 = (I_{1h} + I_2')\,.\Lambda\,w_1$ kann diese Phasenverschiebung an
Hand der Abb. 217 leicht bestimmt werden.
Da ϕ_1 und ϕ_2 räumlich um 90° versetzt sind, würde ein voll-
kommenes Drehfeld bei einer zeitlichen Phasenverschiebung
von 90° zwischen ϕ_1 und ϕ_2 auftreten.

Permanentpolmotoren

Diese Maschinen finden als Generatoren (Fahrraddynamo,
Pendelgeneratoren usw.) und als Motoren (Spielzeugmotoren,
Siemosynmotoren in der Textilindustrie, Chemiefaserindu-
strie usw.) immer mehr Verwendung . Bis vor kurzem waren für
solche kleine Synchronmotoren Reaktionsmotoren eingesetzt,
deren Leistungsfaktoren und Wirkungsgrade wesentlich schlech-
ter sind ($\cos\varphi = 0{,}4$, $\eta = 0{,}6 - 0{,}5$) als jene der Permanent-
polmotoren.

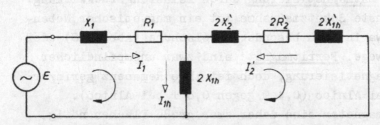

Abb. 216: Ersatzschaltung zu einem Spaltpolständer.

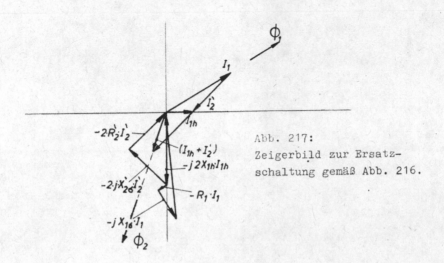

Abb. 217:
Zeigerbild zur Ersatz-
schaltung gemäß Abb. 216.

An Stelle der gleichstromerregten Pole mit Schleifringzu-
führung tritt ein permanentmagnetischer <u>Polschaft</u> aus
<u>Alnico</u> (Al, Ni, Co) oder Strontium-bzw. <u>Bariumferrit</u>
(keramische Ferrite).

Das Hauptproblem bei permanent erregten Maschinen ist die
Gefahr der <u>Entmagnetisierung</u> durch Belastungsrückwirkung.
Die einfachste Schutzmaßnahme ist ein magnetischer Nebenschluß, etwa in Form besonderer Polschuhe (Abb. 218) oder
Sättigungswege. <u>Ferritmagnete</u> sind zwar unempfindlicher
gegen Entmagnetisierung, doch ist ihre Remanenz geringer
als jene bei Alnico (0,4 T gegen 0,8 T bei Alnico).
Bei Ferritmagneten sind daher zwar große Flächen nötig,
dafür können die Höhen klein gehalten werden.
Ein Beispiel für einen solchen Motor ist der Siemosyn-Motor
mit Ferritmagneten (Abb. 219).

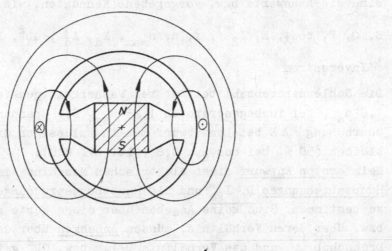

Abb. 218: Streupole zum Schutz von Permanentpolläufern.

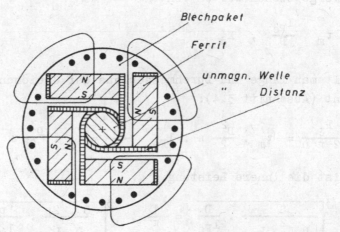

Blechpaket

Ferrit

unmagn. Welle
" Distanz

Abb. 219: Siemosynmotor.

5.9 Entwurf der Synchronmaschine

Die Angaben, die für den Entwurf zur Verfügung stehen, sind die Nennwerte bzw. vorgegebene Kenndaten, wie:

S, Q, E, $\cos\varphi$, E, I_2*$^{)}$, f, n, n_{max}, X_d, X_d'' , GD^2, E_2

*$^{)}$Inversstrom

Die Schleuderdrehzahl beträgt bei Wasserkraftgeneratoren 1,8 n_{sy}, bei Turbogeneratoren 1,25 n_{sy}. Die Spannungsüberhöhung ΔE bei Lastabwurf muß in zulässigen Grenzen bleiben (50 %, bei $\cos\varphi_{\ddot{u}} = 0,8$, lt. ÖVE M10).
Beim ersten Entwurf einer elektrischen Maschine sind die Hauptabmessungen D, l_{Fe} und die Hauptbeanspruchungen $^1B_{max}$, A zu bestimmen. Sind keine Angaben über diese Werte gemacht bzw. über deren Verhältnis, müssen Annahmen über den Drehschub τ_m und das Verhältnis D/l_{Fe} bzw. GD^2 getroffen werden. Angaben über das GD^2 werden häufig vom Turbinenbauer gemacht (wegen der Regelung usw.). Ferner ist eine Angabe von X_d'' erforderlich, da durch die Subtransientreaktanz der Maximalwert des Stoßkurzschlußstromes bestimmt wird. Bei vorgegebenen Werten von

$$ \tau_m \ , \ \frac{l_{Fe}}{D} \ , \ X_d'' $$

erhält man Länge und Durchmesser aus der Gleichung für das Moment (Abschnitt 3.4):

$$ M = \frac{P_\delta}{2\pi n} = \tau_m \cdot \frac{D^2}{2} \pi \cdot l_{Fe} \cdot \frac{D}{D} = \tau_m \cdot \frac{D^3}{2} \pi \cdot \frac{l_{Fe}}{D} \quad ; $$

P_δ ist die innere Leistung.

$$ D = \sqrt[3]{\frac{S}{n\pi^2 \cdot \tau_m} \cdot \frac{D}{l_{Fe}}} = \frac{1}{\pi} \cdot \sqrt[3]{\frac{S \cdot 2p}{n \cdot \tau_m} \cdot \frac{\tau_p}{l_{Fe}}} \ , $$

da M das höchstmögliche Moment ist, wenn $P \doteq S$.

Nach Kenntnis der Hauptabmessungen D und l_{Fe} können die Hauptbeanspruchungen $^1B_{max}$ und A bestimmt werden. Hierzu benötigt man außer der Beziehung:

$$\tau_m = \frac{A \cdot {}^1B_{max} \cdot {}^1\xi_1}{\sqrt{2}}$$

eine weitere Gleichung für A und $^1B_{max}$, die aus der Vorgabe von X_d'' gegeben ist:

Mit

$$X_d'' = \frac{E_d'}{I_1} = f(X_{1\sigma}, X_{1h}, X_{2\sigma}', X_{3\sigma}') \doteq (\text{const}) \cdot X_{1\sigma s}$$

wird der subtransiente, auf die Nennspannung bezogene Spannungsabfall bei Nennstrom

$$\frac{E_d'}{E} = \frac{I_{1N}}{E} \cdot X_d'' = \frac{I_{1N} \cdot 15{,}79 \cdot f \cdot q_1^2 \cdot z_{1n}^2 \cdot p \cdot l_s \cdot \lambda_s \cdot C \cdot 10^{-6}}{4{,}44 \cdot f \cdot z_{1n} \cdot q_1 \cdot p \cdot {}^1\xi_1 \cdot l_{Fe} \cdot \frac{\pi D}{2p} \cdot \frac{2}{\pi} \cdot {}^1B_{max}},$$

$$\frac{I_{1N}}{E} \cdot X_d'' = k_\sigma \cdot \frac{A}{{}^1B_{max}} = X_d'' \text{ p.u.} \quad , \text{ wobei}$$

$$k_\sigma = \frac{15{,}79 \cdot 10^{-6} \cdot \pi \cdot C \cdot \lambda_s \cdot l_s}{4{,}44 \cdot 2m \cdot {}^1\xi_1 \cdot l_{Fe}}$$

eine Konstante bedeutet (ca. $4 \cdot 10^{-6} \frac{V \cdot s}{A \cdot m}$)

und der Strombelag $A = \frac{I_{1N} \cdot z_{1n} \cdot q_1 \cdot p \cdot 2m}{\pi \cdot D}$ ist.

Aus beiden Gleichungen für τ_m und X_d'' folgt:

$$^1B_{max} = \sqrt{\frac{\tau_m \cdot \sqrt{2} \cdot k_\sigma}{X_d'' \text{ p.u.} \cdot {}^1\xi_1}} \quad ; \quad A = \sqrt{\frac{\tau_m \cdot X_d'' \text{ p.u.} \cdot \sqrt{2}}{k_\sigma \cdot {}^1\xi}}$$

Die Subtransientreaktanz X_d'' beträgt in bezogenenen Einheiten ca. 0,2 p.u..

$^1\xi_1$ kann mit ca. 0,92 geschätzt werden

$^1B_{max}$ ... Grundwelleninduktion an der Bohrungsoberfläche

Vereinfachte Berechnung des magnetischen Kreises

Mit der Induktion ^1B ist die Grundwelleninduktion an der Bohrungsoberfläche gemeint, die aus dem Feldbild gewonnen werden kann.

Das Verfahren, welches bei der Magnetkreisberechnung in Abschnitt 3.1 dargelegt wurde, führt zunächst nur auf die Induktionsverteilung entlang der Äquipotentialfläche durch die Luftspaltmitte. Für die Spannungserzeugung ist jedoch die Induktionsverteilung an der Stelle maßgebend, wo die Spannung tatsächlich induziert wird, nämlich am Bohrungsumfang, wo auch die induzierte Wicklung verteilt ist.

Um aus der Induktionsverteilung entlang der Äquipotentialfläche B_δ jene an der Bohrungsoberfläche (B) zu erhalten, muß die erstgenannte (B_δ) auf die Bohrungsoberfläche reduziert werden.

Es verhält sich B zu B_δ wie die Kraftröhrenbreite in Luftspaltmitte zur Kraftröhrenbreite an der Bohrungsoberfläche:

$$\frac{B}{B_\delta} = \frac{b_\delta}{b}$$

In Abb. 11 wurde diese Reduktion durchgeführt und gleichzeitig der zu jedem B – Wert gehörige fiktive Luftspalt $\delta(x)$ bestimmt. Mit diesem fiktiven Luftspalt hat man nun die magnetischen Luftspaltwiderstände für das magnetische Netzwerk (Abschn. 3.1) zu ermitteln. In der neutralen Achse ist $\delta(\tau_{p/2})$ und $R_{m\delta}$ unendlich groß.

Für einfache <u>Handrechnungen</u> kann man das in Abschnitt 3.1
gezeigte Verfahren mit Hilfe des magnetischen Netzwerkes
durch ein vereinfachtes Verfahren ersetzen, bei dem man
mit der sogenannten <u>Luftspalt-Zähnecharakteristik</u> arbeitet.

Bei diesem Verfahren wird vereinfachend angenommen, daß die
Induktionsverteilung an der Bohrungsoberfläche allein durch
den magnetischen Widerstand des Luftspaltes und der Zähne
bestimmt wird. Es ist hierzu die Abhängigkeit der magnetischen Spannung V_z als Funktion von B zu ermitteln und in
einem Achsenkreuz gemäß Abb. 220 aufzutragen (vgl. Abschnitt 3.1).
In demselben Achsenkreuz trägt man auch die Geraden $V_\delta = f(B)$
für verschiedene Stellen des Umfanges ($\delta(x)$) (siehe oben)
auf und fügt beide Charakteristiken zu der Luftspalt-
Zähnecharakteristik $V_{\delta z} = f(B)$ zusammen.

In Verlängerung der V-Achse hat man gleichzeitig eine ab-
gerollte Polteilung an der Bohrungsoberfläche aufzutragen
und jene Stellen einzuzeichnen, für die die Charakteristiken
$V_\delta(B)$ gezeichnet wurden (Abb. 220).
Unter der Annahme, daß $V_{\delta z}$ über die Polteilung (bei Leerlauf) konstant ist, kann man verschiedene Werte von $V_{\delta z}$ wählen
und die zugehörigen Werte von B an den betreffenden Stellen
des Umfanges bestimmen (Abb. 220). Durch die gewonnenen
B - Punkte entlang der Polteilung läßt sich daraufhin die
Kurve der Induktionsverteilung zeichnen; die Grundwellenamplitude derselben ist dann das zu einem gewählten Wert $V_{\delta z}$
gehörige $^1B_{max}$.
Geht man mit diesen Werten wieder in das Kennlinienfeld
zurück, erhält man die Abhängigkeit $V_{\delta z} = f(^1B_{max})$ <u>Dasselbe</u>
kann man <u>für den Mittelwert B</u>$_m$ ausführen.

Der letzte Schritt ist die Ermittlung der Abhängigkeit der
magnetischen Spannung für die Joche und den Polschaft in

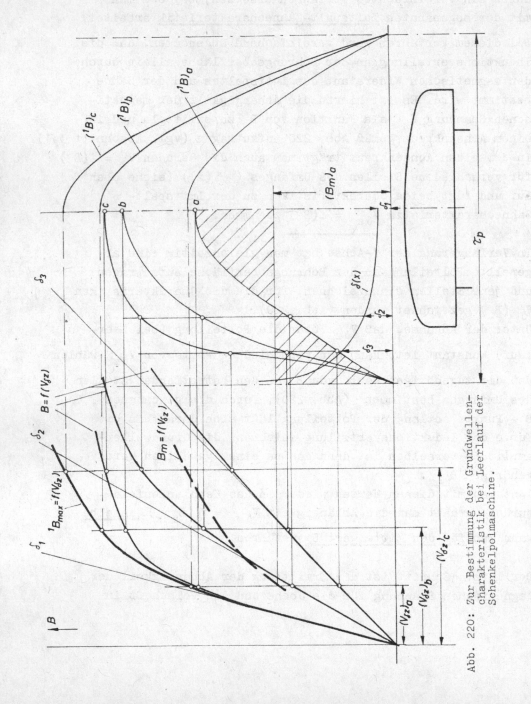

Abb. 220: Zur Bestimmung der Grundwellencharakteristik bei Leerlauf der
Schenkelpolmaschine.

Funktion von $^1B_{max}$

$$(V_{1j} + V_{2j}) = f(^1B_{max})$$

$$V_p = f(^1B_{max})$$

Da auch die Ständerjochinduktion entlang der Polteilung annähernd sinusförmig verteilt ist, muß die magnetische Jochspannung V_{1j} gemäß Abb. 221 durch graphische Integration bestimmt werden. Mit Ausnahme von Turbogeneratoren ist der AW-Aufwand für das Läuferjoch meist vernachlässigbar klein.

Die <u>Induktionsverteilung</u> im <u>Ständerjoch</u> kann mit guter Näherung aus der Induktionsverteilung B entlang des Bohrungsumfanges gewonnen werden (Abb. 221):

$$B_{1j} = \frac{\phi_{1j}}{l_{Fe} \cdot k_{Fe} \cdot h_{1j}} = f(\alpha) \longrightarrow H_{1j} = f(\alpha)$$

$$\phi_{1j} = \frac{D}{2} \cdot l_{Fe} \cdot \int_0^\alpha B(\alpha) \cdot d\alpha = f(\alpha)$$

$$0 \leqq \alpha \leqq \frac{\pi}{2p}$$

Durch Integration von H_{1j} entlang des mittleren Jochumfanges erhält man die magnetische Spannung

$$V_{1j} = \frac{D_{jm}}{2} \cdot \int_0^{\pi/2p} H_{1j}(\alpha) \, d\alpha$$

D ... Durchmesser des aktiven Teiles[*]

D_{jm} ... mittlerer Jochdurchmesser

h_{1j} ... Jochhöhe

α ... Winkel am Umfang

[*]Bohrungsdurchmesser D_i bei einer Innenpolmaschine bzw. Läuferdurchmesser d_a bei einer Außenpolmaschine.

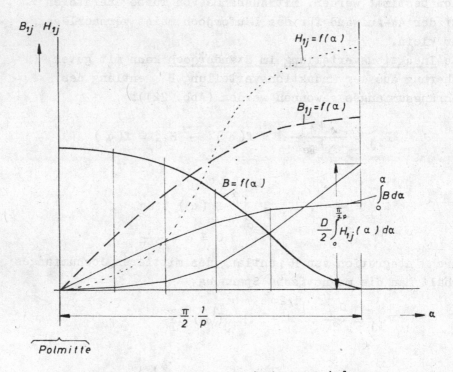

Abb. 221: Zur Bestimmung der Jochamperewindungen.

Führt man die Konstruktion gemäß Abb. 221 für mehrere
B - Verteilungen (wenigstens drei) durch, so erhält man
eine Abhängigkeit:

$$V_{1j} = f(^1B_{max}) \quad bzw.$$

$$V_{1j} = f(B_m)$$

Fügt man V_{1j} zur <u>Luftspaltzähnecharakteristik</u> hinzu, so
erhält man die erweiterte Charakteristik:

$$V_{\delta zj} = f(^1B_{max}) \quad bzw.$$

$$V_{\delta zj} = f(B_m) \hspace{3cm} (Abb. 222a)$$

Am umständlichsten ist der <u>Erregeraufwand</u> V_p für den
<u>Polschenkel</u> zu bestimmen, weil dieser zusätzlich durch
den Polstreufluß gesättigt wird. Dieser Polstreufluß ist
nicht nur eine Funktion des Hauptfeldes und damit der
inneren Maschinenspannung, sondern auch eine Funktion der
Belastung. Der Erregerstrom, der diesen Streufluß hervorruft, setzt sich ja aus zwei Anteilen zusammen, ein Anteil,
der das eigentliche Hauptfeld erregt, und ein Anteil, der
zur Aufhebung der Belastungsdurchflutung aufgebracht werden
muß ($I_{2\sigma}$ und I_{2d} ; vgl. auch Seite 254)
Die Ermittlung des Polstreuflusses kann über das Feldbild
erfolgen, doch genügt in den meisten Fällen die Annahme
(Schätzung) eines Prozentsatzes:

$$\phi_{2\sigma} \doteq 0,1 \cdot \phi_h \text{ (Leerlauf bzw. } 0,25 \ \phi_h \text{ (bei Last)}$$

worin $\phi_{2\sigma}$ der Polstreufluß bei Leerlauferregung auf
Nennspannung ist und $\underline{\phi_h}$ der Nenn-Leerlauffluß.

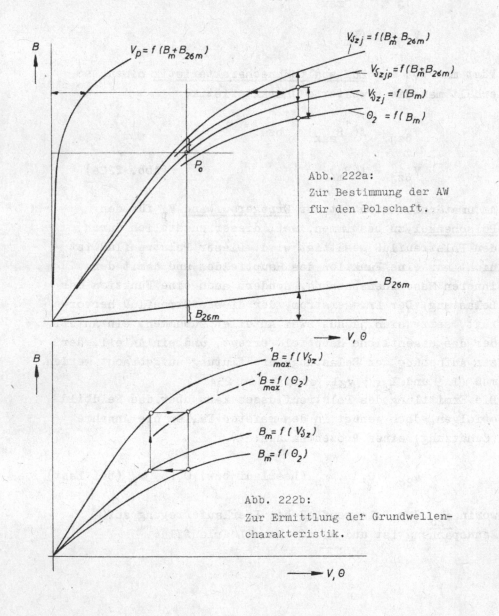

Abb. 222a:
Zur Bestimmung der AW
für den Polschaft.

Abb. 222b:
Zur Ermittlung der Grundwellencharakteristik.

Fügt man den Werten B_m in der Charakteristik

$$V_{\delta zj} = f(B_m) \qquad\qquad \text{Abb. 222a)}$$

die Werte von $B_{2\sigma m} = \dfrac{\Phi_{2\sigma}}{l_{Fe} \cdot \tau_p}$ an, so bekommt man die Charakteristik:

$$\underline{V_{\delta zj} = f(B_m + B_{2\sigma m})}$$

Desweiteren ist nun der Amperewindungsaufwand für den Polschaft in Abhängigkeit vom Polfluß ($l_{Fe} \cdot \tau_p \cdot [B_m + B_{2\sigma m}]$) zu ermitteln und in Abb. 222a zu V_{zj} hinzuzufügen:

$$\underline{V_p = f(B_m + B_{2\sigma m})}$$

Die Summe der beiden Charakteristiken:

$$(V_{\delta zj} + V_p) = f(B_m + B_{2\sigma m}) = \Theta_2 = V_{\delta zjp}$$

ergibt den gesamten AW-Aufwand in Abhängigkeit vom <u>Polfluß</u>.

Zieht man von diesem den Läuferstreufluß $\Phi_{2\sigma}(B_{2\sigma m})$ wieder ab, so erhält man schließlich die Charakteristik:

$$\Theta_2 = V_{\delta zjp} = f(B_m)$$

Mit der Charakteristik B_m (und nicht mit ${}^1B_{max}$) müßte gearbeitet werden, weil nur B_m ein Maß für den tatsächlichen Fluß darstellt.

Die Abhängigkeit $\Theta_2 = f({}^1B_{max})$ erhält man schließlich gemäß Abb. 222b.

Über die Zusammenhänge:

$$\Theta_2 = I_2 \cdot w_{2p} \qquad \text{und}$$

$$^1E_{1h} = 4,44 \cdot f \cdot z_{1n} \cdot q_1 \cdot p \cdot {^1\xi_1} \cdot {^1\hat{\phi}} \qquad \text{sowie}$$

$$^1\hat{\phi} = \frac{2}{\pi} \cdot {^1B_{max}} \cdot l_{Fe} \cdot \tau_p$$

findet man schließlich die <u>Leerlaufcharakteristik</u>:

$$\underline{^1E_{1h} = f(I_2)} \quad \Big| \quad (I_1 = 0) \text{ bzw. die Magnetcharakteristik:}$$

$$^1E_{1h} = f(I_{2h}) \Big|_{I_1 = I_N}$$

Der nächste Entwurfsschritt ist die <u>Bestimmung der Wicklung</u>.
Mit

$$^1\phi_h = \frac{2}{\pi} \cdot {^1B_{max}} \cdot l_{Fe} \cdot \tau_p$$

wird

$$w_1 = \frac{E}{4,44 \cdot f \cdot {^1\xi_1} \cdot {^1\hat{\phi}_h}} = z_{1n} \cdot q_1 \cdot p \cdot \frac{1}{a}$$
(Windungszahl pro Phase)

Die Nutenzahl wird zunächst ungefähr aus der Nutteilung
und Bohrungsdurchmesser bestimmt; je nach Maschinengröße,
Spannung und Drehzahl liegt die Nutteilung zwischen 30 und
60 mm (100 - 100000 kW).
Mit der vorgegebenen Windungszahl pro Phase ist dann die
genaue Nutenzahl für eine Ganzloch- oder Bruchlochwicklung
zu bestimmen. Richtwerte für Stromdichte, Induktion, Strombelag usw. finden sich in der nachstehenden Tabelle I.

Zu prüfen ist auch die <u>kritische Leiterhöhe</u>.
Der folgende Schritt ist die <u>Berechnung der Ständerstreu-</u>
<u>reaktanz</u> mit der bekannten Formel (Abschnitt 3.5; 5.6),
(Umrechnung in bezogene Einheiten; ca. 0,15 - 0,25) und
die <u>Berechnung von X_d</u>.

Als nächstes wird der <u>Rotor entworfen</u>. Die Polbreite ist
bei Turbogeneratoren meist $0,33\ \tau_p$; bei Schenkelpolmaschinen
liegt sie zwischen 0,6 bis $0,8\tau_p$.
Die Größe des <u>Luftspaltes</u> ist in den meisten Fällen durch
die statische Überlastbarkeit bestimmt, d.h. durch Vorgabe
von $X_d = X_{1d} + X_{1\sigma}$.
Aus dem Zeiger-Diagramm findet man den Fluß bei Belastung

$$\hat{\phi}_{hL} = \hat{\phi}_{hO} \cdot \frac{E_{1h}}{E_N} ,$$

zu dem im Polschaft noch der Streufluß mit ca. 15 % hinzu-
kommt.
Für die <u>Bemessung der Dämpferwicklung</u> muß die Gegenkomponente
des Belastungsstromes bekannt sein.

$$^1\theta_3 = 0,45 \cdot \frac{z_3}{2p} \cdot I_{3s} = 1,35 \cdot z_{1n} \cdot q_1 \cdot {}^1\xi_1 \cdot I_2 \,{}^{*)}$$

Zum Schluß müssen noch die verschiedenen Reaktanzen und
Zeitkonstanten bestimmt werden (Abschnitt 5.6).

*) Inversstrom (siehe S. 273 u. 340)

TABELLE I (Anhaltswerte für den ersten Entwurf)

SYNCHRONMASCHINEN — Beanspruchungen

Bezeichnung	Symbol	Einheit	untere Grenze	mittlerer Wert	obere Grenze
Luftspaltinduktion	$^1B_{max}$	T	0,75	0,9	1,05
Zahninduktion in den Keilspitzen	B	T		2,7 (scheinbar)	
Polschenkelinduktion (Stahlguß)	B_p	T	1,2	1,5	1,6
Ständerjochinduktion	B_j	T	1,0	1,2	1,4
Ständerzahninduktion	$(B_z)_{1/3}$	T	1,3	1,7	1,9
Ständerstrombelag Luftkühlung / H_2 H_2O Kühlung	A	$\dfrac{A}{m}$	25000	50000 (200000)	65000
Ständerstromdichte	S_1	$\dfrac{A}{mm^2}$	3,0	4,0	5,0
Erregerstromdichte	S_2	$\dfrac{A}{mm^2}$	2,5	3,0	4,0
Verlustdichte Poloberfläche (Luftkühlung)		$\dfrac{kW}{m^2}$		3,0	
Verlustdichte Ankeroberfläche (Luftkühlung)		$\dfrac{kW}{m^2}$		4,5	
Dämpferwicklung; Stromdichte	S_3	$\dfrac{A}{mm^2}$		5,0	
Synchronreaktanz Schenkelpol	X_d	p.u.	0,9	1,2/2,0	1,6
Synchronreaktanz Vollpol	X_q	p.u.		0,7/2,0	
Transientreaktanz	X_d'	p.u.	0,2	0,3	0,4
Subtransientreaktanz	X_d''	p.u.	0,15	0,2	0,3
$\dfrac{X_q'}{X_d'}$ mit Dämpferwicklung ohne Dämpferwicklung			0,9	1,2 2,5	1,3

6. DIE GLEICHSTROMMASCHINE

6.1 Verwendung, Anordnung, prinzipielle Wirkungsweise

Die Gleichstrommaschine ist ein elektromechanischer Energiewandler, mit dessen Hilfe Gleichstromenergie in mechanische Energie umgeformt werden kann (und umgekehrt).

Man hat bei den Gleichstrommaschinen zwei wesentlich verschiedene Typen zu unterscheiden:

Die Unipolar-Gleichstrommaschine und
die Wechselpol-Gleichstrommaschine.

Zur Unipolar-Gleichstrommaschine ist auch der magnetohydrodynamische Generator (MHD) zu zählen, der bei den Sonderbauarten (Abschnitt 6.7) behandelt werden wird.
Die weitaus größere Bedeutung besitzt die Wechselpoltype der Gleichstrommaschine; sie ist ihrerseits wieder nach zwei Ausführungsformen zu unterscheiden:

a) Kommutator-Gleichstrommaschine (mechanischer Gleichrichter)
b) kommutatorlose Gleichstrommaschine (Ventilgleichrichter).

Allgemein betrachtet kann man die Wechselpoltype der Gleichstrommaschine als Synchronmaschine mit nach- bzw. vorgeschaltetem mechanischem- oder Ventil-Stromrichter verstehen.

Die kommutatorlose Gleichstrommaschine (als umrichtergespeiste Synchronmaschine) wird noch im Abschnitt über elektrische Antriebe (10.3; 10.4) behandelt werden; sie befindet sich heute im fortgeschrittenen Entwicklungsstadium, und es ist zu erwarten, daß sie insbesondere bei Großmaschinen in Zukunft die Kommutator-Gleichstrommaschine ablösen wird. An der Entwicklung dieser Maschinen und Umrichter ist auch das Institut für Elektromagnetische Energieumwandlung an der Technischen Hochschule in Graz erfolgreich beteiligt (vgl. u.a. Aichholzer: "Ein neuer Umrichterantrieb mit natürlicher Kommutierung", E und M 1969, Seite 234 bis 241).

Die Gleichstrommaschine hat auch heute, da man nur mehr
Drehstromnetze kennt, ein breites Anwendungsgebiet in
Industrie und Verkehr.
Die größten Gleichstrommaschinen von einigen tausend kW
Leistung findet man bei Walzwerksanlagen oder bei Schachtförderanlagen in Bergwerken.
Die Grenzleistung, bis zu der man Gleichstrommaschinen
wirtschaftlich bauen kann, liegt für Kommutator-Gleich-
strommaschinen zwischen 5000 und 10000 kW. Bei kommutator-
losen Gleichstrommaschinen (Umrichtermaschinen) wird man
jedoch ein Vielfaches dieser Leistung beherrschen können,
da die Einschränkung durch den Kommutator entfällt.
Gleichstrommaschinen werden überall dort verwendet, wo die
Drehzahl verlustarm und genau gesteuert bzw. geregelt werden
soll. Beispiele für den Einsatz von Gleichstrommaschinen in
Stationäranlagen sind Walzwerksantriebe, Papiermaschinen,
Fördermaschinen sowie Fahrzeugantriebe aller Art, wie sie
bei Straßenbahnen, Schnellbahnen, U-Bahnen verwendet werden,
aber auch bei den Gleichrichterlokomotiven der "Transeuropa"-
Expresszüge .
Obus- und Elektrokarrenantriebe sind ebenso mit Gleichstrom-
maschinen ausgerüstet, wie Schiffsantriebe und dieselelektri-
sche bzw. turboelektrische Vollbahnfahrzeuge.
Ein anderes Anwendungsgebiet für Gleichstrommaschinen sind
die Lichtbogenschweißmaschinen.
Schon heute beschäftigt man sich mit der Frage des elektrischen Straßenfahrzeuges, durch welches das Automobil mit
Verbrennungskraftmaschine ersetzt werden soll. Auch hier
liegt ein noch unerschlossenes Anwendungsgebiet der Gleichstrommaschine mit sehr hohen Stückzahlen.
Das Institut für Elektromagnetische Energieumwandlung beschäftigt sich u.a. mit der Entwicklung solcher Fahrzeugantriebe auf der Basis moderner Umrichtermotoren.

Das Grundprinzip der Gleichstrommaschine ist wie bei
jeder elektrischen Maschine die rotierende Leiterschleife
im magnetischen Feld (vgl. Abschnitt 3.2). In Abb. 223
ist eine solche Leiterschleife dargestellt, bei der die induzierte EMK über zwei Schleifringe durch Bürsten abgegriffen wird. Verbindet man die beiden Enden der Spule hingegen mit den Lamellen eines sogenannten Kommutators
(Stromwender), werden durch diesen im selben Augenblick, zu
dem die induzierte Spannung ihr Vorzeichen wechselt
(Schleifenebene senkrecht zur Feldrichtung),die Anschlüsse
(über den Bürstenkontakt) selbsttätig vertauscht, so daß
an den festen Klemmen (Bürsten) eine Wellenspannung abgegriffen werden kann (Abb. 224).
Bettet man zwecks Verminderung des Erregeraufwandes die
Schleife in einen zylindrischen lamellierten Eisenkörper
(Abb. 225) und läßt diesen Zylinder zwischen zwei Magnet-
polen mit konstantem Luftspalt umlaufen, wird nun in der
Schleife eine Spannung induziert, deren Form aus Abb. 36
in Abschnitt 3.3 zu entnehmen ist. Der zeitliche Spannungsverlauf in einer Durchmesserspule ist ein getreues Abbild
des räumlichen Induktionsverlaufes (Abb. 225, 226).
In Wirklichkeit wird die Spannung in der Gleichstrommaschine
nicht in einer einzigen Windung erzeugt, sondern in vielen,
gleichmäßig am Umfang verteilten Spulen, die elektrisch
zu einem geschlossenen Ring zusammengeschaltet sind (Abb. 32).
Die Verbindungsstellen sind an die Lamellen eines vieltei-
ligen Kommutators angeschlossen (Abb. 42). Am Umfang des
Kommutators schleifen Kohlebürsten, an denen die Summe der
zwischen den beiden Bürsten induzierten Spulenspannungen
gemessen werden kann (Abb. 226).
Da beide Ringhälften unter ungleichnamigen Polen hindurch-
laufen, sind ihre Spannungen in den beiden Zweigen der
Parallelschaltung gleichsinnig - und da sich die räumliche
Stellung der Bürsten nicht ändert - bezogen auf diese auch
von gleichbleibender Polarität (Gleichspannung).

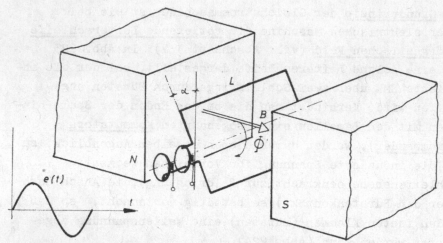

Abb. 223: Erzeugung einer Wechselspannung
durch rotierende Leiterschleife.

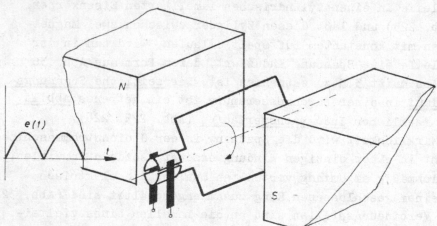

Abb. 224: Erzeugung einer Gleichspannung durch rotierende
Leiterschleife und Kommutator.

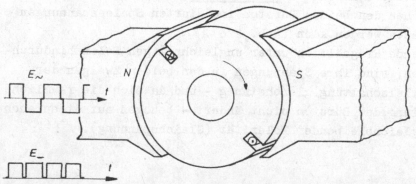

Abb. 225: Zur Spannungserzeugung in der Gleichstrommaschine.

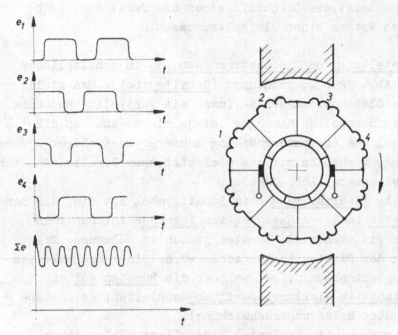

Abb. 226: Zur Entstehung der Gleichspannung bei der
Kommutator-Gleichstrommaschine.

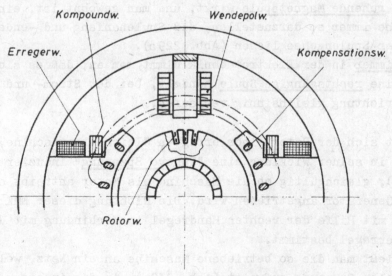

Abb. 227: Die Wicklungen der Gleichstrommaschine.

Der Gesamtaufbau einer Gleichstrommaschine mit allen nur
denkbaren Wicklungen ist in Abb. 227 dargestellt.
Abb. 228a zeigt das Lichtbild eines Ständers; Abb. 228b
das eines Rotors einer Gleichstrommaschine.

Die Darstellung von Gleichstrommaschinen in Schaltbildern
ist aus Abb. 229b zu entnehmen (Schaltsymbol). Man stellt
also die Gleichstrommaschine immer als zweipolige Maschine
dar; eine mehrpolige Maschine ist ja nichts anderes,als
eine räumliche Aneinanderreihung mehrerer zweipoliger Systeme
am Umfang, verbunden mit einer elektrischen Parallelschaltung
der Bürstenpaare (Abb. 229c).
Die zweite Idealisierung beim Schaltsymbol ist die, daß man
die Bürsten in der Achse quer zur Polachse zeichnet; in
Wirklichkeit stehen die Bürsten jedoch in Polachse. Die
Stellung der Bürsten in Querachse würde einer äquivalenten
Anordnung entsprechen, bei welcher die Bürsten auf der
blank gemachten Wicklungsoberfläche schleifen; (siehe Abschnitt über Belastungsrückwirkung).
Warum man diese (äquivalente) Darstellung wählt, obwohl
sie nicht der Wirklichkeit entspricht, ist darauf zurückzuführen, daß die stromdurchflossene Kommutatorwicklung wie
eine ruhende Magnetspule wirkt, und man gewohnt ist, eine
solche immer so darzustellen, daß Spulenanfang und -ende
in der Spulenachse liegen (Abb. 229a).
Wie immer in der Elektrotechnik nimmt man an, daß es sich
um eine rechtsgängige Spule handelt, bei der Strom- und
Feldrichtung gleichsinnig verlaufen.

Dreht sich der Rotor einer erregten Gleichstrommaschine,
wird in seiner Wicklung eine "Innere Spannung" induziert
(EMK), gleichgültig ob die Maschine als Motor antreibt oder
als Generator angetrieben wird. Die Richtung dieser EMK
wird mit Hilfe der rechten Handregel in Verbindung mit der
Bohrerregel bestimmt.
Schließt man die so betriebene Maschine an ein Netz, welches
dieselbe Spannung aufweist (Abb. 230a) wie die innere

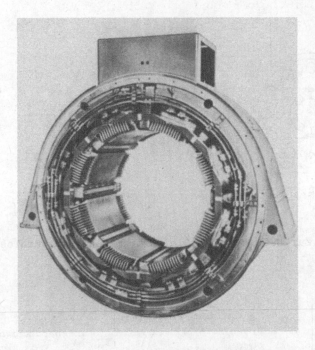

Abb. 228a: Stator einer großen Gleichstrommaschine.

Abb. 228b: Rotor einer großen Gleichstrommaschine.

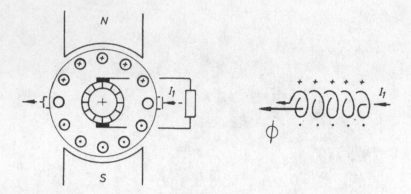

Abb. 229a: Zur Bedeutung des Gleichstrommaschinensymboles.

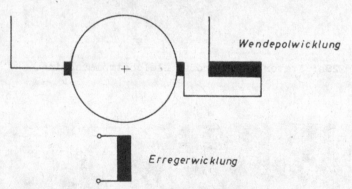

Abb. 229b: Schaltsymbol der Gleichstrommaschine.

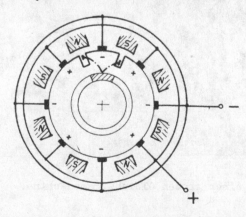

Abb. 229c: Anordnung einer mehrpoligen Gleichstrommaschine.

Spannung der Maschine, gilt mit Kirchhoff II

$$\Sigma E = 0 \quad : \quad E - E_{1h} = 0,$$

E ... Netzspannung

E_{1h}.. innere (induzierte) Spannung

was bedeutet, daß in dem Kreis Netz-Maschine keine resultierende treibende Spannung wirkt (Abb. 230a) und auch kein Strom getrieben werden kann (Leerlauf).

Treibt man die Maschine bei gleichbleibendem Feld rascher an, wird das Spannungsgleichgewicht (Kirchhoff II) gestört, weil E gleich bleibt, E_{1h} aber steigt (Abb. 230b). Der durch die Differenzspannung getriebene Strom I_1 bewirkt nun in den Wicklungswiderständen einen Spannungsabfall - $I_1 R$ (Gegen-EMK), durch den das Spannungsgleichgewicht wieder hergestellt wird. Die Maschine ist vom Leerlauf in den Generatorzustand übergegangen (E_{1h} gleichsinnig mit I_1).

Die Richtung des Momentes, das sie dabei entwickelt, kann nach der linken Handregel bestimmt werden, es wirkt entgegen der Drehrichtung und hält dem antreibenden Moment (in Drehrichtung) das Gleichgewicht. Voraussetzung für den Übergang in den generatorischen Belastungszustand ist also auch ein antreibendes Moment; die Drehzahlerhöhung stellt sich dann von selbst ein.

Umgekehrt geht die Maschine in den motorischen Zustand über, wenn man die Maschine auf eine kleinere Drehzahl abbremst. Die Richtung des von der Maschine erzeugten Momentes kann wieder nach der linken Handregel bestimmt werden, es wirkt nun im Sinne der Drehrichtung (Abb. 230c) und muß dem bremsenden Moment (entgegen der Drehrichtung) das Gleichgewicht halten. Voraussetzung für den Übergang in den motorischen Zustand ist daher das Auftreten eines bremsenden Momentes an der Welle; die Drehzahlabsenkung stellt sich dann selbsttätig ein.

Wird die Maschine durch die Antriebs- bzw. Belastungsmaschine auf konstanter Drehzahl gehalten, so muß zum Übergang in den motorischen Betrieb der Erregerstrom verringert, zum Übergang in den generatorischen Betrieb erhöht werden.

Eine Umschaltung ist weder im generatorischen noch im motorischen Betriebszustand erforderlich !

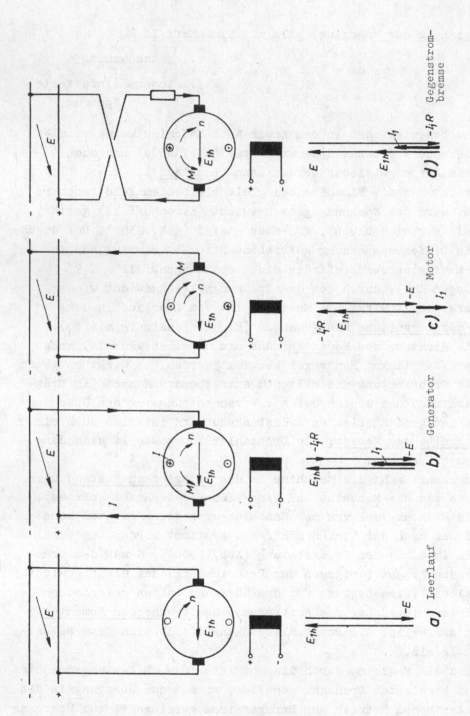

Abb. 230: Die verschiedenen Betriebszustände.

Vertauscht man hingegen bei leerlaufender Maschine die
Netzanschlußklemmen, wirken im ersten Moment innere Spannung E_{1h}
und Netzspannung E gleichsinnig und treiben einen sehr
großen Strom, der durch einen Widerstand begrenzt werden
muß (Abb. 230d). Dieser Strom bewirkt ein bremsendes Moment
(Gegenstrombremsbetrieb). Das entstehende Bremsmoment führt
zunächst zum Stillstand des Motors und darauffolgenden Hochlauf
in verkehrter Drehrichtung. Sowohl das Netz, wie auch die
Maschine speisen gemeinsam den Widerstand (unwirtschaftlich).

Die Drehzahlstellbarkeit einer Gleichstrommaschine geht aus
der Beziehung für die induzierte Spannung hervor

$$E_{1h} = \phi_h \cdot z \cdot n \cdot \frac{p}{a}$$

(vgl. Abschnitt 3.3)

Danach gilt für Leerlauf:

$$E_{1h} = E$$

und es folgt daraus, daß sich die Drehzahl proportional der
Speisespannung E und verkehrt proportional mit dem Maschinenfeld ϕ_h ändert. Sowohl die eine als auch die andere
Möglichkeit der Drehzahlstellung findet Verwendung.
Während man jedoch bei Speisespannungsänderung jede beliebige
Drehzahl von Null bis zum Höchstwert einstellen kann, erlaubt die Feldänderung nur einen Drehzahlstellbereich 1 : 3
bis 1 : 4 und vor allem nicht die Erreichung des Stillstandes.
Auch wird die Maschine schwerer als bei einer vergleichbaren Maschine mit Drehzahlstellung durch Speisespannungsänderung.

6.2 Aufbau der aktiven und mechanischen Teile der Gleichstrommaschine

Der genutete Rotorzylinder muß geblecht werden, da er bei
der Rotation im Magnetfeld periodisch ummagnetisiert wird
(Verluste). Das Blechpaket wird bei Radiallüftung wie bei
allen anderen Maschinen in Teilpakete unterteilt, wobei
zwischen den einzelnen Paketen Kühlschlitze freibleiben.
Die Nuten sind durch Holz-oder Hartgewebekeile verschlossen;
letztere dienen zur Aufnahme der Fliehkraft der Spulen.
Die außerhalb des Eisenkernes liegenden Wickelköpfe werden
durch eine Stahldrahtbandage gegen Fliehkraft gehalten.
Das Ständerjoch ist im allgemeinen aus Stahlguß gefertigt.
Bei Maschinen, deren Drehzahl durch Feldänderung rasch geändert wird, muß das Joch geblecht werden, da sonst die
Feldänderung durch Wirbelströme verlangsamt wird.
Die Pole sind mit Schrauben im Joch befestigt; sie bestehen
aus Stahlguß, Schmiedestahl oder sind aus den oben angeführten Gründen geblecht. Unbedingt geblecht müssen die
Polschuhe werden, da sonst an ihrer Oberfläche durch Feldpulsation zufolge des genuteten Rotorkörpers Wirbelströme
auftreten. Die Polbedeckung beträgt etwa 0,7 τ_p.
Der Luftspalt wird an den Polkanten auslaufend vergrößert,
um die rasche Induktionsänderung im Rotoreisen beim Lauf
zu mildern (Verluste). Der Luftspalt beträgt bei Maschinen
zwischen 10 und 10000 kW 2 bis 8 mm. Gegebenenfalls sind
in Nuten der Polschuhe die Leiter der Kompensationswicklung
gebettet.
Die Wendepole müssen in allen Fällen geblecht sein, da sich
das Wendefeld proportional dem Belastungsstrom rasch ändern
muß. Der Wendepolluftspalt ist im allgemeinen größer als der
Hauptpolluftspalt; er wird zwecks Verringerung des Wende-
polstreufeldes in 2 oder mehrere Teilluftspalte aufgeteilt
(einer am Joch, einer an der Bohrung). Bei großen Maschinen
sind die Polspulen wegen der Wärmeabfuhr hochkant gewickelt.

Die Gleichstrommaschine kann natürlich auch mit mehr als zwei Polen ausgeführt werden (bis zu zwanzigpolig), doch hat die <u>Polzahl auf die Drehzahl</u> im Gegensatz zu Drehstrommaschinen <u>keinen Einfluß</u>.

Der Vorteil einer hohen Polzahl ist gegeben durch:

1. geringe Jochhöhe
2. kurze Stirnverbinder
3. kurzer Kommutator
4. geringe Belastungsrückwirkung

Selbstverständlich kann man die Polzahl nicht beliebig erhöhen; es steigt ja andererseits damit das Erregerkupfergewicht. Bei gleichem Luftspalt muß man bei einer vierpoligen Maschine auf jedem Pol ebenso viele Windungen unterbringen wie auf einem Pol der zweipoligen Maschine. Auch muß die Pollücke deshalb eine bestimmte Mindestbreite aufweisen, da sie im wesentlichen durch die Wendepolbreite bestimmt ist. Die Wendepolbreite ist in der Hauptsache durch die Bürstenbreite gegeben, die nicht unbeschränkt verkleinert werden kann.

Mit zunehmender Polzahl steigt ferner auch die <u>Ankerfrequenz</u> und damit steigen die Zusatzverluste im Ankereisen und in der Ankerwicklung. Im allgemeinen wird 100 Hz als obere Grenze angesehen.

Wird eine Gleichstrommaschine neu entworfen, hat man zumindest zwei Entwürfe für verschiedene Polzahl zu machen und den Entwurf zu wählen, der das kleinere Gesamtgewicht ergibt. In vielen Fällen spielen beim Entwurf auch die Einbaumaße eine Rolle.

6.3 Die inneren Vorgänge bei der Gleichstrommaschine

6.3.1 Die Gleichstrommaschine als Sonderfall der Drehstrom-Synchronmaschine; Kommutierung

Eine echte Gleichstrommaschine ist nur die Unipolarmaschine; als solche kann auch der sogenannte MHD betrachtet werden (siehe Abschnitt 6.7).

Die Gleichstrommaschine üblicher Bauart kann hingegen eher als Synchronmaschine mit nachgeschaltetem Gleichrichter (Kommutator) verstanden werden. Daß man die Gleichstromma- schine trotzdem nicht ohne weiteres mit denselben Mitteln beschreiben kann wie eine gewöhnliche Synchronmaschine, die auf einen Drehstromverbraucher belastet ist (Spannungspolygon usw.),liegt nicht etwa an einem unterschiedlichen physika- lischen Prinzip, sondern in der unterschiedlichen Kurvenform von Spannung und Strom begründet.

Die Beschreibung der Drehstrom-Synchronmaschine durch das Raum- und Zeitzeigerbild setzt einen zeitlich und räumlich sinusförmigen Verlauf der elektrischen und magnetischen Größen voraus; dieser ist bei der konventionellen Gleich- strommaschine nicht gegeben.

Vergleicht man Strom und die durch die Bewegung der Spulen im Magnetfeld induzierte Spannung einer Drehstrom-Synchron- maschine bei $\cos\varphi = 1$ mit den entsprechenden Größen in einer Gleichstrommaschine, ergeben sich die Bilder gemäß Abb. 232a und 232b. Obwohl bei beiden Maschinen ein Querfeld auftritt, das räumlich senkrecht auf das Erregerfeld (Hauptfeld) steht, wird nur bei der Drehstrom-Synchronmaschine eine Selbstin- duktionsspannung mit Netzfrequenz durch dieses Querfeld in- duziert.

Bei der Gleichstrommaschine wird sich der reine Wirklastbe- trieb deshalb von selbst einstellen, weil der Gleichstrom- verbraucher nur Wirklast aufnehmen kann. Eine Selbstinduk- tionsspannung mit Netzfrequenz (E_{1d}) kann aber bei der Gleich- strommaschine nicht auftreten, weil der Spulenstrom mit Aus- nahme des Kommutierungsbereiches konstant ist (Abb. 231).

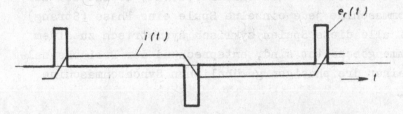

Abb. 231: Strom und Reaktanzspannung in der Spule einer
Gleichstrommaschine.

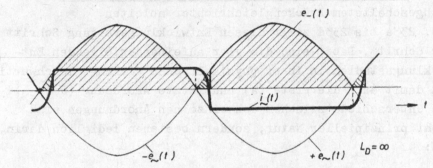

Abb. 232a: Strom und Spannung in einem Strang einer stromrichterbelasteten Synchronmaschine.

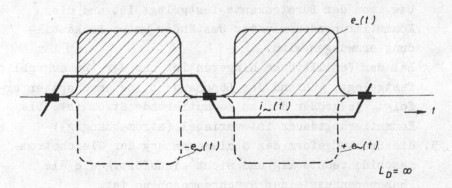

Abb. 232b: Strom und induzierte Spannung in der Spule
einer Kommutator-Gleichstrommaschine.

Daß die als stromrichterbelastete Synchronmaschine aufge-
faßte Gleichstrommaschine sehr viel mehr Phasen (Stränge)
aufweist als eine gewöhnliche Drehstrom-Synchronmaschine,
stellt keinen prinzipiellen Unterschied dar. Während die
letztgenannte meist nur drei Phasen besitzt, stellt bei der
Gleichstrommaschine jede einzelne Spule eine Phase (Strang)
dar, wobei alle diese Spulen zyklisch symmetrisch zu einem
Ring zusammengeschaltet sind, entsprechend der Dreieckschaltung bei einer dreiphasigen gewöhnlichen Synchronmaschine
(Abb. 32).

Die Gleichstrommaschine läßt sich demnach folgerichtig aus
einer Drehstrom-Synchronmaschine in Dreieckschaltung mit
nachgeschaltetem Brückengleichrichter ableiten.
Abb. 233a bis 233d zeigt diesen Entwicklungsvorgang Schritt
für Schritt. Dabei sind die vier aufeinanderfolgenden Ent-
wicklungsstadien in ihrer physikalischen Wirkung gleichwertig
und damit auch die erste (a) und letzte Anordnung (d).
Die Unterschiede zwischen den einzelnen Anordnungen sind
nicht prinzipieller Natur, sondern bestehen lediglich darin,
daß:

1. die Funktion der Ventile in den Anordnungen 233a,b,c
   durch die Funktion des Kommutators ersetzt wird;
2. der Zünd- und Löschaugenblick bei dem Kommutator
   durch das Auf- und Ablaufen der Lamelle auf die
   bzw. von der Bürstenkante festgelegt ist und die
   Kommutierungsdauer unter Umständen unter Funkenbildung erzwungen wird.
   Bei der Ventilbrücke hingegen ist nur der Zündaugenblick
   festgelegt, während der Löschaugenblick umso später erfolgt, je größer der zu kommutierende Strom ist. Die
   Kommutierungsdauer ist variabel (stromabhängig);
3. die Spannungsform der Spulenspannung der Gleichstrommaschine rechteckig und nicht sinusförmig wie die
   Phasenspannung einer Synchronmaschine ist.

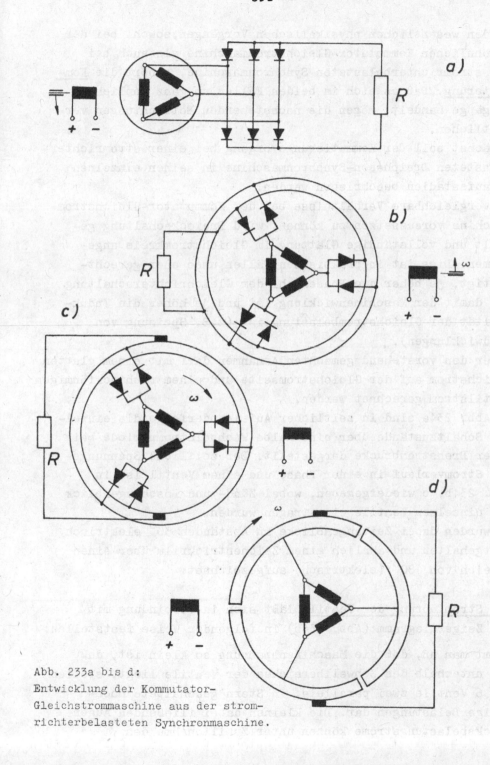

Abb. 233a bis d:
Entwicklung der Kommutator-
Gleichstrommaschine aus der strom-
richterbelasteten Synchronmaschine.

Zu den wesentlichen physikalischen Vorgängen, sowohl bei der gewöhnlichen Kommutator-Gleichstrommaschine als auch bei der stromrichterbelasteten Synchronmaschine, gehört die Kommutierung. Daß es sich in beiden Fällen um ganz ähnliche Vorgänge handelt, mögen die nachstehenden Betrachtungen verdeutlichen.

Zunächst soll der Kommutierungsvorgang bei einer stromrichterbelasteten Dreiphasen-Synchronmaschine in seinen einzelnen Ablaufsstadien beschrieben werden.

Um vergleichbare Verhältnisse bei der Kommutator-Gleichstrommaschine voraussetzen zu können, wird Dreieckschaltung gewählt und vollständige Glättung im Gleichstromkreis angenommen. Dies ist in praktischen Fällen umso eher gerechtfertigt, je höher die Phasenzahl der Gleichrichterschaltung und damit der Maschinenwicklung ist und je höher die Induktivität der Gleichstrombelastung ist (z.B. Speisung von Feldwicklungen).

Unter den vorstehend gemachten Annahmen darf mit einem glatten Gleichstrom auf der Gleichstromseite und einem rechteckförmigen Ventilstrom gerechnet werden.

In Abb. 234a sind in zeitlicher Aufeinanderfolge die einzelnen Schaltzustände über eine halbe Wechselstromperiode bei einer Drehstrombrücke dargestellt. Der zeitliche Spannungs- und Stromverlauf in einer Phase und einem Ventil ist in Abb. 234b, c wiedergegeben, wobei Zünd- und Löschaugenblick der einzelnen Ventile eingetragen wurden.

Es wurden dabei Zeitaugenblicke in Abständen 30° elektrisch festgehalten und ähnlich einem Zeichentrickfilm über einen Bereich von 180° (elektrisch) aufgezeichnet.

Die Stromführung der Ventile läßt sich in Verbindung mit dem Zeigerdiagramm (Abb. 234b) in folgender Weise feststellen:

Nimmt man an, daß die Maschinenspannung so klein ist, daß sie unterhalb des Schwellbereiches der Ventile liegt, stellen die 6 Ventile zwei parallele, in Stern geschaltete hochohmige Belastungen dar. Die kleinen dabei fließenden Augenblicksbelastungströme können unter Zuhilfenahme des

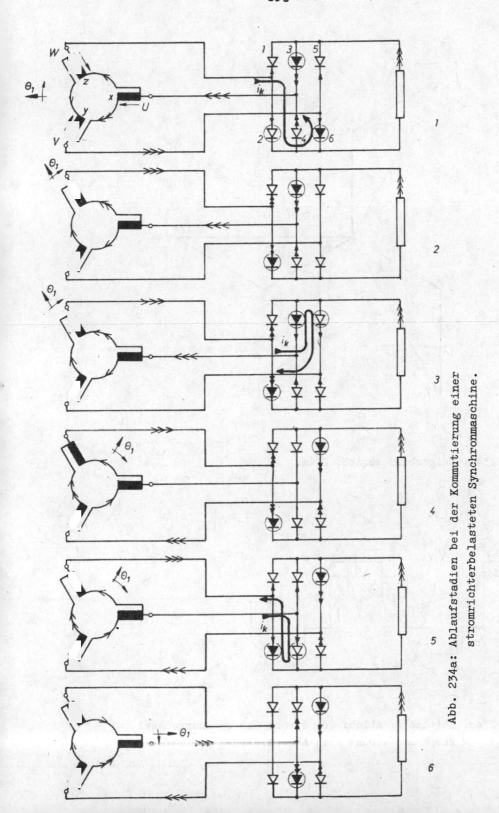

Abb. 234a: Ablaufstadien bei der Kommutierung einer
stromrichterbelasteten Synchronmaschine.

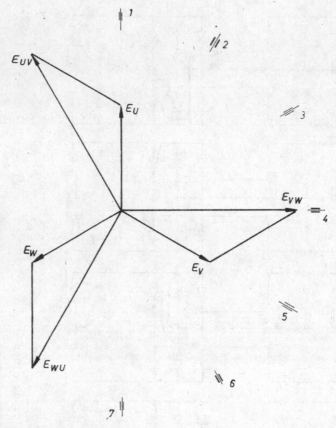

Abb. 234b: Zeigerbild zu Abb. 234a.

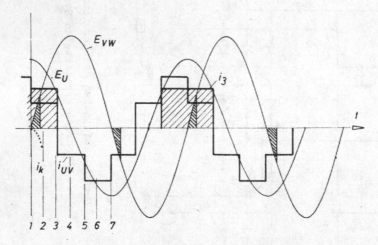

Abb. 234c: Zeitlicher Ablauf der Ströme und Spannungen bei
der Kommutierung nach Abb. 234a.

Zeigerdiagrammes für alle 6 Zeitaugenblicke eingetragen
werden (volle Pfeile).

Aus der Richtung dieser Ströme erkennt man, ob ein Ventil
in der Lage ist, Strom zu führen (Strompfeile in Durchlaßrichtung) oder nicht (Strompfeile in Sperrichtung).
In Abb. 234a z.B. sind im Schaltzustand 1 (oben) die Ventile
2, 3 und 6 in der Lage Strom zu führen (mit einem Kreis gekennzeichnet), wobei die Ventile 3 und 6 gerade Strom führen,
während das Ventil 2 bereit ist, den Strom vom Ventil 6 zu
übernehmen.
Die Ströme in den einzelnen Wicklungssträngen können hiernach
aufgrund des Kirchhoffschen Gesetzes I bestimmt werden; die
Aufteilung des Leitungsstromes (3 Pfeile) erfolgt im Verhältnis der ohmschen Wicklungswiderstände: $1 : 2$.
Der Kommutierungsvorgang selbst ist nichts anderes als ein
zweipoliger Kurzschluß, der sich selbst wieder abschaltet.
Dieses selbsttätige Abschalten des übergebenden Ventilzweiges
kommt durch den natürlichen Nulldurchgang des Ventilstromes
zustande; ein Wiederansteigen des Stromes ist bei fehlendem
Zündimpuls am Thyristor nicht möglich.
Im Gegensatz zur Stromwendung bei der Kommutatorgleichstrom-
maschine verursacht diese Art der Abschaltung einer Induktivität keinerlei Überspannung, wie dies bei der Gleichstromkommu-
tatormaschine und Fehlkommutierung zutrifft (Funkenbildung).
Eine solche ist bei der kommutatorlosen Gleichstrommaschine
vom Prinzip her ausgeschlossen.

Der Kommutierungsvorgang beginnt, wenn die jeweils verkettete Spannung durch Null geht, sodaß der Kommutierungsstrom den Strom im stromführenden Ventil absinken läßt
(löscht) und im folgenden Ventil ansteigen läßt (zündet ,
zur Zeit t_1 : VW).
Der zeitliche Verlauf des Kommutierungsstromes ist demnach
der zweipolige Kurzschlußstrom, er ergibt sich näherungsweise zu:

$$i_k(t) \doteq \frac{\sqrt{3}}{2} \cdot \frac{E_{12}}{X_d''} \cdot (\cos \omega t - 1)$$

(Abb. 234c)

Mit dem Nulldurchgang des Stromes im übergebenden Ventil
bleibt dieses Ventil auch gelöscht, da die verkettete
Spannung nun in Sperrichtung wirkt.
Im Schaltbild der Wicklung (Abb. 234a), das gleichzeitig
Raumbild ist, sind die Wicklungsströme eingezeichnet, des-
weiteren die von ihnen hervorgerufenen Durchflutungen.
Es ist daraus zu ersehen, daß sich der Durchflutungsvektor
mit jeder Kommutierung um 60° (elektrisch) weiterdreht.
Der räumliche Strombelagsverlauf ist stufenförmig. (Bei
Sternschaltung würde er rechteckförmig sein, also ungünstiger).

Der Unterschied zwischen dieser eben beschriebenen umrichter-
gespeisten Synchronmaschine und der Kommutator-Gleichstrommaschine wurde schon weiter vorne ausgeführt; auf diese
Unterschiede sei nun im folgenden etwas näher eingegangen:

Die Erhöhung der Phasenzahl bedingt keine grundsätzliche
Änderung der Vorgänge in der Maschine. Schon bei sechs Phasen
stellt sich eine symmetrische Stromverteilung ein, wobei
immer die Ventile im Durchmesser Strom führen (Abb. 235).

Auch der Kommutierungsvorgang bei der Kommutator-Gleich-
strommaschine verläuft, abgesehen von der beschränkten
Kommutierungszeit und der damit verbundenen gewaltsamen
Unterbrechung, ähnlich wie bei der Ventilkommutierung.

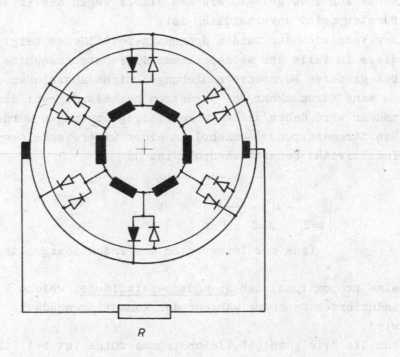

R

Abb. 235: Sechsphasige kommutatorlose Gleichstrommaschine, Schema.

In Abb. 236 und 237 ist die für die Kommutierung maßgebende
Spannungs-Zeitfläche bei sinusförmiger Spannung und Ventil-
kommutierung einerseits (Synchronmaschine) und rechteckför-
miger Spannung und mechanischer Kommutierung andererseits
(Kommutator-Gleichstrommaschine) gegenübergestellt. Bei der
Kommutator-Gleichstrommaschine wurde eine <u>Bürstenverschiebung</u>
um eine halbe Bürstenbreite aus der geometrisch neutralen
Achse zugrunde gelegt, wie sie allein wegen des Kippens der
Bürsten meist unvermeidlich ist.
Der Vergleich der beiden Spannungs-Zeitflächen zeigt, daß
diese im Falle der wendepollosen Gleichstrommaschine auch
bei größeren Bürstenverschiebungen nicht ausreichen würde,
um eine Stromumkehr bei Nennstrom herbeizuführen; die Strom-
umkehr wird daher unter Funkenbildung erzwungen werden.
Die Stromänderung (-Umkehr) in einer widerstandslosen, mit
Induktivität behafteten Spule ist ja

$$i\bigg|_{t=T_k} - i\bigg|_{t=0} = \frac{1}{L} \int_o^{T_K} e \, dt$$

(aus der Integration des Induktionsgesetzes)

also proportional der <u>Spannungs-Zeitfläche</u>, welche von der
induzierten Spannung während der Kommutierungsdauer umrandet
wird.
Für die "vielphasige" Gleichstrommaschine ist bei Stromumkehr
I-(-I) = 2I, da ja der Spulenstrom während der Kommutierung
von Plus auf Minus gewendet werden muß. Die vorstehende Be-
trachtungsweise der Kommutierungsvorgänge bei der Gleichstrommaschine leitet von selbst zu den möglichen Kommutierungs-
hilfen bei der Kommutator-Gleichstrommaschine hin:

1. Die Überlagerung einer stromabhängigen Spannung (Stromwendespannung) über die eigentliche Spulenspannung derart, daß
   sie im Bereich der Kommutierungsdauer gerade die erforderliche Spannungs-Zeitfläche a ergibt (Abb. 238).
   Diese stromabhängige Spannung muß durch ein Polpaar induziert werden, dessen Achse senkrecht auf die Haupt-
   polachse steht; es sind dies die bekannten <u>Wendepole</u>.

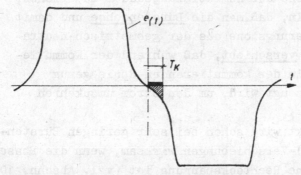

Abb. 236: Zur Kommutierung der Kommutator-Gleichstrommaschine
ohne Wendepole.

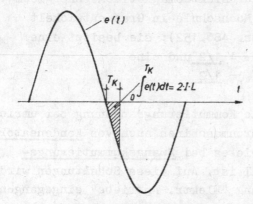

Abb. 237: Zur Stromrichter-Kommutierung.

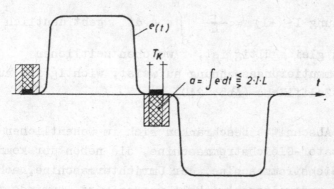

Abb. 238: Zur Kommutierung der Kommutator-Gleichstrommaschine
mit Wendepolen.

2. Eine weitere Abhilfemaßnahme, die Spannungs-Zeitfläche während der Kommutierungsdauer zu erhöhen,
besteht darin, daß man die <u>Bürstenachse</u> und damit
die Kommutierungszone aus der geometrisch-neutra-
len Zone so <u>verschiebt</u>, daß während der Kommutierungsdauer in der kommutierenden Spule genug
Spannung erzeugt wird, um den Strom umzukehren
(Abb. 239).
Dieser Effekt wird schon bei sehr geringen Bürsten-
(Zündwinkel)-Verschiebungen wirksam, wenn die Phasenspannung eine Rechteckspannung ist (vgl. Abschn. 10.).
Eine Maschine, welche eine <u>Rechteckspannung</u> abgibt,
wurde am Institut für Elektromagnetische Energieumwandlung der Techn.Hochschule in Graz entwickelt
(Schweizer Patent Nr. 486.152); sie besitzt eine
<u>Polbedeckung</u> von $\alpha = $ <u>1/2</u> und eine
<u>Sehnung</u>   von $s/\tau_p = $ <u>1/2</u>

3. Schließlich kann die Kommutierungsspannung bei umrich-
tergespeisten Synchronmaschinen auch von <u>Kondensatoren</u>
geliefert werden, wie es bei <u>Zwangskommutierungs-
Schaltungen</u> der Fall ist. Auf diese Schaltungen wird
noch in der Vorlesung "Elektr. Antriebe" eingegangen
werden; es sind hierfür auch zusätzliche Ventile
nötig (vgl. Abschnitt 10.).

Aus der Beziehung $I - (-I) = \dfrac{1}{L} \int\limits_{0}^{T_K} e\, dt$ geht deutlich

hervor, daß es gleichgültig ist,   welchen zeitlichen
Verlauf die Kommutierungsspannung aufweist, wichtig ist nur
die Spannungs-Zeitfläche (Abb. 240).

Die folgenden Abschnitte beschränken sich im wesentlichen
auf die Kommutator-Gleichstrommaschine, die neben der kommutatorlosen Gleichstrommaschine, der Umrichtermaschine, nach
wie vor gebaut und weiterentwickelt werden wird, zumindest
in einem bestimmten Leistungsbereich.

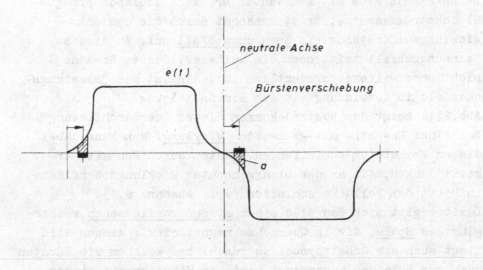

Abb. 239: Kommutierungshilfe durch Bürstenverschiebung
bei der Gleichstrommaschine.

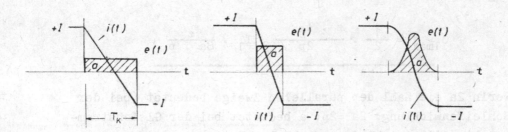

Abb. 240: Gleiche Spannungs-Zeitflächen bei verschiedenem
Verlauf von E_r

6.3.2 Das Belastungsquerfeld der Gleichstrommaschine

Belastet man eine mit konstanter Drehzahl laufende erregte
Gleichstrommaschine, tritt zunächst durch die ohmschen
Wicklungswiderstände ein <u>Spannungsabfall</u> auf. Zu diesem
Spannungsabfall tritt noch ein weiterer, dessen Ursache
nicht ohne weiteres erkenntlich ist: Sie ist das Belastungsquerfeld in Verbindung mit der Eisensättigung.
Abb.241a zeigt das Zustandekommen dieser Querdurchflutung
bei einer Maschine mit gekreuzter <u>Wicklung</u>. Man kann dabei
die am Kommutator schleifenden Bürsten durch Kontakte ersetzt denken, die an der blankgemachten Wicklungsoberfläche
in Mitte der Pollücke schleifen (vgl. Abschn. 6.1).
Damit ergibt sich das Bild einer <u>stromdurchflossenen</u> rechts-
gängigen <u>Spule</u>, die in Querachse magnetisiert; diesem Bild
liegt auch das Schaltsymbol zugrunde, bei welchem die Bürsten
quer zur Polachse angeordnet sind. In Wirklichkeit stehen
die Bürsten ja räumlich in der Polachse und schleifen am
Kommutator und nicht an der blankgemachten Wicklungsoberfläche.
<u>Der Verlauf der Querdurchflutung</u> stellt gemäß Abb. 241b die
Integration der Stromverteilungskurve dar. Das Maximum dieser
Querdurchflutung errechnet sich für einen Luftspalt (halber
magnetischer Kreis):

$$\Theta_{1max} = \frac{1}{2} \cdot \frac{z \cdot I_s}{2p} = I_1 \cdot \frac{z}{8a \cdot p}$$

worin 2a die Zahl der parallelen Zweige bedeutet (bei der
Schleifenwicklung: 2a =2p; a bedeutet bei der Gleichstrommaschine die Anzahl der parallelen <u>Zweigpaare</u> !)

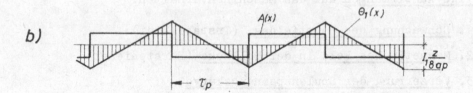

Abb. 241b: Verlauf von Strombelag und Querdurchflutung
in einer Gleichstrommaschine.

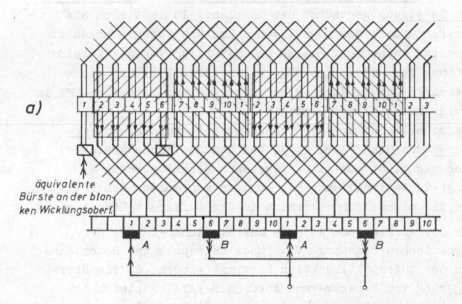

äquivalente
Bürste an der blan-
ken Wicklungsoberf.

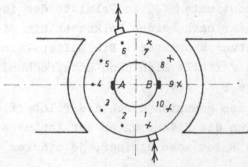

Abb. 241a: Über das Zustandekommen der Belastungs-Querdurchflutung in einer Gleichstrommaschine.

Die Belastungsquerdurchflutung hat drei verschiedene nach-teilige Auswirkungen auf das Maschinenverhalten:

1. Schwächung des Hauptfeldes (Instabilität)

2. Magnetisches Feld in der Pollücke (Bürstenfeuer)

3. Verzerrung der Spulenspannungskurve,
   (Erhöhung der Lamellenspannung; Rundfeuer)

Zu 1.: Die Schwächung des Hauptfeldes durch das Querfeld und die Sättigung gegenüber dem Leerlauffeld läßt sich aus der Berechnung des magnetischen Kreises für die belastete Maschine entnehmen. Hierzu muß natürlich von der Verein-fachung des Netzwerkes abgegangen (Abb. 17b) und die Querdurchflutung durch eine dreieckförmig verteilte MMK im Läufer nachgebildet werden.
Übersichtlicher ist ein vereinfachtes graphisches Ver-fahren von Hand (Abb. 243), bei dem die Magnetkreisbe-rechnung nicht von einer gegebenen Gesamtdurchflu-tung(-verteilung) ausgeht, sondern von angenommenen Wer-ten der magnetischen Spannung in der Luftspalt-Zähneschicht

Für die vorliegende Aufgabe muß die Abhängigkeit der magnetischen Spannung $V_{\delta z}$ über Luftspalt und Rotorzähne von der Luftspaltinduktion bestimmt werden, da die Über-lagerung von Erreger- und Ankerquer-Feld hauptsächlich nur in diesem Bereich vor sich geht(Abb. 242).
Man nimmt für die graphische Konstruktion gemäß Abb. 243 hierzu ein bestimmtes $V_{\delta z}$ in Polmitte des ideellen Poles an, dem sich linear nach beiden Polkanten hin die Belastungs-querdurchflutung überlagert. Die Luftspaltinduktion über dem Polbogen verteilt sich dann entsprechend der Kontur der Kennlinie $B = f(V_{\delta z})$.
Ein Maß für den gesamten, durch die Poloberfläche verlaufenden Fluß wird dann die Fläche unter der Kontur sein. Die mittle-re Induktion B_m ist umso kleiner, je stärker die Kennlinie

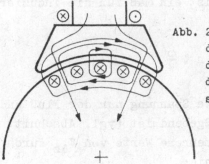

Abb. 242: Zur Überlagerung des Querfeldes über das Hauptfeld unter den Polen einer Gleichstrommaschine.

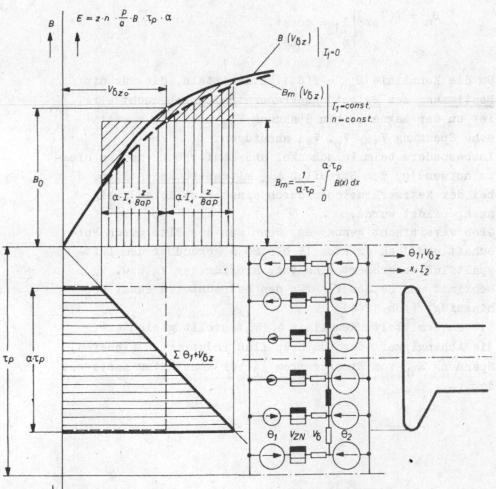

Abb. 243: Graphische Ermittlung der Feldschwächung bei Belastung der Gleichstrommaschine.

gesättigt ist, sie ist ein Maß für die induzierte Anker-
spannung (EMK)

$$E_{1h} = z \cdot \phi_h \cdot n \cdot \frac{p}{a}$$

da für die induzierte Spannung nur der Fluß und nicht
seine Verteilung maßgebend ist (vgl. Abschnitt 3.2).
Führt man dies für mehrere Werte von $V_{\delta z}$ durch, so erhält man die Kennlinie:

$$B_m = f(V_{\delta z}) \bigg|_{\substack{I_1 = \text{const.} \\ n = \text{const.}}}$$

Um die Kennlinie $B_m = f(\Theta_2)$ zu ermitteln, die für die
__Bestimmung__ des __Belastungserregerstromes__ gebraucht wird,
ist zu der magnetischen Spannung $V_{\delta z}$ noch die magnetische Spannung V_{1j}, V_p, V_{2j} anzufügen.
Insbesondere beim Polschenkel und Läuferjoch ist es hier-
zu notwendig, den Streufluß $\phi_{2\sigma}$ __mitzuberücksichtigen__, der
bei der Netzwerksmethode durch einen parallelen Zweig
nachgebildet wurde.
Grob vereinfacht genügt es, wenn man den Fluß durch Polschaft und Joch um etwa 15 bis 20 % gegenüber dem Luftspaltfluß vergrößert einsetzt, hierfür das V_{2j}bzw. V_p
bestimmt und zu dem $V_{\delta z}$ für den betrachteten Punkt $V_{\delta z}$
hinzufügt (Abb. 244).
Die so ermittelte Kennlinie $\phi_h(\Theta_2)$ stellt gleichzeitig
die Abhängigkeit der vom Hauptfluß induzierten (inneren)
Spannung E_{1h} vom Erregerstrom I_2 bei konstantem Laststrom
dar.

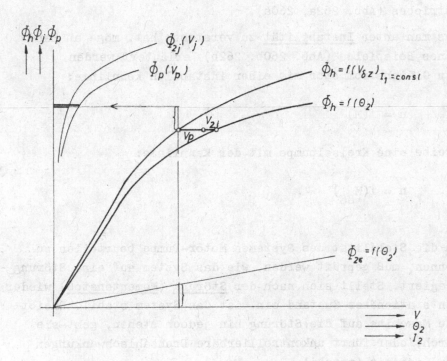

Abb. 244: Bestimmung der Leerlauf-Kennlinie der Gleichstrommaschine.

Die Folge der laststromabhängigen Feldschwächung ist beim
Generatorbetrieb ein stärkerer Abfall der Klemmenspannung
bzw. stärkerer Anstieg der Drehzahl mit der Belastung
(die Strom-Spannungskennlinie wird steiler, ebenso die
Drehzahlmomentenkennlinie bei konstanter Speisespannung)
(Abb. 260a). Durch den mit der Belastung stärkeren Drehzahlanstieg wird das System Generator-Antrieb stabiler.
Andererseits bedingt die lastabhängige Feldschwächung
im Motorbetrieb ein Flacherwerden der Drehzahl-Momentenkennlinie und damit eine zunehmende Instabilität des
Antriebes (Abb. 262a, 260a).

Was man unter Instabilität zu verstehen hat, möge an Hand
eines Beispieles (Abb. 260b, 262b) erläutert werden.
Ein Gleichstrommotor mit einer instabilen Kennlinie:

$$n = f(M)$$

treibe eine Kreiselpumpe mit der Kennlinie:

$$n = f(M_{gg})$$

an.

Um die Stabilität des Systemes Motor-Pumpe beurteilen zu
können, muß geprüft werden, wie das System auf eine Störung
reagiert. Stellt sich nach der Störung (Momentenstoß) wieder
ein stationärer Zustand ein, ist das System stabil. Bleibt
die Maschine auf die Störung hin jedoch stehen, geht sie
durch, oder führt unkontrollierbare Drehzahlschwankungen
aus, ist sie instabil.

Im vorliegenden Beispiel möge die Störung darin bestehen,
daß sich die Pumpenkennlinie etwa durch plötzliches Schließen
einer Drosselklappe schlagartig von dem Verlauf

$$n = f_1(M_{gg}) \quad \text{auf} \quad n = f_2(M_{gg})$$

verändert; der Betriebspunkt vor der Störung sei P_1
(Abb. 262b).

Da wegen der Schwungmasse die Drehzahl im ersten Augenblick nach der Störung gleich bleibt, springt das Gegenmoment von dem Betrag $M_{gg} = M_1$ auf den Betrag $M_{gg} = M_1'$
Solange sich die Drehzahl aber noch nicht geändert hat,
kann sich auch das Motormoment M nicht ändern; es beträgt
im ersten Augenblick nach wie vor $M = M_1$. Das <u>Differenzmoment</u>

$$\Delta M' = M_1 - M_1'$$

bewirkt wegen des <u>Überwiegens des Motormomentes</u> einen
Drehzahlanstieg und damit eine weitere Vergrößerung des
Motormomentes. Dies wieder hat zur Folge, daß das Differenzmoment und damit die Drehzahl noch mehr zunimmt, die Maschine geht schließlich durch, das System ist also instabil.

Anders verhält es sich bei der Motorkennlinie gemäß Abb. 260b.
Auch hier wirkt das Differenzmoment $\Delta M'$ im ersten Augenblick
nach der Störung beschleunigend, da das Maschinenmoment im
ersten Augenblick unverändert bleibt. Die Drehzahl beginnt
demzufolge anzusteigen, wobei das Maschinenmoment absinkt
und das Gegenmoment entsprechend der Kennlinie:

$$n = f_2(M_{gg})$$

ansteigt. Ist die Drehzahl um Δn gestiegen, ist das Gleichgewicht zwischen M und M_{gg} wieder hergestellt, der stationäre Zustand ist bei einer Drehzahl n_2 erreicht (P_2), das
System ist mithin stabil.

Zu 2.: Besitzt die Maschine keine Wendepole, erregt die
Querdurchflutung in der Pollücke ein Feld, das in den
durch die Bürsten kurzgeschlossenen Spulen eine Spannung induziert (Abb. 245). Der durch diese Spannung getriebene Kurzschlußstrom wird beim Ablaufen der Bürstenkante von der Lamelle unter Funkenbildung unterbrochen.

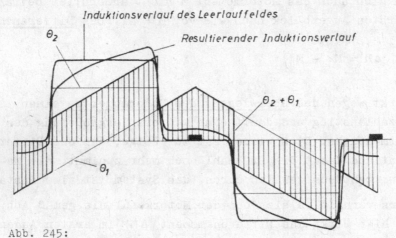

Abb. 245:
Feld- und Durchflutungsverlauf bei einer belasteten unkompensierten Gleichstrommaschine.

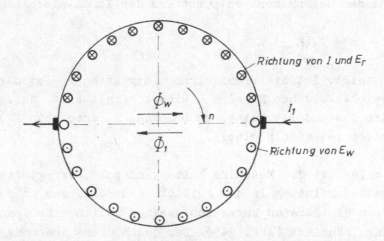

E_r Reaktanzspannung
E_w Stromwendespannung (durch Wendefeld)

Abb. 246:
Zur Bestimmung der Wendefeldrichtung.

Die Spannungs-Zeitfläche, welche während der Kurzschluß-
zeit durch das Querfeld induziert wird, hat verkehrtes
Vorzeichen, wenn man sie mit jener vergleicht, die sich
durch das Wendepolfeld ergeben würde (Abb. 238). Statt
die Kommutierung zu unterstützen, erhöht das Querfeld
den Spulenkurzschlußstrom.

In welcher Richtung das Wendefeld wirken muß, geht aus den
Überlegungen gemäß Abb. 246 hervor:
Wenn der Leiterstrom bei Durchlaufen der Kommutierungs-
zone gewendet werden soll, kann dies nur durch eine von
den Wendepolen induzierte Stromwendespannung E_w geschehen,
die der Reaktanzspannung E_r entgegenwirkt. Nach der
Lenzschen Regel ist diese aber so gerichtet, daß sie den
Leiterstrom aufrechtzuerhalten sucht (in Richtung des
Stromes vor der Kommutierung).

Zu 3.: Aus Abb. 245 ist zu erkennen, daß die Induktionsverteilung über die Polteilung gegenüber Leerlauf beträchtlich verzerrt ist und die Spitze 20 bis 30 % über dem
Leerlaufwert liegt.

Wie im allgemeinen Teil (Abschn. 3.3) ausgeführt, ist die
Spannung in einer Durchmesserspule das getreue Abbild
der Induktionsverteilung, demnach wird die Lamellenspannung bei Belastung (= Windungsspannung) ebenfalls
20 bis 30 % höher sein als die Leerlauf-Lamellenspannung.

die Lamellenspannung errechnet sich allgemein zu:

$$E_1 = \frac{E \cdot 2p}{k \cdot \alpha}$$

worin k die Lamellenzahl und α die Polbedeckung bedeutet.

Diese Leerlauf-Lamellenspannung tritt in jenen Leitern auf,
die sich unter den Polen befinden; bei Belastung erhöht sie
sich entsprechend den vorstehenden Ausführungen.

Die Lamellenspannung einer Kommutator-Gleichstrommaschine
darf einen Höchstwert von ca. 30 V nicht überschreiten;
dies ist etwa die Lichtbogenspannung. Ein einmal gezündeter
Überschlag zwischen zwei Lamellen bleibt als Lichtbogen
stehen und setzt sich über den ganzen Kommutator fort, man
nennt dies Rundfeuer; es führt zur Zerstörung von Kommu-
tator und Bürstenhaltern.
Der Kommutator besteht aus Kupferlamellen, die durch
Micanit voneinander isoliert sind (Abb. 247, 89a).
Die Bürstenkohlen sind aus Elektrographitkohle hergestellt,
ihre Laufzeit liegt in der Größenordnung von einem halben
Jahr.
Das Belastungsquerfeld bewirkt also eine Erhöhung der
Lamellenspannung und damit der Rundfeuergefahr.

Abhilfemaßnahmen gegen die Wirkungen des Querfeldes

Die vollkommenste Abhilfemaßnahme ist eine Wicklung im Ständer,
deren Durchflutung gleich groß, entgegengesetzt und gleich
verteilt wie die Belastungsdurchflutung ist. Eine solche
Wicklung ist die Wendepol- und Kompensationswicklung. Sie ist
auf Wendepole und Hauptpole im Verhältnis $\frac{1-\alpha}{\alpha}$ aufgeteilt.
Auf den Wendepolen kommen dann noch die Windungen hinzu, die
das Wendefeld erregen (Abb. 248a).
In vielen Fällen begnügt man sich mit der Wendepolwicklung
allein (Abb. 248b), die dann außer den Wendefeldwindungen
ebensoviel Windungen aufweisen muß, wie die Ankerwicklung
$w_1 = \frac{z}{8ap}$.
Durch diese Maßnahme kann aber weder Feldverzerrung noch Feldschwächung beseitigt werden.
Eine andere Maßnahme wiederum, mit deren Hilfe die Feldschwächung aufgehoben werden kann, ist die Hilfsreihenschlußwicklung (Kompoundwicklung) (Abb. 227) auf den Hauptpolen (zusätzlich zu den Wendepolen). Mit ihrer Hilfe wird nicht die
Ursache der Feldschwächung beseitigt, sondern das schon ge-
schwächte Feld wird wieder angehoben; die Verzerrung bleibt.

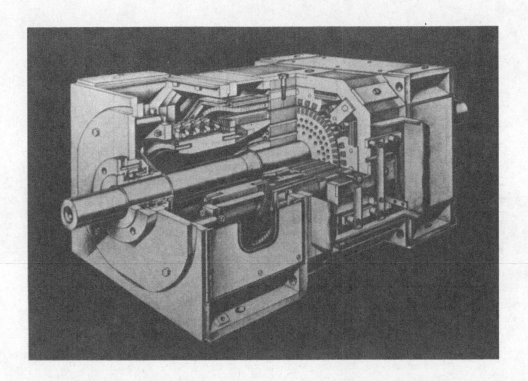

Abb. 247: Längs- und Querschnitt durch einen Gleichstrommotor.

(BBC)

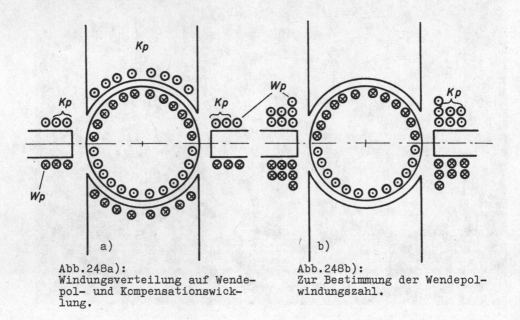

a)

b)

Abb.248a):
Windungsverteilung auf Wende-
pol- und Kompensationswicklung.

Abb.248b):
Zur Bestimmung der Wendepolwindungszahl.

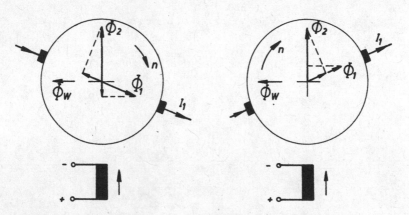

Abb. 249: Zur Wirkung der Bürstenverschiebung.

Bei einer Stromumkehr kehrt sich auch die Wirkung der
Kompoundwicklung um, so daß unter Umständen auch die Kompound-
wicklung umgeschaltet werden muß. Dies ist ein wesentlicher
Nachteil der Kompoundwicklung.

Eine weitere Maßnahme, durch die entweder die Kommutierung
erleichtert oder die Feldschwächung aufgehoben wird, stellt
das Herausdrehen der Bürsten aus der neutralen Zone dar. Dadurch kommt die Kommutierungszone in den Bereich des Hauptfeldes, während das Querfeld eine Komponente in oder gegen
Hauptfeldrichtung bekommt (Abb. 249).

Es zeigt sich, daß eine Verschiebung gegen Drehrichtung im
Motorbetrieb die Kommutierung unterstützt, bei Generatorbetrieb hingegen behindert.

Umgekehrt ist es hinsichtlich der Komponente in Polachse;
diese schwächt das Hauptfeld im Motorbetrieb bei Verschiebung
gegen Drehrichtung und unterstützt es bei Generatorbetrieb.

Die Maßnahme der Bürstenverschiebung wird meist nur zu
Korrekturzwecken benützt.

6.3.3 Die Stromwendung (Kommutierung) der Gleichstrommaschine

Der Kommutator der Gleichstrommaschine stellt einen mechanischen Gleichrichter dar, durch den die in den Spulen erzeugte
Wechselspannung und der dort fließende Wechselstrom in Gleichstrom umgeformt wird (vgl. Abschnitt 6.3.1).

Das Problem des Kommutators liegt einerseits in dem unvermeidlichen verschleißbehafteten Schleifkontakt, andererseits
in der Beherrschung des Bürstenfeuers, durch welches Kommutator und Bürstenkohlen einem zusätzlichen Verschleiß unterworfen werden.

Die Funken und Spritzer, die man das Bürstenfeuer nennt,
haben ihre Ursache in der plötzlich erzwungenen Stromänderung, welche in einer kommutierenden (durch Bürsten
kurzgeschlossenen) Spule dann auftritt, wenn der Strom
beim Ablauf von der Lamelle noch nicht vollständig gewendet ist (Abb. 250).
Da die Spule mit einer (Streu-)Induktivität behaftet ist,
ruft die plötzliche Stromänderung ($\frac{di}{dt} = \infty$) zwischen Bürste
und ablaufender Lamelle eine Spannungsspitze hervor, die
zum Funkenüberschlag führt. Abhilfe bringt ein Wendefeld
(Abb. 246),durch das in der kurzgeschlossenen Spule eine
Stromwendespannung (durch Rotation) E_w induziert wird,
welche die Selbstinduktionsspannung E_r aufhebt.
Gemäß Abb. 246 muß das <u>Wendefeld dem Belastungsquerfeld</u>
<u>entgegenwirken</u>, daher auch die Gegenschaltung der Wende-
polwicklung (Abb. 229b).

<u>Bestimmung der Reaktanzspannung und Wendepolwicklung</u>

Bei der Drehung des belasteten Gleichstrommotors wird der
Strom in einer nach der anderen Spule gewendet (Abb. 250).
Ist die Bürstenbreite größer als eine Lamelle, überlappen
sich die Stromwendungsvorgänge in mehreren Spulen.
Je <u>breiter die Bürsten</u> sind, umso länger dauert der Kommu-
tierungsvorgang und <u>umso kleiner</u> ist die <u>Reaktanzspannung</u> E_r
(Abb. 251).
Je <u>höher</u> andererseits <u>die Drehzahl</u> ist, umso kürzer dauert
die Kommutierungszeit und <u>umso größer ist</u> E_r, weil die
Spannungs-Zeitfläche gleich bleibt.
Je <u>länger</u> wiederum <u>die Maschine</u> ist, <u>umso höher</u> ist die
<u>Induktivität</u> und schließlich ist die <u>Reaktanzspannung</u> E_r
auch direkt dem Strom proportional.

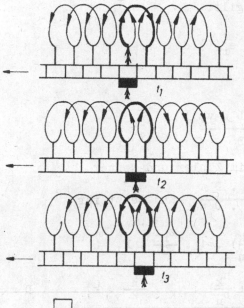

Abb. 250:
Stromverlauf in einer Spule
bei der Kommutierung.

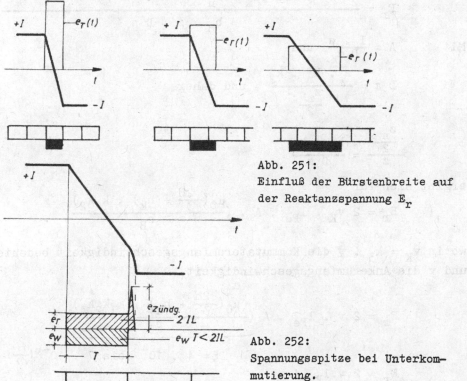

Abb. 251:
Einfluß der Bürstenbreite auf
der Reaktanzspannung E_r

Abb. 252:
Spannungsspitze bei Unterkommutierung.

Für eine Stromwendung um 180° gilt:

$$\underbrace{(+I) - (-I)}_{2\,I} = \frac{1}{L} \int_0^{T_K} e_r(t)\, dt$$

und für $e_r = const. = E_r$:

$$\frac{2\,I \cdot L}{T_K} = E_r = \frac{2\,I \cdot L \cdot v_K}{b_B}$$

Erweitert man diesen Ausdruck im Zähler und Nenner

$$E_r = \frac{2\,I \cdot L \cdot v_K}{b_B} \cdot \frac{z \cdot D\,\pi}{z \cdot D\,\pi} \quad \text{und setzt für}$$

$$L \doteq \mu_0 \cdot l_{Fe}\left(\frac{2h}{3b_n} + \frac{h_k}{b_n}\right) \cdot 1 \cdot \frac{z_n}{2} \cdot k_1$$

$$E_r = \frac{2 \cdot I \cdot \mu_0 \cdot l_{Fe}\left(\frac{2h}{3b_n} + \frac{h_k}{b_n}\right) \cdot v_K \cdot \frac{z_n}{2} \cdot k_1 \cdot z \cdot D\,\pi}{b_B \cdot z \cdot D\,\pi}$$

Mit $\quad A = \frac{I \cdot z}{D\,\pi} \quad$ und

$$D\,\pi = \frac{z \cdot b_n \cdot k_2}{\frac{z_n}{2}} \quad \text{und daher}$$

$$\frac{\frac{z_n}{2}}{z} = \frac{b_n \cdot k_2}{D\,\pi}$$

ergibt sich für

$$E_r = 2\,v_K \cdot l_{Fe} \cdot A \cdot \left(\frac{\mu_0\left(\frac{2h}{3} + h_k\right) \cdot k_1 k_2}{b_B}\right)$$

worin $v_K = k_3 \cdot v$ die Kommutatorumfangsgeschwindigkeit bedeutet und v die Ankerumfangsgeschwindigkeit.

$$E_r = 2\,v \cdot l_{Fe} \cdot A \underbrace{\left(\frac{\mu_0\left(\frac{2h}{3} + h_k\right) \cdot k_1 k_2 k_3}{b_B}\right)}_{\xi = 4 \cdot 10^{-6} \text{ bis } 7 \cdot 10^{-6} \left(\frac{H}{m}\right)}$$

$$\underline{E_r = 2 \cdot v \cdot l_{Fe} \cdot A \cdot \xi}$$

Dies ist die sogenannte Pichelmayer-Formel; ξ nennt man den
Pichelmayerfaktor.

Damit der Leiterstrom in der Zeit T_K von +I auf -I gewendet wird, muß in der kurzgeschlossenen Spule durch das Wendefeld eine Spannung E_w induziert werden, deren Höhe gleich der berechneten Reaktanzspannung ist, jedoch muß sie dieser entgegengerichtet sein (Kirchhoff II).

$$\underline{E_r = E_w}$$

Aus dieser Bedingung resultiert die Höhe der <u>Wendefeldinduktion</u> B_w

$$E_r = E_w = 2 \cdot B_w \cdot l_{Fe} \cdot v \; ;$$

daraus kann man die Wendefeldinduktion:

$$B_w = \frac{E_r}{2 \cdot l_{Fe} \cdot v}$$

bestimmen.

Für die <u>Erregung des Wendefeldes</u> stehen jene <u>Windungen</u> am Wendepol zur Verfügung, die über die <u>Rotorwindungszahl</u> $(\frac{z}{8a\,p})$ hinausgehen:

$$w_{wp} = (1{,}15 \text{ bis } 1{,}5) \; \frac{z}{8a\,p} \qquad \text{davon erregen}$$

$$(0{,}15 \text{ bis } 0{,}5) \; \frac{z}{8a\,p} \qquad \text{das Wendefeld}$$

Dadurch ist auch der <u>Wendepolluftspalt</u> δ_w festgelegt:

$$B_w = \frac{\mu_0 \cdot (0{,}15 \text{ bis } 0{,}5) \cdot \frac{z}{8a\,p}}{\delta_w'} = \frac{E_r}{2 \cdot l_{Fe} \cdot v}$$

$$\delta_w' = \frac{\mu_0 \cdot (0{,}15 \text{ bis } 0{,}5) \cdot \frac{z}{8a\,p} \cdot 2 \cdot l_{Fe} \cdot v}{E_r}$$

wobei δ'_w nicht der mechanische, sondern ein äquivalenter Luftspalt ist, der die Feldausbreitung und Nutenkontraktion berücksichtigt. Näherungsweise kann man $\delta'_w = \delta_w$ setzen.

E_r wird vereinfacht aus der Pichelmayer-Formel gewonnen

$$E_r = 2 \cdot \overset{m/s}{v} \cdot \overset{A/m}{A} \cdot \overset{m}{l_{Fe}} \cdot \xi$$

(siehe oben)

Im Dauerbetrieb läßt man bei großen Maschinen <u>bis zu 10 V</u> Reaktanzspannung zu (besser 7V).

Bei Stoßbelastung bis zu 20 V (besser 15V).

Der Wendepol muß geblecht ausgeführt werden, der <u>Luftspalt</u> soll <u>so groß</u> sein, daß die <u>Magnetkennlinie</u> des Wendepolkreises auch bei Überlast noch <u>linear</u> bleibt.

Sobald dies nicht zutrifft, kommt es zu <u>Kommutierungsfehlern</u> bei Überlastung, weil zwar E_r streng proportional mit dem Laststrom ansteigt, hingegen E_w wegen der Wendepolsättigung nicht im selben Maße zunimmt.

Eine vorübergehende Fehlkommutierung kann auch eintreten, wenn der Wendepolkreis massive Teile enthält (Joch, Polschaft). Durch die bei Laststößen entstehenden Wirbelströme wird das Wendefeld zeitlich dem Laststrom nachhinken. Die Folge solcher Kommutierungsfehler ist Funkenbildung.

Ist die Stromwendespannung nicht groß genug, dann wird nach T_K sek. noch ein Strom über die Lamelle 1 auf die Bürste fließen (Δi), weil i in der Windung noch nicht den vollen negativen Wert erreicht hat. Dieser Reststrom ist der Kurzschlußstrom über die Bürste, der beim Ablaufen gewaltsam unterbrochen wird. Die gewaltsame Unterbrechung bewirkt in der Windungsinduktivität einen Spannungsanstieg bis zur Lichtbogenzündspannung, so daß ein Funke gezündet wird, der auf die Dauer Kommutator und Bürsten schädigen kann.

Ist hingegen die Stromwendespannung zu groß, wird der Reststrom, der über die ablaufende Bürstenkante fließt, umgekehrtes Vorzeichen aufweisen und bei seiner gewaltsamen

Unterbrechung eine Spannungsspitze in umgekehrter Richtung
zur Folge haben. (Abb. 252, 253)

Der gezündete kleine Funke hat nun verkehrte Polarität;
es wird daher auch ein Unterschied zwischen "Unter"- und
"Über"-Kommutierung sein, da die Materialwanderung in einem
Fall von der Kohle zum Kupfer, im anderen Fall vom Kupfer
zur Kohle vor sich geht.

Eine ähnliche Erscheinung kann man auch bei Schleifringen
von Synchronmaschinen beobachten, dort werden die positiven
Bürsten weniger abgenützt als die negativen.

Vielfach wird bei der Beschreibung des Kommutierungsvorganges, der sich ändernde Bürstenübergangswiderstand zu
Hilfe genommen, obwohl man genau weiß, daß er nicht etwa
der Übergangsfläche verkehrt proportional ist und dieser
überhaupt eine unsichere, kaum erfaßbare Größe darstellt.

Nun ist der Einfluß der Bürstenübergangsspannung auf die
Stromwendung bei großen Maschinen von untergeordneter Bedeutung, da die Reaktanzspannung ca. 5 mal so groß ist.
Es erscheint daher wenig sinnvoll, mit dieser Größe den
Kommutierungsmechanismus beschreiben zu wollen. Zweckmäßiger
ist es, diesen Einfluß nachträglich in Form einer Korrektur
zu berücksichtigen: Abb. 254.

Genauere Berechnung der Reaktanzspannung

Die Spannung, die in einer Spule bei der Stromwendung induziert wird, besteht nicht allein aus der Selbstinduktionsspannung der kommutierenden Spule, sondern setzt sich aus
dieser und jenen Spannungen zusammen, die durch Gegeninduk-
tion benachbarter kommutierender Spulen in derselben Nut
induziert werden.

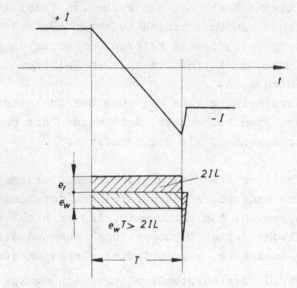

Abb. 253: Spannungsspitze bei Überkommutierung.

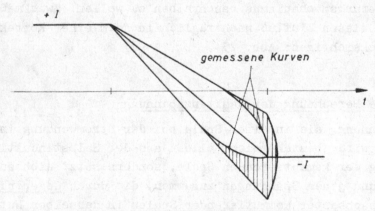

Abb. 254: Einfluß des ohmschen Widerstandes auf die
Kommutierung.

Gegenseitige Induktivität kann entweder zwischen benachbarten Spulenseiten in einer Nut bestehen, oder in den
in einer Nut übereinanderliegenden Spulenseiten.
Die erstgenannte Induktivität L_{oo}, bzw. L_{uu} ist gleich
der Eigeninduktivität L_o bzw. L_u der kommutierenden Spule.

Für die gegenseitige Streuinduktivität gilt im Nutbereich:

$$L_{ou} = \mu_0 \; w^2 \; (\frac{h_o}{2b_n} + \frac{h_k}{b_n}) \cdot l_{Fe}$$

(Vgl. Abschnitt 3.5)

Für die Kommutierung mit konstanter Kommutierungsspannung
gilt:

$$I_1 - I_2 = \frac{1}{L} \int_0^{T_K} e_r \cdot dt = 2I \cdot L = E_r \cdot T_K$$

(aus der Integration von $e = -L \frac{di}{dt}$)

Die Reaktanzspannung e_r ist konstant, wenn die Stromwendung
linear verläuft (Abb. 251).
Im allgemeinen ist der Spulenstromverlauf bei der Kommutierung nicht vollkommen linear, jenachdem, welchen zeitlichen Verlauf die von außen induzierte Stromwendespannung e_w
hat.
Grundsätzlich kann diese einen beliebigen Verlauf haben;
es muß nur die Spannungs-Zeitfläche für die Kommutierung
stimmen (Abb. 240, 251), dann wird beim Ablaufen von der
Lamelle der Strom über die ablaufende Lamellenkante tatsächlich Null. Ist dies nicht der Fall, liegt Über- oder
Unter-Kommutierung vor (Abb. 252, 253).

Die Reaktanzspannung, die durch lineare Stromwendung induziert wird, ergibt sich:

$$E_{ro} = \frac{2 \cdot I_s \cdot L}{T_K}$$

$$E_{ro} = \frac{I_1}{a} \cdot \frac{v_K}{b_B} \cdot \mu_O \cdot l_{Fe} \cdot (\lambda_{no} + \lambda_z + \frac{l_s}{l_{Fe}} \cdot \lambda_s) \, w^2$$

$$E_{ru} = \frac{I_1}{a} \cdot \frac{v_K}{b_B} \cdot \mu_O \cdot l_{Fe} \cdot (\lambda_{nu} + \lambda_z + \frac{l_s}{l_{Fe}} \cdot \lambda_s) \, w^2$$

$$E_{roo} = E_{ro}$$

$$E_{ruu} = E_{ru}$$

$$E_{rou} = \frac{I_1}{a} \cdot \frac{v_K}{b_B} \cdot \mu_O \cdot l_{Fe} \cdot (\lambda_{nou} + \lambda_z) \, w^2$$

Um die gesamte Reaktanzspannung zu ermitteln, die in einer Spule während der Kommutierung induziert wird, muß man zumindest einen Teil der Wicklung aufzeichnen. Im vorliegenden Beispiel wird eine Einfach-Schleifenwicklung gewählt:

$$p = 2$$
$$k = 42$$
$$z_n = 2 \times 3 \text{ Leiter pro Nut}$$

In Abb. 255 sind acht Zeitaugenblicke markiert, bei denen jeweils eine neue Spule in die Kommutierung eintritt. Für die stark gezeichnete Spule $13_o - 23_u$ wird die durch Selbst- und Gegeninduktivität hervorgerufene Reaktanzspannung bestimmt. In derselben Nut wie die induzierte Spule befinden sich folgende Stäbe, die nach den an den Oberstab angeschlossenen Lamellen gekennzeichnet sind:

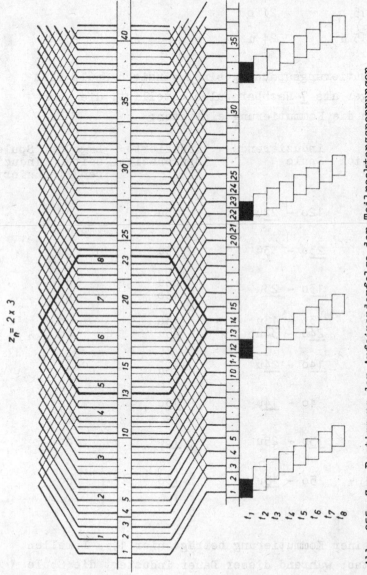

Abb. 255: Zur Bestimmung der Aufeinanderfolge der Teilreaktanzspannungen.

13 u	22 o
14 o	22 u
14 u	23 o
15 o	24 o
15 u	24 u

An der Kommutierungsspannung einer einzigen Spule sind
nicht weniger als <u>7</u> Nachbarspulen beteiligt, die nacheinander in die Kommutierung eintreten:

Zeitaugenblick	induzierende Spule	induzierte Spulenseite	Lage der Spulen-seiten (induzie-rend/induziert)
t_1	12o – <u>22</u>u	23u	uu
t_2	<u>23</u>o – 33u	23u	ou
t_3	<u>13</u>o – 23u	23u 13o	o u
t_4	3o – 13u <u>24</u>o – 34u	13o <u>23</u>u	uo ou
t_5	<u>14</u>o – <u>24</u>u	13o 23u	oo uu
t_6	4o – <u>14</u>u	<u>13</u>o	uo
t_7	<u>15</u>o – 25u	<u>13</u>o	oo
t_8	5o – <u>15</u>u	<u>13</u>o	uo

Die Dauer einer Kommutierung beträgt hier 1,5 Lamellen
im Wegmaßstab; während dieser Dauer induziert die Spule
sich selbst, oder wird durch Nachbarspulen mit einer konstanten Spannung induziert (Annahme linearer Kommutierung).

Die Summe aller in einer Spule durch Selbst- oder Gegen-
induktion induzierten Spannungen muß durch die Stromwendespannung aufgehoben werden (Abb. 256).
Maßgebend ist jedoch nur jener Zeitbereich der Reaktanzspannung (stark eingerandet), während dessen die betreffende Spule kurzgeschlossen ist, also kommutiert.
Für irgend eine andere Spule, deren Spulenseiten anders
in der Nut liegen, ergeben sich unterschiedliche Werte,
sodaß die Stromwendespannung nur für eine Spule genau
eingestellt werden kann !
Die Breite der Wendepole wird im wesentlichen durch die
Bürstenbreite bestimmt; sie ist im allgemeinen so zu wählen,
daß sich alle kommutierenden Spulen im Wendefeldbereich
befinden.

6.4 Schaltungen, Differentialgleichungen und Betriebs-
eigenschaften der Gleichstrommaschine

Um das Betriebsverhalten einer Gleichstrommaschine be-
liebiger Schaltung beurteilen zu können, muß man die
Spannungs- und Momentengleichungen aufstellen. Nach
Kirchhoff II muß in jedem Zeitaugenblick die Summe aller
Spannungen im Rotorkreis Null sein, ferner muß zu jedem
Zeitaugenblick Gleichgewicht zwischen allen Momenten an
der Welle herrschen:

Spannungsgleichung: (Abb. 257)

$$e + e_{1h} + e_R + e_L = 0 \quad ; \quad e_{1h} = \mp k_m \, \dot\varphi \, \phi_h \quad \genfrac{}{}{0pt}{}{\text{Motor/Generator}}{\text{Gegenstrombremse}}$$

$$e \mp \frac{z \cdot \frac{p}{a}}{2\pi} \cdot \frac{d\varphi}{dt} \cdot \phi_h(i_1, i_2) - i_1 R_1 - L_1 \frac{di_1}{dt} = 0$$

$$e \mp k_m \cdot \dot\varphi \cdot \phi_h(i_1, i_2) - i_1 R_1 - L_1 \cdot \dot i_1 = 0$$

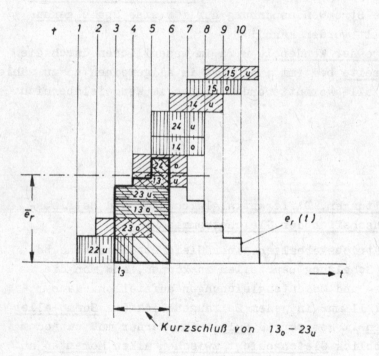

Abb. 256: Bestimmung des zeitlichen Verlaufes von e_r.

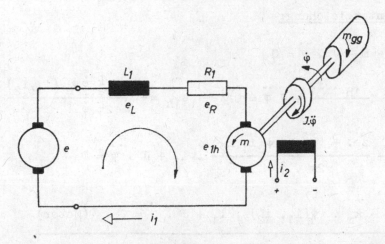

Abb. 257: Zur Differentialgleichung der Gleichstrommaschine.

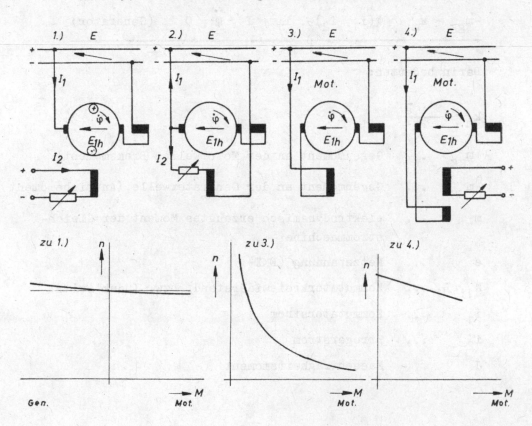

Abb. 258: Erregerwicklungsschaltungen der
Gleichstrommaschine, M=f(n)-Kennlinien.

Momentengleichung:

$$\pm\ m_{gg} + m + J \cdot \ddot{\varphi} = 0$$

$$\pm\ m_{gg} + \frac{e_{1h} \cdot i_1}{\dot{\varphi}} + J\ \ddot{\varphi} = 0; \qquad e_{1h} = \mp\ \frac{z\ \frac{p}{a}\cdot\dot{\varphi}\cdot\phi_h\ (i_1,i_2)}{2\pi\ \dot{\varphi}}$$

$$\pm\ m_{gg} - \frac{z\cdot\frac{p}{a}\cdot\dot{\varphi}\cdot\phi_h(i_1,i_2)}{2\pi\cdot\dot{\varphi}}\cdot i_1 + J\cdot\ddot{\varphi} = 0$$

$$+m_{gg} - k_m\cdot\phi_h(i_1,\ i_2)\cdot i_1 + J\cdot\ddot{\varphi} = 0 \qquad \text{(Motor)}$$

$$-m'_{gg} - k_m\cdot\phi_h(i_1,\ i_2)\cdot i_1 + J\cdot\ddot{\varphi} = 0 \qquad \text{(Generator)}$$

Darin bedeuten:

$$k_m = \frac{z\cdot\frac{p}{a}}{2\pi}$$

$+m_{gg}$ ... Gegenmoment an der Motorwelle, (Bremsmoment)

$-m_{gg}$ ... Gegenmoment an der Generatorwelle, (Antriebsmoment)

m ... elektrodynamisch erzeugtes Moment der Gleichstrommaschine

e ... Netzspannung (EMK)

R_1, L_1 ... Kommutatorkreiswiderstand, bzw. Induktivität

i_1 ... Kommutatorstrom

i_2 ... Erregerstrom

J ... Massenträgheitsmoment

Das Vorzeichen in diesen Gleichungen kann wie folgt
bestimmt werden:
Für die Spannungsgleichung findet man das Vorzeichen immer
aus dem bekannten Stationärzustand (vgl. Abb. 257). Bezogen
auf e ... positiv ergibt sich ein positiver Zahlenwert für
den Strom i_1 bei Motorbetrieb ($e_{1h} < e$, $P_M = -k_m \cdot \dot{\varphi} \cdot \Phi_h(i_1, i_2) \cdot i_1$),
(Motorleistung negativ).
Das Maschinenmoment in der Momentengleichung ist daher bei
Motorbetrieb negativ ($e_{1h} = -k_m \cdot \Phi_h \cdot \dot{\varphi}$), während es sich
bei Generatorbetrieb positiv ergibt.
Sowohl bei Motor- als auch bei Generatorbetrieb müssen
Motor- und Bremsmoment bzw. Generator- und Antriebsmoment
entgegengesetztes Vorzeichen aufweisen (Momentengleichgewicht
im stationären Betrieb). Daraus folgt, daß das Bremsmoment
(bei Motorbetrieb) mit umgekehrtem Vorzeichen wie das Maschinenmoment in die Momentengleichung einzusetzen ist, das
Antriebsmoment beim Generatorbetrieb mit gleichen Vorzeichen.

Die Richtung des Maschinenmomentes m kehrt sich ja zwischen
Motor- und Generatorzustand mit dem Strom i_1 automatisch um.

Das Vorzeichen, mit dem das Massenbeschleunigungsmoment $J\ddot{\varphi}$

in die Momentengleichung einzusetzen ist, ergibt sich aus
folgender Überlegung:
Die Differenz aus Maschinenmoment m und Gegenmoment m_{gg} muß
entgegengesetzt dem Massenbeschleunigungs- oder Verzögerungs-
moment wirken.
Beim (motorischen) Anlauf muß sich für $\ddot{\varphi}$ und i_1 ein positiver
Zahlenwert ergeben (e ... positiv). $J\ddot{\varphi}$ ist daher positiv
in die Gleichung einzusetzen.
Beim generatorischen Bremsen muß sich für $\ddot{\varphi}$ und i_1 ein
negativer Zahlenwert ergeben; $J\ddot{\varphi}$ ist daher auch hier
positiv einzusetzen (Verzögerung).

Der Fluß ϕ_h kann in verschiedener Weise <u>vom</u> Erregerstrom i_2 und Belastungsstrom i_1 <u>abhängig</u> sein.
Von i_2 ist er nach der <u>Magnetcharakteristik</u> abhängig, von i_1 nach der <u>Feldschwächungsfunktion</u>.

<u>Schaltungen</u>

Das <u>Verhalten</u> der Gleichstrommaschine wird vornehmlich <u>durch die Schaltung der Erregerwicklung bestimmt</u>.

Man unterscheidet die folgenden <u>Schaltungen der Gleich-strommaschine</u>:

1. Fremderregte Gleichstrommaschine
2. Nebenschluß-selbsterregte Gleichstrommaschine
3. Reihenschluß-selbsterregte Gleichstrommaschine
4. Fremderregte Gleichstrommaschine mit Hilfs-reihenschlußwicklung

(Abb. 258)

6.4.1 Fremderregte Gleichstrommaschine

<u>Das stationäre Betriebsverhalten der fremderregten Gleichstrommaschine</u>

Grundlage für die Beschreibung des stationären Betriebs-verhaltens sind die allgemeinen Differentialgleichungen, in denen die Glieder mit $\dot{i}_1$ und $\dot{\varphi}$ wegfallen:

$$E - R_1 \cdot I_1 = \underbrace{k_m \cdot \phi_h(I_1, I_2) \cdot \dot{\varphi}}_{E_{1h}}$$

$$k_m \cdot \phi_h(I_1, I_2) \cdot I_1 = M_{gg}$$

Wegen der Nichtlinearität der Funktion $\phi_h(I_1, I_2)$ kann
die Gleichung nur graphisch oder numerisch gelöst werden.

Für einen konstanten Erregerstrom I_2 beschreibt E_{1h} in
Abhängigkeit von I_1 eine Kurvenschar (Abb. 259) mit
dem Parameter n.
Der linksstehende Teil der Spannungsgleichung:

$$(E - I_1 R_1)$$

stellt wiederum eine Kurven(Geraden)schar mit dem
Parameter E dar. Mit Hilfe dieser beiden Kurvenscharen
kann jede beliebige Abhängigkeit gewonnen werden.
Am kennzeichnendsten für alle elektrischen Maschinen ist
die Abhängigkeit:

$$n = f(M) \quad \left| \begin{array}{l} E = const \\ I_2 = const \end{array} \right.$$

(Drehzahlmomentenkennlinie);

sie ist vor allem maßgebend für das stabile Zusammenwirken
von Motor und Arbeitsmaschine.
Nach der Konstruktion gemäß Abb. 243 kann für verschiedene
Stromwerte I_1 das zugehörige B_m bestimmt werden und damit
E_{1h} (für die Nenndrehzahl) in Abhängigkeit von I_1.
Diese Kurve $E_{1h} = f(I_1) \quad \left| \begin{array}{l} I_2 = const \\ n = n_0 \end{array} \right.$

kann desweiteren für verschiedene Parameterwerte (0 bis 10)
von n durch proportionales Verkleinern oder Vergrößern umge-
zeichnet werden (n_0 bis n_{10}; Abb. 259).
Ebenso ist für verschieden feste Werte von E die Abhängigkeit $(E - R_1 \cdot I_1) = f(I_1)$ mit dem Parameter E (0 bis 10)
als Geradenschar zu zeichnen.

434

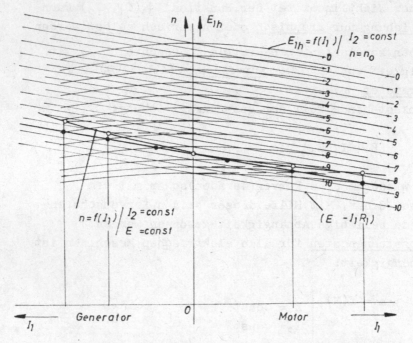

Abb. 259: Graphische Ermittlung der Kennlinie n = f(I₁) (stabil).

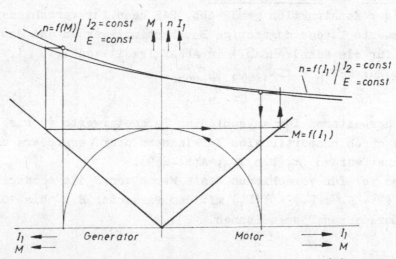

Abb. 260a: Graphische Ermittlung der Funktion n = f(M) (stabil).

Bei der Funktion $E_{1h} = f(I_1)$ wurde ein konstanter Erregerstrom I_2 angenommen (Abb. 259). Zu einem konstanten Wert E
gehört beispielsweise die starkgezeichnete Gerade zwischen
8 und 9.
Jedem <u>Schnittpunkt</u> dieser Geraden mit einer $E_{1h}(I_1)$-Kenn-
linie (an dem die Gleichung erfüllt ist), ist ein bestimmter
Strom I_1 (x-Achse) und ein bestimmtes n (Parameter) zugeordnet. In Abb. 259 ist zu erkennen, wie die Funktion

$$n = f(I_1) \,\bigg|\, \begin{array}{l} I_2 = \text{const} \\ E = \text{const} \end{array}$$

aus beiden Kurvenscharen gewonnen wird.
Über die Beziehung $M = f(I_1)$ erhält man schließlich gemäß
Abb. 260a die Kennlinie $n = f(M) \,\bigg|\, \begin{array}{l} I_2 = \text{const} \\ E = \text{const} \end{array}$

Die Abhängigkeit $M(I_1)$ würde eine Gerade sein, solange keine
Feldschwächung eintritt.
Abb. 261 und 262a stellen denselben Vorgang dar, jedoch für eine
Maschine mit sehr <u>kleinem ohmschen</u> Widerstand . Die <u>Kennlinie</u>
$(E - R_1 I_1) = f(I_1)$ ist demnach <u>flacher</u> als die Kennlinie
$(E - R_1 I_1) = f(I_1)$ der Abb. 259.
Man erkennt aus dem Ergebnis, daß die Maschine im motorischen Bereich <u>instabil</u> ist (Drehzahlanstieg mit zunehmendem
Moment). Eine instabile Maschine kann aber <u>durch Vorschalten</u>
eines kleinen <u>Widerstandes</u> oder durch eine Hilfsreihenschlußwicklung <u>stabil</u> gemacht werden.

Der <u>Anlauf</u> des fremderregten Gleichstrommotors kann entweder durch Steigerung der Speisespannung E von Null an
erfolgen, oder bei konstanter Speisespannung E durch Einschalten eines Vorwiderstandes R im Kommutatorkreis und dessen
stufenweise Abschaltung (Abb. 263a). Die Zuschaltung der
Gleichstrommaschine auf die volle Spannung im Stillstand ist
wegen des hohen Stromes unzulässig (keine Gegenspannung
E_{1h} bei n = 0).

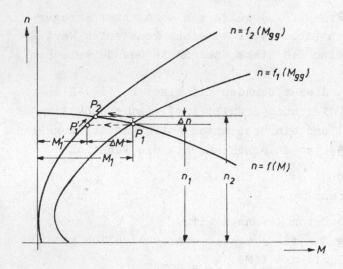

Abb. 260b:
Zur Stabilität eines Antriebes
(stabil).

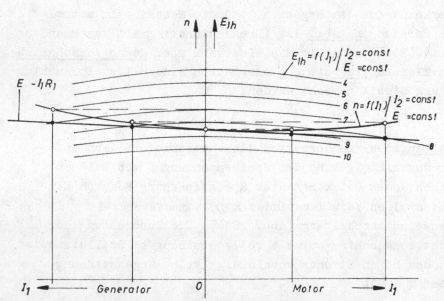

Abb. 261: Graphische Ermittlung der Funktion $n = f(I_1)$
(instabil).

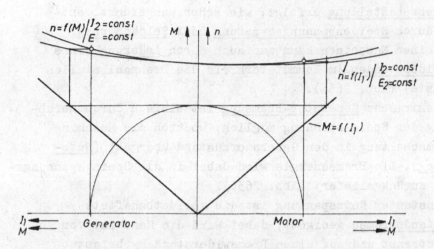

Abb. 262a: Graphische Ermittlung der Funktion n = f(M)
(instabil).

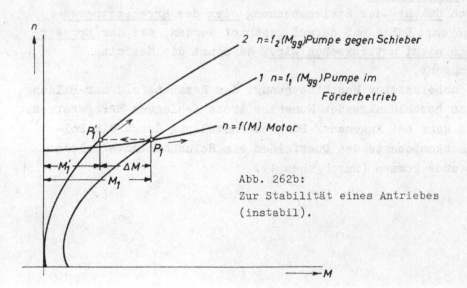

2 n = f_2(M_{gg})Pumpe gegen Schieber

*1 n = f_1 (M_{gg})Pumpe im
Förderbetrieb*

n = f(M) Motor

Abb. 262b:
Zur Stabilität eines Antriebes
(instabil).

Die Drehzahlstellung erfolgt, wie schon ausgeführt, entweder durch Speisespannungsänderung oder Feldänderung. Bei kleinen Maschinen kann man auch durch Änderung eines Regelwiderstandes im Kommutatorkreis die Drehzahl stellen (Verluste) (Abb. 263a).

Die elektrische Generator-Bremsung ist einfach durch Herabsetzung der Speisespannung möglich, wodurch die Maschine ohne Umschaltung in den Generatorzustand übergeht (Nutzbremsung). Die Bremsenergie wird dabei in die Speisespannungsquelle zurückgeliefert (Abb. 263b).

Bei konstanter Netzspannung ist die verlustbehaftete Widerstandsbremse geeignet; dabei wird die Maschine vom Netz getrennt und auf einen Bremswiderstand R belastet (Abb. 263c).

Um ein Absinken der Bremskraft mit sinkender Drehzahl zu vermeiden, muß der Bremswiderstand stufenweise kurzgeschlossen werden.

Bis zum Stillstand wirksam ist neben der Generatorbremse nur die Gegenstrombremse (Abb. 263d). In diesen Bremszustand gelangt man durch Umpolen des Kommutatorkreises oder Umkehr der Drehrichtung (Bremsung auf Bremswiderstand).

Die Drehrichtung eines fremderregten Gleichstrommotors wird durch Umkehr der Speisespannung oder des Erregerstromes umgekehrt. Dabei muß darauf geachtet werden, daß der Erregerkreis nicht unterbrochen wird, da sonst die Maschine durchgeht.

Bei unbelasteter Maschine genügt das Remanenzfeld zur Bildung eines beschleunigenden Momentes trotz fehlendem Erregerstrom. Auch kann bei ungenauer Bürsteneinstellung durch die Polachsenkomponente des Querfeldes ein Reihenschlußverhalten zustande kommen (Durchgehen !).

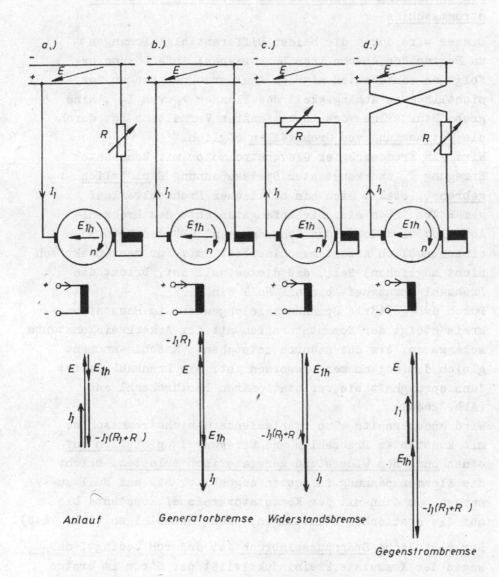

Abb. 263: Fremderregte Gleichstrommaschine.

Das instationäre Verhalten der fremderregten Gleich-strommaschine

Dieses wird durch die beiden Differentialgleichungen
zu Beginn des Abschnittes beschrieben; ihre Lösung erfolgt am einfachsten mit dem Analogrechner (wegen der
nichtlinearen Abhängigkeit des Flusses ϕ_h von I_2). Eine
grobe Beurteilung des instationären Verhaltens ist durch
die Betrachtung von Grenzfällen möglich.

Wird ein fremderregter Gleichstrommotor mit konstanter
Erregung I_2 und konstanter Speisespannung E plötzlich
gebremst, stellt sich ein zeitlicher Drehzahlverlauf
gemäß Abb. 264a ein. Die Anfangstangente des Drehzahlabfalles wird durch das Schwungmoment GD^2 des Motors
einschließlich Arbeitsmaschine bestimmt. Für den (praktisch
nicht möglichen) Fall, daß dieses Null ist, bricht die
Drehzahl sprunghaft bis auf Null ein.

Durch das gestörte Spannungsgleichgewicht im Hauptstrom-
kreis steigt der Kommutatorstrom mit der Ankerkreiskonstante
solange an, bis das dadurch entstehende Maschinenmoment
gleich dem Gegenmoment geworden ist, die Drehzahl steigt
dann sprunghaft bis zur stationären Lastdrehzahl an.
(Abb. 264a).

Wird andererseits eine leerlaufende Gleichstrommaschine
mit konstanter Drehzahl n und Erregung I_2 plötzlich auf
einen ohmschen Widerstand generatorisch belastet, bricht
die Klemmenspannung im ersten Augenblick bis auf Null zusammen, um dann mit der Kommutatorkreiszeitkonstante bis
auf die stationäre Belastungsspannung anzusteigen (Abb. 264b).

Der plötzliche Spannungseinbruch ist dadurch bedingt, daß
wegen der Kommutatorkreisinduktivität der Strom im ersten
Augenblick Null ist und damit auch der Spannungsabfall
im ohmschen Belastungswiderstand. Die in der Maschine induzierte Spannung wird durch die Selbstinduktivitätsspannung
zufolge des ansteigenden Stromes "aufgebraucht".

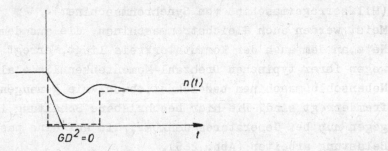

**Abb. 264a: Momentenstoß auf
Gleichstrommotor.**

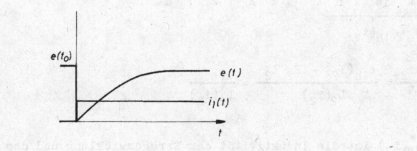

**Abb. 264b: Belastungsstoß auf
Gleichstromgenerator.**

6.4.2 Nebenschluß-selbsterregter Gleichstromgenerator;
    Erregungsvorgang und stationärer Betrieb

Diese Schaltung wird heute nur mehr selten angewendet
(Hilfserregermaschine von Synchronmaschinen).
Meist werden auch Gleichstrommaschinen, die aus demselben
Netz,an dem auch der Kommutatorkreis liegt, erregt werden,
wegen ihrer typischen Drehzahl-Momentenkennlinie als
Nebenschlußmaschinen bezeichnet,obwohl sie genaugenommen
fremderregt sind. Die hier beschriebene Schaltung ist hin-
gegen nur bei Generatoren denkbar, die auf eine passive
Belastung arbeiten (Abb. 265).
Um den Vorgang bei der <u>Selbsterregung</u> zu verstehen, genügt
die Betrachtung des Leerlaufes.
Schaltet man bei einer mit konstanter Drehzahl angetriebenen Maschine plötzlich den Erregerkreis zu, wird der
zeitliche Verlauf des Erregerstromes durch die folgende
Differentialgleichung beschrieben:

$$\underbrace{k_m \cdot \frac{d\varphi}{dt} \cdot \phi_h(i_2)}_{e_{1h}(i_2)} - i_2 R_2 - L_2^* \cdot \frac{di_2}{dt} = 0$$

$$\frac{di_2}{dt} = \frac{e_{1h}(i_2) - R_2 \, i_2}{L_2^*(i_2)} = \frac{\Delta e}{L_2^*(i_2)}$$

$L_2^*(i_2)$ ist die Induktivität der Erregerwicklung und des
Ankerkreises; sie ist wegen der Sättigung von i_2 abhängig.
Für eine ungesättigte Maschine ist L_2^* konstant. Die Differentialgleichung kann graphisch oder numerisch gelöst werden
(z.B. Isoklinenverfahren).

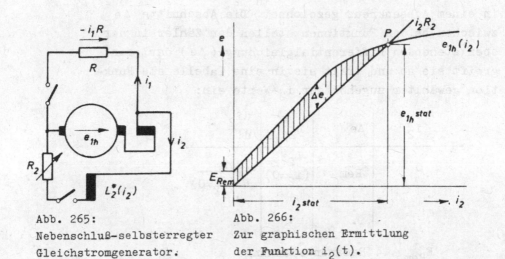

Abb. 265:
Nebenschluß-selbsterregter
Gleichstromgenerator.

Abb. 266:
Zur graphischen Ermittlung
der Funktion $i_2(t)$.

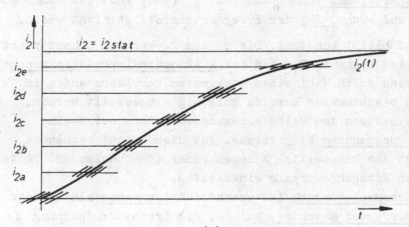

Abb. 267: Ermittlung von $i_2(t)$ nach dem
Isoklinenverfahren.

In Abb. 266 ist die Funktion $e_{1h}(i_2)$ und $R_2 \cdot i_2$ (i_2)
in einem Achsenkreuz gezeichnet. Die Abschnitte Δe
zwischen beiden Funktionen stellen den Zähler in der
oben stehenden Differentialgleichung (Δe) dar, man
greift sie ab und trägt sie in eine Tabelle als Funktion gewählter zugehöriger i_2-Werte ein:

i_2	Δe	L_2^*	$\dfrac{di_2}{dt}$
0	E_{Rem}	L_2^* $(i_2=0)$	$\dfrac{E_{Rem}}{L^*(i_2=0)}$
.	.	.	.
.	.	.	.
.	.	.	.

E_{Rem} ... Remanenzspannung

und erhält die zugehörigen Isoklinen $\dfrac{di_2}{dt}$ (Abb. 267).

Im Schnittpunkt von e_{1h} und $R_2 \cdot i_2$ (Abb. 266) ist Δe
Null und auch $\dfrac{di_2}{dt}$; der Erregerstrom steigt nicht weiter
an und bleibt konstant. Die zu dem i_2-Wert im Schnittpunkt(I_2)
gehörige Spannung E_{1h} ist die stationäre Leerlaufspannung;
sie kann durch Wahl eines geeigneten Vorwiderstandes in
einem beschränkten Bereich beliebig eingestellt werden.
Das Einsetzen des Selbsterregungsvorganges setzt eine
Remanenzspannung E_{Rem} voraus. Ist diese nicht vorhanden,
genügt das kurzzeitige Anlegen einer (Taschenlampen) Batterie,
um den Erregungsvorgang einzuleiten.
Der Erregungsvorgang ist wesentlich langsamer als bei der
fremderregten Maschine, bei der die treibende Spannung Δe
erheblich größer ist (Abb. 268):

$$\frac{di_2}{dt} = \frac{E_2 - i_2 \cdot R_2}{L_2^*}$$

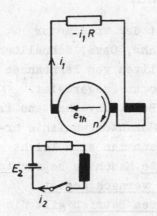

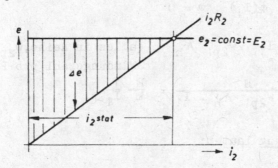

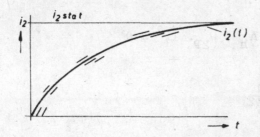

Abb. 268: Fremderregter Gleichstromgenerator.
Graphische Ermittlung von $i_2(t)$ nach
dem Isoklinenverfahren.

6.4.3 Das stationäre Betriebsverhalten der reihenschluß-
       selbsterregten Gleichstrommaschine

Der Gleichstrom-Reihenschlußmotor ist der Triebmotor
aller Nahverkehrsmittel wie Straßenbahn, Obus, Schnellbahn,
U-Bahn usw. Auch Gleichrichterlokomotiven von Fernbahnen
sind mit Gleichstrom-Reihenschlußmotoren ausgerüstet.
Für die Beurteilung des stationären Betriebsverhaltens ist
auch hier die Kenntnis der Drehzahl-Momentenkennlinie erforderlich. Einen groben Überblick kann man sich leicht
verschaffen, wenn man die ungesättigte Maschine betrachtet
und den ohmschen Wicklungswiderstand vernachlässigt.
Für eine solche Maschine im stationären Betrieb gilt die
Spannungsgleichung:

$$E - k_m \cdot \phi_h(I_1) \cdot \dot{\varphi} = 0$$

$$\phi_h(I_1) = I_1 \cdot w_{2p} \cdot \Lambda_h \qquad \text{(alles in Reihe,} w_{2p} \text{ist die}$$
$$\text{Windungszahl pro Pol).}$$

$$\underline{\dot{\varphi}} = \frac{E}{k_m \cdot w_{2p} \cdot \Lambda_h \cdot I_1} = \frac{E}{k} \frac{1}{I_1}$$

Die Momentengleichung lautet:

$$M_{gg} - k_m \cdot \phi_h(I_1) \cdot I_1 = 0$$

$$M_{gg} - k_m \cdot \Lambda_h \cdot w_{2p} \cdot I_1^2 = 0$$

$$M_{gg} = \frac{E^2}{k} \frac{1}{\dot{\varphi}^2}$$

worin $\qquad k = k_m \cdot \Lambda_h \cdot w_{2p}$

Darin bedeuten:

w_{2p} ... Windungszahl pro Pol

Λ_h ... magnetischer Leitwert je halben magnetischen Kreis;

Die Beziehung gilt für alle Polwicklungen in Reihe.

Die Drehzahl-Momentenkennlinie des Reihenschlußmotors ist
demnach näherungsweise eine quadratische Hyperbel (Abb. 269);
das Moment steigt quadratisch mit dem Strom (Abb. 270).
Für einfache Fahrzeugantriebe ist es wünschenswert, wenn der
Motorstrom unabhängig vom Gegenmoment (Steigung usw.) konstant bleibt, um das Fahrzeug mit möglichst wenig Schalt-
handlungen führen zu können. Ein solches Fahrzeug müßte mit
einem Motor angetrieben werden, dessen Momentenkennlinie
eine lineare Hyperbel ist.
Konstanter Strom heißt bei konstanter Fahrdrahtspannung
auch konstante Leistung:

$$E \cdot I_1 = \text{const} = M \cdot \dot{\varphi}$$

daraus folgt

$$M = \frac{\text{const}}{\dot{\varphi}} \qquad \text{als wünschenswert.}$$

Die quadratische Hyperbel beim Reihenschlußmotor bedingt
hingegen ein Zunehmen des Stromes bei Momentenzunahme:

$$P = M \cdot \dot{\varphi} = M \cdot \sqrt{\frac{1}{M} \frac{E^2}{k}} = \sqrt{M} \frac{E}{\sqrt{k}}$$

Dieses Verhalten ist aber nicht so ungünstig wie bei
der fremderregten Maschine, bei der wegen der annähernd
konstanten Drehzahl

$$P = k \cdot M \qquad \text{ist.}$$

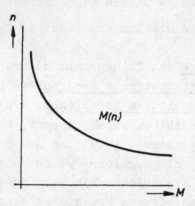

Abb. 269: Drehzahl-Momentenkennlinie des Gleich-
strom-Reihenschlußmotors.

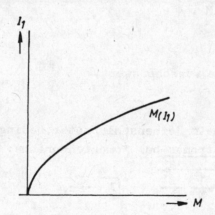

Abb. 270: Strom-Momentenkennlinie des Gleich-
strom-Reihenschlußmotors.

Für die <u>genaue Ermittlung der Drehzahl-Momentenkennlinie</u>
hat man im Gegensatz zur vorstehenden Betrachtung von
der vollständigen stationären Gleichung des Reihenschlußmotors auszugehen:

$$E - I_1 \cdot R_1 = \underbrace{k_m \cdot \dot{\varphi} \cdot \phi_h(I_1)}_{E_{1h}(I_1, \dot{\varphi})}$$

Hierfür ist die Ermittlung der Funktion $E_{1h} = f(I_1)$ erforderlich. Ausgegangen wird dabei von der Funktion

$$E_{1h} = f(I_2) \quad \bigg|\; \begin{array}{l} n = \text{const.} \\ I_1 = I_{1a} \; I_{1b} \; I_{1c} \cdots \end{array}$$

Man hat sich hierzu die Reihenschlußschaltung aufgetrennt
und die Maschine fremderregt zu denken. Abb. 271 zeigt diese
Kurvenschar, die nach Abb. 243 für verschiedene Werte von I_1
gewonnen wird.

Für Reihenschlußschaltung gilt dann:

$$I_2 = I_1$$

man erhält mithin gemäß **Abb.** 271 aus der Kurvenschar eine
einzige Kurve:

$$E_{1h} = f(I_1) \quad \big|\; n = \text{const.}$$

Aus dieser Funktion läßt sich eine Schar

$$E_{1h} = f(I_1) \quad \big|\; n = n_1, \, n_2, \, n_3 \qquad (\text{Abb. } 271)$$

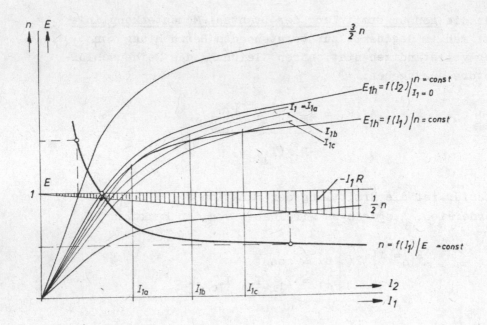

Abb. 271: Ermittlung der Funktion n = f(I₁)
          beim Gleichstrom-Reihenschlußmotor.

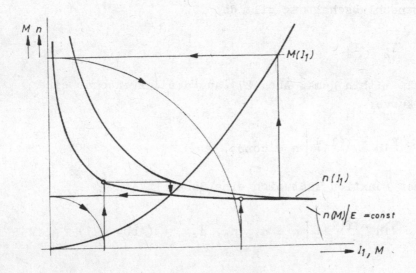

Abb. 272: Ermittlung der Funktion n = f(M)
          beim Gleichstrom-Reihenschlußmotor.

mit dem Parameter n gewinnen, indem man die Ordinaten
proportional n vergrößert oder verkleinert.

Zur Bestimmung der Drehzahl-Stromkennlinie hat man in
das Achsenkreuz der Abb. 271 noch die Linie $E - I_1 R_1$
einzuzeichnen entsprechend dem Ausdruck, der auf der
linken Gleichungsseite der eingangs angeführten Gleichung steht.

Die Gleichung ist an den Schnittpunkten erfüllt, wobei jedem
Stromwert am Schnittpunkt eine Drehzahl (n) aus dem Parameter der betreffenden Kurve zugeordnet werden kann.

Trägt man diese Zuordnung in einem Achsenkreuz auf, ist
dies die Funktion $n = f(I_1) \big|_{E\,=\,\text{const.}}$

Auf die Kennlinie $n = f(M)$ kommt man wieder über die
Momentenbeziehung

$$M = k_m \cdot \phi_h(I_1) \cdot I_1 \qquad (\text{Abb. 272})$$

die man im selben Achsenkreuz zusammen mit $n = f(I_1)$
einträgt. Mit der dort gezeigten Konstruktion findet man
schließlich die gesuchte <u>Drehzahlmomentenkennlinie</u>

$$n = f(M) \big|_{E\,=\,\text{const.}}$$

Die <u>Drehzahlstellung</u> des Gleichstromreihenschlußmotors
kann auf zweierlei Weise erfolgen:

1. Durch Änderung der Speisespannung E
2. durch einen veränderlichen Vorwiderstand R

Zu 1.: Führt man die vorstehend ausgeführte Konstruktion
(Abb. 271) für <u>verschiedene Werte E</u> durch, erhält man eine
Kurvenschar

$$n = f(I_1) \big|_{E\,=\,E_a,\ E_b,\ \ldots} \qquad (\text{Abb. 273})$$

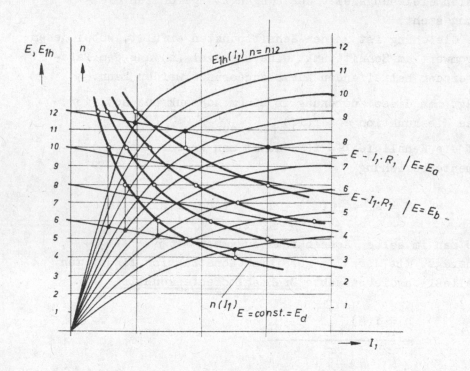

Abb. 273: Graphische Ermittlung der Funktion
$n = f(I_1)$ $E=E_a, E_b, E_c$ ... beim Gleichstrom-Reihenschlußmotor.

Läßt man in Abb. 271 hingegen E konstant und schaltet
verschiedene Werte eines Vorwiderstandes ein, ergibt sich
für jeden Wert eine andere Neigung der Linie $E - I_1(R_1+R)$
(Abb. 274). Mit jeder dieser Linien kann nun eine
Funktion

$$n = f(I_1) \left| \begin{array}{l} E = \text{const.} \\ R = R_a, R_b, R_c, \ldots \end{array} \right.$$

konstruiert werden; es ergibt sich eine ähnliche Kurvenschar wie bei Variation von E. Durch den Vorwiderstand R
läßt sich auch der Anlaufstrom auf einen beliebig kleinen
Wert herabsetzen.

Die Bremsung der Gleichstrom-Reihenschlußmaschine

Grundsätzlich sind alle drei bei der fremderregten Maschine
besprochenen Bremsmethoden auch bei der Reihenschlußmaschine möglich:

1. Generator(Nutz)bremse
2. Widerstandsbremse
3. Gegenstrombremse

Während die beiden zuletzt genannten Methoden relativ problem-
los sind, ist die Generator(Nutz)bremse nur bedingt stabil,
sie benötigt überdies zusätzliche Einrichtungen, wie Feld-
Nebenschlußwiderstände, künstliche Stabilisierung usw.; dies
ist nicht zuletzt der Grund, daß diese Bremsung nirgends Eingang gefunden hat.
Um die Reihenschlußmaschine in den Bremszustand überzuführen,
ist bei allen drei Methoden entweder eine Umpolung der Erre-
ger- gegen die Kommutatorwicklung nötig, oder bei unveränder-
ter Schaltung eine Umkehr der Drehrichtung.

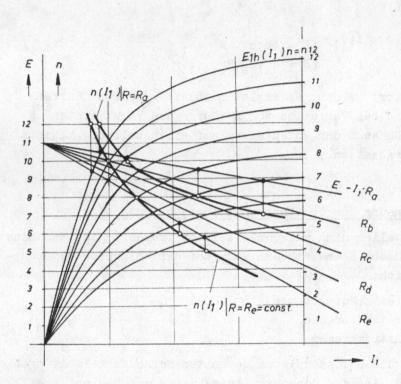

Abb. 274: Graphische Ermittlung der Funktion
n = f(I₁) R=Ra,Rb,Rc ... beim Gleich-
E=const.
strom-Reihenschlußmotor.

Wie aus der nachstehenden Differentialgleichung zu erkennen ist, wird die Reihenschlußmaschine durch diesen Vorgang zu einem <u>instabilen System</u>, das einen <u>stabilen Betrieb</u> nur auf Grund der <u>Nichtlinearität der Magnetkennlinie</u> $E_{1h}(I)$ zuläßt.

$$\underset{\substack{\text{Bremse} \\[2pt] \text{Motor}}}{\Bigg|} \quad (e+e_{1h}+e_R+e_L = 0)$$

$$e + i_1 \left[\pm \underbrace{k_m \cdot \Lambda_h \cdot w_{2p} \cdot \dot\varphi}_{e_{1h}/i_1} -(R_1+R_B)\right] - L_1^* \frac{di_1}{dt} = 0$$

Bei Überwiegen des ersten Ausdruckes in der Klammer und Bremsschaltung wird der Klammerausdruck negativ, was (nach Hurwitz) gleichbedeutend mit Instabilität ist. Daß dennoch ein stabiler Betrieb (bei gesättigter Kennlinie) möglich ist, zeigen die Abbildungen 275b,c,d.

Die Kennlinien $E_{1h}(i_1)$ können entweder als Scharen mit dem Parameter $\dot\varphi$ (Drehzahl) oder mit einem Parameter R_{1sh} (Feld-Nebenschlußwiderstand) verstanden werden. Für Bremsschaltung gilt:

$$\frac{di_1}{dt} = \frac{1}{L_1^*} \; (e - i_1(R_1+R_B) + e_{1h}(i_1))$$

$$e_{1h} = +k_m \Lambda \cdot i_1 \; \cdot w_{2p} \cdot \dot\varphi$$

Die stationären Betriebspunkte ergeben sich für $\frac{di_1}{dt} = 0$ also beim Schnittpunkt der Linien $-(E - i_1R_1)$ und $+E_{1h}(i_1)$; bei der Generatorbremse ist nur ein Schnittpunkt stabil (Abb. 275c).

Zu 2. Widerstandsbremse (Abb. 275b).
Nach Abtrennen vom Netz, Umpolung und Belastung auf einen Bremswiderstand, stellt sich ein analoger Selbsterregungsvorgang ein, wie beim nebenschlußselbsterregten Gleichstromgenerator ein ($e = 0$):

$$\frac{di_1}{dt} = \frac{1}{L_1^*}(e_{1h}(i_1) - i_1(R_1+R_B)$$

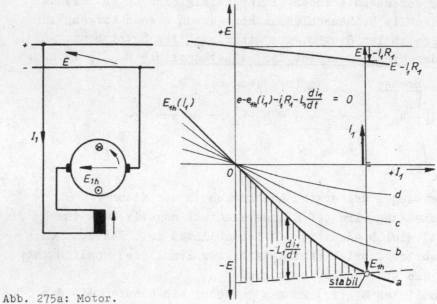

Abb. 275a: Motor.

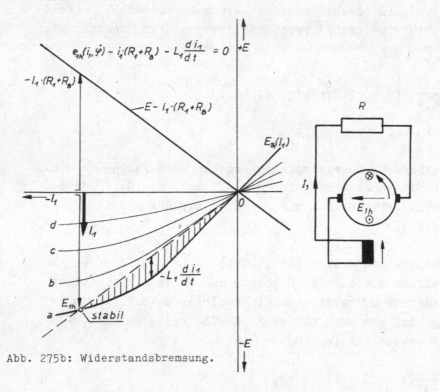

Abb. 275b: Widerstandsbremsung.

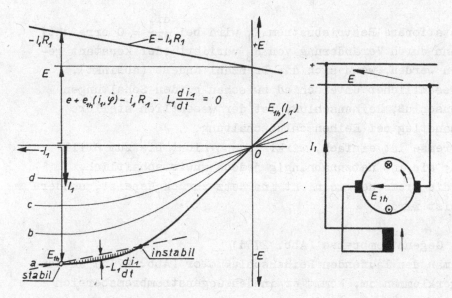

Abb. 275c: Generator.

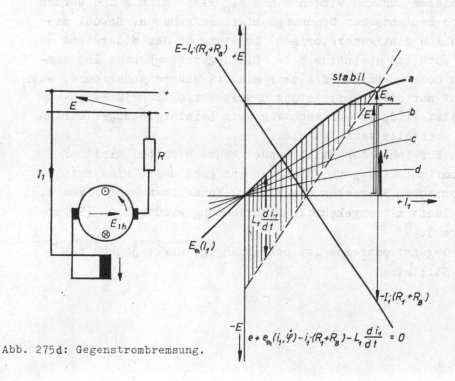

Abb. 275d: Gegenstrombremsung.

Der stationäre Bestriebsstrom I_1 wird bei $\frac{di_1}{dt} = 0$ erreicht;
er kann durch Veränderung von R_B variiert oder konstant gehalten werden, wenn sich die Drehzahl ändert (absinkt).
Ein wesentlicher Unterschied zwischen beiden Schaltungen
(Nebenschluß, Reihenschluß) ist der wesentlich steilere
Stromanstieg bei Reihenschlußschaltung.
Die Bremse ist einfach, wirkt jedoch nicht bis zum Stillstand; sie ist netzunabhängig jedoch unwirtschaftlich,
weil die Bremsenergie nicht ins Netz zurückgespeist, sondern
verheizt wird.

Zu 3. Gegenstrombremse (Abb. 275d)
Polt man den laufenden Reihenschlußmotor (Abb. 275a) an den
Erregerklemmen um, kommt er in den Gegenstrombremsbereich
(Vorzeichen von e_{1h}). Zur Strombegrenzung muß gleichzeitig
ein Bremswiderstand eingeschaltet werden.
In diesem Zustand wirken e und e_{1h} gleichsinnig und werden
durch den ohmschen Spannungsabfall aufgehoben. Sowohl die
Maschine gibt (generatorisch) Leistung an den Widerstand ab,
wie auch das speisende Netz. Die Gegenstrombremse ist demnach noch unwirtschaftlicher als die Widerstandsbremse, weil
nicht nur die Bremsleistung unwiederbringlich in Wärme umgesetzt wird, es muß auch vom Netz Leistung bezogen werden,
die ebenfalls verheizt wird.
Nach Erreichen des Stillstandes kehrt sich bei gleicher
Stromrichtung e_{1h} um, die Maschine geht damit wieder in den
motorischen Betriebszustand über (Vorzeichenwechsel von e_{1h})
und läuft mit umgekehrter Drehrichtung wieder hoch (Reversieren).
Die Gegenstrombremse ist netzabhängig, wirkt jedoch bis
zum Stillstand.

**Das instationäre Betriebsverhalten der reihenschluß-
selbsterregten Gleichstrommaschine.**

Für den Motorbetrieb gilt hier die Differentialgleichung:

$$E - k_m \Lambda_h \cdot w_{2p} \cdot i_1 - R_1 \cdot i_1 - L_1^* \cdot \frac{di_1}{dt} = 0$$

(Reihenschaltung aller Pole)

Man erkennt daraus sofort, daß der Strom i_1 auf einen
Speisespannungssprung ΔE mit einem exponentiellen zeitlichen Verlauf sehr kleiner Zeitkonstante fol-
gen wird.

Der Reihenschlußmotor hat daher ein sehr viel besseres
dynamisches Verhalten als der fremderregte Gleichstrommotor. Dieses Verhalten ist nur in einem Fall ungünstig,
wenn der Reihenschlußmotor nämlich über einen Gleichrichter
von einer Wellenspannung gespeist wird. Die Stromglättung
ist dann unverhältnismäßig viel schlechter als bei der
fremderregten Maschine (der Strom kann den Spannungs-
pulsationen zufolge der kleinen Zeitkonstante viel rascher
folgen).

Für das Anfahrverhalten hingegen sind die dynamischen Eigenschaften des Reihenschlußmotors sehr vorteilhaft. Da das
Moment nach dem Einschalten der stillstehenden Maschine
quadratisch mit dem Strom und dieser wieder exponentiell
mit der Zeit ansteigt, wächst das Anzugsmoment zeitlich
mit einer Null-Tangente aus dem Stillstand und nicht
wie beim fremderregten Motor, bei dem das Moment linear
mit dem Strom und daher insgesamt mit der Zeit mit einer Anfangstangente verschieden von Null ansteigt (Abb. 276).
Beim Reihenschlußmotor ist die Änderung des Momentes mit
der Zeit und damit die Änderung der Winkelbeschleunigung
$\frac{d^3\varphi}{dt^3}$ (Ruck) im ersten Augenblick Null. Der fremderregte Motor
hingegen ruckt beim Anfahren.

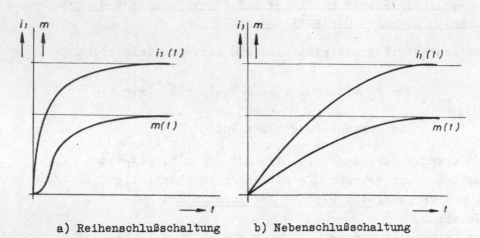

a) Reihenschlußschaltung   b) Nebenschlußschaltung

Abb. 276 :   Zeitlicher Verlauf des Anfahrmomentes bei
                Gleichstrommaschinen.

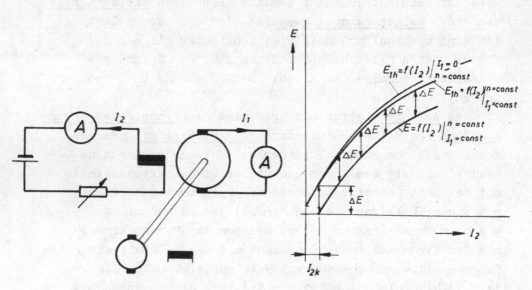

Abb. 278a:

Kurzschlußversuch bei der
Gleichstrommaschine.

Abb. 278b:

Zur Ermittlung des ohmschen Spannungsabfalles im Kommutatorstromkreis der Gleichstrommaschine.

Die im Verlauf dieses Abschnittes dargelegten Eigenschaften (Drehzahlmomentenkennlinie, Ruckfreiheit usw.)
machen den Reihenschlußmotor besonders für Fahrzeug- und
Hebezeugantriebe geeignet.

6.4.4 Das Betriebsverhalten der fremderregten, kompoun-
dierten Gleichstrommaschine

Es ist naheliegend, daß diese Maschine hinsichtlich ihrer
Eigenschaften ein Zwischending zwischen Reihenschluß-
maschine und fremderregter Gleichstrommaschine darstellt.
Die Hilfsreihenschlußwicklung kann drei Aufgaben erfüllen:

1) Stabilisierung
2) Aufhebung der Spannungsabfälle beim Generator
3) Erzielung eines zusätzlichen Drehzahlabfalles beim Motor

6.5 Die Induktivitäten der Gleichstrommaschine

Für die Beurteilung des instationären Verhaltens der
Gleichstrommaschine ist die Kenntnis der Induktivitäten
der einzelnen Wicklungen erforderlich.
Die Streuinduktivitäten der Kommutatorwicklung, der Kompensationswicklung, der Erregerwicklung und der Wendepolwicklung können wie für jede eisengebettete Wicklung gemäß Abschnitt 3.5 berechnet werden. Für die Hauptfeldinduktivität der Erregerwicklung gilt bei einer 2p-polige
Maschine, bei welcher alle Polwicklungen in Reihe geschaltet sind:

$$L_{2h} = p \cdot \Lambda \cdot w_{2p}^2$$

worin

Λ ... der magnetische Leitwert eines ganzen magnetischen
    Kreises ist und

$\dot{w}_{2p}$... die Windungszahl pro Pol.

Mit $\qquad \Lambda_h = 2\Lambda \qquad$ (magnetischer Leitwert pro halben
    magnetischen Kreis, d.i. ein Luftspalt)
    wird:

$$\underline{L_{2h} = 2p \cdot \Lambda_h \cdot w_{2p}^2}$$

Sind die 2p-Polwicklungen auf a_2 parallele Zweige aufgeteilt, wird:

$$\underline{L_{2h} = 2p \cdot \Lambda_h \cdot w_{2p}^2 \cdot \frac{1}{a_2^2}}$$

Eine besondere Behandlung erfordert nur die <u>Hauptfeld-
induktivität der Kommutatorwicklung</u> wie der Wendepol- und
Kompensationswicklung.
Da im allgemeinen nur die Summe aller Induktivitäten im
Kommutatorstromkreis interessiert, kann man die Summe der
letztgenannten Induktivitäten gemeinsam bestimmen.
Dazu wird man so vorgehen, daß man zunächst das von den
drei Wicklungen im Luftspalt erregte Feld bestimmt und
danach über die unterschiedlichen Verkettungen die
Spannung, welche bei einer gedachten Wechselstromspeisung
in den einzelnen Wicklungen induziert wird. Dabei muß
aber der <u>Sättigungseinfluß</u> des Hauptfeldes <u>mitberücksichtigt</u>
werden.
Für die unkompensierte Maschine kann dieser Vorgang an
Hand der Abb. 277 wie folgt vorgenommen werden:

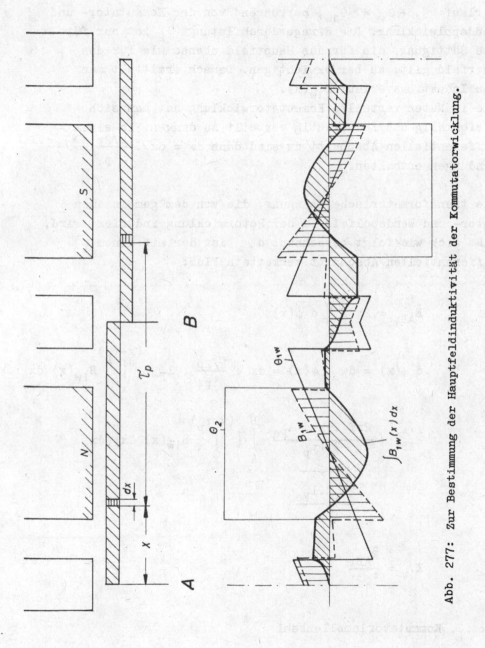

Abb. 277: Zur Bestimmung der Hauptfeldinduktivität der Kommutatorwicklung.

Zunächst denkt man sich ideelle Pole ohne Feldausbreitung
an den Kanten und bestimmt als erstes den Durchflutungs-
verlauf $\Theta_1 + \Theta_w = \Theta_{1w}$, herrührend von der Kommutator- und
Wendepolwicklung. Die Erregerdurchflutung Θ_2 ist nur für
die Sättigung, die für das Hauptfeld ebenso wie für das
Querfeld gilt, zu berücksichtigen. Danach ermittelt man
den Induktionsverlauf $B_{1w}(x)$.
Die in Nuten verteilte Kommutatorwicklung hat man sich
gleichmäßig und feindrähtig verteilt zu denken. In einem
differentiellen Abschnitt dx sind dann $dw = dx \cdot \frac{k/2p}{\tau_p}$ *)
Windungen enthalten.

Die transformatorische Spannung, die von dem gemeinsamen
Rotor- und Wendepolfeld in der Rotorwicklung induziert wird,
läßt sich wie folgt berechnen; $d\psi$ ist der mit einem
differentiellen Abschnitt verkettete Fluß:

$$\hat{E}_{ABt} = 2\pi \, f \int_A^B d\,\psi(x)$$

$$d\,\psi(x) = dw \cdot \phi(x) = dx \cdot \frac{k/2p}{\tau_p} \cdot l_{Fe} \int_x^{(x+\tau_p)} B_{1w}(x) \, dx$$

$$\hat{E}_{ABt} = \underbrace{\frac{2\pi f \cdot k \cdot l_{Fe}}{2p \cdot \tau_p}}_{\frac{2k \cdot f \cdot l_{Fe}}{d_a}} \int_A^B \left[\int_x^{(x+\tau_p)} B_{1w}(x) \, dx \right] dx$$

$$X_{1w} = \frac{\hat{E}_{ABt}}{\hat{I}_1}$$

*) k ... Kommutatorlamellenzahl

6.6 Die Beanspruchungen der Gleichstrommaschine und ihre Prüfung

Dielektrische Beanspruchung

Eine solche tritt vor allem am Kommutator und im Kommutatorraum auf. Die Kommutatorspannungen betragen bei Gleichstrommaschinen bis zu 1500 Volt und die Überschlags-(Rundfeuer)gefahr ist wegen des Kohlestaubes und der Jonisierung (Funken) besonders hoch.
Ein Überschlag am Bürstenträger wird meist durch überhöhte Lamellenspannung und darauffolgendes Rundfeuer eingeleitet.
Die Lamellenspannung E_1 darf daher auch nicht als Spitzenwert die Lichtbogenspannung (ca. 30 V) erreichen. Aus Sicherheitsgründen wird man höchstens 20 - 24 V zulassen; dem entspricht eine mittlere Lamellenspannung von ca. 17 V.
Schließlich müssen auch die örtlichen Lamellenspannungsspitzen berücksichtigt werden, die sich durch ungenaue Kompensation bei einer kompensierten Maschine bzw. durch die Erhöhung von E_1 an den Polkanten bei der unkompensierten Maschine ergibt.
Auch durch die gegenseitige Lageänderung der Läufer- und Kompensationszähne ergeben sich zeitlich veränderliche Induktionsspitzen, die zu Rundfeuer führen können.
Diese Induktionsspitzen sind vor allem bei Stoßüberlastungen zu beachten (Walzmotoren), weil dann auch das Querfeld u.U. dreimal so hoch ist und damit auch die Induktionsspitzen durch Fehlkompensation auf das dreifache ansteigen.

Aus diesem Grund müssen solche Maschinen immer mit einer genauen Kompensationswicklung ausgeführt werden.
Schließlich ist im Betrieb auch darauf zu achten, daß eine teilerregte Maschine (bei Feldschwächungsregelung) nicht plötzlich auferregt wird, weil dann naturgemäß Spannungen auftreten können, die vorübergehend beträchtlich über der Nennspannung liegen.

Magnetische Beanspruchung

Die Luftspaltinduktion von Gleichstrommaschinen wird
bis 1,2 T und mehr getrieben (bei großen Maschinen).
Gesichtspunkte für die Wahl der Eisendinuktionen in einzelnen Teilen sind wie bei der Synchronmaschine:

1) Eisensättigung
2) Eisenverluste
3) Geräuschbildung

Eine Grenze für die Eisensättigung ganz allgemein setzt
die Forderung nach einem vertretbaren Erregerkupferauf-
wand. Darüber hinaus darf die Sättigung mit Rücksicht auf die
Stabilität (zu starke Feldschwächung durch das Querfeld)
nicht zu hoch getrieben werden (bei unkompensierten Maschinen).

Bei der Gleichstrommaschine treten im Rotor auch Eisenverluste auf, durch die die Polzahl beschränkt ist
(f_1 = p . n < 150 Hz). Im übrigen gelten ähnliche Gesichtspunkte wie bei der Synchronmaschine (mit Ausnahme jener
bezüglich der Spannungsform und der Synchronreaktanz).

Thermische Beanspruchung

Bei der Gleichstrommaschine treten folgende Verluste auf:

1) Kommutatorwicklungs- Kupfer-,
2) Statorwicklungs- Kupfer-,
3) Rotorkern- Eisen-,
4) Kommutatorzusatz-,
5) Zahnpulsations-,
6) Bürstenübergangs-,
7) Kommutatorwicklungs- Zusatz (durch Hauptfeld),
8) Luft- und Lagerreibungs-und
9) Bürstenreibungsverluste.

Zu 1): Kommutator- und Kompensationswicklungs-Kupferverluste müssen durch Wahl von A . S in zulässigen Grenzen gehalten werden.

Zu 2): Erreger- und Wendepolwicklungs-Kupferverluste müssen durch den Entwurf so klein gehalten werden (Stromdichte), daß die Verluste je Einheit der Wicklungsoberfläche den Wärmeabfuhrverhältnissen entsprechen (Drehzahl !). Drahtwicklungen sollten u.U. durch Kühlkanäle unterteilt werden, da sonst Wärmestau und unzulässige Temperaturerhöhung im Inneren der Spulen auftritt.

Zu 3): Die Rotoreisenverluste sind eine Funktion der Frequenz und Induktion im Läufer, wobei f_1 = pn maximal 100 - 150 Hz nicht überschreiten darf.

Zu 4): Die Kommutator-Zusatzverluste rühren von der Stromverdrängung in den kommutierenden Spulen her. Je höher die Stäbe und je größer die Polzahl ist, umso höher sind diese Verluste. Abhilfe ist durch Gitter- oder Quetschstäbe möglich.

Zu 5): Die Zahnpulsationsverluste haben ihre Ursache in den Induktionsschwankungen (zufolge der Läufernutung) in den Polschuhen.

Zu 6): Die Bürstenübergangsverluste kommen von der Übergangsspannung (ca. 1V je Bürste) her; sie sind näherungsweise dem Bürstenstrom proportional.

Zu 7): Die Zusatzverluste durch das Eindringen des Hauptfeldes in das Läuferkupfer sind Wirbelstromverluste, die umso höher sind, je steiler der Feldauslauf an den Kanten ist (auslaufender Luftspalt).

Zu 8) und 9): (Reibungsverluste). Die Verluste sind umso höher, je größer die Umfangsgeschwindigkeit am Kommutator und an der Läuferoberfläche ist. Kommutator-Umfangsgeschwindigkeit maximal 30 - 40 m/s; dies gilt auch mit Rücksicht auf die Fliehkraft und den Kontakt zwischen Kommutator und Bürste. (Läuferumfangsgeschwindigkeit maximal 70 m/s).

Mechanische Beanspruchung

Diese tritt vor allem durch Fliehkraft am Kommutator und
an den Läuferwicklungsausladungen auf (Bandagen).
Beim Kommutator muß nicht nur darauf geachtet werden, daß
die Lamellen gegen Fliehkraft gehalten werden (Schwalben-
schwanz, Schrumpfringe), sondern auch darauf, daß der Kommutator nicht unrund wird (mechanische Kontaktstörungen).

Erosionsbeanspruchung des Kommutators

Das meist nicht ganz vermeidbare Bürstenfeuer greift die
Oberfläche des Kommutators an und verursacht zusätzlichen
Bürstenverschleiß. Ein gut laufender Kommutator muß unbedingt eine rötlich blaue "Patina" aufweisen (Oxydschicht);
ein blanker Kommutator führt zu erhöhtem Bürstenverschleiß;
(trockene oder verdünnte Luft verhindern die Bildung einer
"Patina"). Gute Kommutatoren haben bei gut kommutierenden
Maschinen Laufzeiten von mehreren Jahren, bis sie über-
schliffen werden müssen.
Die Reaktanzspannung E_r soll bei großen Maschinen nie höher
als 7 – 10 Volt dauernd und 17 Volt stoßweise sein. Bei
Regelantrieben, die durch Änderung der Speisespannung und
des Feldes gestellt werden, muß der zulässige Strom im oberen Drehzahlbereich zurückgesetzt werden, wenn die zulässige
Grenze der Reaktanzspannung nicht überschritten werden
soll.

Prüfung_der_Gleichstrommaschine

Die Prüfung der Gleichstrommaschine hat <u>drei Aufgaben</u>
zu erfüllen:

1) Feststellung der Betriebseigenschaften (Kennlinien);
2) Feststellung der Betriebssicherheit und -Tüchtigkeit
   (Isolationsprobe, Funkenbildung, Rundfeuersicherheit);
3) Erwärmungsprüfung und Feststellung der Verluste.

Aus den vorangegangenen Kapiteln ging hervor, daß man zur
Bestimmung der Betriebskennlinien, soferne sie nicht direkt
gemessen werden können, eine Schar von Kennlinien

$$E_{1h} = f(I_2) \,\bigg|\, \begin{array}{l} I_1 = I_{1a} \, , \, I_{1b}, \, \ldots \, = const \\ n \; = const \end{array}$$

benötigt. Diese Kennlinien <u>können nicht direkt gemessen werden</u>
(mit Ausnahme der Leerlaufkennlinie),sondern man muß die
Kennlinien

$$E = f(I_2) \,\bigg|\, \begin{array}{l} I_1 = I_{1a}, \, I_{1b}, \, \ldots \; = const \\ n \; = const \end{array}$$

messen und zu diesen Kennlinien den ohmschen- und
Bürstenspannungsabfall addieren. Diesen Spannungsabfall ΔE
kann man durch den Kurzschlußversuch bzw. über eine Wider-
standsmessung und Abschätzung des Bürstenspannungsabfalles
(ca. 1V je Bürstenübergang) ermitteln (Abb. 278a).
Da beim Kurzschlußversuch (genaue Bürsteneinstellung vorausgesetzt) keine Feldschwächung eintritt, wird die gesamte induzierte Spannung E_{1h} durch diese Verluste aufgebraucht (E = 0). Der Spannungsabfall ΔE muß allerdings
wieder indirekt über die Leerlaufkennlinie bestimmt werden.
Die Leerlaufkennlinie ist ja im ungesättigten Bereich
(Kurzschluß) gleichzeitig die Kennlinie der inneren Spannung E_{1h}(Abb. 278h, Seite 460).

Aus dem Leerlauf- und Kurzschlußversuch können auch die
Leerlauf- und Kurzschlußverluste ermittelt werden.
Die Leerverluste enthalten die Eisen- und Reibungsverluste, die Kurzschlußverluste die Kupfer-, die Kommu-
tatorverluste, die Bürstenübergangs- und die Zusatzverluste. In beiden Fällen muß die Maschine nur mit geringer Leistung angetrieben werden; dies ist bei Großmaschinen wichtig, da diese im Prüffeld nicht voll belastet werden können.

6.7 Sonderbauarten und Schaltungen der Gleichstrommaschine

Schweißmaschinen

Es gibt eine sehr große Zahl von Sonderbauarten von
Gleichstrommaschinen wie: Amplidyne, Rototrol, Magnicon,
Rapidyne, Metadyne usw., die jedoch heute keine wesentliche Bedeutung mehr haben, weil sie durch andere Einrichtungen abgelöst wurden. Von einiger Bedeutung hingegen sind die vielen Arten von Schweißgeneratoren geblieben, von denen ein typischer Vertreter nachstehend
behandelt werden soll: Der Rosenberg-Generator (ELIN).

Die Mehrzahl der Schweißgeneratoren sind Gleichstrommaschinen mit einer speziellen Schaltung und einem speziellen Aufbau, die sie für die Forderungen des Schweißbe-
triebes besonders geeignet machen.
Diese Forderungen sind:

1. Leerlaufspannung muß groß genug sein, um einen Lichtbogen zu zünden, sie muß aber so klein bleiben, daß der
Schweißer nicht gefährdet wird (75 V).

2. Der Kurzschlußstrom soll für verschiedene Elektroden-
stärken einstellbar sein.

3. Die Stromspannungscharakteristik soll eine optimale Neigung aufweisen, d.h. der Schnittpunkt mit der Lichtbogenkennlinie soll so sein, daß einerseits eine unbeabsichtigte Änderung des Elektrodenabstandes keine zu starke Änderung des Schweißstromes bewirkt (zu flache Kennlinie); andererseits soll aber die Möglichkeit einer willkürlichen Beeinflussung der Wärmezufuhr durch den Schweißer während des Schweißens durch Änderung des Elektrodenabstandes bestehen; (nicht zu steile Kennlinie).
Von größter Wichtigkeit ist schließlich, daß die Maschinencharakteristik die Lichtbogencharakteristik von oben nach unten schneidet, da sonst der Lichtbogen nicht stabil ist.

4. Der plötzliche Kurzschlußstrom soll den dauernden Kurzschlußstrom nicht wesentlich überschreiten (Spritzen, Kleben).

Die ersten drei Forderungen ließen sich am besten durch eine stark gegenkompoundierte Nebenschlußmaschine erfüllen. die vierte Forderung hingegen erfordert eine besondere Schaltung bzw. einen speziellen Aufbau. Sie wird dann erfüllt, wenn sich durch das plötzliche Kurzschließen beim Aufsetzen der Elektrode auf das Werkstück keine Ausgleichsströme in der Maschine einstellen können, die sich dem Schweißstrom überlagern und diesen kurzzeitig vergrößern. Diese Forderung wird von mehreren Konstruktionen erfüllt. Bei der gegenkompoundierten Maschine hingegen stellt sich beim Kurzschluß ein Ausgleichsstrom in der fremderregten Wicklung ein. Einer der bekanntesten Schweißgeneratoren ist die Rosenbergsche Querfeldmaschine (Abb. 279). Diese Maschine hat keine eigentlichen Hauptpole, das Hauptfeld wird von der kurzgeschlossenen Ankerwicklung erregt und schließt sich über die weit übergreifenden Polschuhe.

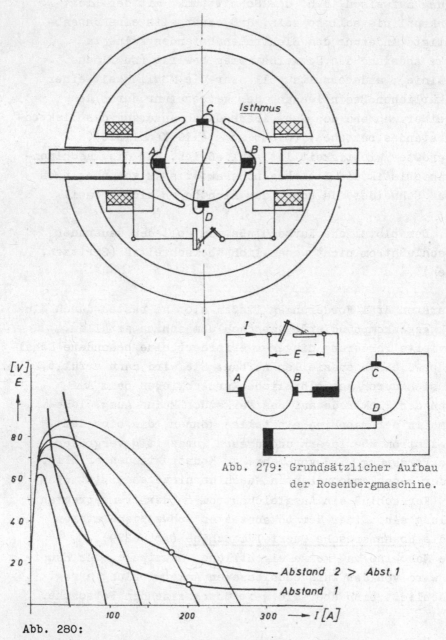

Abb. 279: Grundsätzlicher Aufbau
der Rosenbergmaschine.

Abstand 2 > Abst. 1

Abstand 1

Abb. 280:
Zur Wirkungsweise der Rosenbergmaschine; Kennlinien

Damit nun zwischen den Bürsten CD ein Strom fließt, der
das Ankerlängsfeld erregt, muß durch ein Querfeld eine
Spannung zwischen diesen Bürsten CD induziert werden.
Dieses Querfeld wird seinerseits durch den Schweißstrom
erregt, der über die Bürsten AB und die Querfelderreger-
wicklung fließt und durch das Remanenzfeld.
Anker- und Polwicklung sind wie bei einer Wendepolwicklung
einander entgegengeschaltet, wobei die Polwicklung wie bei
den Wendepolen eine höhere Windungszahl aufweist.
Solange die Maschine nicht gesättigt ist, kann man sie als
Ineinanderschachtelung zweier Maschinen betrachten, gewissermaßen als eine indirekt erregte Reihenschlußmaschine
(Abb. 280). Der spezielle Effekt, der die Maschine besonders
für Schweißzwecke geeignet macht, wird durch die Ausbildung des Polschaftes und des Polschuhes erzielt.
Der Polschaft ist so bemessen, daß er bei einem bestimmten
Strom unterhalb des Schweißstromes schon so stark gesättigt
ist, daß ein Hauptteil der MMK der Polwicklung schon auf
dieser Strecke aufgebraucht wird (im Isthmus) .
Im eigentlichen Maschinenluftspalt überwiegt dann die MMK,
herrührend von der Ankerwicklung, die dann ein Feld in
Richtung Querdurchflutung erregt.
Anders ist es bei kleinen Strömen, dabei kann man den mag-
netischen Widerstand des Polschaftes vernachlässigen und
im Luftspalt wirkt die Differenzdurchflutung entgegen der
Querdurchflutung.
Es ist also so, daß mit steigendem Schweißstrom das Querfeld
und damit auch die Spannung AB und CD nicht mehr verstärkt,
sondern geschwächt wird. Es ergeben sich dementsprechend
Kennlinien gemäß Abb. 280.
Eine Einstellung des Kurzschlußstromes erfolgt durch
Tauchpole. Die Wirkung dieser Tauchpole ist die, daß das
Spannungsmaximum in der Kennlinie jeweils bei einem anderen
Strom bzw. einer anderen Spannung und der Kurzschlußpunkt
bei einem anderen Strom auftritt. Die Leerlaufspannung ist
durch den remanenten Magnetismus gegeben, der in der Querachse wirkt.

In dynamischer Hinsicht ist die Rosenbergmaschine deshalb
besonders geeignet, weil sie im Grunde eine Reihenschlußmaschine ist, in der sich keine Ausgleichsdurchflutungen
einstellen können.

Mischstrommotoren

Sonderschaltungen bzw. einen teilweise besonderen Aufbau
erfordern Motoren, die über zweipulsige Gleichrichter mit
niederer Speisefrequenz (16 2/3 Hz) gespeist werden.
Die Entwicklung der Si-Ventile hat den Gleichstrommotor
wieder als Triebmotor für Vollbahnfahrzeuge aktuell gemacht. Gleichstrom-Fahrzeuge haben vor allem bei Neu-
elektrifizierungen und als Mehrsystemlokomotiven Anwendung gefunden.
Beim gleichrichtergespeisten Gleichstrommotor treten
nun einige zusätzliche Probleme auf, die besondere Maßnahmen erfordern. Diese sind vor allem das Auftreten
einer transformatorischen Spannung in den kurzgeschlossenen
Windungen, andererseits tritt ein zusätzlicher Spannungsabfall auf, der sogenannte induktive Gleichspannungsabfall
des Gleichrichters, der durch die Kommutierungsvorgänge
zustande kommt; durch diesen Abfall werden die Charakteristiken verändert.
Im Bereich kleiner Ströme kommt noch der Einfluß des Lückens
hinzu, der sich in Form eines sehr steilen Kennlinienver-
laufes bemerkbar macht.
In Abb. 281a sind die Drehzahl-Momentenkennlinien ein und
desselben Gleichstrommotors bei Batterie- bzw. Stromrichterspeisung gegenübergestellt.

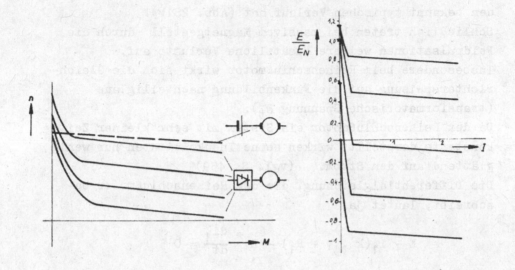

Abb. 281a:
Zum Einfluß des Lückens auf
die M-n-Kennlinien beim Misch-
strommotor.

Abb. 281b:
Kennlinien des Gleichrichters.

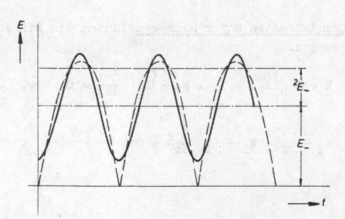

Abb. 282: Annäherung einer Gleichrichterspannung durch
Überlagerung von E und E- .

Die Ursache für diese Erscheinung kann darauf zurückgeführt werden, daß die U-I Kennlinie des Gleichrichters im Lückbereich den bekannt typischen Verlauf hat (Abb. 281b).

Schließlich treten bei massivem Magnetgestell durch die Feldpulsationen weitere zusätzliche Verluste auf.

Insbesondere beim Reihenschlußmotor wirkt sich die Gleichrichterspeisung auf die Funkenbildung nachteilig aus (transformatorische Spannung E_t).

Da der Reihenschlußmotor ein System mit sehr kleiner Zeitkonstante darstellt, wirken seine Induktivitäten nur wenig glättend auf den Strom.   (vgl. S. 459)

Die Differentialgleichung, die den Reihenschlußmotor beschreibt, lautet ja:

$$E - i_1(k \cdot \dot{\varphi} + R_1) - L_1^* \frac{di_1}{dt} = 0$$

$$k = k_m \Lambda_h \cdot w_{2p} \quad \text{(Reihenschaltung der Pole)}$$

$$\Lambda_h \text{ magn. Leitwert pro Pol}$$

Die magnetische <u>Zeitkonstante</u> dieses Systems beträgt:

$$\underline{\frac{L_1^*}{(k \cdot \dot{\varphi} + R_1)} = T_1}$$

Für den <u>fremderregten Motor hingegen</u> lauten die Differentialgleichungen:

$$E + e_{1h}(i_2) - i_1 \cdot R_1 - L_1 \frac{di_1}{dt} = 0 \quad \text{bzw.}$$

$$E_2 - i_2 \cdot R_2 - L_2^* \frac{di_2}{dt} = 0$$

Die System-Zeitkonstanten sind:

$$T_1 = \frac{L_1}{R_1} \qquad \text{(Kommutatorkreis)}$$

$$T_2 = \frac{L_2^*}{R_2} \qquad \text{(Erregerkreis)}$$

Aus dieser Gegenüberstellung geht hervor, daß der Strom des Reihenschlußmotors den Änderungen der pulsierenden Speisespannung viel rascher folgen wird als der Erregerstrom des fremderregten Motors, bei dem die Zeitkonstante im Erregerkreis beträchtlich höher liegt.

Eine große Bedeutung kommt in diesem Zusammenhang dem Aufwand an Glättungsdrosseln bei der Gleichrichterspeisung aus dem 16 2/3 Hz-Einphasenbahnnetz zu. Der Glättungsaufwand ist hier einerseits durch die zwangsläufige zweipulsige Gleichrichterschaltung, andererseits durch die tiefe Frequenz bedeutend höher als bei Stationärmotoren, die über eine Drehstrombrücke aus dem 50 Hz-Drehstromnetz gespeist werden.

Notwendig ist die Glättung bei Mischstrommotoren aber zur Unterdrückung eines pulsierenden Maschinenfeldes und der damit verbundenen transformatorischen Funkenspannung e_t.

andererseits bedeutet die Speisung eines Gleichstrommotors mit Wellenstrom auch höhere Verluste im Wicklungskupfer und darüber hinaus in den massiven Teilen des Magnetkreises.

Die Glättung ist auch mit Rücksicht auf diese Erscheinungen erforderlich.

Um die Größenordnung der unterschiedlichen Glättung abschätzen zu können, soll das Glättungsverhalten ein- und derselben Maschine bei Reihenschlußschaltung einerseits und Fremderregung andererseits an Hand eines Beispieles miteinander verglichen werden.

Beispiel:

Gleichstrommotor

E   = 515 V $\qquad$ ΣR = 0,01 Ω

I_1 = 1450 A $\qquad$ R_2 = 0,003 Ω (Erregung)

n   = 20 U/s $\qquad$ ΣX = 0,14 Ω

$\qquad\qquad\qquad$ X_2 = 0,08 Ω (Erregung)

$\qquad\qquad\qquad$ (bezogen auf die Pulsfrequenz 33 1/3 Hz)

Speisung über zweipulsigen Gleichrichter aus dem
16 2/3 Hz-Netz.

Überschlägige Beurteilung der Glättung bei
Reihenschlußschaltung:

Das Produkt k . $\dot{\varphi}$ in der Differentialgleichung beträgt
im Nennpunkt:

$$\dot{\varphi} \cdot k = \frac{E_{1h}}{I_1} = \frac{500}{1450} = 0,345 \ \Omega$$

(bei Nenndrehzahl)

$$(k \cdot \dot{\varphi} + R) = 0,355 \ \Omega$$

Der Effektivwert der zweiten Harmonischen in der gleichge-
richteten Speisespannung beträgt laut Handbuch, (z.B. Anschütz):

$$^2E_\sim = 0,471 \cdot E_- = 0,471 \cdot 515 = 243 \ V \quad (Abb. \ 282)$$

Die (scheinbare) Impedanz der Reihenschlußmaschine beträgt
bei Nenndrehzahl:

$$Z = \sqrt{0,355^2 + 0,14^2} = 0,382 \ \Omega$$

Der dem Gleichstrom überlagerte Wechselstrom mit 33,3 Hz
errechnet sich zu:

$$\underline{^2I_\sim = \frac{^2E_\sim}{Z} = \frac{243}{0,382} = 635 \ A} \quad und$$

$$I_- = \frac{E}{(k \cdot \dot{\varphi} + R)} = \frac{515}{0,355} = 1450 \ A \quad (Probe)$$

Überschlägige Beurteilung der Glättung bei
fremderregter Maschine:

Bei gleichem Erregerstrom I_- ergibt sich für die Erreger-
Gleichspannung:

$$E_{2-} = I_- \cdot R_2 = 1450 \cdot 0,003 = 4,35 \text{ V}$$

Die zweite Harmonische errechnet sich:

$$^2E_{2\sim} = 0,471 \cdot 4,35 = 2,05 \text{ V}$$

Die Impedanz der Erregerwicklung allein beträgt:

$$Z_2 = \sqrt{0,003^2 + 0,08^2} = 0,08 \ \Omega$$

womit der Gleich- und Wechselstromanteil des Erregerstromes

$$I_{2-} = \frac{4,35}{0,003} = 1450 \text{ A}$$

$$^2I_{2\sim} = \frac{2,05}{0,08} = 25,5 \text{ A}$$

wird.
Die Stromwelligkeit in der Erregerwicklung bei Fremderregung
ist somit um vieles kleiner als beim Reihenschlußmotor. Unge-
glättet, ja lückend,bleibt bei Fremderregung allerdings der
Kommutatorstrom.
Da die Netzspannung E eine ungeglättete Wellenspannung ist,
die induzierte Spannung E_{1h} hingegen nahezu eine Gleichspannung, wird die Differenzspannung,abgesehen vom ohmschen Abfall, eine Wechselspannung mit doppelter Netzfrequenz (33,3 Hz)
sein. Beim vorliegenden Beispiel würde diese Wechselspannung
einen überlagerten Wechselstrom von näherungsweise:

$$I_\sim = \frac{243}{0,0605} = 4120 \text{ A} \quad !$$

treiben;(0,0605 ist die Impedanz des Kommutatorkreises).Ein
Betrieb der fremderregten Maschine ohne Drossel im Kommutatorkreis wäre demnach ausgeschlossen (I_{-N}= 1450 A !).

Eine Drossel in der Größenordnung der Gesamtinduktivität
würde aber genügen, um zumindest aus dem Lückbereich heraus-
zukommen.

Die guten dynamischen Eigenschaften des Reihenschlußmotors
werden bei Gleichrichterspeisung durch eine mangelnde Glättung
erkauft bzw. durch zusätzliche Einrichtungen zur Verbesserung
derselben.
Beim sogenannten Wellenstrommotor wird Glättung durch eine
Vorschaltdrosselspule und einen ohmschen Nebenschluß zur Feld-
wicklung erzielt. Die von der Drossel nicht unterdrückten
Stromoberwellen fließen dabei zum Teil über den ohmschen Wider-
stand, der kleiner sein muß als die Polspulenreaktanz für
diese Frequenz.
Für Gleichstrom hingegen muß dieser Nebenschluß einen wesentlich höheren Widerstand darstellen (Abb. 283).
Beim sogenannten Wellenspannungsmotor wird die überlagerte
Stromwelle ebenfalls zur Momentenbildung herangezogen.
Die Maschine stellt dann eine Ineinanderschachtelung von
Gleichstrom- und Einphasenmaschine dar. Die Glättungsdrossel
ist hier überflüssig, da eine Glättung gar nicht erwünscht wird.
Allerdings müssen Maßnahmen zur Unterdrückung der Transfor-
matorspannung vorgesehen werden, ferner ist ein vollgeblech-
ter Aufbau des Magnetgestelles unumgänglich (Abb. 284).

Die Unipolarmaschine

Eine Gleichstrommaschine, bei welcher auch wirklich eine
Gleichspannung erzeugt wird und nicht eine Wechselspannung,
welche danach durch den Kommutator gleichgerichtet wird,
ist die Unipolarmaschine.
Diese Maschine wird in Abb. 285 als eine der möglichen Bau-
formen wiedergegeben. Die Bezeichnung "Unipolar" rührt von der
Tatsache her, daß der Magnetfluß am ganzen Umfang gleichgerichtet über den Luftspalt tritt. Ebenso gleichgerichtet ist
die induzierte EMK und der von ihr getriebene Strom am Umfang.

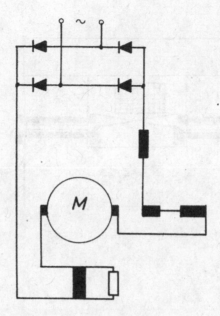

Abb. 283: Wellenstrommotor, (Schaltung).

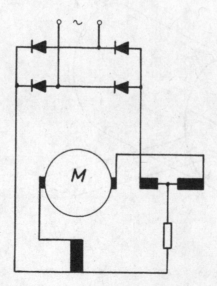

Abb. 284: Wellenspannungsmotor,(Schaltung).

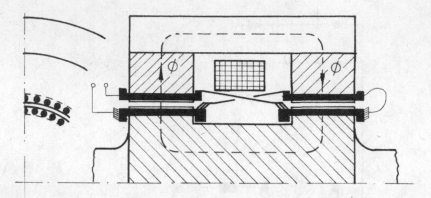

Abb. 285: Unipolarmaschine; prinzipieller Aufbau.

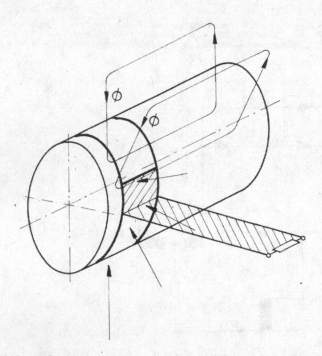

Abb. 286: Zur unipolaren Spannungserzeugung.

Das Prinzip der Spannungserzeugung bei der Unipolarmaschine
geht aus Abb. 286 hervor.
Betrachtet man einen einzigen der Käfigstäbe zusammen mit
dem Verbraucherkreis, der sich über die Schleifringe
schließt, erkennt man, daß die Spannung bei der Unipolarmaschine grundsätzlich nur in einer Windung erzeugt werden
kann; dementsprechend ist sie von Natur aus in ihrer Höhe
beschränkt, z.B.:

$$B = 1 \text{ T}$$
$$l = 1 \text{ m} \quad \left.\right\} \rightarrow E = 100 \text{ V}$$
$$v = 100 \text{ m/s}$$

Diese geringe Spannung stellt das Hauptproblem der
Unipolarmaschine dar, weil höhere Leistungen bei der vorliegenden Bauart nur durch Steigerung des Stromes, nicht
aber der Spannung verwirklicht werden können. Diese hohen
Ströme aber müssen über Gleitkontakte übertragen werden,
deren Stromdichte beschränkt ist. Um diesen Schwierigkeiten zu begegnen, hat man Quecksilberkontakte entwickelt,
die ein Vielfaches der Stromdichte zulassen, wie sie etwa
von Kohlekontakten her bekannt sind (Klaudy).
Die gleichsinnig stromdurchflossene Käfigwicklung stellt
einen Bündelleiter dar, um den sich ohne die Kompensationswicklung im Ständer ein starkes magnetisches Feld schließen
würde (tangential).
Der Magnetfluß wird durch eine feste Ringspule erregt, sodaß
die Maschine einen bestechend einfachen Aufbau erhält.
Den Vorgang der Spannungserzeugung kann man sowohl mit Hilfe
des Induktionsgesetzes in der Form

$$E = B.l.v \qquad \text{als auch in der Form}$$

$$E = -\frac{d\psi}{dt}$$

beschreiben.

Gemäß Abb. 286 ändert sich bei Rotoren der mit dem
(durch Schraffur gekennzeichnete) Stromkreis verkettete
Fluß ϕ durch Vergrößerung der Fläche.

An der Technischen Hochschule in Graz wird seit Jahren
an der Weiterentwicklung dieser Maschine gearbeitet, und
es hat sich herausgestellt, daß insbesondere der Queck-
silber-Rollkontakt, der von Klaudy angegeben wurde, zu
großen Hoffnungen Anlaß gibt.

Nichtkonventionelle Energieerzeugung und der MHD
(Magnetohydrodynamischer Generator)

Vielleicht noch in diesem Jahrhundert wird der bisher vor-
herrschende Weg zur Energieumformung abgelöst werden durch
völlig neue Methoden.
Zum Teil sind diese neuen Wege schon seit Jahren und Jahr-
zehnten im Prinzip bekannt, wie etwa die Brennstoffzelle,
die auf 1894 (Ostwald) zurückgeht.
Noch älter ist die Kenntnis des Seebeckeffektes (1820),
aber auch das Prinzip des MHD wurde schon 1907 von Scherer
gefunden.
Ob Isotopenzellen, Thermionische Generatoren, MHD, Thermo-
elektrische Stromerzeuger, Brennstoffzellen oder ein heute
noch nicht bekanntes Prinzip die konventionelle Stromerzeugung eines Tages teilweise ablösen werden, läßt sich noch
nicht mit Sicherheit behaupten. Immerhin ist die Wahrscheinlichkeit, daß dies früher oder später sein wird, sehr groß.

Die Umwandlung von chemischer Energie der Brennstoffe
in elektrische Energie erfolgt heute fast ausschließlich
noch auf dem Umweg über die thermische und mechanische
Energieform: Der Brennstoff (chemische oder atomar ge-
bundene Energie) wird in der Feuerung oder Core verheizt
(thermische Energie), im Kessel in potentielle mechanische Energie umgesetzt und danach in mechanische Bewe-
gungsenergie umgewandelt (Turbine). Schließlich wird
diese Energieform im Generator in elektrische Energie
umgeformt, sodaß die Energie in dieser Kette vier Formen
annimmt, wobei jede dieser Formen verlustbehaftet ist.

Für die chemische Energie bestehen diese Verluste in der
nicht vollständigen Verbrennung.
Für die thermische Energie bestehen diese Verluste einmal in der nicht völligen Ausnutzbarkeit zufolge des
Carnot-Wirkungsgrades, darüber hinaus kommen Wärme-
leitungs- und Strahlungsverluste und Abgasverluste hinzu.

Für die mechanische Energieform bestehen die Verluste in
Strömungs-, Reibungs- und Stoßverlusten und schließlich
kommen bei der elektrischen Energiestufe die Stromwärmeverluste, Eisenverluste usw. hinzu.
Gelingt es nun, ein Glied dieser Kette oder gar zwei aus-
zuschalten, müßte es möglich sein, beträchtliche Verluste
einzusparen.
Unter den heute bekannten Lösungen ist zweifellos die
Brennstoffzelle in dieser Richtung am erfolgversprechend-
sten. Bei ihr wird sowohl die thermische als auch die mechanische Zwischenstufe ausgeschaltet. Leider haben sich
wieder andersgelagerte Schwierigkeiten ergeben, sodaß man
heute noch lange nicht am Ziel der Hoffnungen steht.

Beim Seebeckgenerator hingegen wird nur eine Zwischenstufe der Energie ausgeschaltet: Die mechanische.
Der Seebeckgenerator ist überdies den Gesetzen des
thermischen Wirkungsgrades unterlegen, sein Wirkungsgrad
wird sich kaum viel über 15 % steigern lassen, zumal er
auch einen hohen Innenwiderstand besitzt und nur beschei-
dene Temperaturdifferenzen abgearbeitet werden können.

Beim MHD hingegen wird im Grunde keine der vier Energie-
zwischenformen ausgeschaltet, es ist nur so, daß Turbine
und Generator der konventionellen Anlage in einem Element,
dem MHD-Kanal vereinigt sind, und daß dieses Element zumindest beim ersten Hinsehen beträchtlich einfacher aussieht als Turbine oder Generator, da keine rotierenden
Teile vorhanden sind. Auch fehlt,ähnlich wie bei der Gas-
turbine,das Zwischenmedium, der Dampf mit dem Kessel.

Der MHD ist ein induktiver Energiewandler und gehört mithin
auch in das Stoffgebiet des Elektromaschinenbaues; er soll
deshalb als Beispiel für nichtkonventionelle Stromerzeugung
kurz behandelt werden.
Durch seine Behandlung soll nicht ausgesagt werden, daß er
am meisten Aussicht auf industrielle Verwirklichung besitzt,
sondern er soll mit seinen vielseitigen und schwierigen
Problemen zeigen, daß die Zukunft auch nicht vor nahezu
utopischen Lösungen zurückschreckt.
Darüber hinaus soll die Behandlung des MHD auch zum Nach-
denken anregen, denn sicherlich werden sich noch mehr und
bessere Lösungen in ähnlicher Richtung finden.
Abb. 287 zeigt das Grundschema einer MHD-Stromerzeugungs-
anlage; ihre Wirkungsweise soll an Hand dieses Beispieles
erklärt werden.

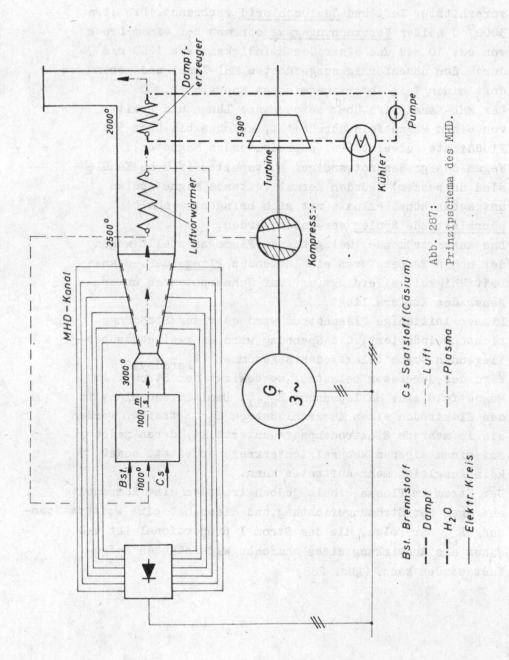

Abb. 287:
Prinzipschema des MHD.

MHD-Kanal

Dampf-
erzeuger

2000°

590°

Turbine

Pumpe

Kühler

Kompress.

2500°

Luftvorwärmer

3000°

1000 $\frac{m}{s}$

Bst. 1000° Cs

Cs Saatstoff (Cäsium)

Luft

Plasma

G
3~

Bst. Brennstoff

Dampf

H_2O

Elektr. Kreis

In der Brennkammer wird Brennstoff (z.B. Alkohol) mit
vorerhitzter Luft und Cäsiumchlorid verbrannt. Die etwa
3000° C heißen Verbrennungsgase strömen bei einem Druck
von ca. 10 atü und einer Geschwindigkeit von 1000 m/s
durch den düsenförmig ausgeführten MHD-Kanal und geben
dort einen Teil ihrer thermischen Energie ab.
Der MHD-Kanal wird über seine ganze Länge und Breite
von einem Magnetfeld durchsetzt, welches bis über 5 T
Flußdichte aufweist (bei supraleitenden Magneten).
Wegen des großen notwendigen Luftspaltes (flache Kanäle
sind da besser) würden normal leitende Magnetspulen
untragbar hohe Verluste mit sich bringen, weshalb
supraleitende Spulen verwendet werden.
Das durchströmende, weißglühende Flammgas stellt wegen
der hohen Temperaturen ein leitendes Plasma dar, dessen
Leitfähigkeit allerdings um fünf Zehnerpotenzen unter
jener des Kupfers liegt.
Dieser leitfähige Plasmastrom wird quer zur Strömungsrichtung induziert, die Spannung wird an zwei gegenüberliegenden Graphitelektroden abgenommen ($E_{Faraday}$).
Wird der Generator belastet, so bewirkt der Strom I im
Magnetfeld eine Hallspannung E_{Hall}. Damit diese nicht in
den Elektroden einen Kurzschlußstrom I_{Hall} treibt, werden
sie in mehrere Elektrodenpaare unterteilt, deren jedes
auf einem eigenen Wechselrichterkreis arbeitet, sodaß
kein Ausgleich mehr auftreten kann.
Der Strom im Plasma erhält jedoch trotzdem eine Komponente
entgegen der Strömungsrichtung, und diese hat eine weitere Spannung E_{gg} zur Folge, die dem Strom I proportional ist und
daher als Auswirkung eines ohmschen Widerstandes aufgefaßt werden kann. (Abb. 288)

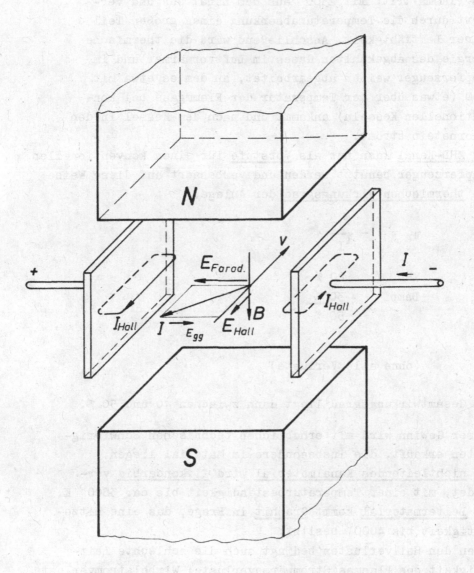

Abb. 288: Zur Spannungserzeugung im MHD-Kanal.

Das Plasma tritt mit 2500° aus dem Kanal aus und ver-
liert durch die Temperaturabsenkung einen großen Teil
seiner Leitfähigkeit. Anschließend wird die thermische
Energie des abgekühlten Gases im Luftvorwärmer und im
Dampferzeuger weiter abgearbeitet, an dem es etwa mit
2000°(etwas über der Temperatur der Flammgase bei konventionellen Kesseln) ankommt und nach dem Kessel in den
Schornstein strömt.

Der MHD-Kanal kann nur als Vorstufe für einen konventionellen
Dampferzeuger benutzt werden und verbessert auf diese Weise
den thermischen Wirkungsgrad der Anlage.

$$\eta_c = 1 - \frac{T_{II}}{T_I}$$

MHD   20 %
Dampf   30 %
          50 %

(ohne alle Verluste)

Der Gesamtwirkungsgrad liegt dann zwischen 40 und 50 %.

Dieser Gewinn wird mit erheblichen technischen Schwierigkeiten erkauft, die insbesondere im Material liegen.
Als nichtleitendes Kanalmaterial wird Zirkoncarbid verwendet, mit einer Temperaturbeständigkeit bis ca. 3800° K.
Als Leitermaterial kommt Graphit in Frage, das eine Hitze-
festigkeit bis 4000° besitzt.
Neben den Hallverlusten bedingt auch die schlechte Leitfähigkeit des Plasmas Stromwärmeverluste; Wirbelstromverluste
treten insbesondere an den Kanalenden auf.
Hinzu kommen noch die Verluste im Magneten, die Wechsel-
richterverluste, Anodenfallverluste und Strömungsverluste.

Die bisher bekannten MHD-Wandler haben nur sehr kurze
Einschaltzeiten zugelassen, und man ist von einer indu-
striellen Großanwendung noch weit entfernt.
Besondere Schwierigkeiten entstehen durch Korrosion,
die durch das K bzw. Cs bedingt sind, welches zur Verbesserung der Leitfähigkeit mit dem Brennstoff miteinge-
spritzt wird.
Insbesondere bei Anlagen mit geschlossenem Kreislauf und
Zusammenwirken mit Hochtemperaturreaktoren ist es notwendig, das Cäsium nach Austritt aus dem Kanal wieder aus
dem Plasma zu entfernen.

Die erheblichen Materialschwierigkeiten haben sehr bald
zu dem Gedanken geführt, das Plasma durch Flüssigmetall
zu ersetzen, mit welchem man auf wesentlich höhere Leistungen zu kommen hofft.
Beim Flüssigmetallwandler bietet sich auch die Möglichkeit einer induktiven Übertragung an und vor allem die
Möglichkeit einer Drehstromerzeugung. Diese wird verwirklicht durch eine Wanderfeldwicklung, deren Feld den
Kanal durchsetzt. Der Flüssigkeitsstrahl, welcher allerdings nur 20 - 100 m/s Geschwindigkeit aufweist, übt
dabei die Funktion des Käfigs beim rotierenden Asynchronmotor aus (Linearmotor).
Gegenüber dem Käfigläufer sind dann allerdings die Strombahnen nicht geführt und demzufolge auch ungünstig. Weniger
schädlich ist wegen der geringen Elektronenbeweglichkeit
bei Flüssigkeitswandlern der Halleffekt.
Um die erheblichen Strömungsverluste zu erniedrigen, denkt
man auch an einen Freistrahl.
Im MHD- und Flüssigkeitswandler wird die Bewegung des
Plasmas nicht mehr durch die Differentialgleichungen der
reibungsbehafteten Strömung beschrieben, sondern durch erweiterte magnetohydrodynamische Strömungsgleichungen.
Das laminare Strömungsprofil ist dann nicht mehr parabolisch
sondern ähnlich jenem bei turbulenter Strömung.

6.8 Entwurf der Gleichstrommaschine

Für den Entwurf der Gleichstrommaschine benötigt man wie bei jeder anderen Maschine die Hauptabmessungen und Hauptbeanspruchungen d_a, l_{Fe} , B , A .

Für diese vier Unbekannten stehen zunächst zwei Gleichungen zur Verfügung:

$$M = \frac{E_{1h} \cdot I_1}{2 \pi n} = \tau_m \frac{d_a^2 \cdot \pi}{2} l_{Fe}$$

$$\tau_m = A \cdot B \cdot \alpha$$

τ_m kann nach Tabelle II angenommen werden.

Nimmt man eine der Unbekannten aus Erfahrungswerten an, fehlt noch eine Gleichung für die Bestimmung der restlichen drei Unbekannten.

Angenommen kann werden:

1) B aus Erfahrungswerten 0,6 bis 1,2 T (Sättigung).

2) Strombelag $\frac{z \cdot I_s}{d_a \pi} = A$

   aus Erfahrungswerten 10000 bis 50000 A/m (Erwärmung).

3) d_a, l_{Fe} werden festgelegt, wenn die Einbaumaße vorgegeben sind (z.B. Straßenbahnmotoren).

Die dritte Gleichung gewinnt man aus der Begrenzung der Lamellenspannung E_l durch Rotation und der Reaktanzspannung E_r

$$E_l = \frac{E \cdot 2p}{k} = \frac{E}{E_{1h}} \cdot \frac{E_{1h} \cdot 2p}{k} =$$

$$E_l = \frac{2p}{k} \cdot B \cdot \alpha \cdot l_{Fe} \cdot \frac{d_a \pi}{2p} \cdot \underbrace{2k \cdot w}_{z} \cdot \frac{p}{a} \cdot n \cdot \frac{E}{E_{1h}}$$

$$n = \frac{v}{d_a \pi} \quad ; \quad w: \text{Windungszahl pro Spule}$$

$$E_1 = 2 \cdot \frac{E}{E_{1h}} \cdot B \cdot \alpha \cdot l_{Fe} \cdot v \cdot \frac{p}{a} \cdot w \qquad \text{*)}$$

$$E_r = 2 \cdot v \cdot l_{Fe} \cdot w \cdot \xi \cdot A \cdot$$

$$\frac{E_r}{E_1} = \frac{2 \cdot v \cdot l_{Fe} \cdot w \cdot \xi \cdot A \cdot}{2 \cdot v \cdot l_{Fe} \cdot B \cdot w \cdot \alpha \cdot \frac{p}{a} \cdot \frac{E}{E_{1h}}} = \frac{A \cdot \xi \cdot}{\frac{E}{E_{1h}} \cdot B \cdot \alpha \cdot \frac{p}{a}}$$

$$\frac{B}{A} = \frac{E_1}{E_r} \cdot \frac{E_{1h} \cdot \xi \cdot a}{E \cdot \alpha \cdot p}$$

Für den Drehschub τ_m müssen Annahmen getroffen werden; er liegt etwa zwischen 20000 und 30000 N/m^2.

E_r darf höchstenfalls bei 10 V liegen;

E_1 bei ca. 15 bis 20 V (im Höchstfall).

Anhaltswerte für die magnetische und thermische Beanspruchung vermittelt die Tabelle II.
Einen wesentlichen Einfluß auf die Typenleistung der Maschine hat auch der Drehzahlstellbereich bei Motoren, die durch Feldänderung gestellt werden.
Die Typenleistung wird dort durch die konstante Leistung bei der untersten Drehzahl bestimmt.

*) E_1 : mittlere Lamellenspg.

TABELLE II   GLEICHSTROMMASCHINEN   Beanspruchungen

			untere Grenze	Mittelwert	obere Grenze
Luftspaltinduktion	B	T	0,5	0,85	1,2
Nutengrundinduktion	B_{Nu}	T	1,8	2,1	2,5
Polschenkelinduktion	B_p	T	1,2	1,4	1,6
Ständerjochinduktion Stahlguß	B_{j2}	T	1,1	1,35	1,5
Grauguß			0,5	0,6	0,7
Ankerjochinduktion	B_{j1}	T	1	1,2	1,5
Ankerstrombelag	A_1	A/m	2.10^4	$4,5.10^4$	6.10^4
Ankerstromdichte	S_1	A/m^2	3.10^6	5.10^6	7.10^6
Stromdichte der Kompensationswicklung	S	A/m^2	2.10^6	$3,5.10^6$	$4,5.10^6$
Stromdichte der Wendepolwicklung	S	A/m^2	2.10^6	$3,5.10^6$	$4,5.10^6$
Stromdichte der Erregerwicklung	S_2	A/m^2	$1,5.10^6$	$2,5.10^6$	$3,5.10^6$
Verlustdichte der Ankeroberfläche		kW/m^2		5	
Lamellenspannung	E_{lmax}	V		15	24 (30)
Reaktanzspannung einer Schleifenwicklung	E_r	V		4	9 (18)
Wellenwicklung				2	3
Kommutatorspannung	E_K	V			1 800 V
Bürstenstromdichte	S	A/m^2	6.10^4	8.10^4	10.10^4
Verlustdichte der Kommutatoroberfläche		kW/m^2	15	20	30
Wendepoldurchflutung Ankeramperewindungen	k		1,15	1,25	1,5
Ankerumfangsgeschwindigkeit	v_2	m/s			80
Kommutatorumfangsgeschwindigkeit	v_K	m/s		25	40
Kühlluftgeschwindigkeit	v_L	m/s		10	20
Lamellenteilung	τ_K	m	4.10^{-3}		
Drehschub	τ_m	N/m^2	$1 .10^4$	$3 .10^4$	5.10^4

Die Werte sind Anhaltswerte für den ersten Entwurf;
sie gelten nicht für Kleinmaschinen

AICHHOLZER: Elektromagnetische Energiewandler

B e r i c h t i g u n g e n   nach dem Druck

Seite	Lage im Bild/ /Zeile	lautet richtig:
153	oben	$K_{1\beta}$ statt K_{a1}; $K_{2\alpha}$ statt K_{e2}; $K_{3\alpha}$ statt K_{e3}; $K_{2\beta}$ statt K_{a2}
158	3.v.o.	$P_v = 1100 \left[K_{1\alpha}(\vartheta_{1\beta}-\vartheta_\alpha)+K_{2\alpha}(\vartheta_{2\beta}-\vartheta_\alpha) \right]$
260	2.v.u.	$\vartheta' = \mp\, E_{1h},\ E_{12}$
267	7.v.u.	$I_1 \sin\varphi = \dfrac{I\vartheta'}{X_d} = \ldots\ldots$
269	r.oben	$\dfrac{E}{2} \cdot \dfrac{X_d - X_q}{X_q}\,(1 - \cos 2\vartheta)$
721	6.v.u.	$11,9 + 7,4 = 19,3$ V
724	2.v.o.	$X_{wh} = \dfrac{4,44 \cdot 16,6 \cdot 27,5 \cdot 97 \cdot 10^{-3}}{1450} = 8,08 \cdot 10^{-3}\,\Omega$
724	3.v.o.	$\phi_w = 0,036 \cdot 0,36 \cdot 0,46 = 5,97 \cdot 10^{-3}$ Vs
724	4.v.o.	$E_{wh} = 1450 \cdot 8,08 \cdot 10^{-3} = 11,9$ V
728	3.v.o.	$I_b = \dfrac{I^2 \Sigma X}{E} = \dfrac{1450^2 \cdot 0,0611}{463} = 277$ A
728	4.v.o.	$I_w = \sqrt{I^2 - I_b{}^2} = \sqrt{1450^2 - 277^2} = 1427$ A
795	oben	e statt e_{1h} (im ersten Diagramm)

Druck: Novographic, Ing. Wolfgang Schmid, A-1230 Wien.

G. Aichholzer

Elektromagnetische Energiewandler

Elektrische Maschinen, Transformatoren, Antriebe

2. Halbband, S. 495 - 859

Springer-Verlag

Wien New York

Prof. Dr. Gerhard Aichholzer
Lehrkanzel und Institut
für Elektromagnetische Energieumwandlung
Technische Hochschule in Graz

Das Werk ist urheberrechtlich geschützt.

Die dadurch begründeten Rechte, insbesondere die der Übersetzung, des Nachdruckes, der Entnahme von Abbildungen, der Funksendung, der Wiedergabe auf
photomechanischem oder ähnlichem Wege und der Speicherung in Datenverarbeitungsanlagen, bleiben, auch bei nur auszugsweiser Verwertung, vorbehalten.

© 1975 by Springer-Verlag/Wien

Mit 456 Abbildungen

Library of Congress Cataloging in Publication Data

Aichholzer, G   1921-
    Elektromagnetische Energiewandler.

    Includes index.
      1. Electric machinery. 2. Electric driving.
    3. Electric transformers. I. Title.
    TK2000.A5   621.313   75-2253

ISBN-13: 978-3-211-81297-6   e-ISBN-13: 978-3-7091-7091-5
DOI: 10.1007/978-3-7091-7091-5

7. DIE ASYNCHRONMASCHINE

7.1 Aufgabe, Anordnung, Wirkungsweise

2/3 aller auf der ganzen Welt produzierten elektrischen
Maschinen sind Asynchronmaschinen.

Die Asynchronmaschine wird meist als Motor betrieben, doch
kann jeder Motor, wenn er an ein Netz mit konstanter Spannung angeschlossen ist, ohne Umschaltung in den generatorischen Zustand übergehen, soferne man ihn statt auf ein
Gegenmoment zu belasten (bremst), an der Welle antreibt.
Als Generator im Inselbetrieb benötigt er allerdings
Parallelkondensatoren (Abb. 289).

Der Asynchronmotor ohne zusätzliche Einrichtungen (Speise-
umrichter) kann überall dort eingesetzt werden, wo keine
Drehzahlstellung erforderlich ist und Belastungsschwankungen der Drehzahl von einigen Prozent zulässig sind.

Der Drehstrom-Asynchronmotor stellt insbesondere mit Käfig-
läufer die betriebssicherste und wartungsärmste elektrische
Maschine dar; unter diesem Aspekt hat er auch seine große
Verbreitung gefunden.

Die größten Asynchronmotoren sind bei 16 2/3 Hz – 50 Hz-Netz-
kupplungsumformern eingesetzt (bis ca. 50 MW); gelegentlich
werden sie auch als Pumpen- und Kompressorantriebe verwendet.

Der Stator der Asynchronmaschine ist auch hinsichtlich der
Wicklung derselbe, wie jener der Synchronmaschine. Grundsätzlich ist es möglich, durch Austauschen des Rotors eine
Asynchronmaschine zur Synchronmaschine zu machen und umgekehrt.

Der Rotor einer Asynchronmaschine kann auf verschiedene
Weise ausgeführt werden; die zwei wichtigsten Rotorausfüh-
rungen sind der Schleifringläufer und der Käfigläufer.

Beim Schleifringläufermotor ist auch im Rotor eine Dreiphasenwicklung untergebracht, deren Enden mit drei Schleifringen verbunden sind (Abb. 290).

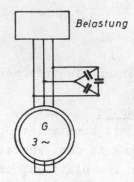

Abb. 289: Asynchrongenerator im Inselbetrieb.

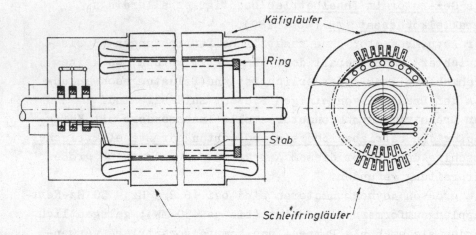

Abb. 290: Prinzipieller Aufbau eines Schleifringläufer-
und eines Käfigläufermotors.

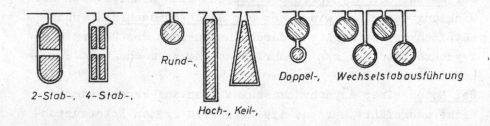

Abb. 291: Verschiedene Läuferwicklungsarten
des Asynchronmotors.

Über die Schleifringbürsten wird die Schleifringwicklung
im Betrieb kurzgeschlossen.

Verwendet wird der Schleifringläufermotor dann, wenn ein
extrem hohes Anzugsmoment bei minimalem Anlaufstrom gefordert wird. Ferner ist er dann unumgänglich, wenn die Drehzahl des Motors durch Schlupfwiderstände oder eine externe
Schlupfspannung E_2 gestellt werden soll, oder bei Anwendung
der Gleichstrombremse (Widerstandsbremse).

Beim Käfigläufer besteht die Läuferwicklung aus blanken,
in Nuten gebetteten Stäben, die an beiden Enden durch
Kurzschlußringe verbunden sind. (Vgl. Abschnitt 3.2, Abb. 290).

Prinzipiell wirkt der Käfigläufer genauso wie der Schleif-
ringläufer, der im Betrieb ja ebenfalls kurzgeschlossen ist.
Der Vorteil gegenüber dem Schleifringläufer besteht in der
Einfachheit und Betriebssicherheit.

Der Nachteil gegenüber dem Schleifringläufer ist beim Käfigläufer ein kleineres Anzugsmoment und ein größerer Anlaufstrom.

Beim Schleifringläufer kann der Anlaufstrom durch Einschalten
von Schleifringwiderständen im Läuferkreis beliebig klein gehalten werden, was auch mit einem günstigeren Verlauf des
Anlaufmomentes verbunden ist.

Durch die heute sehr starren Netze hat der Vorteil der
Anlaufstrombegrenzung beim Schleifringläufer sehr an Bedeutung verloren.

Wünscht man ein hohes Anzugsmoment und dennoch einen Käfigläufer, muß dieser als Wirbelstrom- oder Doppelkäfigläufer
ausgeführt werden (Abb. 291). Die Höhe des erzielbaren Anzugsmomentes beträgt beim Schleifringläufer mit Anlaßwiderstand bis 3 x M_N , beim Einfachkäfigläufer etwa 0,5 x M_N ,
beim Doppelkäfigläufer bis 2,5 x M_N und beim Wirbelstromläufer bis etwa 2,0 x M_N .

Für die Beschreibung des prinzipiellen Verhaltens einer
Asynchronmaschine wird immer der Schleifringläufer herangezogen, da sich die Verhältnisse hier am übersichtlichsten
darstellen lassen ,grundsätzlich besteht ja hinsichtlich
der prinzipiellen Wirkungsweise kein Unterschied zum
Käfigläufer.

Die Bezeichnung Asynchronmaschine kommt daher, weil bei ihr
der Läufer bezogen auf das umlaufende Drehfeld, nicht synchron läuft (schlüpft). Die synchrone Drehzahl (annähernd
die Leerlaufdrehzahl) ist durch die Drehfeld-Drehzahl bestimmt:

$$n_{sy} = \frac{f}{p} \qquad \text{(synchrone Drehzahl)} \left[\text{U/s}\right]$$

Die Abweichung der Läuferdrehzahl von n_{sy} bei Belastung wird
durch den sogenannten Schlupf angegeben:

$$s = \frac{n_{sy} - n}{n_{sy}}$$

Er beträgt nur wenige Prozent der Leerlaufdrehzahl.

Legt man die Statorwicklung eines stillstehenden Drehstrom-
Asynchronmotors bei offener Schleifringwicklung an eine
konstante Drehspannung, entwickelt sich in der Maschine ein
Drehfeld, das auch die Schleifringwicklung im Läufer durchsetzt und in ihr eine Drehspannung E_{2h} induziert. Ihre Größe
im Stillstand hängt vor allem von dem Windungszahlverhältnis $\frac{w_1}{w_2}$
ab (vgl. Abschnitt 3.5: Übersetzungsverhältnis).

Die stillstehende, an das Netz angeschlossene Asynchronmaschine mit offener Schleifringwicklung verhält sich also
wie ein sekundär offener Transformator. Dreht man den Rotor
durch, wird sich die Phasenlage, der in seiner Wicklung induzierten Spannung (bei zweipoliger Anordnung) relativ zur

Netzspannung um denselben Winkel drehen. Es wird für alle
grundlegenden Betrachtungen immer die zweipolige Maschine
als Beispiel herangezogen.
Die Möglichkeit der Phasendrehung der Läuferspannung im Stillstand wird u.a. dazu benutzt, um eine stetig veränderliche
Spannung zu erzeugen (Drehregler), indem man die drehbare
Läuferspannung einer Asynchronmaschine mit der festen
Spannung eines Transformators durch Reihenschaltung zusammensetzt (Abb. 292).

Schließt man nun die Läuferwicklung einer Asynchronmaschine
kurz, wird durch die vom Drehfeld induzierte Läuferspannung E_{2h}
ein Läuferkurzschlußstrom getrieben, dessen Höhe vom ohmschen
Wicklungswiderstand und der Streureaktanz der Läuferwicklung
abhängt. Die stromdurchflossenen Läuferleiter erfahren nun
im Drehfeld eine Kraftwirkung, unter deren Einfluß die Maschine anläuft. Wie dieses Moment zustandekommt, zeigt
Abb. 293b.
Strom- und Drehfeldverteilung sind durch die Ausbildung der
Wicklung annähernd sinusförmig, sodaß man Strom und Feld
im Raumbild, Abb.293a durch einen Raumzeiger A und B darstellen kann. Es ist leicht zu erkennen, daß die Ablenkkräfte,
welche die einzelnen Leiter am Umfang im magnetischen Drehfeld erfahren, in der Summe am größten sind, wenn sich der
Raumzeiger B mit dem Raumzeiger A deckt; sie sind Null, wenn
beide Raumzeiger aufeinander senkrecht stehen. Da auch der
Läuferstrom ein Drehstrom in einer Drehstromwicklung ist,
dreht sich die Stromverteilung A mit derselben Geschwindigkeit, wie das Drehfeld, die gegenseitige Phasenlage von
A und B ist daher konstant.
Der Winkel ψ , den die beiden Raumzeiger B und A miteinander räumlich einschließen, wird bestimmt von der zeitlichen
Phasenlage des Läuferstromes I_2 zu der ihn treibenden induzierten Spannung E_{2h};er wird umso kleiner sein, je höher
der ohmsche Anteil des Wicklungswiderstandes ist. Daraus
kann geschlossen werden, daß das Anzugsmoment durch

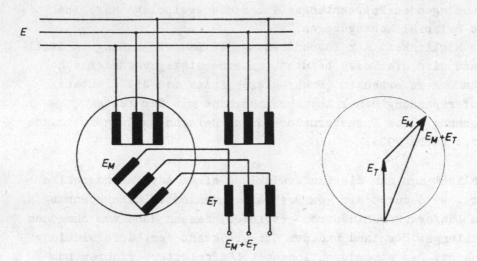

Abb. 292: Einfachdrehregler; Prinzipschaltung.

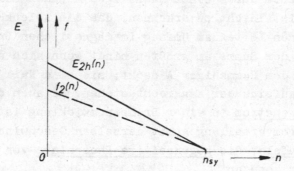

Abb. 294: Verlauf von E_{2h} und f_2 mit der Läuferdrehzahl beim Asynchronmotor.

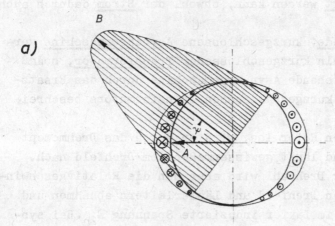

a)

B

A

ψ

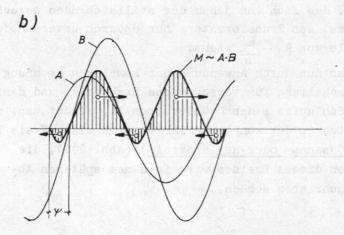

b)

B

A

$M \sim A \cdot B$

ψ

Abb. 293: Zur Entstehung des Drehmomentes in einer
Drehstrom-Asynchronmaschine.

Einschaltung eines ohmschen Widerstandes in den Schleifringkreis vergrößert werden kann, obwohl der Strom dadurch auch
kleiner wird.

Die stillstehende, kurzgeschlossene Asynchronmaschine verhält sich wie ein kurzgeschlossener Transformator, sodaß
man die stillstehende Asynchronmaschine durch das Ersatzschaltbild des kurzgeschlossenen Transformators beschreiben kann.

Läßt man nun den Rotor los, wird er durch das Drehmoment
beschleunigt und läuft gewissermaßen dem Drehfeld nach.
Mit zunehmender Drehzahl wird aber nun die Relativgeschwindigkeit zwischen Drehfeld und Läuferleitern abnehmen und
somit auch die im Läufer induzierte Spannung E_{2h}. Bei synchroner Drehzahl wird die induzierte Spannung Null (Abb. 294);
es kann bei Erreichen von n_{sy} somit auch kein Strom mehr getrieben werden und das beschleunigende Moment verschwindet.

Im Leerlauf kann die Asynchronmaschine höchstenfalls die
synchrone Drehzahl n_{sy} erreichen (wegen der Reibungsverluste
etwas weniger).

Wie später bewiesen werden wird, kann man auch für die
laufende Asynchronmaschine ein Ersatzschaltbild angeben
(Abb. 295), das sich von jenem der stillstehenden Asynchronmaschine bzw. des Transformators nur dadurch unterscheidet,
daß anstelle von $R_2' \rightarrow \dfrac{R_2'}{s}$ steht.

Bestimmt man nun durch Anwendung der komplexen Rechnung auf
die Ersatzschaltung für verschiedene Drehzahlen und damit
Werte des Schlupfes s den Ständerstrom I_1, findet man, daß
dessen Spitze in der komplexen Zahlenebene einen Kreis beschreibt (Ossanna- oder Heylandkreis) (Abb. 296), die
Konstruktion dieses Kreises wird in einem späteren Abschnitt beschrieben werden.

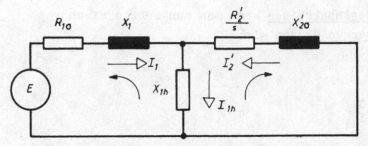

Abb. 295: **Ersatzschaltung des Drehstrom-Asynchronmotors (im Lauf).**

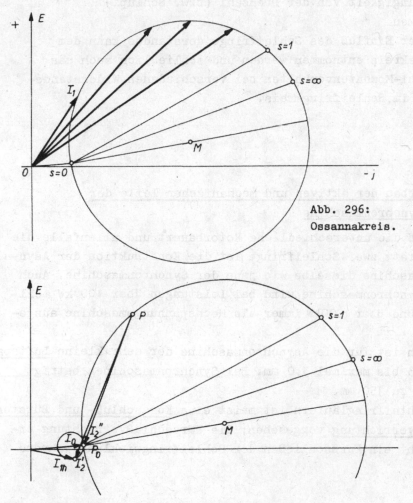

Abb. 296:
Ossannakreis.

Abb. 298: **Ortskreise von I_1 und I_{1h} bei der
Asynchronmaschine.**

An Hand dieses <u>Ossannakreises</u> kann man nun sehr einfach
<u>alle interessierenden Größen</u> wie:

Ständerstrom I_1
Läuferstrom I_2
Leerlaufstrom I_{10}
Kurzschlußstrom I_{1K}
Kippmoment M_K
Anlaufmoment M_a
Mechanische Leistung P_M

in Abhängigkeit von der Drehzahl (bzw. Schlupf)
bestimmen.

Auch der Einfluß des Schleifringwiderstandes kann dem
Ossannakreis entnommen werden und schließlich auch das
Drehzahl-Momentenverhalten bei verschiedenen Widerstands-
werten im Schleifringkreis.

7.2 <u>Aufbau der aktiven und mechanischen Teile der</u> <u>Asynchronmaschine</u>

Bis auf die unterschiedliche Rotorbauart und allenfalls die
drei statt zwei Schleifringe ist die Konstruktion der Asynchronmaschine dieselbe wie jene der Synchronmaschine. Auch
die Asynchronmaschine wird bei Leistungen über 100 kW teilweise,und über 1000kW immer als Hochspannungsmaschine ausgeführt.

Typisch ist für die Asynchronmaschine der sehr kleine <u>Luftspalt</u>
von 0,3 bis maximal 3,0 mm. Bei Synchronmaschinen beträgt
er bis zu 150 mm.

Bei Schleifringläufern ist meist eine <u>Kurzschluß- und Bürsten-</u>
<u>abhebevorrichtung</u> vorgesehen; die Kurzschlußvorrichtung er-
möglicht ein Kurzschließen der Schleifringwicklung während

des Betriebes im Läufer selbst. Die Bürstenabhebevorrichtung
soll nach erfolgtem Kurzschließen den dauernden Bürsten-
und Schleifringverschleiß im Betrieb vermeiden. Bei großen
Asynchronmaschinen ist auch die Schleifringwicklung als
Hochspannungswicklung ausgeführt.

Obwohl im Läufer bei ungeregeltem Betrieb nur eine sehr
kleine (Schlupf)-Frequenz vorliegt, muß er wegen des Anlaufes
ebenso wie der Ständer geblecht werden.

Beim Käfigläufer müssen die Käfigstäbe mit den Ringen
hartverlötet werden. Bei sehr langen Läufern ist es erforderlich, die Käfigstäbe mit (Aluminium)Gleithülsen zu versehen,
da es sonst durch die Wärmedehnung zu mechanischen Spannungen
kommt und Stabbrüche an den Ringen auftreten können.

Der Luftspalt von Asynchronmaschinen wird unter Beachtung
der Sicherheit gegen Streifen so klein wie möglich gemacht
(kleiner Magnetisierungsstrom, guter $\cos\varphi$). Aus dem letzteren
Grund werden die Nuten nach Möglichkeit halbgeschlossen ausgeführt, was aber nur bei Stabwicklungen (Niederspannung)
möglich ist; Träufelwicklungen nur bei kleinen Maschinen.

7.3 Theorie

7.3.1 Die Ortskurventheorie der Drehstrom-Asynchronmaschine bei verschiedenen Läuferarten

Das Betriebsverhalten der Asynchronmaschine kann aus dem
Ossannakreis entnommen werden (Abschnitt 7.1) und dieser
wird an Hand des Ersatzschaltbildes abgeleitet. Das Ersatzschaltbild selbst ist noch zu entwickeln, es wurde in
Abschnitt 7.1 mehr oder minder unbewiesen vorweggenommen.

Wie bei der Synchronmaschine wird das Ersatzschaltbild aus
dem Raum- und Zeitzeigerbild abgeleitet. Auch hier geht man
so vor, daß man nicht von einer konstanten Netzspannung E

ausgeht, sondern von einem konstanten Drehfeld ϕ_h (Abb. 297).
Im Raumzeigerbild erscheinen nun zwei Systeme von Wicklungen
(Wicklungsachsen), von denen das Ständersystem stillsteht,
während sich das Läufersystem mit $\omega(1-s)$ dreht. Das Zeitzeigerbild besteht demnach hier nicht nur aus dem Stern der
induzierten Ständerspannungen E_{1h} und der Zeitlinie mit ω,
sondern auch aus dem Stern der Schlupfspannungen $E_{2h} \cdot s$, zu dem
eine zweite Zeitlinie mit $s \cdot \omega$ gehört.
Die relative Lage der beiden Zeitlinien ändert sich ständig,
entsprechend der Differenz der beiden Winkelgeschwindigkeiten
(Drehfeld und Läufer) ω und $(1-s) \cdot \omega$, ebenso wie sich die
Lage der beiden Wicklungssysteme gegeneinander ändert.
Für eine bestimmte Augenblickslage t_1 des Drehfeldes ϕ_h
ist jede beliebige Lage des Läufers und damit der Zeitlinie
$(s \cdot \omega)$ möglich; es kann daher für die Untersuchung irgend eine
Augenblickslage angenommen werden, am besten jene, bei der die
Verhältnisse am übersichtlichsten werden. Eine solche Lage
ist die Deckungslage.
Führt man die Untersuchung für eine andere Stellung durch,
findet man, daß das Ergebnis dasselbe bleibt, weil die
<u>räumliche Lage der Läuferdurchflutung unabhängig von der</u>
<u>Läuferstellung</u> ist (vgl. Abschnitt 7.1). Dies erklärt sich
daraus, daß sich die Läuferdurchflutung ihrerseits relativ
zum Läufer mit der Schlupffrequenz $(s \cdot \omega)$ dreht, da auch die
<u>Läuferströme schlupffrequent</u> sind. Die Absolut-Winkelge-
schwindigkeit der Läuferdurchflutung im Raum ist daher

$$s \cdot \omega + (1 - s) \cdot \omega = \omega$$

worin $\omega(1-s)$ die mechanische Winkelgeschwindigkeit angibt.

Der nächste Schritt bei der weiteren Untersuchung ist wie
bei der Synchronmaschine die <u>Kopplung von Raum- und Zeitbild</u>.
Zu einer angenommenen Augenblickslage t_1 des konstant ange-
nommenen Drehfeldes ϕ_h gehört eindeutig eine bestimmte
Augenblickslage t_1 der Zeitlinie ω im Zeitzeigerbild. Der
Vorgang erfolgt hier gleich wie bei der Synchronmaschine.

Die Schlupfspannung E_{2h} treibt nun einen Strom in der
kurzgeschlossenen Läuferwicklung, dessen Größe und Phasenlage durch den ohmschen- und Streublindwiderstand der Wicklung bestimmt wird; der letztgenannte ist wieder eine
Funktion des Schlupfes s. Die Spannungsgleichung für eine
Phase des <u>Läufers</u> lautet:

$$E_{2h}' \cdot s - I_2' R_2' - j I_2' \cdot s \cdot X_{2\sigma}' = 0$$

darin sind E_{2h}' und I_2' schlupffrequente Größen, $X_{2\sigma}'$ die
Reaktanz bei f_{1N}.
Ohne an der Aussage der Gleichung etwas zu ändern, kann man
folgende Umformung vornehmen:

$$E_{2h}' - I_2' \cdot \frac{R_2'}{s} - j I_2' X_{2\sigma}' = 0 \quad \text{(vgl. Abb. 297)}$$

und dabei die Größen E_{2h}' und I_2' stillschweigend als netz-
frequente Größen betrachten (die Gleichung sagt ja darüber
nichts aus), sodaß für sie ebenfalls die Zeitlinie (ω) gilt.
Man kann sich demnach den mit Schlupfdrehzahl umlaufenden
Läufer mit dem Widerstand R_2' ersetzt denken, durch stillstehenden Läufer mit dem Widerstand $\frac{R_2'}{s}$ ("Ersatzläufer").
Als nächster Schritt ist mit Hilfe der Augenblicksströme i_2'
die von ihnen bewirkte Durchflutung im Raumzeigerbild zu
konstruieren (Θ_2). Diese Durchflutung muß annahmegemäß
zusammen mit Θ_1 des Ständers die resultierende, das
Feld ϕ_h erregende Durchflutung Θ_h ergeben. Mit dem

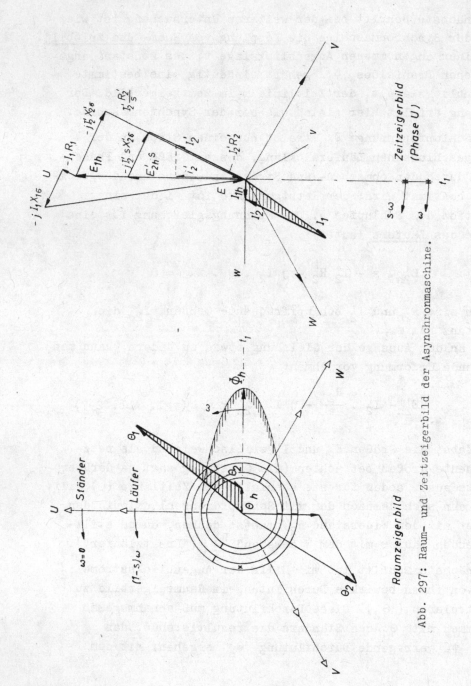

Abb. 297: Raum- und Zeitzeigerbild der Asynchronmaschine.

Feld ϕ_h wurde auch Θ_h als dem Betrag nach konstant angenommen, sodaß mit

$$\Theta_1 + \Theta_2 = \Theta_h \qquad \text{(alle Durchflutungen sind}$$
$$\text{als Raumzeiger zu verstehen)}$$

die Ständerdurchflutung für den gewählten Zeitaugenblick
gewonnen werden kann.

Das sich ergebende Durchflutungspolygon läuft mit ω um.

So wie zu $\Theta_2 \longrightarrow I_2'$ gehört, gehört auch eindeutig zu Θ_1
im Raumzeigerbild ein I_1 im Zeitzeigerbild; dasselbe gilt
für Θ_h und I_{1h}. Die drei Ströme ergeben nun im Zeitzeigerbild ein ähnliches Dreieck. Durch Hinzufügen von $-I_1 R_1$ und
$-j I_1 X_{1\sigma}$ zur induzierten Ständerspannung E_{1h} und Schließen
des Polygones durch die Netzspannung E, erhält man schließlich das Spannungspolygon für den Ständerkreis.

Die beiden Spannungspolygone (als Ausdruck für Kirchhoff II
für den Ständer- und Läuferkreis) beschreiben zusammen mit
dem Strompolygon (Kirchhoff I) die Größen in einer Ersatzschaltung gemäß Abb. 295. An Hand dieses Ersatzschaltbildes,
welches sich nur durch $\frac{R_2'}{s}$ statt R_2' von jenem des kurzgeschlossenen Transformators unterscheidet, kann man nun das
gesamte Maschinenverhalten studieren:

Will man beispielsweise den Strom I_1 bei verschiedenen Drehzahlen an Hand der Ersatzschaltung bestimmen, hat man entsprechend:

$$s = \frac{n_{sy} - n}{n_{sy}} \qquad ; \qquad n_{sy} = \frac{f}{p}$$

den ohmschen Widerstand $\frac{R_2'}{s}$ zu variieren und für den jeweiligen Wert von $\frac{R_2'}{s}$ den Ständerstrom I_1 durch komplexe Rechnung zu ermitteln.

Auf Grund der Gleichwertigkeit Maschine - Ersatzschaltung
ist dieser Strom identisch mit dem tatsächlichen Ständerstrom der Asynchronmaschine.

Damit ist es gelungen, die komplizierten physikalischen
Zusammenhänge in der laufenden Asynchronmaschine auf
die Vorgänge in einer ruhenden Anordnung (Ersatzmaschine)
und diese wieder auf jene in einem einfachen Netzwerk
(Ersatzschaltung) zurückzuführen.

Um das Betriebsverhalten der Asynchronmaschine im stationären
Betrieb zu beurteilen, ist zunächst die Abhängigkeit des
Netzstromes I_1 von der Drehzahl zu entwickeln. Dies gelingt.
wie schon oben festgestellt, in einfacher Weise durch
Auswertung des Ersatzschaltbildes:

$$I_1 = \frac{E}{R_1 + j\,X_{1\sigma} + \dfrac{j\,X_{1h}\left(\dfrac{R_2'}{s} + j\,X_{2\sigma}'\right)}{j\,X_{1h} + \dfrac{R_2'}{s} + j\,X_{2\sigma}'} + j\,X_{1h} - j\,X_{1h}}$$

$$I_1 = \frac{E}{R_1 + j(X_{1h} + X_{1\sigma}) + \dfrac{X_{1h}^2}{\dfrac{R_2'}{s} + j(X_{1h} + X_{2\sigma}')}}$$

$$I_1 = \frac{E}{Z_1 + \dfrac{X_{1h}^2}{Z_2'}}$$

Der vorstehende Ausdruck stellt die Gleichung eines
Ortskreises allgemeiner Lage dar:

$$I_1 = \frac{A + s\,B}{C + s\,D}$$

Man ermittelt den Kreis am einfachsten durch Berechnung
dreier Kreispunkte z.B. für:

$$s = 0$$
$$s = 1$$
$$s = \infty$$

Um den Läuferstrom bestimmen zu können, benötigt man noch
die Ortskurve des Läuferstromes selbst, oder des Magnetisierungsstromes I_{1h}.
Für I_{1h} ergibt sich:

$$I_{1h} = \frac{E}{R_1+j\,X_1+jX_{1h}\dfrac{R_1+j\,X_{1\sigma}}{\dfrac{R_2'}{s}+j\,X_{2\sigma}'}}$$

Der Zeiger von I_{1h} beschreibt selbst wieder einen kleinen
Kreis, und um I_2' zu erhalten, muß man diesen Strom als
komplexe Differenz zwischen $I_1(s)$ und $I_{1h}(s)$ bestimmen
(Abb. 298, Seite 503   ).
Die vorstehend beschriebene Konstruktion ist relativ um-
ständlich und wird kaum in der Praxis verwendet. Vielmehr
hat es sich eingebürgert, den Läuferstrom näherungsweise
als die Verbindungslinie $P - P_0$ anzusehen, d.h. man nimmt
(I_{1h}) hierfür als konstant an:

$$I_{1h} = I_0 = \frac{E}{R_1+j(\underbrace{X_{1h} + X_{1\sigma}}_{X_1})}$$

(aus der Ortskreisgleichung für s = 0)

Will man diese Näherung auch im Ersatzschaltbild richtig
nachbilden, so müßte dieses gemäß Abb. 299 geändert werden.
Der Strom I_0 ist darin unabhängig vom Belastungsstrom I_1.
Wenn die Bedingung aufrecht bleibt, daß der Ständerstrom I_1
unabhängig von I_{1h} und I_2 die für ihn ermittelte Ortskurve $I_1(s)$ beschreiben soll, gilt:

$$I_1 = \frac{E}{Z_1 + \frac{X_{1h}}{Z_2'}} = I_0 + I_2'' = \frac{E}{R_1 + j\,X_1} + I_2''$$

Nach einer umständlichen Umformung findet man für den
Strom I_2''

$$I_2'' = \frac{E \cdot e^{2j\,\alpha_0}}{R_1 + \frac{R_2'}{s}\,\ddot{u}^2 + j(X_2'\,\ddot{u}^2 - X_1)} = \frac{E}{Z_2''}$$

darin ist: $\quad \operatorname{tg} \alpha_0 = \dfrac{R_1}{X_1}$

$$\ddot{u}^2 = \frac{X_1^2 + R_1^2}{X_{1h}^2}$$

R_2' ... der auf die Ständerwicklung reduzierte Rotor-
widerstand

$X_2' = X_{1h} + X_{2\sigma}'$ ... die auf die Ständerwicklung reduzierte
Rotorreaktanz.

Die Reduktion erfolgt wie beim Transformator mit Hilfe der
Übersetzungsverhältnisse für Widerstände (siehe Abschnitt 5.6),
in die zum Unterschied vom Transformator auch noch die Wick-
lungsfaktoren einzufügen sind.

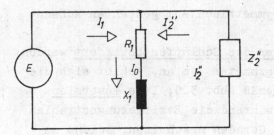

Abb. 299: Ersatzschaltung zur Konstruktion des
Ossannakreises nach Abb. 301.

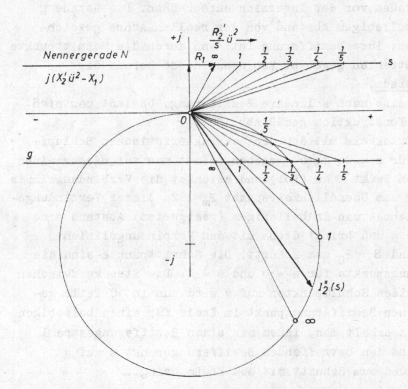

Abb. 300: Bezifferung des Ossannakreises nach
Werten von   s = ∞, 1, 1/2, 1/3, 1/4, ...

I_2'' beschreibt einen symmetrischen Kreis durch den Ursprung
eines um 2 α_0 verdrehten Achsenkreuzes, dessen Ursprung im
Punkt I_0 liegt (Abb. 301 ; symmetrisch zum gedrehten Achsenkreuz).

Der Kreis muß nun nach Werten des Schlupfes beziffert werden:
Sieht man als Bezifferungsparameter 1/s an, ergibt sich die
bezifferte Nennergerade N gemäß Abb. 300; ihre Inversion
ist bekanntlich ein Kreis, während die Bezifferungsstrahlen
in der Inversion wieder als Geraden erscheinen, welche um
die reelle Achse gespiegelt sind. Die Bezifferungspunkte am
Kreis erhält man demnach in dem Schnittpunkt der gespiegelten
Strahlen mit dem Kreis, da diese den Schnittpunkten mit der
Nennergeraden vor der Inversion entsprechen. Die Gerade g
kann in beliebigem Abstand von der reellen Achse gezeichnet werden; ihre Bezifferung ist dann durch die Schnittpunkte
mit den Strahlen gegeben. Man nennt diese Gerade die
Schlupfgerade.

Will man eine nach s lineare Bezifferung, bedient man sich
u.a. der Konstruktion gemäß Abb. 301:
Ist der Ortskreis mit den drei charakteristischen Schlupf-
punkten für s = 0; 1; ∞ gegeben, nimmt man auf diesem einen
beliebigen Punkt S an (Pol) und zeichnet die Verbindungslinie
von S bis zum Unendlichkeitspunkt P_∞ . Zu dieser Verbindungslinie zeichnet man in beliebigem (geeignetem) Abstand eine
Parallele g und bringt diese mit den Verbindungslinien
S $\longrightarrow$ P_K und S $\longrightarrow$ P_0 zum Schnitt. Die Schnittpunkte sind die
Bezifferungspunkte für s = 0 und s = 1. Die Strecke zwischen
diesen beiden Schnittpunkten auf g wird nun in 10 Teile ge-
teilt. Einen Bezifferungspunkt im Kreis für einen beliebigen
Wert von s erhält man, indem man einen Bezifferungsstrahl
durch S und den betreffenden Bezifferungspunkt s auf g
zeichnet und zum Schnitt mit dem Kreis bringt.

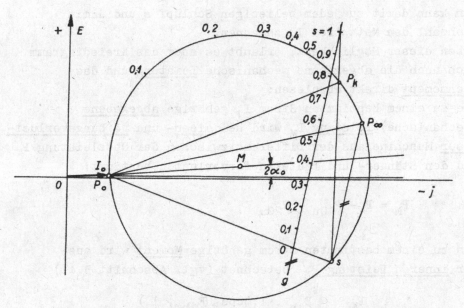

Abb. 301 : Bezifferung des Ossannakreises nach Werten von s

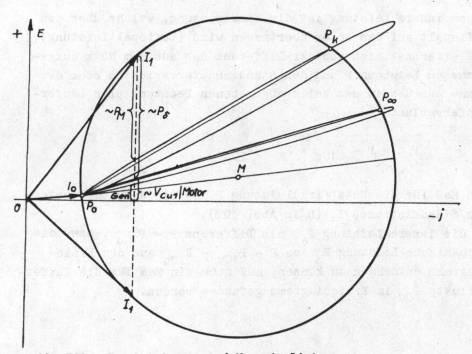

Abb. 302 : Zur Leistungs- und Momentenlinie

Man kann damit zu jedem beliebigen Schlupf s und damit
Drehzahl den Netzstrom I_1 zeichnen.

Neben dieser Möglichkeit, erlaubt es aber das Kreisdiagramm
auch noch die abgegebene mechanische Leistung und das
Drehmoment direkt abzulesen:

Die zu einem bestimmten Strom I_1 gehörige abgegebene
(mechanische) Leistung P_M wird bei eisen- und reibungsverlust-
loser Maschine aus der Differenz zwischen der Netzleistung P
und den Ständer- und Läuferkupferverlusten bestimmt:

$$P_M = P - P_{1Cu} - P_{2Cu}$$

Das zu einem bestimmten Strom gehörige Moment wird aus
der inneren Leistung P_δ berechnet (vgl. Abschnitt 3.4)

$$M = \frac{P_\delta}{2 \pi n_{sy}} = \frac{E_{1h} \cdot I_1 \cos \sphericalangle (E_{1h} , I_1)}{2 \pi n_{sy}} \cdot m$$

Diese innere Leistung ist die Wirkleistung, welche über den
Luftspalt auf den Rotor übertragen wird (Luftspaltleistung);
sie errechnet sich aus der Differenz der aus dem Netz aufgenommenen Leistung P und den Ständerkupferverlusten oder der
Summe aus der an der Welle abgegebenen Leistung plus Läuferkupferverluste:

$$P_\delta = P - P_{1Cu} = P_M + P_{2Cu}$$

Ein Maß für die Netz(wirk)leistung P ist die Wirkkomponente
des Ständerstromes I_1 (h in Abb. 302).

Um die innere Leistung P_δ als Differenz $P - P_{1Cu}$, bzw. die
mechanische Leistung P_M aus $P - P_{1Cu} - P_{2Cu}$ aus dem Kreisdiagramm entnehmen zu können, muß noch ein Maß für die Kupferverluste P_{Cu} im Kreisdiagramm gefunden werden.

Berechnet man zunächst punktweise für jeden Wert von I_1 die zugehörigen Ständer- und Läuferkupferverluste im Strommaßstab und trägt sie auf der Ordinate durch den Kreispunkt I_1 über der maginären Achse auf, liegen die Endpunkte von

$$\frac{P_{vCu1}}{E} \quad \text{und} \quad \frac{P_{vCu1} + P_{vCu2}}{E} \quad \text{auf je einer \underline{flachen Ellipse} durch}$$

die Punkte P und P_∞, bzw. P_0 und P_k (Abb. 302).
Für eine Frequenz von 50 Hz sind die Ellipsen allerdings so flach, daß sie ohne großen Fehler durch Gerade ersetzt werden können.
Die Gerade zwischen P_0 und P_∞ ist die Momentenlinie.
Die Gerade zwischen P_0 und P_K ist die Leistungslinie.
Der Ordinatenabschnitt zwischen dem Kreis und der Momenten-linie bzw. Leistungslinie ist dann auf Grund der oben stehenden Leistungsbilanz dem Moment bzw. der mechanischen Leistung proportional.
Dieses an sich sehr durchsichtige Verfahren zur Entnahme des Drehmomentes und der mechanischen Leistung aus dem Ossanna-kreis ist einerseits auf höhere Frequenzen beschränkt oder andererseits sehr zeitraubend, wenn bei niederen Frequenzen statt der Geraden die genauen Ellipsen gezeichnet werden müssen. Dies war der Grund, daß man schon sehr früh ein Ver-fahren entwickelt hat, welches die Entnahme von Drehmoment und Leistung aus dem Ossannakreis auch für niedere Frequenzen (bzw. kleine Maschinen) auf ähnlich einfache Weise erlaubt, wie in dem oben beschriebenen Verfahren bei 50 Hz.
Zunächst (ohne Beweis vorweggenommen) wird dabei gemäß Abb. 303 das Drehmoment, bzw. die mechanische Leistung als der Abschnitt zwischen Kreispunkt und Momenten- bzw. Leistungslinie auf einer Normalen zum Kreisdurchmesser bestimmt (und nicht auf einer Normalen zur imaginären Achse wie oben).

Der Beweis, daß es sich hier nicht um eine Näherung handelt, sondern um eine für beliebige Frequenzen gültiges Verfahren, gelingt durch einen nachträglichen Vergleich.

Das Moment der Maschine beträgt:

$$M = \frac{E_{1h} \cdot I_2' \cdot \cos \sphericalangle (E_{1h}, I_2')}{2 \pi n_{sy}} \cdot m$$

(vgl. Abschnitt 3.4)

(Leerlaufverluste nicht berücksichtigt)

Aus der Betrachtung der Ersatzschaltung (Abb. 295) geht hervor, daß die übertragene Luftspaltleistung P_δ gleichzeitig der (scheinbaren) Verlustleistung im Sekundärkreis entspricht.

$$P_\delta = \left| I_2' \right|^2 \cdot \frac{R_2'}{s} \qquad \text{(pro Phase)}$$

bzw. im Strommaßstab des Kreisdiagrammes:

$$\frac{P_\delta}{E} = \frac{\left| I_2' \right|^2 \cdot \frac{R_2'}{s}}{E} \qquad \text{(pro Phase)}$$

Nun kann man diesen Ausdruck mit Hilfe der Ortskurvenbeziehung für den (genauen) Rotorstrom

$$I_2' = \frac{- E \cdot j X_{1h}}{(R_1 + j X_{1\sigma}) \cdot (\frac{R_2'}{s} + j X_{2\sigma}') + j X_{1h} (R_1 + j X_{1\sigma}) + (\frac{R_2'}{s} + j X_{2\sigma}')}$$

exakt angeben (aus dem Ersatzschaltbild).

Wenn die oben angegebene Bestimmung des Drehmomentes aus dem Ossannakreis exakt sein soll, müßte die folgende Identität gelten:

$$\frac{P_\delta}{E} = \frac{\left| I_2' \right|^2 \cdot \frac{R_2'}{s}}{E} = \operatorname{Re} \left[I_2'' \right] - \frac{\left| I_2'' \right|^2 \cdot R_1}{E} = b$$

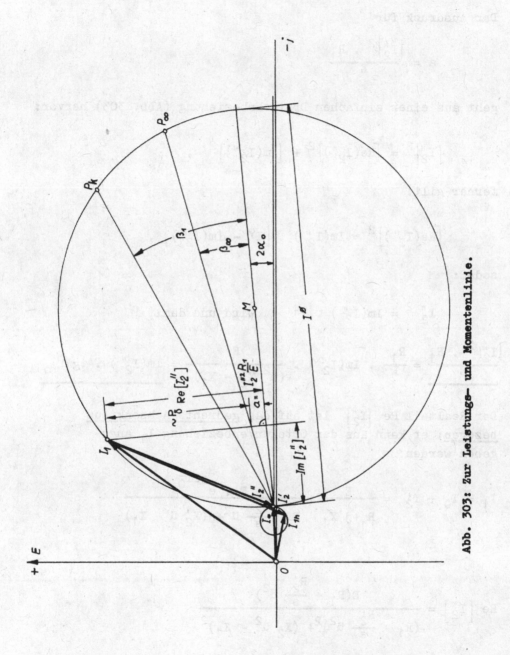

Abb. 303: Zur Leistungs— und Momentenlinie.

Der Ausdruck für

$$a = \frac{\left|I_2''\right|^2 \cdot R_1}{E}$$

geht aus einer einfachen Dreiecksbeziehung (Abb. 303) hervor:

$$\left|I_2''\right|^2 = \left[\text{Re}(I_2'')\right]^2 + \left[\text{Im}(I_2'')\right]^2 \quad,$$

ferner gilt:

$$\left[\text{Re}(I_2'')\right]^2 = \text{Im}(I_2'') \cdot \left[I^\phi - \text{Im}(I_2'')\right] \quad,$$

sodaß:

$$I_2''^{\,2} = \text{Im}(I_2'') \cdot I^\phi \qquad \text{wird und damit}$$

$$\underline{\frac{\left|I_2''\right|^2 \cdot R_1}{E}} = \frac{R_1}{E} \cdot \text{Im}(I_2'') \cdot \frac{E}{(\ddot{u}^2 X_2' - X_1)} = \underline{\text{Im}(I_2'') \cdot \text{tg}\,\beta_\infty}$$

Der Realteil Re $\left[I_2''\right]$ ist <u>auf</u> das <u>gedrehte Achsenkreuz bezogen</u>; er kann aus der Ortskurvenbeziehung I_1 angegeben werden:

$$I_1 = I_0 + I_2' = \frac{E}{R_1 + j\,X_1} + \frac{E \cdot e^{j2\alpha_0}}{R_1 + \dfrac{R_2'}{s}\ddot{u}^2 + j(X_2'\,\ddot{u}^2 - X_1)}$$

$$\text{Re}\left[I_2''\right] = \frac{E\left(R_1 + \dfrac{R_2'}{s}\ddot{u}^2\right)}{\left(R_1 + \dfrac{R_2'}{s}\ddot{u}^2\right)^2 + (X_2'\,\ddot{u}^2 - X_1)^2}$$

Setzt man die entsprechenden Beziehungen in die Gleichung
für b ein, kann man sich nach langwieriger Rechnung von
der Identität der rechten und linken Gleichungsseite überzeugen.

Der Abschnitt b gibt also exakt das Maschinenmoment im
Strommaßstab an, es kann nun als Funktion des Schlupfes
aufgezeichnet werden (Abb. 304).

Der Ossannakreis, bzw. die M-n-Kennlinie kann wie folgt in
einzelne Abschnitte unterteilt werden:

Von P_O bis $+P_K$ erstreckt sich der stabile Motorbereich,
er enthält auch den Nennbetriebspunkt P ; man erhält ihn,
indem man eine Parallele im Abstand M_N zur Momentenlinie
zeichnet und mit dem Kreis zum Schnitt bringt.

Den Kippunkt P_K findet man, indem man durch den Kreis-
mittelpunkt eine Normale auf die Momentenlinie zieht und
diese beidseitig mit dem Kreis zum Schnitt bringt
$(+P_K, -P_K)$.

Von $+P_K$ bis P_k erstreckt sich der instabile Motorbereich;
er wird beim Hochlauf in der einen Richtung (Beschleunigung)
und beim Überschreiten des Kippunktes in der anderen Richtung (Verzögerung) durchfahren. Die Maschine "kippt", sobald
das Gegenmoment das Kippmoment überschreitet. Da das Maschinenmoment danach wieder kleiner wird, kann das Momentengleichgewicht an der Welle nur durch das Auftreten eines
Massenträgheitsmomentes (Verzögern) hergestellt werden;
die Maschine bleibt stehen.

Das Verhältnis zwischen M_K und M_N nennt man die Überlastbarkeit der Maschine; sie muß mindestens 1,6 betragen.

Von P_k bis P_∞ erstreckt sich der Gegenstrombremsbereich;
in diesen Bereich gelangt die Maschine durch Umkehr der
Drehrichtung des Drehfeldes (Vertauschen zweier Netzklemmen)
oder durch Drehrichtungsumkehr des Läufers. Im ersten Augenblick nach der Drehfeldumkehr ist der Schlupf (2 - s)
(Abb. 304).

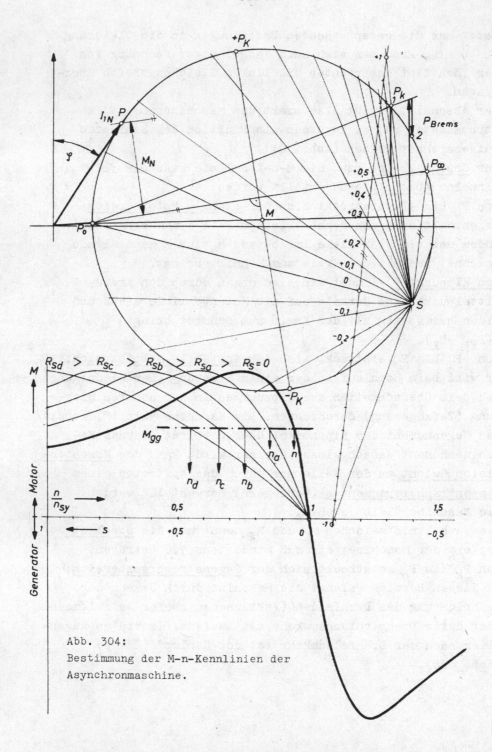

Abb. 304:
Bestimmung der M-n-Kennlinien der
Asynchronmaschine.

Obwohl die Maschine bei Gegenstrombremsung nach wie vor
Leistung aus dem Netz aufnimmt, wirkt das Moment bremsend,
es steigt bis zum Stillstand auf den Wert des Anlaufmomentes (M_a) an, während die Bremsleistung P_{Brems} mit
abnehmender Drehzahl kleiner wird. Nach Erreichen des
Stillstandes (P_k) kehrt sich die Drehrichtung um, und
die Maschine läuft verkehrt hoch.

Die Gegenstrombremse wird im allgemeinen nur zum Stillsetzen verwendet; um hierbei den Bremsstrom klein zu halten
und das Bremsmoment zu erhöhen, muß man einen Bremswiderstand in den Schleifringkreis einschalten.

Von P_0 bis $-P_K$ erstreckt sich der stabile Generator(brems)-
bereich. In diesen Bereich gelangt die Maschine, indem man
sie antreibt. Die Maschine nimmt dann eine Schlupfdrehzahl
über der Synchrondrehzahl n_{sy} an (Übersynchronismus), sie
steigt so lange, bis sich Antriebs- und Maschinenmoment das
Gleichgewicht halten. Die Asynchronmaschine liefert dann
Leistung in das Netz.

Von $-P_K$ bis P_∞ reicht schließlich der instabile Generator-
bereich; in diesen Bereich gelangt die Maschine, wenn das
Antriebsmoment größer als das Kippmoment M_K wird. Das
Momentengleichgewicht an der Welle kann dann nur durch
ein Massenträgheitsmoment (Beschleunigung) hergestellt
werden, die Maschine geht durch.

Fügt man in den Schleifringkreis einen zusätzlichen
Schlupfwiderstand R_s ein, ergeben sich für verschiedene
Werte desselben jeweils andere Drehzahl-Momentenkennlinien
(Abb. 304). Aus der Betrachtung der Ortskurvenbeziehung
kann jedoch entnommen werden, daß der Kreisdurchmesser

$$D = \frac{E}{(X_2' \ddot{u}^2 - X_1)}$$

gegenüber Veränderungen von R_2 _invariant_ bleibt. Daraus
folgt, daß auch das _Kippmoment M_K unabhängig vom Läufer-_
kreiswiderstand sein wird; es tritt nur bei verschiedenen
Schlupfwerten auf.

Durch geeignete Wahl von R_s kann demnach der Kippunkt auf
den Stillstand (s = 1) verlegt werden, der Motor läuft
dann mit dem Kippmoment an.

Aus der Kurvenschar in Abb. 304 kann aber auch entnommen
werden, daß bei konstantem Gegenmoment durch Einschaltung
eines _Schlupfwiderstandes_ beliebige Drehzahlen eingestellt
werden können. Allerdings steigt bei Entlastung die Drehzahl
in jedem Fall auf die Leerlaufdrehzahl an.

Das stationäre Betriebsverhalten des Drehstrom-Asynchronmotors bei Niederfrequenzspeisung

Die Drehzahlstellung des Asynchronmotors durch Frequenzänderung gewinnt mit der fortschreitenden Umrichterent-
wicklung immer mehr an Bedeutung; zur Beurteilung dieser
Möglichkeit ist zunächst die Kenntnis des Betriebsverhaltens in Abhängigkeit von der Speisefrequenz nötig.

Die Bestimmung der Drehzahl-Momentenkennlinien für verschiedene Frequenzen geschieht in derselben Weise, wie für
50 Hz. Der Ortskreis _ändert_ sich bei Niederfrequenzspeisung
sowohl in der _Lage_, als auch in der _Bezifferung_. Solange die
Speisespannung proportional mit der Frequenz abnimmt, bleibt
der Durchmesser des Kreises gegenüber 50 Hz zunächst nahezu
unverändert.

Da die Reaktanzen aber proportional der Frequenz kleiner
werden, der ohmsche Widerstand hingegen gleich bleibt,
wird $ü^2$ mit abnehmender Frequenz größer werden.

Die Veränderung von $ü^2$ hat einerseits eine _Verkleinerung_
des _Kreisdurchmessers_ zur Folge:

$$D = \frac{E}{(X_2' \, ü^2 - X_1)}$$

andererseits bedingt das frequenzproportionale Absinken
von X eine Vergrößerung des Kurzschluß-cosφ (Abb. 303).

$$\tan \beta_1 = \frac{R_1 + R_2' \, \ddot{u}^2}{(X_2' \, \ddot{u}^2 - X_1)}$$

Bei sehr kleinen Frequenzen wird

$$\ddot{u}^2 = \frac{R_1^2 + X_1^2}{X_1^2} = \frac{\dfrac{R_1^2}{X_1^2} + 1}{\dfrac{X_{1h}^2}{X_1^2}}$$

unendlich groß und $\tan \beta_1$ nähert sich einem sehr großen
Wert:

$$\tan \beta_1 = \frac{R_2}{X_2} = \infty \qquad (\text{für } f = 0 \; ; \quad \beta_1 = \frac{\pi}{2}), \text{ während}$$

$$\underline{\tan \beta_\infty} = \frac{R_1}{(X_2' \, \ddot{u}^2 - X_1)} = 0$$

(bei Frequenz Null wegen $\ddot{u}^2 \, X_2' \longrightarrow \infty$)
Wegen

$$\tan \alpha_0 = \frac{R_1}{X_1}$$

wird α_0 mit abnehmender Frequenz größer, der Kreismittel-
punkt verändert damit seine Lage.
Das Ansteigen des Kurzschluß-cosφ mit abnehmender Frequenz
ist,wie leicht einzusehen, mit einer Vergrößerung des natürlichen Anzugsmomentes verbunden.
Bei sehr kleinen Frequenzen und proportionaler Spannung
wird der Maschinenfluß merklich kleiner, da der Magnetisierungsstrom durch den konstant bleibenden Ständerwiderstand

bei proportional absinkender Spannung kleiner wird:

$$I_0 = \frac{E}{R_1 + j\,X_1}$$

Bei ganz kleinen Frequenzen wird man daher die Spannung
nicht mehr proportional der Frequenz absinken lassen,
sondern in geringerem Ausmaß als die Frequenz verkleinern
bzw. konstant lassen (Abb. 306).

Dabei kann die Maschine bei kleinen Frequenzen stark über-
sättigt werden, da die Eisenverluste kaum mehr in Erscheinung treten. Durch diese Felderhöhung wird das Anzugsmoment
noch weiter verstärkt.

Bei unabhängiger Steuerung von Spannung und Frequenz ist es
z.B. möglich, die Maschine im Anlauf auf konstantem Fluß
zu regeln oder auch auf konstantem Strom. Abb. 305 zeigt
den Verlauf der Drehzahl-Momentenkennlinie bei frequenzproportionaler Spannung.

Der Stromverdrängungsläufer

Die Einschaltung von Schlupfwiderständen zum Zwecke eines
höheren Anlaufmomentes und eines geringeren Anlaufstromes
ist nur beim Schleifringläufer möglich. Beim Käfigläufer
kann eine Erhöhung des Käfigwiderstandes nur durch erhöhte
Stromverdrängungswirkung während des Anlaufes erzielt werden.
Man nützt dabei den Umstand aus, daß die Frequenz des Läuferstromes während des Hochlaufes von f_{1N} beginnend abnimmt.

Den Stromverdrängungseffekt, der eine Erhöhung des ohmschen
Widerstandes bewirkt, erhält man durch zwei Maßnahmen:
Entweder man ersetzt den einfachen Rundstab durch einen
schmalen Hochstab, oder durch einen Doppelstab, wobei der
Oberstab aus Messing, der Unterstab aus Kupfer besteht.
Ober- und Unterstab können in zwei getrennte oder einen gemein-
samen Ring eingelötet sein.

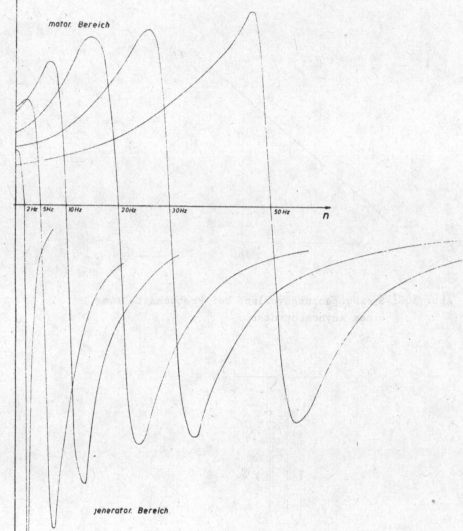

Abb. 305: Drehzahl-Momentenkennlinien der Asynchronmaschine bei verschiedenen Frequenzen
und frequenzproportionaler Spannung.

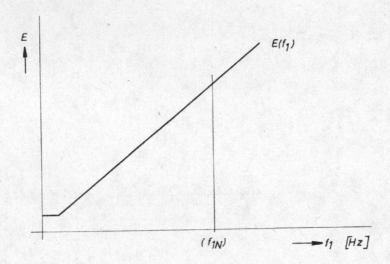

Abb. 306: Speisespannungsverlauf bei Frequenzstellung
eines Asynchronmotors.

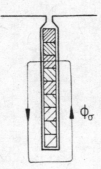

Abb. 307: Zur Erklärung der Stromverdrängung
in einer Nut.

Die Stromverdrängungswirkung beim Hochstab oder Keilstab
kommt folgendermaßen zustande (Abb. 307):
Man kann sich den Hochstab aus einer großen Zahl über-
einanderliegender Teilleiter zusammengesetzt denken.
Die an der Nutöffnung liegenden Teilleiter besitzen eine
kleinere Streureaktanz als jene am Nutengrund. Da nun die
Stäbe an den Enden parallel geschaltet sind und vom selben
Hauptfeld induziert werden, muß der Strom in den Leitern
am Nutengrund kleiner sein als an der Nutöffnung.
Je nach Frequenz wird also der Gesamtstrom mehr oder weniger
nach der Nutöffnung hin verdrängt, was eine Erhöhung des ohmschen Widerstandes und eine Verringerung des Streublindwider-
standes bedeutet (vgl. Abschnitt 3.6). Dadurch wird der
Kurzschluß-$\cos\varphi$ besser und gleichzeitig das Anlaufmoment
höher.
Nach erfolgtem Hochlauf führen die Käfigstäbe Ströme mit
einer sehr kleinen Frequenz, der Schlupffrequenz; die
Stromverteilung ist nun wie bei Gleichstrom über die ganze
Stabhöhe konstant. Durch die tiefere Eisenbettung des Stabes
und die schmälere Nut ist die Streureaktanz im Betrieb größer
als beim Rundstab. Dies hat einen schlechteren Betriebs-$\cos\varphi$
zur Folge.
Nach dem Vorstehenden wird der ohmsche Widerstand beim Anlauf selbsttätig erhöht und nimmt mit Annäherung an die
Betriebsdrehzahl bis auf einen normalen Wert (Gleichstrom-
widerstand) ab.
Die Widerstandserhöhung bzw. Reaktanzverminderung wurde
schon im ersten Teil mathematisch behandelt; in der Praxis
bedient man sich der Kurvenblätter, bei denen die Erhöhungs-
bzw. Minderungswerte in Abhängigkeit von der reduzierten
Leiterhöhe angegeben ist (Abb. 76, 77).
Die Ortskurve des Ständerstromes beim Hochstabläufer kann
mit Hilfe dieser Kurven punktweise oder mit Hilfe mehrerer
Kreise berechnet werden.

Der ohmsche Widerstand des Käfigs setzt sich beim Hochstabläufer aus einem <u>wirbelstromarmen</u> (Ring R_{2R})- und
einem <u>wirbelstrombehafteten</u> (Stab R_{2s})-<u>Anteil</u> zusammen:

$$R_2'^+ = R_{2R}' + R_{2s}' \cdot \rho(s)$$

der Streublindwiderstand hat ebenfalls zwei Anteile:

$$X_{2\sigma}'^+ = X_{2\sigma R}' + X_{2\sigma s}' \cdot \xi(s)$$

Setzt man diese Widerstände in die Ortskreisgleichung
des Asynchronmotors ein, erhält man:

$$I_1 = \frac{E}{R_1 + j\,X_1} + \frac{E \cdot e^{j2\alpha_0}}{R_1 + \dfrac{R_{2R}' + R_{2s}' \cdot \rho}{s}\,\ddot{u}^2 + j(X_{2R}'\,\ddot{u}^2 - X_1 + X_{2\sigma s}'\,\xi\,\ddot{u}^2)}$$

$$X_{2R}' = X_{2h}' + X_{2\sigma R}'$$

wegen $\rho = \rho(s)$ und $\xi = \xi(s)$ ist diese <u>Ortskurve kein Kreis</u>
mehr.

Zweckmäßig geht man bei der Konstruktion der Ortskurve des
Stromverdrängungsläufers wie folgt vor:

Man wählt eine Reihe von Schlupfwerten zwischen 0 und 1
und bestimmt für jeden dieser Werte $R_2'^+$ und $X_{2\sigma}'^+$.

s	ρ	ξ	$R_2'^+$ (s)	$X_{2\sigma}'^+$ (s)	$I^{\emptyset}$	$I_1\vert_{s=1}$	$I_1\vert_{s=\infty}$

Setzt man nun diese Widerstandswerte $R_2'^+$ und $X_{2\sigma}'^+$
jeweils konstant, kann man nach dem üblichen Verfahren
für jeden konstanten Wert einen Kreis mit Leistungs- und
Momentenlinie zeichnen.

Für den Hochstabläufer ist auf diesem Kreis nur der Punkt
für das gewählte s gültig, sowie die zugehörigen Punkte
auf der Leistungs- und Momentenlinie. Die Gesamtheit aller
dieser Punkte ergibt die Ortskurve des Hochstabläufers und
die zugehörige Momenten- und Leistungslinie (Abb. 308).
Abb. 309 zeigt den Verlauf der Drehzahl-Momentenkennlinie
eines Stromverdrängungsläufers und Abb. 310 zum Vergleich
einen Schleifringläufer mit demselben Stator.

Der Doppelkäfigläufer

Beim Doppelkäfigläufer ist die grundsätzliche Wirkungsweise dieselbe wie beim Hochstabläufer, nur wird die
Widerstandserhöhung durch Stromverdrängung durch den schlecht
leitenden Messingstab noch verstärkt. Die Drehzahl-Momentenkennlinie für diese Läuferart ist in Abb. 311 wiedergegeben;
das Anzugsmoment ist noch höher als beim Wirbelstromläufer.

Die Ortskurve des Doppelkäfigläufers

Die beiden übereinanderliegenden Käfigwicklungen (Abb. 291)
werden im Ersatzschaltbild durch zwei entsprechende parallele
Zweige berücksichtigt (Abb. 312). Der Übersicht halber wird
zunächst der Widerstand und die Streureaktanz der Ringe vernachlässigt, die entsprechenden Elemente werden am Schluß
in das Ersatzschaltbild eingefügt.
Beide Käfige sind nicht nur über das Hauptfeld miteinander
gekoppelt, sondern auch über das gemeinsame Streufeld
(Abb. 312). Dies gilt nur für den eigentlichen Doppelkäfigläufer, nicht für die Wechselstabausführung (Abb. 291).
Auf Grund der Ersatzschaltung (Abb. 312) kann für den Doppelkäfigläufermotor das folgende komplexe Gleichungs-System
aufgestellt werden:

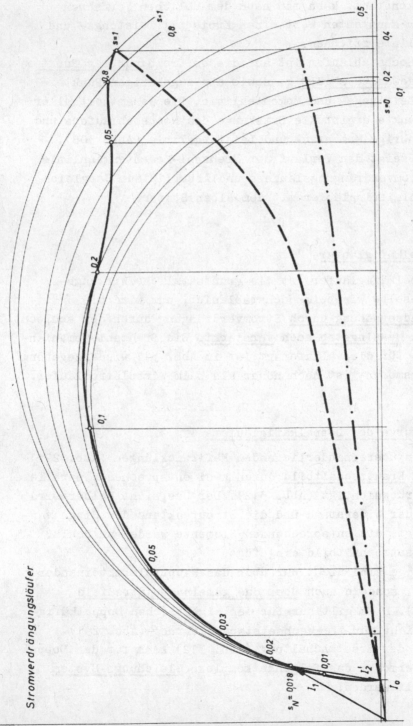

Stromverdrängungsläufer

Abb. 308: Konstruktion der Ortskurve von I_1 eines Wirbelstromläufers.

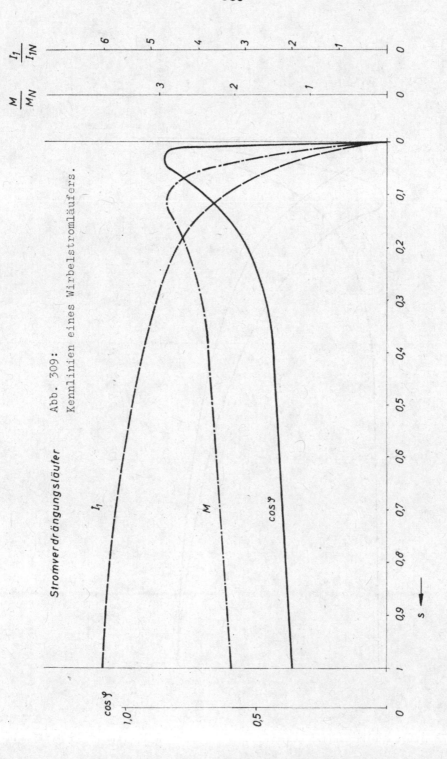

Abb. 309:
Kennlinien eines Wirbelstromläufers.

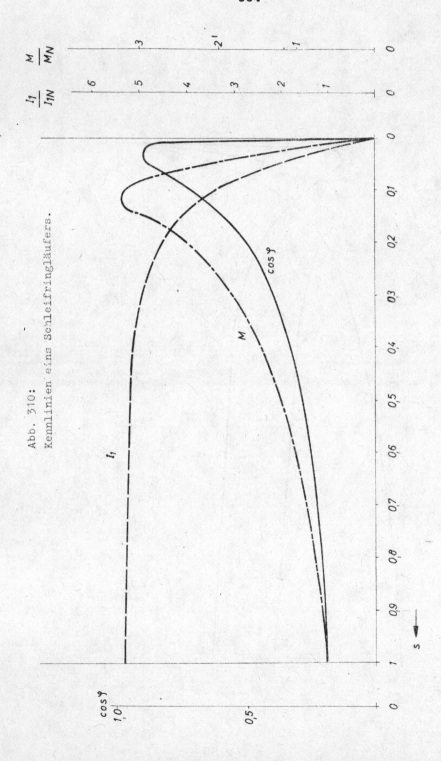

Abb. 310:
Kennlinien eins Schleifringläufers.

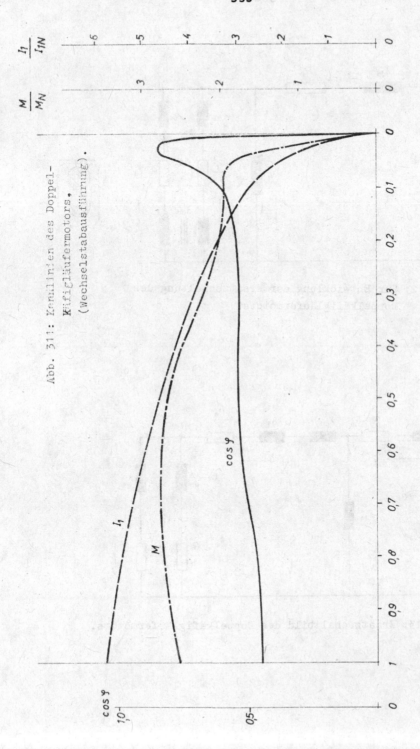

Abb. 311: Kennlinien des Doppel-
Käfigläufermotors.
(Wechselstabausführung).

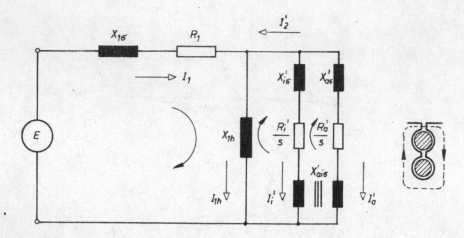

Abb. 312: Zur Entwicklung der Ersatzschaltung des
Doppelkäfigläufermotors.

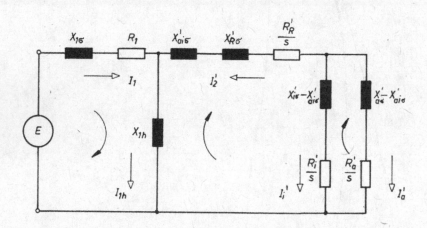

Abb. 313: Ersatzschaltbild des Doppelkäfigläufermotors.

$$E = I_1(R_1 + j X_{1\sigma}) \quad\quad + j\, I_{1h} X_{1h} \quad\quad\quad 0$$

$$0 = 0 \quad\quad - j\, I_{1h} X_{1h} \quad\quad + I_i'\underbrace{\left(\frac{R_i'}{s} + j\, X_{i\sigma}'\right) + j\, X_{ai\sigma}'}_{Z_i + j\, X_{ai\sigma}} \quad\quad + I_a'\,(j\, X_{ai\sigma}')$$

$$0 = 0 \quad\quad\quad 0 \quad\quad - I_i'\underbrace{\left(\frac{R_i'}{s} + j\, X_{i\sigma}' - j\, X_{ai\sigma}'\right)}_{Z_i} \quad\quad + I_a'\underbrace{\left(\frac{R_a'}{s} + j\, X_{a\sigma}' - j\, X_{ai\sigma}'\right)}_{Z_a}$$

$$0 = I_1 \quad\quad - I_{1h} \quad\quad - I_i' \quad\quad - I_a'$$

I_ϵ ... Läuferstrom im Außenkäfig

I_i ... Läuferstrom im Innenkäfig

$X_{\epsilon i\sigma}$ ... gegenseitige Streureaktanz zwischen Außen- und Innenkäfig

$$\mathrm{Det} = (R_1 + j\, X_{1\sigma})(-j\, X_{1h}\, Z_i - Z_i Z_a - j\, X_{ai\sigma}' Z_a - j\, X_{ai\sigma}' Z_i - j\, X_{1h} Z_a) + (-1)\, j\, X_{1h}(Z_i Z_a + j\, X_{ai\sigma}' Z_a + j\, X_{ai\sigma}' Z_i)$$

$$\mathrm{Det}_{I_1} = E(-j\, X_{1h} Z_i - Z_i Z_a - j\, X_{ai\sigma}' Z_a - j\, X_{ai\sigma}' Z_i - j\, X_{1h} Z_a)$$

$$I_1 = \frac{Det\,I_1}{Det} = \frac{E}{(R_1+j\,X_{1\sigma})+\dfrac{j\,X_{1h}(Z_i Z_a+j\,X'_{ai\sigma}Z_a+j\,X'_{ai\sigma}Z_i)}{(Z_i Z_a+j\,X'_{ai\sigma}Z_a+j\,X'_{ai\sigma}Z_i+j\,X_{1h}Z_a+j\,X_{1h}Z_i)}+j\,X_{1h}-j\,X_{1h}}$$

$$\underbrace{\qquad\qquad}_{\text{Erweiterung}}$$

$$I_1 = \frac{E}{(R_1+j\,X_1)+\dfrac{X_{1h}^2\,(Z_i+Z_a)}{(j\,X'_{ai\sigma}+j\,X_{1h})(Z_i+Z_a)+Z_i Z_a}}$$

$$I_1 = \frac{E}{(R_1+j\,X_1)+\dfrac{X_{1h}^2}{j(X'_{ai\sigma}+X_{1h})+\dfrac{Z_i Z_a}{Z_i+Z_a}}} = \frac{E}{Z_1+\dfrac{X_{1h}^2}{Z_2}}$$

Wie man sich durch Vergleich mit der Ortskurvengleichung
für den Schleifringläufermotor leicht überzeugen kann,
gehört zu der obenstehenden Beziehung eine _Ersatzschaltung_
gemäß Abb. 313. Die Elemente $(\frac{R'_R}{s} + j\,X'_{R\sigma})$ im gemeinsamen
Läuferzweig wurden nachträglich eingefügt, sie berücksich-
tigen die Widerstände in den gemeinsamen Ringen, die
vereinbarungsgemäß zunächst nicht berücksichtigt wurden.

Aus dem Aufbau der Ortskurvenbeziehung für den Doppelkäfigläufermotor erkennt man eine _formale Ähnlichkeit_ mit jener
für den Einfachkäfigläufer:

$$I_1 = \frac{E}{Z_1 + \dfrac{X_{1h}^2}{\dfrac{R'_2}{s} + j\,X'_2}}$$

Anstelle der Läuferimpedanz $Z_2 = \frac{R'_2}{s} + j(X_{1h} + X'_{2\sigma})$ beim
Einfachkäfigläufer tritt beim Doppelkäfigläufer

$$Z_2 = (j\,X'_{ai\sigma} + j\,X_{1h} + \frac{Z_i \cdot Z_a}{Z_i + Z_a})$$

Z_i und Z_a sind Funktionen des Schlupfes s.

Auf Grund des ähnlichen Aufbaues der Ortskurvenbeziehungen
kann man die Konstruktion der Ortskurve des Doppelkäfigläufermotors auf die Konstruktion mehrerer Ortskreise
äquivalenter Einfachkäfigläufer zurückführen:
Dazu ist es nötig, die Ortskurvenbeziehung für den Doppelkäfigläufer auf denselben formalen Aufbau wie jene des
Einfachkäfigläufers zu bringen:

$$I_1 = \frac{E}{R_1 + j\,X_1 + \dfrac{X_{1h}^2}{\dfrac{R'^*_2(s)}{s} + j(X_{1h} + X'^*_{2\sigma}(s))}}$$

Aus der Gegenüberstellung mit der Ortskurvenbeziehung für den Doppelkäfigläufer erhält man die Bedingung:

$$\frac{R_2'^{*}(s)}{s} + j(X_{1h} + X_{2\sigma}'^{*}(s)) \equiv j\,X_{1h} + j\,X_{ai\sigma}' + \frac{Z_i \cdot Z_a}{Z_i + Z_a} \quad \text{bzw.}$$

$$\frac{R_2'^{*}(s)}{s} + j\,X_{2\sigma}'^{*}(s) \equiv \frac{Z_i \cdot Z_a}{Z_i + Z_a} + j\,X_{ai\sigma}' \quad,$$

wenn beide äquivalent sein sollen.

Darin bedeuten:

$$Z_i = j(X_{i\sigma}' - X_{ai\sigma}') + \frac{R_i'}{s}$$

$$Z_a = j(X_{a\sigma}' - X_{ai\sigma}') + \frac{R_a'}{s}$$

Für $R_2'^{*}(s)$ und $X_{2\sigma}'^{*}(s)$ ergeben sich zwei Ausdrücke, die Funktionen von s sind.

Im weiteren geht man nun so vor, daß man $R_2'^{*}(s)$ und $X_{2\sigma}'^{*}(s)$ für verschiedene feste Werte von s berechnet und in eine Tabelle einträgt:

	$R_2'^{*}(s)$	$X_{2\sigma}'^{*}(s)$	$I_1^{\varnothing}$	$I_1\big|_{s=1}$	$I_1\big|_{s=\infty}$
s=1					
0,8					
0,6					
0,4					
0,2					
0					
∞					

Setzt man nun die gefundenen Wertepaare $R_2'^*$ und $X_{2\sigma}'^*$
für je einen Schlupfwert konstant, kann damit je ein
Ortskreis gezeichnet werden (ähnlich wie beim Stromverdrängungsläufer).

Auf jedem dieser Ortskreise bestimmt man nun über die
Schlupfgerade jenen Schlupfpunkt, für den man das
Wertepaar konstant gesetzt hat und ermittelt über die
Leistungs- und Momentenlinie die zugehörige Leistung und
das zugehörige Moment. Die Gesamtheit aller so gewonnenen
Schlupfpunkte ergibt die Ortskurve des Ständerstromes für
den Doppelkäfigläufermotor (Abb. 314).

Die Gesamtheit aller zugehörigen Punkte auf der Leistungs-
und Momentenlinie ergibt die Leistungs- und Momentenlinie
des Doppelkäfigläufermotors; sie sind keine Geraden mehr
(Abb. 314). Der Verlauf der Drehzahl-Momentenkennlinie
ist in Abb. 311 dargestellt.

7.3.2 Der Einphasen-Asynchronmotor

Unterbricht man während des Laufes einer Drehstrom-Asyn-
chronmaschine eine Phase, wird die Maschine weiterlaufen,
soferne sie nicht sehr hoch belastet war.

Schaltet man hingegen eine einphasige Asynchronmaschine
im Stillstand an das Netz, so wird sie nicht anlaufen und
gleichzeitig einen hohen Strom aufnehmen. Bringt man sie
jedoch durch kurzes Anwerfen auf eine kleine Drehzahl, wird
sie weiter hochlaufen und bei einer Schlupfdrehzahl ver-
harren, die etwas tiefer als jene bei Drehstrombetrieb
liegt.

Die Ursache für dieses Verhalten des Einphasen-Asynchronmotors kann vereinfacht wie folgt erklärt werden:

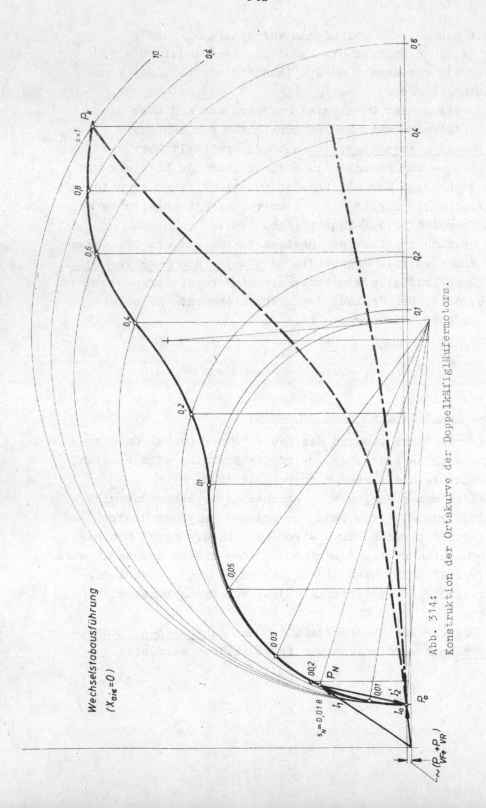

Wechselstabausführung
$(X_{a1\sigma}=0)$

Abb. 314:
Konstruktion der Ortskurve der Doppelkäfigläufermotors.

Das im Einphasenmotor erregte <u>pulsierende Wechselfeld</u>
kann man sich aus der Zusammensetzung zweier gegenläufiger
Drehfelder halber Amplitude entstanden denken (Abb. 315).
Für beide Felder zeigt der rotierende Läufer ein unter-
schiedliches Verhalten:
Während für den mitlaufenden Feldanteil ähnliche Zusammenhänge gelten wie bei der Drehstrom-Asynchronmaschine im
Motorbetrieb (kleiner Schlupf s), ist der Schlupf für das
gegenlaufende Feld 2 - s; dem entspricht der <u>Gegenstrom-</u>
<u>bremsbetrieb</u>.
Die Einphasen-Asynchronmaschine verhält sich demnach so,
wie zwei auf einer Welle sitzende Drehstrom-Asynchronma-
schinen, von denen eine mit umgekehrtem Drehfeld läuft
(als Gegenstrombremse), die andere hingegen als Motor.
Gemäß Abb. 316 überlagern sich beide <u>Momente</u> so, daß die
Summe <u>im Stillstand Null ist</u>.
Der Einphasenmotor nimmt im Stillstand einen zeitlich-
sinusförmigen Wechselstrom auf, wobei sich in dem
("kurzgeschlossenen") Käfigläufer eine ebenfalls pulsierende Gegendurchflutung einstellt; die Summe der beiden
Durchflutungen erregt ein Kurzschlußwechselfeld (ähnlich
wie beim Transformator).
Die Ständer- und Läufer-Wechseldurchflutung kann man sich
nun ebenfalls aus zwei gegenläufigen Drehdurchflutungen
entstanden denken, die paarweise ein gleichgroßes gegen-
sinniges Moment bilden. Das Summenmoment ist Null.
Mit-und Gegenkomponente des Läuferstromes werden nun durch
je eine mit- bzw. gegenlaufende Spannungskomponente getrieben, die ihrerseits durch je ein mit- bzw. gegenläufiges
Restfeld induziert werden. Im Stillstand sind beide Komponenten des Rest(Kurzschluß)feldes gleich groß.

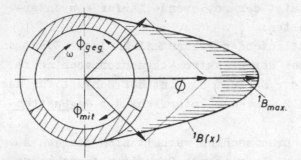

Abb. 315a: Entstehung eines Einphasenfeldes aus zwei gegenläufigen Drehfeldern.

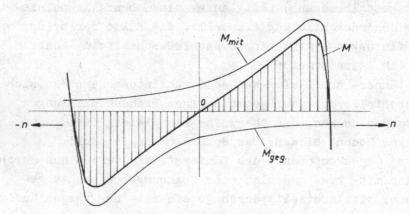

Abb. 316: Zur Entstehung der M-n-Kennlinie eines
Einphasen-Asynchronmotors.

Aus Abb. 315b ist zu erkennen, wie sich die gedachten gegenläufigen Drehdurchflutungen bei Stillstand und bei Lauf der Maschine zusammensetzen.

Bei ein und demselben Einphasenstrom I_1 müssen unabhängig von der Drehung der Maschine auch die beiden gedachten Ständerdrehdurchflutungen gleich groß und von der Drehung des Läufers unabhängig sein. Sowohl die mitlaufende als auch die gegenlaufende Ständerdrehdurchflutung Θ_1 verursacht im kurzgeschlossenen Läufer eine Gegendurchflutung Θ_2, deren Größe sich der Größe von Θ_1 umso mehr nähert, je höher die Relativgeschwindigkeit zwischen Durchflutung und Läuferleitern ist. Mit zunehmender Drehzahl wird somit Θ_{2mit} immer kleiner und Θ_{2gg} immer größer werden bzw. umgekehrt Θ_{hmit} immer größer und Θ_{hgg} immer kleiner (Θ_1 = const).

Bei Erreichung der Synchrondrehzahl ist das Gegenfeld auf einen kleinen Rest abgesunken, während das Mitfeld auf nahezu den vollen Wert angestiegen ist.

Im Betrieb ist die Einphasen-Asynchronmaschine eine <u>Drehfeldmaschine</u> !

Die Ständerstrom-Ortskurve des Einphasen-Asynchronmotors

Der Einphasen-Asynchronmotor stellt ein extremes <u>Unsymmetrieproblem</u> dar; es ist deshalb angebracht, bei der rechnerischen Behandlung sich der <u>symmetrischen Komponenten</u> zu bedienen. Dies ist umso näherliegend, als die Mit- und Gegenimpedanz des Asynchronmotors schon von der Drehstrommaschine her bekannt ist.

$$Z_1 = R_1 + j\,X_1 + \frac{X_{1h}^{\,2}}{\dfrac{R_2}{s} + j\,X_2'}$$

$$Z_2 = R_1 + j\,X_1 + \frac{X_{1h}^{\,2}}{\dfrac{R_2}{2-s} + j\,X_2'}$$

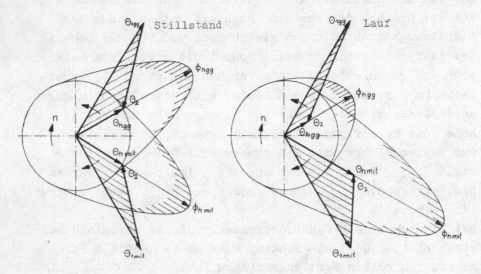

Abb. 315b: Zur Entstehung des Drehfeldes bei der Einphasen-Asynchronmaschine.

Bei Transformationsaufgaben ist oft die Matrizendar-
stellung ein nützliches Hilfsmittel; es gilt für die
Ortskurvengleichungen:

$$\|I_{UVW}\| \ = \ \|Z_{UVW}\|^{-1} \ \cdot \ \|E_{UVW}\|$$

$$\|I_{012}\| \ = \ \|Z_{012}\|^{-1} \ \cdot \ \|E_{012}\|$$

Ausgeschrieben ist:

$$\|I_{UVW}\| = \begin{Vmatrix} I_U \\ I_V \\ I_W \end{Vmatrix} = \begin{Vmatrix} Z_U & 0 & 0 \\ 0 & Z_V & 0 \\ 0 & 0 & Z_W \end{Vmatrix}^{-1} \cdot \begin{Vmatrix} E_U \\ E_V \\ E_W \end{Vmatrix}$$

$$\|I_{012}\| = \begin{Vmatrix} I_0 \\ I_1 \\ I_2 \end{Vmatrix} = \begin{Vmatrix} Z_0 & 0 & 0 \\ 0 & Z_1 & 0 \\ 0 & 0 & Z_2 \end{Vmatrix}^{-1} \cdot \begin{Vmatrix} E_0 \\ E_1 \\ E_2 \end{Vmatrix}$$

Zwischen $\|I_{UVW}\|$ und $\|I_{012}\|$ besteht der folgende Zusammenhang:

$$\|I_{UVW}\| \ = \ \|c\| \ \cdot \ \|I_{012}\|$$

$$\|I_{012}\| \ = \ \|c\|^{-1} \ \cdot \ \|I_{UVW}\|$$

wobei

$$\|C\| = \begin{Vmatrix} 1 & 1 & 1 \\ 1 & a^2 & a \\ 1 & a & a^2 \end{Vmatrix}$$

und ihre Inverse:

$$\|C\|^{-1} = \frac{1}{3} \cdot \begin{Vmatrix} 1 & 1 & 1 \\ 1 & a & a^2 \\ 1 & a^2 & a \end{Vmatrix}$$

die Transformationsmatrix darstellt.

$$a = -\frac{1}{2} + \frac{1}{2} j \sqrt{3}$$

$$a^2 = -\frac{1}{2} - \frac{1}{2} j \sqrt{3}$$

$$(a^2 - a) = - j \sqrt{3}$$

$$(a - a^2) = + j \sqrt{3}$$

Man hat nun vor allem zu ermitteln, wie der Einphasenstrom im (UVW -System)- im (0,1,2 -System) dargestellt -
aussieht.

Für Einphasigkeit wird der Drehstrom zu:

$$\|I_{UVW}\| = \begin{Vmatrix} 0 \\ +I \\ -I \end{Vmatrix} \quad ,$$

wenn die Phase U offen ist.

Diesen Strom hat man nun in (0,1,2 -Komponenten)
darzustellen:

$$\|I_{012}\| = \frac{1}{3} \cdot \begin{vmatrix} 1 & 1 & 1 \\ 1 & a & a^2 \\ 1 & a^2 & a \end{vmatrix} \cdot \begin{vmatrix} 0 \\ +I \\ -I \end{vmatrix} =$$

$$= \frac{1}{3} \cdot \begin{vmatrix} 0 & +I & -I \\ 0 & +aI & -a^2I \\ 0 & +a^2I & -aI \end{vmatrix} = \frac{1}{3} \cdot \begin{vmatrix} 0 \\ I(a-a^2) \\ I(a^2-a) \end{vmatrix}$$

$$\|I_{012}\| = \frac{1}{3} \cdot \begin{vmatrix} 0 \\ +j\sqrt{3}\,I \\ -j\sqrt{3}\,I \end{vmatrix} = \frac{1}{\sqrt{3}} \cdot \begin{vmatrix} 0 \\ +j\,I \\ -j\,I \end{vmatrix} = \begin{vmatrix} I_0 \\ I_1 \\ I_2 \end{vmatrix}$$

Nun muß auch die verkettete Einphasenspannung im
(0,1,2 -System)dargestellt werden:

$$\|E_{UVW}\| = \|C\| \cdot \|E_{012}\| =$$

$$\begin{Vmatrix} E_U \\ E_V \\ E_W \end{Vmatrix} = \begin{Vmatrix} 1 & 1 & 1 \\ 1 & a^2 & a \\ 1 & a & a^2 \end{Vmatrix} \cdot \begin{Vmatrix} E_0 \\ E_1 \\ E_2 \end{Vmatrix} = \begin{Vmatrix} E_1 + E_2 + E_0 \\ E_1a^2 + E_2a + E_0 \\ E_1a + E_2a^2 + E_0 \end{Vmatrix} ;$$

die Spannung des Nullsystemes ist $E_0 = 0$.

$$E_{VW} = E_V - E_W = E_1 a^2 + E_2 a - E_1 a - E_2 a^2 + (E_0 - E_0)$$

$$= E_1(a^2-a) + E_2(a-a^2)$$

$$\underline{E_{VW} = (-E_1 + E_2)\, j\, \sqrt{3}}$$

Geht man nun in die Ortskurvengleichung:

$$\left\| \begin{array}{c} E_0 \\ E_1 \\ E_2 \end{array} \right\| = \left\| \begin{array}{ccc} Z_0 & 0 & 0 \\ 0 & Z_1 & 0 \\ 0 & 0 & Z_2 \end{array} \right\| \cdot \left\| \begin{array}{c} I_0 \\ I_1 \\ I_2 \end{array} \right\| = \left\| \begin{array}{c} 0 \\ I_1 \cdot Z_1 \\ I_2 \cdot Z_2 \end{array} \right\| ,$$

findet man für den aufgenommenen Primärstrom:

$$E_{VW} = -j\, \sqrt{3}\, (I_1 Z_1 - I_2 Z_2) = -j\, \sqrt{3} \cdot \left[Z_1 \tfrac{1}{\sqrt{3}}\, j\, I - Z_2 \tfrac{1}{\sqrt{3}}(-jI) \right] ,$$

$$E_{VW} = I(Z_1 + Z_2) ,$$

$$\underline{I = \frac{E_{VW}}{(Z_1 + Z_2)}} ,$$

bzw.

$$I = \frac{E\, \sqrt{3}}{(R_1 + j\, X_1) + \dfrac{X_{1h}^2}{\dfrac{R_2'}{s} + j\, X_2'} + (R_1 + j\, X_1) + \dfrac{X_{1h}^2}{\dfrac{R_2'}{2-s} + j\, X_2'}} \cdot$$

Zu dieser Ortskurvengleichung gehört das Ersatzschaltbild
gemäß Abb. 317.

Die Nennerimpedanz setzt sich aus zwei komplexen Zeigern
zusammen, die denselben Kreis beschreiben (Abb. 318), nur
daß für jeden Summanden ein anderer Bezifferungspunkt gilt
(s, 2-s). $Z_1 + Z_2$ ergibt wieder einen Kreis, dessen Inversion mit $E \sqrt{3}$ im Zähler der Ortskreis des Ständerstromes
ist.

Beim Einphasenmotor ändert sich auch die Lage des Kreises,
wenn R_2 vergrößert wird.

Um einen Einphasen-Asynchronmotor anlaufen zu lassen, muß
man zumindestens vorübergehend dafür sorgen, daß in der
Maschine ein Drehfeld auftritt.

Ist die Einphasenmaschine eine einphasig angeschlossene
Drehstrommaschine, kann die freie dritte Phase als Hilfsphase für den Anlauf benützt werden. Der Strombelag bei
einphasiger Speisung der Drehstrommaschine hat einen Verlauf gemäß Abb. 319a. Der Strombelag der Hilfsphase gemäß
Abb. 319b. Die Durchflutungszeiger stehen, wie die resultierenden Wicklungsachsen, aufeinander senkrecht, sodaß
Haupt- und Hilfswicklung bei geeigneter Einspeisung mit
90° verschobenen Strömen ein Drehfeld erzeugen können.

Soll ein genaues Drehfeld erzeugt werden, muß der Strom
in der Hauptwicklung kleiner sein als jener in der Hilfswicklung (halbe Windungszahl).

Die 90°-Verschiebung des Stromes in der Hilfswicklung kann
man durch Kondensatoren und Widerstände erzielen.

Es gibt eine Unzahl von Anlaufschaltungen, die gewissermaßen einen Kompromiss zwischen optimalem Anzugsmoment und
geringstem Aufwand an Kondensatoren usw. darstellen.

Abb. 320 zeigt, wie sich der Kurzschlußstrom-Zeiger
(im Stillstand) einstellt. Daraus geht hervor, daß der

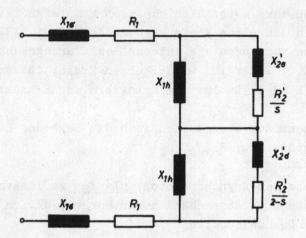

Abb. 317: Ersatzschaltung des Einphasen-Asynchronmotors.

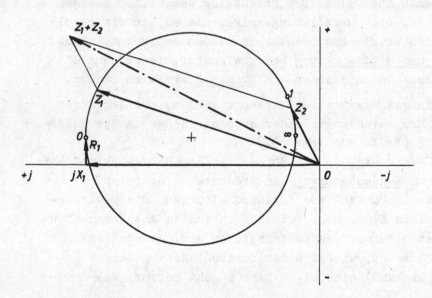

Abb. 318: Zur Bestimmung des Stromortskreises beim
Einphasen-Asynchronmotors.

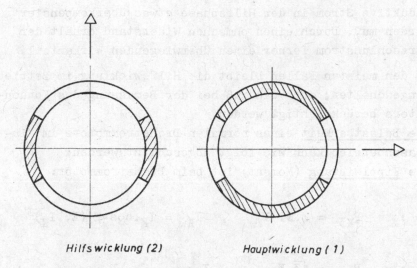

Hilfswicklung (2)   Hauptwicklung (1)

Abb. 319: Strombelag in einem Einphasen-Asynchronmotor
mit Hilfswicklung.

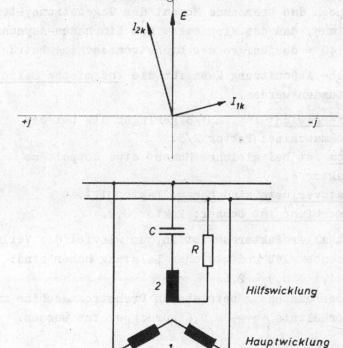

C

R

2   Hilfswicklung

1   Hauptwicklung

Abb. 320: Zustandekommen der Phasenverschiebung in der
Hilfswicklung eines Einphasen-Asynchronmotors.

induktive Strom in der Hilfsphase etwas überkompensiert werden muß. Durch einen ohmschen Widerstand erhält der Kurzschlußstrom ferner einen überwiegenden Wirkanteil.

In den meisten Fällen bleibt die Hilfswicklung im Betrieb eingeschaltet; auch das muß bei der Bemessung des Kondensators berücksichtigt werden.

<u>Die Belastbarkeit</u> eines normalen Drehstrommotors im Einphasenbetrieb kann wie folgt abgeschätzt werden:

Die <u>Kippleistung</u> (Moment) ist beim Drehstrommotor:

$$3\sim : \quad P_{K3\sim} = 3.E.I_{Kw} \quad , \quad I_{Kw} = I_K . \cos \sphericalangle (E, I_K)$$

$$1\sim : \quad P_{K1\sim} = \sqrt{3}.E . \frac{\sqrt{3}}{2} . I_{Kw} = \frac{1}{2} . P_{K3\sim}$$

Zieht man noch das bremsende Moment des Gegenstromsystems ab, findet man, daß das Kippmoment des Einphasen-Asynchronmotors nur 40 % desjenigen der Drehstrommaschine beträgt.

Eine ähnliche Abschätzung kann für die <u>thermische Belastbarkeit</u> gefunden werden.

1) Das <u>Kupfergewicht</u> ist um 1/3 geringer als bei der Drehstrommaschine: Faktor 2/3.
2) Der <u>Strom</u> ist bei gleichem Moment etwa doppelt so hoch: Faktor 4.
3) Die <u>Zusatzverluste</u> sind <u>höher</u>: Faktor 1,1.
4) Die <u>Wärmeabfuhr ist besser</u>: Faktor 0,9.

Das Produkt aller Faktoren gibt an, um wieviel die Verluste bei Einphasenbetrieb und gleicher Leistung höher sind:

0,66 . 4 . 1,1 . 0,9 = 2,64

Der Strom der einphasig betriebenen Drehstrommaschine muß daher im Verhältnis $\frac{1}{\sqrt{2,64}} = 0,6$ zurückgesetzt werden.

7.3.3 Die Parasitären Erscheinungen bei der Asynchronmaschine

Wie schon im allgemeinen Teil behandelt, erzeugt eine Drehstromwicklung mit endlicher Phasenzahl und endlicher Nutenzahl neben der beabsichtigten Grundwellendurchflutung auch Durchflutungswellen höherer Polzahl (Abb. 63); diese höherpoligen Durchflutungswellen laufen umso langsamer um, je höher die Ordnungszahl ν ist (mit $\frac{\omega_{sy}}{\nu\, p}$).

Bei der allgemeinen Beschreibung der Asynchronmaschine wurde der Einfluß dieser höherpoligen Durchflutungswellen unbeachtet gelassen (bis auf die doppelt verkettete Streureaktanz).

Leider sorgen die höherpoligen Durchflutungswellen durch unerwünschte Nebenerscheinungen dafür, daß man sie nicht ganz vergißt. Diese Nebenerscheinungen sind:

1) Doppelt verkettete Streureaktanz
2) Sattelmomente
3) Zusatzverluste
4) Schwingungen und Geräusche

Die doppelt verkettete Streureaktanz wurde schon in Abschnitt 3.5 behandelt.

Sattelmomente entstehen, wenn höherpolige Durchflutungen gleicher Polzahl,die von der Ständer- und Läuferwicklung erregt werden, paarweise in Wechselwirkung treten. Dadurch entstehen bremsende Momente, die zum Steckenbleiben des Motors schon im Stillstand oder bei einer untersynchronen Drehzahl (Abb. 321) führen können (Schleichdrehzahl).

Zusatzverluste entstehen, weil durch die höherpoligen Durchflutungen in der Kurzschlußwicklung Gegendurchflutungen (Ströme) bewirkt werden, die ohmsche Verluste verursachen und außerdem noch bremsen.

Schwingungen und Geräusche entstehen insbesondere dann, wenn höherpolige Ständer- und Läuferdurchflutungswellen mit verschiedenen Ordnungszahlen in Wechselwirkung treten. Dabei wird der Ständerjochring in charakteristischer Weise

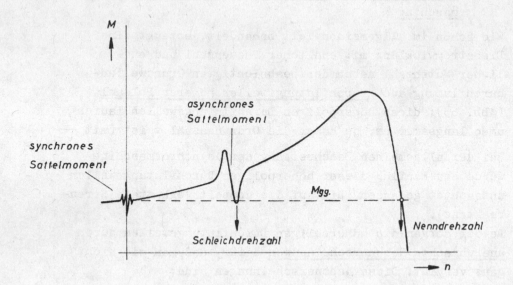

Abb. 321: Sattelmomente bei der Asynchronmaschine.

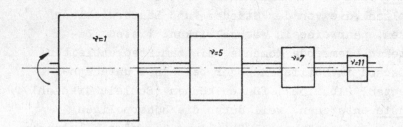

**Abb. 322: Zum Verständnis der Sattelmomente bei der
Asynchronmaschine.**

in zwei- oder mehrknotige Biegeschwingungen versetzt
(Abb. 325). Bei Übereinstimmung der anregenden Frequenz
mit der Ring-Eigenfrequenz kommt es zu resonanzartigen
Verstärkungen.

Bei den höherpoligen Läuferdurchflutungen hat man nach
ihrer Entstehung zweierlei Arten zu unterscheiden:

1) Die höherpoligen Durchflutungen, die durch das
   Fließen des sinusförmigen Läufergrundwellenstromes
   in der unstetigen Läuferwicklung entstehen.

2) Die höherpoligen Durchflutungen, welche auf dieselbe
   Weise wie die Läufer-Grundwellendurchflutung zustandekommen, nämlich hervorgerufen durch eine höherpolige
   Durchflutungswelle im Ständer (vgl. stationäres Zusammenwirken von Ständer und Läufer bei der Asynchronmaschine).

Die höherpoligen Ständerwicklungsdurchflutungen entstehen
auf dieselbe Weise wie die unter 1) beschriebenen höherpoligen Läuferdurchflutungen, d.h. durch Fließen eines
sinusförmigen Stromes in einer unstetig verteilten Drehstromwicklung.
Wirken diese Ständerwellen nun mit gleichpoligen Läuferwellen der zweiten Gattung zusammen, entstehen sogenannte
asynchrone Sattelmomente (Abb. 321); ihr Verlauf mit dem
Schlupf ist ähnlich jenem des Grundwellenmomentes bei der
Asynchronmaschine.
Wirken die höherpoligen Ständerdurchflutungen mit gleichpoligen Läuferwellen der ersten Gattung zusammen, entstehen
sogenannte synchrone Sattelmomente (Abb. 321); ihr Verlauf
ist ähnlich jenem des Grundwellenmomentes bei der Synchronmaschine, weil die Winkellage der beiden Durchflutungen
unabhängig voneinander ist.

Asynchrone Sattelmomente

Um die Größe dieser Momente zu ermitteln, kann man von
den stationären Beziehungen für das Grundwellenverhalten
der Asynchronmaschine ausgehen, wenn man anstelle des
Grundwellenschlupfes $s \longrightarrow \nu.s$ und des Grundwellenwickel-
faktors $\xi \rightarrow {}^{\nu}\xi$ einsetzt.

Eine Ersatzschaltung, welche die von der Ständerwicklung
erregten und in der Läuferwicklung gespiegelten höherpoligen Durchflutungen wiedergibt zeigt Abb. 323).
Hiernach kann man sich die wirkliche Asynchronmaschine
ersetzt denken durch eine Anordnung, bei welcher auf einer
Welle mit der Idealmaschine eine ganze Reihe höherpoliger
Maschinen sitzen, die eine gemeinsame Ständerstreureaktanz
aufweisen (Abb. 322).

Der Rest der Ersatzschaltung mit den Zweigen X_{1h} und Z_2'
erscheint für jede Ordnungszahl einmal, wobei alle Systeme
verschiedener Polzahl in Reihe geschaltet sind, da ja auch
alle höherpoligen Läuferdurchflutungen von ein- und demselben Netzstrom erregt werden (Abb. 323). Die Ortskurve
einer solchen wirklichen Maschine ist natürlich auch kein
Kreis mehr.

Eine Untersuchung, ob asynchrone Sattelmomente in gefährlicher Höhe auftreten, ist vor allem beim Käfigläufer
notwendig, da dieser die Ausbildung der verschiedensten
Oberfelder dadurch begünstigt, daß sein Wicklungsfaktor
für einen großen Bereich von Ordnungszahlen nahezu 1 ist.

Beim Schleifringläufer sind die Oberfeldmomente auch deshalb weniger kritisch, weil man mit dem Anlaßwiderstand
das Grundwellenmoment bis zum Kippmoment erhöhen kann.
Beim Käfigläufer kann es hingegen passieren, daß die
Differenz aus Grundwellenmoment und Sattelmoment kleiner
als das Gegenmoment ist; in diesem Fall bleibt der Motor
bei einem Schlupf unterhalb der Nenndrehzahl "hängen"
(Abb. 321).

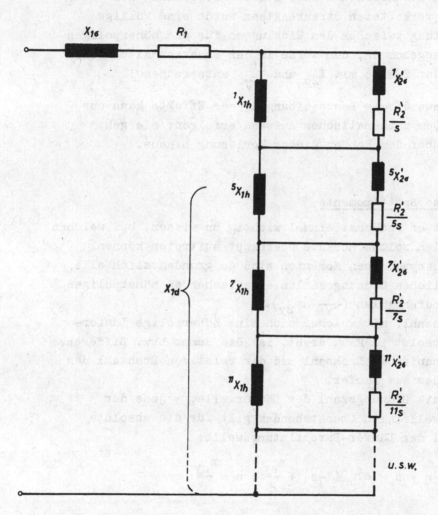

Abb. 323: Ersatzschaltung der Asynchronmaschine
mit Berücksichtigung der höherpoligen
Felder.

Aus dem Ersatzschaltbild geht hervor, daß die Summe
aller X_{1h} den Charakter einer zusätzlichen Ständerstreureaktanz besitzt, die identisch mit der doppelt verketteten Streureaktanz ist. Bei der Berechnung der
doppelt verketteten Streureaktanz wurde eine völlige
Entkopplung zwischen den Wicklungen für die höherpoligen
Felder angenommen, dem würde in der Ersatzschaltung das
Fehlen der Zweige mit $X'_{2\sigma}$ und $\dfrac{R'_2}{s \cdot \nu}$ entsprechen !

Eine einwandfreie Beschreibung dieser Effekte kann nur
mit großem mathematischen Aufwand erfolgen; sie geht
jedoch über den Rahmen dieser Vorlesung hinaus.

Synchrone Sattelmomente

Hier ist es zunächst einmal wichtig zu wissen, bei welchen
Drehzahlen solche Momente überhaupt auftreten können.
Bei den asynchronen Momenten sind es grundsätzlich alle,
den möglichen Ordnungszahlen entsprechenden höherpoligen
Synchrondrehzahlen ($\frac{1}{\nu} \cdot n_{sy}$).
Die Drehzahl, mit welcher sich eine höherpolige Läufer-
welle absolut im Raum dreht, ist die Summe bzw. Differenz
aus mechanischer Drehzahl und der relativen Drehzahl des
Drehfeldes zum Läufer.
μ ist die Ordnungszahl der Läuferwelle, ν jene der
Ständerwelle; nach Obenstehendem gilt für die absolute
Drehzahl der Läufer-Durchflutungswelle:

$$n + n_\mu = n_{sy}(1-s) + \frac{n_{sy}}{\mu} \cdot s = \frac{n_{sy}}{\nu}$$

$$\frac{1}{\nu} = \left(\frac{s}{\mu} + (1-s)\right) \left.\begin{array}{c} \\ \\ \end{array}\right\} \quad \frac{1}{\nu} = \left[\pm \frac{s}{\nu} + (1-s)\right]$$

$$\nu = \pm\mu \qquad\qquad \pm s + \nu(1-s) = 1$$

Es werden nur gleichpolige Durchflutungswellen betrachtet,
da Momente mit zeitlichem Mittelwert ungleich 0 nur durch
solche bewirkt werden.

Beide Gleichungen sind nur erfüllbar, wenn:

$$+s +\nu - \nu . s = 1 \rightarrow \underline{s = 1} \qquad\qquad \nu = +\mu$$

$$-s +\nu - \nu . s = 1 \rightarrow \underline{s = \frac{\nu - 1}{\nu + 1}} \qquad\qquad \nu = -\mu$$

Das synchrone Sattelmoment (entsprechend $\nu = +\mu$)
tritt schon <u>im Stillstand</u> der Maschine
auf (Abb. 321) und kann ein "Klebenbleiben" des Motors
beim Einschalten bewirken. Synchrone Sattelmomente im Lauf
($\nu = -\mu$) hingegen sind meist harmloser, da sie "durchfahren"
werden. So wie der Gleichstrommotor läuft auch der
Asynchronmotor beim Anlauf vorübergehend über die synchrone Drehzahl hinaus. (Abb. 326, 327)

Nutenoberfelder

Synchrone Oberfeldmomente im Stillstand treten vor allem
auf, wenn <u>Ständer und Läufer dieselbe Nutenzahl</u> besitzen.
Demnach stehen die synchronen Oberfeldmomente offenbar
mit den sogenannten <u>Nutenoberwellen</u> im Zusammenhang. Diese
Nutenoberwellen treten unter allen übrigen besonders hervor; sie sind dadurch gekennzeichnet, daß ihr Zonenfaktor
gleich jenem der Grundwelle ist:

$$^{\nu}f_z = {}^{1}f_z$$

Aus dieser Bedingung ergibt sich:

$$\frac{\sin \nu . q . \frac{\alpha}{2}}{q . \sin \nu \frac{\alpha}{2}} = \frac{\sin q . \frac{\alpha}{2}}{q . \sin \frac{\alpha}{2}}$$

Die Gleichung kann nur erfüllt werden, wenn:

$$\nu \frac{\alpha}{2} = \pm \ \frac{\alpha}{2} + k \pi \qquad k = 1, \ 2, \ 3$$

Der Nutenwinkel α ist:

$$\alpha = \frac{2\pi}{N} \cdot p$$

$$\frac{\alpha}{2} = \frac{\pi \cdot p}{N}$$

$$\nu \frac{\pi \cdot p}{N} = \pm \frac{\pi \cdot p}{N} + k \cdot \pi$$

$$\underline{\nu = \frac{k \cdot N}{p} \pm \ 1}$$

Beschränkt man sich auf das Zusammenwirken von Ständer- und Läufernutenoberfeldern, ergibt sich die Regel zur Vermeidung von synchronen Momenten:

$$\underline{\begin{aligned} N_1 &\neq N_2 \\ N_1 &\neq N_2 \pm 2p \end{aligned}}$$

Rüttelkräfte und Geräuschbildung

Rüttelkräfte und magnetische Geräusche entstehen, wenn höherpolige Durchflutungswellen zusammenwirken, deren Ordnungszahl um eins verschieden ist.
Ist im Ständer und Läufer eine Dreiphasenwicklung, dann muß die Ordnungszahl um mindestens zwei verschieden sein; der Fall, daß $\nu \mp \mu = 1$ ist, kann nicht auftreten, da es nur ungeradzahlige Oberwellen gibt.

Anders ist es, wenn im Läufer eine mehrphasige Wicklung
vorliegt (Käfigwicklung):

Bei Überlagerung einer Ständerwelle der Ordnungszahl 7
und einer Läuferwelle der Ordnungszahl 6, entsteht beispielsweise eine räumliche Interferenzwelle, die bei
zweipoliger Maschine aus einer Welle mit der Wellenlänge
von $^1\tau_p \cdot \frac{2}{13}$ besteht, welche durch eine Welle mit der
Länge $\frac{2}{1} \cdot {}^1\tau_p$ amplitudenmoduliert ist.
Die modulierte Welle läuft mit der $\frac{2}{\nu + \mu}$ fachen Synchronge-
schwindigkeit um, während die Modulationswelle im Raum
stillsteht. Für gleichen Drehsinn der Einzelwellen gilt:

$$a_\nu(x,t) = A \cdot \sin\left[\omega_{sy}t - \nu \frac{\pi \cdot x}{^1\tau_p}\right]$$

$$b_\mu(x,t) = B \cdot \sin\left[\omega_{sy}t - \mu \frac{x \cdot \pi}{^1\tau_p}\right]$$

$$a_\nu(x,t) + b_\mu(x,t) = (A+B)\sin\left[\omega_{sy}t - (\nu+\mu)\frac{x \cdot \pi}{2\,^1\tau_p}\right]\cos(\nu-\mu)\frac{x \cdot \pi}{2\,^1\tau_p} +$$

$$-(A-B)\cos\left[\omega_{sy}t - (\nu+\mu)\frac{x \cdot \pi}{2\,^1\tau_p}\right]\sin(\nu-\mu)\frac{x \cdot \pi}{2\,^1\tau_p}$$

Laufen beide Einzelwellen (z.B. die 6. und 7.) gegensinnig
um $[\nu = -(\mu + 1)]$, steht von den Interferenzwellen die
kurze (modulierte) Welle still, und die Schwebungswelle läuft
um (Abb. 324).

Dadurch wird ein einseitig magnetischer Zug hervorgerufen, der durch das Umlaufen die Rüttelschwingungen
bewirkt.

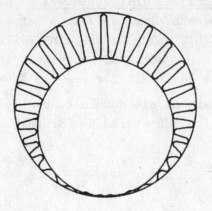

Abb. 324: Zur Entstehung der Rüttelkräfte.

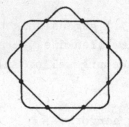 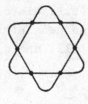

Abb. 325: Schema der Joch-Biegeschwingungen.

Beträgt die Differenz zwischen ν und μ 2, 3, 4, ..., wird
das Ständerjoch zu einer Ellipse, einem Dreieck oder einem
Viereck verbogen (Abb. 325).
Da nun jeder Ring (Ständerblechpaket) eine Eigenschwingungszahl besitzt, kann durch Übereinstimmung von Anregungs-
und Eigenfrequenz eine Schwingung angefacht werden, welche
die Ursache des magnetischen Geräusches darstellt.

7.3.4 Das instationäre Verhalten der Asynchronmaschine

Grundsätzlich kann das instationäre Verhalten der Asynchronmaschine durch dieselben Differentialgleichungen wie
bei der Synchronmaschine beschrieben werden, wenn man
diese durch entsprechende Gleichungen bzw. Glieder erweitert (um die zweiachsige Läuferwicklung berücksichtigen zu können).
Dennoch wurde für die Asynchronmaschine eine spezielle
Theorie entwickelt, die sich den Besonderheiten dieser
Maschine besser anpaßt. Für die Behandlung auf dem
Analogrechner besteht allerdings kein sehr großer Unterschied.
Zu einem eindrucksvollen Ergebnis führt die Berechnung
des Drehzahl-Momentenverlaufes, der sich bei einem schnellen
Hochlauf ergibt (Abb. 326).
Das instationäre Verhalten der Asynchronmaschine ist ins-
besondere bei Netzumschaltungen (Abschalten und Wiederzu-
schalten) von großem Interesse, da hierbei außerordentlich
hohe mechanische Beanspruchungen auftreten.
Ähnlich wie bei der Gleichstrommaschine nimmt auch die
Asynchronmaschine beim raschen Hochlauf vorübergehend
eine Drehzahl an, die über der stationären synchronen
Drehzahl liegt. Dieser Effekt ist darauf zurückzuführen,

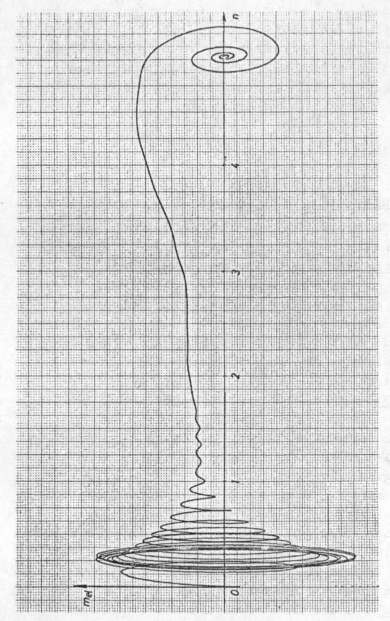

Abb. 326: M-n Verlauf beim raschen Hochlauf einer Asynchronmaschine.

daß zufolge der magnetischen Trägheit, der Läuferstrom
trotz Verschwinden der treibenden Spannung, im Synchronismus noch kurzzeitig weiterfließt. Dadurch wird zumindestens vorübergehend auch im Synchronismus ein be-
schleunigendes Moment ausgeübt (Abb. 327).
Für alle nichtstationären Vorgänge gilt das Ersatzschaltbild gemäß Abb. 295 nicht mehr!

7.3.5 Die Asynchronmaschine mit eingeprägter Läufer- spannung (Kaskaden)

Da bei der Drehzahlstellung durch Schlupfwiderstände
die gesamte Schlüpfleistung ($2\pi.s.n_{sy}.M$) in Wärme umgesetzt wird und damit nutzlos verloren geht, hat man
sich schon sehr früh Gedanken darüber gemacht, wie man
diese Schlupfleistung wieder in das Netz zurückspeisen
könnte (Abb. 328).
Die Schwierigkeit dieser Rückspeisung liegt ja in dem
Umstand begründet, daß die Schlupfleistung mit Schlupffrequenz anfällt und daher erst umgeformt werden muß.
Als Umformer werden Maschinenumformer mit Einankerfre-
quenzwandlern und Scherbiusmaschinen verwendet (Netzkupplungsumformer), oder Ventilumformer (Umrichter,
meist in Form von Zwischenkreisumrichtern).
Das Verhalten der Asynchronmaschine ist nun ein ganz
anderes, je nachdem, ob Schlupfwiderstandsstellung -
Maschinenkaskade - oder Ventilkaskade vorliegt. In den
beiden ersten Fällen beschreibt der Ständerstrom einen
Kreis, nur ist die Lage und der Durchmesser dieses Kreises
in beiden Fällen eine andere.

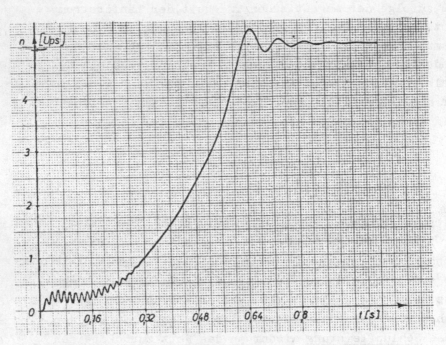

Abb. 327: Zeitlicher Verlauf der Drehzahl beim raschen
         Hochlauf eines Asynchronmotors.

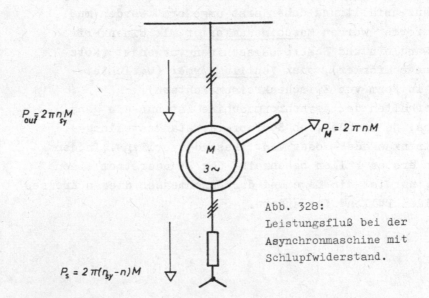

$P_{out} = 2\pi n M_{sy}$

$P_M = 2\pi n M$

M
$3\sim$

Abb. 328:
Leistungsfluß bei der
Asynchronmaschine mit
Schlupfwiderstand.

$P_s = 2\pi(n_{sy}-n)M$

Bei der Schlupfwiderstandsstellung bleibt der Kreis nach
Lage und Durchmesser unverändert, während sich bei der
Maschinenkaskade dieser Kreis je nach Höhe und Phasenlage
der eingeführten Schlupfspannung nach Größe und
Lage in weiten Grenzen ändert.
Es soll nachfolgend die Ortskurvenbeziehung für die
<u>Maschinenkaskade</u> abgeleitet werden (Abb. 329):

Die komplexen Gleichungen lauten:

$$E_1 = I_1 R_1 + j I_1 X_{1\sigma} + j I_{1h} X_{1h}$$

$$\frac{E_2'}{s} = I_2 \frac{R_2'}{s} + j I_2' X_{2\sigma}' + j I_{1h} X_{1h}$$

$$0 = I_1 + I_2' - I_{1h}$$

Der Ständerstrom errechnet sich daraus:

$$I_1 = \frac{\text{Det}I_1}{\text{Det}}$$

$$\text{Det} = \begin{vmatrix} (R_1+j\,X_{1\sigma}) & 0 & +j\,X_{1h} \\ 0 & \dfrac{R_2'}{s}+j\,X_{2\sigma}' & +j\,X_{1h} \\ 1 & 1 & -1 \end{vmatrix} =$$

$$= -(R_1+j\,X_{1\sigma})(\frac{R_2'}{s}+j\,X_{2\sigma}')-j\,X_{1h}(\frac{R_2'}{s}+j\,X_{2\sigma}')-j\,X_{1h}(R_1+j\,X_{1\sigma})$$

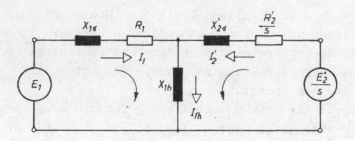

Abb. 329: Ersatzschaltung der Maschinenkaskade.

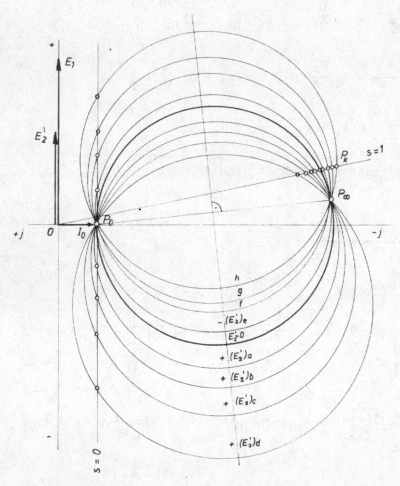

Abb. 330: Ortskurvenschar der Maschinenkaskade.

$$\text{Det}\, I_1 = \begin{vmatrix} E_1 & 0 & +j\,X_{1h} \\ \dfrac{E_2'}{s} & \dfrac{R_2'}{s}+j\,X_{2\sigma}' & +j\,X_{1h} \\ 0 & 1 & -1 \end{vmatrix} =$$

$$= -E_1\left(\frac{R_2'}{s}+j\,X_{2\sigma}'\right) + \frac{E_2'}{s}\, j\,X_{1h} - E_1\, j\,X_{1h}$$

$$I_1 = \frac{E_1\left(\dfrac{R_2'}{s}+j\,X_2'\right) - \dfrac{E_2'}{s}\, j\,X_{1h}}{(R_1+j\,X_{1\sigma})\left(\dfrac{R_2'}{s}+j\,X_2'\right)+j\,X_{1h}\left(\dfrac{R_2}{S}+j\,X_{2\sigma}'\right)}$$

$$I_1 = \frac{E_1 - \dfrac{E_2'}{s}\,\dfrac{j\,X_{1h}}{\dfrac{R_2'}{s}+j\,X_2'}}{R_1+j\,X_{1\sigma}+j\,X_{1h}\,\dfrac{\dfrac{R_2'}{s}+j\,X_{2\sigma}'}{\dfrac{R_2'}{s}+j\,X_2'}+j\,X_{1h}-j\,X_{1h}}$$

$$I_1 = \frac{E_1 - \dfrac{E_2'}{s}\,\dfrac{j\,X_{1h}}{\dfrac{R_2'}{s}+j\,X_2'}}{(R_1+j\,X_1) + \dfrac{X_{1h}^2}{\dfrac{R_2'}{s}+j\,X_2'}}$$

Dies ist die Ortskurvenbeziehung für den Ständerstrom
bei der Maschinenkaskade.

Der Strom I_1 beschreibt eine <u>Kreisschar</u> mit dem <u>Scharparameter</u> E_2 und dem Kreisparameter $\frac{1}{s}$.
Um sich einen ungefähren Überblick über diese Kreisschar zu machen, seien zunächst die Punkte

$$(I_1)\big|_{s=0}$$

$$(I_1)\big|_{s=\infty}$$

$$(I_1)\big|_{s=1}$$

$$(I_0)\big|_{M=0}$$

untersucht, und mit den entsprechenden Punkten bei der schleifringseitig kurzgeschlossenen Maschine verglichen.

$$(I_1)\big|_{s=\infty} = \frac{E_1}{(R_1 + j\,X_1) + \dfrac{X_{1h}^2}{j\,X_2'}}$$

Dieser Punkt P_∞ ist gegenüber der Schleifringspannung E_2 invariant, d.h. er ist <u>für alle Kreise gemeinsam</u>.

$$(I_1)\big|_{s=0} = \frac{E_1\,R_2' - E_2'\,j\,X_{1h}}{(R_1 + j\,X_1)R_2'} =$$

$$= \frac{E_1}{(R_1 + j\,X_1)} - E_2'\,\frac{j\,X_{1h}}{R_2'(R_1 + j\,X_1)} \quad .$$

$$(I_1)\big|_{s=0} \doteq I_0 - E_2'\,\frac{X_{1h}}{R_2'\,X_1} \quad \text{bei}$$

Vernachlässigung von R_1.

$$(I_1)\big|_{s=1} = \cfrac{E_1 - \cfrac{E_2'}{1}\ \cfrac{j\ X_{1h}}{\cfrac{R_2'}{1} + j\ X_2'}}{(R_1 + j\ X_1) + \cfrac{X_{1h}^{\,2}}{\cfrac{R_2'}{1} + j\ X_2'}}\ ;$$

bei Vernachlässigung von R_2' im Zähler :

$$(I_1)\big|_{s=1} = \cfrac{E_1}{(R_1 + j\ X_1) + \cfrac{X_{1h}^{\,2}}{\cfrac{R_2'}{1} + j\ X_2'}} - \cfrac{E_2'\ \cfrac{X_{1h}}{X_2}}{(R_1 + j\ X_1) + \cfrac{X_{1h}^{\,2}}{\cfrac{R_2'}{1} + j\ X_2'}}$$

Der Punkt P_0 für $s=0$ liegt auf einer Geraden durch I_0, die mit E_2' beziffert ist (Abb. 330). Dem Endpunkt entspricht eine Strecke von

$$E_2' \cdot \frac{1}{R_2'} \cdot \frac{X_{1h}}{X_1}$$

Der Punkt für P_k ($s=1$) liegt ebenfalls auf einer Geraden; den Endpunkt dieser Geraden erhält man, indem man den Stromzeiger I_1 statt für E_1 für $E_2' \cdot \frac{X_{1h}}{X_2}$ bestimmt und von P_k am Kreis für die ungeregelte Maschine abzieht. Ebenfalls invariant für alle Kreise ist der Leerlaufpunkt durch I_0, wenn die Läuferspannung E_2' phasengleich mit E_1 ist. Abb. 331a zeigt das Zeitzeigerbild der Spannungen im Läufer bei einer untersynchronen Drehzahl. Durch <u>Phasendrehung</u> der Regelspannung E_2' kann man eine Verschiebung des Leerlaufpunktes ($s = \frac{E_2'}{E_1}$) in den kapazitiven Bereich erzielen; dadurch wird sowohl der <u>cos φ</u> als auch die <u>Überlastbarkeit verbessert</u>. (Abb. 331b). Durch <u>Umkehrung</u> der Spannung E_2' ist es auch möglich, in den <u>übersynchronen Drehzahlbereich</u> zu kommen; hier ist die Überlastbarkeit von Natur aus hoch, ebenso ist auch der <u>cos φ besser</u> (Abb. 331c).

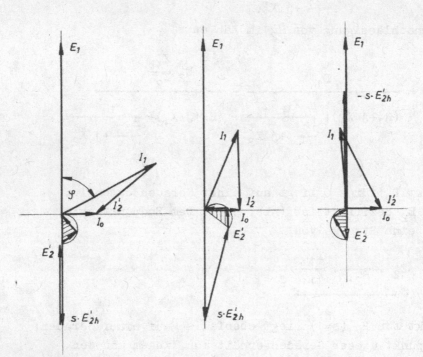

a) untersynchron   b) synchron   c) übersynchron
                (mit cosφ-Verbesserung)

Abb. 331a,b,c: Zeigerbild der Maschinenkaskade.

Untersynchrone Stromrichterkaskade

Die in den Läuferkreis der Asynchronmaschine zwecks Drehzahlstellung eingeführte Spannung kann nun ebensogut wie durch einen Maschinenumformer mit Hilfe eines Ventilumformers erzeugt werden. Ist dieser Ventilumformer ein ungesteuerter Gleichrichter, spricht man von einer untersynchronen Stromrichterkaskade; die Schlupfleistung wird hierbei in Gleichstromleistung umgeformt. In einem Wechselrichter wird dieser Gleichstrom danach in 50 Hz Drehstrom umgewandelt und in das Drehstromnetz zurückgespeist.

Die theoretische Behandlungsweise, wie sie bei der Maschinenkaskade zur Anwendung kommt, hatte sinusförmige Ströme und Spannungen zur Voraussetzung, was aber in Verbindung mit einem Stromrichter nicht mehr zutrifft.

Die Berechnungsverfahren der Stromrichtertechnik andererseits gehen zumeist von einer Anordnung mit festem Transformator aus, der sich in seinem maßgebenden Verhalten von jenem einer umlaufenden Maschine unterscheidet.

Wollte man das Zusammenwirken von Maschine und Stromrichter mit einem dieser Verfahren beschreiben, ist man zu einem Kompromiß in der einen oder anderen Richtung gezwungen:

1.) Wird gemäß der erstgenannten.Behandlungsart der Einfluß der Kommutierung sowie jener der Verzerrung außer acht gelassen, ließe sich das Verhalten der Kaskade durch Bestimmung der Ortskurven in der üblichen Weise ermitteln. Anstelle der Kommutierungsblindleistung würde eine,durch die Streureaktanzen bedingte "Verschiebungsblindleistung" treten, die jedoch einer anderen Gesetzmäßigkeit folgt als die erstgenannte.

2.) Betrachtet man hingegen die Maschine wie einen festen Transformator, kann man die Ortskurven des Primärstromes nach dem in der Stromrichtertechnik üblichen vereinfachten Verfahren ermitteln, ohne auf die Vereinfachungen angewiesen zu sein, wie sie im ersten Fall getroffen werden mußten (Vernachlässigung von Kommutierung und Verzerrung).

Die Streureaktanzen der Maschinenwicklung gehen dabei
durch den indúktiven Gleichspannungsabfall in die
Rechnung ein; der Magnetisierungsstrom wird zunächst
vernachlässigt.

Eine Behandlungsweise, die den tatsächlichen Voraussetzungen
sowohl in der Maschine wie auch im Stromrichter vollständig
gerecht werden würde, müßte das Übergangsverhalten des Motors
in Rechnung ziehen und den Ablauf der Ströme und Spannungen
als Folge periodischer, zweipoliger Kurzschlußvorgänge darstellen.

Gegenüber der erstgenannten der beiden Näherungsmethoden ist
jedoch die zweite vorzuziehen (Maschine als Transformator),
weil sie im Gegensatz zur ersten nur (geringe) quantitative
Fehler erwarten läßt, qualitativ aber die Vorgänge richtig
erfaßt.

Die Vereinfachung, daß man die umlaufende Maschine wie einen
Transformator behandelt, hat im wesentlichen nur quantitative
Fehler zur Folge. Ein ähnlicher Näherungsansatz ist in der
Stromrichterpraxis gebräuchlich, wo man für die maßgebende
(Kommutierungs)Reaktanz einer Synchronmaschine die subtran-
siente Reaktanz einsetzt. Entsprechend hat man auch bei der
vorliegenden Aufgabe die Streureaktanz von Ständer und Läufer
einzusetzen.

Eine Abschätzung, welchen Einfluß die Maschinendrehzahl auf
die Kommutierung des über die Maschine gespeisten Stromrichters
hat, erlaubt die Betrachtung des Kurzschlußstrom-Frequenz-
ganges in Abhängigkeit von der Drehzahl:

Da es sich bei der Kommutierung um eine periodische Folge
von zweipoligen Kurzschlüssen handelt, ist im Besonderen
der Frequenzgang des zweipoligen Kurzschlußstromes zu ermitteln.

Man sieht demnach die Maschine als System an, dessen besondere
Eigenschaften (Kommutierung) durch den zweipoligen Kurzschlußstromfrequenzgang beschrieben werden.

Die Kommutierung andererseits läßt sich als Sprungwelle
(mit sinusförmigem Rücken) der Speisespannung auf dieses
System beschreiben (Kurzschluß einer Phase ist identisch mit
dem plötzlichen Auftreten [Überlagerung] einer gleich
großen negativen Phasenspannung).
Will man die Reaktion des Systemes (Maschine) auf eine
solche Spannungswelle (Kommutierung) beschreiben, hat man
diese in ein kontinuierliches Spektrum von Einzelwellen zu
zerlegen (Fourier-Integral, Abb. 332) und zu ermitteln, in
welcher Weise diese beim Durchgang durch das System verändert
werden (Frequenzgang). Die Übergangsfunktion des Stromes
setzt sich dann aus mehr oder weniger durchgelassenen
Frequenzen in derselben Weise wieder zusammen, wie die
Sprungfunktion am Eingang zerlegt wurde (Superpositions-
gesetz).
Der Frequenzgang des zweipoligen Kurzschlußstromes einer
Asynchronmaschine kann leicht aus der bekannten Ortskurvenbeziehung für den Einphasen-Asynchronmotor abgeleitet werden.

$$I_1 = \frac{E}{R_1 + jX_1 + \dfrac{X_{1h}^2}{\dfrac{R_2'}{s_1} + jX_2'} + R_1 + jX_1 + \dfrac{X_{1h}^2}{\dfrac{R_2'}{s_2} + jX_2'}}$$

Wenn f_N die Bezugsfrequenz ist und f die variable Frequenz
wird:

$$s_1 = \frac{n_{sy} - n}{n_{sy}} \qquad \text{bzw. mit} \quad n_{sy} = n_{syN} \cdot \frac{f}{f_N} :$$

$$s_1 = \frac{n_{syN} \cdot \dfrac{f}{f_N} - n}{n_{syN} \cdot \dfrac{f}{f_N}} \qquad \text{(Schlupf des Mitsystemes)}$$

$$s_2 = \frac{n_{syN} \cdot \dfrac{f}{f_N} + n}{n_{syN} \cdot \dfrac{f}{f_N}} = 2 - s_1 \quad \text{(Schlupf des Gegensystemes)}$$

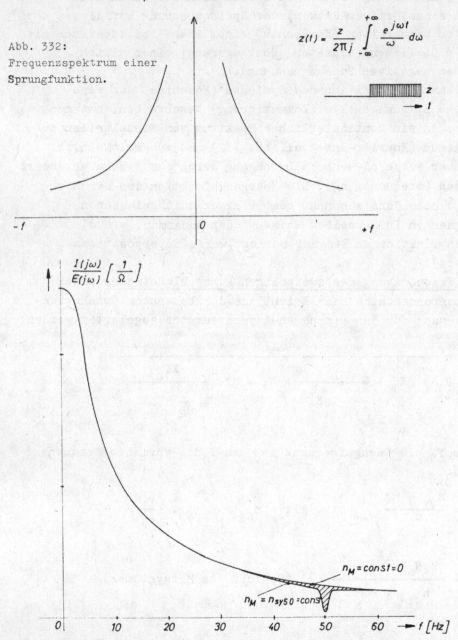

Abb. 332:
Frequenzspektrum einer
Sprungfunktion.

Amplitude der Einzelwellen

$$z(t) = \frac{z}{2\pi j} \int\limits_{-\infty}^{+\infty} \frac{e^{j\omega t}}{\omega} d\omega$$

Abb. 333: Kurzschlußstromfrequenzgang einer Asynchronmaschine.
(2-polig)

Für die Beurteilung, wie weit sich das Kommutierungsver-
halten der laufenden Maschine von jenem der stillstehenden
(Transformator) unterscheidet, genügt der Vergleich der
Amplituden-Frequenzgänge des Ständerstromes
für beide Fälle. Abb. 333 zeigt die beiden Kurven; es geht
daraus hervor, daß sie sich lediglich durch einen schmalen
Einbruch an der Stelle f_N unterscheiden, wobei zugrundegelegt ist, daß die Maschine gerade synchron mit der Nenn-
frequenz läuft:

$$\underline{n = n_{syN}}$$

Der Vergleich der beiden Frequenzfunktionen läßt erwarten,
daß zufolge der Rotation nur eine Größenveränderung der
maßgebenden Kurzschlußreaktanz und damit der Überlappung
eintreten wird. Der Fehler, den man also macht, wenn man
die umlaufende Maschine als ruhenden Transformator ansieht,
wird nicht groß und nur quantitativer Natur sein.
Anders liegen die Verhältnisse bei der Methode 1.), wo der
Einfluß der Kommutierung und Verzerrung vernachlässigt wurde
(Behandlung analog der Maschinenkaskade).
Die Kommutierungsblindleistung würde hier durch eine
"Verschiebungsblindleistung" ersetzt, wie sie etwa zufolge
der Streureaktanz bei der Maschinenkaskade auftritt.
Es versteht sich von selbst, daß die Gesetzmäßigkeit, der
dieses Ersatzsystem folgt, eine grundsätzlich andere sein wird.
Das Ergebnis würde demnach qualitative Fehler aufweisen.
Etwas anders ausgedrückt kann man die Methode 1. und 2.
dadurch unterscheiden, daß im ersten Fall der Wechselspannungsabfall berücksichtigt wird und der Gleichspannungsabfall nicht, im zweiten Fall hingegen der Gleichspannungsabfall in die Rechnung eingeht und der Wechselspannungsabfall
nicht.

Ermittlung der Ortskurve der untersynchronen Stromrichterkaskade nach den Methoden der Stromrichtertechnik

Nach den Gesetzen der Stromrichtertechnik gilt für den Schleifringkreis die folgende Spannungsgleichung:

$$E_{2h} \cdot k_u \cdot \cos \zeta \cdot s - E_{gg} - E_V - I_g (X_g + R) = 0$$

$\dfrac{E_g}{E_w} = k_u$ Reduktionsfaktoren zur Reduktion von wechselstromseitigen Spannungen

$\dfrac{I_g}{I_w} = k_i$ und Strömen auf gleichstromseitige Spannungen und Ströme (hängt von der Stromrichterschaltung ab).

E_{2h} Läufer-Stillstandsspannung der Asynchronmaschine

E_g gezündete Gleichspannung
$$E_g = E_w \cdot k_u$$

E_{gg} Gegenspannung im Gleichstromkreis

ζ Zündwinkel des Gleichrichters

E_V Ventilspannungsabfall

I_g Gleichstrom

$X_g = p.f.L_d''$

X_d'' Subtransientreaktanz der Maschine (entspricht der Kurzschlußreaktranz des Stromrichtertransformators; bezogen auf die Läuferseite).

R Gesamter ohmscher Widerstand; bezogen auf den Gleichstromkreis.

p Pulszahl.

$E_x = I_g \cdot X_g$ ist der sogenannte <u>induktive Gleichspannungs-
<u>abfall</u>, der aus jener Spannungszeitfläche zu errechnen ist,
welche durch den Kommutierungsvorgang aus der Leerlaufspannung herausgeschnitten wird (Abb. 334). Im vorliegenden
Beispiel einer zweipulsigen Schaltung ergibt sich dieser
<u>Spannungsabfall</u> E_x zu:

$$E_x = \frac{\int_0^{T_K} e\, dt}{\frac{T}{2}} = 2f \cdot L_d' \cdot I_g = p.f.L_d' \cdot I_g = I_g \cdot X_g \quad \text{(in Volt)}$$

$$\frac{T}{2} = \frac{1}{2\,f}$$

$$\int_0^{T_K} e\, dt = I_g \cdot L_d''$$

Für f ist die <u>Schlupffrequenz</u> einzusetzen: $f = f_N \cdot s$;
durch den Faktor 2 wird die Pulszahl (p) berücksichtigt.

Aus der vorstehenden Spannungsgleichung kann der Gleichstrom I_g errechnet werden:

$$I_g = \frac{E_{2h} k_u \cos\zeta \cdot s - E_{gg} - E_V}{f_N \cdot p \cdot L_d'' \cdot s + R}$$

Der Schleifringstrom wird dann:

$$I_2 = I_g / k_i \quad ; \quad k_i = \frac{I_g}{I_w}$$

der zugehörige $\cos\varphi_2$ ergibt sich zu:

$$\cos\varphi_2 = \frac{E_{2h} k_u \cos\zeta \cdot s - p \cdot f_N \cdot L_d'' \cdot s \cdot I_g}{E_{2h} \cdot k_u \cdot s}$$

$$\underline{\cos\varphi_2 = \cos\zeta - E_x^{p.u.}}$$

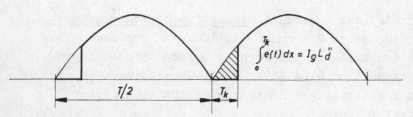

$$\int_0^{T_k} e(t)\, dx = I_g L\, \ddot{d}$$

Abb. 334: Zum induktiven Gleichspannungsabfall.

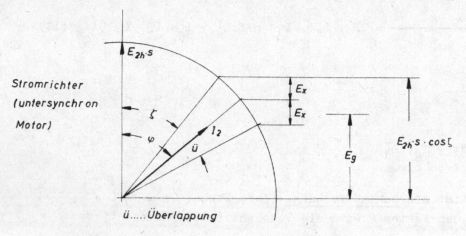

Stromrichter (untersynchron Motor)

ü..... Überlappung

Abb. 335: Zum induktiven Gleichspannungsabfall.

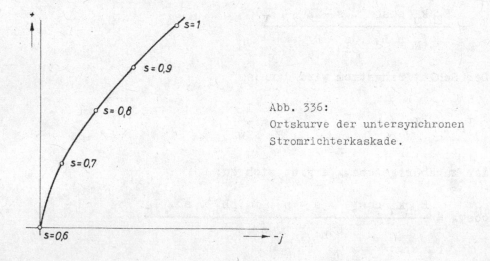

Abb. 336:
Ortskurve der untersynchronen
Stromrichterkaskade.

mit dem bezogenen Gleichspannungsabfall:

$$E_x^{p.u.} = \frac{p \cdot f_N \cdot L_d'' \cdot I_g}{E_{2h} \cdot k_u}$$

Bei ungesteuertem, schleifringseitigem Stromrichter
(untersynchrone Drehzahl) ist $\zeta = 0$, $\cos\zeta = 1$

dann wird

$$\cos\varphi_2 = 1 - E_x^{p.u.} = 1 - I_g \cdot \frac{p \cdot f_N \cdot L_d''}{E_{2h} \cdot k_u} \qquad \text{(vgl. Abb. 335)}$$

Demnach ist $\cos\varphi_2$ unabhängig vom Schlupf !
Dieses Verhalten steht im Gegensatz zu jenem der Maschinenkaskade. [*]

Nachstehend soll an Hand eines Beispieles die Ständerstrom-
ortskurve eines Drehstrom-Asynchronmotors bei Drehzahlstellung durch einen ungesteuerten Brückengleichrichter im
Schleifringkreis bestimmt werden.

Motordaten:

7,36 kW, 380 V, 1425 U/m , 17 A

Läufer: 165 V 28,5 A

$I_0 = 6,5$ A ; $X_1 = 33,8$ Ω
$I_k = 96$ A ; $X_{1\sigma} = 1,1$ Ω ; $R_1 = 0,58$ Ω
$L_d'' = 0,00635$ H ; $X_{2\sigma}' = 0,9$ Ω ; $R_2' = 0,55$ Ω

Gleichrichterschaltung: Drehstrombrücke

[*] Wie G. Huber in seiner Diplomarbeit: "Entwurf einer untersyn-
chonen Stromrichterkaskade; Berechnung der Ortskurven" hinge-
wiesen hat, ist bei höheren Schlupfwerten der induktive
Wechselspannungsabfall nicht mehr vernachlässigbar. Der tatsächliche Kurzschlußstrom ist demnach nur etwa halb so groß
wie vorstehend berechnet.

Der reduzierte läuferseitige Wirkstrom I_{2w} beträgt
etwa 15 A.
Alle Spannungen und Ströme werden auf die Netzseite
bezogen. Die Leerlauf-Gleichspannung beträgt

$$E_{go} = k_u \, E'_{2h} = 380 \cdot 1,35 = 513 \text{ V}$$

E'_{2h} : auf die Netzseite reduzierte Läufer-Stillstandsspannung.

$$I_g = k_i \cdot I'_{2w} = \frac{1}{0,817} \cdot 15 = 18,3 \text{ A}$$

Die ohmschen Wicklungswiderstände ergeben sich, auf den
Gleichstromkreis bezogen, zu:

$$R = \frac{P_{vCu}}{I_g^2} = \frac{846}{18,3^2} = \underline{2,52 \ \Omega}$$

Für eine konstante gleichstromseitige Gegenspannung von
308 V = E_{gg} entsprechend einer Leerlaufdrehzahl von
$0,6 \, n_{sy} = n_o$ kann der Gleichstrom für verschiedene Schlupf-
werte berechnet werden:

$$I_g = \frac{E_{go} \cdot s - E_{gg} - E_V}{f_N \cdot p \cdot L''_d \cdot s + R} \qquad \text{z.B. für} \qquad s = 0,8$$

$$\underline{I_g} = \frac{513 \cdot 0,8 - 308 - 1}{50 \cdot 6 \cdot 0,00635 \cdot 0,8 + 2,52} = \underline{25,2 \text{ A}}$$

Dazu gehört ein Grundwellenstrom

$${}^1 I'_{2w} = I_g \cdot 0,78 = \underline{19,6 \text{ A}}$$

desweiteren der $\cos\varphi$

$$\cos\varphi_2 = 1 - I_g \cdot \frac{p \cdot f \cdot L''_d}{E_{go}}$$

$$\cos\varphi_2 = 1 - I_g \cdot \frac{6 \cdot 50 \cdot 0,00635}{513} =$$

$$\cos\varphi_2 = 1 - 0,00372 \cdot 25,2 = 0,9065$$

Abb. 336 zeigt die Ortskurve für einen Leerlaufschlupf
von s = 0,6.

7.4 Betriebsschaltungen der Asynchronmaschine

Als Anlaufschaltungen sind bei Käfigläufermotoren dieselben
Schaltungen wie bei Synchronmaschinen gebräuchlich
(Abschnitt 6.4).

Bei Schleifringläufermotoren wird beim Anlauf ein Anlaßwiderstand in den Schleifringkreis eingeschaltet, der mit
absinkendem Strom stufenweise kurzgeschlossen wird (Abb. 337).

Die Höhe des Anlaßwiderstandes kann für jeden beliebigen
Strom (Moment) aus dem Ossannakreis entnommen werden
(Abb. 338).

Das Verhältnis der Abschnitte a und b wird durch das Verhältnis zwischen dem erhöhten Läuferkreiswiderstand
($R_2 + R_a$) und dem Läuferwicklungswiderstand bestimmt:

$$\frac{a}{b} = \frac{R_2 + R_a}{R_2}$$

$$\underline{R_a = \frac{a - b}{b} \cdot R_2}$$

Die Drehzahlstellung des Asynchronmotors im Betrieb
kann auf verschiedene Weise erfolgen:

1) Durch Schlupfwiderstände im Läuferkreis des Schleifringläufermotors.
2) Durch Einführung einer Fremdspannung im Läuferkreis
   des Schleifringläufermotors (Kaskaden).
3) Durch Speisespannungsänderung bei gleichzeitiger Einschaltung eines festen Schlupfwiderstandes im Läuferkreis.
4) Durch Frequenzänderung der Speisespannung bei Käfigläufermotoren.
5) Durch polumschaltbare Wicklungen beim Käfigläufermotor.

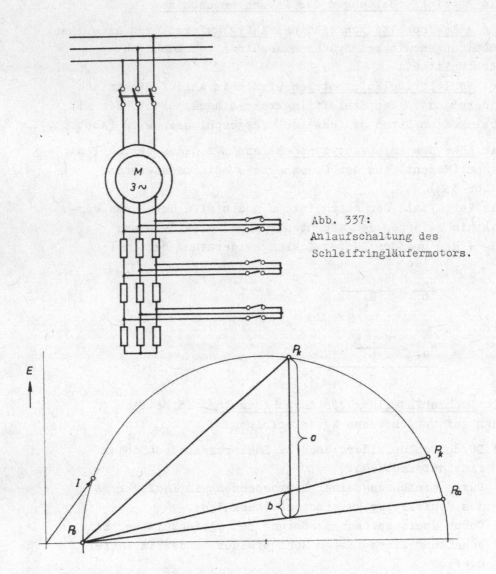

Abb. 337:
Anlaufschaltung des
Schleifringläufermotors.

Abb. 338: Zur Bestimmung der Anlaßwiderstände beim
Asynchronmotor.

Zu 1): Die Einschaltung eines veränderbaren Schlupfwiderstandes im Schleifringkreis bewirkt nur eine stärkere Neigung der Drehzahl-Momentenkennlinie (Abb. 304), die
Drehzahl steigt daher bei Entlastung immer auf die
Leerlaufdrehzahl an. Darüber hinaus weist die so geregelte
Maschine eine sehr starke Drehzahländerung in Abhängigkeit von der Belastung auf.

Der bedeutendste Nachteil dieser Drehzahlstellmethode
ist jedoch die Unwirtschaftlichkeit, da die Schlupfleistung
im Schlupfwiderstand nutzlos verheizt wird und dieser für
diese Wärmeleistung bemessen werden muß (Kühlung).

Auf Grund der Leistungsbilanz

$$P_{Netz} = P_M + P_s \quad \text{und} \qquad \text{(aufgenommene Leistung)}$$

$$P_M \doteq P_{Netz} \cdot (1-s) \qquad \begin{array}{l}\text{(mechanische Leistung} \\ \text{an der Welle)}\end{array}$$

$$P_s = P_{Netz} \cdot (s) \qquad \text{(Schlupfleistung)}$$

(Abb. 328) ergibt sich ein Wirkungsgrad von

$$\eta \doteq \frac{P_M}{P_{Netz}} = (1-s) .$$

z.B. bei halber Drehzahl: $\eta = 0,5$.

Die Höhe des erforderlichen Schlupfwiderstandes kann aus
der Beziehung:

$$P_\delta = P_M + P_{2Cu} = {I_2'}^2 \cdot \frac{R_2' + R_s'}{s}$$

gewonnen werden (vgl. Abschnitt 7.3.1).

I_2' ist für den gewünschten Belastungspunkt dem Ossannakreis
zu entnehmen.

Zu 2): Will man die an den Schleifringen anfallende
Schlupfleistung zwecks Vermeidung der hohen Verluste in
das Netz zurückliefern, muß sie auf die Frequenz des spei-
senden Motors umgeformt werden (Abb. 339a).
Die zweite Möglichkeit der Rückgewinnung (Verwertung) der
Schlupfleistung besteht in ihrer Umsetzung in mechanische
Energie an der Welle, durch eine Maschine, welche die
schlupffrequente Leistung verarbeiten kann (Scherbiusma-
schine), (Abb. 339b).
Mit einem Maschinenumformer läßt sich sowohl die Schltg.
Abb. 339a als auch   339b verwirklichen;(bei 339a würde
die Schlupfmaschine einen Asynchrongenerator antreiben).
Die Lösung gemäß Abb. 339a ist jedoch vorwiegend für den
Einsatz eines Ventilumformers geeignet (Umrichter).
Im einfachsten Fall besteht der Ventilumformer aus einer
Hintereinanderschaltung eines Gleichrichters und eines
Wechselrichters (Zwischenkreisumrichter).
Da hierbei der schleifringseitige Stromrichter
als Gleichrichter arbeitet, kann er mit ungesteuerten
Ventilen ausgeführt werden (billiger), während der netzseitige Stromrichter als Wechselrichter gesteuerte Ventile
benötigt (Abb. 34C ; nur für untersynchronen Betrieb)
Da eine Überführung des schleifringseitigen Gleichrichters
in den Wechselrichterbetrieb hier nicht möglich ist, kann
der Antrieb weder elektrisch gebremst noch übersynchron
betrieben werden. Hingegen ist bei der Maschinenkaskade
sowohl unter-und übersynchroner Betrieb, als auch Motor-
und Generator(Brems)betrieb möglich. Heute werden allerdings auch schon Ventilkaskaden gebaut, die eine Umkehr
der Leistungsrichtung zulassen und auch den Durchgang
durch den Synchronismus, wobei ja die Schlupfspannung
Null ist.

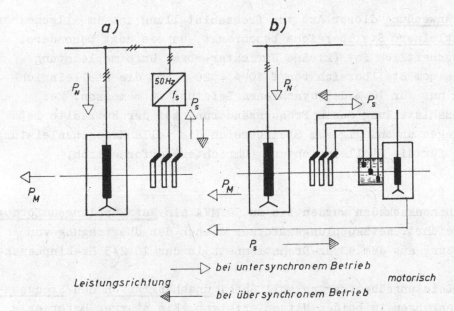

Leistungsrichtung
⟶▷ bei untersynchronem Betrieb
⟵◁ bei übersynchronem Betrieb

motorisch

Abb. 339a: Kaskadenschaltung
für Rücklieferung ins Netz.

Abb. 339b: Maschinenkaskade für
Rücklieferung an die Welle.

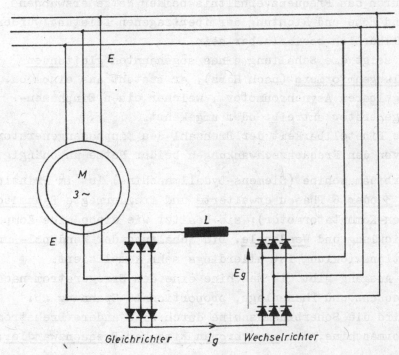

Abb. 340: Untersynchrone Ventilkaskade.

Die Anwendung dieser Art von Drehzahlstellung ist im allgemeinen
auf kleinere Stellbereiche beschränkt, da sie dort besonders
wirtschaftlich ist (kleine Umrichter- bzw. Umformerleistung).
Bei einem Stellbereich von ± 10 % = 20 % ist die Stelleinrich-
rung nur für 10 % der synchronen Leistung zu bemessen. Bei
Drehzahlstellung durch Frequenzänderung auf der Netzseite ist
hingegen unabhängig vom Stellbereich die volle Maschinenleistung
auch für die Stelleinrichtung (Umrichter) erforderlich.

Maschinenkaskaden wurden bis zu 50 MVA als Netzkupplungsumformer
ausgeführt. Netzkupplungsumformer dienen der Übertragung von
Leistung aus dem 50 Hz-Drehstromnetz in das 16 2/3 Hz-Einphasen-
netz.
Die Leistungsübertragung soll dabei unabhängig von den Frequenzschwankungen in beiden Netzen erfolgen. Ein starrer Umformer
wäre hierfür ungeeignet; dabei würde der Schlupf des Asynchronmotors durch das Frequenzverhältnis beider Netze erzwungen
werden und Höhe und Richtung der übertragenen Leistung würden
nicht willkürlich beeinflußbar sein.
Abb. 341 zeigt die Schaltung eines sogenannten gleitenden
Netzkupplungsumformers (nach Harz); er besteht aus einem ca.
± 3 % regelbaren Asynchronmotor , welcher einen Einphasen-
Synchrongenerator antreibt oder umgekehrt.
Durch die Einstellbarkeit der Drehzahl des Einphasengenerators
ist man von den Frequenzschwankungen beider Netze unabhängig.

Die Scherbiusmaschine (Siemens-Lydallmaschine) ist im Prinzip
eine auf 3 oder 6 Phasen erweiterte und fremderregte Bahnmaschine
(Einphasen-Kommutatormotor); sie besitzt wie diese eine Kompen-
sationswicklung und Wendepole. Die Schaltung der Wendepol- und
Kompensationswicklung ist allerdings sehr kompliziert.
An ihrem Ausgang gibt die Maschine eine,dem Erregerstrom nach
Höhe, Frequenz und Phasenlage, proportionale Spannung ab.
Erregt wird die Scherbiusmaschine durch eine andere Drehstrom-
Kommutatormaschine, den asynchronen Einanker-Frequenzwandler;

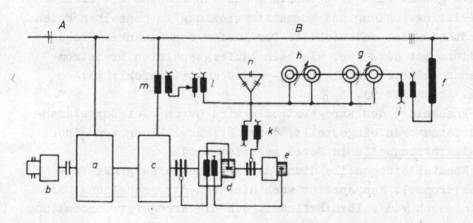

Abb. 341: Gleitender Netzkupplungsumformer nach Dr. Harz.

A	Bahnnetz	f	Drosselspule
B	Drehstromnetz	g	Doppeldrehregler
		h	
a	Einphasen-Synchronmaschine	i	Isolierumspanner
b	Gleichstrom-Erregermaschine	k	Anpassungstrafo
c	Drehstrom-Asynchronmaschine	l	Kompoundierungseinrichtung
d	Siemens Lydall-Maschine	m	
e	Frequenzwandler		Kondensatoren

dieser gibt eine der Eingangsspannung proportionale Spannung ab, deren Frequenz nur durch die Drehzahl bestimmt wird:

$$f = p \cdot s \cdot n_{sy} \qquad \text{(Abb. 342)}$$

Im Prinzip ist der asynchrone Einanker-Frequenzwandler eine Art Transformator, mit nachgeschaltetem mechanischen Umrichter. Wie der Transformator hat er auch nur <u>Durchgangsleistung</u> und entwickelt <u>kein Moment</u>.

Der asynchrone Einanker-Frequenzwandler kann nur bis zu einigen 10 kVA gebaut werden; er besteht aus einem Rotor mit Drehstrom-Schleifringwicklung und Kommutatorwicklung in denselben Nuten. Der Ständer ist unbewickelt. Der Läufer des Einanker-Frequenz-wandlers ist derselbe, wie beim läufergespeisten Drehstrom-Nebenschlußmotor (Schleifring- und Kommutatorwicklung); (vgl. Abschnitt 9.)

Die Phasenlage des Erregerstromes wird durch zwei Doppeldreh-transformatoren eingestellt, deren Primärwicklung von einer <u>Konstantstromquelle</u> in Serie gespeist wird.

Als Konstantstromquelle dient das Netz und eine große Vor-schaltdrossel. Man spricht auch hier von <u>Stromschaltung</u>; sie stammt auch vom selben Erfinder, der die Erregerstromschaltung bei Konstantspannungs-Synchrongeneratoren eingeführt hat (Dr.Harz).

Im vorliegenden Falle hat sie den folgenden Zweck: Der Blindwiderstand der Erregerwicklung der Scherbiusmaschine ändert sich mit der Schlupffrequenz und diese mit der Drehzahl. Damit würde aber bei <u>Konstantspannungsspeisung</u> auch unbeabsich-tigt der Erregerstrom verändert werden, was über die ihm pro-portionale Ausgangsspannung (Zusatzspannung im Schleifringkreis) schließlich zu <u>Drehzahl- und Leistungspendelungen</u> führt. Schaltet man hingegen in den Erregerkreis einen hohen Blind-widerstand vor, muß zwar ein mehrfaches an Blindleistung auf-gebracht werden, doch würde eine Änderung des Erreger-Blind-widerstandes so gut wie keine Änderung des Erregerstromes bedingen. Die Vorschaltdrossel hat etwa den 10-fachen Blind-widerstand des übrigen Erregerkreises.

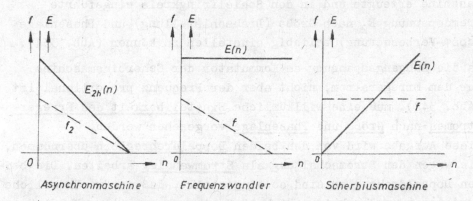

Abb. 342: Spannungs- und Frequenzverlauf bei:

   Asynchronmaschine, Frequenzwandler, Scherbiusmaschine.

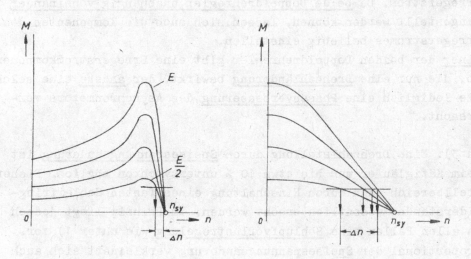

Δn ... Drehzahlstellbereich

Abb. 343: M-n Kennlinien eines speisespannungsgeregelten
          Asynchronmotors

      ohne   mit
             Schlupfwiderstand

Für die Drehzahlstellung des Vordermotors und zur Verbesserung
seines Leistungsfaktors ist es nötig, die von der Scherbiusmaschine erzeugte und in den Schleifringkreis eingeführte
Fremdspannung E_2 nach Größe (Drehzahlstellung) und Phasenlage
(cosφ-Verbesserung) beliebig einstellen zu können (Abb. 331).

Da die Ausgangsspannung am Kommutator der Scherbiusmaschine
nur dem Erregerstrom, nicht aber der Frequenz proportional ist
(Abb. 342), muß eine willkürliche Einstellbarkeit des Erregerstromes nach Größe und Phasenlage vorgesehen werden.
Diese Aufgabe wird von den beiden Doppeldrehreglern übernommen,
die wegen der Stromschaltung als Stromwandler arbeiten. Die beiden Doppeldrehregler sind so eingestellt, daß der veränderliche
Ausgangsstrom der beiden Einheiten eine gegenseitige Phasenlage von 90° aufweist. Wegen der Parallelschaltung auf der
Sekundärseite summieren sich beide Komponenten zum resultierenden
Erregerstrom. Da beide Doppeldrehregler unabhängig voneinander
eingestellt werden können, lassen sich auch die Komponenten des
Erregerstromes beliebig einstellen.
Einer der beiden Doppeldrehregler gibt eine Erregerstromkomponente
ab, die nur eine Drehzahländerung bewirkt, der andere eine solche,
die lediglich eine Phasenverbesserung des Asynchronmotors verursacht.

Zu 3): Eine Drehzahlstellung durch Speisespannungsänderung ist
beim Käfigläufer nur bis etwa 10 % untersynchron möglich. Dieser
Stellbereich kann durch Einschaltung eines festen Schleifringwiderstandes wesentlich erhöht werden. Im Prinzip liegt jedoch
in allen Fällen eine Schlupfverlustregelung wie unter 1) vor.
Proportional der Speisespannungsänderung verkleinert sich auch
der Kreisdurchmesser und mit ihm quadratisch das Kippmoment.
Es ergeben sich mithin auch quadratisch mit der Speisespannung
verkleinerte Drehzahl-Momentenkennlinien (Abb. 343).

Diese Methode der Drehzahlstellung findet jedoch nur <u>bei sehr</u>
<u>kleinen Motoren</u> Verwendung, wo anstelle der Speisespannungs-
änderung meist ein Vorwiderstand im Ständerkreis tritt.

Zu 4): Da mit der <u>Speisefrequenz</u> auch die synchrone Drehzahl
verändert wird, ist eine Drehzahlstellung auch auf diese Weise
möglich. In der Mehrzahl der Fälle wird als Frequenzstellglied
ein Ventilumformer (Umrichter) verwendet.
Die Eigenschaften des Asynchronmotors bei verschiedenen Speise-
frequenzen gehen aus der Abb. 305 hervor. Die Drehzahlstellung
durch Frequenzänderung ist die am vielseitigsten anwendbare
Methode; sie erfordert allerdings ein <u>Stellglied</u> (Umrichter)
für die <u>volle Motorleistung</u> bei oberster Drehzahl.

Zu 5): In Fällen, bei denen nur <u>zwei feste Drehzahlen</u> benötigt
werden, kann man einen Käfigläufermotor mit <u>polumschaltbarer</u>
<u>Statorwicklung</u> ausführen; (die Käfigwicklung ist ja von der
Polzahl unabhängig). Grundsätzlich bestehen zwei Möglichkeiten:

1) Umschaltung ein- und derselben Wicklung auf andere Polzahl
   (Dahlanderschaltung).
2) Einbau zweier getrennter Wicklungen für verschiedene Polzahl
   in dieselben Nuten.

Bremsmethoden beim Asynchronmotor

Bei einem Asynchronmotor sind im wesentlichen <u>3 Bremsmethoden</u>
gebräuchlich:

1) Generatorbremse
2) Gegenstrombremse
3) Gleichstrombremse (Widerstandsbremse)

Zu 1): Diese Bremse ist zwar als <u>Nutzbremse</u> am wirtschaft-
lichsten, doch ist sie zum Stillsetzen nur bei einem Motor
geeignet, dessen Drehzahl durch Frequenzänderung gestellt
werden kann. Bei konstanter Speisefrequenz ist die <u>Generator-
bremse</u> nur <u>für konstante Drehzahl</u> geeignet (z.B. Senkbremse
bei Hebezeugen).
Bei der <u>Senkbremse</u> werden nach dem Heben Drehrichtung und Drehfeld umgekehrt. Als Generatoren werden Asynchronmaschinen z.B.
bei Leonard-Umformersätzen oder auch bei Netzkupplungsumformern
betrieben.

Zu 2): Die <u>Gegenstrombremse</u> (Abb. 344) hat den Vorteil, daß sie
bis zum Stillstand wirksam bleibt, doch stehen dem verschiedene
Nachteile entgegen: Wie auch bei der Gleichstrommaschine ist
die Gegenstrombremse <u>unwirtschaftlich</u>, weil bei ihr nicht nur
die Bremsleistung verheizt wird, sondern noch ebensoviel Leistung aus dem Netz bezogen werden muß, die ebenfalls im
<u>Bremswiderstand</u> nutzlos verloren geht.
Neben diesem Umstand ist auch das Wiederhochlaufen nach Erreichen des Stillstandes unerwünscht und muß durch einen <u>Brems-
wächter</u>, der den Motor dann abschaltet, verhindert werden.
Schließlich ist auch der Verlauf der <u>Drehzahl-Momentenkennlinie</u>
wegen seines instabilen Charakters für Betriebsbremsen <u>wenig
geeignet</u>. (Durchgehen, Abb. 344). Durch Einschaltung des Bremswiderstandes wird gleichzeitig mit der Verminderung des Bremsstromes auch das Bremsmoment erhöht und stabilisiert.

Zu 3): Bei der <u>Gleichstrombremsung</u> wird die Ständerwicklung
gemäß Abb. 345 vom Netz getrennt und in der dargestellten Weise
an eine Gleichstrom-Erregerspannungsquelle angeschlossen.
Je nachdem, ob Stern- oder Dreieckschaltung gewählt wurde, ergibt sich ein Erregerstrombelag nach Abb. 346a,b oder c. Die
Stromverteilung entspricht dabei jeweils einem Augenblicksstrom-
belag gemäß der Zeitlinienstellung im zugehörigen Zeitzeigerbild für die Drehstromspeisung.

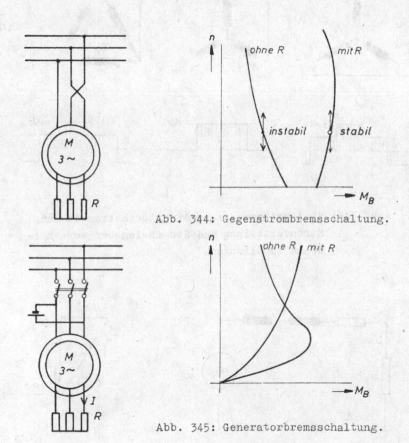

Abb. 344: Gegenstrombremsschaltung.

Abb. 345: Generatorbremsschaltung.

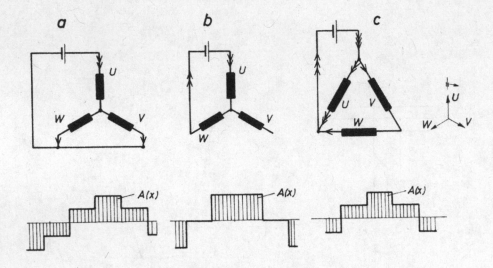

Abb. 346: Gleichstromspeisung einer Drehstromwicklung;
Stromverteilung und Strombelag bei verschiedenen Schaltungen.

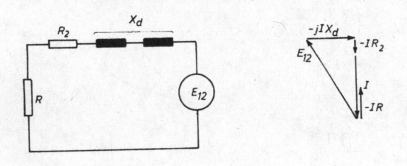

Abb. 347a: Gleichstrombremse bei Asynchronmaschinen;
Ersatzschaltung.

Bei Vorliegen eines Schleifringläufers wird zudem ein veränderlicher Bremswiderstand in den Schleifringkreis eingeschaltet; dadurch stellt sich ein günstigerer Verlauf des Bremsmomentes mit der Drehzahl ein.

Die Asynchronmaschine in <u>Gleichstrom-Bremsschaltung</u> stellt eine <u>Synchronmaschine mit verteilter Erregung</u> dar, die bei abnehmender Drehzahl auf einen Belastungswiderstand oder im Dauerkurzschluß (Käfigläufer) betrieben wird. (Abb. 347a)

Die Drehzahl in Abhängigkeit vom Bremsmoment kann an Hand der stationären Gleichung für diesen Zustand bestimmt werden (Bezugsfrequenz 50 Hz).

$$I = \frac{E_{12}(f)}{(R_2 + R) + j\,X_d(f)} = \frac{E_{12_{50}}}{\frac{50}{f}(R_2 + R) + j\,X_{d50}} \quad ;$$

Polradspannung: $E_{12}(f) = E_{12_{50}} \cdot \dfrac{f}{50}$;

$$X_d(f) = X_{d50} \cdot \frac{f}{50}$$

Der Strom ist nach der obenstehenden Beziehung ein Kreis durch den Ursprung; er kann ähnlich wie bei der Asynchronmaschine beziffert werden (Abb. 347b).

Die <u>Bremsleistung</u> ist einfach:

$$P = 3(R_2 + R)\,I^2$$

somit beträgt das <u>Bremsmoment</u>:

$$M = \frac{P}{2\pi n} = \frac{E_{1h} \cdot I \cdot \cos \sphericalangle(E_{1h}, I)}{2\pi n} = \frac{E_{12} \cdot I \cos \sphericalangle(E_{12}, I)}{2\pi n}$$

$$M = \frac{E_{12_{50}} \cdot \frac{f}{50} \cdot I \cos \sphericalangle(E_{12}, I)}{2\pi \frac{f}{p}} = p \cdot \frac{E_{12_{50}} \cdot I \cos \sphericalangle(E_{12}, I)}{2\pi \cdot 50}$$

Während die Bremsleistung dem Quadrat des Stromes proportional ist, ergibt sich das Bremsmoment als proportional der Wirkkomponente des Bremsstromes bezogen auf die Polradspannung E_{12} Daraus resultiert, wie Bremsleistung und Moment aus dem Kreisdiagramm entnommen werden können (Abb. 348).

Abb. 348 zeigt die sich ergebende Drehzahl-Momentenkennlinie ; man erkennt aus ihrem Verlauf, daß das Bremsmoment bis zu sehr kleinen Drehzahlen herunter wirksam bleibt und erst kurz vor dem Stillstand "zusammenbricht". In diesem Verhalten und in dem Umstand, daß die Bremse im Gegensatz zur Gegenstrombremse netzunabhängig ist, kann ein Vorteil erkannt werden.

7.5 Die Reaktanzen der Asynchronmaschine

Wie bei allen anderen elektrischen Maschinen wird das Betriebsverhalten der Asynchronmaschine maßgebend durch ihre Reaktanzen bestimmt.

Die Hauptfeldreaktanz X_{1h} der Asynchronmaschine kann auf dieselbe Weise wie jene der Synchron-Vollpolmaschine ermittelt werden (vgl. Abschnitt 3.5.5). Ihr Wert ist (in bezogenen Einheiten) jedoch wesentlich größer als jener bei Synchronmaschinen. Der Grund ist in dem viel kleineren Luftspalt der Asynchronmaschine zu suchen, der mit Rücksicht auf die Forderung eines kleinen Magnetisierungsstromes (besserer $\cos\varphi$) so klein wie möglich gehalten werden muß.

Auch die Streureaktanzen lassen sich auf dieselbe Weise wie bei der Synchronmaschine berechnen (vgl. Abschnitt 3.5); allerdings muß die Zahnkopfstreuung als doppelt verkettete Streuung behandelt werden, die bei der Synchronmaschine wegen des großen Luftspaltes in viel geringerem Maße in Erscheinung tritt.

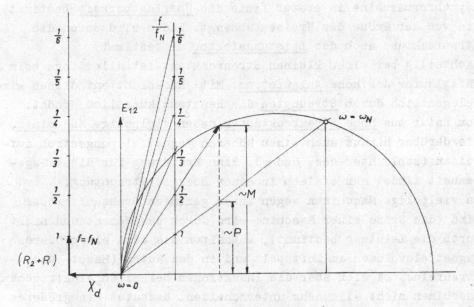

Abb. 347b: Ortskreis der Gleichstrombremse

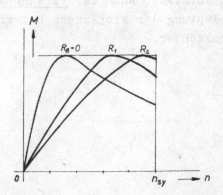

Abb. 348: M-n-Kennlinie der Gleichstrombremse

Durch die Streureaktanz (Kurzschlußreaktanz) wird bei der
Asynchronmaschine in erster Linie die Überlastbarkeit bestimmt,
die von der Größe des Kreises abhängt. Zudem wird durch die
Streureaktanz auch der Leistungsfaktor mitbestimmt.
Nachteilig bei einer kleinen Streureaktanz ist allerdings beim
Käfigläufer der hohe Anlaufstrom. Mit Rücksicht auf diesen wird
gelegentlich durch Streunuten die Reaktanz künstlich erhöht.
Von Natur aus hohe Streureaktanzen haben vielpolige Maschinen,
die darüber hinaus auch einen höheren Magnetisierungsstrom auf-
weisen (schlechter $\cos\varphi$ und η). Eine Erklärung für diese Gege-
benheit findet man einfach in einer Energiebetrachtung.
Da vielpolige Maschinen wegen ihrer geringen Drehzahl größer
sind (die Größe einer Maschine wird durch das Moment und nicht
durch die Leistung bestimmt), enthalten sie auch ein größeres
Magnetfeldvolumen im Luftspalt und in den Nuten (Haupt- und
Streufeld). Da sich aber die Induktionen bei allen elektrischen
Maschinen nicht allzusehr unterscheiden, bedeutet ein größeres
Feldvolumen eine größere magnetische Energie und damit auch
eine größere Blindleistung.
Die Kurzschlußreaktanz von Asynchronmaschinen liegt zwischen
0,2 und 0,5 p.U. (letzteres bei vielpoligen Maschinen). Der
Leistungsfaktor bei vielpoligen Maschinen liegt bei $\cos\varphi = 0,7$;
dies ist ein Grund dafür, daß man bei kleinen Drehzahlen nach
Möglichkeit Synchronmotoren vorzieht. Auch der Wirkungsgrad
ist wegen der hohen Blindbelastung der Wicklungen bei vielpoligen Asynchronmaschinen schlechter.

7.6 Beanspruchungen und Prüfung der Asynchronmaschine

Asynchronmaschinen werden bis zu Spannungen von 15 kV gebaut,
für die dielektrische Beanspruchung gelten dieselben Gesichtspunkte wie bei der Synchronmaschine.

Magnetische Beanspruchung

Die Luftspaltinduktion von Asynchronmaschinen liegt mit ihrem
Wert immer tiefer als jene vergleichbarer Synchronmaschinen
(bei etwa 0,9 T). Obwohl im Interesse einer besseren Ausnützung
eine höhere Luftspaltinduktion vorteilhaft wäre, muß man mit
Rücksicht auf den sonst zu hohen Magnetisierungsstrom und den
damit verbundenen schlechten Leistungsfaktor bei der Asynchronmaschine darauf verzichten. Auch andere Induktionswerte, wie
z.B. die Ständer-Jochinduktion müssen mit Rücksicht darauf beschränkt bleiben (1,4 - 1,5 T).
Die Läuferinduktion hingegen kann insbesondere bei zweipoligen
Maschinen relativ hoch gewählt werden, da bei der Schlupffrequenz im Eisen kaum nennenswerte Verluste auftreten. Auch kann
sich das Läuferfeld bei der geringen Frequenz über die Welle
schließen, sodaß das Blechpaket magnetisch entlastet wird.
Bei Drehzahlstellung durch Schlupfwiderstände oder eingeprägte
Läuferspannung kann wegen der dann höheren Läuferfrequenz mit
einer magnetischen Entlastung durch die Welle nicht mehr gerechnet werden.

Thermische Beanspruchung der Asynchronmaschine

Auch hier gelten ähnliche Gesichtspunkte wie bei der Synchronmaschine. Von einiger Wichtigkeit sind die Zusatzverluste in
der Käfigwicklung, die umso kleiner sind, je geringer die Stabzahl ist.

Während beim Schleifringläufer der <u>Schwer-Anlauf</u> kein Problem darstellt (die Anlaufverluste werden zum großen Teil im externen Anlaßwiderstand umgesetzt), besteht beim Käfigläufer und Schweranlauf die Gefahr einer Übererwärmung insbesondere des Käfigs. Maschinen, die für Schweranlauf geeignet sein sollen (z.B. Kohlenmühlenmotoren mit hohem GD^2) müssen daher in der Käfigwicklung mehr Wärme speichern können als normale Motoren. Man wählt dann größere Stabquerschnitte und als Material Bronze.

Außer beim Anlauf kann eine thermische Überlastung auch bei Gegenstrombremsung bzw. Drehrichtungsumkehr auftreten.

Nicht außer acht gelassen werden dürfen auch die <u>Verluste an den</u> <u>Schleifringen</u>. Mit Rücksicht hierauf muß einerseits die Stromdichte unter den Bürsten auf etwa $10 \ A/cm^2$ begrenzt werden, andererseits darf die Umfangsgeschwindigkeit der Schleifringe etwa 40 m/s nicht überschreiten.

Mechanische Beanspruchung der Asynchronmaschine

Durch Stromkräfte tritt eine solche insbesondere beim Anlauf oder noch härter beim Wiederzuschalten bei Phasengleichheit zwischen der vom Restfeld induzierten Spannung und der Netzspannung auf. Natürlich gelten auch die Gesichtspunkte hinsichtlich der biege- und torsionskritischen Drehzahlen, welche bei der Synchronmaschine schon behandelt wurden, auch bei der Asynchronmaschine.

Eine stärkere Auswirkung als bei der Synchronmaschine hat wegen des kleinen Luftspaltes der <u>einseitig magnetische Zug</u> bei der Asynchronmaschine.

Bei vielpoligen Maschinen mit großem Durchmesser muß die Jochhöhe mit Rücksicht auf die Steifigkeit des Stators (Widerstand gegen magnetischen Zug) überdimensioniert werden.

Die Prüfung der Asynchronmaschine

Alle stationären Eigenschaften des Asynchronmotors lassen sich
aus dem Ossannakreis entnehmen, daher ist es vor allem notwendig, seine Bestimmungsgrößen zu ermitteln bzw. durch den Versuch zu überprüfen.

Wie bei allen Maschinen und Transformatoren ist hierzu der
Leerlauf- und Kurzschlußversuch erforderlich; aus diesen er-
hält man den Leerlauf- und Kurzschlußpunkt des Kreises. Die
Kreiskonstruktion erfolgt dann gemäß Abb. 349.

Beim Leerlaufversuch wird die Maschine unbelastet an eine ver-
änderbare Spannungsquelle gelegt und gleichzeitig Strom, Spannung und Leerlaufleistung gemessen.

Beim Kurzschlußversuch werden dieselben Messungen bei fest-
gebremster Maschine und verringerter Spannung vorgenommen.
Bemerkenswert ist, daß der Kurzschlußversuch zu keiner ganz
linearen Kennlinie führt (Abb. 350); dies ist auf die Sättigung
zurückzuführen, die in den Zahnspitzen auftritt, wenn die
Ströme und damit die Streufelder sehr hoch werden. Durch diese
Streuwegsättigung ist der Kurzschlußstrom in Wirklichkeit höher
als bei Nennstrom gerechnet, sodaß auch der Kreis bei hohen
Strömen (großem Schlupf)entartet. Je nachdem, welcher Teil des
Kreises besonders interessiert, wird die Kurzschluß-Kennlinie
durch Tangente A oder B angenähert (Abb. 350).

Den Unendlichkeitspunkt P_K erhält man, wenn man den Abschnitt
zwischen der imaginären Achse und P_K im Verhältnis P_{1Cu}/P_{2Cu}
teilt und durch den Teilungspunkt die Momentenlinie zieht
(bis zum Schnittpunkt mit dem Kreis), (Näherungskonstruktion).

Den Betriebspunkt erhält man, wenn man zur Leistungslinie eine
Parallele mit dem Abstand der Nennleistung (im Strommaßstab)
zeichnet und mit dem Kreis zum Schnitt bringt (Abb. 349).

Die übrigen Prüfungen,wie Wicklungsprobe, Windungsprobe usw.
sind ähnlich wie bei der Synchronmaschine; sie werden beispielsweise nach den Regeln ÖVE, M10 durchgeführt.

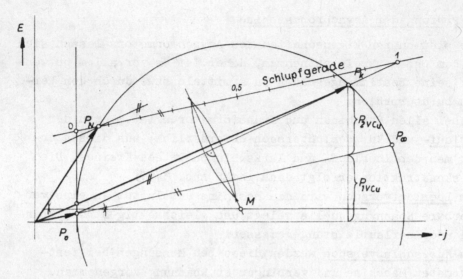

Abb. 349: Konstruktion des Ossannakreises aus
den Prüfdaten.

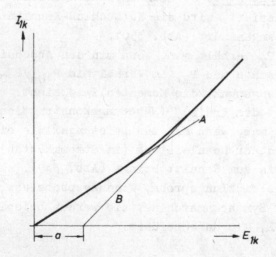

Abb. 350: Kurzschlußkennlinie eines Asynchronmotors.

7.7 Sonderbauarten der Asynchronmaschine

Unter den vielen bekannten Sonderbauarten hat in neuerer Zeit
der Asynchron-Linearmotor eine besondere Bedeutung gewonnen.
Linearmotoren können aber auch nach anderen Bauarten ausgeführt werden, die der Vollständigkeit halber kurz beschrieben
werden:
Gleichstrom-Linearmotoren sind von der Unipolarmaschine bzw.
vom MHD abgeleitet, ihre prinzipielle Wirkungsweise ist aus
Abb. 351 zu entnehmen (Abschnitt 6.7).
Synchron-Linearmotoren können aus der unipolaren Reluktanzmaschine, oder auch der Klauenpolmaschine abgeleitet werden
(Abb. 352), (Abschnitt 5.8).
Bei der letztgenannten Bauart ist allerdings die Ausnützung sehr
beschränkt und auch das Anfahren ist weniger einfach als bei
der asynchronen Bauart des Linearmotors.

Asynchron-Linearmotoren

Asynchron-Linearmotoren sind Drehstrom-Asynchronmotoren, bei
denen die Drehstromwicklung nicht in den Nuten eines zylindrischen Ständerblechpaketes untergebracht ist, sondern in den
Nuten eines länglich-prismatischen Blechkörpers (Abb. 353).
Anstelle der zylindrischen Käfigwicklung tritt beim Linearmotor
eine massive Kupfer- oder Aluminiumplatte (Reaktionsschiene),
die allenfalls geschlitzt sein kann.
In den meisten Fällen wird die doppelseitige Kurzständeraus-
ausführung gewählt werden, bei welcher sich zwei einander unter-
stützende Wanderfeldwicklungen gegenüberstehen (Abb. 353).
Die Anwendungsmöglichkeiten des Linearmotors sind neben Werk-
zeugmaschinen, Fördereinrichtungen mit geradliniger Bewegung
vor allem Antriebe von Schienenfahrzeugen über 300 km/h.

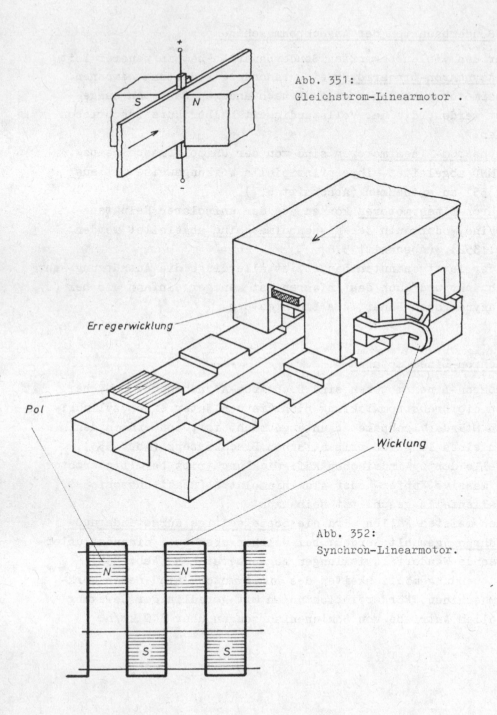

Abb. 351:
Gleichstrom-Linearmotor.

Erregerwicklung

Pol

Wicklung

Abb. 352:
Synchron-Linearmotor.

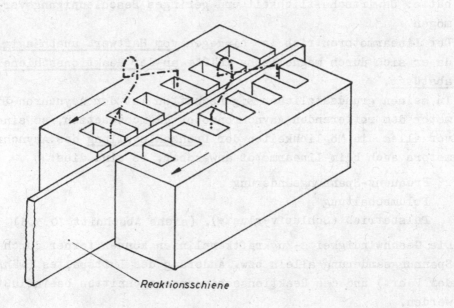

Reaktionsschiene

Abb. 353: Asynchron-Linearmotor.

Bei 500 km/h ist der Haftwert zwischen Rad und Schiene auf ca.
0,15 abgesunken, damit ist das doppelte Lokomotivgewicht und
die doppelte Achszahl erforderlich, um nur denselben Schub
zu erzeugen. Auch dann, wenn alle Wagen eines Zuges angetrieben
werden, kommt man an eine Grenze der erzielbaren Geschwindigkeit,
zu deren Überschreitung man das Fahrzeug mit totem Gewicht
belasten müßte. Die absolute Grenze ist dann die Erreichung von
20 t Achsdruck je Einzelfahrzeug (wegen Unterbau).
Eine solche Zugsgarnitur würde zwar hohe Geschwindigkeiten erzielen können, doch wäre der Preis, den man hierfür zu zahlen
hätte: Unwirtschaftlichkeit und geringes Beschleunigungsvermögen.
Der Linearmotorantrieb ist hingegen vom Haftwert unabhängig,
da er sich durch magnetische Kräfte an der Reaktionsschiene
abstützt.
In seinen grundsätzlichen Eigenschaften ist der Asynchron-Linearmotor dem rotierenden Asynchronmotor gleichzusetzen, so sind
vor allem die Möglichkeiten der Drehzahlstellung des Asynchronmotors auch beim Linearmotor anwendbar. Es sind dies:

    Frequenz-Spannungsänderung
    Polumschaltung
    Pulsbetrieb (Schlupfverluste), (siehe Abschnitt 10.3.5)

Die Geschwindigkeits-Zugkraftkennlinien können ferner durch
Spannungsänderung allein bzw. Änderung des Luftspaltes (während
der Fahrt) und des Reaktionsschienenquerschnittes beeinflußt
werden.
Als Speiseeinrichtung für den frequenzgesteuerten Linearmotor
kommt in erster Line der zwangskommutierte Zwischenkreisumrichter
oder allenfalls der sogenannte Steuerumrichter in Frage.

Besonderheiten des Asynchron-Linearmotors

In der Hauptsache sind es drei Erscheinungen, durch die sich der Linearmotor wesentlich von der rotierenden Asynchronmaschine unterscheidet:

1) Der Längsendeffekt
2) Das Auftreten eines pulsierenden Nullfeldes
3) Der Quereffekt

Der Längsendeffekt verursacht zusätzliche Verluste im Ständer und Läufer, er hat seine Ursache in der Unstetigkeit, mit der sich am Anfang und Ende der magnetische Leitwert ändert und mit der die Drehstromwicklung abbricht.

Vermindern kann man die Ein- und Austrittsverluste, die auf die Unstetigkeit der Wicklung zurückzuführen sind, durch eine Wicklungsabstufung nach dem Ein- und Austritt hin. Eine solche Wicklungsabstufung ist von selbst bei einer zweischichtigen Wanderfeldwicklung gegeben (Abb. 357).

Man kann eine Wanderfeldwicklung mit konzentrierten Phasenspulen ausführen (Abb. 358), womit ein noch feinstufigerer Auslauf erzielt werden kann.

Auch das beim linearen Asynchronmotor auftretende Nullwechselfeld steht in einem gewissen Zusammenhang mit den Ein- und Austrittsverlusten.

Um durch einfache Überlegungen zu einer grundsätzlichen Erklärung dieser Erscheinung zu kommen, mögen die folgenden vereinfachenden Annahmen getroffen werden:

1. Der am Anfang und Ende des Paketes offene magnetische Kreis habe denselben Leitwert wie einer, der sich in der Mitte desselben befindet, wo sich der magnetische Fluß über zwei Ständer und zwei Luftspalte schließt (Abb. 353); der magnetische Rückschluß erfolgt am Ende über den weiten Raum, der durch Schirmeinrichtungen beliebig eingeengt werden kann.

2. Die Drehströme seien in den drei Phasen symmetrisch, was insbesondere dann zutreffen wird, wenn die Anordnung lang und vielpolig ist (Reihenschaltung der Pole).

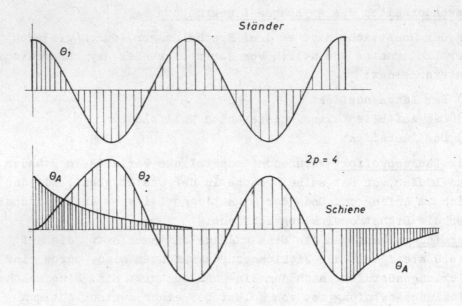

Abb. 354: Zur Entstehung des Nullfeldes beim
Asynchron-Linearmotor.

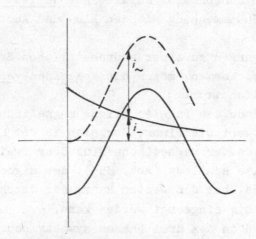

Abb. 355: Zu den Endverlusten beim
Asynchron-Linearmotor.

+ U	- W	+ V	- U	+ W	- V	+ U	- W	+ V	- U	+ W	- V
+ U	- W	+ V	- U	+ W	- V	+ U	- W	+ V	- U	+ W	- V

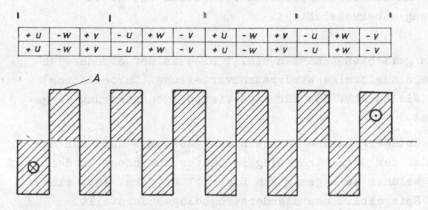

Abb. 356: Durchflutung durch Nullstrom in einer
Dreieckwicklung.

		+ U	- W	+ V	- U	+ W	- V	+ U		- W	+ V
+ U	+ W	- V	+ U	- W	+ V	- U	+ W	- V			

Abb. 357: Zur Stufung der Wicklung am Eingang und Ausgang.

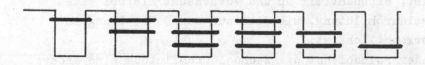

Abb. 358: Eingangsstufung durch konzentrierte Phasenspulen.

3. Der Magnetisierungsaufwand bleibe für die erste Betrachtung unberücksichtigt.

Unter den gemachten Annahmen stellt sich in der Ständerwicklung eine sinusförmige Wanderstromverteilung (Durchflutung) ein, wie sie in Abb. 354 für eine vierpolige Anordnung dargestellt ist.

Bei Vernachlässigung des Magnetisierungsstromes darf man annehmen, daß der Gegenstrombelag im Läufer zumindest in dem Bereich, welcher weit genug vom Eintritt entfernt ist, ein getreues Spiegelbild des Ständerstrombelages darstellt. (Zunächst sei angenommen, daß die Ständerwicklung in Stern ohne Nulleiter ausgeführt ist).

Da die Ständerwicklung am Anfang und Ende des bewegten Ständers abrupt abbricht, würde das bei genauer Spiegelung bedeuten, daß auch der örtliche Strom in der Reaktionsschiene sich plötzlich einstellen bzw. plötzlich verschwinden müßte, wenn die betreffende Stelle der Schiene in den Feld(Wicklungs-)bereich des Linearmotors kommt bzw. ihn wieder verläßt.
Zufolge der magnetischen Trägheit kann jedoch eine Stromänderung nur in einer endlichen Zeit erfolgen, was sich im vorliegenden Fall so auswirkt, daß sich dem ideellen Gegenstrombelag in der Reaktionsschiene ein Ausgleichsstrombelag überlagert.
Dieser Ausgleichsstrombelag klingt hinter der Eintrittskante des Blechpaketes,bzw. nachdem die Austrittskante wieder vorbei gelaufen ist, exponentiell ab und verursacht hierbei eine Null-Wechseldurchflutung, wie dies aus der Darstellung in Abb. 354 erkenntlich ist.
Bei ungerader Polzahl hat die Wechseldurchflutung eine andere Verteilung.
Würde diese Wechseldurchflutung nicht durch eine gleich große und gleich gelagerte kompensiert werden, hätte sie ein Nullfeld zur Folge und dadurch eine Nullpunktsverschiebung der induzierten Spannung.

Schaltet man hingegen die Drehstrom-Wicklung in Dreieck, kann
sich in der Ständerwicklung eine Nulldurchflutung dreifacher
Polzahl einstellen, durch die die Rand-Ausgleichsdurchflutung
kompensiert wird (Abb. 356).
Die zusätzlichen Kupferverluste sind beim Eintritt höher als
beim Austritt, da sich hier der Ausgleichsstrom dem Betriebsstrom überlagert (Abb. 355):

$$(i_- + i_\sim)^2 - i_\sim^2 = 2i_- \cdot i_\sim + i_-^2 > i_-^2$$

Nach Austritt klingt der Ausgleichsstrom in der Reaktionsschiene
ab, ohne daß darüber hinaus noch ein Betriebsstrom überlagert
ist.
Die Dreiecksschaltung ist nur ein unvollkommenes Mittel zur
Kompensation (Abb. 356), da sie im mittleren Bereich eine
Durchflutung mit 1/3 der Polteilung erzeugt.
Der Quereffekt tritt bei massiver Kurzschluß-Schiene auf, da
sich die Strombahnen dort nicht auf den optimalen Wegen
schließen (Abb. 359). Dies bedeutet eine schlechte Ausnützung
der Reaktionsschiene gegenüber der Gitterbauart, bei welcher
die Strombahnen im aktiven Bereich optimal verlaufen. Abhilfe
würde die Anordnung von Schlitzen in geeigneten Abständen bringen,
doch hätte dies eine Herabsetzung der mechanischen Steifigkeit
der Reaktionsschiene zur Folge. Bei massiver Reaktionsschiene
sind die Verhältnisse umso günstiger, je weiter die Schiene
über die aktive Breite hinausragt.

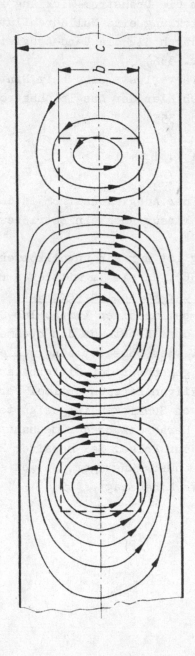

Abb. 359: Stromlinienverlauf in der Reaktionsschiene.
(M. Poloujadoff)

7.8 Der Entwurf der Asynchronmaschine

Der Entwurf der Asynchronmaschine erfolgt nach denselben Beziehungen wie bei der Synchronmaschine:

$$D_i = \frac{1}{\pi} \sqrt[3]{\frac{S \cdot 2p \cdot \tau_p}{n_{sy} \cdot \tau_m \cdot \iota_{Fe}}}$$

$$^1B_{max} = \sqrt{\frac{\tau_m \cdot \sqrt{2} \cdot k_\sigma}{\xi \cdot x'_d}} \ p.u.$$

$$\tau_m = A \, ^1B_{max} \cdot \frac{\xi}{\sqrt{2}}$$

Dem X_d'' entspricht bei der Asynchronmaschine die Kurzschluß-reaktanz X_k; sie liegt zwischen 0,15 und 0,35 p.u. ($X'_d = k_\sigma \cdot \frac{A}{^1B_{max}}$) (bei vielpoligen Maschinen noch höher).

Je kleiner die Kurzschlußreaktanz wird, umso größer ist der Ossannakreis und damit die Überlastbarkeit (mindest 1,6)
k_σ kann zwischen $4 \cdot 10^{-6}$ bis $5 \cdot 10^{-6}$ angenommen werden.

$\xi \sim 0,92$ (geschätzt).

Auch der Entwurf der Wicklung ist ganz gleich wie bei der Synchronmaschine, abgesehen von der Forderung, daß im Gegensatz zur Synchronmaschine keine Bruchlochwicklung verwendet werden darf (mit Rücksicht auf parasitäre Erscheinungen); Ausnahmen werden nur bei kleineren Maschinen zugelassen. (Halb-lochwicklung z.B. q = 1 1/2).

Der Luftspalt wird so klein bemessen, wie es nur die mechanische Sicherheit gegen Streifen des Läufers am Ständer zuläßt.

Vor dem Entwurf muß η und $\cos\varphi$ geschätzt werden; hierfür stehen Tafeln zur Verfügung (z.B. Hütte IVa)

Anhaltswerte über die verschiedenen Beanspruchungen sind in Tabelle III zu finden. (Seite 623)

Zur Entwurfsrechnung gehört auch die Bestimmung der Haupt-
feld- und Streureaktanzen, wozu die Kenntnis des äquivalenten
Luftspaltes δ''' erforderlich ist. Um ihn zu gewinnen, benötigt
man die Magnetcharakteristik

$$^1\phi_{max} = f(^1\Theta_{max}) \qquad \text{bzw.}$$

$$^1B_{max} = f(^1\Theta_{max}) \qquad ,$$

die das Ergebnis der Magnetkreisberechnung darstellt; sie ist
der Leerlaufkennlinie proportional und hängt mit dieser durch
die folgenden Beziehungen zusammen:

$$^1B_{max} = \frac{\pi}{2} \cdot \frac{^1\phi_{max}}{\tau_p \cdot {^1}l_{Fe}} \quad ; \quad ^1\phi_{max} = \frac{E}{4{,}44 \cdot f \cdot w_1 \cdot {^1}\xi}$$

$$^1\Theta_{max} = 1{,}35 \cdot z_n \cdot q \cdot {^1}\xi \cdot I_s \quad ; \quad w_1 = z_n \cdot q \cdot \frac{p}{a}$$

I_s Effektivwert des Stab(Leiter)stromes.

Die Magnetkreisberechnung kann nach dem Netzwerksverfahren
(Computereinsatz) oder nach einem vereinfachten Verfahren
(Handrechnung) ausgeführt werden.
Für einfache Handrechnungen kann das Netzwerk gemäß Abb. 15b
weitgehend vereinfacht werden (Abb. 360), wobei aus Symmetrie-
gründen auch nur der Abschnitt über eine halbe Polteilung be-
trachtet werden muß. Die Vereinfachung besteht in der Vernach-
lässigung der Querzweige (Streufelder) sowie in der Zusammen-
ziehung der verteilten magnetischen Jochwiderstände zu je einem
konzentrierten (äquivalenten) Jochwiderstand in Ständer und
Läufer. Wegen des konstanten, sehr kleinen Luftspaltes der
Asynchronmaschine kann die Induktion B_δ in Luftspaltmitte und
B an der Bohrungsoberfläche gleichgesetzt werden.
Die angenommen sinusförmige Verteilung der Erregerdurchflutung
$\Theta_h(x)$ wird der Einfachheit halber durch eine Trapezverteilung
(Trapez mit 1/3 Gegenbasis) angenähert (Abb. 360).

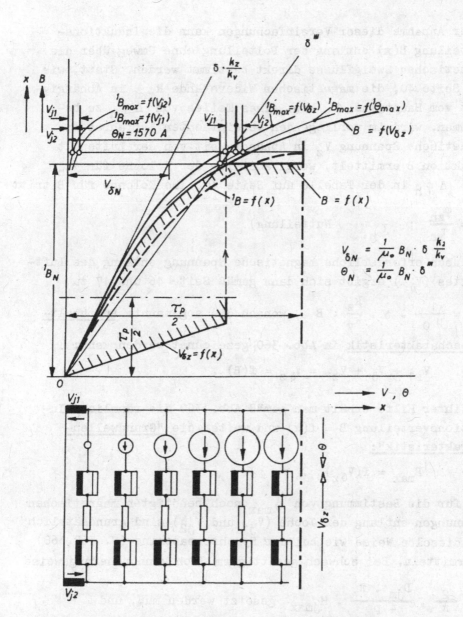

**Abb. 360: Vereinfachte Bestimmung der Grundwellen-
charakteristik.**

Unter Annahme dieser Vereinfachungen kann die Induktions-
Verteilung B(x) entlang der Polteilung ohne Umweg über die
magnetischen Zweigflüsse direkt bestimmt werden. Statt, wie
auf Seite 40, die magnetischen Widerstände R_{mzn} in Abhängigkeit vom Hauptfluß ϕ_h bzw. eines Teiles von $\Delta \phi_h$ zu bestimmen, wird im vorliegenden vereinfachten Verfahren die
magnetische Spannung V_z in Abhängigkeit von der Luftspaltinduktion B ermittelt, wobei anstelle der Kolonne für ϕ_h
bzw. $\Delta \phi_h$ in der Tabelle auf Seite 40, eine Kolonne für B tritt

$$(B = \frac{\varphi_{zn}}{\tau_n} \quad ; \quad \tau_n \cdots \text{ Nutteilung})$$

Die noch erforderliche magnetische Spannung entlang des Luftspaltes (V_δ) ergibt sich dann gemäß Seite 46 und 47 zu

$$V_\delta = \frac{1}{\mu_0} \cdot \delta \cdot \frac{k_z}{k_v} \cdot B \quad , \text{ wonach die sogenannte \underline{Luftspalt-}}$$

\underline{Zähnecharakteristik} in Abb. 360 gezeichnet werden kann:

$$V_{z1} + V_\delta + V_{z2} = V_{\delta z} = f(B) \quad .$$

Mit ihrer Hilfe erhält man gemäß Abb. 360 die räumliche Induktionsverteilung B = f(x) und weiter die "\underline{Grundwellen-}
\underline{charakteristik}":

$$^1B_{max} = f(V_{\delta z}) \quad .$$

Die für die Bestimmung von $^1\theta_{max}$ noch benötigten magnetischen
Spannungen entlang der Joche (V_{j1} und V_{j2}) sind grundsätzlich
auf dieselbe Weise wie bei der Synchronmaschine (S. 367,368)
zu ermitteln. Bei schwach gesättigtem Joch kann näherungsweise

$$V_j = \frac{2}{\pi} \cdot \frac{D_{jm} \cdot \pi}{4 \, p} \cdot H_{jmax} \quad \text{gesetzt werden muß, und}$$

$$B_j \doteq \frac{^1\phi_h}{2 \cdot l_{Fe} \cdot k_{Fe} \cdot h_j} = f(H_j) \quad .$$

Beispiel für Handrechnung eines Wechselstabläufers.
Der Berechnungsablauf geht aus dem vereinfachten Flußbild
(Abb. 363) hervor.
Gegeben: P = 300 kW, E = 5000 V$^\lambda$, 2p = 6, f = 50 Hz.

Um den Strom berechnen zu können, muß η und $\cos\varphi$ geschätzt werden. Als Anhaltswerte hierfür gelten bei normalen Maschinen:

	P^{kW} $\diagdown$ $2p$	2	6	12
$\underline{\eta}$	100	0,90	0,90	0,90
	400	0,92	0,92	0,92
	1000	0,95	0,94	0,94

	P^{kW} $\diagdown$ $2p$	2	6	12
$\underline{\cos\varphi}$	100	0,89	0,85	0,81
	400	0,9	0,86	0,81
	1000	0,9	0,87	0,83

Als Anhaltswerte für den <u>Leerlaufstrom</u> gelten:

$2p$	2	4	6	8	10	12
$\underline{I_0}$ (p.u.)	0,2-0,25	0,25-0,3	0,3-0,35	0,34-0,4	0,35-0,45	0,45-0,5

Normalwerte für das <u>Kippmoment sind</u>:

	Läuferart $2p$	2	6	12
$\underline{M_K}$	Schleifring	3,0-3,5	2,0-3,0	1,7-2,2
	Wirbelstrom	2,0-3,0	1,8-2,5	1,6-2,0
	Doppelkäfig	2,0-2,5	1,6-2,2	1,6-2,0

(in Vielfachen des Nennmomentes)

Normale Werte für das <u>Längen-Durchmesserverhältnis sind:</u>

$\dfrac{D_i}{l_{Fe}}$ \\ 2p	2	6	12
	0,5-1,0	1,0-2,0	2,0-2,5

Extreme Verhältnisse haben die"Maulwurfsmotoren" mit
$\frac{l}{D} = 8 : 1$.

Anhaltswerte für die thermischen,magnetischen u. elektrischen Beanspruchungen können der Tabelle III entnommen werden.

Für den <u>Nennstrom</u> erhält man nach Schätzung von η und $\cos\varphi$

$$\underline{I_1} = \frac{300000}{3 \cdot 5000 \cdot 0,86 \cdot 0,93} = \underline{43\ A}$$

$$\underline{S} = 43 \cdot 5000 \cdot \sqrt{3} = \underline{372000\ VA}$$

Folgende Werte wurden vorgegeben:

$\tau_m = 2,06 \cdot 10^4\ \text{N/m}^2$

$X_k = 0,25 \quad \text{p.u.}$

$S_1 = 4,5\ \text{A/mm}^2$

$\xi = 0,925 \qquad \text{geschätzt}$

$k_\sigma = 5 \cdot 10^{-6} \qquad \text{geschätzt}$

$D_i / l_{Fe} = 1,13; \qquad \dfrac{\tau_p}{l_{Fe}} = 0,59$

TABELLE III

Asynchronmaschine, Beanspruchungen *)

Luftspaltinduktion	B_δ	T	0,6	0,75	0,95
Zahninduktion in den Keilspitzen	$(B_z)_{><}$	T		2,8	
Ständerjochinduktion	B	T	1,3	1,5	1,7
Ständerzahninduktion	$(B_z)_{1/3}$	T	1,3	1,6	1,8
Ständerstrombelag	A_1	A/m	$2,5.10^4$	$4,5.10^4$	$6,5.10^4$
Ständerstromdichte	S_1	MA/m^2	3,0	4,0	5,0
Verlustdichte , Ständer		kW/m^2	2,0	3,5	6,0
Läuferzahninduktion	$(B_z)_{1/3}$	T	1,6	1,8	2,0
Läuferjochinduktion	B_{2j}	T	1,4	1,7	1,9
Läuferstromdichte					
Schleifringläufer	S_2	MA/m^2	4,0	5,0	6,0
Käfigläufer	S_3	MA/m^2	5,0	6,0	8,0
Ringstromdichte	S_R	MA/m^2	5,0	7,0	9,0
Kurzschlußreaktanz	X_K	p.u.	0,15	0,25	0,45
Mittlerer spezifischer Drehschub	τ_m	N/m^2	10^4	2.10^4	3.10^4

*) Anhaltswerte, gelten nicht für Kleinmaschinen.

Die Werte von τ_m , D_i/l_{Fe}, X_k sind nur hier keine runden Werte, da sie für eine ausgeführte Maschine zurückgerechnet wurden.

$$D_i = \frac{1}{\pi} \cdot \sqrt[3]{\frac{372000 \cdot 6 \cdot 0,59}{16,6 \cdot 2,06 \cdot 10^4}} = 0,5 \text{ m}$$

$$l_{Fe} = \frac{0,5}{1,13} = 0,44 \text{ m}$$

$${}^1B_{max} = \sqrt{\frac{\sqrt{2} \cdot 5 \cdot 10^{-6} \cdot 2,06 \cdot 10^4}{0,925 \cdot 0,25}} = 0,795 \text{ T} \to 0,8 \text{ T}$$

$$A = \frac{\sqrt{2} \cdot 2,06 \cdot 10^4}{0,925 \cdot 0,795} = 3,95 \cdot 10^4 \text{ A/m}$$

Die Induktion wird hierbei auf die Bohrungsoberfläche bezogen (B) und sinusförmig angenommen.

Bestimmung der Ständerwicklung

Die Nutenzahl wird bei Asynchronmaschinen so gewählt, daß sich eine Ganzlochwicklung ergibt (mit möglichst hohem q). Wegen der Hochspannung muß jedoch die Nutenzahl beschränkt bleiben und offene Nuten verwendet werden (Einlegen der Spulen). Die Windungszahl ergibt sich aus der Spannungsformel für verteilte Maschinenwicklungen:

$$w_1 = \frac{5000/\sqrt{3}}{4,44 \cdot 50 \cdot 0,925 \cdot 0,0583} \doteq 240 \text{ Windungen}$$

$${}^1\phi_h = {}^1B_{max} \cdot l_{Fe} \cdot \frac{2}{\pi} \cdot \tau_p = 0,0583 \text{ Vs}$$

$$\tau_p = \frac{0,5 \cdot \pi}{6} = 0,262 \text{ m}$$

Alle Spulengruppen einer Phase sind dabei in Reihe geschaltet.

Mit einem q= 4 (gewählt) wird

$$z_n = \frac{w_1}{p \cdot q} = \frac{240}{3 \cdot 4} = 20 \text{ Leiter pro Nut}$$

Der <u>Querschnitt</u> der Leiter ergibt sich aus der Stromdichte S_1

$$a_1 = \frac{43}{4,5} = 9,5 \text{ mm}^2$$

<u>Die Leiterabmessungen :</u>

blank: 2,8 x 3,4 = 9,5 mm^2

isoliert: 3,2 x 3,8

Als Sehnung wird 5/6 gewählt, die Nutform gemäß Abb. 361.
Die Nutfüllung wird:

2 x 1,5	3,0	Hülse	
2 x 3,8	7,6	Kupferleiter	<u>Nutbreite</u>
1 x 0,2	0,2	Zwischenlage	
1 x 0,2	0,2	Spiel	

$$b_n = 11,0 \text{ mm}$$

4 x 1,5	3,0	Hülse
10 x 3,2	32,0	Kupferleiter
1 x 0,5	0,5	Rutschstreifen
1 x 7,5	7,5	Zwischenlage
1 x 2,0	2,0	Zwischenlage unter Keil

<u>Nuttiefe</u>

$$h_n = 48,0 \text{ mm (ohne Keil)}$$

<u>Nutteilungen</u> :

$\tau_{1n\delta}$ = 21,8 mm

$\tau_{1n(1/3)}$ = 23,2 mm

$\tau_{1n\times}$ = 22,0 mm

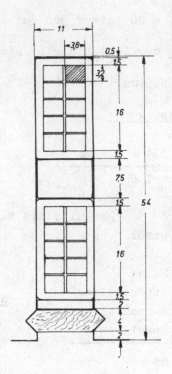

Abb. 361: Ständer-Nutfüllung.

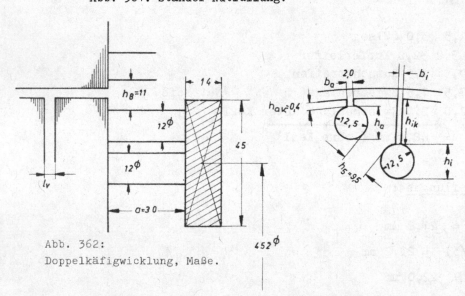

Abb. 362:
Doppelkäfigwicklung, Maße.

<u>Leiterlänge :</u> $0,44 + 0,06 + 0,555 = 1,055$

Eisenlänge : $l_{Fe} = 0,44$ m

Stirnverbindungslänge $l_s = 0,615$ m (einschl. Ventilations-
                                                             schlitze)
Ventilationsschlitze $l_v = 0,06$ m

<u>Wicklungswiderstände :</u>   (Abb. 361)

$$R_1 = \frac{1.2w_1}{\varkappa . a_1} = \frac{2,11 . 240}{44 . 9,5} = 1,22 \ \Omega$$

Streureaktanz der Ständerwicklung:

$$X_{1\sigma} = 15,8.50.0,44.3.20^2.4.(1,93.0,96+0,69+4.\frac{0,615}{0,44}.0,075) \ 10^{-6} =$$

$$= 4,92\Omega = 0,0735 \ \text{p.u.}$$

$$q_1 \lambda_{1d} = 0,305. \frac{0,262}{0,00245}. \ 0,925^2.4.0,62.10^{-2} = 0,69$$

$$\sigma_d = 0,62 . 10^{-2} \quad \text{(Tabelle Abschnitt 3.5)}$$

$$\lambda_s = 0,15 \quad \text{(für beide Wicklungen)} \ *)$$

Hauptfeldreaktanz der Ständerwicklung:

$$\underline{{}^1X_{1h}} = 4,8.50.(0,925.20.4)^2. \ 3. \frac{0,262.0,44}{0,00245} .10^{-6} = \underline{185,5 \ \Omega}$$

(δ''' geschätzt)

<u>Wicklungsfaktor:</u>

$$\xi^1 = \frac{\sin 4. \ 7,5°}{4. \sin 7,5°} \cdot \sin 5/6. \ \pi/2 = 0,925$$

$$\alpha = \frac{360°.p}{N} = \frac{360°. \ 3}{72} = 15° \qquad ; \qquad \frac{\alpha}{2} = 7,5°$$

*) (Vgl. Nürnberg: Die Asynchronmaschine)

Bestimmung der Läuferwicklung

Die Nutenzahl des Läufers soll mit Rücksicht auf die Zusatzverluste im allgemeinen kleiner als die des Ständers sein
(Nutenzahlenregeln beachten !), wenn eine Käfigwicklung vorliegt.

Es wird ein Wechselstabläufer mit zweimal 56 Stäben (Außen-
und Innenkäfig) und gemeinsamen Kurzschlußringen gewählt
(Abb. 362).

Der Querschnitt der Stäbe ist kreisförmig und für Innen- und
Außenkäfig gleich. Der Außenstab besteht aus Bronze, der Innenstab aus Kupfer.

Der Stabstrom errechnet sich zu:

$$I_{3s} = \frac{2m_1 \cdot w_1 \cdot {}^1\xi_1 \cdot I_1}{z_3} \cdot 0,94 = 43 \cdot \frac{6.240.0,925.0,94}{56} = 960 \text{ A}$$

(der Faktor 0,94 berücksichtigt, daß der Ständerstrom I_1
wegen des Leerlaufstromes größer als I_2' ist).

Bei einem Durchmesser der Stäbe von 12 mm wird die Stromdichte,
wenn nur ein Stab den ganzen Strom führt:

$$\underline{S_3} = \frac{I_{3s}}{a_3} = \frac{960}{113} = \underline{8,6 \text{ A/mm}^2}$$

Die Stablänge beträgt 0,56 m.

Der Ringstrom beträgt:

$$\underline{I_R} = I_{3s} \cdot k = 960 \cdot 2,96 = \underline{2840 \text{ A}}$$

$$k = \frac{z_3}{2p\,\pi} = \frac{56}{6\pi} = 2,96$$

Bei einem Ringquerschnitt von $a_R = 14 \times 45 = 630 \text{ mm}^2$ ergibt
sich eine Stromdichte von

$$S_R = \frac{I_R}{a_R} = \frac{2840}{630} = 4,5 \text{ A/mm}^2$$

Die ohmschen Widerstände des Käfigs werden errechnet zu:

Außenstab:

$$R_a = \frac{0,56}{10,5 \cdot 113 \cdot 3} = 1,575 \cdot 10^{-4} \; \Omega$$

Innenstab:

$$R_i = \frac{0,56}{42 \cdot 113 \cdot 3} = 3,94 \cdot 10^{-5} \; \Omega$$

Ringe:

$$R_R = \frac{R_R}{p} = \frac{z_3 \cdot D_R}{2_p^3 \cdot \pi \cdot \varkappa \cdot a_R} = \frac{56 \cdot 0,452}{2.27 \cdot \pi \cdot 42.630} = 5,65 \cdot 10^{-6}$$

Da das <u>Strömungsfeld</u> im Ring wegen der eingelöteten Stäbe
<u>nicht homogen</u> ist, wird ein <u>Zuschlag</u> von 15 % gegeben:

$$R_R = 6,6 \cdot 10^{-6} \; \Omega$$

Läuferstreureaktanzen

Diese müssen für die Auswertung des Ersatzschaltbildes bei der
Ortskurvenermittlung aufgegliedert werden:

$X_{a\sigma}$ Außenstab   (Vgl. Abb. 362)

$X_{i\sigma}$ Innenstab

$X_{R\sigma}$ Ringe

$X_{\sigma d}$ doppelt verkettete Streuung

$$X_{a\sigma} = 15,8 \cdot \frac{50}{2.3} \left[\underbrace{0,44(0,6+ \frac{0,4}{2})}_{} + \underbrace{\frac{0,011.0,12}{(0,01+0,0125)\pi}}_{} \right] 10^{-6}$$

$$\underline{X_{a\sigma} = 4,95.10^{-5}\,\Omega} \Big/ \quad (0,6+ \frac{h_{ak}}{b_a}) \qquad \frac{h_8.(z.1_v.2a)}{(h_a+h_8)\,\pi} \qquad *)$$

$$X_{i\sigma} = 15,8 \cdot \frac{50}{2.3} \left[0,44(0,6+ \frac{18}{2}) + \underbrace{\frac{0,0095 \cdot 0,12}{(0,0125+0,0095)\pi}}_{} \right] 10^{-6}$$

$$\underline{X_{i\sigma} = 5,55.10^{-4}\,\Omega} \qquad\qquad \frac{h_5(z.1_v+2a)}{(h_i+h_5)\,\pi} \qquad *)$$

$$X_{\sigma d} = {}^1X_{1h} \cdot \sigma_d = 185,5 \cdot 0,954 \cdot 10^{-2} = \underline{1,77\ \Omega}$$

$$X_{R\sigma} = 0,7\,\Omega \qquad \text{(halbe Stirnstreureaktanz)}$$

Für die <u>Reduktion auf die Ständerwicklung</u> ist das Übersetzungs-verhältnis zwischen Ständer- und Käfigwicklung zu bestimmen:

$$\ddot{u}_R = \frac{4 \cdot 3 \cdot 3 \cdot (240 \cdot 0,925)^2}{56} = \underline{3,15 \cdot 10^4}$$

Zusammengefaßt ergeben sich die Ständerwicklungs- und <u>reduzierten</u> Läuferwicklungswiderstände wie folgt:

$R_1 = 1,22\,\Omega$	$X_{1\sigma} = 4,92\,\Omega$
$R_i' = 1,24\,\Omega$	$X_{a\sigma}' = 1,55\,\Omega$
$R_a' = 4,95\,\Omega$	$X_{i\sigma}' = 17,5\,\Omega$
$R_R' = 0,208\,\Omega$	$X_{R\sigma}' = 0,7\,\Omega$
	$X_{\sigma d}' = 1,77\,\Omega$

$${}^1X_{1h} = 185,5\ \Omega$$

*)Vgl. Grabner: Elektrodynamische Starkstrommaschinen.

z ... Zahl $\left.\right\}$ der Ventilationsschlitze
1_v... Breite $\left.\right\}$ (vgl. auch Abb. 362)

Magnetkreisberechnung

Der Luftspalt beträgt 1mm *)

$$k_z = \frac{11 + 4,5 \cdot 1}{11 \cdot \frac{10,8}{21,8} + 4,5 \cdot 1} = 1,56$$

$$k_v = \frac{A_1}{A_1''} = 1,035$$

$$A_1'' = l_{Fe} \cdot \tau_p = 0,262 \cdot 0,44 = 0,115 \; m^2$$

$$A_1 = \tau_p(l_{Fe} + (z_v + 1) \cdot 2\,\delta) = 0,119 \; m^2 \; ; \quad z_v : 6 \; \text{Luftschlitze}$$

Die magnetische Spannung entlang des <u>Luftspaltes</u> beim Grund-
wellen-Scheitelwert der Leerlaufinduktion $^1B_{max}$ beträgt:

$$\underline{V_S} = 0,8 \cdot 10^6 \cdot 0,8 \cdot \frac{1,56}{1,035} \cdot 0,001 = \underline{965 \; A}$$

Ständerzahn:

$$(B_z)_{1/3} = \frac{B_z \cdot \tau_n}{k_{Fe} \cdot (b_z)_{1/3}} = \frac{0,8 \cdot 21,8}{0,91 \cdot 12,4} = 1,54 \; T$$

(Für Leerlaufinduktion 0,8 T)

$$(b_z)_{1/3} = 23,4 - 11 = 12,4 \; mm$$
$$h_z = 54 \; mm$$

*)Anhaltswerte für den Luftspalt sind:

Kleinmaschinen 20 kW: $\delta = 0,2 + \frac{D}{1000}$

Mittel- und Großmaschinen 30 kW: $\delta = \frac{D}{1200} \cdot (1 + \frac{9}{2\,p})$

Langsamläufer: $\delta = \frac{D + 1000}{1600}$ (Alle Maße in mm)

(siehe Nürnberg: Die Asynchronmaschine, Seite 202)

Die magnetische Spannung über die Nut-Zähneschicht V_{zn} wird mit Hilfe der nachstehenden Tabelle berechnet:

T	A/m *)	T	Vs/m	10^6Vs/m	Vs/m	T	A
$(B_z)_{1/3}$	$(H_z)_{1/3}$	$(B_n)_{1/3}$	φ_z	φ_n	φ_{zn}	B	V_z
1	359	0,00045	0,0113	5,45	0,0113	0,519	27
1,2	575	0,00072	0,0135	8,7	0,0135	0,619	38
1,6	3670	0,0046	0,0181	55,7	0,0181	0,829	238
2,0	29600	0,0372	0,0226	450	0,023	1,05	1810

$a_z = b_z \cdot k_{Fe} = 0,0124 \cdot 0,91 = 0,0113 \ m^2/m$

$a_n = b_z \cdot (1 - k_{Fe}) + b_n = 0,0124 \cdot 0,09 + 0,011 = 0,0121 \ m^2/m$

φ_z .... Magnetfluß durch einen Zahn je m Blechpaketlänge

φ_n .... Magnetfluß durch eine Nut je m Blechpaketlänge

φ_{zn} .... Magnetfluß durch eine Nutteilung (Nut + Zahn) je m Blechpaketlänge.

Läuferzahn

Der magnetische Widerstand des Läuferzahnes muß abschnittsweise berechnet werden. Die Berechnung ergibt eine äquivalente gleichbleibende Zahnbreite von $(b_z) \doteq 16$ mm.

$(B_z)_{1/2} = \dfrac{0,8 \cdot 28}{0,91 \cdot 16} = 1,54 \ T$ (bei Leerlauf)

$\tau_n = 28$ mm ; $h_z = 38$ mm
$H_z = 2590$ A/m $V_z = 99$ A

*) Laut Tabelle IV Seite 839

Von der Berücksichtigung des parallelen Luftflusses durch die Nut wird hier abgesehen (wegen des geringen Einflusses).

Ständerjoch: $\qquad D_a = 0,7$ m

$^1\phi_h = 0,0583$ Vs

$A_{1j} = 0,44 \cdot 0,91 \cdot 0,046 \cdot 2 = 0,368$ m^2

$h_{1j} = 0,046$ m

$l_{1j} = \dfrac{0,654 \; \pi}{6 \cdot 2} = 0,169$ m (1/2 Polteilung)

$B_{1j} = \dfrac{0,0583}{0,0368} = 1,58$ T

$H_{1j} = 3250$ A/m

Die magnetische Spannung für das Joch ist mit Rücksicht auf die annähernde Sinusverteilung entlang des magnetischen Pfades zu ermitteln. Dies kann auf graphischem Weg geschehen, indem man abschnittwiese zu jedem B_{1j}- Wert aus der B-H-Kurve das zugehörige H_{1j} bestimmt und die H_{1j}- Verteilung über den magnetischen Pfad integriert (vgl. Abschnitt 5.9). Im vorliegenden Fall findet man bei $B_{1jmax} = 1,58$ T und Sinusverteilung von B_j:

$$V_{1j} = D_{1j} \cdot \frac{1}{2} \cdot \int_{0}^{\frac{\pi}{2p}} H_{1j} \, (\alpha) \cdot d\alpha =$$

$$= V_{1j} = 0,169 \cdot \frac{2}{\pi} \cdot 3250 = 350 \text{ A} \quad \text{(Leerlauf)}$$

Läuferjoch: $\qquad d_i = 0,325$ m

$h_{2j} = 0,056$ m

$l_{2j} = 0,1$ m

$A_{2j} = 0,44 \cdot 0,91 \cdot 0,56 \cdot 2 = 0,0448$ m^2

$B_{2j} = \dfrac{0,0583}{0,0448} = 1,3$ T $\quad ; \quad H_{2j} = 810$ A/m

Analog wie beim Ständerjoch ergibt sich für

$V_{2j} = 0,1 \cdot \dfrac{2}{\pi} \cdot 810 = 52$ A

Für eine Luftspaltinduktion von 0,8 ; 1,0 ; 1,1 ; 1,2 mal $^{1}B_{maxN}$ erhält man:

$B/^{1}B_{maxN}$		0,8	1,0	1,1	1,2
Ständerjoch $1=0,169$ m	B^{T}	1,27	1,58	1,74	1,89
	$(H)^{A/m}_{1/3}$	720	3250	8600	17450
	V_{1j}	77	350	925	1875
Ständerzahn $1=0,054$ m	$(B)^{T}_{1/3}$	1,23	1,54	1,69	1,85
	$H^{A/m}$	635	2590	6450	14750
	V_{1zn}^{A}	34,3	140	348	797
Luftspalt $\delta \frac{k_{z}}{k_{v}} =0,0015$	B^{T}	0,64	0,8	0,88	0,96
	V^{A}	770	965	1060	1160
Läuferzahn $1= 0,038$ m	$(B)^{T}_{1/2}$	1,23	1,54	1,69	1,85
	$H^{A/m}$	635	2590	6450	14750
	V_{2zn}^{A}	24	99	245	560
Läuferjoch $1= 0,1$ m	B^{T}	1,04	1,3	1,53	1,67
	$H^{A/m}$	390	810	2400	5670
	V_{2j}^{A}	25	52	153	362

		0,8	1,0	1,1	1,2	
		34	140	348	797	
		770	965	1060	1160	
		24	99	245	560	
$V_{1zn} + V_{\delta} + V_{2zn}$		828	1204	1653	2517 A	$= V_{zn\delta}$
		77	350	925	1875	
		25	52	153	362	
$V_{1j} + V_{2j}$		102	402	1078	2237 A	$= V_{j}$

Am Ende der vorstehenden Tabelle wurden die magnetischen Teil-
spgn. $V_\delta + V_{1zn} + V_{2zn} + V_{1j} + V_{2j}$ eines magnetischen Pfades
summiert (an der Stelle des Scheitelwertes der räumlichen
Θ - Verteilung).

Zunächst muß aber diese Summe in die Anteile $V_\delta + V_{1zn} + V_{2zn}$

und $V_{1j} + V_{2j}$ aufgegliedert werden, weil die noch zu ermittelnde
Induktionsverteilung B im wesentlichen von den magnetischen
Widerständen in der Luftspalt-Zähneschicht abhängt.

Die magnetischen Spannungen wurden in der vorstehenden Tabelle
für verschiedene Werte von B berechnet und die Summe in
Abhängigkeit von B in ein Achsenkreuz eingetragen. Es können
danach die Abhängigkeiten

$$B = f(V_\delta + V_{zn}) \quad \text{(Luftspalt-Zähne-Charakteristik)}$$

$$B = f(V_{1j} + V_{2j}) \quad \text{(Jochcharakteristik)}$$

gezeichnet werden (Abb. 360).

Nach dem zu Beginn des Abschnittes erklärten Verfahren wird
aus der Charakteristik $B\,(V_{\delta\,zn}) \longrightarrow {}^1B_{max}(V_{\delta\,zn})$ konstruiert,
zu dieser Charakteristik werden die Jochamperewindungen
gemäß Abb. 360 hinzugefügt.

Das Ergebnis ist die gesuchte Leerlaufkennlinie der Maschine,

$$\delta''' = \delta \cdot \frac{k_z}{k_v} \cdot \frac{{}^1\Theta_N}{V_{\delta N}} = 0{,}001 \cdot \frac{1{,}56}{1{,}035} \cdot \frac{1570}{965} = 0{,}00245 \text{ m}$$

damit wird die <u>Hauptfeldreaktanz:</u>

$$X_{1h} = 4{,}8 \cdot 50 \cdot (20 \cdot 4 \cdot 0{,}925)^2 \cdot 3 \cdot \frac{0{,}262 \cdot 0{,}44}{0{,}00245} \cdot 10^{-6} = 185{,}5 \quad \Omega$$

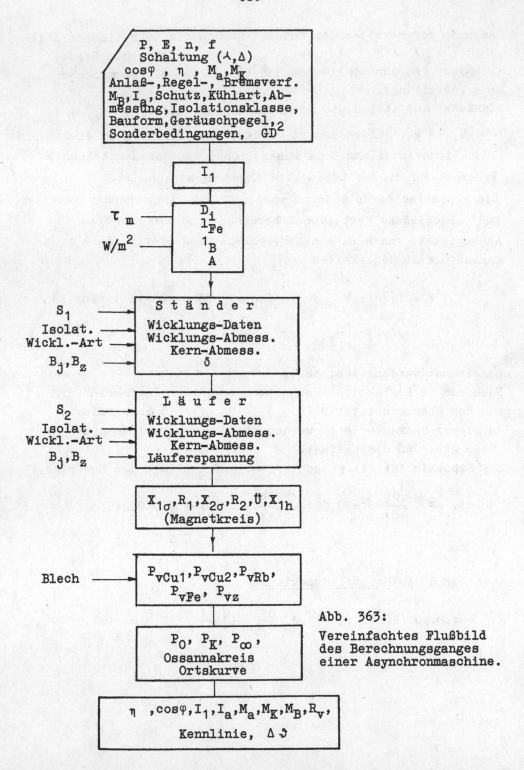

Abb. 363:
Vereinfachtes Flußbild
des Berechnungsganges
einer Asynchronmaschine.

Nachdem alle Induktivitäten bekannt sind, kann der letzte
Schritt - die Ermittlung der Ortskurve und der Abhängigkeiten

$$M(n) \quad , \quad I_1(n) \quad , \quad \cos\varphi(n) \quad -$$

begonnen werden.

Gemäß Abschnitt 7.3.1 und Abb. 312, 313 ist der Doppelkäfig-
läufer auf einen Einfachkäfigläufer mit den äquivalenten
Läuferwiderständen $R_2'^*(s)$ und $X_2'^*(s)$ zurückzuführen.
Diese ergeben sich aus der Identität:

$$\frac{R_2'^*}{s} + j\,X_2'^* \equiv \frac{Z_a \cdot Z_i}{Z_a + Z_i} + j(X_{1h} + X_{ai\sigma}' + X_{2\sigma d}' + X_{R\sigma}') + \frac{R_R'}{s}$$

mit

$$Z_a = \frac{R_a'}{s} + j(X_{a\sigma}' - X_{ai\sigma}') \quad ,$$

$$Z_i = \frac{R_i'}{s} + j(X_{i\sigma}' - X_{ai\sigma}') \quad \text{und}$$

$$X_2'^* = X_{2\sigma}'^* + X_{1h} \quad .$$

Durch Gleichsetzen der Real- und Imaginärteile in obiger
Gleichung ergeben sich für die gesuchten Ersatzwiderstände
$X_2'^*$ bzw. $R_2'^*$ in Abhängigkeit vom Schlupf s nachstehende
Beziehungen:

$$R_2'^* = \frac{(\dfrac{B}{s^2} - D)\,A + C.E}{(\dfrac{A}{s})^2 + C^2} + R_R' = \frac{AB + s^2(C.E - A.D)}{A^2 + s^2.C^2} + R_R' \quad ,$$

$$X_2'^* = \frac{\dfrac{A}{s^2}.E - (\dfrac{B}{s^2} - D).C}{(\dfrac{A}{s})^2 + C^2} + (X_{1h} + X_{2\sigma d}' + X_{R\sigma}' + X_{ai\sigma}') =$$

$$= \frac{(A.E - B.C) + s^2.C.D}{A^2 + s^2.C^2} + (X_{1h} + X_{2\sigma d}' + X_{R\sigma}' + X_{ai\sigma}') \quad ,$$

wobei die Buchstaben A bis E folgende Summen bzw. Produkte
darstellen:

$$A = R'_a + R'_i$$
$$B = R'_a \cdot R'_i$$
$$C = X'_{a\sigma} + X'_{i\sigma} - 2X'_{ai\sigma}$$
$$D = (X'_{a\sigma} - X'_{ai\sigma})(X'_{i\sigma} - X'_{ai\sigma})$$
$$E = R'_a(X'_{i\sigma} - X'_{ai\sigma}) + R'_i(X'_{a\sigma} - X'_{ai\sigma})$$

Im Falle des Wechselstabläufers ist $X'_{ai\sigma} = 0$; für diesen ergeben sich folgende Werte für A bis E:

$$X_{1h} + X'_{2\sigma d} + X'_{R\sigma} = 188 \ \Omega$$

$A = 6{,}2 \ \Omega$	$AB = 38{,}4 \ \Omega^3$
$B = 6{,}18 \ \Omega^2$	$AD = 162{,}0 \ \Omega^3$
$C = 19{,}1 \ \Omega$	$AE = 552{,}0 \ \Omega^3$
$D = 26{,}2 \ \Omega^2$	$BC = 118{,}0 \ \Omega^3$
$E = 89{,}0 \ \Omega^2$	$CD = 500{,}0 \ \Omega^3$
	$CE = 1700{,}0 \ \Omega^3$

Mit Hilfe der vorstehenden Beziehungen kann für jeden Schlupf
der Wert X'^*_2 bzw. R'^*_2 bestimmt werden.

s	$R'^*_2 \ \Omega$	$X'^*_2 \ \Omega$
1,000	4,108	190,32
0,80	3,968	190,78
0,60	3,708	191,52
0,40	3,038	193,30
0,20	2,108	196,75
0,10	1,488	198,90
0,03	1,218	199,25
0,02	1,214	199,30
0,01	1,208	199,30
0,00	1,208	199,30

Die Stromortskurve u.a. wird mit diesen Werten wie beim Stromverdrängungsläufer berechnet und konstruiert.

Für die einzelnen gewählten Werte von s sind desweiteren der Kreisdurchmesser d,

$$tg\ \beta_1\ ,$$

$$tg\ \beta_\infty\ und$$

$$tg\ \beta_s$$

zu berechnen:

s = 1:

$$R_2'^* = 4,108\ \Omega\ ;\quad X_2'^* = 190,32\ \Omega\ ;\quad \ddot{u}^2 = \frac{R_1^2 + X_1^2}{X_{1h}^2} = 1,0537$$

$$d = \frac{E}{X_2'^* \cdot \ddot{u}^2 - X_1} = \frac{2890}{10,15} = 285\ A$$

$$tg\ \beta_1 = \frac{R_1 + R_2'^* \cdot \ddot{u}^2}{X_2'^* \cdot \ddot{u}^2 - X_1} = \frac{5,548}{10,15}\ ;\quad tg\ \beta_\infty = \frac{R_1}{X_2'^* \cdot \ddot{u}^2 - X_1} = \frac{1,22}{10,15}$$

s = 0,8:

$$R_2'^* = 3,968\ \Omega\ ;\quad X_2'^* = 190,78\ \Omega$$

$$d = \frac{2890}{10,64} = 271\ A$$

$$tg\ \beta_1 = \frac{5,401}{10,64}\ ;\quad tg\ \beta_\infty = \frac{1,22}{10,64}$$

$$tg\ \beta_{0,8} = \frac{R_1 + R_2'^* \cdot \ddot{u}^2 \cdot \frac{1}{s}}{X_2'^* \cdot \ddot{u}^2 - X_1} = \frac{6,45}{10,64}$$

__s = 0,6:__

$$R_2'^* = 3,708 \ \Omega \ ; \quad X_2'^* = 191,52 \ \Omega$$

$$d = \frac{2890}{11,4} = 253,5 \ A$$

$$\text{tg } \beta_1 = \frac{5,126}{11,4} \quad ; \quad \text{tg } \beta_\infty = \frac{1,22}{11,4} \quad ; \quad \text{tg } \beta_{0,6} = \frac{7,73}{11,4}$$

__s = 0,4:__

$$R_2'^* = 3,038 \ \Omega \ ; \quad X_2'^* = 193,3 \ \Omega$$

$$d = \frac{2890}{13,26} = 218 \ A$$

$$\text{tg } \beta_1 = \frac{4,42}{13,26} \quad ; \quad \text{tg } \beta_\infty = \frac{1,22}{13,26} \quad ; \quad \text{tg } \beta_{0,4} = \frac{9,22}{13,26}$$

__s = 0,2:__

$$R_2'^* = 2,108 \ \Omega \ ; \quad X_2'^* = 196,75 \ \Omega$$

$$d = \frac{2890}{16,91} = 171 \ A$$

$$\text{tg } \beta_1 = \frac{3,441}{16,91} \quad ; \quad \text{tg } \beta_\infty = \frac{1,22}{16,91} \quad ; \quad \text{tg } \beta_{0,2} = \frac{12,27}{16,91}$$

__s = 0,1:__

$$R_2'^* = 1,488 \ \Omega \ ; \quad X_2'^* = 198,90 \ \Omega$$

$$d = \frac{2890}{19,13} = 151 \ A$$

$$\text{tg } \beta_1 = \frac{2,788}{19,13} \quad ; \quad \text{tg } \beta_\infty = \frac{1,22}{19,13} \quad ; \quad \text{tg } \beta_{0,1} = \frac{16,9}{19,13}$$

$\underline{s = 0:}$

$$R_2^{'*} = 1,208 \quad ; \quad X_2^{'*} = 199,30$$

$$d = \frac{2890}{19,58} = 147,5 \text{ A}$$

$$\operatorname{tg} \beta_1 = \frac{2,493}{19,58} \quad ; \quad \operatorname{tg} \beta_\infty = \frac{1,22}{19,58}$$

Mit diesen Werten kann die Ortskurve des Ständerstromes
in der beschriebenen Weise konstruiert werden (Abb. 314).
Die Auswertung der Ortskurve ergibt die gewünschten
Motorcharakteristiken:

$$I_1(s) \quad , \quad M(s) \quad , \quad \cos\varphi(s)$$

Maßstäbe:

I_1, I_2 : 1mm = 1 A

P : 1mm = 8,66 kW

M : 1mm = 82,7 Nm

Für eine abgegebene Leistung P_N = 300 kW ergibt sich ein
primärer Nennstrom $I_{1N} \doteq$ 44,17 A bei s_N = 0,0185,
$\cos\varphi_N \doteq$ 0,84 und $M_N \doteq$ 2922 Nm.

Die Eisen- und Reibungsverluste werden durch Hinzufügen
zur Nennleistung (im Strommaßstab) berücksichtigt.

s	I_1 A	M mkp	$\cos\varphi$
1,00	264	781	0,457
0,80	245	820	0,474
0,60	223	831	0,528
0,40	192	748	0,540
0,20	152	617	0,541
0,10	126	589	0,602
0,05	92	555	0,75
0,03	64	424	0,82
0,02	46,5	310	0,84
0,01	28	168	0,75

$$I_{1K} = 6\, I_{1N}$$

$$M_K = 2,61\, M_N$$

(Abb. 311)

$$s = 1: \quad X_\sigma = 4,92 + 4,82 = 9,74\ \Omega; \quad X_\sigma = 9,74 \cdot \frac{44}{2890} = 0,148 \text{ p.u.}$$

$$s = 0: \quad X_\sigma = 4,92 + 13,8 = 18,72\Omega; \quad X_\sigma = 18,72 \cdot \frac{44}{2890} = 0,286 \text{ p.u.}$$

8. EINPHASEN-REIHENSCHLUSSMOTOR

8.1 Aufgabe, Anordnung, Wirkungsweise

Der Einphasen-Reihenschlußmotor ist in seinem Aufbau nahezu
identisch mit dem Gleichstrom-Reihenschlußmotor, dasselbe
gilt auch für die Schaltung (Abb. 364). Bei Mehrfrequenz-
triebfahrzeugen wird auch tatsächlich ein und derselbe Motor
für Gleich- und Wechselstromspeisung verwendet.
Ein Unterschied zum Gleichstrommotor besteht darin, daß der
Wechselstrommotor vollgeblecht ist, diese Maßnahme wird auch
bei Gleichstrommotoren meist angewendet, wenn sie über einen
Gleichrichter gespeist werden.
Ein weiterer Unterschied besteht in der Polzahl, die bei
Wechselstrommotoren meist höher liegt als bei Gleichstrommotoren. Hinzu kommt ferner beim Einphasen-Reihenschlußmotor der Nebenschlußwiderstand zur Wendepolwicklung, und
auffallend ist auch der längere Kommutator , der durch die
kleinere Kommutatorspannung bedingt ist. Größere Einphasen-
Reihenschlußmotoren sind darüber hinaus ausnahmslos kompensiert ausgeführt.
Ganz generell ist der Einphasen-Reihenschlußmotor schwerer
als die Gleichstrommaschine, weil auch seine Ausnützbarkeit
von Natur aus geringer ist:

$$\tau_m = A \cdot {}^1B \cdot \frac{\alpha}{\sqrt{2}}$$

im Gegensatz zum Gleichstrommotor mit

$$\tau_m = A \cdot {}^1B \cdot \alpha$$

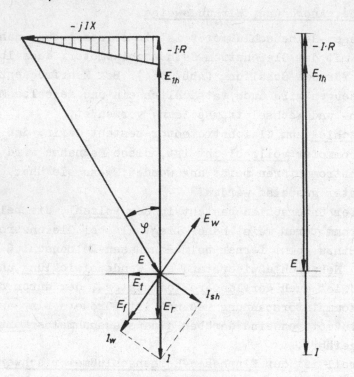

Einphasenmotor   Gleichstrommotor

Abb. 364: Einphasen-Reihenschlußmotor,
Schaltung, Zeigerbild.

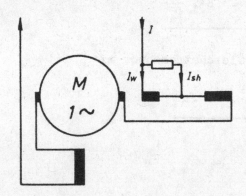

Vergleiche dieser Art sind vor allem bei Lokomotivmotoren
von besonderer Bedeutung.

Wechselstromfahrzeuge benötigen über die gesamte Strecke weniger
Leitungskupfer (höhere Spannung), doch sind nicht nur ihre Motoren
selbst schwerer als Gleichstrommotoren, sie benötigen auch je
Fahrzeug einen Transformator für die volle Leistung.

Daraus resultiert, daß das Wechselstromfahrzeug für Fernbahnen
mit geringer Anzahl an Fahrzeugen je km vorteilhafter ist,
während das direkte Gleichstromfahrzeug für den Nahverkehr
mit großer Zugdichte besser geeignet ist.

Der auf jedem Fahrzeug mitgeführte Transformator hat allerdings
auch den Vorteil, daß durch ihn eine regelbare Spannung zur
Verfügung steht, die bei dem direkten Gleichstromfahrzeug nur
durch Vorschaltwiderstände mit Verlusten erkauft werden kann.

Die prinzipielle Wirkungsweise ist beim Einphasen-Reihenschlußmotor natürlich dieselbe wie beim Gleichstrommotor, da wegen
der Reihenschlußschaltung Feld und Kommutatorstrom gleichphasig
sind.

Der zeitliche Momentenverlauf beim Einphasen-Reihenschlußmotor
ergibt sich:

$$m(t) = k_m \cdot \hat{\phi}_h(t) \cdot i(t) \quad \text{bzw.}$$

mit $\quad \hat{\phi}_h(t) = i(t) \cdot w_{2p} \cdot \Lambda_h$:

$$m(t) = k_m \cdot w_{2p} \cdot \Lambda_h \, i^2(t)$$

Da sich der Strom sinusförmig ändert, wird:

$$m(t) = k_m \cdot w_{2p} \cdot \Lambda_h \, \hat{I}^2 \sin^2 \omega t$$

Das Drehmoment des Einphasen-Reihenschlußmotors ist daher ein
pulsierendes, die Pulsationsfrequenz ist die doppelte Netzfrequenz:

$$\sin^2 \omega t = \frac{1 - \cos 2 \omega t}{2}$$

Das pulsierende Drehmoment kann aber auch durch die pulsierende
Leistung des Einphasen-Wechselstromes (bei konstanter Drehzahl)
erklärt werden.

Wegen der großen Massen des Eisenbahnzuges führen die starken
Momentenpulsationen trotzdem zu keinen nennenswerten Drehzahlschwankungen.

Die Speisung von Einphasen-Lokomotivmotoren erfolgt bekanntlich
durch eine 16 2/3 Hz Spannung von eigenen Bahnkraftwerken, oder
über Netzkupplungsumformer 50/16 2/3 Hz aus dem 50 Hz-Netz.

Die Wahl dieser kleinen Frequenz geht auf verschiedene Umstände
zurück, die mit dem Bau und Betrieb von Einphasen-Reihenschlußmotoren im Zusammenhang stehen:

Wegen des Wechselfeldes tritt in den durch die Bürsten kurzgeschlossenen Spulen neben der Reaktanzspannung E_r auch eine
transformatorische Spannung E_t auf, die im Stillstand durch
das Wendefeld nicht aufgehoben werden kann; sie hat eine zusätzliche Kommutatorerwärmung und Bürstenfeuer zur Folge. Die
Höhe dieser Spannung wird umso geringer, je kleiner die Frequenz ist. Auch sinkt mit der verkleinerten Frequenz zugleich
der Blindspannungsabfall und die Blindleistung des Einphasen-
Reihenschlußmotors.

Natürlich kann andererseits die Frequenz nicht beliebig klein
gewählt werden, da sonst der Lokomotivtransformator zu schwer
wird und die Momentenpulsationen bei kleinen Frequenzen schon
merkbare Drehzahlschwankungen hervorrufen.

Die stationäre Drehzahl-Momentenkennlinie des Einphasen-Reihenschlußmotors hat gemäß Abb. 366 den für die Reihenschlußschaltung charakteristischen Verlauf (starke Abhängigkeit der Drehzahl vom Drehmoment, Durchgehen bei Entlastung).

Die Drehzahl wird bei Lokomotiv-Motoren durch Änderung der
Speisespannung, bei Kleinmotoren durch Widerstände gestellt.

Abb. 364 zeigt das Spannungszeigerbild des Einphasen-Reihenschlußmotors und ihm gegenübergestellt dasjenige des Gleichstrommotors; die beiden unterscheiden sich nur durch den
induktiven Spannungsabfall beim Einphasen-Reihenschlußmotor.

Da die durch Rotation der Kommutatorwicklung im Wechselfeld
induzierte Spannung E_{1h} der Drehzahl proportional ist, wird
der durch E_{1h} und I.X bestimmte Leistungsfaktor umso besser
sein, je höher die Drehzahl liegt. Die Abweichungen der Drehzahl-Momentenkennlinie des Einphasen-Reihenschlußmotors von
jener des Gleichstrommotors werden vor allem durch den Blindspannungsabfall bedingt (Abb. 364).
Das hauptsächliche Anwendungsgebiet des Einphasen-Reihenschlußmotors ist der Antrieb von Fernbahnlokomotiven (große Maschinen)
und Antrieb von Kleinwerkzeugen und Haushaltsmaschinen (kleine
Maschinen). Die zuletzt genannten Motoren sind als Universal-
motoren für Gleich- und Wechselstrom bekannt. Diese Motoren
werden deshalb für die genannten Anwendungsfälle besonders bevorzugt, weil sie durch ihr drehzahlnachgiebiges Verhalten
gegen Momentenüberlastungen unempfindlich sind.

Grundsätzlich kann der Einphasen-Reihenschlußmotor durch
Umschaltung der Feldwicklung oder durch Drehrichtungsumkehr
als Generator geschaltet werden; leider ist ein Betrieb in
dieser Schaltung nicht möglich, da sich die Maschine mit Gleichstrom selbsterregt.
Naturgemäß ist der Einphasen-Reihenschlußgenerator gleichzeitig
auch Gleichstromgenerator, der auf einen niederohmigen Widerstand belastet ist (Transformatorwicklung). Dieser selbsterregte
Gleichstrom überlagert sich dem Bremsstrom und macht einen
ordnungsgemäßen Betrieb unmöglich(vgl. Abschn. 8.4) .

Eine Besonderheit des Einphasen-Reihenschlußmotors gegenüber
dem reihenschlußerregten Gleichstrommotor stellt der Umstand
dar, daß die Funkenbildung nicht allein durch die Reaktanzspannung E_r bestimmt wird sondern zusätzlich durch eine transformatorische, vom Hauptfeld induzierte Spannung E_t. Diese
Spannung E_t eilt dem Strom um $90°$ nach, während E_r mit dem
Strom gleichphasig ist. (Sie versucht ja die Stromumkehr
zu verhindern).

Das Wendefeld, das die Gegenspannung E_w zu induzieren hat,
darf daher nicht gleichphasig mit dem Strom sein, sondern
muß von einem gegenüber dem Kommutatorstrom phasenverschobenen
Wendepolstrom erregt werden; einen solchen kann man erzwingen,
wenn man der vorwiegend induktiven Wendepolwicklung einen ohmschen
Widerstand parallel schaltet (Abb. 364).

Da die transformatorische Spannung E_t drehzahlunabhängig ist,
E_w jedoch proportional mit der Drehzahl ansteigt, kann die
resultierende Funkenspannung E_f nur für eine bestimmte Drehzahl
aufgehoben werden, für welche der Widerstand eingestellt ist.

Besonders gefährlich ist E_t jedoch im Anlauf, da sich durch
die Kurzschlußströme über die Bürsten der Kommutator örtlich
erwärmt und verziehen kann; der unrunde Kommutator ruft dann
mechanische Kontaktstörungen an den Bürsten hervor.

8.2 Aufbau der aktiven und mechanischen Teile des Einphasen-Reihenschlußmotors

Da die wichtigste Anwendung des Einphasen-Reihenschlußmotors im Mittel- und Großmaschinenbereich (bis 1500 kW) der Trieb-motor in Fernbahnlokomotiven ist, wird der folgende Abschnitt nur auf diese Gesichtspunkte beschränkt.

Wie bei keiner anderen elektrischen Maschine wird der Entwurf des Einphasen-Reihenschlußmotors durch seinen Einbau (im Fahr-zeug) und die speziellen Betriebsbedingungen (Bahnbetrieb) bestimmt; er kann daher auch nicht losgelöst von diesen Fragen behandelt werden.

Fast alle modernen Vollbahntriebfahrzeuge werden heute mit Einzelachsantrieb und Tatzlageranordnung hergestellt.

Der Tatzlagermotor in seiner einfachsten Ausführung wurde schon zu Beginn des Jahrhunderts in den USA gebaut; diese Aus-führung ist in Abb. 367 grundsätzlich angedeutet. In dieser Form ist er allerdings nur bis zu sehr beschränkten Achslasten und Geschwindigkeiten brauchbar, wie sie etwa bei Straßenbahn-fahrzeugen und Industrielokomotiven auftreten.

Der Grund hierfür ist einerseits, daß die Schienenstöße fast ungedämpft auf den Motor übertragen werden, andererseits tritt bei dieser Ausführung die maximale Gleisbeanspruchung durch die unabgefederte Masse am Ort der Störung auf und verschlechtert mithin den Gleiszustand sehr rasch.

Die Vertikalbeschleunigungen, die durch kurzwellige Störungen auftreten, erreichen eine Höhe bis zur 30-fachen Erdbeschleu-nigung ! Das System, das aus den Massen der Radsätze, des Motors, der Drehgestelle und des Kastens sowie den Elementen zur gegenseitigen Abfederung gebildet wird, stellt schon bei dem einfachen Tatzlagermotor ein vergleichsweise komplexes schwingungsfähiges Gebilde dar, das bei den modernen Antriebs-Systemen bedeutend schwieriger wird.

Es ist nicht Aufgabe des Elektromaschinenbauers, dieses System
und seine Dynamik zu berechnen, doch muß er zumindestens mit
der Problematik vertraut sein, denn Motor und Antrieb stellen
in hohem Maße eine Einheit dar, deren Elemente sich gegenseitig beeinflussen.

Die Forderungen, die an einen modernen Lokomotiv-Antrieb
höherer Leistung gestellt werden, sind etwa die folgenden:

1. Gleisstörungen dürfen nicht auf den Motor übertragen
werden (Abfederung gegen die Treibachse).

2. Die Achsdurchbiegung darf den Zahneingriff nicht beein-
trächtigen (Großrad nicht starr auf der Achse) .

3. Konstanter Eingriff (Wälzlager).

4. Keine Unwuchten dürfen durch das Federn der Treibachse
bewirkt werden, weil dadurch der Reibungsschluß zwischen Rad
und Schiene beeinträchtigt wird.

5. Das unabgefederte Gewicht darf sich nur auf den Radsatz
beschränken, um die Hammerwirkung bei Gleisstörungen auf ein
Minimum zu beschränken.

6. Der Antrieb soll eine hohe Drehelastizität aufweisen,
sodaß sich Motor und Kommutator schon drehen, ehe sich das
Treibrad in Bewegung setzt.

7. Der Antrieb soll praktisch wartungsfrei funktionieren.

Diese Forderungen werden durch die modernen Systeme, z.B. mit
Gummifedern weitgehend erfüllt. Ein solches Antriebssystem
stellt der Gummiringfederantrieb dar, der in den letzten
10 Jahren in etwa 8000 Exemplaren ausgeführt wurde, so auch
bei der Österreichischen Standardlokomotive 1042 und den
Lokomotiven der Deutschen Bundesbahn (E10, E40, E50).
Abb. 368 zeigt, daß bei diesem System sowohl eine Drehelastizität, wie auch eine weitgehende Abfederung des Radsatzes gegen
Hohlwelle, Motor und die übrigen Antriebsteile gegeben ist.
Die Drehfederung ist sowohl über die Ringfeder möglich als
auch über die Motorabfederung am Drehgestell .

Der Gummiringfederantrieb ist nur für Geschwindigkeiten
bis etwa 150 km/h einsetzbar, weil man bei höheren Geschwindigkeiten in eine Resonanzzone kommt, die man nur durch
härtere Federung verschieben kann; dies aber würde die sonstigen guten Eigenschaften des Antriebes wieder in Frage
stellen.
Bei der Schnellzuglokomotive E 103 ,die bis 250 km/h
läuft, wird daher ein anderes System angewendet: Der Gummiring-
Kardanantrieb (Abb. 369). Die zusätzlichen Forderungen, die
an diesen Antrieb gestellt wurden, waren:

1. Seitliche Verschiebbarkeit des Radsatzes um 25 mm.
2. Minimaler Achsabstand eines 3-achsigen Drehgestelles
   (Kurven).

Die Forderung 2. konnte nur dadurch erfüllt werden, daß man
den Motor achsparallel über der Treibradachse angeordnet hat.
Damit war aber auch eine federnde Aufhängung des Motors im
Drehgestell , die eine Pendelung des Motors zuläßt, ausgeschlossen. Vielmehr wird der Motor beim Gummiring-Kardanantrieb
starr in das Drehgestell eingebaut, wobei zwischen Treibachse
und Hohlwelle so viel Spiel bleiben muß, daß die Treibachse beim
Durchfedern nicht anstößt ($\pm$ 35 mm).
Die seitliche Verschiebbarkeit wiederum konnte konstruktiv nur
durch eine Kopplung zwischen Großrad und Hohlwelle über gummi-
gefederte Lenker ermöglicht werden. Das Großrad ist hier
weder auf der Treibachse noch auf der Hohlwelle, sondern im
Motorgehäuse getrennt gelagert.

Der Aufbau eines modernen Bahnmotors ist in Abb. 370 im
Längsschnitt etwas vereinfacht dargestellt. (Seite 657)

8.3 Die Theorie des Einphasen-Reihenschlußmotors

Das Betriebsverhalten des Einphasen-Reihenschlußmotors wird
wieder auf dem Umweg über die Ortskurven des Netzstromes bestimmt.
Zu ihrer Ermittlung geht man von der Spannungsgleichung aus
(Abb. 364):

$$E = k \cdot \dot{\varphi} \cdot I + R \cdot I + j \cdot X \cdot I = -E_{1h} - E_R - E_L$$

$$E_{1h} = -k_m \cdot \dot{\varphi} \cdot \frac{\hat{\phi}_h}{\sqrt{2}} = -k_m \cdot \dot{\varphi} \cdot w_{2p} \cdot \Lambda_h \cdot \frac{I}{a_2} = -k \cdot \dot{\varphi} \cdot I$$

E_{1h} ... durch Rotation im Hauptfeld induzierte Spannung.

$$I = \frac{E}{k \cdot \dot{\varphi} + R + j \cdot X}$$

Diese Beziehung stellt einen symmetrischen Kreis durch den
Ursprung dar (Abb. 365), aus dem,ähnlich wie beim Asynchronmotor, die mechanische Leistung und das Moment entnommen
werden kann:

$$M = \frac{-E_{1h} \cdot I}{2 \pi n} = \frac{k \cdot \dot{\varphi} \cdot I^2}{\dot{\varphi}} = k \cdot I^2$$

w_{2p} ... Windungszahl pro Pol

Λ_h ... magnetischer Leitwert pro Pol

a_2 ... Zahl der parallelen Polwicklungen

$$k = k_m \frac{\Lambda_h \cdot w_{2p}}{a_2}$$

Das Moment ist also dem Quadrat des Stromes proportional.

Die an der Welle <u>abgegebene Leistung</u> ergibt sich:

$$P_M = P - P_{vCu} = E \cdot I \cos\varphi - I^2 R$$

worin P die aus dem Netz aufgenommene Wirkleistung bedeutet und P_M die an der Welle abgegebene Leistung (bei Berücksichtigung der Stromwärmeverluste im Wicklungskupfer).

Findet man also eine Strecke, die dem I^2 proportional ist, kann man sowohl Leistung als auch das Moment entnehmen.

Es läßt sich leicht zeigen, daß der Abschnitt c dem I^2 proportional ist, da f konstant ist.

$$f = \frac{I_0^2 R}{E} \quad (I_0 \ldots \text{Stillstandsstrom}) \quad \text{und}$$

wegen
$$I^2 = a^2 + h^2 = a^2 + a \cdot b =$$

$$I^2 = a\underbrace{(a + b)}_{D}$$

ist a proportional dem I^2 und damit auch dem Abschnitt c und dem Drehmoment.

$$c = \frac{I^2 R}{E} = \frac{R}{k \cdot E} \cdot M \quad \ldots \text{prop. d. Moment}$$
$$h = I \cdot \cos\varphi \quad \ldots \text{prop. d. Netzlstg.}$$
$$d = h - c = \frac{1}{E} \cdot P_M \quad \ldots \text{prop. d. mech. Lstg.}$$

Das Zeigerdiagramm für den Einphasen-Reihenschlußmotor ist aus Abb. 364 zu entnehmen.

<u>Der $\cos\varphi$ hängt von der Drehzahl ab</u>, er beträgt bei Nenndrehzahl etwa 0,95 - 0,98.

Aus dem Ortskreis kann nach dem Vorstehenden die Drehzahl-Momentenkennlinie (Abb. 366) entnommen werden; er muß hierzu in analoger Weise wie der Ossannakreis beziffert werden (Abb. 365). Wie aus Abb. 366 hervorgeht, weist die Drehzahl-Momentenkennlinie des Einphasen-Reihenschlußmotors einen <u>Kipppunkt im generatorischen Bereich</u> auf.

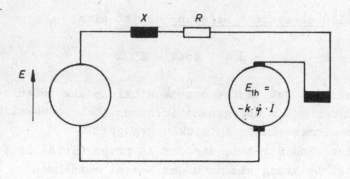

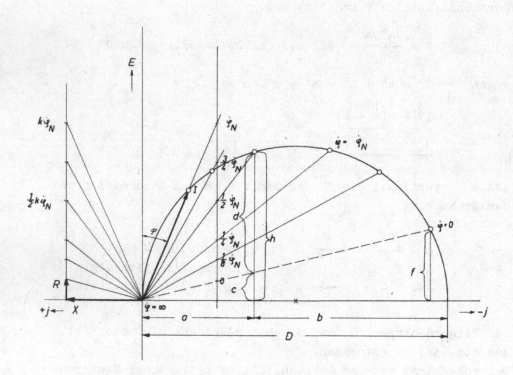

Abb. 365: Ersatzschaltung und Ortskreis des
Einphasen-Reihenschlußmotors.

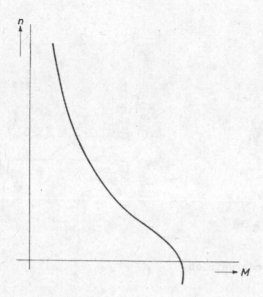

Abb. 366: M-n-Kennlinien des Einphasen-Reihenschlußmotors.

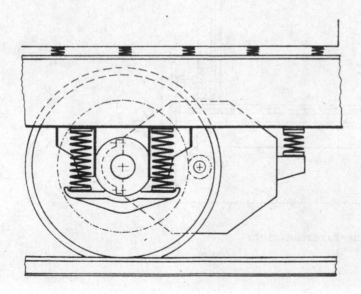

Abb. 367: Tatzlagerantrieb.

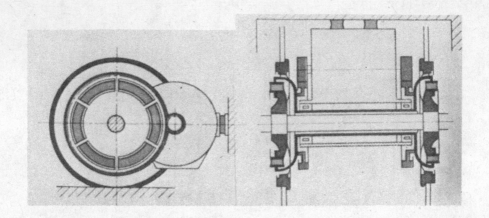

Abb. 368: Gummiringfederantrieb.

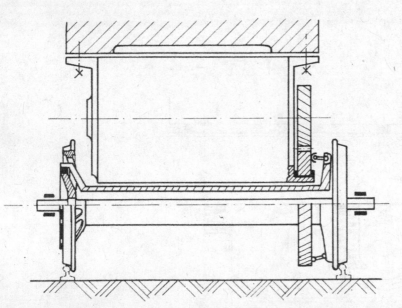

Abb. 369: Gummiring-Kardanantrieb.

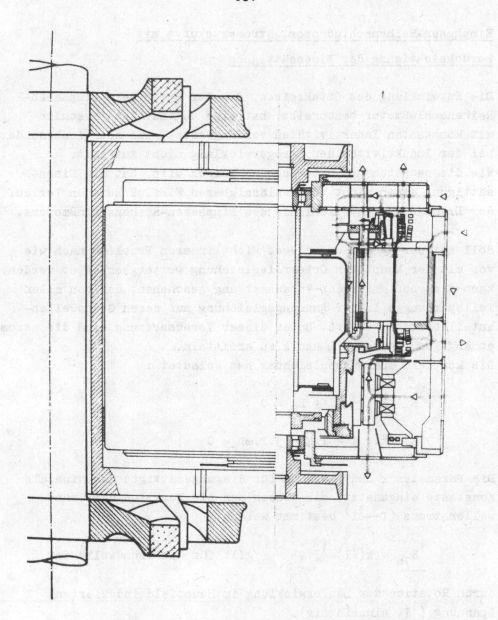

Abb. 370: Längsschnitt durch einen Bahnmotor.

Einphasen-Reihenschlußmotor, Stromortskurve mit
Berücksichtigung der Eisensättigung

Die Entwicklung des Ortskreises, den der Strom beim Einphasen-
Reihenschlußmotor beschreibt, hat eine ungesättigte Maschine
mit konstanten Induktivitäten vorausgesetzt, was aber insbesondere
bei der Induktivität der Erregerwicklung nicht zutrifft.
Wie die nachstehende Untersuchung zeigen wird, hat die Eisensättigung einen nicht vernachlässigbaren Einfluß auf den Verlauf
der Drehzahl-Momentenkenlinie des Einphasen-Reihenschlußmotors.

Soll bei der Behandlung dieses nichtlinearen Problems nach wie
vor mit der komplexen Ortskreisgleichung weitergearbeitet werden,
kann dies nur unter der Voraussetzung geschehen, daß von allen
Teilspannungen in der Spannungsgleichung nur deren Grundwellen-
anteil betrachtet wird. Unter dieser Voraussetzung sind die stromabhängigen Parameter L und k zu ermitteln.
Die komplexe Spannungsgleichung hat gelautet :

$$E + E_{1h} + E_L + E_R = 0$$

$$E - k.\dot{\varphi}.I - I.R - j.I.\omega L = 0$$

Die Parameter k und L wurden für die ungesättigte Maschine als
Konstante eingesetzt; sie müssen nun als Funktion des Grund-
wellenstroms $(I \rightarrow {}^1I)$ bestimmt werden.

$$\underline{{}^1E_{1h}} = k({}^1I).\,{}^1I.\dot{\varphi} \qquad \text{gilt für die Grundwelle der}$$

durch Rotation der Läuferwicklung im Hauptfeld induzierten
Spannung (${}^1I$: sinusförmig).

$$k({}^1I) = k_m \frac{{}^1\phi_h({}^1I)}{{}^1I} \qquad ;$$

Die Funktion ${}^1\phi_h({}^1I)$ kann wie folgt aus der Magnetcharakteristik $\phi_h(i)$ gewonnen werden :

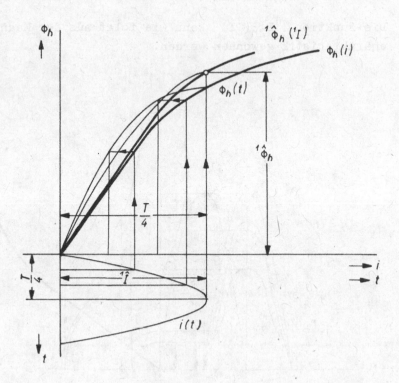

$$\underline{^1E_L} = -j.\omega L.^1I \qquad \text{gilt für die Grundwelle der durch}$$

Selbstinduktion in allen Wicklungen induzierten Spannungen.
L setzt sich aus der konstanten Streuinduktivität L_o und der
stromabhängigen Polspulen-Hauptfeldinduktivität

$$^1L_{2h}^* = \frac{^1E_{2h}(^1I)}{\omega.\,^1I} \qquad \text{zusammen} \qquad (^1L_{2h}^* + L_o = L\,),$$

wobei $^1E_{2h}$ die Grundwelle der verzerrten Selbstinduktionsspannung :

$$e_{2h}(i,t) = -\frac{di}{dt} \cdot \left[L_{2h}(i) + i.\frac{d\,L_{2h}(i)}{di} \right] = -\frac{di}{dt}\,L_{2h}^*(i)$$

bedeutet und:

$$L_{2h}(i) = \Lambda_h(i).w_{2p}^2.\frac{2p}{a_2^2} = \frac{\Phi_h(i)}{i} \cdot \frac{w_{2p}.2p}{a_2} \qquad ;$$

$$\Lambda_h(i) = \frac{\Phi_h(i)}{i.\frac{w_{2p}}{a_2}}$$

Die Funktion $^1E_{2h}(^1I)$ kann wie folgt aus der Magnet-charakteristik gewonnen werden.

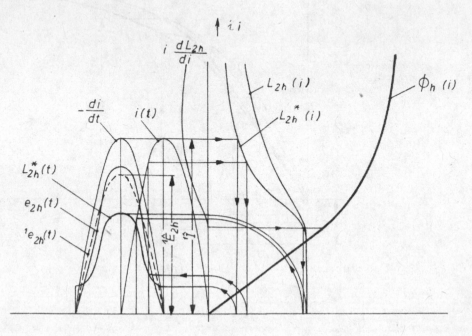

Führt man die Konstruktion von $^1\phi_h(^1I)$ und $^1E_{2h}(^1I)$ für mehrere Werte von ^1I durch, erhält man mit

$$k(^1I) = \frac{^1\phi_L(^1I)}{^1I} \quad \text{und} \quad ^1L^*_{2h}(^1I) = \frac{^1E_{2h}(^1I)}{\omega \cdot {}^1I} \quad , \text{ sowie mit}$$

$$L = {}^1L^*_{2h}(^1I) + L_\sigma$$

die gesuchten Funktionen von ^1I :

$$k(^1I) \quad \text{und} \quad L(^1I) \quad , \quad \text{mit denen nun die Drehzahl-}$$
Momentenkennlinie schrittweise berechnet werden kann ($^1I \rightarrow I$):

$$\dot\varphi = \frac{\frac{E}{I} - (R + j\omega L)}{k}$$

da $\dot\varphi$ nur reell sein kann, folgt :

$$I_b = \frac{I^2 \cdot \omega\, L}{E} \qquad \text{bzw.} \dots\dots\dots \qquad (1)$$

$$I_w = \sqrt{I^2 - I_b^2} \qquad \dots\dots\dots \qquad (2)$$

und
$$\dot{\varphi} = \frac{\dfrac{E \cdot I_w}{I^2} - R}{k} \qquad \dots\dots\dots \qquad (3)$$

Für das Drehmoment gilt:

$$M = \frac{-E_{1h} \cdot I}{2\,\pi\,n} = \frac{k \cdot \dot{\varphi} \cdot I \cdot I}{\dot{\varphi}} = k \cdot I^2 \qquad \dots\dots\dots \qquad (4)$$

Mit Hilfe dieser vier Gleichungen und der Tabelle für L(I)
und k(I) können nun für jede Spannungsstufe und jeden Wert von
I die zugehörigen Werte von φ und M berechnet werden und damit
auch die Drehzahl- Momentenkennlinie:

$$\dot{\varphi} = f(M)$$

Für den Fall der Handrechnung ist es nützlich, wenn man sich der
nachstehenden Tabelle bedient.

E Spg.-Stufe	I	k	L	I_b	I_w	$\dot{\varphi}$	M
E_a							
E_b							
E_c							

Vergleicht man die Drehzahl-Momentenkennlinie der gesättigten
mit jener für die ungesättigte Maschine, erkennt man, daß die
Sättigung einerseits ein Flacherwerden der Kennlinien bewirkt,
andererseits die Durchgangsdrehzahl bei Entlastung des Motors
erniedrigt wird (Abb. 371).

Selbstverständlich kann der vorstehend skizzierte schrittweise Berechnungsvorgang auch für eine Digital-Rechenanlage
programmiert werden; für die Auswertung des Formelsatzes
(1) bis (4) wurde dies von Herrn Dipl.Ing. Theiner in seiner
Diplomarbeit besorgt.

Moderne Maschinen werden im Vergleich zu früher erheblich
mehr gesättigt, obwohl sehr häufig Bedenken hinsichtlich
des nachteiligen Einflusses von Feldharmonischen auf die transformatorische Funkenspannung ausgesprochen wurden.
Eindeutige Beweise für eine solche Auswirkung liegen nach
Kenntnis des Verfassers allerdings nicht vor.
Der Grund für eine geringe Auswirkung wäre in dem Umstand zu
suchen, daß die Bürsten-Kurzschlußströme wegen der höheren
Frequenz kleiner sind, als es die Verzerrung der transformatorischen Lamellenspannung erwarten ließe (Überwiegen der Induktivität im Kurzschlußkreis).

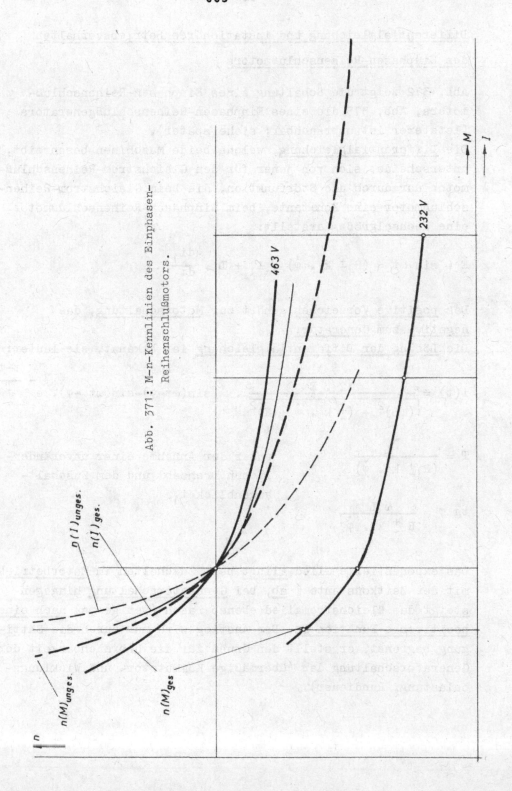

Abb. 371: M-n-Kennlinien des Einphasen-
Reihenschlußmotors.

Differentialgleichung und instationäres Betriebsverhalten des Einphasen-Reihenschlußmotors

Abb. 372 zeigt die Schaltung eines Einphasen-Reihenschlußmotors, Abb. 373 die eines Einphasen-Reihenschlußgenerators
(letzterer ist unbrauchbar; siehe später).
Die Differentialgleichung, welche beide Maschinen beschreibt,
unterscheidet sich von jener für den Gleichstrom-Reihenschlußmotor nur durch die Störfunktion, die beim Gleichstrom-Reihenschlußmotor eine Konstante, beim Einphasen-Reihenschlußmotor
eine Wechselgröße darstellt:

$$\hat{E} \cdot \sin \omega t = (R \pm k \cdot \dot{\varphi}) \cdot i_1 + L \cdot \frac{di_1}{dt} \, .$$

Das positive Vorzeichen gehört zur Motorschaltung, das
negative zum Generator.
Die Lösung der Differentialgleichung ist bekannt, sie lautet:

$$i(t) = \frac{\sqrt{2} \cdot E}{\sqrt{(\omega L)^2 + (\pm k \cdot \dot{\varphi} + R)^2}} \cdot \left[\sin(\omega t - \varphi) - \sin(\omega t_1 - \varphi) \cdot e^{-\frac{t - t_1}{T}} \right]$$

$$T = \frac{L}{(R \pm k \cdot \dot{\varphi})}$$

unter der Annahme einer unveränder-
lichen Drehzahl und dem Zuschaltaugenblick t_1.

$$\text{tg } \varphi = \frac{\omega L}{R \pm k \cdot \dot{\varphi}}$$

Das exponentielle Glied klingt beim Zuschalten im Motorbetrieb
mit der Zeitkonstante T ab, bei Generatorschaltung hingegen
steigt das Gleichstromglied ebenso rasch (wenige ms) nach einer
positiven e-Funktion an. Der Anstieg wird nur durch die Sättigung begrenzt, er stellt den Grund für die Unbrauchbarkeit der
Generatorschaltung dar (übermäßige Kommutator- und Wicklungs-
belastung, Rundfeuer).

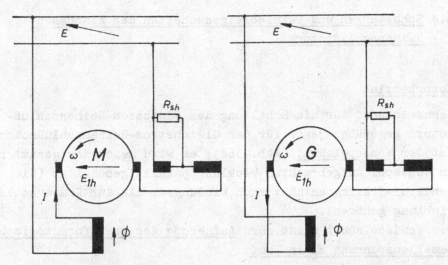

Abb. 372: Einphasen-Reihenschluß-   Abb. 373: Einphasen-Reihenschlußmotor (Schaltung).   generator (Schaltung).

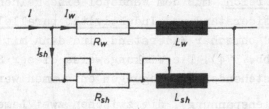

Abb. 374: Wendepolshunt.

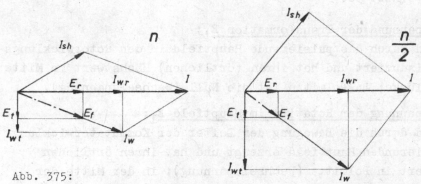

Abb. 375:
Zeigerbild zur Wendepolschaltung.

8.4 <u>Schaltungen und Betriebseigenschaften des Einphasen-</u>
<u>Reihenschlußmotors</u>

<u>Motorbetrieb</u>

Kennzeichnend für die Schaltung des Einphasen-Reihenschlußmotors gegenüber jener für den Gleichstrom-Reihenschlußmotor
ist der <u>Wendepolshunt</u> (Abb. 364); er wird meist der gesamten,
am Wendepol aufgebrachten Wicklung parallelgeschaltet (die
Wendepolwicklung enthält auch Windungen, die zur Kompensationswicklung gehören).
Der Wendepolshunt dient zur <u>Aufhebung der transformatorischen</u>
<u>Lamellenspannung E_t im Lauf.</u>
Soll die transformatorische Lamellenspannung nicht nur bei
einer Drehzahl genau aufgehoben werden, sondern <u>in</u> einem bestimmten <u>Drehzahlbereich</u>, muß dem Wendepol eine Reihenschaltung von <u>ohmschem Widerstand und Induktivität parallelgeschaltet</u>
werden. Drossel und ohmscher Widerstand sind dann mit Anzapfungen zu versehen (Abb. 374). Die Wirkungsweise dieser Schaltung möge den nachstehenden Überlegungen entnommen werden.

Die Spannung (Spulenspannung), die <u>zwischen zwei Lamellen</u>
gemessen werden kann, setzt sich aus verschiedenen Anteilen
zusammen, die auf Grund ihrer Entstehung unterschieden werden
können: (Abb. 364)

1. <u>Spannung der Transformation E_t</u>;
sie wird durch das pulsierende Hauptfeld in den Rotorwicklungs-
spulen induziert und hat ihren (örtlichen) Höchstwert in Mitte
der Pollücke; in Polmitte ist sie Null (Wechselspannung).

2. <u>Spannung der Rotation im Hauptfeld E_1</u>;
sie wird durch die Bewegung der Leiter der Kommutatorwicklung
im pulsierenden Hauptfeld erzeugt und hat ihren örtlichen
Höchstwert in Polmitte (Wechselspannung); in der Mitte der
Pollücke ist sie Null.

3. <u>Spannung der Rotation im Wendefeld</u> E_w (Stromwendespannung);
sie wird durch Bewegung der Läuferleiter im Wendefeld erzeugt;
sie ist eine Wechselspannung, welche ihren (örtlichen) Höchstwert in Pollückenmitte besitzt, im übrigen Bereich ist sie Null.

4. <u>Spannung der Selbstinduktion</u> E_r (Reaktanzspannung);
sie ist ebenfalls eine Wechselspannung, welche durch die rasche
Stromänderung (-umkehr) entsteht, während die Spule durch die
Bürsten kurzgeschlossen wird.

5. <u>Resultierende Funkenspannung</u> E_f;
sie stellt die geometrische Summe aus E_r und E_t dar, und ist
maßgebend für die Funkenbildung; sie muß durch $\underline{E_w}$ aufgehoben
werden.

Die Funkenspannung ist ebenso wie die Speisespannung eine
Wechselspannung, die sich aus der <u>drehzahl- und stromabhängigen</u>
<u>Reaktanzspannung</u> E_r und der <u>allein stromabhängigen, transforma-</u>
<u>torischen Spannung</u> E_t zusammensetzt.
Die <u>Phasenlage</u> dieser Spannungen kann wie folgt bestimmt werden:
Der Kurzschlußstrom, zufolge E_t, durch die kurzgeschlossenen
Windungen, ist wie beim kurzgeschlossenen Transformator gegen-
sinnig zum Strom in der Feldspule. Die induzierte EMK E_t,
welche diesen Strom treibt, eilt ihm um 90° voraus, d.h. sie
<u>eilt</u> dem felderregenden Hauptstrom <u>um 90° nach.</u>
Andererseits versucht die Reaktanzspannung E_r den Strom in
der Kommutatorspule aufrechtzuerhalten, sie muß daher <u>gleich-</u>
<u>phasig mit dem Hauptstrom</u> sein.
Die <u>resultierende Funkenspannung E_f muß durch</u> eine gleichgroße,
gegensinnige Stromwendespannung $\underline{E_w}$ <u>aufgehoben</u> werden.
Da die Stromwendespannung E_w durch Rotation der kurzgeschlossenen
Spule im Wendefeld erzeugt wird, ist E_w sowohl strom- als auch
drehzahlproportional (wie auch die Reaktanzspannung E_r).

Die Funkenspannung E_f hingegen ist wegen der Drehzahl-Unabhängigkeit von E_t nicht mehr drehzahlproportional und auch noch im Stillstand vorhanden, wobei E_w auf Null abgesunken ist.

Will man E_f nicht bloß für eine einzige Drehzahl aufheben, muß die Phasenlage und die Höhe des Wendefeldes verändert werden, was nur durch einen variablen R-L-Nebenschluß zur Wendepolwicklung erreicht werden kann.

Es gilt gemäß Abb. 374:

$$(I) \qquad I = I_w + I_{sh} = I_w \left(1 + \frac{R_w + j\,X_w}{R_{sh} + j\,X_{sh}}\right)$$

$$I_w = I_{wr} - j\,I_{wt} = \frac{I}{\left(1 + \dfrac{R_w + j\,X_w}{R_{sh} + j\,X_{sh}}\right)}$$

$$(II) \qquad I_w(R_w + j\,X_w) - I_{sh}(R_{sh} + j\,X_{sh}) = 0$$

Bei vorgegebener Wendepolwindungszahl ist I_{wr} und I_{wt} für jede Drehzahl aus E_r und E_t errechenbar. Damit erhält man für R_{sh} und X_{sh} mit:

$$R_{sh} + j\,X_{sh} = Z \qquad \text{(Nebenschlußimpedanz)}$$
$$R_w + j\,X_w = Z_w \qquad \text{(Wendepolimpedanz)}$$

$$I_w = I_{wr} - j\,I_{wt} = \frac{Z \cdot I}{Z + Z_w}$$

$$I_{wr} \cdot Z + I_{wr} \cdot Z_w - j\,I_{wt} \cdot Z - j\,I_{wt} \cdot Z_w = Z \cdot I$$

$$Z(-I_{wr} + j\,I_{wt} + I) = Z_w(I_{wr} - j\,I_{wt})$$

$$Z = \frac{Z_w(I_{wr} - j\,I_{wt})}{I + j\,I_{wt} - I_{wr}}$$

Aus diesem komplexen Ausdruck für Z kann R und X berechnet
werden, wobei man I in die reelle Achse legt. Abb. 375 gibt
die Zeigerbilder für Nenndrehzahl und halbe Nenndrehzahl
bei gleichem Kommutatorstrom wieder.
Nachteilig ist es, wenn durch die Stromverdrängung die
Reaktanzspannung bei höheren Drehzahlen vermindert wird, weil
dann auch die Reaktanzspannung E_r nur bei einer bestimmten
Drehzahl genau aufgehoben werden kann. Aus diesem Grund verwendet man entweder gekreuzte Teilleiter (ÖBB) oder überhaupt
Mehrschichtwicklungen (DB, SBB).

Mischstrommotoren

Als solche bezeichnet man Gleichstrommotoren für Gleichrichterspeisung. Sie sind bis 600 kW vierpolig ausgeführt und meist
mit Kompensationswicklung und geblechtem Stator ausgeführt.
Die Statorblechung ist insbesondere mit Rücksicht auf ein
möglichst ungedämpftes Wendefeld vorgesehen.
Die Reaktanzspannung soll kleiner als 0,5 Volt sein.
Die Schaltungen von Mischstrommotoren wurden in Abschnitt 6.
über die Gleichstrommaschinen behandelt.

Generatorbetrieb, Bremsung des Einphasen-Reihenschlußmotors

Vertauscht man bei einem Einphasen-Reihenschlußmotor die
Feldklemmen bei gleichbleibender Drehrichtung oder kehrt die
Drehrichtung bei gleichbleibender Schaltung um, geht die
Maschine in den generatorischen Zustand über (Abb. 373).
Leider stellt sich im selben Augenblick der Umschaltung etwas
ein, das den Reihenschluß-Generatorbetrieb unmöglich macht:
die Gleichstromselbsterregung.
Der Einphasen-Reihenschlußmotor arbeitet dabei als Gleich-
strom-Reihenschlußgenerator auf die Sekundärwicklung des Trans-
formators, die für Gleichstrom praktisch einen Kurzschluß darstellt. Durch diesen hohen (parasitären) Gleichstrom wird der
Generatorbetrieb unmöglich gemacht (siehe Abschnitt 8.3).

Im Laufe der Zeit wurde nun eine Unzahl von Vorschlägen und
Patenten bekannt, deren Ziel die Unterdrückung der Selbsterregung beim Generatorbetrieb ist, wobei der zusätzliche
Aufwand an Geräten möglichst gering sein sollte.
Die naheliegendste Lösung wäre es, die Reihenschlußwicklung
auf Fremderregung umzuschalten, doch ist hierfür eine <u>Erreger-
maschine für den vollen Strom und</u> etwa 30 % der Erregerblind-
leistung erforderlich, die zudem mit einem <u>verdrehbaren Ständer</u>
ausgeführt werden muß, um die Phasenlage des Erregerstromes
für einen optimalen $\cos\varphi$ einstellen zu können (Abb. 376).

Von dieser Möglichkeit hat man daher kaum Gebrauch gemacht,
zumal sie aus Gewichtsgründen nicht vertretbar war.
Auch mit Hilfe einer indirekten Reihenschlußschaltung über
transformatorische oder kapazitive Ankopplung (Abb. 377)
konnte man die Selbsterregung nicht ausschalten. In diesen
Fällen hat sich eine Selbsterregung mit einer netzfremden Frequenz eingestellt, für die weder Transformator noch Kondensator
eine Sperre bildet. Das Netz stellt ja nicht nur für Gleichstrom
sondern auch <u>für</u> jede <u>netzfremde Frequenz</u> ein <u>Kurzschluß</u> dar.

Einen großen Fortschritt in der Entwicklung der Nutzbremsung
brachte der Gedanke von <u>Behn-Eschenburg</u>, der erkannte, daß eine
Gegenstrombremsung beim Einphasen-Reihenschlußmotor in Nutzbremsung übergeht, wenn man den Bremswiderstand durch eine
<u>Bremsdrossel</u> ersetzt.
Eine Gegenstrombremsung liegt bei Gleichstrommotor vor, wenn E
und E_{1h} gleichsinnig auf einen Bremswiderstand geschaltet sind.
Im ersten Augenblick nach Einschalten der Bremsung haben E und
E_{1h} noch dieselbe Höhe, sodaß zusätzlich ebensoviel Energie
aus dem Netz entnommen werden muß als Bremsleistung $(E_{1h} \cdot I)$
in Wärme umgesetzt wird.
Mit abnehmender Drehzahl überwiegt mehr und mehr der Anteil des
Netzes, sodaß diese Art der Bremsung außerordentlich unwirtschaftlich ist. Sie ist wie beim Gleichstrom-Reihenschlußmotor
auch beim Einphasen-Reihenschlußmotor denkbar.

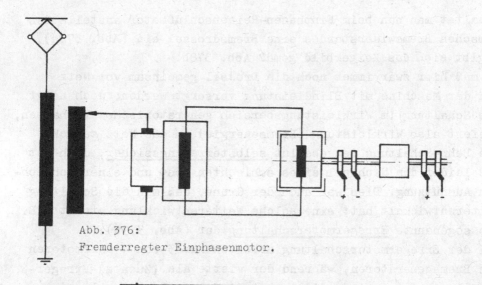

Abb. 376:
Fremderregter Einphasenmotor.

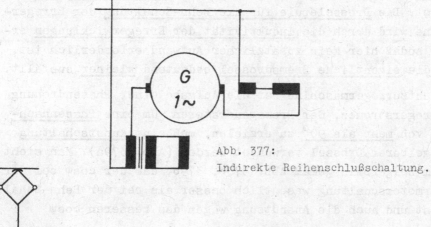

Abb. 377:
Indirekte Reihenschlußschaltung.

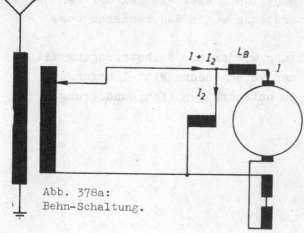

Abb. 378a:
Behn-Schaltung.

Schaltet man nun beim Einphasen-Reihenschlußmotor anstelle des ohmschen Bremswiderstandes eine Bremsdrossel ein (Abb. 378a), ergibt sich das Zeigerbild gemäß Abb. 378b.

Es muß hier zwar immer noch die Drossel gemeinsam vom Netz und der Maschine mit Blindleistung versorgt werden, doch zeigt die Schaltung im Wirkleistungsbereich generatorisches Verhalten, liefert also Wirkleistung (Bremsenergie) in das Netz zurück. Die Behn-Schaltung ist absolut selbsterregungssicher, doch hat sie leider den Nachteil eines schlechten cosφ und einer schlechten Ausnützung. Dies war auch der Grund, daß man die Schaltung weiterentwickelt hat; eine solche Weiterentwicklung stellt z.B. die sogenannte Erregermotorschaltung dar (Abb. 379a).

Bei der Erregermotorschaltung arbeiten nur 3 von 4 Fahrmotoren als Bremsgeneratoren, während der vierte als (Zusatz)-Erregermaschine benutzt wird, die selbst wieder in Behn-Schaltung arbeitet. Die Drosselspule für die Behn-Schaltung der Erregermaschine wird durch die Induktivität der Erregerwicklungen ersetzt, sodaß hier kein zusätzlicher Aufwand erforderlich ist, zumal die eigentliche Bremsdrossel bedeutend kleiner ausfällt.

Die Zusatzerregermaschine hat die Aufgabe einer Phasendrehung des Erregerstromes, der Bremsgeneratoren. Um eine Phasennacheilung von mehr als 90° zu erzielen, muß eine Kunstschaltung mit regelbarer Drossel verwendet werden (Abb. 379a). Man sieht aus dem Zeigerbild gemäß Abb. 378b, 379b, daß der cosφ bei der Erregermotorschaltung wesentlich besser als bei der Behn-Schaltung ist und auch die Ausnützung wegen des besseren cosψ steigt.

Leider neigt diese Schaltung wieder zur Selbsterregung mit einigen Hertz, doch hat man verschiedene Mittel erfunden, um diese Selbsterregung zu unterdrücken (Kompoundierung).

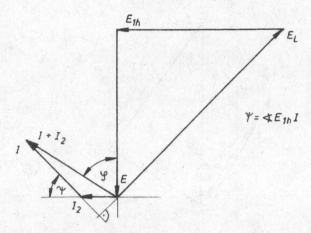

Abb. 378b: Behn-Schaltung, Zeigerbild.

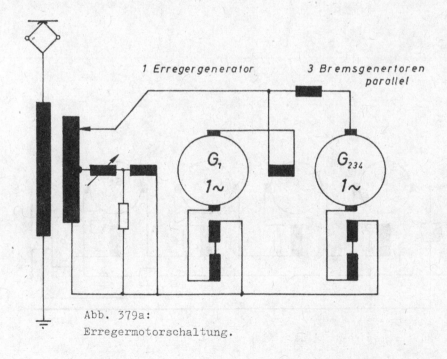

Abb. 379a:
Erregermotorschaltung.

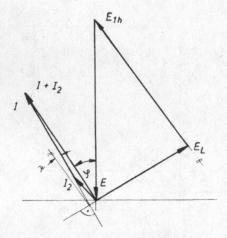

Abb. 379b: Erregermotorschaltung, Zeigerbild.

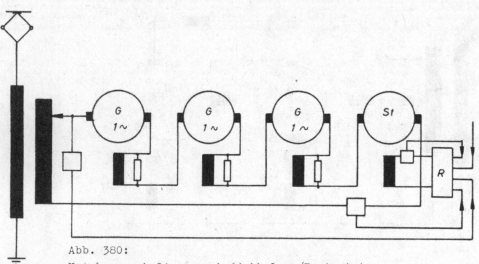

Abb. 380:
Nutzbremsschaltung nach Aichholzer/Rentmeister.

Ein völlig neuer Weg wurde am Institut für Elektromagnetische
Energieumwandlung beschritten; bei diesem Verfahren ist man
wieder zu der Reihenschluß-Generatorschaltung zurückgekehrt.
Die Gleichstrom-Selbsterregung, die bei dieser Schaltung un-
weigerlich zu erwarten ist, wurde hierbei durch regelungs-
technische Mittel unterdrückt. Bei dieser Schaltung arbeiten
drei Fahrmotoren in Reihe als Reihenschlußgeneratoren, während
die vierte Maschine als <u>Stabilisierungsmaschine</u> fremderregt
wird (Abb. 380).
Im Prinzip wird der selbsterregte Strom dadurch unterdrückt,
daß die Stabilisierungsmaschine beim geringsten Anstieg eines
selbsterregten Stromes diesen durch eine dynamische Gegenspannung abfängt.
Die Hauptfrage, die bei dieser Schaltung zu beantworten war,
lautete: Unter welchen Bedingungen wird das System stabil und
wie groß muß hierbei der Regelverstärker sein ?
Die Klärung dieser Fragen war Gegenstand der Dissertation von
Dr.Rentmeister, die auszugsweise in der Zeitschrift:
"Elektrische Bahnen" veröffentlicht worden ist.

8.5 <u>Die Reaktanzen des Einphasen-Reihenschlußmotors</u>

Die Reaktanzen des Einphasen-Reihenschlußmotors können in
derselben Weise und mit denselben Formeln berechnet werden,
wie jene aller anderen elektrischen Maschinen. Auch beim
Einphasen-Reihenschlußmotor ist zwischen Hauptfeldreaktanz
und Streureaktanz zu unterscheiden.
Die Streureaktanzen der einzelnen Wicklungen wiederum lassen
sich in zwei Anteile aufgliedern:
Einen Anteil durch den eisengebetteten Teil der Spule und
einen Anteil durch den Stirnteil der Spule. Dies gilt sowohl
für die Streureaktanz der Kommutatorwicklung als auch für die
der Erregerwicklung, der Wendepol- und Kompensationswicklung.

Eine gegenseitige transformatorische Kopplung tritt zwischen
Erregerwicklung einerseits und Wendepol-Kompensationswicklung
andererseits weder über das Hauptfeld noch über das Streufeld
auf (obwohl sich die Spulenseiten der Erreger- und Wendepolwicklung in derselben Nut befinden).
Folgende Reaktanzen sind getrennt zu berechnen:

$X_{1\sigma}$ ... Kommutatorwicklung, Streufeld
X_{2h} ... Erregerwicklung, Hauptfeld
$X_{2\sigma}$ ... Erregerwicklung, Streufeld
X_{4h} ... Wendepolwicklung, Wendefeld (X_{wh})
$X_{4\sigma}$ ... Wendepolwicklung, Streufeld $(X_{w\sigma})$
$X_{3\sigma}$ ... Kompensationswicklung, Streufeld $(X_{K\sigma})$

Bei genauer Kompensation kann die gegenseitige Induktivität
zwischen Kommutatorwicklung und Kompensationswicklung vernachlässigt werden.
Für Streureaktanzen gilt:

$$X_\sigma = 15,79 \;.f.z_n^2 \cdot \frac{N}{2\,p} \cdot \left(\frac{1}{a}\right)^2 \cdot p \;\; \cdot l_{Fe}\left[\lambda_n + \lambda_z + \frac{l_s}{l_{Fe}} \cdot \frac{N}{2p} \cdot \lambda_s\right] \cdot 10^{-6}$$

Bei der Streureaktanz für die Kommutatorwicklung ist anstelle
von $a \rightarrow 2\,a$ zu setzen.
Bei der Wendepol- und Erregerwicklung steht anstelle der Nutenzahl N die Zahl der Pollücken $(4p)$.

Die Hauptfeld(Wendefeld)reaktanz

Diese wird am zweckmäßigsten über das entsprechende Feld berechnet:

$$X_{2h} = \frac{4,44 \;.w_{2p} \cdot f \cdot \hat{\phi}_h}{\frac{I}{a_2}} \cdot 2p \cdot \frac{1}{a_2^2}$$

$$X_{wh} = \frac{4,44 \cdot w_{wp} \cdot f \cdot \hat{\phi}_{wh} \cdot 2p}{\frac{I}{a_w}} \cdot \frac{1}{a_w^2}$$

Für w_{wp} ist die tatsächlich <u>wirksame Wendepolwindungszahl</u> einzusetzen (pro Pol).

Die Werte für λ_n sind für die jeweilige geometrische Form (der Pollücke) zu bestimmen; für λ_s kann ein Betrag von ca. 0,3 für ein Wicklungspaar eingesetzt werden.

8.6 <u>Beanspruchungen des Einphasen-Reihenschlußmotors</u>

<u>Dielektrische Beanspruchungen</u>

Wegen der vergleichsweise niedrigen Spannung treten in dieser Richtung keine besonderen Probleme auf.

<u>Magnetische Beanspruchungen</u>

Die Luftspaltinduktionen werden heute bis ca. 1,1 T ausgeführt, wobei die Maschine schon erheblich in der Sättigung arbeitet. Der Einfluß der Sättigung ist insbesondere wegen der transformatorischen Spannung durch zeitliche Feldoberwellen zu beachten.

<u>Thermische Beanspruchungen</u>

Einphasen-Reihenschlußmotoren als Lokomotivmotoren werden mit hochwertiger, wärmebeständiger Isolation ausgeführt. Wegen der höher zugelassenen Grenztemperaturen und den Eigenheiten des Fahrzeugbetriebes ist mit erheblichen Temperaturschwankungen zu rechnen.

Mit Hinblick auf diese Besonderheit ist dem Einfluß der
Wärmedehnungen ein besonderes Augenmerk zuzuwenden.
Moderne Bahnmotoren haben vergleichsweise kleine Erwärmungs-
zeitkonstanten, sodaß die einstündig zugelassene Leistung nur
wenig höher als die Dauerleistung liegt.
Von ausschlaggebender Bedeutung ist natürlich die Erwärmung
des Kommutators.

Mechanische Beanspruchungen

Die höchsten Beanspruchungen treten am Kommutator und in den
Läuferwicklungs-Bandagen auf. Auch hier ist auf das Wärmespiel
besonders zu achten.
Der Konstruktion des Kommutators ist daher ein besonderes
Augenmerk zuzuwenden (Federringkommutator). Normale Umfangs-
geschwindigkeiten liegen bei 30 m/s, die maximalen bis zu
50 m/s.

Erosionsbeanspruchung des Kommutators

Als Bürstenkohlen werden ausnahmslos Elektrograph. tbürsten verwendet, da kunstharzgebundene Kohlen für die hohen thermischen Beanspruchungen (Anlauf) nicht geeignet sind.
Für den Angriff des Kommutators durch Funkenbildung ist die
Funkenspannung maßgebend bzw. die Restspannung, die sich aus
der notwendig ungenauen Aufhebung durch die Stromwendespannung
ergibt. Grenzwerte für die einzelnen Teilspannungen sind:

$$E_t = 3 \text{ V}$$
$$E_r = 10 \text{ V}$$
$$E_l = 40 \text{ V}$$

Gute Bahnmotoren haben heute Kommutatorlaufzeiten entsprechend
1000000 Fahrkilometer und mehr.

Wesentlich für einen geringen Bürsten- und Kommutatorver-
schleiß ist die Bildung einer sogenannten <u>Patina</u>, das ist
eine Fremdschicht, die aus Kohlematerial und Oxyden besteht
(braun bis blau).

Die Spannung E_l (kurz als Lamellenspannung bezeichnet) kann
bei <u>Wechselstromkommutatormaschinen höher als bei Gleichstrom-
maschinen</u> gewählt werden, da die Rundfeuergefahr (Lichtbogen
vom Bürstenbolzen zum anderen) bei Wechselstrom naturgemäß
geringer ist.

Wichtig ist im Zusammenhang mit der Rundfeuergefahr auch,
daß die Kanten der Kommutatorlamellen ausreichend "gebrochen"
werden. Ein bei großen Maschinen angewendetes Mittel zur
Herabsetzung der Reaktanzspannung E_r und der "Lamellenspannung" E_l
stellt die <u>zweigängige Schleifenwicklung</u> dar. Es wird mit Rücksicht auf die Notwendigkeit von Pungaverbindungen allerdings
nur in Grenzfällen darauf zurückgegriffen.

Zur Verbesserung der Kommutierung werden gelegentlich auch
Spezialbürstenformen (Zwillingsbürsten, Sandwichbürsten usw.)
vorgesehen.

Zum Auswechseln der Bürstenkohlen ist der Bürstenträger immer
verdrehbar ausgeführt.

8.7 <u>Entwurf des Einphasen-Reihenschlußmotors</u>

Bei einem Fahrzeugmotor ist nicht wie bei stationären Motoren
die Dauerleistung allein ein Kennzeichen für die Leistungs-
fähigkeit. Hinzu kommt beim Fahrzeugmotor noch die Leistung,
die der Motor im 5 min-, 10 min- und 60 min-Betrieb abzugeben
vermag, ferner das Beschleunigungsvermögen.

Üblicherweise wird das Leistungsvermögen einer Lokomotive durch
die <u>Zugkraft-Geschwindigkeitskennlinie</u> bzw. das Belastungs-
diagramm angegeben.

Während eine Fahrzeitverkürzung durch höhere Geschwindigkeit
u.a. eine Veränderung des Oberbaues oder des Systemes erfordert,

können Fahrzeitverkürzungen z.B. bei Vorortebahnen auch durch
höhere Beschleunigungen und Verzögerungen erzielt werden
(ohne Veränderung des Oberbaues).

Die Anzugskraft moderner Schnellzugslokomotiven liegt zwischen
dem zwei- bis zweieinhalbfachen der Dauerzugkraft.

Die Grenze der erreichbaren Zugkraft ist die Reibungsgrenze,
die mit zunehmender Geschwindigkeit abnimmt (Abb. 381).

Die für die Beschleunigung zur Verfügung stehende Zugkraft F_B
ist gleich der Motorzugkraft F_M abzüglich der Widerstandskräfte.

$$F_B = F_M - F_{Roll} - F_{Lft}$$

Erfahrungsgemäß fällt die Haftungszugkraft etwa mit der Be-
schleunigungszugkraft zusammen, zumindest bei den heute üblichen
Geschwindigkeiten.

Bei höheren Geschwindigkeiten muß die Motor-Zugkraft wegen der
Stromwendung vermindert werden. Soll die Reaktanzspannung ab
ihrem zulässigen Höchstwert konstant bleiben, muß der Strom im
Verhältnis $1/n$ zurückgesetzt werden; dem entspricht etwa eine
Verringerung der Zugkraft mit $1/n^2$. Die Grenzlinie liegt demnach etwa auf einer natürlichen Kennlinie des Motors, d.h.,
jener für die höchste Spannungsstufe.

Die Achszahl einer Lokomotive wird bestimmt durch die höchste
Zugkraft im Anlauf, bzw. bei einer maximalen Anhängelast über
eine maximale Steigung.

Die meisten europäischen Bahnen lassen eine Achslast von 20 bis
21 Tonnen für ihren Oberbau zu, damit ist die maximale Zugkraft
je Achse mit etwa 6 Mp im Stillstand und etwa 4 Mp bei hohen
Geschwindigkeiten festgelegt.

Das Verhältnis zwischen Gesamtgewicht der Lokomotive und dem
Gesamtgewicht der elektrischen Ausrüstung liegt bei modernen
Lokomotiven bei 10 : 4 - 10 : 5.

Mit Hinblick auf die Spurweite ist die aktive Maschinenlänge
auf ca. 0,4 bis 0,35 begrenzt. Der Durchmesser ist dann durch
die Achsleistung, $\bar{\tau}_m$, E_r, E_t, E_l, v und v_K vorgegeben.

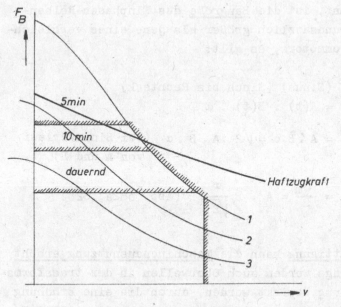

Abb. 381: v-Z-Diagramme, Reibungsgrenze (Haftgrenze).

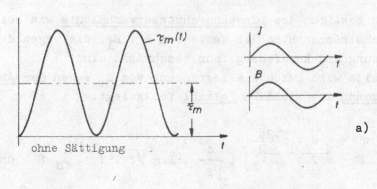

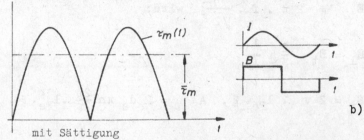

Abb. 382: Zur Wirkung der Sättigung auf die Momentenbildung beim Einphasen-Reihenschlußmotor.

Wie schon erwähnt, ist die Baugröße des Einphasen-Reihenschlußmotors grundsätzlich größer als jene eines vergleichbaren Gleichstrommotors, es gilt:

$$\text{(Sinus) (Sinus bis Rechteck)}$$
$$\tau_m(t) = A(t) \cdot B(t) \cdot \alpha$$

$$\hat{\tau}_m = \hat{A} \cdot \hat{B} \cdot \alpha = \sqrt{2} \; A \cdot \hat{B} \cdot \alpha \quad \text{(bei Sinusverlauf}$$
$$\text{von A und B)}$$

$$\bar{\tau}_m = \frac{\hat{\tau}_m}{2} = A \cdot \hat{B} \frac{\alpha}{\sqrt{2}} \quad \text{(Abb. 382a, 382b)}$$

Durch starke Sättigung kann die Maschinenausnutzung erhöht
werden, allerdings werden auch Oberwellen in der transformatorischen Spannung bewirkt werden, durch die eine Erhöhung
derselben auftreten kann; $\bar{\tau}_m$ liegt etwa bei 20 - 25000 N/m^2.

Natürlich bestimmt das Längendurchmesserverhältnis wie bei
der Gleichstrommaschine die Werte von E_r, E_l, die wegen der
Kommutierung und Rundfeuergefahr beschränkt sind.
Andererseits wird durch die Begrenzung von E_t wegen der An-
lauferwärmung die minimale Polzahl festgelegt.

$$\text{Mit} \quad E_l = \frac{d_a \pi \, n \, \frac{2p}{2p}}{2 \, v} \cdot 1_{Fe} \cdot \frac{\alpha}{\sqrt{2}} \cdot \hat{B} = \sqrt{2} \cdot f_1 \cdot \hat{\Phi}_h \, 2 \quad \text{und}$$

$$E_t = 2 \pi \cdot f \cdot \frac{\hat{\Phi}_h}{\sqrt{2}} \quad \text{wird:}$$

$$E_l = E_t \cdot \frac{2}{\pi} \cdot \frac{f_1}{f}$$

$$E_r = 2 \, v \cdot 1_{Fe} \cdot \xi \cdot A = 2 \, d_a \, \pi n \, \frac{2p}{2p} \cdot 1_{Fe} \cdot \xi \cdot A$$

$$\bar{\tau}_m = A \cdot \widehat{B} \cdot \frac{\alpha}{\sqrt{2}}$$

$$M = \bar{\tau}_m \cdot \frac{d_a^2}{2} \pi \cdot l_{Fe}$$

$$P_{abg.} = \eta_M \cdot M \cdot 2\pi\, n$$

f_1 ... Kommutatorwicklungsfrequenz
f ... Netzfrequenz.

Aus diesen Gleichungen kann man schließlich die einfachen Beziehungen gewinnen:

$$P = \eta_M \frac{\pi}{2} \cdot d_a \sqrt{\frac{E_1 \cdot E_r}{\xi} \cdot \bar{\tau}_m}$$

$$l_{Fe} = \frac{1}{2v} \cdot \sqrt{\frac{E_1 \cdot E_r}{\xi} \cdot \frac{1}{\bar{\tau}_m}}$$

(Nach R. Stix)

η_M ... mechanischer Wirkungsgrad.

Diese Beziehungen zeigen sehr deutlich auf, in welch eindeutiger Weise E_r und E_1 den Entwurf bzw. auch die Grenzleistung des Einphasen-Reihenschlußmotors bestimmen. Die angegebenen Stixschen Beziehungen dienen am besten zur Kontrolle für einen gewählten Entwurf.

Berechnungsbeispiel (Lokomotivmotor, Type EM 601)

Einphasen-Reihenschlußmotor:

P = 590 kW dd I = 1450 A
E = 463 V
n = 19,7 U/s
f = 16 2/3 Hz

Annahmen:

$\bar{\tau}_m$ = 20000 N/m^2

Pichelmayer-Faktor: $\xi = 6 \cdot 10^{-6}$

$E_r \leq 8$ V $\eta_M = 0,95$
$E_t \leq 3$ V
$E_l \leq 12$ V

Auf Grund der Stixschen Beziehungen würden sich die Hauptabmessungen wie folgt ergeben:

$$d_a = \frac{P \cdot 2}{\eta_M \cdot \pi \sqrt{\dfrac{E_r \cdot E_l}{\xi} \cdot \bar{\tau}_m}} =$$

$$= \frac{590000 \cdot 2}{0,95 \quad \cdot \pi \cdot \sqrt{\dfrac{8 \cdot 12}{6 \cdot 10^{-6}} \cdot 2 \cdot 10^4}} = 0,7 \text{ m}$$

$$l_{Fe} = \frac{1}{2 \cdot 0,7 \cdot \pi \cdot 19,7} \sqrt{\frac{8 \cdot 12}{6 \cdot 10^{-6}} \cdot \frac{1}{2 \cdot 10^4}} = 0,325 \text{ m}$$

Ausgeführt:

d_a = 0,69 m
l_{Fe} = 0,36 m

Im Vergleich hierzu besitzt der Triebmotor der Österreichischen
Standardlokomotive 1042 eine Leistung von 900 kW bei einem
Durchmesser d_a = 0,96 m und einer aktiven Länge von
$$l_{Fe} = 0,335 \text{ m}$$

Man wird bei dem Entwurf eines Lokomotivmotors in vielen Fällen
von der durch die Spurweite festliegenden maximalen Eisenlänge
ausgehen (ca. 350 mm).

Bei Annahme des mittleren spezifischen Drehschubes $\bar{\tau}_m$ erhält
man den Durchmesser aus der nachstehenden Beziehung:

$$\bar{\tau}_m \cdot \frac{1}{2} \cdot d_a^2 \cdot \pi \cdot l_{Fe} = \frac{P}{\eta_M \cdot 2\pi \cdot n}$$

$$d_a = \sqrt{\frac{2 \cdot P}{\eta_M \cdot \pi^2 \cdot l_{Fe} \cdot n \cdot \bar{\tau}_m}} =$$

$$d_a = \sqrt{\frac{2 \cdot 590000}{0,95 \cdot \pi^2 \cdot 2 \cdot 0,36 \cdot 19,7 \cdot 2 \cdot 10^4}}$$

$$\underline{d_a = 0,665 \text{ m}}$$

Mit einer zulässigen transformatorischen Windungsspannung
E_t = 3 Volt und
E_1 = 12 Volt
kann die Rotorfrequenz f_1 und <u>Polzahl</u> bestimmt werden:

$$f_1 = E_1 \cdot \frac{\pi}{2} \cdot \frac{f}{E_t} = 12 \cdot \frac{\pi}{2} \cdot \frac{16 \frac{2}{3}}{3} = 104 \text{ Hz}$$

$$f_1 = p \, n \qquad p = \frac{f}{n} = \frac{104}{19,7} = 5,25$$

Ausgeführt: p = 5   (zehnpolig)

Die Kommutatorumfangsgeschwindigkeit soll im Stundenbetrieb nicht
höher als 35 m/s sein und 50 m/s maximal nicht übersteigen:
d_K = 540 mm

Um eine möglichst große Rotorspannung zu erzielen, macht man die _Lamellenteilung so klein wie möglich_ (bis ca. 4 mm). Die _Nutenzahl_ und _Lamellenzahl_ beträgt bei der hier zu berechnenden Maschine EM 601:

N   = 95 Nuten
k   = 380 Lamellen
d_K = 540 m
N/p= 19   (2 x 4 Leiter pro Nut)

Bei der schon erwähnten Maschine EM 890:

N   = 161 Nuten
k   = 283 Lamellen
N/p = 23   (2 x 3 Leiter pro Nut)

Bei der vorliegenden Maschine wurde die Luftspaltinduktion mit $\hat{B}$ = 0,8 T (heute bis über 1 T) gewählt. Damit ergibt sich mit α = 0,65 ein Luftspaltfluß

$$\hat{\Phi}_h = \hat{B} \cdot l_{Fe} \cdot \frac{d_a \cdot \pi}{2p} \cdot \alpha = 0,8 \cdot 0,36 \cdot \frac{0,69 \cdot \pi}{10} \cdot 0,65 = 4,07 \cdot 10^{-2} \text{ Vs}$$

Zur gegebenen Klemmenspannung E = 463 V wird aufgrund von Erfahrungwerten für

$\quad$ E_L = ca. 0,25 E $\quad\quad$ und

$\quad$ E_R = ca. 0,04 bis 0,05 E

das Spannungspolygon gezeichnet und daraus die zugehörige induzierte EMK zu E_{1h} = 430 V ermittelt (Abb. 391). Man erhält sodann die Leiterzahl der Läuferwicklung:

$$z = \frac{E_{1h} \cdot \sqrt{2}}{n \cdot \hat{\Phi}_h} = \frac{430 \cdot \sqrt{2}}{19,7 \cdot 4,07 \cdot 10^{-2}} = 760$$

sowie die Lamellenzahl $k = \dfrac{z}{2} = \dfrac{760}{2} = 380$.

Legt man 2 x 4 Leiter in eine Nut, wird

$$N = \frac{z}{z_n} = \frac{760}{8} = 95 \quad , \qquad N/p = 95/5 = 19$$

Die Kontrolle der Lamellenteilung sowie der Nutteilung ergibt
ausführbare Werte:

$$\tau_K = \frac{d_K \cdot \pi}{k} = \frac{540 \cdot \pi}{380} = 4,44 \text{ mm}$$

$$\tau_n = \frac{d_a \cdot \pi}{N} = \frac{69 \cdot \pi}{95} = 22,8 \text{ mm}$$

Die Wicklung wird so ausgeführt, daß Ober- und Unterstab verschieden hoch sind (Abb. 383a).
Der Oberstab wird stärker vom Streufeld durchsetzt als der
Unterstab, demnach muß er weniger hoch als der Unterstab
ausgeführt sein (R. Stix).
In Fällen, wo auch diese Maßnahme nicht ausreicht, können
sogenannte Quetschstäbe verwendet werden, bei denen der Stab
aus zwei Teilstäben besteht, die in Maschinenmitte gekreuzt
sind:

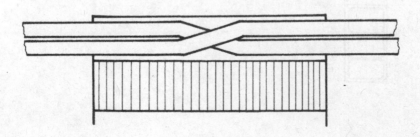

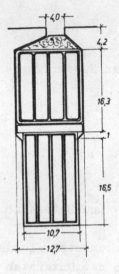

Abb. 383a:
Gestufte Nut bei Bahnmotor
(Stix).

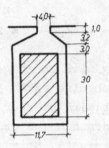

(vereinfacht für X_{1_0})

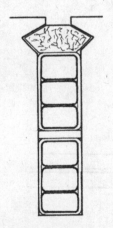

Abb. 383b:
Nutfüllung bei einer
Sechsschichtwicklung.

Die DB bevorzugt die Vier- bzw. Sechsschichtwicklung,
bei welcher die Stäbe, die bei der EM 890 nebeneinander liegen,
übereinander angeordnet sind, sodaß sich von selbst eine wirksame Unterteilung der Stabhöhen ergibt und damit auch geringere
Kommutierungsverluste.
Auch die SBB verwendet meist Mehrschichtwicklungen. Allerdings
ist deren Herstellung schwieriger (Abb.383b).

Cu: 12 x 2,3 mm Oberstab
      16 x 1,8   Unterstab

Die Nut ist gemäß Abb.383a gestuft.

Der Luftspalt wird in seiner Größe durch das Verhältnis $\dfrac{V_\delta}{\Theta_1}$
vorgegeben; dieses liegt erfahrungsgemäß bei 0,4 (nicht kleiner !).
Der Luftspalt und damit V_δ soll einerseits klein sein, um
Erregeramperewindungen zu sparen, andererseits ist ein großer
Luftspalt deshalb vorteilhaft, weil dadurch die Anlaufkurz-
schlußströme über die Bürsten kleiner werden und damit die
Rückwirkung auf das Hauptfeld (Schwächung bzw. die Anlaufer-
wärmung des Kommutators durch diese Kurzschlußströme).
Auch wird bei einem großen Luftspalt die Überhöhung des Leerlauffeldes durch die ungenaue (weil gestufte) Kompensation ge-
ringer sein; mit dieser Feldüberhöhung geht auch eine Erhöhung
der örtlichen Lamellenspannung E_1 Hand in Hand.
Andererseits steigt mit einem großen Luftspalt die Blindleistung
des Motors.
Wenn V_δ nicht kleiner als 0,4 Θ_1 sein soll:

$$\hat{\Theta}_1 = I_1 \sqrt{2}\ \frac{z}{8ap} = 1450 \cdot \sqrt{2} \cdot \frac{760}{8 \cdot 5 \cdot 5} = \underline{7750\ A}$$

$$\hat{V}_\delta = 0,4 \cdot 7750 = \underline{3100\ A}$$

$$\delta = \frac{3100 \cdot 1,256 \cdot 10^{-6}}{0,8} = 0,00486 \text{ m}$$

Ausgeführt: $\underline{\delta = 0,004 \text{ m}}$

(Die Luftspaltinduktion $\widehat{B}$ wurde mit 0,8 T angenommen)

Die Berechnung der Magnetcharakteristik (O. Perner)

Der im Nachstehenden wiedergegebene Berechnungsvorgang weicht hinsichtlich des angewendeten Iterationsverfahrens von jenem ab, das im Abschnitt 3.1 als Beispiel angegeben wurde.
Die Berechnung wurde von Herrn Dipl.Ing.O. Perner nach dem von ihm erweiterten Gauß-Seidelschen Verfahren durchgeführt.

Den Blechschnitt zeigen die Abb. 384 und 386.
Die wichtigsten Abmessungen sind:

$D_a = 0,9$ m	$\delta = 0,004$ m	Hauptpolluftspalt
$D_i = 0,698$ m	$\delta_w = 0,006$ m	Wendepolluftspalt
$d_a = 0,69$ m	$b_w = 0,036$ m	Wendepolschuhbreite
$d_i = 0,41$ m		

Die Magnetcharakteristik $\phi_h(V_2)$ bei Bahnmotoren muß sorgfältig gerechnet werden, da eine nachträgliche Veränderung wegen des Komplettschnittes der Ständerbleche nicht möglich ist.
Zunächst wird rechnerisch die Leerlaufcharakteristik des Motors bestimmt, so als ob es sich um eine fremderregte Maschine handeln würde.

$$E_{1h} = z \cdot n \cdot \frac{p}{a} \cdot \frac{\widehat{\phi_h}}{\sqrt{2}} \ (I_2)$$

$$i_2 = i_2(t) = \widehat{I}_2 \cdot \sin \omega t$$

$$e_{1h}(t) = z \cdot n \cdot \frac{p}{a} \cdot \phi_h \left[i_2(t) \right]$$

Wegen der Sättigungsfunktion von $\phi_h(I_2)$ ist bei sinusförmig angenommener induzierter Spannung e_{1h} der zeitliche Verlauf

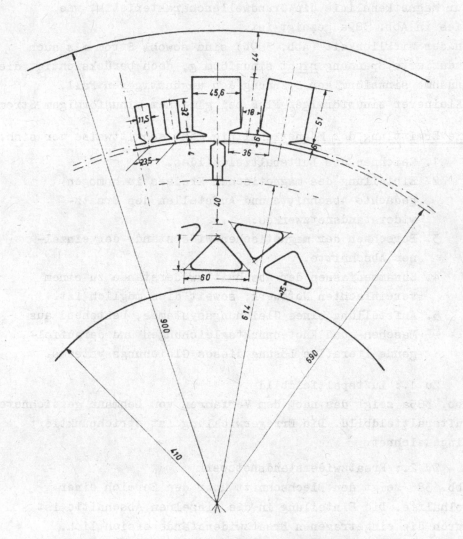

Abb. 384: Lokomotivmotor E 601, Blechschnitt.

von i_1 mehr oder weniger dreiecksförmig, es muß also die
zugehörige Grundwellenamplitude ermittelt werden, bzw.
zur Magnetkennlinie die Grundwellencharakteristik, wie
dies in Abb. 389a gezeigt ist.
In der Wirklichkeit (Abb. 389b) sind sowohl Strom als auch
induzierte Spannung <u>nicht</u> sinusförmig, doch berücksichtigt die
Annahme sinusförmiger Spannung den ungünstigeren Fall.
(Kleinerer sinusförmiger Fluß bei gleichem sinusförmigem Strom).

<u>Die Ermittlung der Magnetkennlinie</u> geht schrittweise vor sich:

1. Zeichnen des Luftspaltfeldbildes.
2. Einteilung des magnetischen Kreises in homogen
   gedachte Abschnitte und Aufstellen des Ersatz-
   widerstandsnetzwerkes.
3. Berechnen der magnetischen Widerstände der einzelnen Abschnitte.
4. Zusammenfassen der Abschnittswiderstände zu einem
   vereinfachten Netzwerk, soweit dies möglich ist.
5. Aufstellung eines Gleichungssystemes, bestehend aus
   Maschen- und Knotenpunktsgleichungen und darauffolgende iterative Lösung dieses Gleichungssystemes.

Zu 1.: Luftspaltfeldbild

Abb. 385a zeigt das nach dem Verfahren von Lehmann gezeichnete
Luftspaltfeldbild. Die Erregerwicklung ist strichpunktiert
eingezeichnet.

Zu 2.: Ersatzwiderstandsnetzwerk

Abb. 386 zeigt den Blechschnitt über den Bereich einer
Polhälfte. Die Einteilung in die einzelnen Abschnitte ist
durch die eingetragenen Ersatzwiderstände ersichtlich.
Zur Vereinfachung sind alle magnetischen Widerstände statt
mit R_m nur mit R bezeichnet.
Die Widerstände in der radialen Jochrichtung werden wegen
ihres erfahrungsgemäß geringen Einflusses vernachlässigt.
Ferner wird angenommen, daß der Fluß durch Nuten und Zähne
nur in radialer (nicht aber in tangentialer) Richtung verläuft,
was etwa den tatsächlichen Verhältnissen entspricht.

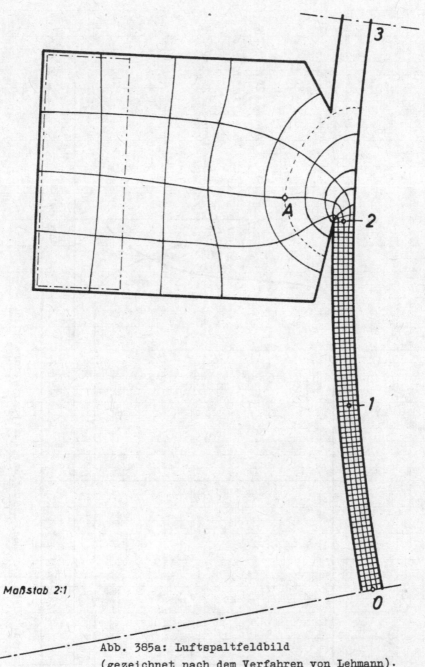

Maßstab 2:1

Abb. 385a: Luftspaltfeldbild
(gezeichnet nach dem Verfahren von Lehmann).

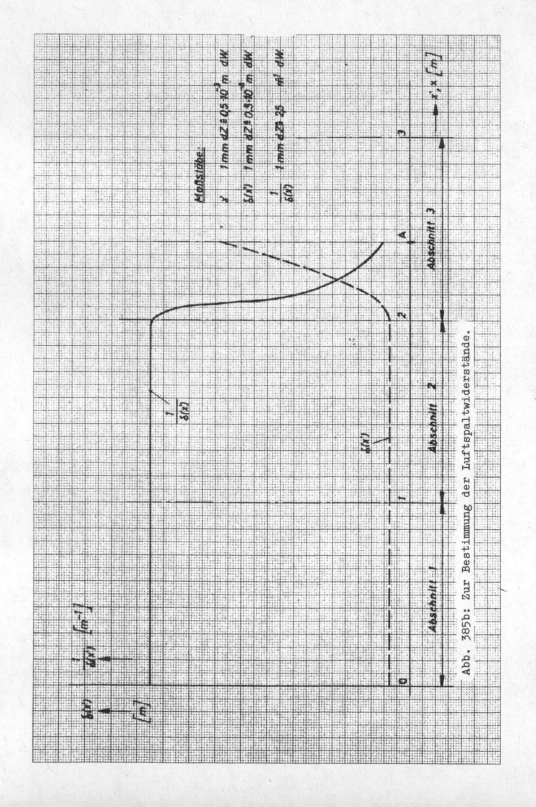

Abb. 385b: Zur Bestimmung der Luftspaltwiderstände.

Die Abb. 386 zeigt nur eine Polhälfte. Das dargestellte
Netzwerk ersetzt dann den gesamten Pol, wenn man

    1) die Querschnitte der dargestellten Abschnitte bei

    der Teilwiderstandsberechnung verdoppelt,

    2) annimmt, daß die im Querschnitt verdoppelten

    Abschnitte auch den doppelten Fluß führen.

    Zu 3.: Magnetische Widerstände der einzelnen Abschnitte
Luftspaltwiderstände $R_{\delta 1}$, $R_{\delta 2}$, $R_{\delta 3}$

Das Blechpaket besitzt keine Ventilationsschlitze in axialer
Richtung, daher ist $k_v = 1$
Für die Berechnung von k_z wird auf eine Potentialfläche in Luftspaltmitte bezogen, da beide Oberflächen genutet sind
(für δ ist nachfolgend also $\delta/2$ zu setzen)

$$k_z = \frac{b_{no} + 4{,}5\,\delta}{b_{no} \cdot \dfrac{\tau_n - b_{no}}{\tau_n} + 4{,}5\,\delta} = \frac{4{,}0 + 4{,}5 \cdot 2}{4{,}0 \cdot \dfrac{23{,}0 - 4{,}0}{23{,}0}} = 1{,}055$$

Gemäß Abschnitt 3.1 sind die Luftspaltwiderstände

$$R_\delta = \frac{k_z}{k_v} \cdot \frac{1}{2l_{Fe} \cdot \mu_0 \displaystyle\int \frac{1}{\delta(x')}\,dx'} = \frac{1{,}055}{2 \cdot 0{,}36 \cdot 4\pi \cdot 10^{-7} \displaystyle\int \frac{1}{\delta(x')}dx'} = \frac{1164}{\displaystyle\int \frac{1}{\delta(x')}\,dx'}$$

In Abb. 385b ist die dem Feldbild (Abb. 385a) entnommene
Funktion $\delta(x')$ sowie deren errechneter Kehrwert $\frac{1}{\delta(x')}$ dargestellt.
Nach Integration und Einsetzen in obiger Beziehung ergibt sich
für die drei Luftspaltabschnitte:

Abschnitt

1      $\displaystyle\int_0^1 \frac{1}{\delta(x')}\,dx' = 8{,}75$ $R_{\delta 1} = 133 \quad . \quad 10^3$ A/Vs

2      $\displaystyle\int_1^2 \qquad = 8{,}75$ $R_{\delta 2} = 133 \quad . \quad 10^3$ A/Vs

3      $\displaystyle\int_2^A \qquad = 1{,}56$ $R_{\delta 3} = 708 \quad . \quad 10^3$ A/Vs

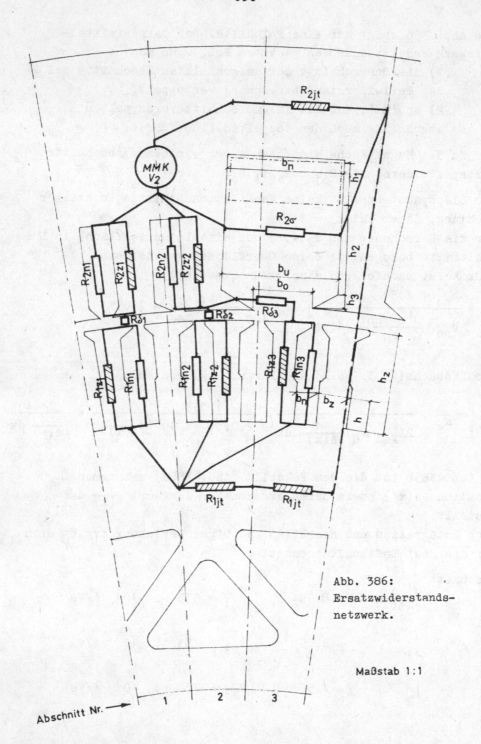

Abb. 386:
Ersatzwiderstands-
netzwerk.

Maßstab 1:1

Abschnitt Nr.

Hauptpolstreufeldwiderstand $R_{2\sigma}$
_____

$$R_{2\sigma} = \frac{1}{\Lambda_{2\sigma}}$$

$$\Lambda_{2\sigma} = 2 \cdot \mu_0 \cdot l_{Fe} \cdot \lambda_{2\sigma}$$

$$\lambda_{2\sigma} = \frac{h_1}{2 \cdot b_n} + \frac{h_2}{b_n} + \frac{2,3 \cdot h_3}{b_u - b_0} \lg \frac{b_u}{b_0}$$

Die Längen h_1, h_2, h_3, b_n, b_0, b_u können der Abb. 386 entnommen werden:

$$\lambda_{2\sigma} = \frac{16}{2 \cdot 45,5} + \frac{36}{45,5} + \frac{2,3 \cdot 4,0}{45,5 - 25,0} \cdot \lg \frac{45,5}{25,0} = 1,28$$

$$\Lambda_{2\sigma} = 2 \cdot 4\pi \cdot 10^{-7} \cdot 0,36 \cdot 1,2 = 1,155 \cdot 10^{-6}$$

$$R_{2\sigma} = 870 \cdot 10^3 \quad A/Vs$$

Nut- und Zahnwiderstände R_{1n}, R_{1z} ; R_{2n}, R_{2z}
_____

Da beim vorliegenden Blechschnitt die Nuten nicht über die ganze Nuttiefe eine gleichbleibende Nutbreite besitzen, kann für den Zahn nicht mit dem Wert $(B_z)_{1/3}$ und dem zugehörigen $(H_z)_{1/3}$ gerechnet werden. Daher wird für mehrere Flüsse φ_z je Zahn der Induktionsverlauf im Zahn $B_z(h)$ über die Zahnhöhe h bestimmt, weiters aus dem Verlauf der Indunktion $B_z(h)$ über die Magnetisierungstabelle des vorliegenden Bleches Tabelle IV[*] der Verlauf der magnetischen Feldstärke im Zahn $H_z(h)$ ermittelt. Für die Abschätzung des Flusses φ_z wird zunächst angenommen, daß es keinen parallelen Fluß durch die Nut und die Blechisolation gibt.

[*]Tabelle IV: Seite 839

$$\varphi_z \doteq \frac{\phi_h \cdot 2p}{\alpha \cdot N}$$

$$B_z(h) = \frac{\varphi_z}{b_z'(h) \cdot l_{Fe}}$$

$$b_z'(h) = b_z(h) \cdot k_{Fe}$$

Die magnetische Spannung V_{zn} an der Zahn-Nutschicht ist:

$$V_z = V_n = V_{zn} = \int_0^{h_z} H_z(h) \cdot dx. \quad \text{Die Integration erfolgt}$$

grafisch.

Abb. 387 zeigt den Verlauf von $B_z(h)$ sowie $H_z(h)$ im Läuferzahn bei einem dem Nennfluß $\phi_{hN} = 4{,}07 \cdot 10^{-2}$ Vs entsprechenden Zahnfluß $\varphi_z = 0{,}658 \cdot 10^{-2}$ Vs. Der magnetische Widerstand eines Zahnes ist

$$r_{1z} = \frac{V_{1zn}}{\varphi_z}$$

Tabelle zu Abb. 387:

φ_{1z} Vs	h $\cdot 10^{-3}$ m	$b_z(h)$ $\cdot 10^{-3}$ m	$b_z'(h)$ $\cdot 10^{-3}$ m	$B_z(h)$ T	$H_z(h)$ $\cdot 10^3$ A/m	V_{1zn} A	r_{1z} $\cdot 10^3$ A/Vs
	0	9,6	8,83	2,07	443		
	16,5	10,69	9,84	1,86	154		
	17,5	8,76	8,06	2,26	146	1725	262
1,0 $\varphi_{1zN} =$	33,5	9,82	9,03	2,01	313		
$= 0{,}658 \cdot 10^{-2}$	37,0	18,75	17,25	1,05	0,401		
konst.	38,0	18,82	17,31	1,05	0,401		

$\varphi_{1zN} \ldots$ Nennfluß im Läuferzahn.

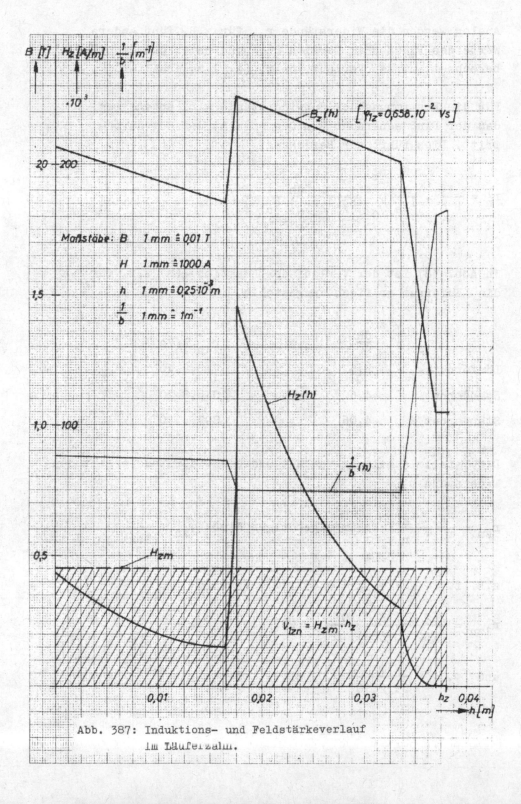

Abb. 387: Induktions- und Feldstärkeverlauf
im Läuferzahn.

Analog werden die Widerstände r_{1z} für z.B. fünf andere Werte des Flusses im Bereich über und unter dem Nennfluß berechnet, um den Verlauf von $r_{1z}(\varphi_{1z})$ zu erhalten.

Für die Bestimmung der Nutwiderstände wird angenommen, daß der Fluß senkrecht zum Querschnitt der Nut durchtritt. Dies führt zur Beziehung:

$$r_n = \frac{1}{\mu_0} \cdot \frac{1}{l_{Fe}} \int_0^{h_z} \underbrace{\frac{dh}{b_z(1-k_{Fe})+b_n(h)}}_{b}$$

In Abb. 387 ist der Verlauf der Funktion $\frac{1}{b}(h)$ z.B. für die Läufernut grafisch dargestellt.

	$\int_0^{h_z} \frac{dh}{b}$	r_{1n} A/Vs
Läufernut –	3,32	$733{,}8.10^4$
Ständernut 1	4,60	$1016{,}8.10^4$
Ständernut 2	4,06	$897{,}4.10^4$

Die Parallelschaltung von Nut und Zahnwiderstand ergibt den Widerstand r_{zn}.

$$r_{zn} = \frac{r_z \cdot r_n}{r_z + r_n} \qquad \text{beim zugehörigen Fluß} \qquad \varphi_{zn} = \frac{V_{zn}}{r_{zn}}$$

z.B. für $\varphi_{1z} = \varphi_{1zN} = 0{,}657.10^{-2}$ Vs wird

$$r_{1zn} = \frac{262 \cdot 733{,}8.10^4}{(262 + 7338).10^3} = 25{,}2.10^4 \text{ A/Vs}$$

und $\varphi_{1zn} = \dfrac{1725}{25{,}2.10^4} = 0{,}685.10^{-2}$ T

Der Widerstand eines Abschnittes der Nutzahnschicht
ergibt sich zu:

$$R_{zn} = \frac{V_{zn}}{\phi} \quad , \quad \text{wobei} \quad \phi = \varphi_{zn} \cdot \frac{2b}{\tau_n}$$

2b   Querschnittsverdoppelung

b = Abschnittbreite

an der Läuferoberfläche

τ_n = Nutteilung

Dabei ist bei Unterteilung des halben Poles in n gleiche Abschnitte

$$b = \frac{\tau_p}{2n} \quad \text{und es wird z.B.}$$

$$R_{1zn1} = R_{1zn2} = R_{1zn3} = R_{1zn}$$

Der Widerstand der Abschnitte 1, 2 und 3 der Läuferzahnschicht
ist z.B. für einen Fluß von $\phi_1 = 0{,}685 \cdot 10^{-2} \cdot \frac{2 \cdot 0{,}216}{2 \cdot 3 \cdot 0{,}0228} =$

$$= 2{,}12 \cdot 10^{-2} \quad \text{pro Abschnitt}$$

gleich $R_{1zn} = \frac{1725}{2{,}12 \cdot 10^{-2}} = 81{,}4 \cdot 10^3$ A/Vs

Tangentiale Jochwiderstände

Da die Abschnitte konstante Breite haben, ist die Induktion
längs der Abschnitte konstant und es gilt:

$$R_{jt} = \frac{V_{jt}}{\phi_{jt}}$$ ϕ_{jt} ... doppelter Fluß eines Joches

$$V_{jt} = H_{jt} \cdot l_{jt}$$ l_{jt} ... mittlere Jochlänge

$$B_{jt} = \frac{\phi_{jt}}{2a_{jt}}$$ a_{jt} ... Querschnitt eines Joches

R_{jt} ... Widerstand der Parallelschaltung zweier Joche

Die Abbildung 388a zeigt den Verlauf aller nichtlinearen
magnetischen Widerstände (Abszisse) als Funktion des
Flusses (Ordinate).

Widerstandstabelle zu Abb. 388a:

ϕ/ϕ_h	ϕ	B	H	V	R	Abschnitt
	Vs	T	A/m	A	A/Vs	
	$.10^{-2}$		$.10^{2}$			
0,8	3,25	0,89	2,9	8,7	267	
0,9	3,65	1,00	3,59	10,77	297	R_{1jt}
1,0	4,07	1,12	4,7	14,10	347	$l_{jt}=0,03$ m
1,1	4,46	1,23	6,35	19,0	427	$a_{jt}= 0,0181$
1,2	4,87	1,34	9,7	29,0	597	
0,8	3,25	1,12	4,7	28,2	867	
0,9	3,65	1,26	6,95	41,7	1140	R_{2jt}
1,0	4,06	1,40	12,6	75,6	1862	$l_{jt}=0,06$ m
1,1	4,46	1,54	25,9	155,4	3482	
1,2	4,87	1,67	56,7	340,2	7117	$a_{jt}= 0,0145$
0,808	1,644			246	$15,0.10^3$	
0,909	1,85			531	$28,75.10^3$	
1,04	2,12			1725	$81,4.10^3$	$R_{1zn1} =$
1,11	2,26			2825	$125 .10^3$	R_{1zn2}
1,21	2,46			4765	$194 .10^3$	
0,808	1,644			197	$12 .10^3$	
0,909	1,85			481	$26 .10^3$	
1,04	2,12			1170	$55 .10^3$	
1,11	2,26			2480	$110 .10^3$	R_{2zn1}
1,21	2,46			4720	$192 .10^3$	
0,808	1,644			98,6	$6,0 .10^3$	
0,909	1,85			241	$13,0.10^3$	
1,04	2,12			891	$42,0.10^3$	R_{2zn2}
1,11	2,26			1580	$70,0.10^3$	
1,21	2,46			3150	$128,0.10^3$	

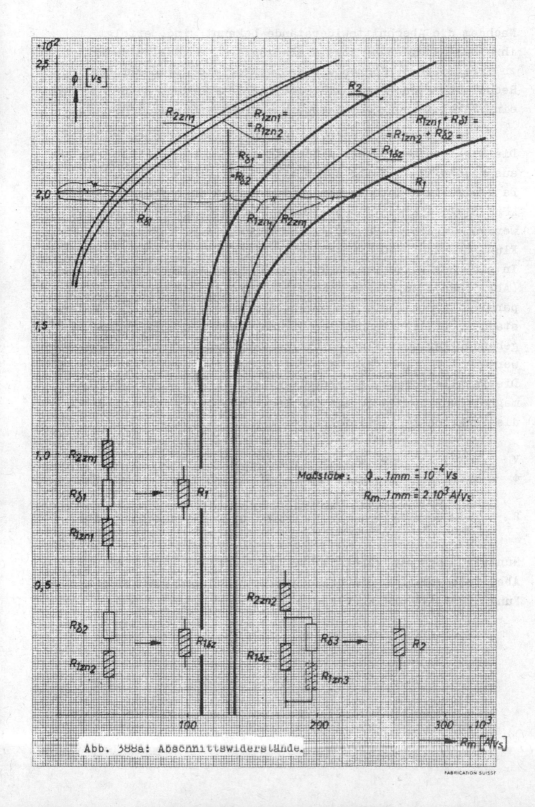

Abb. 388a: Abschnittswiderstände.

Nachdem die Abschnittswiderstände bekannt sind, erfolgt
ihre Zusammenfassung soweit als möglich, um das Netzwerk
zu vereinfachen. Können die Netzwerksgleichungen mit dem
Rechenautomaten (Digitalrechner) gelöst werden, dann ist
eine Vereinfachung des Netzwerkes nicht erforderlich.

Zu 4.: Zusammenfassen der Abschnittswiderstände
Die Zusammenfassung der Widerstände $R_{1zn1} + R_{\delta 1} + R_{2zn2}$
aus Abschnitt 1 ergibt den Ersatzwiderstand R_1.
Da die Teilwiderstände vom gleichen Fluß durchflossen werden,
können sie einfach für bestimmte Flußwerte grafisch addiert
werden. In Abb. 388a ist dieser Vorgang z.B. für einen
Fluß $\phi = 2,0 \cdot 10^{-2}$ T gezeigt.
In gleicher Weise werden $R_{1zn2} + R_{\delta 2}$ aus Abschnitt 2 addiert
(Abb. 388a). Zu diesem Widerstand wird der Widerstand $R_{\delta 3}$
parallel geschaltet; das ergibt den Widerstand R_2. Der Widerstand R_{1zn3} des Abschnittes 3 kann wegen des dort durch-
gehenden geringen Flusses (keine Sättigung) vernachlässigt
werden $- R_{1zn3} \ll R_{\delta 3}$.
Die Parallelschaltung erfolgt analog $r_z \parallel r_n$ für gleiche
magnetische Spannung. Aus der Kennlinie $R(\phi)$ findet man
die Funktion $R(V)$ wie folgt:

$V = R(\phi) \cdot \phi \longrightarrow R(V)$ und wieder

$\phi = V/R(V) \longrightarrow R(\phi)$

$$R_2 = \frac{R_{1\delta z2}(V) \cdot R_{\delta 3}(V)}{R_{1\delta z2}(V) + R_{\delta 3}(V)}$$ (wobei hier $R_{\delta 3}$ konstant ist).

Nunmehr liegt ein vereinfachtes Netzwerk der Form gemäß
Abb. 388b vor. Diese Abbildung zeigt auch den Verlauf der
Funktion $R_1(V)$ und $R_2(V)$.

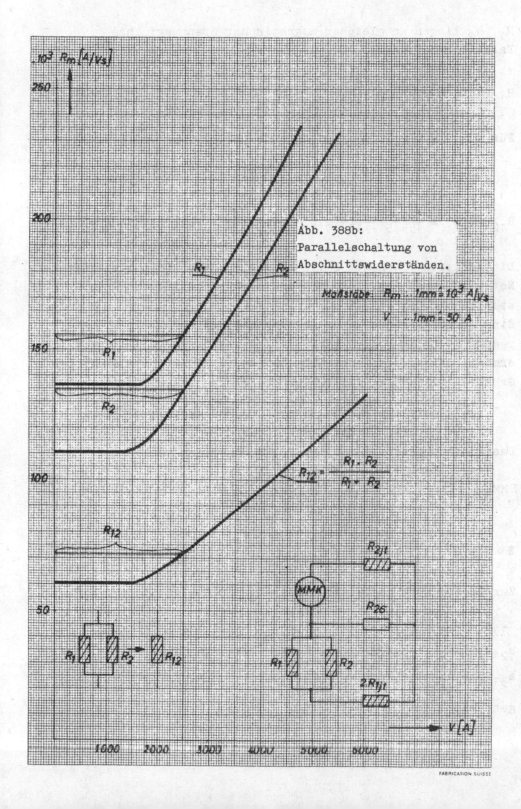

Abb. 388b:
Parallelschaltung von
Abschnittswiderständen.

Maßstäbe: R_m . $1mm \hat{=} 10^3$ A/vs
V . $1mm \hat{=} 50$ A

$$R_{12} = \frac{R_1 \cdot R_2}{R_1 + R_2}$$

R_1, R_2 liegen an gleicher magnetischer Spannung; ihre Parallelschaltung ist

$$R_{12}(V) = \frac{R_1(V) \cdot R_2(V)}{R_1(V) + R_2(V)}$$

Für z.B. $V = 2500$ A ist $R_1 = 155{,}5 \cdot 10^3$ A/Vs

$$R_2 = 134{,}5 \cdot 10^3 \text{ A/Vs}$$

$$R_{12}(2500) = \frac{155{,}5 \cdot 134{,}5}{155{,}5 + 134{,}5} = \frac{2{,}09 \cdot 10^4}{260{,}5} = 72{,}2 \cdot 10^3 \text{ A/Vs}$$

Die Addition von $R_{12} + 2R_{1jt}$ ergibt R_h. Nun liegt das einfache Netzwerk gemäß Abb. 388c mit den dort eingetragenen Widerständen vor.

Eine so weitgehende Vereinfachung gelingt nur, wenn die Erregung nicht am Pol verteilt ist. Das vorliegende Netzwerk ermöglichst es, einfache Gleichungen für die interessierenden Größen, nämlich ϕ_h und V_2 (eventuell ϕ_σ) aufzustellen.

Zu 5.: Iterative Lösung des Gleichungssystemes des
vereinfachten Netzwerkes

Das Gleichungssystem lautet:

Σ MMK = 0 $\qquad R_h \cdot \phi_h + R_{2jt} \cdot \phi = V_2 \qquad$ Maschengleichungen

$$R_{2\sigma} \cdot \phi_\sigma + R_{2jt} \cdot \phi = V_2$$

$\Sigma \phi = 0 \qquad \phi_h + \phi_\sigma - \phi = 0 \qquad$ Knotenpunktsgleichung

Zur Lösung wird das Gleichungssystem in die Form:

$$x_1 + a_{12}x_2 + a_{13}x_3 + \dots \quad a_{1i}x_i + \dots \quad a_{1m}x_m = b_1$$
$$a_{21}x_1 + x_2 + a_{23}x_3 + \dots \quad a_{2i}x_i + \dots \quad a_{2m}x_m = b_2$$
$$a_{31}x_1 + a_{32}x_2 + x_3 + \dots \quad a_{3i}x_i + \dots \quad a_{3m}x_m = b_3$$

gebracht.

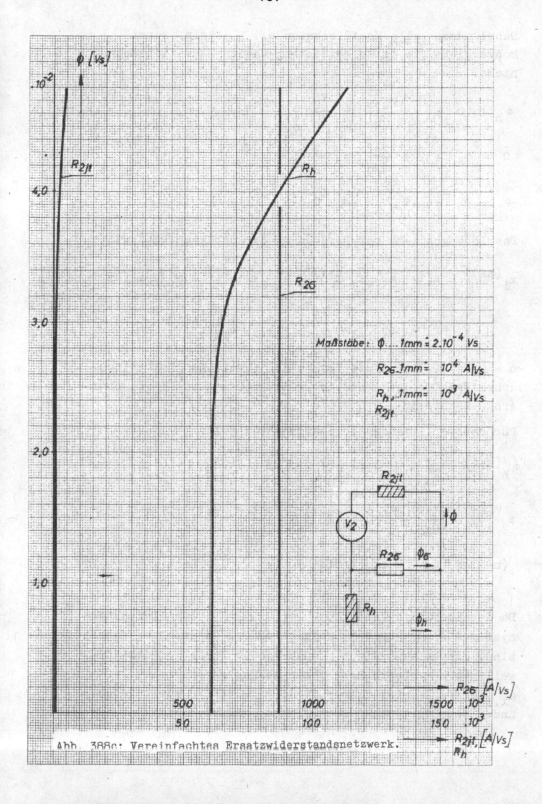

Abb. 388c: Vereinfachtes Ersatzwiderstandsnetzwerk.

Dabei müssen __alle__ Koeffizienten $a_{ij} \leq 1$ sein, sonst
konvergiert die im Folgenden angewandte Iterationsmethode
nicht.

$$\phi_h + 0 + \phi \frac{R_{2jt}}{R_h} = \frac{V_2}{R_h}$$

$$0 + \phi_\sigma + \phi \frac{R_{2jt}}{R_{2\sigma}} = \frac{V_2}{R_{2\sigma}}$$

$$-\phi_h - \phi_\sigma + \phi = 0$$

Das Lösungsschema zur Berechnung der Unbekannten lautet:

$$x_i^{(n+1)} = b_i - \left\{ a_{i,1} x_1^{(n+1)} + a_{i,2} x_2^{(n+1)} + a_{i,i-1} \cdot x_{i-1}^{(n+1)} \right\}$$

$$- \left\{ a_{i,i+1} x_{i+1}^{(n)} + \dots a_{im} x_m^{(n)} \right\}$$

$n = 0, 1, 2, 3$ ist die Nummer des jeweiligen Iterations-
schrittes für die Iteration von x_i (wobei $x_i^{(0)}$ ... erste
grobe Schätzung).

Für das vorliegende Gleichungssystem gilt:

$$\phi_h^{(n+1)} = \frac{V_2}{R_h} - \left\{ 0 \cdot \phi_\sigma^{(n)} + \frac{R_{2jt}}{R_h} \cdot \phi^{(n)} \right\}$$

$$\phi_\sigma^{(n+1)} = \frac{V_2}{R_{2\sigma}} - \left\{ 0 \cdot \phi_h^{(n+1)} + \frac{R_{2jt}}{R_{2\sigma}} \cdot \phi^{(n)} \right\}$$

$$\phi^{(n+1)} = 0 - \left\{ (-1) \cdot \phi_h^{(n+1)} + (-1) \cdot \phi_\sigma^{(n+1)} \right\}$$

Da die Koeffizienten $a_{i,j}$ (hier R_{2jt}, R_h) des Gleichungssystemes nicht konstant sondern von x_i (hier ϕ, ϕ_h) abhängig
sind, müssen auch die $a_{i,j}$ nach jeder Iteration dem jeweiligen x_i entsprechend ihrer Abhängigkeit
$a_{i,j} = f(x_i)$ $\left(\text{hier } R_{2jt} = f(\phi), R_h = f(\phi_h)\right)$ von x_i abgeändert werden.

Für die Rechnung ist die Konstanz der magnetischen Widerstände des Kreises bei kleinen Flüssen in den Zweigen
von Nutzen. Für ein angenommenes kleines V_2, für das man erwarten kann, daß die Widerstände noch konstant sind
(hier siehe Abb. 388c, ca. $V = R_h \cdot \phi_h = 62^3 \cdot 10^3 \cdot 2{,}0 \cdot 10^{-2} = 1240$ A)
schätzt man grob die zugehörigen Flüsse ϕ, ϕ_h, ϕ_σ .
Zu diesen Flüssen bestimmt man die zugehörigen Widerstände
ϕ, $\phi_h \longrightarrow R_{2jt}$, R_h und berechnet mit obigem Lösungsschema bessere Werte von ϕ, ϕ_h, ϕ_σ. Dabei sind soviele Rechen-
schritte zu machen, bis sich die $\phi^{(n+1)}$ nur mehr geringfügig von den $\phi^{(n)}$ unterscheiden:

$$|\phi^{(n+1)} - \phi^{(n)}| = \Delta\phi \leq \varepsilon \,|\phi^{(n)}| \qquad \varepsilon \ldots \text{ Maß für die gewünschte}$$

$$\text{Rechengenauigkeit}$$

$$(\text{hier } 0{,}1 \ \% \text{ gewählt, } \varepsilon = 0{,}001)$$

Beispiel:

$V_2 \quad = 1000$ A $\quad$ angenommen

$\phi_h^{(0)} = 1{,}7 \cdot 10^{-2}$

$\qquad\qquad\qquad\qquad$ geschätzt $\quad (n = 0)$

$\phi_\sigma^{(0)} = 0{,}2 \cdot 10^{-2}$

$\phi^{(0)} = 1{,}9 \cdot 10^{-2} \quad$ aus Knotenpunktsgleichung (könnte auch
$\qquad\qquad\qquad\qquad\qquad$ frei geschätzt werden)

Aus den Kennlinien $R_{2jt}(\phi)$, $R_h(\phi_h)$ in Abb. 388c findet
man die zugehörigen

$R_{2jt}(1{,}9 \cdot 10^{-2}) = 500 \quad$ A/Vs

$R_h(1{,}7 \cdot 10^{-2}) \quad = 61 \cdot 10^3$ A/Vs

$R_{2\sigma} = 870 \cdot 10^3$ A/Vs $=$ konst.

$$\phi_h^{(1)} = \frac{1000}{61.10^3} - \left\{ 0 + \frac{500}{61.10^3} \cdot 1{,}9.10^{-2} \right\} = 1{,}6237 \cdot 10^{-2}$$

$$\phi_\sigma^{(1)} = \frac{1000}{870.10^3} - \left\{ 0 + \frac{500}{870.10^3} \cdot 1{,}9.10^{-2} \right\} = 0{,}1138 \cdot 10^{-2}$$

$$\phi^{(1)} = \qquad\qquad\qquad\qquad = 1{,}7375 \cdot 10^{-2}$$

$$\phi_h^{(2)} = \frac{1000}{61.10^3} - \left\{ 0 + \frac{500}{61.10^3} \cdot 1{,}7375.10^{-2} \right\} = 1{,}6251 \cdot 10^{-2}$$

$$\phi_\sigma^{(2)} = \frac{1000}{870.10^3} - \left\{ 0 + \frac{500}{870.10^3} \cdot 1{,}7375.10^{-2} \right\} = 0{,}0800 \cdot 10^{-2}$$

$$\phi^{(2)} = \qquad\qquad\qquad\qquad = 1{,}7051 \cdot 10^{-2}$$

$$\phi_h^{(3)} = \frac{1000}{61.10^3} - \left\{ 0 + \frac{500}{61.10^3} \cdot 1{,}7051.10^{-2} \right\} = 1{,}6253 \cdot 10^{-2}$$

$$\phi_\sigma^{(3)} = \frac{1000}{870.10^3} - \left\{ 0 + \frac{500}{870.10^3} \cdot 1{,}7051.10^{-2} \right\} = 0{,}1139 \cdot 10^{-2}$$

$$\phi^{(3)} = \qquad\qquad\qquad\qquad = 1{,}7392 \cdot 10^{-2}$$

$$\underline{\phi_h^{(4)} = \qquad\qquad\qquad\qquad = 1{,}6253 \cdot 10^{-2}}$$

$$\underline{\phi_\sigma^{(4)} = \qquad\qquad\qquad\qquad = 0{,}1139 \cdot 10^{-2}}$$

$$\underline{\phi^{(4)} = \qquad\qquad\qquad\qquad = 1{,}7392 \cdot 10^{-2}}$$

Ein Vergleich der Flußwerte $\phi^{(n+1=4)}$ und $\phi^{(n=3)}$ zeigt, daß die obige Bedingung erfüllt ist und der Wert $\phi^{(n+1=4)}$ ausreichend genau ist. Die zu diesen neu errechneten Flüssen gehörigen Widerstände sind gleich den vorherigen (siehe Abb. 388c).

$V_2 = 2000$ A   angenommen.

Mit den Fluß- und Widerstandswerten für das vorhergehende
$V_2 = 1000$ A wird weitergerechnet ($\cong$ grobe erste Schätzung).

$$\phi_h^{(0)} = 1,62 \cdot 10^{-2} \qquad\qquad R_h = 61 \cdot 10^3 \text{ A/Vs}$$

$$\phi_\sigma^{(0)} = 0,11 \cdot 10^{-2} \qquad\qquad R_{2jt} = 500 \text{ A/Vs}$$

$$\phi^{(0)} = 1,73 \cdot 10^{-2}$$

$$\phi_h^{(1)} = \frac{2000}{61 \cdot 10^3} - \left\{ 0 + \frac{500}{61 \cdot 10^3} \cdot 1,73 \cdot 10^{-2} \right\} = 3,26 \cdot 10^{-2}$$

$$\phi_\sigma^{(1)} = \frac{2000}{870 \cdot 10^3} - \left\{ 0 + \frac{500}{870 \cdot 10^3} \cdot 1,73 \cdot 10^{-2} \right\} = 0,22 \cdot 10^{-2}$$

$$\phi^{(1)} = \qquad\qquad\qquad\qquad\qquad = 3,48 \cdot 10^{-2}$$

Obwohl diesen Flußwerten andere Widerstände entsprechen,
werden letztgenannte zunächst noch konstant belassen, bis
sich die Flußwerte nicht mehr ändern.

$$\phi_h^{(5)} = 3,247 \cdot 10^{-2} \text{ Vs}$$

$$\phi_\sigma^{(5)} = 0,118 \cdot 10^{-2} \text{ Vs}$$

$$\phi^{(5)} = 3,336 \cdot 10^{-2} \text{ Vs}$$

Jetzt werden die Werte $a_{i,j}$ (hier $\frac{R_{2jt}}{R_h}$, $\frac{R_{2jt}}{R_{2\sigma}}$) und

b_i (hier $\frac{V_2}{R_h}$, $\frac{V_2}{R_{2\sigma}}$) einmal verändert entsprechend den nach-

stehenden Gleichungen:

$$b_i^{(k+1)} = (b_i^{(k)} - b_i^{(k-1)}) \cdot \alpha^{(k)} + b_i^{(k-1)}$$

$$a_{i,j}^{(k+1)} = (a_{i,j}^{(k)} - a_{i,j}^{(k-1)}) \cdot \alpha^{(k)} + a_{i,j}^{(k-1)}$$

$k = 1, 2, 3 \ldots$ Zahl der Schritte, mit der die Widerstände
den Flüssen entsprechend geändert werden.

$\alpha^{(k=1)} = 0 < \alpha^{(k>0)} < 1.$

$R_h^{(1)} = 61 \cdot 10^3$ A/Vs

$R_{2jt}^{(1)} = 500 \cdot 10^3$ A/Vs

$R_{2\sigma} = 870 \cdot 10^3$ A/Vs $\cdot$ = konst.

$R_h^{(2)}(\phi_h^{(5)}) = R_h^{(1)}(3,247 \cdot 10^{-2}) = 68 \cdot 10^3$ A/Vs

$R_{2jt}^{(2)}(\phi^{(5)}) = R_{2jt}^{(1)}(3,336 \cdot 10^{-2}) = 800$ A/Vs

Der Faktor $\alpha^{(k)}$ bestimmt das Maß, in dem die Widerstände den
neuen Flüssen entsprechend abgeändert werden. $\alpha^{(k)}$ kann
umso größer gewählt werden, je weniger sich die Widerstände
mit dem Fluß ändern (hier $\alpha^{(1,2,\ldots)} = 0,2$ gewählt).

$$b_1^{(3)} = \frac{V_2}{R_h} = (\frac{V_2}{R_h^{(2)}} - \frac{V_2}{R_h^{(1)}}) \cdot \alpha^{(1)} + \frac{V_2}{R_h^{(1)}}$$

$$= 0,032112 \qquad (R_h = \frac{V_2}{b_1} = 62,28 \cdot 10^3 \text{ A/Vs})$$

analog gerechnet werden $b_2^{(3)}$, $a_{13}^{(3)}$, $a_{23}^{(3)}$.

Diese korrigierten Koeffizienten werden während der Iteration
der x_i wieder konstant belassen und dafür die Flüsse neu berechnet und so lange verbessert, bis sie sich nicht mehr ändern. Dann werden wieder die Koeffizienten entsprechend den neu
ermittelten Flüssen korrigiert, usf..

Führt man diese Rechnung für steigende Werte von V_2 durch,
so erhält man schließlich die Magnetkennlinie des Hauptfeld-
kreises $\phi_h = f(V_2)$. Sie ist in Abb. 389a dargestellt, ebenso
die aus ihr gewonnene Grundwellencharakteristik. Aus dieser
ergibt sich der zum Nennfluß ($\triangleq$ Nennspannung) gehörige Scheitelwert der Erregerdurchflutung mit $\widehat{V}_2 = 3300$ A.

Bei 10-facher Parallelschaltung und 1450 A Nennstrom erhält man
16 Windungen pro Pol.

Danach ist die Kompensations- und Wendepolwicklung zu bestimmen:

$$\widehat{\theta}_1 = \sqrt{2} \cdot 1450 \cdot \frac{760}{8 \cdot 5 \cdot 5} = \sqrt{2} \cdot 1450 \cdot 3,8$$

Die Ankerwindungszahl beträgt 3,8 Windungen pro Pol.

Auf einem Pol würden hiervon $0,65 \cdot 3,8 = 2,47$ Windungen zu
kompensieren sein ($\alpha = 0,65$).

Aus wicklungstechnischen Gründen wurden jedoch nur zwei
Windungen im Polbereich vorgesehen, dem entsprechen vier Nuten.
Der Rest der Kompensationswicklung mit $3,8 - 2 = 1,8$ Windungen
muß am Wendepol untergebracht werden.

Für die Erregung des Wendefeldes sind darüber hinaus noch
0,9 Windungen vorgesehen, sodaß insgesamt 2,7 Windungen am
Wendepol untergebracht werden.

Bei 10-facher Parallelschaltung sind es 27 Windungen, die
von 145 A durchflossen werden (je Zweig).

Bestimmung des Wendepolluftspaltes

Nachdem die das Wendefeld erregenden Windungen festgelegt wurden
(0,9 Windungen), fehlt für die Bestimmung des Wendepolluft-
spaltes (Wendepolfedes) noch die Reaktanzspannung E_r, die
vereinfacht mit Hilfe der Pichelmayerformel bei Einphasen-
Reihenschlußmotoren jedoch besser durch ein genaueres Verfahren zu bestimmen ist (vgl. Abschnitt 6.3).

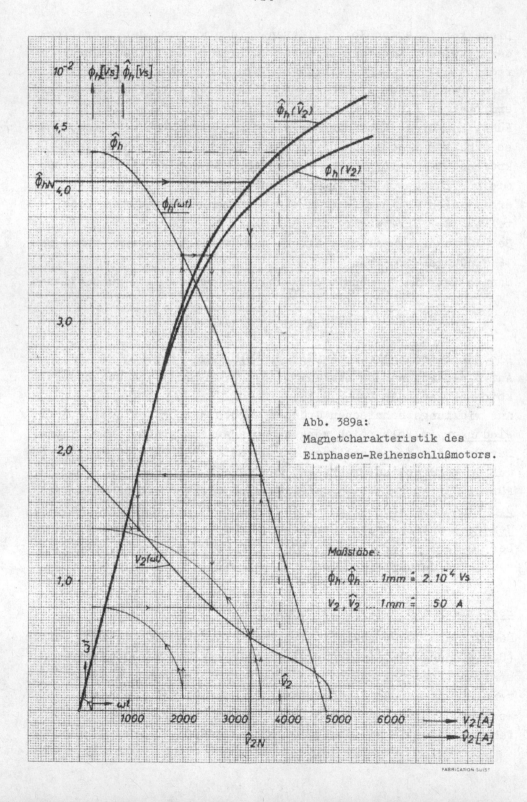

Abb. 389a:
Magnetcharakteristik des
Einphasen-Reihenschlußmotors.

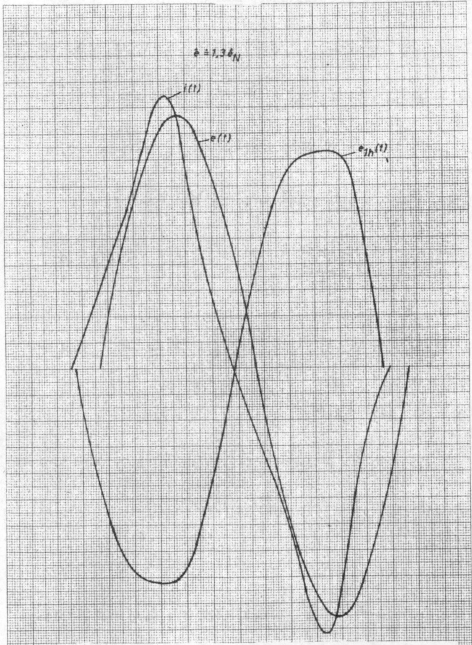

Abb. 389b: Sättigungseinfluß auf den Verlauf von Strom und
induzierter Läuferspannung beim Einphasen-
Reihenschlußmotor.

Genaue Berechnung der Reaktanzspannung

$$e_{ro} = \mu_o \cdot \frac{I}{a} \cdot \frac{v_K}{b_B} \cdot l_{Fe}(\lambda_{no} + \lambda_z) + l_s\lambda_s \quad ; \quad \lambda_{no} + \lambda_z = \lambda_o$$

$$\lambda_{no} = \frac{12,0}{3 \cdot 12,7} + \frac{2,46}{12,7} + \frac{2,3 \cdot 3,2}{12,7-4} \cdot \lg \frac{12,7}{4} + \frac{1}{4} = 1,16$$

$$\lambda_{nu} = \frac{16,0}{3 \cdot 10,7} + \frac{4,7 + 16,24}{12,7} + \frac{2,3 \cdot 3,2}{12,7 - 4} \lg \frac{12,7}{4} + \frac{1}{4} = 2,38$$

$$\lambda_{nou} = \frac{12,0}{2 \cdot 12,7} + \frac{2,46}{12,7} + \frac{2,3 \cdot 3,2}{12,7 - 4} \lg \frac{12,7}{4} + \frac{1}{4} = 1,34$$

$$\lambda_z = \frac{b}{4.\delta_w} + \left(\frac{1}{\dfrac{2.\delta_w}{b_1} + \dfrac{2.\delta_w}{b_2}}\right) = 1,51 \qquad \begin{aligned} b &= 1,9 \\ b_1 &= 2,0 \\ b_2 &= 1,5 \end{aligned}$$

$$l_s \cdot \lambda_s = 0,36 \cdot 0,3 = 0,108 \text{ m}$$

$$\lambda_o = 1,16 + 1,51 = 2,67 \qquad\qquad v_K = \frac{540.\pi.1180}{60} = 33,4 \text{ m/s}$$

$$\lambda_u = 2,38 + 1,51 = 3,89$$

$$\lambda_{ou} = 1,34 + 1,51 = 2,85$$

$$e_{ro} = 1,256 \cdot 10^{-6} \cdot \frac{I}{5} \cdot \frac{33,4}{0,0125} \cdot (0,36 \cdot 2,67 + 0,108) = 1,04 \text{ V}$$

$$e_{ru} = 1,256 \cdot 10^{-6} \cdot \frac{1450}{5} \cdot \frac{33,4}{0,0125} \cdot (0,36 \cdot 3,89 + 0,108) = 1,47 \text{ V}$$

$$e_{roo} = e_{ro} = 1,04 \text{ V}$$

$$e_{ruu} = e_{ru} = 1,47 \text{ V}$$

$$e_{rou} = 1,256 \cdot 10^{-6} \cdot \frac{1450}{5} \cdot \frac{33,4}{0,0125} \cdot (0,36.2,85 + 0,108) = 1,09$$

(Längen bei der Berechnung von λ in mm !)

Nach Kenntnis der Teil-Reaktanzspannungen ist der zeitliche
Ablauf der einzelnen Teilspannungen an Hand des Wicklungs-
schaltbildes festzustellen.

Wegen $\frac{k}{2\,p} = \frac{380}{10}$ = gerade und ganzzahlig, treten neue Spulen
immer nach Ablauf einer Lamellenteilung τ_K in die Kommutierung ein (Abb. 390).

Die Lamellenbedeckung α_K durch eine Bürste beträgt:

$$\underline{\alpha_K} = \frac{b_B}{\tau_K} = \frac{12,5}{4,55} = \underline{2,75}$$

τ_K ... Lamellenteilung

b_B ... Bürstenbreite

Betrachtet wird die Spannung, die in den Spulen

1 o - 38 u   bzw.

2 o - 39 u   induziert wird (Abb. 390c).

Beginnt man mit dem Eintritt der Spulen

379 o - 36 u

 37 o - 74 u

341 o - 78 u

in die Kommutierung zum Zeitpunkt t_1, und folgen die weiteren
Kommutierungen im Abstand von jeweils einer Lamellenteilung
darauf, so erhält man folgendes Ablaufschema für die einzelnen
Induktionsvorgänge:

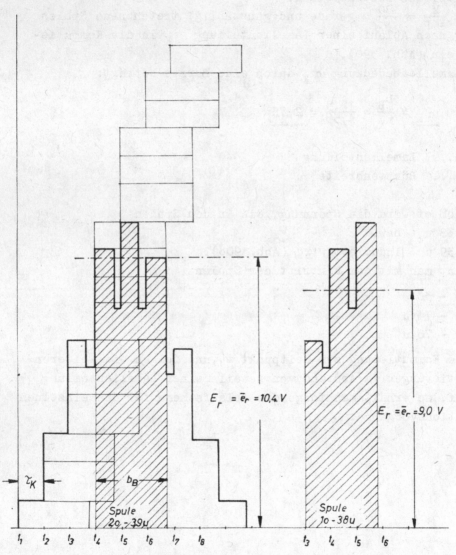

Abb. 390a: Zeitlicher Verlauf von E_r.

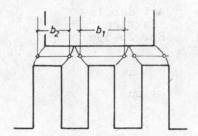
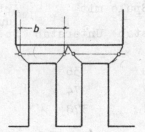

Abb. 390b: Zur Bestimmung von λ_z unter dem Wendepol.

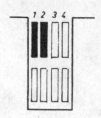
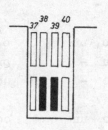

Abb.390c:
Lage der kommutie-
renden Spulen in
der Nut.

Abb.391:
Näherungsweises Spannungspoly-
gon des Einphasen-
Reihenschlußmotors.

Zeit-punkt	Spule mit		Art der In-duktion Sp. 1o-38u	Art der In-duktion Sp. 2o-39u
	Oberstab	Unterstab		
	379	36	-	-
t_1	37	74	ou	ou
	341	378	-	-
	380	37	uu	uu
t_2	38	75	ou	ou
	342	379	-	-
	1	38	o, u	oo, uu
t_3	39	76	ou	ou
	343	380	-	-
	2	39	oo, uu	o, u
t_4	40	77	ou -	ou -
	344	1	uo -	uo -
	3	40	oo uu	oo uu
t_5	41	78	- -	- -
	345	2	uo -	uo -
	4	41	oo	oo
t_6	42	79	-	-
	346	3	uo	uo
	5	42	-	-
t_7	43	80	-	-
	347	4	uo	uo

Gemäß Abb.390a ergibt sich für die beiden betrachteten Spulen eine mittlere Reaktanzspannung:

$$\underline{E}_r = \frac{10,4 + 9,0}{2} = \underline{9,7}$$

Mit der genauen Kenntnis des Wertes von E_R kann der
Wendepolluftspalt endgültig bestimmt werden. Hierbei muß
auch die Abflachung der Rotordurchflutung durch die Kommu-
tierungszone berücksichtigt werden (Abb. 392a).
Die Abflachung verläuft gemäß $\int A(x).dx \doteq \int kx.dx$ parabolisch.
Als wirksam ergeben sich gemäß Abb. 392b 1550 AW, die den
Wendepol bei ungeshunteter Maschine erregen ($I_w \doteq I$).
Um eine Anzapfung der Wendepolwicklung zu vermeiden, wird
der Shunt zur gesamten Wendepolwicklung parallelgeschaltet.
Wegen des Shunt sind Wendepol- und Rotordurchflutung nicht
mehr phasengleich; die Summierung muß daher vektoriell er-
folgen (Abb. 392b) Demnach sind die wirksamen Amperewindungen
1600 A, wenn der Wendepolstrom, um β gedreht, 1450 A bleibt.
Der Shuntstrom ergibt sich mit $I . \sin\beta = I_S = \underline{176\ A};($ aus
Danach wird der Wendepolstrom   Abb. 392c)

$$I_w = \sqrt{1450^2 - 176^2} = \underline{1440\ A}$$

Der Shunt ist für 176 A und eine Spannung $E_W + E_{W\sigma} =$
$= 11,7 + 6,4 = 18,1$ V zu bemessen.
Damit kann endgültig der Wendepolluftspalt bestimmt werden:

$$E_f = \sqrt{9,7^2 + 3^2} \doteq 10\ V$$

$$\hat{B}_w = \frac{10 . \sqrt{2}}{2 . 0,36 . 42,6} = 0,46\ T$$

$$\underline{\delta'_w} = \frac{1550 . \sqrt{2}}{0,8 . 0,46 . 10^6} = \underline{0,00595\ m}$$

Ausgeführt: 6 mm

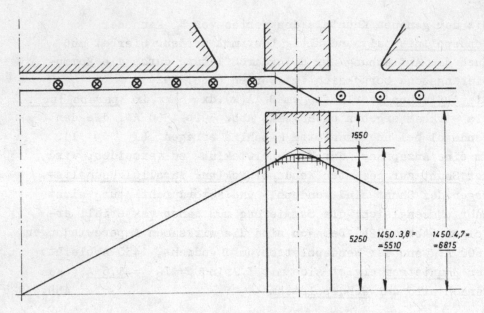

Abb. 392a: Durchflutungsverlauf in der Kommutierungszone.

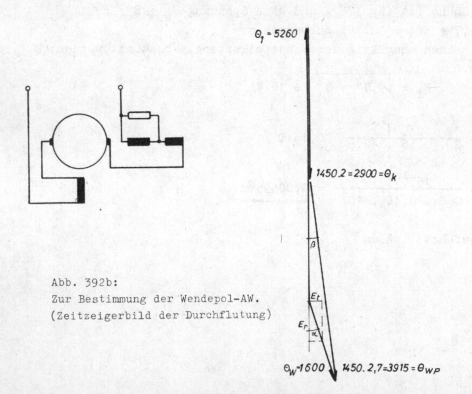

Abb. 392b:
Zur Bestimmung der Wendepol-AW.
(Zeitzeigerbild der Durchflutung)

Die Ständerkupferabmessungen betragen:

Erregerwicklung: $\dfrac{15,6 \times 2,25}{16,0 \times 2,65}$ mm blank
mm isoliert

Kompensationswicklung: $\dfrac{29,5 \times 9,5}{30 \times 10}$ mm blank
mm isoliert

Wendepolwicklung: $\dfrac{8,6 \times 4,3}{90 \times 4,9}$ mm blank
mm isoliert

Reaktanzen und Widerstände

Zur Berechnung der Betriebskennlinien und des Wendepolshunts
ist die Kenntnis der Reaktanzen und Widerstände nötig
(vgl. Abschnitt 8.5).

Der ohmsche Widerstand einer Kommutatorwicklung ist

$$R_1 = \frac{z \cdot l_m}{4 \cdot a_1^2 \cdot \varkappa \cdot a_{Cu}}$$

Hauptfeldreaktanz X_{2h}

$$X_{2h} = \frac{4,44 \cdot 16,6 \cdot 16 \cdot 4,07 \cdot 10^{-2}}{1450} = \frac{48,2}{1450} = \underline{0,0332 \ \Omega}$$

(beim Nennpunkt, ohne Berücksichtigung des differentiellen
Anteiles $I \cdot \dfrac{dX}{dI}$)

Wendepol-Hauptreaktanz X_{wh}

$$X_{wh} = \frac{4{,}44 \cdot 16{,}6 \cdot 27 \cdot 5{,}85 \cdot 10^{-3}}{1450} = 8{,}08 \cdot 10^{-3} \ \Omega$$

$$\underline{\phi_w} = 0{,}036 \cdot 0{,}36 \cdot 4520 = \underline{5{,}85 \cdot 10^{-3} \ Vs}$$

$$\underline{E_{wh}} = 1450 \cdot 8{,}08 \cdot 10^{-3} = \underline{11{,}7 \ V} \quad ; \text{ maßgebend für den Shunt.}$$

Für die Selbstinduktionsspannung durch das Wendefeld sind von den gesamten 27 Windungen am Wendepol nur jene 9 Windungen maßgebend, die das Wendefeld erregen.

$$\underline{E_{wh}^+} = \frac{9}{27} \cdot 11{,}7 = \underline{3{,}9 \ V}$$

Streureaktanz der Kommutatorwicklung $X_{1\sigma}$

$$\underline{\lambda_n} = \frac{30}{3 \cdot 11{,}7} + \frac{3}{11{,}7} + \frac{2{,}3 \cdot 3{,}2}{11{,}7-4} \lg \frac{11{,}7}{4} + \frac{1}{4} = \underline{1{,}8}$$

$$\underline{\lambda_z} = \frac{1}{16 \cdot \delta} \cdot \left[(\tau_{n1}-o_1)+(\tau_{n2}-o_2) \cdot \frac{N_1}{N_2}\right]= \frac{1}{16 \cdot 0{,}4} \cdot \left[(2{,}28-0{,}8) + \right.$$

$$o_1, \ o_2 = \text{Nutöffnung}$$

$$\left. +(2{,}35-0{,}8) \cdot \frac{92}{95}\right] = \underline{0{,}465}$$

$$\lambda_s = 0{,}3$$

$$l_s = 0{,}36 \ m$$

$$X_{1\sigma} = 15{,}79 \cdot 16{,}6 \cdot 8^2 \cdot \frac{95}{10} \cdot \frac{1}{100} \cdot 5 \cdot \left[\underbrace{0{,}36(1{,}8+0{,}465)}_{0{,}815} + \right.$$

$$\left. + \underbrace{\frac{95}{10} \cdot (0{,}36 \cdot 0{,}3)}_{1{,}03} \right] \cdot 10^{-6} = \underline{1{,}47 \cdot 10^{-2} \ \Omega}$$

$$E_{1\sigma} = 1450 \cdot 1{,}47 \cdot 10^{-2} = \underline{21{,}3 \ V}$$

Streureaktanz der Kompensationswicklung $X_{K\sigma}$

$$\lambda_n = \frac{29,5}{3.11,5} + \frac{1}{11,5} + \frac{2,3 \cdot 3}{11,5 - 4} \lg \frac{11,5}{4} + \frac{1}{4} = 1,609$$

$$\lambda_s = 0,3$$

$$l_s = 0,615$$

$$\underline{X_{K\sigma}} = 15,76.16,6 \cdot \frac{40}{10} \cdot 5.\left[0,36.1,609 + \frac{40}{10} \cdot 0,3.0,615\right].10^{-6} =$$

$$= \underline{6,88.10^{-3} \, \Omega}$$

$$\underline{E_{K\sigma}} = 1450 \cdot 6,88 \cdot 10^{-3} = \underline{9,9 \ \ V}$$

Streureaktanz der Erregerwicklung $X_{2\sigma}$

$$\lambda_n = \frac{16}{3.45,5} + \frac{35}{45,5} + \frac{1}{20} + \frac{2,3 \cdot 5}{45,5 - 20} \lg \frac{45}{20} = 1,102$$

$$\lambda_s = 0,3$$

$$l_s = 0,3$$

$$\underline{X_{2\sigma}} = 15,76.16,6. \frac{20}{10} .16^2 \cdot \frac{1}{10^2} .5.\left[0,36.1,102 + 0,3.0,3. \frac{20}{10}\right].10^{-6} =$$

$$= \underline{3,86.10^{-3} \ \Omega}$$

$$\underline{E_{2\sigma}} = 1450 \cdot 3,86 \cdot 10^{-3} = \underline{5,6 \ V}$$

Streureaktanz der Wendepolwicklung $\underline{X_{w\sigma}}$

$$\lambda_n = \frac{28}{3.45,5} + \frac{1}{20} + \frac{2,3.5.\lg \frac{45,5}{20}}{45,5 - 20} + \frac{1}{45,5} = 0,44$$

$$\lambda_s = 0,3$$

$$l_s = 0,18 \text{ m}$$

$$\underline{X_{w\sigma}} = 15,76.16,6. \frac{20}{10} .27^2 . \frac{1}{10^2} .5.\left[0,36.0,44 + \frac{20}{10} .0,3.0,18\right].10^{-6}$$

$$= \underline{5,1 .10^{-3} \, \Omega}$$

$$\underline{E_{w\sigma}} = 1450 . 5,21 . 10^{-3} = \underline{7,4 \ V}$$

Die Gesamtreaktanz (Spannungsabfall) ist in einen stromabhängigen (gesättigten) Anteil X_h, E_h und einen stromunabhängigen (ungesättigten) Anteil X_σ, E_σ zu zerlegen.

$\underline{E_h}$ = E_{2h} =	$\underline{48,2 \ V}$	gesättigter Anteil
$E_{1\sigma}$	21,30	
$E_{K\sigma}$	9,9	
$E_{2\sigma}$	5,60	
$E_{w\sigma}$	7,4	
E_{wh}^+	3,9	
E_{Ltg}	7,9	(Leitungsführung; geschätzt)
ΣE_σ	56,00 V	ungesättigter Anteil

<u>Berechnung der Drehzahl-Momentenlinie</u>

Näherungsweise kann man die Drehzahl-Momentenlinien aus dem <u>Kreisdiagramm</u> entnehmen, wenn man mit einer äquivalenten Charakteristik durch den Nennpunkt rechnet (Abb. 365). Der gesamte <u>ohmsche Widerstand</u> beträgt:

$$\Sigma R = 0,011 \ \Omega$$

einschließlich Bürstenübergang und Leitungsführung. Der induktive Blindspannungsabfall beträgt samt Leitungsführung $56,0 + 48,2 \doteq 104$ Volt.

$$\Sigma X = \frac{104}{1450} = 0,0717 \ \Omega$$

Der <u>Durchmesserstrom</u> beträgt

$$I^{\emptyset} = \frac{E}{\Sigma X} = \frac{463}{0,0717} = 6450 \ A$$

$$k = \frac{E_{1h}}{I_N \cdot \dot{\varphi}_N} = \frac{430}{1450 \cdot 124} = 0,00239 \quad \Omega s$$

$$\dot{\varphi}_N = 2\pi \cdot n_N = 2\pi \cdot 19,7 = 124 \ 1/s$$

Mit den vorstehenden Werten wurde die Stromortskurve und die Drehzahl-Momentenkennlinie gemäß Abb. 371 gezeichnet.
Diese Drehzahl-Momentenkennlinie ist nur eine Näherung, da sie auf Grund einer gesättigten aber konstanten Induktivität gewonnen wurde.
Nachstehend soll auch die genaue Berechnung mit Hilfe des schrittweisen Verfahrens (Abschnitt 8.3) durchgeführt werden.

Auf Grund der im Abschnitt 8.3 abgeleiteten Beziehungen, ergeben sich für Nennstrom, Nennspannung und Nenndrehzahl:

$$I_b = - \frac{I^2 \Sigma X}{E} = \frac{1450^2 \cdot 0,0585}{463} = 265 \text{ A}$$

$$I_w = \sqrt{I^2 - I_b^2} = \sqrt{1450^2 - 265^2} = 1427 \text{ A}$$

$$\dot{\varphi} = \frac{E \cdot \dfrac{I_w}{I^2} - \Sigma R}{k} = \frac{463 \cdot \dfrac{1427}{1450^2} - 0,011}{0,00239} = 126,5 \, \frac{1}{s} \quad (\dot{\varphi}_N = 124)$$

$$M = k \cdot I^2 = 5030 \text{ Nm}$$

$$X_{2h}(I) = k \cdot \frac{2\pi \cdot f \cdot w_{2p} \cdot 2\pi}{a_2 \cdot z_1 \cdot \dfrac{p}{a_1}} = 0,00239 \cdot \frac{2\pi \cdot 16,6 \cdot 16 \cdot 10 \cdot 2\pi}{10 \cdot 760 \cdot 1} =$$
$$= 0,0331 \, \Omega$$

$$k = \frac{E_{1h}}{I_N \cdot \dot{\varphi}_N} = \frac{430}{124 \cdot 1450} = 0,00239 \quad \Omega s$$

$${}^1X(I) = {}^1X_{2h}^* + \Sigma X_\sigma$ erfordert die grafische Ermittlung von X_{2h}^*
(vgl. Abb. 56b und Seite 659).

Hier wurde näherungsweise ${}^1X_{2h}^* \doteq X_{2h}^*$ gesetzt; in Wirklichkeit liegt ${}^1X_{2h}^*$ zwischen dem ungesättigten Wert von X_{2h} und X_{2h}^* für den Stromscheitelwert.

$$X(I) \doteq 0,0225 + 0,0386 = 0,0611 \quad \Omega$$

$$X_\sigma = \frac{104 - 48,2}{1450} \doteq 0,0386 \, \Omega$$

$$X_{2h}^* = X_{2h}(I) + I \cdot \frac{dX_{2h}(I)}{dI} = 0,0225 \, \Omega \quad (\text{für } I = 1450 \text{ A})$$

I ^{A}	k $^{\Omega\,s}$	$X_{2h}(I)^{\Omega}$	$X_{2h}^{*}(I)^{\Omega}$	$X(I)^{\Omega}$
1000	0,00253	0,0351	0,0351	0,0737
1450	0,00239	0,0331	0,0225	0,0611
2000	0,00207	0,0277	0,0100	0,0486
3000	0,0015	0,0208	0,0058	0,0444
4000	0,00119	0,0165	0,0051	0,0437

E ^{V} Stufe 20	I ^{A}	k $^{\Omega\,s}$	$X_{2h}^{*}+\Sigma X_{\sigma}$ $^{\Omega}$	I_b ^{A}	I_w ^{A}	$\dot\varphi$ $^{\frac{1}{s}}$	M ^{Nm}
463	1450	0,00239	0,0611	265	1427	126,5	50 30
	⋮	⋮	⋮	⋮			

In Abb. 371 ist die Kennlinie für die oberste Spannungsstufe wiedergegeben und jener gegenübergestellt, die vereinfacht aus dem Kreisdiagramm gewonnen wurde.

9. DER LÄUFERGESPEISTE DREHSTROM-NEBENSCHLUSSKOMMUTATORMOTOR [DNKM] [Schragemotor]

9.1 Allgemeines, Aufbau, prinzipielle Wirkungsweise

Dieser Motor hat heute zwar an Bedeutung etwas verloren, doch wird er nach wie vor von mehreren Firmen wie Siemens, BBC und einigen Kleinfirmen produziert.

Der Vorteil, den dieser Motor allen anderen Maschinenarten voraus hat, ist, daß er ähnlich dem Gleichstrommotor praktisch verlustlos regelbar ist und daß er jedoch (im Gegensatz zum Gleichstrommotor) keinerlei zusätzliche Einrichtungen, wie Widerstände, Stromrichter usw. benötigt. Ein weiterer Vorteil ist es, daß er mit $\cos\varphi = 1$ betrieben werden kann.

Sein Nachteil besteht darin, daß er nur bis zu beschränkten Leistungen gebaut werden kann (bis ca. 200 kW), daß er eine größere Bürstenzahl als der Gleichstrommotor besitzt und daß er nicht extrem schnell regelbar ist.

Der DNKM stellt im Grunde einen Regelsatz (Kaskade) dar, bei dem die sekundäre Regelspannungsquelle (Frequenzwandler) in den Asynchronmotor hineingeschachtelt ist. Dementsprechend ist der Rotor auch derselbe wie der eines asynchronen Einanker-Frequenzwandlers (Abb. 393).

Am Nutengrund der Läuferwicklung befindet sich eine normale Drehstromwicklung, deren Enden zu 3 Schleifringen führen, welche mit dem Drehstromnetz in Verbindung stehen. Über dieser Schleifringwicklung befindet sich eine normale Kommutatorwicklung, die mit den Lamellen eines Kommutators verbunden ist.

Am Kommutator schleifen zwei gegenläufig verdrehbare Bürstensätze mit je 3p Bürstenbolzen, die paarweise mit den Enden der dreiphasigen Ständerwicklung in Verbindung stehen (Abb. 393). Beide Läuferwicklungen sitzen auf demselben Kern (wie beim Transformator), sodaß auch in der Kommutatorwicklung eine

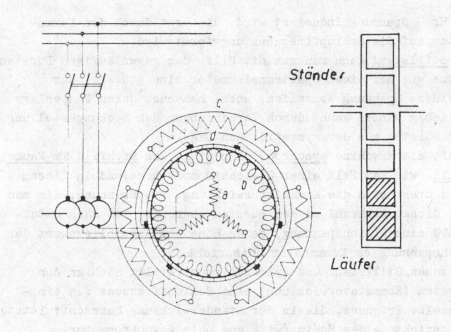

Abb. 393: Schematischer Aufbau des DNKM.

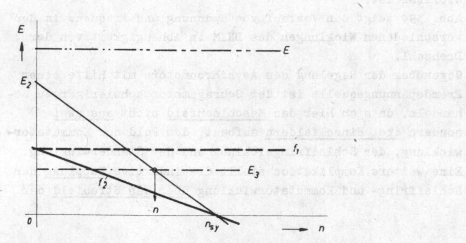

Abb. 394: Verlauf von E und f beim DNKM.

50 Hz – Spannung induziert wird, die erst durch den Kommutator auf die Schlupffrequenz umgeformt wird.

Im Stillstand kann man nun mit Hilfe der gegenläufigen Bürstensätze wie bei einem Spartransformator eine größere oder kleinere Spannung abgreifen, wobei man auch deren Phasenlage beliebig wählen kann (durch Verschiebung der Deckungsstellung der Bürsten aus der symmetrischen Lage).

Läuft die Maschine synchron, dann steht das Drehfeld im Raume still wie das Feld einer Gleichstrommaschine, und in diesem Feld dreht sich die Kommutatorwicklung. Die Spannung, die man bei dieser Drehzahl an den Bürsten abgreift, ist dann naturgemäß eine Gleichspannung, deren Höhe dem Augenblickswert der Drehspannung am Kommutator entspricht.

Zwischen Stillstand und Synchronismus stellt sich an den Bürsten (Kommutatorwicklung) eine Schlupffrequenz $f \cdot s$ ein – dieselbe Frequenz, die in der Ständerwicklung herrscht; letztere entspricht ja der Schlupfwicklung beim Asynchronmotor.

Die Kommutatorwicklung stellt solcherart die Spannungsquelle für die Schlupfregelung dar, zumal sie an den Bürsten Schlupffrequenz aufweist und zudem nach Höhe und Phasenlage beliebig einstellbar ist.

Abb. 394 zeigt den Verlauf von Spannung und Frequenz in den verschiedenen Wicklungen des DNKM in Abhängigkeit von der Drehzahl.

Gegenüber der Regelung des Asynchronmotors mit Hilfe einer Fremdspannungsquelle ist der Schragemotor schwieriger zu behandeln, da sich hier das Maschinenfeld nicht aus zwei sondern drei Einzelfeldern aufbaut, dem Feld der Kommutatorwicklung, der Schleifringwicklung und der Ständerwicklung. Eine weitere Komplikation stellt die induktive Kopplung der Schleifring- und Kommutatorwicklung über das Streufeld dar.

Der Drehstrom-Nebenschlußkommutatormotor gehört zu den am
schwierigsten zu übersehenden elektrischen Maschinen, was
wohl mit ein Grund ist, daß er nur von wenigen Firmen gebaut
wird und daher auch weit weniger verbreitet ist, als es
seinen guten Eigenschaften entsprechen würde. Es würde nicht
zu verwundern sein, wenn er eines Tages wiederentdeckt wird,
zumindest für Antriebe, die nur grob geregelt oder überhaupt
nur gestellt werden müssen.

9.2 Die Ortskurventheorie des DNKM

Der Schrage-Motor kann wie der Regelsatz[*] unter- und übersynchron betrieben werden, die Ortskurvenbeziehung für den
Netzstrom kann aus dem Raum- und Zeitzeigerbild abgelesen
werden. Abb. 395a,b zeigt die Raum-Zeitdarstellungen für untersynchronen, Abb. 396a,b für den übersynchronen Betrieb.
Aus diesen Zeigerbildern können direkt die komplexen Kirchhoffschen Gleichungen abgelesen werden:

$$E-I_1R_1-j\ I_1X_{1\sigma}-j\ I_2'X_{13\sigma}'\cdot\underline{e}^*\cdot\sin\alpha-j\ I_{1h}X_{1h}=0$$

$$-I_2'R_2'-jI_2'X_{2\sigma}'\cdot s-jI_2'X_{3\sigma}'\cdot|\sin\alpha|-jI_1X_{31\sigma}'\cdot\underline{e}\cdot\sin\alpha-jI_{1h}X_{1h}(s+\ddot{u}\cdot\underline{e}\cdot\sin\alpha)=0$$

$$I_1+I_2'(1+\ddot{u}\cdot\underline{e}^*\cdot\sin\alpha)-I_{1h}=0$$

[*] Maschinen- oder Stromrichterkaskade, siehe Abschn. 7.3.5
und 7.4 .

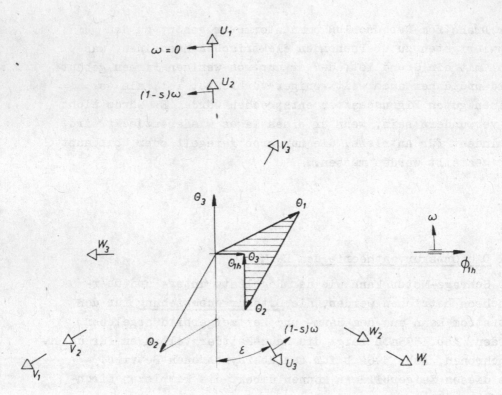

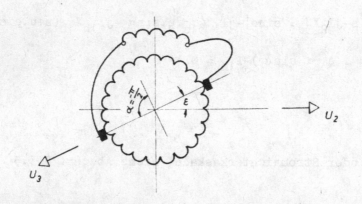

Abb. 395a: Raumzeigerbild des DNKM, untersynchron;
Bürstenstellung für die niedrigste Drehzahl.

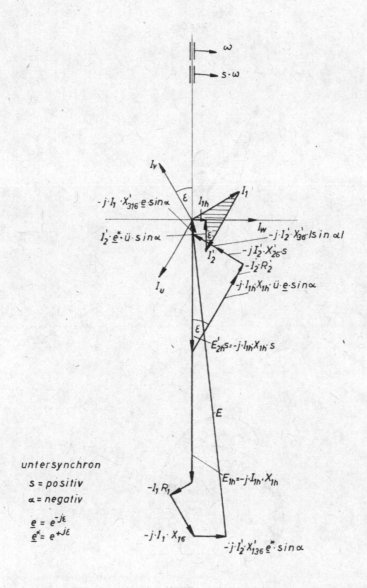

Abb. 395b: Zeitzeigerbild des DNKM, untersynchron.

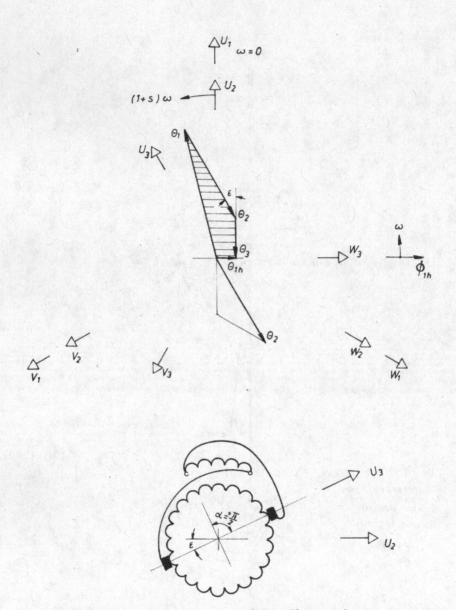

Abb. 396a: Raumzeigerbild des DNKM, übersynchron;
Bürstenstellung die die höchste Drehzahl.

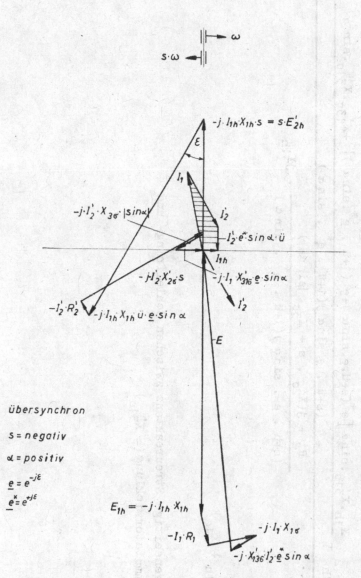

Abb. 396b: Zeitzeigerbild des DNKM, übersynchron.

Daraus folgt die Ortskreisgleichung für den Schleifringstrom I_1:

$$I_1 = \cfrac{E}{Z_1 + \cfrac{X_{1h}^2 + \cfrac{X_{1h}\cdot X'_{31\sigma}\cdot\sin\alpha\left[\underline{e}^*(s+\ddot{u}\cdot\underline{e}\cdot\sin\alpha)+\underline{e}(1+\ddot{u}\cdot\underline{e}^*\cdot\sin\alpha)\right]+X'_{13\sigma}\cdot X'_{31\sigma}\cdot\sin^2\alpha}{(s+\ddot{u}\cdot\underline{e}\cdot\sin\alpha)(1+\ddot{u}\cdot\underline{e}^*\cdot\sin\alpha)}}{\cfrac{R'_2 + j(X'_{2\sigma}\cdot s + X'_{3\sigma}|\sin\alpha|)}{(s+\ddot{u}\cdot\underline{e}\cdot\sin\alpha)(1+\ddot{u}\cdot\underline{e}^*\cdot\sin\alpha)}} + jX_{1h}}$$

$$Z_1 = R_1 + j(X_{1h} + X_{1\sigma})$$

$X'_{13\sigma}$ .... Gegenseitige Streureaktanz zwischen Schleifring- und Kommutatorwicklung $(= X'_{31\sigma})$

Unter Vernachlässigung von $X'_{13\sigma}$ ergibt sich für den Schleifringstrom die folgende Ortskurvengleichung:

$$I_1 = \cfrac{E}{R_1 + jX_1 + \cfrac{X_{1h}^2}{\cfrac{R_2 + j(X'_{2\sigma} \cdot s + X'_{3\sigma}\,|\sin\alpha|\,)}{(s + \ddot{u} \cdot \underline{e} \cdot \sin\alpha)(1 + \ddot{u} \cdot \underline{e}^* \cdot \sin\alpha)} + jX_{1h}}}$$

Darin bedeuten:

α den Bürsten-Stellwinkel (Abb. 395a und 396a)

$\underline{e} = e^{-j\varepsilon}$

$\underline{e}^* = e^{+j\varepsilon}$

ε ... Phasen-Einstellwinkel (Verschiebung der Deckungsstellung
der Bürsten aus der symmetrischen Lage (Abb. 395, 396)

$\ddot{u} = \dfrac{E_3}{E_2}$

E_3... höchste Kommutatorspannung (bei Durchmesserabgriff)

E_2... Stillstandsspannung in der Ständerwicklung

Der Aufbau der Gleichung entspricht jenem bei der Asynchronmaschine; sie geht für $\alpha = 0$ in jene für die Asynchronmaschine
über.

9.3 Baugröße und Kommutatorbeanspruchungen

Die Baugröße des Schragemotors wird bestimmt durch den Regelbereich. Je größer dieser ist, umso größer ist die Kommutatorwicklung und der Kommutator selbst (siehe Abb. 397). Die in der Schleifringwicklung umgesetzte Leistung ist für über- und untersynchronen Betrieb, wie aus Abb. 397 zu entnehmen ist, unterschiedlich.

Der Grund, warum der Schragemotor nur bis zu 200 kW gebaut werden kann, ist vor allem in dem Vorhandensein einer transformatorischen Lamellenspannung E_t zu suchen, die im Gegensatz zum Einphasen-Reihenschlußmotor auch im Lauf nicht aufgehoben werden kann. Aus diesem Grund muß sie durch den Entwurf klein gehalten werden ($E_t < 2$ V).

Damit aber wird gleichzeitig der Fluß/Pol beschränkt. Braucht man also ein großes Moment, muß man die Maschine vielpolig ausführen, also mit kleiner Drehzahl; dies aber macht die Maschine unwirtschaftlich groß.

Mittel zur Herabsetzung der transformatorischen Windungsspannung E_t sind die Mehrfachschleifenwicklung und die Sehnung der Kommutatorwicklung.

Mittel, um die ebenfalls nicht aufhebbare Reaktanzspannung E_r zu vermindern, sind ebenfalls die Mehrfachschleifenwicklung und eine erhöhte Läuferphasenzahl.

Bei der Zweifachschleifenwicklung tritt zwischen benachbarten Lamellen nur die halbe Windungsspannung E_t auf, ferner nur die halbe Reaktanzspannung E_r.

Durch die Sehnung wird der Fluß, der von einer Kommutatorwindung umfaßt wird, verringert und damit auch die transformatorische Windungsspannung E_t.

Durch eine Mehr-Bürstenschaltung (mehrphasige Ständerwicklung) erreicht man, daß der Strom unter einer Bürste nicht um 120° gewendet wird, wie bei der 3-Bürstenschaltung, oder um 180°, wie bei der Gleichstrommaschine, sondern um 60° bzw. 30° bei 6 bzw. 12 phasiger Ausführung des Ständers. Damit

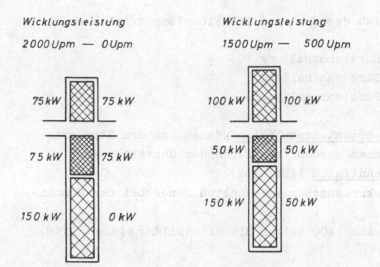

Abb. 397: Zur Bauleistung von DNKM.

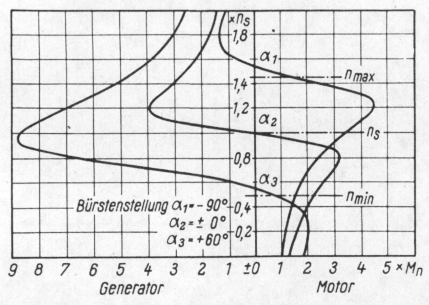

Abb. 398: M-n-Kennlinien des DNKM.

verringert sich der Faktor 2 der Pichelmayerformel auf:

$\sqrt{3}$ ...   3-Bürstenschaltung
1 ...   6-Bürstenschaltung
0,5 ... 12-Bürstenschaltung.

Die <u>Drehzahl-Momentenkennlinien</u> können aus den Stromorts-
kurven entnommen werden; sie haben den Charakter von
<u>Nebenschlußkennlinien</u> (Abb. 398).
Die Stromortskurvenschar ist ähnlich jener bei der Maschinenkaskade.
Abb. 399 und Abb. 400 zeigen die Lichtbilder eines   DNKM.

Abb. 399: DNKM: 35,0 kW, 23,75 Ups;
9,6 kW, 6,5 Ups.   (Siemens)

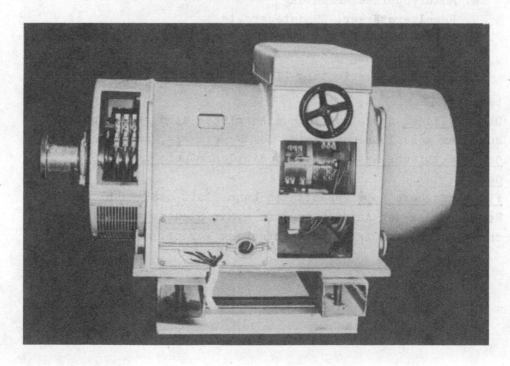

Abb. 400: DNKM mit offenem Kommutator und Schleifringdeckel.

10. ELEKTRISCHE ANTRIEBE

10.1 Aufgaben, Anforderungen, Entwurfsvorgang

50 bis 60 % der in Kraftwerken erzeugten elektrischen Energie
wird beim Verbraucher mit Hilfe elektrischer Antriebe wieder
in mechanische Arbeit umgewandelt.
Der Leistungsbereich dieser Antriebe erstreckt sich von einigen
Watt (z.B. Plotterantrieb) bis zu einigen Megawatt (z.B. Walz-
werksantrieb).

Definition des elektrischen Antriebes

Als elektrischer Antrieb ist ein geschlossenes System aufzufassen, das in der Hauptsache aus:

1. Antriebsmotor
2. Angetriebene Maschine
3. Kupplungsglied
4. Motor-Speiseeinrichtung
5. Regelverstärker, Zündsteuersatz
6. Regler
7. Meßeinrichtung
8. Steuerungseinrichtung (Inbetriebsetzung, Stillsetzen)

besteht.
Diese Glieder des elektrischen Antriebes sind gemäß Abb. 401
zu einem geschlossenen Kreis, dem Regelkreis, zusammengefügt;
der elektrische Antrieb stellt die Gesamtheit dieses Systemes
dar.
Für einfachere Antriebsaufgaben kann statt des geschlossenen
Regelkreises der Antrieb in Form einer Steuerkette mit oder
ohne Störgrößenaufschaltung aufgebaut werden.

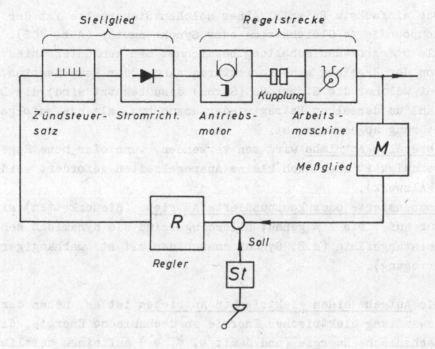

Abb. 401: Regelkreis eines elektrischen Antriebes.

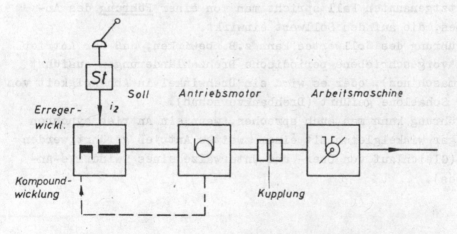

Abb. 402: Steuerkette mit Störgrößenaufschaltung.

Das einfachste Beispiel einer solchen Steuerkette ist der
kompoundierte Gleichstrom- oder Synchronmotor (Abb. 402).
Als Störgrößenaufschaltung bezeichnet man zum Unterschied
von der Regelung eine Korrekturmaßnahme oder Kompensation,
bei welcher die Störgröße (Strom) dazu benützt wird, die Drehzahl um denselben Betrag wieder anzuheben, als sie zufolge der
Störung abgesunken ist.
Geregelte Antriebe wird man verwenden, wenn eine hohe Regelgenauigkeit, aber auch kleine Ausregelzeiten gefordert werden
(Walzwerk).
Kompensierte oder kompoundierte Antriebe (Steuerketten) sind
nur auf 1 bis 2 % genau; allerdings sind sie dynamisch sehr
leistungsfähig (z.B. Synchronmaschinen mit stromabhängiger
Erregung).

Die Aufgabe eines elektrischen Antriebes ist es, neben der
Umwandlung elektrischer Energie in mechanische Energie, diese
mechanische Energie (und damit φ, $\dot{\varphi}$, $\ddot{\varphi}$) auf einem zeitlich
konstanten, oder vorgegeben zeitveränderlichen Wert zu halten;
im letztgenannten Fall spricht man von einer Führung des Antriebes, die auf den Sollwert einwirkt.
Die Führung des Sollwertes kann z.B. bewirken, daß der Antrieb
genau vorgeschriebene periodische Drehzahländerungen ausführt
(Wirkmaschinen), oder es wird ein Drehwinkel in Abhängigkeit von
einer Schablone geführt (Drehbankvorschub).
Von Führung kann man auch sprechen, wenn ein Antrieb synchron
oder gar winkelgleich mit einem zweiten Antrieb geführt werden
soll (Gleichlauf von Ober- und Unterwalze eines Twindrive-An-
triebes).

Die <u>Anforderungen an den Antrieb</u> können sehr unterschiedlicher
Natur sein; sie werden in der Hauptsache durch die Art der
angetriebenen Maschine und den von dieser auszuführenden
<u>technologischen Vorgang</u> bestimmt bzw. durch das gewünschte
Fahrverhalten eines Elektrofahrzeuges.
<u>Kennzeichen eines elektrischen Antriebes sind:</u>

- Regelgenauigkeit
- Anregelzeit
- Ausregelzeit
- Überschwingweite
- Übergangsverhalten bei Sollwertänderung
- Übergangsverhalten bei Laststoß
- Mechanische Überlastbarkeit
- Thermische Überlastbarkeit
- Regelbereich
- Dauerbelastbarkeit
- Kurzzeitbelastbarkeit
- Stabilität
- Blindleistungsverbrauch
- Wirkungsgrad und
- bleibende Regelabweichung.

Entwurfsvorgang und Aufgaben

Beim Entwurf eines elektrischen Antriebes hat man vor allem
von einer Analyse des technologischen Vorganges auszugehen,
der von der angetriebenen Maschine zu bewältigen ist, oder
im einfachsten Fall vom stationären <u>Drehzahl-Momentenverhalten</u>
derselben und dem <u>Massenträgheitsmoment</u> (GD^2).
Bei komplizierteren Maschinen ist die Kenntnis des genauen
<u>Frequenzganges</u> der Maschine erforderlich.

Der nächste Schritt ist die Auswahl der Antriebsmotorenart
und der Speise(Stell)einrichtung. danach erfolgt die Grob-
dimensionierung dieses Motors und die Ermittlung der für den
Betrieb maßgebenden Kenngrößen wie Zeitkonstanten, Übergangsverhalten, Frequenzgang, Schwungmoment, sowie Angabe der
Grenzen, welche von n, M I, E nicht überschritten werden
dürfen.
Der folgende Schritt ist der Entwurf der Steuerschaltung und
der Führungseinrichtung. Unter Steuerung wird hier die Schalt-
anordnung zum Anfahren (Inbetriebsetzen), zu Bremsen und zum
Stillsetzen verstanden.
Bei einfachen ungeregelten Antrieben, wie etwa bei Aufzugs-
antrieben, ist dies der Hauptteil (neben der el. Maschine selbst)
Unter Führungseinrichtung wird auch jene Einrichtung verstanden,
die zur Sollwertvorgabe von Hand dient, wenn der Antrieb
(z.B. Blockwalzantrieb, Papiermaschine usw.) "von Sicht"
eingestellt wird.
Schließlich ist die Struktur der Regelung zu wählen (z.B.
unterlagerte Regelkreise), die Regelkreiselemente in einzelne Teilfrequenzgänge aufzulösen und das Blockschaltbild
(Signalflußplan) des ganzen Antriebes zu zeichnen.

An Hand der nun vorliegenden Daten und sonstigen Unterlagen
kann das Regelverhalten des ganzen Antriebssystems untersucht
und die Regler dimensioniert bzw. eingestellt werden. Hierzu
ist es nötig,den Gesamtfrequenzgang und das Übergangsverhalten
des Antriebssystems bei Sollwert- und Laständerung zu ermitteln.
Die gewonnenen Ergebnisse sind abschließend daraufhin zu prüfen,
ob sie dem geforderten Verhalten innerhalb der zulässigen
Toleranzen entsprechen, oder ob ein weiterer Entwurf erforderlich ist.

Auf Einzelheiten der regelungstechnischen Untersuchung muß
im Rahmen dieses Buches verzichtet werden; es gibt eine Reihe
guter einschlägiger Bücher, die teilweise im Bücherverzeichnis
am Schluß des Buches angeführt sind.

10.2 Die Elemente des Antriebssystemes

10.2.1 Arbeitsmaschinen und Fahrzeuge, Betriebsweise und Verhalten

Maschinen mit konstantem Gegenmoment sind solche mit überwiegender Reibung (mit Ausnahme des Anlaufes):
Hubwerke, Kolbenpumpen, Fließbänder, Vorschubantriebe bei Langdrehmaschinen, Draht- und Blechwalzwerke.

Maschinen mit linear ansteigendem Gegenmoment:
Kalander, Wirbelstrombremsen.

Maschinen mit quadratisch ansteigendem Gegenmoment:
Kreiselpumpen und Verdichter, Propeller, Schiffsschrauben, Luftwiderstand von Fahrzeugen.

Maschinen mit konstanter Leistung (reziprok-abhängigem Gegenmoment):
Haspelantrieb, Wickelmaschinen, Plandrehmaschinen, Schälmaschinen.

Abb. 403 zeigt den Verlauf der typischen Lastkennlinien verschiedener Arbeitsmaschinen.

Manche Maschinen weisen ein zeitabhängiges Lastmoment (Blockwalzen) oder ein winkelabhängiges Lastmoment (Kolbenverdichter) oder ein wegabhängiges Lastmoment (Schrägaufzüge, Fahrzeuge) auf.

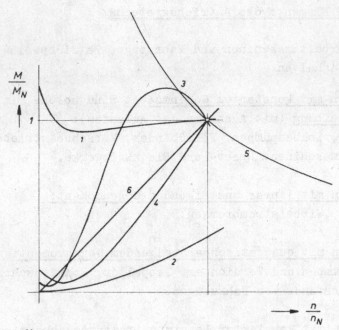

1 *Hebezeug*

2 *Kreiselpumpe gegen Drossel*   4 *Kreiselpumpe*

3 *Kreiskolbenverdichter*   5 *Haspelantrieb*

                                     6 *Wirbelstrombremse*

Abb. 403: M-n-Kennlinien von Arbeitsmaschinen.

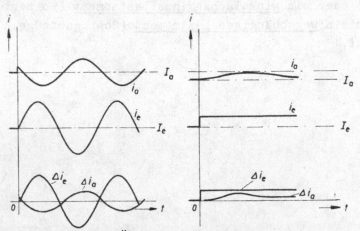

Abb. 404: Zum Überlagerungsprinzip.

10.2.2 Elektrische Antriebsmotoren

Folgende Antriebsmotoren sind heute gebräuchlich:

<u>Fremderregte Gleichstrommotoren</u> (für genaue Regelung bis 10 MW)

<u>Reihenschlußerregte Gleichstrommotoren</u> (Fahrzeuge bis ca. 1,5 MW)

<u>Kompoundierte Gleichstrommotoren.</u>

Die <u>Drehzahlstellung</u> erfolgt beim Gleichstrommotor durch:

    Speisespannungsänderung

    Feldstromänderung

    Vorwiderstandsänderung

    Pulsung der Speisespannung.

<u>Schleifringläufer-Asynchronmotor</u> (für alle Antriebe mit Schweranlauf und Drehzahlregelung bis 50 MW)

<u>Käfigläufer-Asynchronmotor</u>

Die <u>Drehzahlstellung</u> erfolgt bei diesen Maschinen durch:

    Frequenz- und Spannungsänderung

    Polumschaltung

    Schlupfwiderstandsänderung bei fester Speisespannung

    Speisespannungsänderung bei festem Schlupfwiderstand

    Durch Hintermaschinen (Maschinenkaskade)

    Stromrichter im Schleifringkreis (Stromrichterkaskade)

    Pulsgestellte Schlupfwiderstände.

<u>Einphasen-Reihenschlußmotoren</u> :   Fahrzeugantriebe (bis 1,5 MW), Haushaltsmaschinen, Handwerkzeugmaschinen.

Die <u>Drehzahländerung</u> erfolgt bei diesen Motoren durch:

    Speisespannungsänderung

    Vorwiderstände

    Feld-Nebenschlußwiderstände

Synchronmotoren: Kompressorantriebe, Holzschleifer,
Speicherpumpen, Spinnmotoren usw. (bis 100 MW).
Die <u>Drehzahlstellung</u> ist durch
  Frequenz- und Spannungsänderung möglich.

Drehstrom-Nebenschlußmotoren: Textilindustrie und diverse
Steuerantriebe.
Die <u>Drehzahländerung</u> erfolgt durch
  Bürstenbrückenverdrehung (mechanisch).

10.2.3 Stelleinrichtungen (Stellglieder) zur Drehzahlstellung der elektrischen Motoren

<u>Gleichstrommotoren:</u>
Leonard-Umformer   (Walzwerke, Fördermotoren)
Einfach- oder Umkehrstromrichter   (Walzwerke, Fördermotoren)
Stufentransformator mit nachgeschaltetem Gleichrichter
  (Mischstromlokomotiven)
Vorwiderstände   (Fahrzeugantriebe, z.B. Straßenbahn)
Pulssteller   (Fahrzeugantriebe, z.B. Speicherfahrzeuge)

<u>Asynchronmotoren:</u>
Kommutator-Frequenzwandler und Scherbiusmaschine   (Maschinen-
  umformer, Rollgangsantriebe)
Asynchroner Einanker-Frequenzwandler (nur selten)
Direktumrichter   (Netzkupplumsumforner)
Zwischenkreisumrichter mit Zwangskommutierung   (ständerseitige
  Speisung von Asynchronmaschinen)
Zwischenkreisumrichter mit natürlicher Kommutierung
  (Stromrichterkaskade)
Zwischenkreisumrichter mit Zwangskommutierung und Pulssteuerung
  (ständerseitige Speisung (Stellung) von Asynchronmaschinen)
Variable Schlupfwiderstände   (Anlasser, Schlupfverlustregelung)
Gepulste Schlupfwiderstände   (Schlupfverlustregelung)
Wechselstromsteller   (kleine Verstellantriebe)
Stelltransformator   (kleine Verstellantriebe)

Einphasen-Reihenschlußmotoren:

Stufentransformator (mit Thyristorschaltung) (Schienenfahrzeuge,
Feldnebenschlußwiderstand)
Variable Vorwiderstände (Haushaltsmaschinen usw.)

Synchronmotoren:

Kommutator-Frequenzwandler und Scherbiusmaschine
Direktumrichter
Zwischenkreisumrichter (Textilindustrie)

Drehstrom-Nebenschluß-Kommutatormotoren:

Motorische Bürstenverstelleinrichtung

10.2.4 Regler, Sollwertgeber, Meßglieder

Diese werden in den bekannten Ausführungen verwendet, wobei
alle Typen zum Einsatz kommen (P, I, PD, PI, PID usw.); sie
sind aus der Regelungstechnik bekannt.

10.3 Betriebseigenschaften, Differentialgleichungen, Frequenzgänge und Signalflußpläne elektromechanischer Energiewandler; Linearisierung

Für die Untersuchung des Zusammenwirkens der elektrischen
Maschinen mit den übrigen Elementen in einem Regelkreis oder
einer Steuerkette ist die Frequenzgangdarstellung in Verbindung mit dem Signalflußplan zweckmäßig und üblich.
Die Frequenzgangmethode zur Behandlung eines elektrischen Antriebes ist vor allem bei linearen, bzw. linearisierten Systemen
vorteilhaft anwendbar, weil für diese Systeme das Überlagerungsprinzip gilt. Dieses Prinzip besagt folgendes:

Kann man die zeitabhängige Eingangsgröße an einem System
in zwei Anteile, z.B. in einen stationären und in einen nichtstationären Anteil zerlegen ($I_e + \Delta i_e$), darf die Ausgangsgröße
für jeden der Anteile für sich berechnet und am Ausgang wieder
überlagert werden ($I_a + \Delta i_a$) ,(Abb. 404).
Der Vorteil,den man damit erzielt, besteht vor allem darin, daß
die Berechnung für beide Teile getrennt einfacher und übersichtlicher ist als ohne Anwendung dieses Überlagerungsverfahrens.
Diesen Vorteil kann man sich auch bei nichtlinearen Systemen zu-
nutze machen, wenn man diese unter der Voraussetzung kleiner
Abweichungen vom Stationärwert linearisiert.

Nichtlinear ist eine Differentialgleichung, wenn sie nichtlineare Glieder oder Parameter enthält. Solche sind Glieder, in
denen das Produkt zweier abhängiger Variabler vorkommt, oder
das Quadrat einer abhängigen Variablen, oder aber auch
solche bei denen das Glied einen selbst von einer abhängigen
Variablen abhängigen Parameter enthält (z.B. Sättigungsfaktor).
Daß für solche nichtlinearen Glieder das Überlagerungsprinzip
keine Gültigkeit hat, und wie man sie linearisiert,möge aus den
folgenden Beispielen entnommen werden.
Darin sei $i_1(t)$ eine abhängige Variable, die sich aus einem
konstanten Stationärwert I_1 und einem zeitveränderlichen Anteil
Δi_1 zusammensetzt:
$$i_1(t) = I_1 + \Delta i_1$$
Eine zweite abhängige Variable sei $i_2(t) = I_2 + \Delta i_2$.
Beide Variablen kommen als Produkt in einer gewöhnlichen
Differentialgleichung vor:

$$\Pi = i_1(t) \cdot i_2(t) = (I_1 + \Delta i_1)(I_2 + \Delta i_2) =$$

$$= I_1 \cdot I_2 + \Delta i_1 \cdot I_2 + \Delta i_2 \cdot I_1 \Delta i_1 \Delta i_2$$

Für kleine Änderungen von $i_1(t)$ und $i_2(t)$ ist Δi_1 und Δi_2 sehr klein, sodaß das Glied

$(\Delta i_1 \cdot \Delta i_2) \doteq 0$ und das Produkt $i_1(t) \cdot i_2(t)$ gleich

$i_1(t) \cdot i_2(t) \doteq I_1 \cdot I_2 + \Delta i_1 \cdot I_2 + I_1 \cdot \Delta i_2$

gesetzt werden kann, worin $I_1 . I_2$ das Produkt der konstanten Stationärwerte darstellt, welches in die <u>Berechnung des Stationärwertes</u> eingeht $(t = \infty)$.

In die <u>Berechnung des instationären Anteiles</u> gehen nur die Glieder

$I_2 \Delta i_1$ und $I_1 \Delta i_2$ ein, die nun linear sind.

Analog ist es bei einem <u>quadratischen Glied</u> $[i_1(t)]^2$:

$$[i_1(t)]^2 = [I_1 + i_1]^2 = I_1^2 + 2I_1 \Delta i_1 + \Delta i_1^2$$

$$\doteq I_1^2 + 2I_1 \Delta i_1$$

Enthält eine Differentialgleichung ein Glied der Form:

$i_1(t) \cdot \varphi(i_1)$ (z.B.: $\varphi(i_1)$ ... Sättigungsfaktor)

kann für kleine Abweichungen Δi_1

$$\varphi(i_1(t)) = \varphi(I_1 + \Delta i_1) = \varphi(I_1) + \left. \frac{\partial\varphi}{\partial i_1}\right|_{I_1} \cdot \Delta i_1$$

gesetzt werden.

$$= i_1(t).\varphi(i_1) = (I_1 + \Delta i_1).(\varphi(I_1) + \left. \frac{\partial\varphi}{\partial i_1}\right|_{I_1} \cdot \Delta i_1) =$$

$$= I_1 . \varphi(I_1) + i_1.\varphi(I_1) + I_1 \left. \frac{\partial\varphi}{\partial i_1}\right|_{I_1} \cdot \Delta i_1 + \Delta i_1^2 \left. \frac{\partial\varphi}{\partial i_1}\right|_{I_1}$$

$$\doteq I_1 . \varphi(I_1) + \Delta i_1 \left[\varphi(I_1) + I_1 \left. \frac{\partial\varphi}{\partial i_1}\right|_{I_1} \right]$$

Das Produktglied wurde mithin für kleine Werte von i_1 linearisiert.

10.3.1 Der speisespannungsgeregelte, fremderregte, kompen-
       sierte Gleichstrommotor

Die Differentialgleichungen, welche das vollständige Verhalten
dieses Motors beschreiben, wurden schon in Abschnitt 6.4
entwickelt, sie lauten:

$$e - k_m \cdot \dot{\varphi} \cdot \phi_h - i_1 \cdot R_1 - L_1 \cdot \dot{i}_1 = 0$$

$$m_{gg} + J \cdot \ddot{\varphi} - k_m \cdot \phi_h \cdot i_1 = 0$$

$$k_m = \frac{z \cdot \frac{p}{a}}{2\pi}$$

Für die Frequenzgangdarstellung des durch vorstehende Differentialgleichungen beschriebenen Systemes gilt z.B. bei $\dot{\varphi}$:

$$\frac{\dot{\varphi}(j\omega)}{e} = p \cdot \frac{L[\dot{\varphi}(t)]}{e} \quad \text{worin}$$

e die Höhe der Sprungfunktion (Speisespannung) am Eingang ist und

$$\frac{L[\dot{\varphi}(t)]}{e} = \int_0^\infty \frac{\dot{\varphi}(t) \cdot e^{-pt}}{e} \cdot dt \quad \text{die Laplacetransformierte der}$$

Übergangsfunktion (Sprungantwort) am Ausgang des Systemes
bedeuten, die auf einen Einheitssprung am Eingang folgt.
Zu unterscheiden ist die Übergangsfunktion, die auf einen
Sollwertsprung (e=1) folgt und jene, die auf einen Belastungsmomentensprung folgt (m=1); im allgemeinen haben beide Funktionen einen verschiedenen Aufbau.
Der Frequenzgang stellt den komplexen Quotienten

$$F(j\omega) = \frac{\text{Ausgangsgröße}}{\text{Eingangsgröße}} \quad \text{dar,}$$

wenn die Eingangsgröße einen zeitlich sinusförmigen Verlauf
aufweist.

Um den Frequenzgang der fremderregten, ungesättigen Gleichstrommaschine zu erhalten, muß daher das Gleichungssystem
Laplace-transformiert und die Lösung im Bildbereich

$$\dot{\varphi}(p) \quad \text{und } i_1(p)$$

mit p multipliziert werden.
Im vorliegenden Fall können die folgenden Frequenzgänge
unterschieden werden:

$$\frac{\dot{\varphi}(j\omega)}{e} \quad ; \quad \frac{\dot{\varphi}(j\omega)}{m}$$

Der Frequenzgang der Winkelgeschwindigkeit $\dot{\varphi}$ bei sinusförmiger
Änderung der Speisespannung e, bzw. des Antriebs- oder Belastungsmomentes m. Ferner:

$$\frac{i_1(j\omega)}{e} \quad ; \quad \frac{i_1(j\omega)}{m}$$

Der Frequenzgang des Kommutatorstromes i_1 bei sinusförmiger
Änderung der Speisespannung e, bzw. des Antriebs- oder Belastungsmomentes m.

Für die Bestimmung der Frequenzgänge:

$$\frac{\dot{\varphi}(j\omega)}{e} \quad \text{und} \quad \frac{i_1(j\omega)}{e}$$

hat man in der Differentialgleichung m gleich Null zu setzen
(Leerlauf), für die Bestimmung von

$$\frac{\dot{\varphi}(j\omega)}{m} \quad \text{und} \quad \frac{i_1(j\omega)}{m}$$

wiederum ist in der Spannungsgleichung e gleich Null zu
setzen (Kurzschluß).

Für alle folgenden Untersuchungen wird angenommen, daß es sich um _kleine Abweichungen_ der einzelnen Größen vom Stationärwert handelt; um dies zu kennzeichnen, werden alle Größen mit Δ versehen. Unter dieser Voraussetzung können auch linearisierte Systeme behandelt werden.

$$\frac{\Delta e}{p} = k_m \cdot \phi_h \cdot \Delta\dot{\phi}(p) + R_1 \cdot \Delta i_1(p) + L_1 \cdot \Delta i_1(p) \cdot p$$

$$0 = k_m \cdot \phi_h \cdot \Delta i_1(p) - p \cdot J \cdot \Delta\dot{\phi}(p)$$

$$\Delta\dot{\phi}(p) = \frac{\text{Det}_{\dot{\phi}}}{\text{Det}} = L\left[\Delta\dot{\phi}(t)\right]$$

$$\text{Det}_{\dot{\phi}} = \begin{vmatrix} \dfrac{\Delta e}{p} & (R_1 + p \cdot L_1) \\[2em] 0 & k_m \cdot \phi_h \end{vmatrix} = \frac{k_m \cdot \phi_h}{p} \cdot \Delta e$$

$$\text{Det} = \begin{vmatrix} k_m \cdot \phi_h & (R_1 + p \cdot L_1) \\[2em] -p \cdot J & k_m \cdot \phi_h \end{vmatrix} = k_m^2 \cdot \phi_h^2 + J \cdot R_1 \cdot p + J \cdot L_1 \cdot p^2$$

$$L\left[\Delta\dot{\phi}(t)\right] = \Delta\dot{\phi}(p) = \frac{\Delta e}{p\left[k_m \cdot \phi_h + \dfrac{J \cdot R_1}{k_m \phi_h} \cdot p + \dfrac{J \cdot L_1 \cdot R_1}{k_m \cdot \phi_h \cdot R_1} \cdot p^2\right]}$$

Daraus kann sofort der **Frequenzgang:**

$$\frac{\Delta \dot{\varphi}(j\omega)}{\Delta e} = \frac{p.L\left[\Delta \dot{\varphi}(t)\right]}{\Delta e}$$

entnommen werden:

$$\frac{\Delta \dot{\varphi}(j\omega)}{\Delta e} = \frac{1}{k_m \phi_h + \dfrac{J.R_1}{k_m \phi_h} \cdot p + \dfrac{J.L_1.R_1}{k_m \cdot \phi_h \cdot R_1} \cdot p^2} = \frac{1}{\phi_h k_m (1+T_M \cdot p + T_M \cdot T_1 \cdot p^2)}$$

bzw. mit $\dfrac{\Delta i_1(j\omega)}{\Delta e} = \dfrac{p.L\left[\Delta i_1(t)\right]}{\Delta e}$

$$\frac{\Delta i_1(j\omega)}{\Delta e} = \frac{p \cdot T_M}{R_1(1 + T_M\, p + T_M \cdot T_1 \cdot p^2)}$$

Darin sind:

$$T_M = \frac{J \cdot R_1}{k_m^2 \cdot \phi_h^2} \qquad \ldots \text{ die mechanische Zeitkonstante}$$

$$T_1 = \frac{L_1}{R_1} \qquad \ldots \text{ die Ankerkreiszeitkonstante}$$

Für einen **Laststoß** lauten die transformierten Differential-gleichungen für den instationären Vorgang:

$$0 = k_m \cdot \phi_h \cdot \Delta \dot{\varphi} + R_1 \cdot \Delta i_1 + L_1 \cdot p \cdot \Delta i_1$$

$$\frac{\Delta m}{p} = J \cdot p \cdot \Delta \dot{\varphi} - k_m \cdot \phi_h \cdot \Delta i_1$$

$$
Det_{\dot{\phi}} =
\begin{vmatrix}
0 & +(R_1+p.L_1) \\
\\
\dfrac{\Delta m}{p} & -k_m \cdot \phi_h
\end{vmatrix}
= \frac{-(R_1+p.L_1)}{p} \cdot \Delta m
$$

$$
Det_{i_1} =
\begin{vmatrix}
k_m \cdot \phi_h & 0 \\
\\
-J.p & \dfrac{\Delta m}{p}
\end{vmatrix}
= \frac{k_m \cdot \phi_h}{p} \cdot \Delta m
$$

Die <u>Frequenzgänge</u> des <u>Stromes</u> Δi_1 und der <u>Winkelgeschwindigkeit</u> $\Delta \dot{\phi}$ ergeben sich zu:

$$
\frac{\Delta i_1(j\omega)}{\Delta m} = \frac{1}{k_m \cdot \phi_h(1+T_M \cdot p + T_M \cdot T_1 \cdot p^2)}
$$

$$
\frac{\Delta \dot{\phi}(j\omega)}{\Delta m} = \frac{-R_1(1 + T_1 \cdot p)}{k_m{}^2 \cdot \phi_h{}^2(1 + T_M \cdot p + T_M \cdot T_1 \cdot p^2)}
$$

Die vorstehend abgeleiteten Frequenzgänge geben die Amplitude und Phasenlage der Ausgangsgröße $\Delta \dot{\phi}(p)$ und $\Delta i_1(p)$ an, wenn am Eingang eine Wechselspannung $\Delta e = 1$ bzw. ein pulsierendes Moment $\Delta m = 1$ eingegeben wird.

Wegen der Linearität sind auch die Ausgangsgrößen sinusförmig und haben dieselbe Frequenz.

Man kann nun das Laplace-transformierte Differentialgleichungssystem graphisch durch ein Blockschaltbild darstellen
(Abb. 405), an dessen Eingang die Laplace-transformierte Störfunktion (-Sprungfunktion $\frac{\Delta e}{p}$) eingegeben wird. Am Ausgang
erscheint dann die mit dem Betrag der Eingangsgröße (Spannungs-
sprung) vervielfachte Laplace-transformierte Übergangsfunktion
$L\left[\Delta \dot{\varphi}(t)\right]$. In diesem Signalflußplan stellen die einzelnen
Blöcke die Teilfrequenzgänge der einzelnen Elemente des
Systemes dar:

Für das R - L - Glied lautet der Frequenzgang des Stromes:

$$\frac{\Delta i_1(j\omega)}{\Delta e} = \frac{1}{R_1(1 + p \cdot T_1)}$$

Für die rotierende Schwungmasse:

$$\frac{\Delta \dot{\varphi}(j\omega)}{\Delta m} = \frac{1}{J \cdot p}$$

Multipliziert man die Eingangsgröße des Signalflußplanes
(formal) mit $\frac{p}{\Delta e}$, erscheint auch die Ausgangsgröße mit $\frac{p}{\Delta e}$
vervielfacht; sie stellt somit den Frequenzgang des Systemes
dar.
Der Frequenzgang ist ein Sonderfall der allgemeinen Über-
tragungsfunktion:

$$F(p) = \frac{\text{Laplace-Transformierte des Ausgangssignales}}{\text{Laplace-Transformierte des Eingangssignales}}$$

für $p = j\omega$.

Im vorliegenden Fall eines linearen Gleichungssystemes bleibt
das durch den Frequenzgang beschriebene Verhalten des Motors
nicht auf kleine Änderungen beschränkt; es könnte daher anstelle
von $\Delta \dot{\varphi}(p)$ auch $\dot{\varphi}(p)$ geschrieben werden.

762

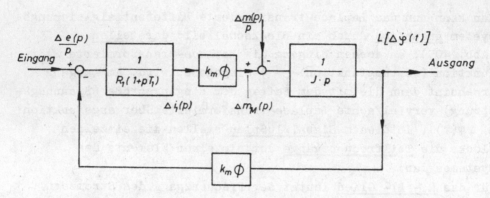

Abb. 405: Signalflußplan des fremderregten Gleichstrommotors.

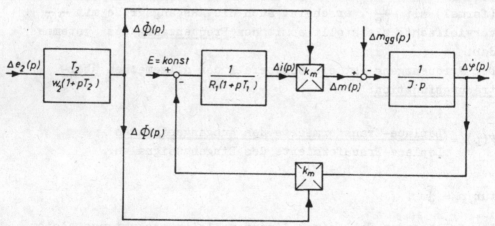

Abb. 406: Signalflußplan der feldgeregelten kompensierten
Gleichstrommaschine.

10.3.2 Die fremderregte, kompensierte Gleichstrommaschine mit Feldregelung

Der Fluß ϕ_h, der im vorangegangenen Beispiel als konstant angenommen wurde, wird bei der Feldstellung der Gleichstrommaschine willkürlich durch Veränderung der Erregerspannungsquelle e_2 verändert. Die zeitliche Änderung des Maschinenflusses $\phi_h(t)$ nach Zuschalten der Erregerspannung wird durch zwei weitere Gleichungen beschrieben:

$$\Delta e_2 = \Delta i_2 \cdot R_2 + L_2 \cdot \frac{d \Delta i_2}{dt}$$

$$\Delta \phi_h = \Delta i_2 \cdot \Lambda_p \cdot w_{2p} = \Delta i_2 \cdot \frac{L_2}{2p \cdot w_{2p}} = \Delta i_2 \cdot \frac{L_2}{w_2}$$

(Reihenschaltung aller Pole)

$$L_2 = \Lambda_p \cdot w_{2p}^2 \cdot 2p \quad ; \quad w_2 = 2p \cdot w_{2p}$$

Λ_p und w_{2p} gelten pro halben magnetischen Kreis (pro Pol).

Bei der kompensierten Gleichstrommaschine ist das Erregergleichungssystem vom übrigen System entkoppelt und kann daher unabhängig gelöst werden:

Mit $\Delta i_2 = \frac{w_2}{L_2} \cdot \Delta \phi_h$ und $T_2 = \frac{L_2}{R_2}$ wird:

$$\Delta e_2 = \frac{w_2}{T_2} \cdot \Delta \phi_h(t) + w_2 \cdot \frac{d\Delta \phi_h(t)}{dt}$$

$$\Delta \phi_h(t) = \frac{\Delta e_2}{w_2} \cdot T_2 \cdot (1 - e^{-t/T_2})$$

Der Frequenzgang des Maschinenflusses (bei Anlegen einer sinusförmigen Erregerspannung) ergibt sich zu:

$$\frac{\Delta \phi_h(j\omega)}{\Delta e_2} = \frac{T_2}{w_2} \cdot \frac{1}{1 + p\, T_2}$$

Der Signalflußplan für die speisespannungsgeregelte Gleichstrommaschine ist nun durch ein weiteres Element mit dem obenstehenden Frequenzgang gemäß Abb. 406 zu erweitern. In diesem Signalflußplan wird die Kommutatorspannung e als konstante Größe E eingegeben (ω = 0).

Das System ist bei ungesättigter Maschine nach wie vor linear, es ist lediglich durch einen zeitabhängigen Parameter (ϕ (t)) erweitert.

Mit Anwendung des Dämpfungssatzes lauten die Laplace-Transformierten Gleichungen:

$$\frac{\Delta e_2}{p} = k_m \cdot \frac{T_2}{w_2} \left[\Delta \dot{\phi}(p) - \Delta \dot{\phi}(p + \frac{1}{T_2}) \right] - \Delta i_1(p) R_1 - p\, \Delta i_1(p) \cdot L_1$$

$$\frac{\Delta m}{p} = J \cdot p \cdot \Delta \dot{\phi}(p) + k_m \frac{\Delta e_2 \cdot T_2}{w_2} \left[\Delta i_1(p) - \Delta \ddot{i}_1(p + \frac{1}{T_2}) \right]$$

$$\frac{\Delta e_2}{p} = \frac{w_2}{T_2} \cdot \Delta \phi_h(p) + p \cdot w_2 \cdot \phi_h(p)$$

Wie schon das vorstehende Ergebnis zeigt, ist die Laplacetransformation nur für lineare und linearisierte Differentialgleichungssysteme mit konstanten Koeffizienten ein wirklich nützliches Hilfsmittel.

10.3.3 Der reihenschluß-selbsterregte Gleichstrommotor

Auch bei dieser Schaltung gelten im Prinzip die beiden Differentialgleichungen, die für die fremderregte Maschine angegeben wurden, nur ist der Maschinenfluß ϕ_h nicht mehr konstant,
sondern selbst eine Funktion des Belastungsstromes i_1:

$$\phi_h = i_1 \cdot \frac{L_2}{w_2} \quad ;$$

setzt man dies in die bekannten Differentialgleichungen ein, so
ergibt sich:

$$e - k_m \cdot \frac{L_2}{w_2} \cdot i_1 \cdot \dot{\varphi} - i_1 \cdot R_1 - i_1 \cdot L_1 = 0$$

$$m + J \cdot \ddot{\varphi} - k_m \cdot \frac{L_2}{w_2} \cdot i_1^2 = 0$$

Dieses Differentialgleichungssystem ist in <u>dreifacher</u> Weise
<u>nicht linear:</u>

  1. Durch das Produktglied $i_1 \cdot \dot{\varphi}$;

  2. durch das quadratische Glied i_1^2 ;

  3. durch die stromabhängige Induktivität $L_2(i_1)$.

Wollte man das System auf dieselbe Art behandeln, wie jenes
der fremderregten Gleichstrommaschine, müssen diese Glieder
linearisiert werden.
Klammert man den stationären Anteil wieder aus, so ergibt sich
für das <u>Produktglied:</u>

$$\Delta i_1 \cdot \Delta \dot{\varphi} \triangleq \Delta i_1 \cdot \dot{\varphi}_0 + \Delta \dot{\varphi} \cdot i_{10} \quad ,$$

worin $\dot{\varphi}_0$ und i_{10} die Stationärwerte darstellen (Konstanten).

Für das <u>quadratische Glied</u> findet man analog:

$$\Delta i_1^{\,2} \doteq 2i_{10} \cdot \Delta i_1$$

Für das <u>Sättigungsglied</u> wird schließlich

$$\Delta i_1 \cdot L_2(i_1) \doteq \Delta i_1 \left(L_2(i_{10}) + i_{10} \left. \frac{d\,L_2}{d\,i_1} \right|_{i_{10}} \right)$$

Unter Beachtung dieser Linearisierungen kann der Signalflußplan für den Gleichstromreihenschlußmotor gemäß Abb. 407 angegeben werden.

Andere Möglichkeiten zur Behandlung des nichtlinearen Gleichungs-systemes sind die numerische Lösung mit Hilfe einer <u>Digital-Rechenanlage</u>, oder besser mit dem <u>Analogrechner</u>.

Numerische Lösung mit Digital-Rechenanlage

Numerische Lösungen haben gegenüber geschlossenen Lösungen den Nachteil, daß man sie nur durch Variation der Parameter und wiederholtes Durchrechnen interpretieren kann.
Auch ist für das Zusammenwirken mit Reglern und für die Opti-mierung die Kenntnis einer mathematisch geschlossen angebbaren Übergangsfunktion vorteilhafter.
In solchen Fällen kann man sich mittels Annäherung der nume-risch gewonnenen Übergangsfunktion durch mehrere Trägheiten - beschrieben durch e-Funktionen - helfen.
Der Verlauf der Übergangsfunktion eines Motors sei etwa durch die Funktion gemäß Abb. 408 gegeben, wobei diese das Ergebnis einer numerischen Behandlung sein kann. Diese Funktion läßt sich nun recht gut durch eine <u>e-Funktion und eine Totzeit</u> annähern.

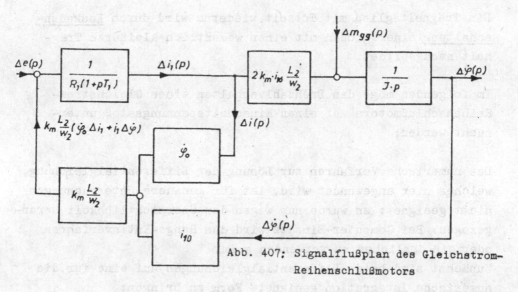

Abb. 407: Signalflußplan des Gleichstrom-
Reihenschlußmotors

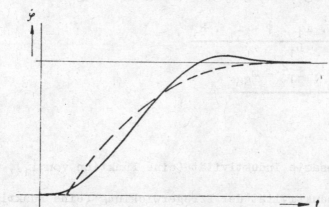

Abb. 408: Annäherung einer Übergangsfunktion
durch e – Potenz

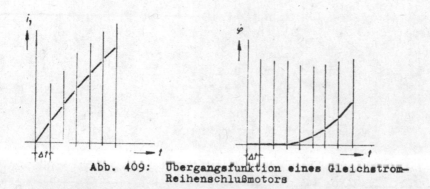

Abb. 409: Übergangsfunktion eines Gleichstrom-
Reihenschlußmotors

Ein Trägheitsglied mit Totzeit wiederum wird durch <u>Kaskaden-</u>
<u>schaltung</u> einer großen mit einer wesentlich kleineren Träg-
heit nachgebildet.

Im folgenden möge das Drehzahlverhalten eines Gleichstrom-
Reihenschlußmotors auf einen Einschaltspannungsstoß untersucht werden:

Das numerische Verfahren zur Lösung der Differentialgleichung,
welches hier angewendet wird, ist für genauere Untersuchungen
nicht geeignet; es wurde nur wegen der Übersichtlichkeit herangezogen. Bei Computer-Einsatz wird das Runge-Kuttaverfahren
oder ein ähnliches zu verwenden sein.
Zunächst sind beide Differentialgleichungen auf eine für die
numerische Integration geeignete Form zu bringen:

$$\frac{di_1}{dt} = \frac{e - k_m \cdot i_1 \cdot \dot{\varphi} - i_1 \cdot R_1}{L_1}$$

$$\frac{d\dot{\varphi}}{dt} = \frac{k_m \cdot \frac{L_2}{w_2} \cdot i_1^2 - m_{gg}}{J}$$

worin:

L_1 ... die gesamte Induktivität (eine Funktion von i_1), und

L_2 ... die Induktivität der Erregerwicklung (eine Funktion
von i_1)

bedeuten.

Soll die Übergangsfunktion von i_1 und $\dot\varphi$ auf einen Einheitssprung von $e = 1$ bestimmt werden (Zuschalten der stillstehenden Maschine auf 1 Volt) ergeben sich die Anfangsbedingungen für $t = 0$:

$$(i_1)_0 = 0$$

$$(\dot\varphi)_0 = 0$$

Es sind danach zwei Tabellen anzulegen, in die die Zeiten t_0 bis t_n bei gleichbleibenden Zeitabschnitten Δt eingetragen werden.

$$\Delta t = t_1 - t_0 = t_2 - t_1 = \ldots$$

t	$\dfrac{di_1}{dt}$	i_1
0	$e/L_1 = (\dot i_1)_0$	0
t_1	$(\dot i_1)_1$	$0 + \dfrac{di_1}{dt} \cdot \Delta t$
t_2	$(\dot i_1)_2$	$0 + \Delta i_1 + \Delta i_2$
t_3	$(\dot i_1)_3$	$0 + \Delta i_1 + \Delta i_2 + \Delta i_3$

t	$\dfrac{d\dot\varphi}{dt}$	$\dot\varphi$	
0	0	0	$m < m_{gg}$
t_1	0	0	$m < m_{gg}$
t_2	0	0	$m > m_{gg}$
t_3	$(\ddot\varphi)_3$	0	$m > m_{gg}$
$\vdots$	$(\ddot\varphi)_4$	$0 + \Delta\dot\varphi_4$	$m > m_{gg}$

Tabelle für i_1 Tabelle für $\dot\varphi$

Beide Tabellen müssen simultan gerechnet werden, da beide Differentialgleichungen gekoppelt sind.

Da mit einem <u>passiven Gegenmoment</u> m_{gg} gerechnet wird, beginnt die Maschine erst dann zu drehen, wenn $m > m_{gg}$ geworden ist ($m = k_m \cdot L_2/w_2 \cdot i_1^2$), (Abb. 409).

Während der Zeitverlauf von i_1 durch mehrere e-Funktionen anzunähern ist, läßt sich der zeitliche Verlauf von $\dot{\varphi}$ näherungsweise durch nur zwei Trägheiten (e-Potenzen) ersetzen; dementsprechend kann man bei regelungstechnischen Untersuchungen mit einem vereinfachten Signalflußplan rechnen:

$$\Delta\,\dot{\varphi} = \Delta\,e \cdot \frac{V_1}{1+p.T_1} \cdot \frac{V_2}{1+p.T_2}$$

(Abb. 410)

Diese Annäherung durch eine einfache, geschlossene Funktion erleichtert sowohl die Optimierung wie auch die Auswahl des Reglers.

Aus dem Ergebnis läßt sich erkennen, daß im Zuschaltaugenblick t_0 der Ruck $\dfrac{d^3\varphi}{dt^3} = 0$ ist, d.h. die Beschleunigung ändert sich im Zeitaugenblick t_0 noch nicht (Nulltangente der Funktion $\dot{\varphi}(t)$).

Der zweite Vorteil des Reihenschlußmotors ist, daß er durch sein stationäres Drehzahlverhalten:

$$M = \frac{k}{\dot{\varphi}^2}$$

sich dem Verhalten eines Antriebes mit konstanter Leistung nähert:

$$M = \frac{k}{\dot{\varphi}}$$

Das Verhalten des Gleichstromreihenschlußmotors bei <u>Regelung durch Vorwiderstand</u> läßt sich ebenfalls aus dem Differentialgleichunssystem entnehmen, wenn man R_1 darin zeitabhängig annimmt.

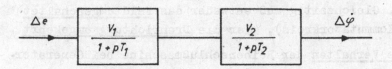

Δe $\dfrac{V_1}{1+pT_1}$ $\dfrac{V_2}{1+pT_2}$ $\Delta\dot\varphi$

Abb. 410: Annäherung einer Übergangsfunktion
durch zwei Trägheiten.

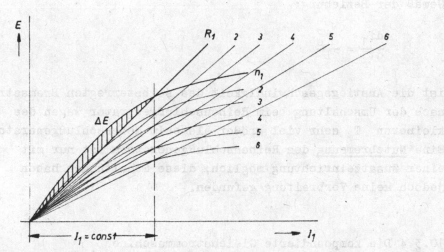

Abb. 411: Gleichstrom-Reihenschlußgenerator;
Spannungseinstellung.

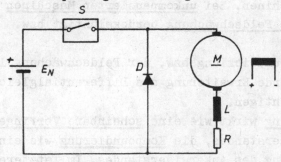

Abb. 412: Gleichstrommotor mit Pulsstellung;
Schema.

Gebremst wird der Reihenschlußmotor durch Abschalten vom Netz und Belastung auf einen Belastungs-(Brems-)widerstand (Widerstandsbremse). Gleichzeitig muß entweder das Feld umgeschaltet werden (bzw. Kommutatorkreis), oder die Drehrichtung umgekehrt.

Das dynamische Verhalten der Reihenschlußmaschine bei Generatorschaltung ist ein ähnliches wie jenes beim selbsterregten Nebenschlußgenerator.

Soll der Bremsstrom konstant bleiben, so muß der Bremswiderstand nachgestellt werden (Abb. 411).

Gemäß der Beziehung:

$$\frac{di_1}{dt} = \frac{\Delta e}{L}$$

ist die Anstiegsgeschwindigkeit des selbsterregten Bremsstromes nach der Umschaltung beim Reihenschlußgenerator wegen des kleineren T sehr viel größer als beim Nebenschlußgenerator. Eine Nutzbremsung des Reihenschlußgenerators ist nur mit einer Zusatzeinrichtung möglich; diese Schaltungen haben jedoch keine Verbreitung gefunden.

10.3.4 Die kompoundierte Gleichstrommaschine

Die vorangegangenen Gleichungen gelten strenggenommen nur für kompensierte Maschinen. Bei unkompensierten Maschinen muß die lastabhängige Feldschwächung berücksichtigt bzw. kompoundiert werden.

Die Wirkung der Kompoundwicklung bzw. der Feldschwächung ist durch eine entsprechende Erweiterung des Differentialgleichungssystemes zu berücksichtigen.

Die Gegenkompoundierung wirkt wie eine scheinbare Verringerung des Ankerwicklungswiderstandes, die Kompoundierung wie eine scheinbare Vergrößerung des Ankerwiderstandes. Im letzteren Fall wird gleichzeitig die Ankerkreiszeitkonstante kleiner, was einer Verbesserung der dynamischen Eigenschaften entspricht.

Durch die querfeldbedingte Feldschwächung (ohne Kompoundwicklung) wird die Regelung langsamer, die Maschine neigt auch zur Instabilität.

10.3.5 Gleichstrommotoren mit Pulsstellung

Insbesondere in Fällen, bei denen Gleichstrommotoren von
einer konstanten Spannung gespeist werden (Fahrzeugantriebe)
und die Drehzahl im vollen Bereich zwischen $+n_{max}$ und $-n_{max}$
gestellt werden soll, besteht zunächst nur die Möglichkeit
der Einschaltung von Vorwiderständen, wie es auch bei der
Straßenbahn ausgeführt wird. Die Verluste fallen dort nicht
so sehr ins Gewicht, da die Fahrgeschwindigkeit über große
zeitliche Bereiche konstant bleibt. Von erheblicher Bedeutung
aber sind diese Regelverluste, wenn das Fahrzeug von einem mit-
geführten Energiespeicher gespeist wird.
Hier galt es, ein Optimum an Fahrleistung aus den Batterien
herauszuholen, was dazu geführt hat, ein neues System der
Drehzahlstellung zu entwickeln:
Die Pulsung der Speisespannung.
Im Prinzip wird der Gleichstrommotor bei der Pulsstellung
<u>periodisch an Spannung gelegt</u> und in den Pausen <u>kurzge-
schlossen.</u>

Die Einrichtung hierzu besteht aus einem (Thyristor)-Schalter S
(Zerhacker) und einer Freilaufdiode D (Abb. 412).
Wird der Schalter S geschlossen, steigt der Strom im stillstehenden Motor nach der Funktion $\frac{E}{R_1}(1-e^{-t/T_1})$ bis zu dem
Augenblick an, zu dem der Schalter wieder geöffnet wird
(Abb. 413). Von diesem Augenblick an fließt der Motorstrom
statt über die Spannungsquelle, über die Freilaufdiode D
weiter und klingt nach einer e-Funktion ab (Abb. 413).
Den Vorgang des periodischen Zuschaltens an eine Gleichspannung und Kurzschließens in den Pausen kann man ersetzen
durch das abwechselnde Zuschalten einer positiven und negativen Spannung. Der Strom stellt dann eine einfache Überlagerung
von Exponentialfunktionen dar, die in periodischen Abständen
einsetzen (Superpositionsprinzip).

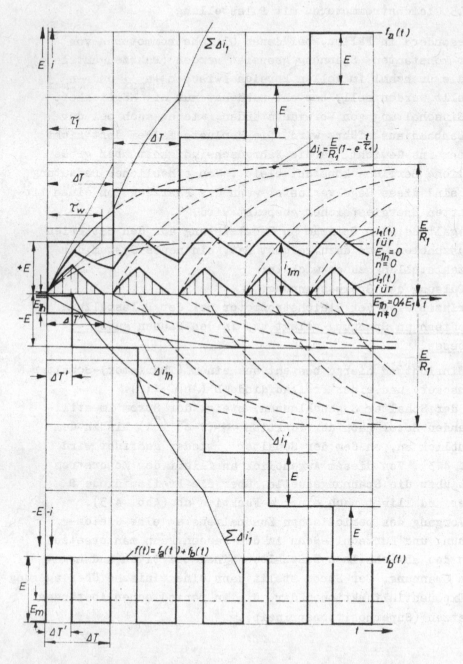

Abb. 413: Zur Pulsspeisung einer Gleichstrommaschine.

Läuft der Motor an, erzeugt die Maschine eine Gegenspannung E_{1h},
was dazu führt, daß bei konstanter Pulsfrequenz der Strom langsamer ansteigt und bei Kurzschluß rascher absinkt.

In der graphischen Konstruktion, Abb. 413 wurde dies durch
Überlagerung einer weiteren e-Funktion über den Stillstands-
stromverlauf berücksichtigt, die die Antwort auf einen scheinbaren Sprung von E_{1h} darstellt (bei Lücken in Abständen
von Δt periodisch einsetzend)

$$\overbrace{E - E_{1h}}^{\Delta E} = R_1 \cdot i_1 + L_1 \frac{di_1}{dt}$$

$$\frac{di_1}{dt} = \frac{\Delta E - i_1 R_1}{L_1}$$

$\left.\right\}$ Zuschalten

$$-E_{1h} = R_1 i_1 + L_1 \frac{di_1}{dt}$$

$$\frac{di_1}{dt} = -\frac{E_{1h} + R_1 i_1}{L_1}$$

$\left.\right\}$ Kurzschluß

Soferne die Pulsfrequenz und die Pulsbreite gleich bleibt,
würde beim Hochfahren der obere Stromverlauf gemäß Abb. 413
in den unteren übergehen. Der Gleichstrom-Mittelwert dieses
Stromverlaufes ist ein Maß für das Maschinenmoment, welches
zu dem gewählten Wert von E_{1h} und damit von n gehört.
Man erkennt, daß der Anfahrstromverlauf keineswegs ideal ist.
Praktisch wird man eine Strombegrenzung vorsehen müssen, die
entweder auf die Pulsfrequenz oder auf die Pulsbreite ein-
greift.

Ein Anlaufvorgang mit Strombegrenzung und Pulsbreitensteuerung
ist in Abb. 414a wiedergegeben.

Durch die Pulsbreite wird einmal der maximale Strom begrenzt
und andererseits die Bandbreite der Stromschwankungen konstant
gehalten.

Man kann auch die Taktung von einer oberen und einer unteren
Stromgrenze abhängig machen, ein Oszillogramm bei einer
solchen Steuerung ist in Abb. 414b dargestellt.

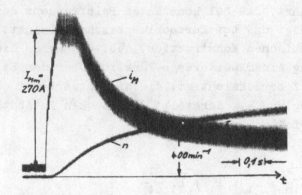

Abb. 414a: Oszillogramm des Kommutatorstromes und der
Drehzahl bei gepulster Gleichstrommaschine
(nach Lappe).

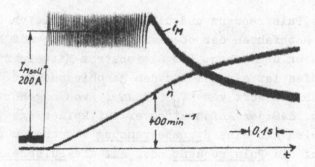

Abb. 414b: Oszillogramm des Kommutatorstromes und der
Drehzahl bei gepulster Gleichstrommaschine
mit Zweipunkt - Stromregelung (nach Lappe).

Bei der halben Drehzahl wird dabei auf konstante Pulsfrequenz
und -breite umgeschaltet.
Der <u>Aufbau</u> der <u>Thyristorpulsschalteinrichtung</u> wird bei der Be-
sprechung der Stellglieder gebracht werden. (Abschn. 10.4.1)
Gleichstrommotoren können bei Pulsbetrieb nicht bis zur vollen
Höhe ausgenützt werden, weil die Verluste etwas größer sind
und auch die Funkenbildung stärker.
Durch die periodischen Stromänderungen wird beim Reihenschlußmotor eine <u>transformatorische Funkenspannung</u> in den gerade
kommutierenden Windungen induziert.
Auch verursacht die Pulsation des Wendefeldes eine <u>Fehlkompen-</u>
<u>sation</u> der Reaktanzspannung.

10.3.6 Drehstrom-Asynchronmotoren

Das nichtstationäre Verhalten der Asynchronmaschine ist im
Vergleich zur Gleichstrommaschine wesentlich verwickelter.
In sehr vielen Fällen ist es jedoch zulässig, Antriebspro-
bleme mit Asynchronmotoren <u>näherungsweise mit den stationären</u>
<u>Kennlinien</u> zu behandeln. Dies ist insbesondere dann gerecht-
fertigt, wenn das <u>Schwungmoment</u> der Maschine und damit die
mechanische Zeitkonstante <u>sehr groß</u> im Vergleich zur elektrischen ist. Trifft das nicht zu, ergibt sich der Verlauf des
Anlaufmomentes mit der Drehzahl gemäß Abb. 326.
Die erheblichen Abweichungen vom stationären Verlauf wirken
sich auf den zeitlichen Drehzahlverlauf allerdings nur geringfügig aus, zumal es sich in der Hauptsache um ein überlager-
tes Wechselmoment handelt, das keine bleibende Drehzahländerung zur Folge hat.
Es wird daher im Nachfolgenden mit den bekannten stationären
M - n Kennlinien des Asynchronmotors gearbeitet, die bei den
vielen Läuferwicklungsarten einen sehr unterschiedlichen Verlauf aufweisen können.

Die Funktion $\qquad m = f(\dot{\varphi})$

stellt ganz allgemein je eine <u>Kennlinienschar</u> dar, deren <u>Parameter</u>

$$R_1 \quad , \quad f \quad , \quad E_1 \quad , \quad R_2 \quad \text{oder } E_2$$

sein kann.

Für <u>konstante Speisespannung</u> und <u>variables R_2</u> ergibt sich das bekannte Bild gemäß Abb. 415.

Für konstanten Widerstand und <u>variable Frequenz</u> und Spannung ergibt sich die Kurvenschar gemäß Abb. 416.

Für konstantes R_1 und R_2 ergibt sich die Kurvenschar gemäß Abb. 417, wenn <u>E_1 variabel</u> ist.

Für konstante Ständerspannung und <u>variable Läuferspannung E_2</u> bei konstanten Widerständen ergibt sich die Kurvenschar gemäß Abb. 418.

Schließlich seien noch der Vollständigkeit halber die Kurvenverläufe bei <u>Zweifach-Polumschaltung</u> gemäß Abb. 419 angegeben. Alle diese Kurvenscharen liegen als Berechnungsergebnis oder Versuchsergebnis vor; man kann auf ihrer Grundlage ganz allgemein einen <u>Signalflußplan</u> zu dem <u>Asynchronantrieb</u> für kleine Schwingungen erstellen, der in Abb. 420 dargestellt ist.

$$m - J \cdot \frac{d^2\varphi}{dt^2} = m_{gg}$$

$$m = f(\dot{\varphi}, \; E_1, \; E_2, \; f, \; R_1, \; R_2)$$

$$m_{gg} = f(\dot{\varphi})$$

Das nichtlineare Glied am Eingang kann nun wieder <u>linearisiert</u> werden, wenn man das Moment als Funktion von $\dot{\varphi}$, R_1, E_1, R_2, E_2, f ansieht.

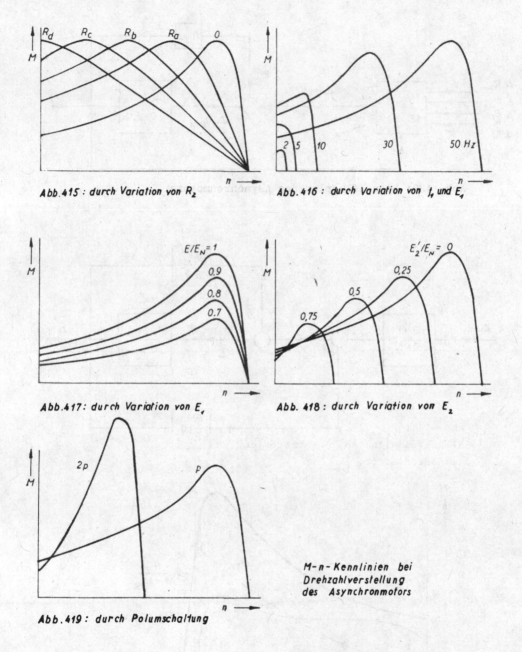

Abb. 415 : durch Variation von R_2

Abb. 416 : durch Variation von f_1 und E_1

Abb. 417: durch Variation von E_1

Abb. 418 : durch Variation von E_2

Abb. 419 : durch Polumschaltung

M-n-Kennlinien bei
Drehzahlverstellung
des Asynchronmotors

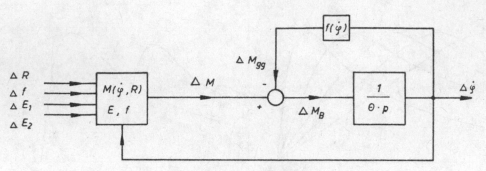

Abb. 420: Signalflußplan des Asynchronmotors.

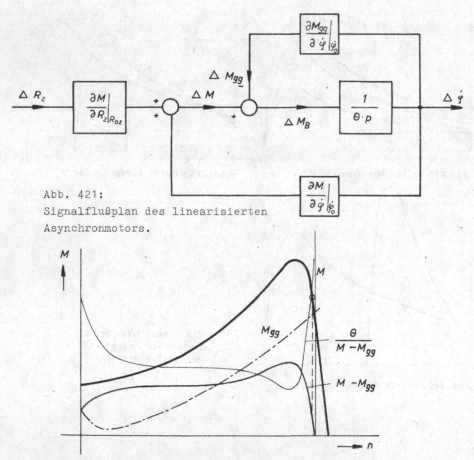

Abb. 421:
Signalflußplan des linearisierten
Asynchronmotors.

Abb. 422: Zur Berechnung der Anlaufzeit einer
Asynchronmaschine.

Nach dem Satz vom totalen Differential wird z.B.:

$$\Delta M = \frac{\partial M}{\partial \dot{\varphi}}\bigg|_{\dot{\varphi}_0} \cdot \Delta \dot{\varphi} + \frac{\partial M}{\partial R_2}\bigg|_{R_{20}} \cdot \Delta R_2 \qquad \text{bzw.}$$

bei alleiniger Abhängigkeit
des M_{gg} von $\dot{\varphi}$:

$$\Delta M_{gg} = \frac{\partial M_{gg}}{\partial \dot{\varphi}}\bigg|_{\dot{\varphi}_0} \cdot \Delta \dot{\varphi}$$

Damit ergibt sich der Signalflußplan für das linearisierte
System entsprechend Abb. 421.
Auf diese Weise kann der Frequenzgang für jede denkbare
Stellgröße und kleine Schwingungen (Abweichungen vom Statio-
närwert) bestimmt werden. Er ändert sich natürlich bei jeder
Änderung des Stationärzustandes. Für größere Regelabweichungen
muß wieder der Analog- oder Digitalrechner herangezogen werden.

Das Frequenzgangverfahren unter Zugrundelegung der linearisierten
Gleichungen kann natürlich auch nicht für den Hochlauf und
nicht für das Stillsetzen benutzt werden, ebenso nicht für das
Reversieren. Hier läßt sich jedoch unter Zuhilfenahme der
Kurvenscharen der direkte Weg beschreiten, zumal das Differen-
tialgleichungssystem durch Vernachlässigung der elektrischen
Übergangsvorgänge sehr einfach ist.
Der Hochlauf des Asynchronmotors ist durch:

    a. Direktes Zuschalten
    b. Stern-Dreieckanlauf und
    c. mit Anlaufwiderständen möglich.

Als Beispiel soll hier nur kurz das direkte Zuschalten behandelt werden.
Es gilt die Momentengleichung:

$$\Sigma m = 0$$

$$m(\dot{\varphi}) - m_{gg}(\dot{\varphi}) - J\,\frac{d^2\varphi}{dt^2} = 0$$

$$\frac{d^2\varphi}{dt^2} = \frac{m(\dot{\varphi}) - m_{gg}(\dot{\varphi})}{J} \qquad \text{(Abb. 422)}$$

Daraus kann für jeden Verlauf m und m_{gg} die Anlaufzeit
bis zur Geschwindigkeit $\dot{\varphi}$ gewonnen werden:

$$t = J \int\limits_{0}^{\dot{\varphi}} \frac{1}{m - m_{gg}} \cdot d\,\dot{\varphi}$$

Natürlich läßt sich umgekehrt auch der zeitliche Verlauf
von $\dot{\varphi}$ bestimmen.

Den <u>Generator-</u> oder <u>Gegenstrombremsvorgang</u> erhält man
auf dieselbe Weise, wenn man die betreffenden Abschnitte
der Kurven heranzieht.
Es kann ferner auch durch <u>Frequenzabsenkung gebremst</u> werden,
auch hier verläuft der Vorgang analog.

Eine Bremsmethode, die bei Asynchronmotoren häufig angewandt
wird, ist die sogenannte <u>Gleichstrombremsung</u> oder Widerstandsbremsung.
Hierzu wird die Maschine vom Netz getrennt, ständer- oder
läuferseitig mit Gleichstrom gespeist und auf einen Bremswiderstand belastet (Abb. 345).
Näheres hierüber siehe Abschnitt 7.4 .

10.3.7 Synchronmotoren

Das regeltechnische Verhalten des Synchronmotors wird durch
die Differentialgleichung bestimmt, welche schon in Abschnitt
5.4 abgeleitet wurde:

$$\frac{d^2 \Delta \vartheta_M}{dt^2} + \frac{2}{T_D} \frac{d \Delta \vartheta_M}{dt} + \omega_e^2 \cdot \Delta \vartheta_M = \frac{M_{gg}}{J}$$

darin war

$$\omega_e^2 = \frac{m}{J} \qquad \dots \text{Eigenkreisfrequenz}$$

$$T_D = \frac{2J}{C_D} \qquad \dots \text{Dämpfungszeitkonstante}$$

$$C_D = \frac{M_N}{s_N \cdot 2\pi \cdot f/p} \quad \text{Dämpfungskonstante} \qquad \vartheta = p \cdot \vartheta_M$$

$$m = \frac{\partial M_S(\vartheta)}{\partial \vartheta_M}\bigg|_{\vartheta_{M1}} = p \cdot \frac{3 \cdot E_N}{2\pi \, n} \left[\frac{E_2}{X_d} \cos \vartheta_1 + E_N \frac{X_d - X_q}{X_d + X_q} \cos 2 \vartheta_1 \right]$$

das synchronisierende Moment an der Stelle ϑ_1.

Diese Differentialgleichung gilt wieder nur für kleine Abweichungen vom Stationärzustand, sie wurde linearisiert.

Das sogenannte synchronisierende Moment ist die Momentenzunahme je Winkeleinheit. Für rasche Änderungen ist es größer
als für langsame Änderungen, da durch die Ausgleichsströme
in der Erregerwicklung eine vorrübergehende zusätzliche
Erregung auftritt. Damit wird auch die Polradspannung E_{12}
vorrübergehend größer.
Die Gleichung gilt nur für kleine Abweichungen von ϑ_M, nicht
aber für den Anlauf oder das Außertrittfallen der Maschine.

Der Anlauf kann als Frequenzanlauf oder als asynchroner Anlauf erfolgen. Beim asynchronen Anlauf kann ähnlich vorgegangen werden wie bei der Asynchronmaschine; beim Frequenzanlauf wird Spannung und Frequenz stetig erhöht. Der zeitliche

Verlauf dieser Frequenz- und Spannungssteigerung muß so gesteuert
werden, daß die Maschine das gewünschte Anlaufmoment entwickelt. Auf diese Weise kann z.B. mit konstantem Moment hoch-
gefahren werden.

Aus der Differentialgleichung für kleine Schwingungen kann man
den Signalflußplan ableiten (Abb. 423).

10.3.8 Der Schragemotor

Der Schragemotor ist ein läufergespeister Drehstrom-Nebenschlußmotor, dessen Drehzahl verlustarm durch Bürstenverschiebung
gestellt werden kann. (Abb. 424).

Seine Bauleistung ist beschränkt, ebenso sind seine dynamischen Regeleigenschaften etwas schlechter als jene des Gleichstrommotors, zumal für die Drehzahlstellung eine massebehaftete
Bürstenbrücke verdreht werden muß. Andererseits ist der Schragemotor der einzige Drehstrom-Regelmotor, der weder eine Speiseeinrichtung benötigt, noch irgendwelche andere Zusatzeinrich-
tungen.

Die Verstelleinrichtung ist im Motor eingebaut, sie besteht aus
einem Verstellmotor,der über einen Zahnkranz die Bürstenbrücken
gegenläufig verdreht.

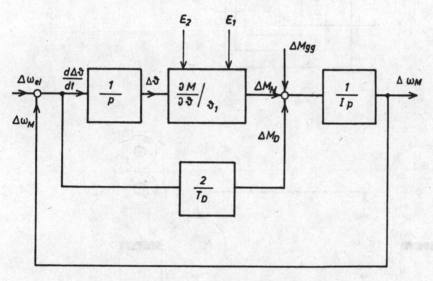

Abb. 423: Signalflußplan der Synchronmaschine.
(zwei-polig)

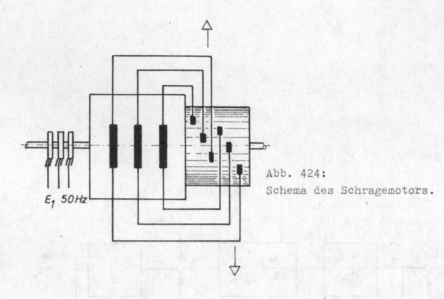

Abb. 424:
Schema des Schragemotors.

E_1 50Hz

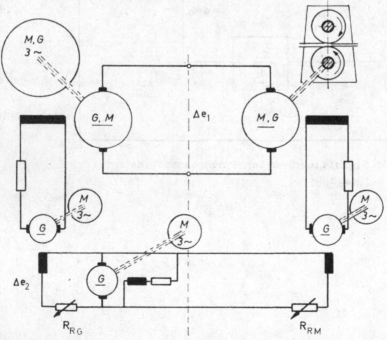

Δe_1

Δe_2

R_{RG}

R_{RM}

Abb. 425: Ward-Leonard-Umformer.

10.4   Stellglieder in elektrischen Antrieben

Die Stellglieder bei elektrischen Antrieben sind im allgemeinen
identisch mit den Speiseeinrichtungen der Motoren. In einzelnen Fällen ist das Stellglied schon im Antriebsmotor integriert (Feldwicklung des Gleichstrommotors, Bürstenverstell-
apparat des Drehstrom-Nebenschlußkommutatormotors u.ä.).

10.4.1 Gleichstromstelleinrichtungen

Die älteste Einrichtung dieser Art ist der Ward-Leonard-
Umformersatz, der aus einer Synchronmaschine oder Asynchronmaschine besteht und einer Gleichstrommaschine, die von
einem Gleichstrom-Erregergenerator (Haupterregermaschine) fremderregt wird (Abb. 425). Der Erregergenerator wieder wird von
einem selbsterregten Gleichstrom-Nebenschlußgenerator erregt.
Die Stellung der Ausgangsspannung der Haupterregermaschine erfolgt
durch Veränderung des Vorwiderstandes R_{RG}.
Im allgemeinen wird nach Erreichen der höchsten Ausgangsspannung die Drehzahl durch Feldschwächung noch weiter erhöht
(1 : 2 - 1 : 4); die Drehzahlstellung erfolgt hierbei durch
Eingriff auf den Erregerstrom des Motors mit Hilfe eines Feld-
stellers R_{RM}.
Der Leonardumformer stellt regelungstechnisch im wesentlichen
eine Kaskade von Trägheiten dar (Abb. 426). Verstärkungsfaktor
und Zeitkonstante sind aus den Maschinendaten zu entnehmen.
Hierzu benötigt man die Induktivität der Feldwicklungen und
der Kommutatorwicklungen, welche gemäß Abschnitt 6.5 zu berechnen sind.
Die Feldzeitkonstente $T_2 = \dfrac{L_2}{R_2}$ liegt bei sehr großen Maschinen
(5 - 10 MW) bei 3 bis 4 s, bei kleinen Maschinen (kW) bei 0,1 s.

Der Leonardumformer kann in beiden Leistungsrichtungen betrieben werden, daher vertauschen Asynchronmaschinen und
Gleichstrommaschinen ihre Rollen als Motor bzw. Generator.
Leonardumformersätze werden heute nur mehr in Sonderfällen
verwendet (Förderantriebe,Blochwalzanlagen),an ihre Stelle
sind die Umkehrstromrichter getreten. Nur dort,wo die Versor-
gungsnetze noch sehr schwach sind, kann auf die Puffereigen-
schaften des Leonardumformers nicht verzichtet werden.

Umkehrstromrichter

Der Umkehrstromrichter ermöglicht die Drehzahlstellung einer
Gleichstrommaschine in beiden Drehrichtungen und in beiden
Leistungsrichtungen ebenso wie der Leonardumformer.
Zu Unterscheiden sind Ausführungen in Mittelpunkts- (Abb.427)oder
Brückenschaltung, wobei die sogenannte Kreuzschaltung bevor-
zugt wird (Abb.428), und die Gegenparallelschaltung (Abb. 429)
für kreisstromfreien Betrieb.
Gittersteuersatz und Stromrichter werden regeltechnisch zu
einem Glied zusammengefaßt.
Das regeltechnische Verhalten des Stromrichters ist durch das
Totzeitverhalten gekennzeichnet, welches durch die Zeit zwi-
schen zwei Kommutierungsvorgängen zustandekommt.
Bei einem zweipulsigen Betrieb beträgt diese Totzeit 10 ms ,
        bei dreipulsigem   3,3 ms,
        bei sechspulsigem   1,7 ms
usw..

Da es sich also um verhältnismäßig kleine Totzeiten handelt,
kann diese durch eine kleine Trägheit angenähert werden, die
zu einer großen Trägheit in Reihe liegt.
Bei kleinen Belastungen beginnt der Strom zu lücken. In diesem
Lückbereich ist die Verstärkung wesentlich geringer als bei

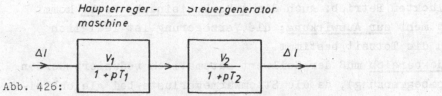

Abb. 426:

Vereinfachter Signalflußplan des Ward-Leonard-Umformers.

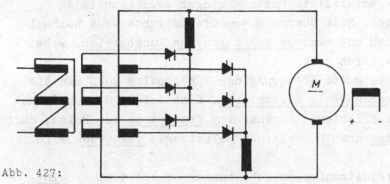

Abb. 427:

Umkehrstromrichter (Mittelpunktsschaltung).

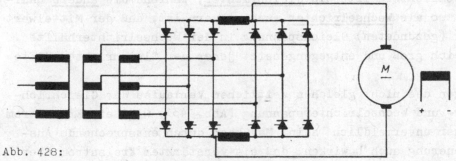

Abb. 428:

Umkehrstromrichter (Brückenschaltung).

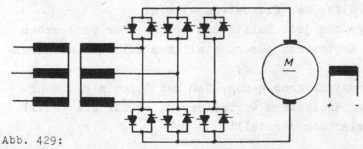

Abb. 429:

Umkehrstromrichter (Gegenparallelschaltung für
kreisstromfreien Betrieb).

ungelücktem Betrieb. Auch die Ankerkreisinduktivität kommt
nicht mehr zur Auswirkung; die Verzögerung ist lediglich
durch die Totzeit bestimmt.

Im Lückbereich muß der Sollwert automatisch reduziert werden
(Strombegrenzung), da die Stromwärmeverluste bei gleichbleibendem Mittelwert und zunehmendem Lücken steigen.

Bei einer Gegenparallelschaltung liegen zwei Kennlinien
(Abb.430) vor. Beim Übergang vom Gleichrichter-zum Wechselrichterbetrieb muß man zweimal durch den Lückbereich, wobei
viel Zeit verloren geht.

Durch eine geeignete Steuerung der Zündimpulse kann man die
Kennlinien gegenseitig verschieben. Eine solche Steuerung hat
einen (kontrollierten) sogenannten Kreisstrom zur Folge, durch
den das Lücken auch bei kleinen Belastungen vermieden wird.

Bei nicht kreisstromfreien Schaltungen arbeitet immer eine
Stromrichterhälfte als Gleichrichter, während die andere Hälfte so als Wechselrichter auszusteuern ist, daß der Mittelwert
der (gezündeten) Gleichspannung in der Wechselrichterhälfte
gleich groß und entgegengesetzt jener der Gleichrichterhälfte
ist.

Wegen des nicht gleichen zeitlichen Verlaufes der Gleichrich-
ter- und Wechselrichterspannung (Abb. 431) wird ein Kreisstrom
immer unvermeidlich sein. Man kann durch entsprechende Aus-
steuerung auch bewirken, daß ein verstärkter Kreisstrom über
beide Stromrichter fließt, der dann das Lücken verhindert.

In einer Hälfte fließt dann der Motorstrom und Kreisstrom,
in der anderen Hälfte der Kreisstrom allein.

Es muß allerdings für jede Hälfte ein Stromregler vorgesehen
werden, der den Kreisstrom als zusätzlichen Sollwert aufschal-
tet.

Ist der Maschinenstrom groß genug, daß der Strom nicht mehr
lückt, könnte der Kreisstrom wegfallen, da er für die Ventile
eine unnötige Belastung darstellt.

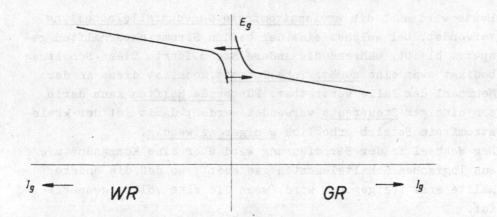

Abb. 430:
Stromrichter-Kennlinien bei Kreisstromregelung.

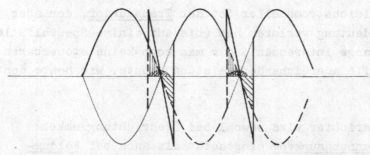

Abb. 431:
Zur Entstehung des Kreisstromes.

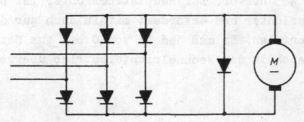

Abb. 432:
Halbgesteuerte Brücke.

Heute wird auch die kreissstromfreie Gegenparallelschaltung
verwendet, bei welcher eine der beiden Stromrichterhälften gesperrt bleibt, während die andere Strom führt. Diese Schaltung
bedingt zwar eine zusätzliche Totzeit, doch ist diese in der
Mehrzahl der Fälle vertretbar. Für beide Hälften kann darin
ein einziger Steuersatz verwendet werden; damit ist der kreis-
stromfreie Betrieb erheblich weniger aufwendig.
Der Wechsel in der Stromführung wird über eine Kommandostufe
aus logischen Schaltelementen gesteuert, so daß die andere
Hälfte erst freigegeben wird, wenn die eine völlig gesperrt
ist.

Für Antriebe, die nur motorisch arbeiten, kann die halbgesteuerte
Brücke mit Nulldiode verwendet werden. Die Nulldiode verhindert
bei induktiver Last das Lücken, da sie der Last parallel geschaltet ist (Abb. 432), sodaß beim Einsetzen des Lückens der
Strom weiterfließen kann.

Ein weiterer Gleichstromsteller ist der Transduktor, der aber
heute seine Bedeutung verloren hat (bis auf einige Spezialfälle).
Er war nur solange interessant, als man noch keine steuerbaren
Halbleiterventile ausreichender Leistung kannte, wie heute den
Thyristor.

Der Umkehrstromrichter wird sowohl bei Drehrichtungsumkehr
durch Speisespannungsumkehr eingesetzt als auch bei Feldum-
kehrschaltungen. Diese wird dort verwendet, wo es nicht auf
extrem kleine Reversierzeiten ankommt.
Der Vorgang bei der Drehrichtungsumkehr durch Feldumkehr geht
aus dem Ablauf Abb. 433 hervor. Der Hauptstromrichter ist hierbei kein Umkehrstromrichter und erfordert mithin auch nur den
halben Aufwand an Ventilen. Er muß jedoch von 0 bis zum Maximum
steuerbar sein und auch in den Wechselrichterbetrieb übergeführt werden können.

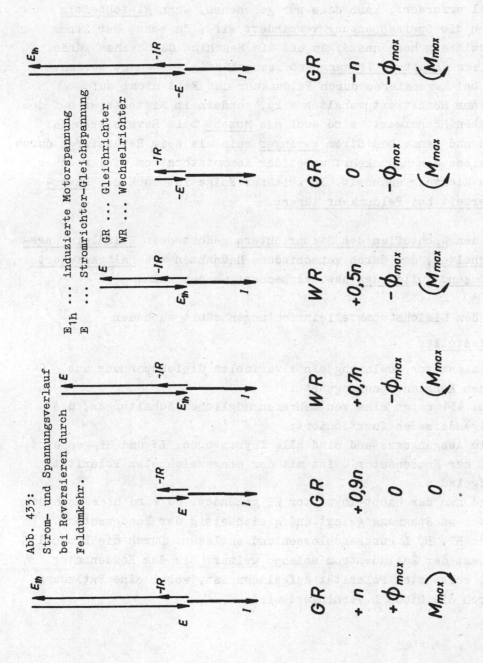

Abb. 433:
Strom- und Spannungsverlauf
bei Reversieren durch
Feldumkehr.

E_{1h} ... induzierte Motorspannung
E ... Stromrichter-Gleichspannung
GR ... Gleichrichter
WR ... Wechselrichter

Da die Umkehr des Feldstromes ein Absenken desselben bis auf
Null erfordert, kann dies nur geschehen, wenn gleichzeitig
auch die Speisespannung vermindert wird, da sonst der Strom
unzulässig hoch ansteigen und die Maschine durchgehen würde.
Dieser simultane Vorgang muß zwangsläufig gesteuert werden.
Da bei Reversieren durch Feldumkehr das Feld nicht auf
seinem Höchstwert gehalten wird, sondern im Mittel etwa auf dem
halben Höchstwert, wird auch das Moment beim Reversieren bei
ein und demselben Strom geringer sein als beim Reversieren durch
Speisespannungsumkehr, wobei der Kommutatorstrom viel rascher
die Richtung wechselt. In weiterer Folge ist auch die Reversierzeit bei Feldumkehr länger.

Zu den Nachteilen des Stromrichters gehört sein Blindleistungs-
verhalten, das durch verschiedene Maßnahmen wie halbgesteuerte
Brücken, Nulldioden usw. verbessert werden kann.

Zu den Gleichstromstelleinrichtungen zählt auch der

Pulssteller

Er dient zur Gewinnung einer variablen Gleichspannung aus
einem Konstantspannungsnetz.
Abb. 434 zeigt eine von mehreren möglichen Schaltungen, die
folgendermaßen funktioniert:
Beim Ausgangszustand sind alle Thyristoren, LT und HT, gesperrt,
und der Kondensator C ist mit der eingezeichneten Polarität
aufgeladen.
Wird nun der Haupt-Thyristor HT gezündet, so wird hierdurch der
Motor an Spannung gelegt, und gleichzeitig der Kondensator C
über HT, D, L kurzgeschlossen und entladen. Durch die Drossel L
fließt der Entladestrom solange weiter, bis der Kondensator
mit verkehrter Polarität aufgeladen ist, wobei eine Entladung
durch die Diode D verhindert wird.

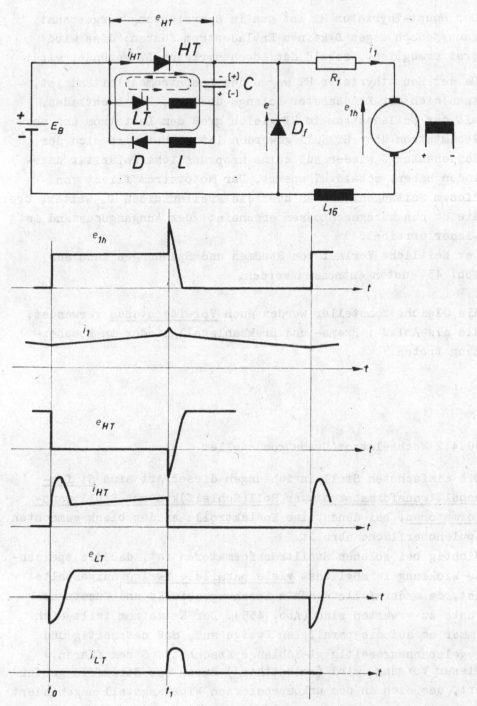

Abb. 434: Pulsstellerschaltung mit Strom- und Spannungsverlauf.

Der Haupt-Thyristor HT ist nun in Sperrichtung vorgespannt, kann jedoch wegen D keinen Entladestrom führen; dies wird erst ermöglicht, sobald der Löschthyristor LT gezündet wird.

Da der Hauptthyristor HT wegen des Laststromes leitend ist, kann sich der Kondensator solange über HT, LT, L entladen, bis der Entladestrom im HT gleich groß dem Laststrom und der Gesamtstrom über HT Null geworden ist. Dabei wird sich der Kondensator C wieder auf seine ursprüngliche Polarität umgeladen haben, sobald HT sperrt. Der Motorstrom fließt von diesem Zeitaugenblick an über die Freilaufdiode D_f weiter, über die er nun kurzgeschlossen erscheint; der Ausgangszustand ist wieder erreicht.
Der zeitliche Verlauf von Strömen und Spannungen kann aus Abb. 434 unten entnommen werden.

Als Gleichstromsteller werden auch <u>Vorwiderstände</u> verwendet, die als Anlaß-, Brems- und Drehzahlstellglieder in Erscheinung treten.

10.4.2 Wechselstrom(Drehstrom)steller

Die einfachsten Stelleinrichtungen dieser Art sind <u>Stufenschalttransformatoren</u> oder <u>Roll(Schleif)kontakt-Stelltransformatoren</u>, bei denen eine Kontaktrolle an der blank gemachten Spulenoberfläche abrollt.
Wichtig bei solchen Stelltransformatoren ist, daß die speisende Wicklung in möglichst <u>viele parallele Zweige</u> aufgespalten ist, da andernfalls erhöhte Spannungsabfälle und Zusatzverluste zu erwarten sind (Abb. 435). Der Netzstrom teilt sich immer so auf die parallelen Zweige auf, daß netzseitig und regelspannungsseitig gleichlange Abschnitte Strom führen.
Dieser Vorgang wird (selbsttätig) durch das Streufeld gesteuert, das sich in dem unkompensierten Wicklungsteil ungehindert ausbreiten kann und dessen inneren Widerstand erhöht.

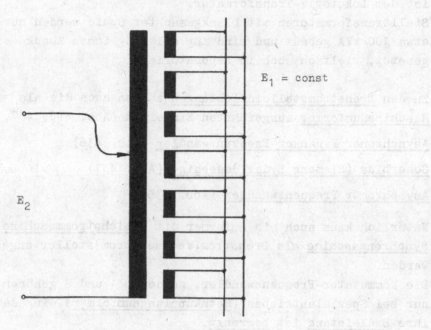

$E_1 = \text{const}$

E_2

Abb. 435: Stelltransformator.

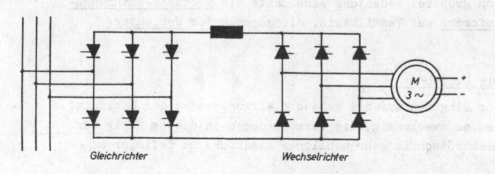

Gleichrichter   *Wechselrichter*

Abb. 439: Zwischenkreisumrichter.

Die häufigste Anwendung von Stufentransformatoren bei Antrieben ist der Lokomotiv-Transformator.

Stelltransformatoren mit blankgemachter Spule werden nur bis etwa 100 kVA gebaut und sind für alle möglichen Zwecke eingesetzt, vielfach auch in Laboratorien.

Zu den Drehstromstelleinrichtungen zählen auch die als Maschinenumformer ausgeführten Einheiten (Abb. 436, 437, 438):

Asynchroner Einanker-Frequenzwandler (Abb. 436)

Scherbius (Siemens Lydall)maschine (Abb. 437)

Asynchroner Frequenzwandler (Abb. 438)

Natürlich kann auch ein Umformer mit Gleichstrommaschine und Synchronmaschine als Drehstrom(Wechselstrom)steller angesehen werden.

Die Kommutator-Frequenzwandler, zu denen 1 und 2 gehören, sind nur bei Spezialantrieben (Netzkupplungsumformer) eingesetzt; ihre Bauleistung ist begrenzt.

In den Abb. 436 bis 438 ist außerdem der Verlauf der Spannung bzw. Frequenz mit der Drehzahl angegeben; die Abhängigkeiten sind unterschiedlich, die einzelnen Umformer daher nur für bestimmte Anwendungen bevorzugt geeignet.

Von größerer Bedeutung sind heute die Frequenz-Spannungsumformer auf Ventilbasis, die sogenannten Umrichter.

Die Umrichter

Vor Eingehen auf die genauere Wirkungsweise der Umrichter, ist es zweckmäßig, die verschiedenen in diesem Zweig der Elektrotechnik gebräuchlichen Ausdrücke zu definieren:

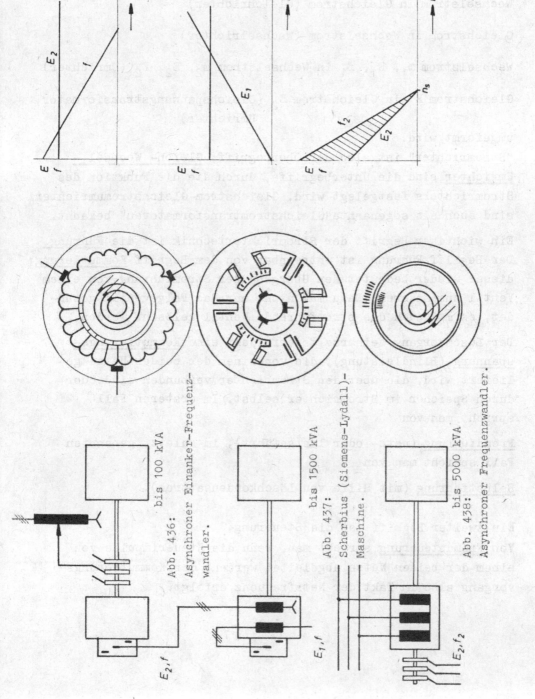

Abb. 436: bis 100 kVA
Asynchroner Einanker-Frequenzwandler.

Abb. 437: bis 1500 kVA
Scherbius (Siemens-Lydall)-
Maschine.

Abb. 438: bis 5000 kVA
Asynchroner Frequenzwandler.

Stromrichter ist eine Ventilanordnung, mit deren Hilfe:

Wechselstrom in Gleichstrom (Gleichrichter)

Gleichstrom in Wechselstrom (Wechselrichter)

Wechselstrom m_1, E_1, f_1 in Wechselstrom m_2, E_2, f_2 (Umrichter)

Gleichstrom E_1 in Gleichstrom E_2 (Gleichspannungstransformator, Umrichter)

umgeformt wird.

"Stromrichter" ist also der Oberbegriff; Gleich- Wechsel - Umrichter sind die Unterbegriffe, durch die die Funktion des Stromrichters festgelegt wird. Gleichstrom-Gleichstromumrichter sind auch als sogenannte"Gleichstromtransformatoren" bekannt.

Ein wichtiger Begriff der Stromrichtertechnik ist die Führung. Der Begriff Führung ist untrennbar von dem Begriff Kommutierung; dieser wieder bedeutet den Übergang der Stromführung von einem Ventil zum anderen. Dazu muß nicht nur das Folgeventil gezündet, es muß auch das stromführende Ventil gelöscht werden.

Der Löschvorgang seinerseits erfordert eine Kommutierungsspannung (Blindleistung), die von einem der beiden Netze geliefert wird, die über den Stromrichter verbunden sind,oder durch Speicher im Stromrichter selbst. Im ersteren Fall spricht man von

Fremdführung (netz- oder lastgeführt), im zuletzt genannten Fall spricht man von

Selbstführung (mit Hilfe von Löschkondensatoren).

Ein zweiter Begriff ist die Steuerung.
Von Fremdsteuerung spricht man, wenn die Steuerimpulse von einem der beiden Netze abgeleitet werden, der Kommutierungsvorgang also im Takt der Netzfrequenz erfolgt.

Von <u>Selbststeuerung</u> spricht man, wenn die Steuerimpulse unabhängig von einem der beiden Netze im Stromrichter selbst gebildet werden.

Als <u>Stromrichter</u> bezeichnet man nicht nur die Ventilschaltung, sondern die <u>Einheit</u> von <u>Ventilen</u>, <u>Steuersatz</u> und <u>Löscheinrichtung</u>.

Bei Antriebsregelungen werden die Steuerimpulse häufig von einem Taktgeber an der Motorwelle abgeleitet; in diesem Fall spricht man ebenfalls von Fremdsteuerung (lastgesteuert).

Neben diesen Begriffen findet man auch statt "fremdgeführt und selbstgeführt": <u>"Natürliche Kommutierung"</u> und <u>"Zwangskommutierung"</u>. Der letztgenannte Ausdruck kommt daher, weil dort der Kommutierungsvorgang mit künstlichen Hilfsmitteln (Kondensatoren, Drosseln usw.) erzwungen wird, wogegen bei der natürlichen Kommutierung keine derartigen Elemente benötigt werden.

Eine weitere Unterteilung erfolgt auf Grund der Schaltung der Ventile.

Die Bezeichnung <u>Zwischenkreisumrichter</u> und <u>Direktumrichter</u> ist <u>unabhängig</u> von den Begriffen Führung und Steuerung; sie kennzeichnen nur die Anordnung der Ventile (ebenso wie Mittelpunkt- und Brückenschaltungen).

Zusammenfassend können mithin folgende <u>Begriffe</u> in der
Stromrichtertechnik festgehalten werden:

<u>Stromrichter</u> {
Gleichrichter
Wechselrichter
Umrichter

<u>Führung</u> {
Fremdführung
(natürliche Kommu-
    tierung)
    ⟶ netzgeführte
    ⟶ lastgeführte   Stromrichter
    ⟶ gemischtgeführte

Selbstführung
(Zwangskommutierung)

<u>Steuerung</u> {
Fremdsteuerung
    ⟶ Netzsteuerung
    ⟶ Laststeuerung

Selbststeuerung

<u>Ventilschaltung</u> {
Direktumrichter
Zwischenkreisumrichter
Mittelpunktschaltung
Brückenschaltung

In den nachstehenden Ausführungen soll vor allem unterschieden
werden:

A. Nach dem Merkmal der Schaltung:
    1) <u>Zwischenkreisumrichter</u>
    2) <u>Direktumrichter</u>

B. Nach der Art der Kommutierung:
    1) <u>Natürlich kommutierter Umrichter</u>
    2) <u>zwangskommutierter Umrichter</u>

Der natürlich kommutierende Zwischenkreisumrichter stellt eine
Kaskade von Gleichrichter und Wechselrichter dar, wobei der
50 Hz Strom zunächst in Gleichstrom, variabler Spannung umgewandelt und geglättet wird, danach wird der Gleichstrom
durch einen Wechselrichter in Wechselstrom, variabler Spannung
und Frequenz umgewandelt (Abb. 439)[*])Dieser Umrichter hat den
Nachteil, daß er nur zwei Netze verbinden kann, die selbst
die Blindleistung zu liefern vermögen, da für die Stromrichter-
kommutierung Blindleistung erforderlich ist (untersynchrone
Kaskaden); er wäre ungeeignet für die Speisung von Asynchronmotoren, die selbst Magnetisierungsblindleistung benötigen.

Zwischenkreisumrichter können aber ohne zusätzliche Einrichtungen
auch für die Speisung von Synchronmotoren nicht verwendet werden,
wenn diese vom Stillstand anlaufen müssen, bzw. bei sehr kleinen Drehzahlen arbeiten. Da die Synchronmaschine im Stillstand
noch keine Spannung induziert, ist auch keine Spannung da, die
den Kommutierungsstrom treibt.
Derartige Umrichter haben vor allem bei HGÜ Verwendung gefunden, ferner bei den sogenannten untersynchronen Stromrichter-
kaskaden.
Bei der HGÜ sind eigene Blindleistungsmaschinen für die Deckung
der Blindleistung aufgestellt, da dieser Typ von Umrichter
keine Blindleistung übertragen kann.

Natürlich kommutierende Direktumrichter

Von den vielen möglichen Umrichteranordnungen möge eine
typische Anordnung als repräsentativ herausgegriffen und
beschrieben werden.
Es handelt sich hierbei um eine Anordnung, die am Institut für
Elektromagnetische Energieumwandlung entwickelt wurde; sie ist
geeignet zur Speisung von Synchronmaschinen und arbeitet bei
kleinen Drehzahlen und im Anlauf mit einer anderen Zündfolge
als bei höheren Drehzahlen.

[*])Siehe nach Abb. 435

Im unteren Drehzahlbereich ist der Umrichter als fremd(last)-
gesteuert und fremdgeführt (gemischte Netz-Lastführung) anzusehen. Im oberen Drehzahlbereich arbeitet der Umrichter
lastgeführt, das entspricht dem reinen Wechselrichterbetrieb
wie er beim Zwischenkreisumrichter vorliegt.
Die zweistufige Betriebsweise ist deshalb notwendig, weil
einerseits der einfache Zwischenkreisumrichter für den Anlauf
ungeeignet ist, während sich andererseits der Direktumrichter
nur für Frequenzen wesentlich unterhalb der Frequenz des
speisenden Netzes eignet
Abb. 440 zeigt eine zu einer Maschinenphase gehörende Umrich-
tereinheit, die große Ähnlichkeit mit einer Umkehrstromrichter-
schaltung hat.
Grundsätzlich kann diese Schaltung auch als 3-Phasen-Brücken-
schaltung ausgeführt werden, doch ist die Mehrfach-einphasige
Anordnung übersichtlicher.
Es handelt sich beim ersten Hinsehen um einen Umkehrstromrichter, der die Maschinenwicklung im Anlauf mit einer recht-
eckähnlichen Wechselspannung speist, indem in periodischem
Wechsel Gleichstrom in der einen oder anderen Richtung durch
die Maschinenwicklung getrieben wird.
Die beiden Stromrichterhälften arbeiten hierbei in"kreisstrom-
freiem"Betrieb, das heißt, wenn eine Hälfte Strom führt, bleibt
die andere gesperrt.
Die zwei Hauptprobleme dieser Schaltung sind einmal die maschinenfrequente Kommutierung, andererseits die Glättung des
Stromes innerhalb einer Halbwelle.
Beide Aufgaben werden durch die Mittelpunktsdrossel erfüllt
und durch Verwendung einer Rechteckspannungsmaschine erleichtert.

Einfach ist die maschinenfrequente Ablösung der Umrichterhälften,
solange der Strom lückt. Trifft dies nicht mehr zu, geht die
Ablösung in eine echte Kommutierung über, die an Hand der
Abb. 441 beschrieben wird.

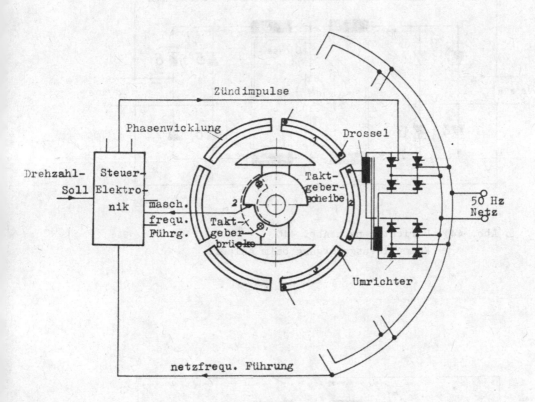

Prinzipschaltung des Umrichtermotors
mit symmetrischer Brückenanordnung

Abb. 440: Direktumrichter nach Aichholzer / Peyer.

Abb. 439: Siehe nach Abb. 435

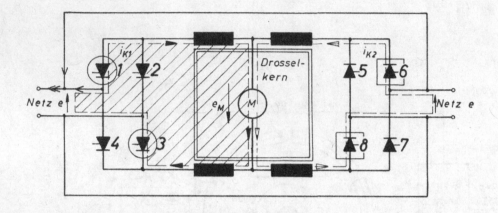

Abb. 441: Umrichter nach Abb. 440.
Kommutierungsvorgang beim Anlauf.

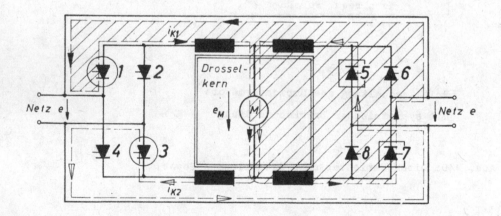

Abb. 442: Umrichter nach Abb. 440.
Kommutierungsvorgang bei stationärem Betrieb.

Ausgehend von der Stromführung in der linken Hälfte über die
Ventile 1, 3 werden in der Folge anstelle der Ventile 2, 4
die Ventile 6, 8 gezündet, wodurch zwei Kurzschlußkreise entstehen, in denen die Summe aus Netz-und Maschinenspannung
wirkt. Da beide Kurzschlußströme die Drossel gegensinnig
erregen, wirkt diese lediglich mit ihrer kleinen Streureaktanz
und behindert die rasche Stromumkehr kaum.
Je nachdem, ob die Einleitung der maschinenfrequenten Kommutierung vor oder nach dem Nulldurchgang der Maschinenspannung
erfolgt, wirkt die Summe oder Differenz von Netz- und Maschinenspannung treibend im Kurzschlußkreis.
Nach Ablösung der linken Umrichterhälfte kommutieren nun abwechselnd die Ventile 6, 8 und 5, 7 (wie vorher 1, 3 und 2, 4)
mit der Netzspannung allein.
In dieser Betriebsweise kann die Maschine anlaufen, da der
Kommutierungsstrom im Stillstand allein durch die Netzspannung
getrieben wird. Es ist mit dieser Anordnung auch möglich, mit
kleinem Aufwand hohe Anzugsmomente zu erzielen.
Je höher die Maschinenfrequenz ist, umso weniger Halbwellen
kommen auf eine maschinenfrequente Halbwelle - umso unregel-
mäßiger wird der Betrieb.
Es ist leicht einzusehen, daß durch diesen Umstand bedingt,
etwa ein Drittel der Speisefrequenz als Grenze für diesen
Betrieb angesehen werden kann. Hinzu kommt noch, daß dieser
Umrichtertyp bei Versorgung aus einem Gleichstromnetz (Batterie-
fahrzeuge) zusätzliche Einrichtungen benötigt. Dies gilt
für alle Direktumrichterschaltungen und wird als Grund dafür
angesehen, warum man heute die Anstrengungen hauptsächlich auf
den selbstgeführten (zwangskommutierten)Zwischenkreisumrichter
konzentriert hat, dessen Vorteil es ist, auch Asynchronmaschinen speisen zu können und zwar bei beliebigen Drehzahlen.
Die Entwicklung am Institut für Elektromagnetische Energieumwandlung ist einen anderen Weg gegangen: Es konnte gezeigt
werden, daß es möglich ist, die oben beschriebene Schaltung
ohne Umschaltung des Leistungsteiles nur durch Änderung der

Zündfolge in einen Betrieb überzuführen, der dem Betrieb mit
Zwischenkreisumrichter und natürlicher Kommutierung entspricht.
Damit wurde ein Manko des Direktumrichters beseitigt, nämlich
die Beschränkung der Ausgangsfrequenz. Allerdings ist man mit
dieser zweistufigen Betriebsweise immer noch an die Synchronmaschine gebunden, die wegen der Erregerschleifkontakte nicht
gerne verwendet wird.
Die Entwicklung auf dem Gebiet der permanent erregten Maschinen hat auch diesen Nachteil zumindest bei kleineren Leistungen beseitigt. Derartige Antriebe (mit Siemosyn – Motoren)
werden in großem Umfang in der Textilindustrie verwendet und
zur Zeit über Zwischenkreisumrichter versorgt.
Bei größeren Maschinen besteht andererseits die Möglichkeit der
schleifringlosen Erregung über umlaufende Ventile, die durch
eine Außenpol-Synchronmaschine oder einen rotierenden Transformator gespeist werden. Der Kommutierungsvorgang bei der zweiten
Stufe (nach dem Anlauf) ist an Hand der Abb. 442 beschrieben.

Ist eine bestimmte Mindestdrehzahl erreicht, bei der die induzierte Spannung für einen fremdgeführten (lastgeführten)
Betrieb ausreicht, erfolgt eine Änderung der Zündfolge in der
nachstehenden Weise:
Ausgangszustand ist wiederum die Stromführung der linken Hälfte
über die Ventile 1, 3. Statt 2, 4 oder 6, 8 zu zünden, werden
nun 5, 7 gezündet und damit zwei Kurzschlußkreise gebildet, in
denen lediglich die Maschinenspannung wirksam ist. Auch kann
die Zündung nur vor dem Nulldurchgang der Gegenspannung erfolgen,
da nach diesem die Kommutierungsspannung verkehrt wirkt.
Vorteilhaft ist hier besonders die Maschine mit Rechteckspannung, da hierbei der "Zündwinkel" auf 170° vergrößert werden
kann (Abb. 443). Eine Maschine mit Rechteckspannung wurde
ebenfalls am Institut für Elektromagnetische Energieumwandlung
entwickelt; es ist eine Schenkelpol-Synchronmaschine, bei der
sowohl die Sehnung als auch die Polbedeckung 0,5 beträgt.

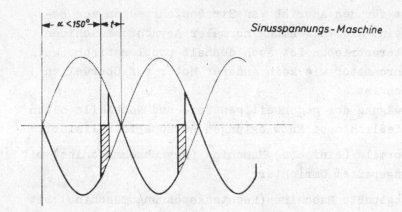

Sinusspannungs-Maschine

$\alpha < 150°$ t

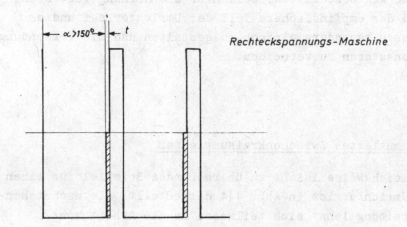

Rechteckspannungs-Maschine

$\alpha > 150°$ t

Abb. 443: Gegenüberstellung der Kommutierung bei der
Sinusspannungsmaschine zur Rechteckspannungsmaschine.

Gegenwärtig wird an einem Antrieb gearbeitet, der von einer
Gleichstromquelle gespeist wird und der ebenfalls mit einer
Rechteckspannungsmaschine arbeitet. Solche Antriebe werden
in Zukunft für den Antrieb von Straßenfahrzeugen von Bedeutung sein. Die Verwendung normaler Asynchronmaschinen
in Umrichterantrieben ist auch deshalb problematisch, weil
der Asynchronmotor wie kein anderer Motor auf Oberwellen
empfindlich ist.

Aus der Abwägung der gegenseitigen Vor- und Nachteile haben
sich schließlich zwei Entwicklungen herauskristallisiert.

1.) Normale (einfache) Maschine (Asynchronmaschine) mit
    angepaßtem Umrichter;

2.) Angepaßte Maschine (Rechteckspannungsmaschine) mit
    einfachstem Umrichter.

Am Institut für Elektromagnetische Energieumwandlung wurde
der zweite Weg beschritten, weil hier die Meinung vertreten
wird, daß der empfindlichere Teil der Umrichter sei und es
gilt, diesen besonders einfach zu gestalten und die Verwendung
von Kondensatoren zu vermeiden.

Zwangskommutierter Zwischenkreisumrichter

Ein vergleichsweise leicht zu übersehendes Beispiel für einen
solchen Umrichter ist in Abb. 444 dargestellt; die nachstehen-
de Beschreibung lehnt sich teilweise an die Arbeit von
G. Möltgen :   "Grundlagen einer Theorie des Stromrichters in
Drehstrom-Brückenschaltung mit mehrstufiger LC-Kommutierung",
Siemens-Zeitschrift 1969 an.

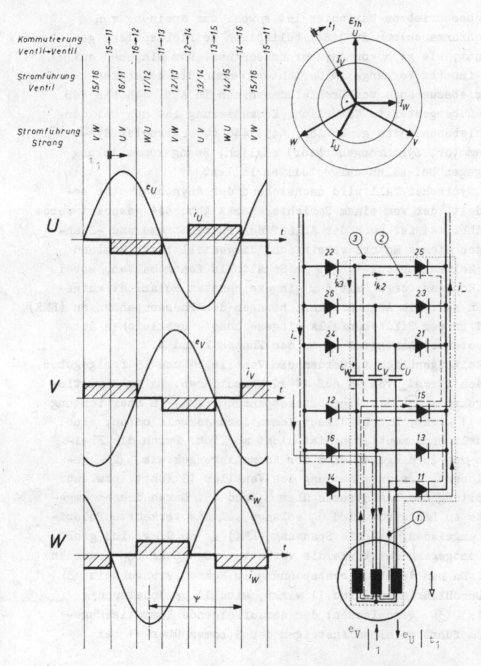

Kommutierung Ventil→Ventil

15→11 15→11 16→12 11→13 12→14 13→15 14→16 15→11

Stromführung Ventil

15/16 16/11 11/12 12/13 13/14 14/15 15/16

Stromführung Strang

V W U V W U V W U V W U V W

e_U

i_U

U

e_V

i_V

V

e_W

i_W

W

ψ

Abb. 444: Asynchronmotor mit zwangskommutiertem Umrichter.

Der beschriebene Umrichter ist sowohl zur Speisung von
Synchronmaschinen in jedem beliebigen Betriebszustand geeignet, wie auch von Asynchronmaschinen. Vor Eingehen auf
die inneren Vorgänge im Umrichter seien die denkbaren
Betriebszustände von Drehfeldmaschinen in Abb. 445 bis 448
gegenübergestellt. Natürliche Kommutierung ist nur bei den
Betriebszuständen gemäß Abb. 445, 446 (übererregter Syn-
chonmotor, Synchrongenerator) möglich, Zwangskommutierung
hingegen bei allen dargestellten Fällen.

Als typischer Fall wird nachstehend der Asynchronmotor behandelt, der von einem Umrichter gemäß Abb. 444 gespeist werde.
In Abb. 444 ist auch der Ablauf der Phasenströme und -Span-
nungen dieses Motors vereinfacht dargestellt; der Zustand
zum Zeitaugenblick t_1 ist im Schaltbild festgehalten, wobei
der Kondensator C_W mit der eingezeichneten Polarität aufgeladen sei. Die Augenblicksrichtungen der Phasenspannungen (EMK)
sind in dem Bild ebenfalls eingezeichnet, desgleichen der
(konstante) Laststrom i_- in den Phasen V und W.

Im Zeitaugenblick t_1 werden die Ventile 11 und 25 freigegeben,
um den Strom i_- von 15 auf 11 zu kommutieren. Da im Kommutierungskreis ① die Augenblicksspannung (EMK) in Sperrichtung
von 11 wirkt, bleibt dieser Kommutierungskreis offen; eine
natürliche Kommutierung ist nicht möglich. Durch die Freigabe von 25 hingegen wird der Kommutierungskreis ② geschlossen, was zur Löschung des Ventiles 15 führt, bzw. zur
Umleitung des Laststromes über C_W und 25. Durch diesen umge-
leiteten Laststrom wird C_W solange auf die verkehrte Polarität umgeladen, bis die Spannung (EMK) e_C an C_W gleich groß
und entgegengesetzt wie die verkettete Spannung e_{WU} geworden
ist. Da nun die Differenzspannung im Kommutierungskreis ③
in Durchlaßrichtung von 11 wirkt, wird 11 gezündet und
Kreis ③ geschlossen; der darauffolgende Kommutierungsstrom führt zu einem Ansteigen des Stromes über 11 bei

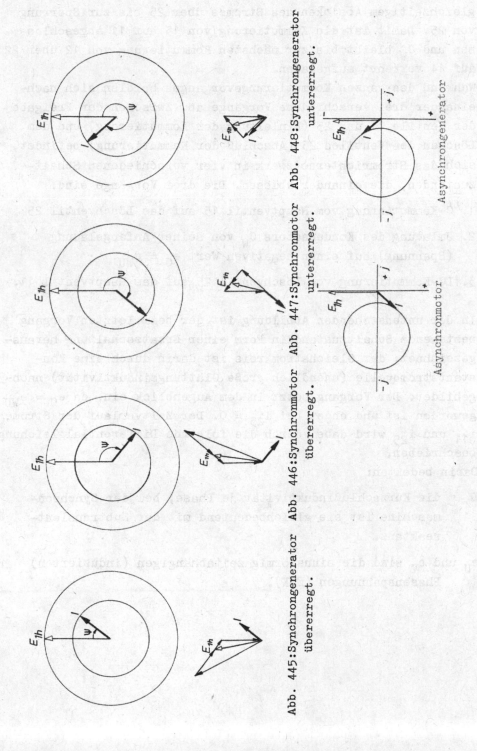

Abb. 445: Synchrongenerator übererregt.

Abb. 446: Synchronmotor übererregt.

Abb. 447: Synchronmotor untererregt.

Abb. 448: Synchrongenerator untererregt.

gleichzeitigem Absinken des Stromes über 25 bis zur Sperrung
von 25. Damit ist die Kommutierung von 15 auf 11 abgeschlossen und C_W bleibt bis zur nächsten Kommutierung von 12 über 22
auf 14 verkehrt aufgeladen.

Während des ganzen Kommutierungsvorganges spielen sich nacheinander drei verschiedene Vorgänge ab. Zwischen der Freigabe
der Ventile 11 und 25 (Einleitung der Kommutierung) und dem
Löschen des Ventiles 25 (Abschluß der Kommutierung) befindet
sich das Stromrichternetzwerk in vier verschiedenen Schalt-
zuständen, die einander ablösen. Die drei Vorgänge sind:

1. C-Kommutierung vom Hauptventil 15 auf das Löschventil 25

2. Umladung des Kondensators C_W von seiner Anfangsladung
   (Spannung) auf einen negativen Wert $e_C = e_{WU}$

3. LC-Kommutierung vom Löschventil 25 auf das Hauptventil 11.

In der untenstehenden Abbildung ist der beim letzten Vorgang
bestehende Schaltzustand in Form einer Ersatzschaltung heraus-
gezeichnet; der Gleichstromkreis ist darin durch eine Konstantstromquelle (unendlich große Glättungsinduktivität) nachgebildet. Der Vorgang setzt in dem Augenblick ein, da $e_C = e_{WU}$
geworden ist und endet bei $i_{25} = 0$. Der Zeitverlauf der Ströme
i_{11} und i_{25} wird dabei durch die folgende Differentialgleichung
beschrieben.

Darin bedeuten:

L_k die Kurzschlußinduktivität je Phase; bei der Synchronmaschine ist sie gleichbedeutend mit der Subtransientreaktanz.

e_U und e_V sind die sinusförmig zeitabhängigen (induzierten)
Phasenspannungen (EMK).

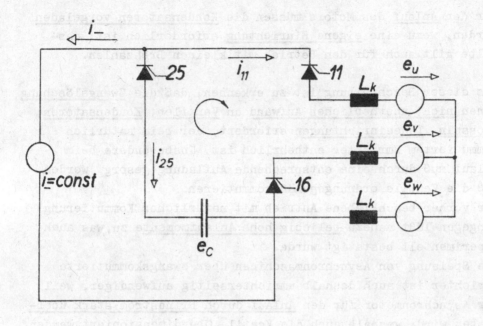

$$-L_k \frac{di_{11}}{dt} + L_k \frac{di_{25}}{dt} + \frac{1}{C} \int i_{25} dt + e_U - e_W = 0$$

$$i_- + i_{11} + i_{25} = 0$$

Nachdem 11 gezündet hat, treibt der Überschuß der Kondensatorspannung e_C über e_U einen Kommutierungsstrom im Kreis ③ ,der schließlich zur Löschung von 25 führt, wonach 11 den vollen Strom übernimmt (Abb. 444). Die für die Kommutierung maßgebende Reaktanz ist die Subtransientreaktanz X_d'' der Maschine.

Für den Anlauf des Motors müssen die Kondensatoren vorgeladen
werden, wozu eine eigene Einrichtung erforderlich ist; dasselbe gilt auch für den Betrieb mit kleinen Drehzahlen.

Aus dieser Beschreibung ist zu erkennen, daß die Zwangslöschung
einen nicht unerheblichen Aufwand an Ventilen, Kondensatoren,
Drosseln, Ladeeinrichtungen erfordert, der beim natürlich
kommutiertem Umrichter entbehrlich ist. Insbesondere beim
Anlauf muß durch eine entsprechende Aufladung gesorgt werden,
daß die Ventile ordnungsgemäß kommutieren.
Der vorher beschriebene Antrieb mit natürlicher Kommutierung
hingegen läßt nahezu beliebig hohe Anlaufmomente zu, was auch
experimentell bestätigt wurde.
Die Speisung von Asynchronmaschinen über zwangskommutierte
Umrichter ist auch deshalb umrichterseitig aufwendiger, weil
der Asynchronmotor für den Anlauf durch Blindstrom stark über-
lastet wird, weshalb auch die Ventile überdimensioniert werden
müssen. Der natürlich kommutierende Umrichtermotor hingegen
arbeitet ähnlich einem Gleichstrommotor mit einem $\cos\varphi$ nahe
an eins.
Es gibt neben der gezeigten Schaltung eine sehr große Zahl von
weiteren Löschschaltungen, deren Behandlung zur Stromrichtertechnik gehört. Ein Problem des Umrichterantriebes ist natürlich
auch die Netzverseuchung mit Oberwellen; nicht zuletzt ist
auf diese Schwierigkeit das langsame Vordringen der Umrichter-
antriebe zurückzuführen.

Die einfache Umrichterschaltung mit Löschtyristoren und Kondensatoren, wie sie vorstehend beschrieben wurde, nimmt keine
Rücksicht auf Übereinstimmung der Spannungsform von Maschinen
und Umrichtern. Es wird einfach ein Gleichstrom fortlaufend
auf die einzelnen Phasen der Maschine weitergeschaltet und angenommen, daß die Drossel groß genug ist, um diesen Gleichstrom
unabhängig von der Augenblicksspannung zu erzwingen. Praktisch

würde dies jedoch einen zu hohen Aufwand erfordern, weshalb
ausgeführte Schaltungen neben der Drossel auch noch Freilauf-
dioden bzw. Pufferkondensatoren aufweisen, sodaß diese Schaltungen schon im Leistungsteil außerordentlich kompliziert
werden.

Allerdings hat der zuletzt beschriebene Umrichter wieder den
Vorteil, ohne Hilfseinrichtungen auch für Gleichstromspeisung
geeignet zu sein.

Die gegenwärtige Entwicklung faßt geradezu hypnotisch den
normalen dreiphasigen Asynchronmotor als Umrichtermotor ins
Auge, obwohl gerade dieser Motor am wenigsten geeignet für
den Umrichterbetrieb ist ! (Empfindlichkeit gegen Oberwellen,
hoher Anlaufstrom, unvollkommenes Drehfeld).

Man scheut sich heute, nicht serienmäßige Spezialmotoren einzusetzen, weil man damit eine Erhöhung der Kosten befürchtet,
obwohl die Anpassungsmaßnahmen für den Umrichter nicht nur
ebensolche Kosten verursachen, sie bringen durch die Komplikation auch eine Beeinträchtigung der Betriebssicherheit mit sich.

Zu den Anpassungsmaßnahmen beim Umrichter gehören auch die
verschiedenen Steuerverfahren, durch die die Ausgangsspannung
möglichst sinusförmig werden soll.

Ebenso wie man mit einem Umkehrstromrichter nicht nur periodischen Wechselstrom einer kleineren Frequenz erzeugen kann,
indem man die Stromrichterhälften einander periodisch ablösen
läßt, kann man auch innerhalb einer Halbwelle den Zündwinkel
zeitlich so verändern, daß die Ausgangsspannung der Sinusform
angepaßt wird.

Diese Möglichkeit wurde schon vor fast 40 Jahren von Siemens
für einen Netzkupplungsumrichter ausgenutzt. Dieser Umrichter
ist unter dem Namen Steuerumrichter bekannt geworden; er stellt
einen fremdgeführten, fremdgesteuerten Direktumrichter dar,
der auch Blindleistung übertragen kann (Abb. 449).

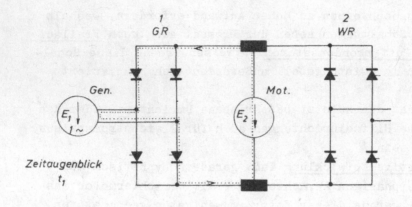

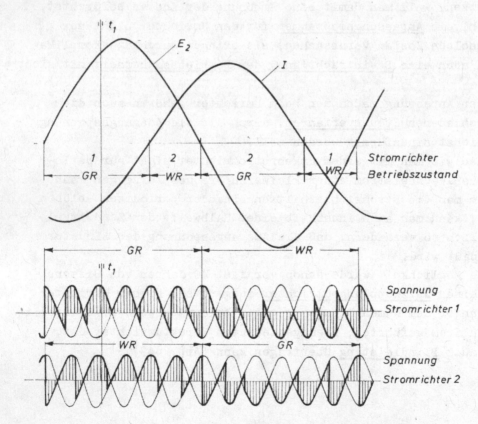

Abb. 449: Strom-Spannungsverlauf beim Steuerumrichter.
(vereinfacht, zweipulsig)

In den vergangenen acht Jahren ist auch ein anderes Verfahren
entwickelt worden, das sich u.a. auf einen Zwischenkreisumrichter mit Zwangskommutierung anwenden läßt. Umrichter dieser
Art sind unter dem Namen Unterschwingungsumrichter bekannt
geworden (BBC).

Das beim Pulssteller für Gleichstrom entwickelte Verfahren
kann auch beim Wechselrichter mit Zwangskommutierung verwendet werden, um die Kurvenform der Ausgangsspannung der Gegenspannung anzupassen (Sinusform).

Das Prinzip einer derartigen Spannungssteuerung besteht darin,
die löschbaren Thyristoren in den einzelnen Wechselrichter-
zweigen während einer Halbwelle der Maschinenfrequenz mehrmals
zu- und abzuschalten.

Dadurch kann zunächst der Mittelwert der Rechteckspannung abhängig vom Einschaltverhältnis beliebig eingestellt werden
(Abb. 450).

Ändert man dieses Einschaltverhältnis während jeder Halbwelle
so, daß sich auch der Mittelwert sinusförmig ändert, kann man
eine Ausgangsspannung erhalten, die auf eine Induktivität belastet, einen nahezu sinusförmigen Strom treibt.

Da nun jeder Maschinenstromkreis mehr oder weniger induktiv
ist, kann eine elektrische Maschine durch einen solchen Umrichter vorteilhaft gespeist werden.

Abb. 451 zeigt vier Schaltzustände eines Unterschwingungs-
umrichters.

Ein Zwischenkreisumrichter mit Pufferkondensator, Glättungsdrossel und Rückstromdioden speist einen Drehstrommotor.

Zum Zeitaugenblick t_2 führt der Thyristor T_1 und T_2 Strom und
speist den Motor über zwei Phasen R, T (strichliert). Durch
eine hier nicht gezeichnete Löscheinrichtung wird nun der
Thyristor T_2 gelöscht, was zur Folge hat, daß der Strom durch
die Induktivität über die Rückstromdiode D_5 weiterfließt, die
Maschine ist zweiphasig kurzgeschlossen (punktierte Linie).

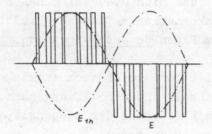

Abb. 450: Zum Unterschwingungs-Umrichter

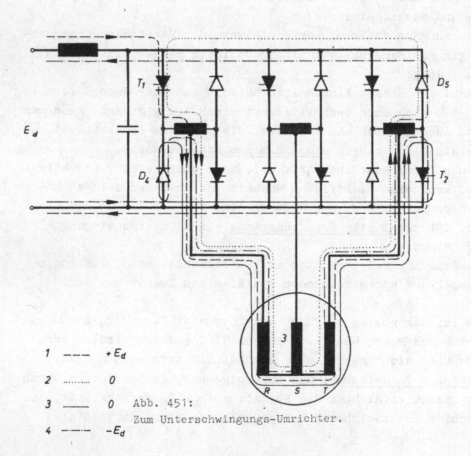

E_d

T_1 D_5

D_4 T_2

3

R   S   T

1   ---- $+E_d$

2   0

3   ———   0   Abb. 451:

               Zum Unterschwingungs-Umrichter.

4   --·-- $-E_d$

Wird der $\underline{\text{Thyristor } T_1 \text{ gelöscht}}$, fließt der Strom über T_2 und D_4 weiter (Abb. 451).

Ein vierter Schaltzustand ist denkbar, wenn der Strom über zwei Rückstromdioden und die Gleichstromquelle fließt (entgegengesetzt , strichpunktiert). Der $\underline{\text{Umrichter}}$ ist mithin $\underline{\text{für alle Betriebszustände brauchbar}}$:

Bei rein $\underline{\text{motorischem Betrieb}}$ ($\cos\varphi = 1$) fließt der Strom über die Thyristoren. Bei rein $\underline{\text{generatorischem Betrieb}}$ fließt er nur über die Dioden, wobei er bei $\underline{\text{induktiver Belastung}}$ während einer Hälfte der Halbwelle über die Thyristoren, während der anderen über die Dioden fließt. Die Rückstromdioden ermöglichen also die Blindstromübertragung.

Mit Hilfe der drei (vier) Schaltzustände kann nun der Umrichter bei geeigneter Steuerung mit jedem Motor (Generator)bei jeder beliebigen Phasenlage zwischen Strom und Spannung zusammenarbeiten. Vorausgesetzt ist im vorliegenden Fall eine Gleichstromquelle, die beide Stromrichtungen zuläßt.

10.5 $\underline{\text{Auswahl des Motors und der Stelleinrichtung}}$

Gleichstrommotoren (fremderregt)

Solche Gleichstrommotoren werden überall dort eingesetzt, wo $\underline{\text{hohe}}$ Anforderungen an die $\underline{\text{Regelgenauigkeit}}$ und die $\underline{\text{Regelgeschwindigkeit}}$ gestellt werden und die Motorleistung $\underline{\text{10 MW}}$ $\underline{\text{nicht übersteigt}}$.

Beispiele für den Einsatz von Gleichstrommotoren sind u.a.:

Walzwerks-Haupt- und Hilfsantriebe,

Schachtförderanlagen,

Propellerantriebe bei Schiffen,

Fahrzeugantriebe (Reihenschluß),

Papiermaschinenantriebe,

Textilmaschinenantriebe,

Druckmaschinenantriebe,

Hochwertige Werkzeugmaschinenantriebe.

Die Drehzahlstellung durch Leonard-Umformer war früher die
häufigste Art der Drehzahlstellung; sie hat den Nachteil,
daß sie drei Maschinen für die volle Leistung benötigt, ent-
sprechend schlecht ist auch der Wirkungsgrad: $\eta = \eta_1 \cdot \eta_2 \cdot \eta_3$.
Vorteilhaft ist die Überlastbarkeit, die geringe Netzrückwir-
kung und der geringe Blindleistungsbedarf. Der Leonard-Umformer
wird heute nur mehr bei schwersten Blockstrecken, Schachtförderanlagen und Sonderbedingungen eingesetzt.

Beim Leonard-Umformer, wie auch bei Stromrichterspeisung erfolgt die Drehzahlstellung im allgemeinen sowohl über die
Speisespannung als auch über das Feld. Dies bedingt bei einem
bestimmten Drehzahl-Momentenverlauf (z.B. konstante Leistung)
eine leichtere Maschine samt Stellglied, als wenn der ganze
Stellbereich durch Speisespannungsänderung allein bewältigt
werden soll.
Weniger vorteilhaft ist die Feldregelung, wenn ein Antrieb
mit konstantem Moment vorliegt. Der Motor muß dann für den
höchsten Strom (bei n_{max}) und das höchste Feld bemessen werden
(n_{min}). Da beide Größen nicht gleichzeitig auftreten, wird
der Motor nicht mit seiner größtmöglichen Leistung ausgenützt
(muß aber dafür bemessen werden).
Wegen der zu erwartenden Instabilität dürfen Gleichstrommotoren
ohne Kompensationswicklung nur ca.1:3 durch Feldregelung gestellt werden; mit Kompensationswicklung etwa 1:4 .
Bei verschiedenen Antrieben (Walzmotor) kann die Leistung ab
einer bestimmten Drehzahl konstant bleiben bzw. kleiner werden,
sodaß das Moment mit 1/n oder in noch stärkerem Maß abnimmt.
Soll auch die Reaktanzspannung E_r konstant bleiben, muß gleichzeitig auch der Strom wie das Feld mit 1/n abgesenkt werden.
Senkt man das Feld zum Zwecke der Drehzahlerhöhung mit 1/n
und den Strom zwecks Konstanthaltung von E_r ebenfalls mit 1/n,
sinkt das Moment mit $1/n^2$ und die Leistung mit 1/n (Abb. 452).
Ein solcher Betrieb ist bei Blockwalzanlagen üblich.

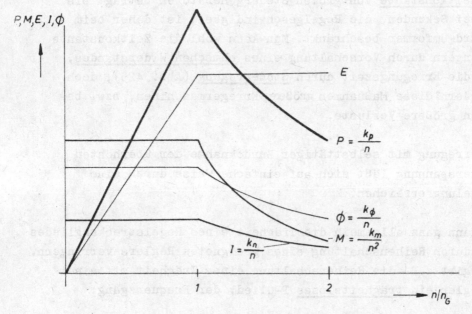

Abb. 452: Zum Betrieb der Gleichstrommaschine mit
Spannungs- und Feldregelung.

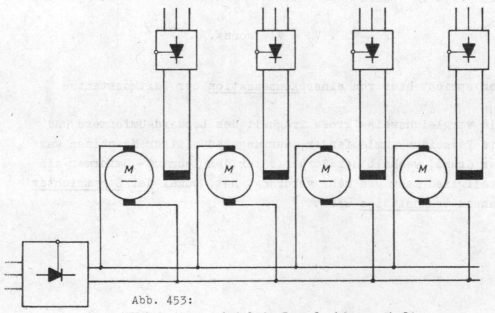

Abb. 453:
Mehrmotorenantrieb in Sammelschienenschaltung.

Die Zeitkonstante von großen Steuergeneratoren beträgt bis
zu zwei Sekunden, die Regelgeschwindigkeit ist daher beim
Leonard-Umformer beschränkt. Man kann wohl die Zeitkonstante
verringern durch Vorschaltung eines ohmschen Widerstandes,
bzw. die Erregungszeit durch Stoßerregung (Abb. 425), doch
erfordern diese Maßnahmen größere Erregermaschinen, bzw. bedingen größere Verluste.

Stoßerregung mit selbsttätiger Zurücknahme der überhöhten
Erregerspannung läßt sich auf einfache Weise durch eine
P-Regelung erreichen.

Man kann ganz allgemein die Trägheit eines Regelstreckengliedes
auch durch Reihenschaltung eines geeigneten Reglers verringern.
So ergibt z.B. die Reihenschaltung einer Trägheit mit einem
PD-Regler ein trägheitsloses P-Glied; der Frequenzgang:

$$F = F_1 \cdot F_2 = V_1 (1 + p\,T_1) \cdot \frac{V_2}{1 + p\,T_2}$$

für $T_1 = T_2$ wird

$$F = V_1 \cdot V_2 = V = \text{const.}$$

Man spricht hier von einer Kompensation der Zeitkonstanten.

Die vergleichsweise große Trägheit des Leonard-Umformers und
die Vermeidung umlaufender, wartungsbedürftiger Maschinen war
der Grund, weshalb der Stromrichter den Leonard - Umformer als
Stellglied mehr und mehr verdrängt hat, zumal der Stromrichter
nahezu trägheitslos wirkt.

Feldregelung alleine wird bei Konti-Strecken und Papierma-
schinenantrieben angewendet. In beiden Fällen handelt es sich
um Mehrmotorenantriebe in Sammelschienenschaltung, d.h. alle
Motoren sind von einem gemeinsamen Stromrichter gespeist, wobei die gegenseitigen Drehzahldifferenzen durch Feldstellung
bewirkt werden (Abb. 453).
Gegenüber der Blockschaltung, bei welcher jeder Motor einen
Haupt- und Erregerstromrichter zugeordnet hat, ist die Sammelschienenschaltung zwar billiger, jedoch langsamer und er-
schwert einen selektiven Schutz (bei hoher Kurzschlußleistung).

Die Ausregelzeiten betragen 100-300 ms bei Sammelschienenspei-
sung, und ca. 70 ms bei Blockschaltung.
Heute werden auch schon Blockstrecken mit Stromrichtern gespeist, insbesondere bei automatischen Anlagen.
Bei Antrieben, die mit kleinem Regelbereich durch Speisespannungsänderung gestellt werden sollen, kann vorteilhaft die Zu-
und Gegenschaltung verwendet werden (Abb. 454).
Besonders vorteilhaft ist diese Schaltung, wenn ein Gleichstromnetz konstanter Spannung vorhanden ist. Mit einer Maschine
oder einem Stromrichter von einer Leistung, die nur ein Drittel
der maximalen Antriebsleistung beträgt, kann ein Regelbereich
1 : 3 bestrichen werden. Natürlich ist die Zu- und Gegenschaltung auch für Stromrichterspeisung anwendbar.
Bei Vorhandensein einer konstanten Speisespannung (Fahrdrahtspannung) kann schließlich von der Drehzahlstellung durch
Vorwiderstand oder durch Pulsregelung Gebrauch gemacht werden
(Fahrzeuge).

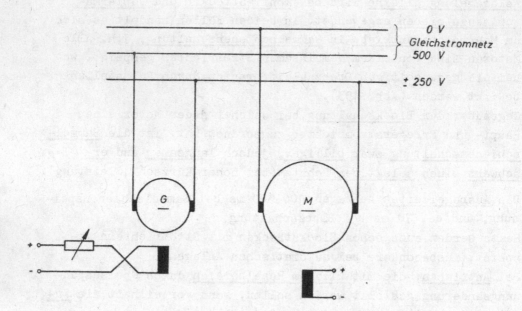

Abb. 454: Zu- und Gegenschaltung.

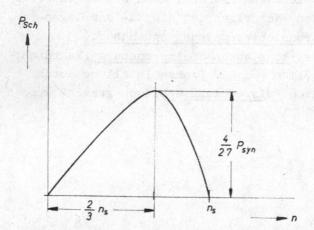

Abb. 455: Schlupfleistung der Asynchronmaschine mit
Schlupfwiderstand in Abhängigkeit von der
Drehzahl(bei $m_{gg}= k.n^2$) .

Asynchronmotoren

Asynchronmotoren mit Spannungs-Frequenzregelung finden heute
bei Textilantrieben (Umformer, umrichtergestellt), Rollgangs-
antrieben (Speisung über Scherbiusmaschine) Anwendung.
Asynchronmotoren mit Schlupfwiderständen werden bei einfachen
Antrieben verwendet, an die keine hohen Regelansprüche gestellt sind, ihr Nachteil ist neben den Verlusten, daß sie
bei Entlastung bis zur Leerlaufdrehzahl hochgehen.
Anwendungen sind z.B. Seilbahnantriebe, Liftantriebe, Ilgner-
Umformer, Hebezeugantriebe. Auch für Pumpenantriebe ist dieser
Antrieb besonders geeignet, zumal die Schlupfverluste wegen
der kubisch abfallenden Leistung klein sind (Abb. 455).

Die maximale Schlupfleistung beträgt bei kubisch abfallender
mechanischer Leistung nur 4/27 der obersten Leistung (bei
synchroner Drehzahl); sie tritt bei 2/3 der synchronen Drehzahl auf. Zu diesem Ergebnis führt die folgende Ableitung:

$$\frac{P_{2Cu}}{P_M + P_{2Cu}} = s \qquad P_{2Cu} = P_M \cdot \frac{s}{1-s}$$

$$P_{2Cu} = P_M \cdot \frac{\frac{n_{sy}-n}{n_{sy}}}{1 - \frac{n_{sy}-n}{n_{sy}}} = P_M \left(\frac{n_{sy}}{n} - 1\right)$$

Andererseits gilt:

$$P_{gg} = P_{gg_{sy}} \left(\frac{n}{n_{sy}}\right)^3 = P_M$$

$$P_{2Cu} = P_{gg_{sy}} \left[\left(\frac{n}{n_{sy}}\right)^2 - \left(\frac{n}{n_{sy}}\right)^3\right] \cdot$$

$$\frac{d\,P_{2Cu}}{d\left(\frac{n}{n_{sy}}\right)} = P_{gg_{sy}} \left[2\,\frac{n}{n_{sy}} - 3\left(\frac{n}{n_{sy}}\right)^2\right] = 0 \qquad \frac{n}{n_{sy}} = \frac{2}{3}$$

$$P_{2Cu} = P_{gg_{sy}} \left[\left(\frac{2}{3}\right)^2 - \left(\frac{2}{3}\right)^3\right] = \frac{4}{27} \cdot P_{gg_{sy}}$$

P_M ... mechanische Leistung an der Welle bei n .

Asynchronmotoren mit Drehzahlstellung durch <u>Änderung der Speisespannung</u> allein oder durch Vorwiderstände finden nur bei kleinen Leistungen Anwendung (Verstellmotoren).

Asynchronmotoren mit Drehzahlregelung durch Einführung einer Spannung im Schleifringkreis (<u>Maschinenkaskade</u>, <u>Stromrichterkaskade</u>) sind insbesondere bei <u>kleinen Regelbereichen</u> vorteilhaft, da dann auch der Stromrichter umso kleiner wird. (<u>Netzkupplungsumformer</u> bis 50 MW (n = 0,95 - 1,05 n_{sy}), Pumpenantriebe, Wasserversorgung).
Die Maschinen- und Stromrichterkaskade wird auch dort angewandt, wo die Leistung mit einer Gleichstrommaschine nicht mehr ausführbar ist, oder dort, wo eine Gleichstrommaschine wegen der Betriebsbedingungen nicht aufgestellt werden kann (Explosionsgefahr).

Die Entwicklung kommutatorloser Regelantriebe auch bei Speisung durch Umrichter ist nicht nur dem Bedürfnis nach wartungsfreien Maschinen entsprungen, sondern sie resultiert auch aus der Notwendigkeit, Maschinenleistungen auszuführen, die mit Gleichstrommotoren nicht mehr bewältigt werden können.

Die Asynchronmaschine hat gegenüber der Synchronmaschine den <u>Nachteil</u> eines <u>schlechten cosφ</u>, insbesondere <u>bei langsamlaufenden Maschinen</u>. In Fällen, bei denen die Asynchronmaschine nicht wegen Vollastanlaufes unvermeidlich war, ist man daher zur Synchronmaschine übergegangen.

Synchronmotoren

Solche sind für Holzschleiferantriebe, Kolbenkompressoren, Turbokompressoren, Speicherpumpen usw. geeignet; sie werden meist asynchron angelassen (mit einer verstärkten Dämpferwicklung).

Ein Zwischending ist der synchronisierte Asynchronmotor, der als Asynchronmaschine mit größerem Luftspalt ausgeführt ist und der nach Bedarf über die Schleifringe mit Gleichstrom erregt und synchronisiert werden kann.

Einphasen-Reihenschlußmotoren

Diese Motoren sind überall dort am Platz, wo ruckfreies Anfahren und möglichst konstante Leistung gefordert werden, z.B. bei Fahrzeugantrieben, hochwertigen Hebezeugen (Montagekrane) und Antrieben, die von nicht ausgebildeten Personen betrieben werden (Haushaltsmaschinen, Handwerkzeugmaschinen). Letzteres deshalb, weil die Gefahr einer Überlastung beim Reihenschlußmotor viel geringer ist.

Dimensionierung von Antriebsmotoren

Ganz allgemein müssen für die Dimensionierung folgende Angaben vorliegen:

1.) Zeitlicher Verlauf von M und n,
2.) Schwungmoment (zuerst zu schätzen),
3.) Momentenbegrenzung (mechanisch),
4.) Erwärmungsgrenzen,
5.) Kühlart,
6.) Anlauf- und Bremsverfahren,
7.) Kommutierungsgrenze.

Der zeitliche Drehzahlverlauf kann nicht beliebig vorgegeben werden, da das Beschleunigungsmoment einerseits durch die Festigkeitseigenschaften der Wellen, Kupplungen usw. beschränkt ist, andererseits die thermische Belastung der Maschine umso höher steigt, in je kürzerer Zeit reversiert werden soll. Will man einen Antrieb beispielsweise in der halben Zeit hochfahren, ist hierfür das doppelte Moment in der halben Zeit bei gleichen Drehzahlen erforderlich. Die Anfahrleistungsspitze ist mithin doppelt so hoch, hingegen bleibt die gespeicherte Schwungenergie selbstverständlich dieselbe, da diese nur von der stationären Drehzahl abhängt, die in beiden Fällen dieselbe ist.

Je kürzer jedoch der Anlauf ist, umso weniger Verlustwärme kann in der Zeit abgeführt werden, und die Wicklung wird umso höher aufgeheizt.

Die Angabe des Schwungmomentes ist deshalb notwendig, weil die Maschine bei nicht konstanter Drehzahl allein durch die Beschleunigungsleistung belastet wird, die unabhängig vom Gegenmoment nur vom Drehzahlverlauf und dem Schwungmoment abhängt.

Es gibt Antriebe, bei denen diese Beschleunigungsleistung gegenüber der Leistung zur Überwindung des Gegenmomentes überwiegt (Scherenantriebe, Anstellmotoren, Verschiebelinealantriebe, Arbeitsrollgang usw.).

Die Erwärmungsgrenzen sind durch die Isolationsklasse bestimmt, sie liegen zwischen 65° bei Klasse A, bis 115° bei Klasse F über einer maximalen Raumtemperatur von 40°. Angaben darüber sind z.B. in den Vorschriften ÖVE M10 zu finden.

Hinsichtlich der Kühlart muß bei der Dimensionierung vor allem zwischen Eigenlüftung und Fremdlüftung unterschieden werden.

Bei <u>Eigenlüftung</u> nimmt die Kühlluftmenge ab einer kritischen Menge quadratisch mit der Drehzahl zu, sodaß solche Maschinen mit abnehmender Drehzahl immer weniger belastet werden können. Angaben über Kühlarten, Lüftungsarten und Betriebsarten sind ebenfalls in den ÖVE Vorschriften M10 zu finden.

Der <u>praktische Vorgang</u> bei der Dimensionierung möge an Hand eines Beispieles beschrieben werden.

Beim <u>Blockwalzen</u> ergibt sich für ein Walzgerüst (Strecke) mit einem Ausschaltmoment von 3 000 000 Nm folgender Verlauf von Drehzahl und Gegenmoment (Abb. 456):

Das <u>Gegenmoment</u> beträgt beim Leerlauf:

$$M_O = 300\ 000\ \text{Nm}$$

beim Walzen:

$$M_N = 900\ 000\ \text{Nm}$$

Die Einlaufdrehzahl beträgt:

$$n_O = 0,2\ \text{Ups}$$

<u>Die Grunddrehzahl</u> $n_G = 1$ Ups

<u>Die Feldschwäch-Drehzahl</u> $n_{max} = 1,5$ Ups

<u>Die Reversierzeit</u> soll ca. 1,5 sek. nicht überschreiten

<u>Das Schwungmoment</u> ist $GD^2 = 5\ 000\ 000\ \text{Nm}^2$

<u>Das Ausschaltmoment</u> beträgt $M_A = 3\ 000\ 000\ \text{Nm}$

<u>Das maximale Moment</u> beträgt $M_{max} = 2\ 500\ 000\ \text{Nm}$

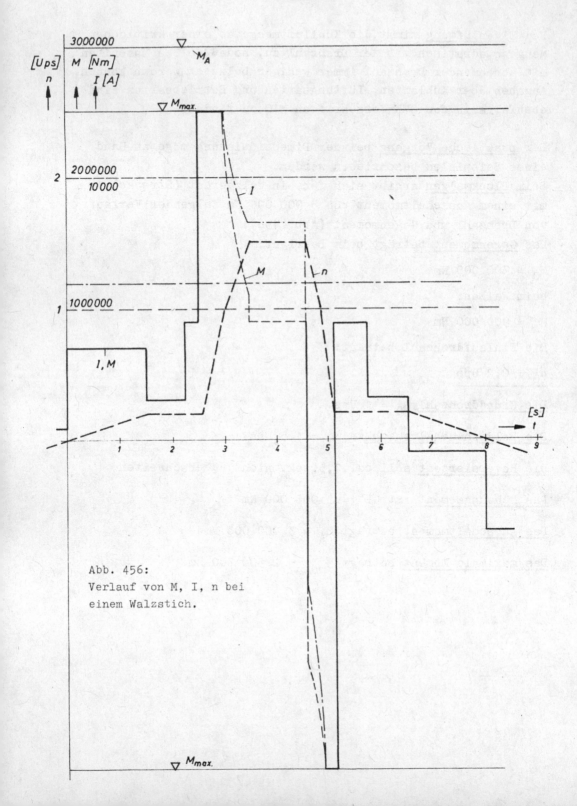

Abb. 456:
Verlauf von M, I, n bei
einem Walzstich.

Zuerst ist das Beschleunigungsmoment zur Überwindung der Massenträgheit beim Hochlauf zu ermitteln;

$$M = \varepsilon \cdot J = 4\pi \cdot 125000 = 1570000 \text{ Nm}$$

$$\varepsilon = \frac{\Delta\omega}{\Delta t} = \frac{1,6\,\pi}{0,4} = 4\pi$$

$$\omega_0 = 2\pi \cdot 0,2 = 0,4\,\pi \quad , \quad \Delta\omega = 1,6\,\pi$$

$$J = \frac{GD^2}{4g} \doteq \frac{5000000 \cdot \text{Nm}^2}{4g} \doteq 125000 \text{ Nms}^2$$

Um eine Reversierzeit von 1,5 sek. zu erreichen, muß man etwa in 0,4 sek. bis zur Grunddrehzahl beschleunigt haben (Schätzung) : $\Delta t = 0,4\ s \quad \Delta\omega = 0,8 \cdot 2\pi$

Im Bereich des vollen Feldes ist der Motorstrom dem Moment proportional, während im Bereich der Feldschwächung das Moment nach einer quadratischen Hyperbel und der Strom nach einer linearen Hyperbel absinkend gesteuert wird (E_r = konst.).

$$I = I_{max} \frac{n_G}{n}$$

n_G ... Grunddrehzahl

I_{max} ... Grenzstrom bei der Grunddrehzahl.

Damit ist der Verlauf $I(t)$ bekannt. I_{max} ergibt sich aus der angenommenen maximalen Motorspannung (1300 V) und der Motorleistung beim Beschleunigen und n_G

$$P_{max} = \omega_G \cdot M_{max} = 2\pi \cdot 1 \cdot 2500000 = 15700000 \text{ W}$$

$$= 15,7 \text{ MW}$$

$$I_{max} = \frac{15,700000}{1300 \cdot 0,95} = \underline{12700 \text{ A}}$$

$$\eta_M \doteq 0,95$$

Nun muß die <u>Dauerleistung</u> der Maschine bestimmt werden, das
ist jene konstante Leistung, die über ein Spiel (8 Sekunden)
bei der Grundzahl dieselben Gesamtverluste in der Maschine
bewirkt, wie die tatsächliche Belastung der Maschine während
eines Stiches (Spiel).

Da der <u>Großteil der Verluste Kupferverluste</u> sind, die sich
proportional dem <u>Quadrat des Stromes</u> ergeben, hat man näherungsweise den quadratischen Mittelwert des Stromverlaufes über
ein Spiel zu bilden (bzw. über mehrere Stiche). Dieser ergibt sich (gemäß Abb. 456) zu 6000 A. Damit würde sich
im vorliegenden Fall eine <u>aufgenommene Motorleistung</u> von
1300 . 6000 = 7800 kW im Dauerbetrieb ergeben.

In Wirklichkeit ist jedoch zu berücksichtigen, daß die übrigen
Verluste wie Reibung, Bürstenübergang, Eisenverluste, eine
andere Abhängigkeit aufweisen, ihr Durchschnittswert ist kleiner.

Für eine <u>genauere Dimensionierung</u> werden daher zunächst die
Werte eines ca. 7000 kW-Motors (6600 kW) zugrundegelegt, von
dem auch die Zeitkonstanten bekannt sind; damit kann für den
<u>zweiten Schritt</u> auch der Strom- und Feldanstieg genauer be-
rücksichtigt werden.

Danach werden die <u>Gesamtverluste des Motors</u> bei einem <u>Walzspiel</u>
aus den bekannten Daten des Motors ermittelt und mit den Ge-
samtverlusten bei der zugehörigen Nenndauerleistung (6600 kW)
($P_V = P_M \dfrac{1 - \eta}{\eta}$) verglichen.

In der beschriebenen Weise kann jeder Motor für beliebige
Belastungsverhältnisse dimensioniert werden. Allerdings wird
dabei nur die Einhaltung eines <u>zeitlichen Temperatur-Mittel-
wertes gewährleistet</u>, die tatsächliche Wicklungstemperatur
wird um diesen zeitlichen Mittelwert schwanken; sie kann <u>vor-
übergehend beträchtlich höhere Werte</u> annehmen.

Das Ausmaß dieser Überschreitungen hängt von den Erwärmungs-
zeitkonstanten ab, diese liegen in der Größenordnung bis zu
einer Stunde bei großen Maschinen. Bei Belastungsschwankungen
mit einer großen Spielzahl wird daher die Temperaturüberschrei-
tung nur geringfügig sein.

Anlaufwärme

Insbesondere bei Schweranläufen wird die Frage gestellt, ob die
Wicklungstemperatur dabei in zulässigen Grenzen bleibt. Für
die Beantwortung dieser Frage erweist sich die Kenntnis der
Tatsache als sehr nützlich, daß die während des Anlaufes in
der Läuferwicklung entstehende Verlustwärme gleich ist der
nach dem Anlauf gespeicherten mechanischen Schwungenergie:

$$J \cdot \frac{\omega^2}{2} \quad *)$$

Dieser Sachverhalt läßt sich wie folgt an einem einfachen
Beispiel beweisen:
Ein fremderregter Gleichstrommotor wird mit oder ohne Anlaß-
widerstand an eine konstante Speisespannung zugeschaltet.
Die während des Hochlaufes zugeführte Energie setzt sich dabei
aus zwei Anteilen zusammen:

1.) aus $\qquad W_{kin} = J \cdot \frac{\omega^2}{2} = \int_0^\infty M \cdot \omega \cdot dt$

der kinetischen Schwungenergie am Ende des Hochlaufes und
der während der Anlaufzeit T_a entstehenden Verlustwärme:

2.) $\qquad W_{Cu} = \int_0^\infty I(t)^2 R \cdot dt$

Die stationäre Winkelgeschwindigkeit ω_0 wird ja erst nach
∞ langer Zeit erreicht.

*)(Vorausgesetzt: Zuschalten an die volle Spannung)

Die gesamte elektrisch zugeführte Energie beträgt dann:

$$W_{ges} = \int\limits_0^\infty E \cdot I(t)\, dt = \int\limits_0^\infty M(t) \cdot \omega(t)\, dt + \int\limits_0^\infty I^2 R \cdot dt$$

$$M = \frac{E_{1h} \cdot I(t)}{\omega} = J\frac{d\omega}{dt} \qquad \underline{\text{Momentengleichung}}$$

$$I(t)\, dt = \frac{J \cdot \omega}{E_{1h}}\, d\omega = \frac{J \cdot \omega \cdot 2\pi a}{\phi_h \cdot z \cdot \omega\, p} \cdot d\omega$$

$$W_{ges} = \int\limits_0^{\omega_0} \frac{E \cdot J \cdot a \cdot 2\pi}{p \cdot z \cdot \phi_h}\, d\omega = \int\limits_0^{\omega_0} J \cdot \omega_0\, d\omega = J \cdot \omega_0^2$$

Daraus folgt:

$$J\,\omega_0^2 = J \cdot \frac{\omega_0^2}{2} + \int\limits_0^\infty I^2 R \cdot dt$$

$$\int\limits_0^\infty I^2 R \cdot dt = J \cdot \frac{\omega_0^2}{2}$$

Beim Anlauf mit Zuschalten der vollen Spannung wird ebenso viel Energie in Wärme umgesetzt als in der Schwungmasse gespeichert ist.

Läßt man nun den Motor so an, daß man ihn zuerst an die halbe Spannung legt und bis $\frac{\omega_0}{2}$ hochlaufen läßt und danach an die volle Spannung legt, ergibt sich folgende Energiebilanz:

$$W = \int_{0}^{\underbrace{\frac{\omega_0}{2}}} \frac{\omega_0}{2} \cdot J \cdot d\omega + \int_{\underbrace{\frac{\omega_0}{2}}}^{\omega_0} \omega_0 \cdot J \cdot d\omega =$$

$$\underbrace{}_{J \cdot \frac{\omega_0^2}{4}} \qquad \underbrace{}_{J \cdot \frac{\omega_0^2}{2}}$$

$$W = J \cdot \omega_0^2 \left(\frac{1}{2} + \frac{1}{4} \right) = \frac{3}{4} \cdot J \cdot \omega_0^2$$

Führt man dies für <u>steigende Spannungsstufenzahl n</u> aus, findet man für den Klammerausdruck eine endliche Reihe:

$$W = J \cdot \omega_0^2 \left[\frac{n}{n^2} + \frac{(n-1)}{n^2} + \frac{(n-2)}{n^2} + \frac{(n-3)}{n^2} + \dots + \frac{2}{n^2} + \frac{1}{n^2} \right]$$

$$= J \cdot \omega_0^2 \cdot \left(\frac{1}{2} + \frac{1}{2n} \right)$$

Diese <u>Reihe konvergiert</u> für $n = \infty$ nach $1/2$

$$W \bigg|_{n = \infty} = \frac{J \cdot \omega_0^2}{2}$$

das heißt, daß unter Vernachlässigung der Reibungsverluste die Verlustleistung Null wird, wenn der Anlauf mit sehr langsam steigender Spannung erfolgt.

$$1 \text{ Stufe} \dots P_{Cu} = \frac{J \cdot \omega_0^2}{2}$$

$$2 \text{ Stufen} \dots P_{Cu} = \frac{J \cdot \omega_0^2}{4}$$

$$3 \text{ Stufen} \dots P_{Cu} = \frac{J \cdot \omega_0^2}{6}$$

$$4 \text{ Stufen} \dots P_{Cu} = \frac{J \cdot \omega_0^2}{8}$$

usw.

Bei unendlich vielen Stufen und unendlich langem Anlauf wird die Anlaufwärme (theoretisch) Null.

Bei Kenntnis der Läufermasse läßt sich aus der Verlustwärme die Endtemperatur bei einem Anlauf abschätzen.
Ähnlich, wie es hier am Beispiel des fremderregten Gleichstrommotors gezeigt wurde, kann auch bei allen anderen
Antriebsmotoren die Verlustwärme beim Anlauf bestimmt werden.
Werden dem Antriebsmotor mehrere Anläufe in rascher Folge
abverlangt, so ist die Verlustwärme bzw. die Endtemperatur
des Läufers beim Anlauf maßgebend für die Typengröße des
Motors.

TABELLE IV

Magnetisierungstabelle für Blech I $(10^2 \ A/m)$

$V_{10} = 3,6$ W/kg

Tesla	0,00	0,01	0,02	0,03	0,04	0,05	0,06	0,07	0,08	0,09
0,6	1,9	1,92	1,94	1,97	2,0	2,03	2,06	2,09	2,12	2,15
0,7	2,17	2,2	2,23	2,27	2,31	2,35	2,39	2,43	2,47	2,51
0,8	2,55	2,59	2,63	2,67	2,71	2,75	2,8	2,85	2,9	2,95
0,9	3,0	3,05	3,1	3,15	3,2	3,26	3,32	3,38	3,45	3,52
1,0	3,59	3,66	3,74	3,82	3,91	4,01	4,11	4,21	4,31	4,41
1,1	4,51	4,6	4,7	4,8	4,9	5,0	5,1	5,25	5,4	5,55
1,2	5,75	5,95	6,15	6,35	6,55	6,75	6,95	7,2	7,5	7,8
1,3	8,1	8,5	8,9	9,3	9,7	10,1	10,5	11,0	11,5	12,1
1,4	12,6	13,2	13,9	14,6	15,4	16,0	17,1	18,0	19,0	20,2
1,5	21,0	22,0	23,2	24,0	25,9	27,4	29,0	30,7	32,5	34,5
1,6	36,7	39,1	41,7	43,5	46,5	49,7	53,1	56,7	60,5	64,5
1,7	69	73	77	81,5	86	91	96	101	106,5	112
1,8	117,5	123	129	135	141	147,5	154	160,5	167,5	174,5
1,9	182	190	199	208	218	228	240	252	266	280
2.0	296	313	331	350	370	392	416	443	465	495
2,1	525	555	590	630	675	725	780	840	900	965
2,2	1030	1095	1160	1230	1320	1390	1460	1530	1600	1675
2,3	1750	1825	1900	1975	2050	2125	2200	2275	2350	2425
2,4	2505	2585	2665	2745	2825	2905	2985	3065	3145	3225
2,5	3310	3395	3480	3565	3650	3735	3810	3905	3990	4075
2,6	4150									

VERZEICHNIS DER BUCHLITERATUR

Transformatoren

Andé F.: Betrieb und Anwendung von Leistungs- und Regeltransformatoren, Springer-Verlag Berlin/Göttingen/Heidelberg, 1954

Andé F.: Die Schaltung der Leistungstransformatoren, Springer-Verlag Berlin/Göttingen/Heidelberg, 1959

Arnold la Cour: Die Wechselstromtechnik Band II: Die Transformatoren, Springer-Verlag Berlin, 1910

Bölte K., Küchler R.: Transformatoren mit Stufenregelung unter Last, R.Oldenbourg-Verlag München, 1938

Breitenbruch E.: Transformatoren kleiner Leistung, Verlag Vieweg Braunschweig, 1960

Goldstein I.: Die Meßwandler, Springer-Verlag Berlin, 1928

Hütte: Band IVa, Verlag W.Ernst u. Sohn Berlin, 1957

Kapp G.: Transformatoren, Springer-Verlag Berlin, 1900

Kehse W.: Der praktische Transformatorenbau, Verlag F.Enke Stuttgart, 1934

Kehse W.: Handbuch des Transformatorenbaues, Verlag F.Enke Stuttgart, 1950

Küchler R.: Die Transformatoren, Springer-Verlag Berlin/Heidelberg/New York, 1966

Ossanna G.: Theorie und Konstruktion der elektrischen Maschinen 3. Teil, Akademischer Elektro-Ingenieur-Verein München, 1912

ÖVE-M20, Teil 1: Transformatoren, ÖVE-Eigenverlag Wien, 1972

Richter R.: Elektrische Maschinen Band III: Die Transformatoren, Birkhäuser-Verlag Stuttgart, 1963

Sallinger F., Schäfer W.: Transformatoren, Sammlung Göschen Nr. 952, Verlag Walter de Gruyter u. Co. Berlin, 1927

Schreiber K.A.: Transformatoren, Verlag F.Enke Stuttgart, 1912

Seifert G.: Stelltransformatoren, Hüthig-Verlag Heidelberg, 1971

Taegen,Hommes: Einführung in die Theorie elektrischer Maschinen Band I: Transformatoren, Verlag Vieweg Braunschweig, 1971

Unger F.: Transformatoren aus E.v.Rziha, Starkstromtechnik, Taschenbuch für Elektrotechniker Band I, Verlag W.Ernst u. Sohn Berlin, 1955

Vidmar M.: Die Transformatoren, Birkhäuser-Verlag Basel/
        Stuttgart, 1956

Vidmar M.: Der Transformator im Betrieb, Springer-Verlag
        Berlin, 1927

Vidmar M.: Der kupferarme Transformator, Springer-Verlag
        Berlin, 1935

Vidmar M.: Transformatoren - Kurzschlüsse, Sammlung Vieweg 118
        Braunschweig, 1940

Vidmar M.: Transformatoren und Energieübertragung, Verlag
        Kleinmayr u. Bamberg Laibach, 1945

VEM-Handbuch: Transformatoren und Wandler, VEB Verlag
        Technik Berlin, 1958

Walter M.: Strom- und Spannungswandler, Oldenbourg-Verlag
        München/Berlin, 1937

Wotruba R., Stifter A.: Die Transformatoren, Oldenbourg-
        Verlag München/Berlin, 1928

Elektrische Maschinen

Adler L.: Die Feldschwächung bei Bahnmotoren, Springer-Verlag
 Berlin, 1919

AEG-Handbuch Band 2: Gleichstrommaschinen, Verlag Elitera
 Berlin, 1967

AEG-Telefunken Handbuch Band 12: Synchronmaschinen,
 Verlag AEG-Telefunken Berlin, 1970

Arnold E.: Die Wechselstromtechnik;
 Band I   : Die Gleichstrommaschine, 1919
 Band II   : Die Gleichstrommaschine,
             Konstruktion,Berechnung und Arbeitsweise,1927
 Band III : Die Wicklungen der Wechselstrommaschinen,1936
 Band IV   : Die synchronen Wechselstrommaschinen,1912
 Band V   : Die Induktionsmaschinen,
 Springer-Verlag Berlin, 1913

Arnold E.: Die Ankerwicklungen und Ankerkonstruktionen der
 Gleichstrom-Dynamomaschinen, Springer-Verlag Berlin,
 1899

Aspestrand T.H.: Die gebräuchlichsten Wechselstromwicklungen,
 Verlag Max Hittenkofer Strelitz in Mecklenburg, 1922

Bǎlǎ, Fetiţa, Lefter: Handbuch der Wickeltechnik elektrischer
 Maschinen, VEB Verlag Technik Berlin, 1969

Benischke G.: Die asynchronen Wechselfeldmotoren,
 Springer-Verlag Berlin, 1929

Bödefeld-Sequenz: Elektrische Maschinen 8. Auflage,
 Springer-Verlag Wien/New York, 1971

Bollinger A.: Die Hochspannungs-Gleichstrommaschine,
 Springer-Verlag Berlin, 1921

Bonfert K.: Betriebsverhalten der Synchronmaschine,
 Springer-Verlag Berlin/Göttingen/Heidelberg, 1962

Bradwell J.P.: Dynamomaschinen, Berechnung und Construction,
 Verlagsbuchhandlung A.Steins Potsdam, 1900

Bragstad O.S.: Mehrphasige Asynchronmotoren, Verlag F.Enke
 Stuttgart, 1902

Döry I.: Einphasenmotoren, Verlag Vieweg Braunschweig, 1919

Dreyfus L.: Die Stromwendung großer Gleichstrommaschinen,
 Springer-Verlag Berlin, 1929

Dreyfus L.: Kommutatorkaskaden und Phasenschieber,
 Springer-Verlag Berlin, 1931

Esper G.: Elemente des Elektromaschinenbaues, Bibliographie der
 gesamten Technik 374, Verlag M.Jänecke Leipzig, 1928

843

Feldmann C.: Asynchrone Generatoren, Springer-Verlag Berlin, 1913

Fischer J.-Hinnen: Die Wirkungsweise, Berechnung und Konstruktion elektrischer Gleichstrommaschinen, Verlag Albert Raunstein Zürich, 1899

Fischer R.: Elektrische Maschinen, Verlag Hanser München, 1971

Gerstmeyr M.: Die Wechselstrom-Bahnmotoren, Verlag Oldenbourg München/Berlin, 1919

Goldschmidt R.: Die normalen Eigenschaften elektrischer Maschinen, Springer-Verlag Berlin, 1909

Gotter G.: Erwärmung und Kühlung elektrischer Maschinen, Springer-Verlag Berlin/Göttingen/Heidelberg, 1954

Grabner A.: Elektrodynamische Starkstrommaschinen, Verlag Hirzel Zürich, 1950

Graetz L.: Handbuch der Elektrizität und des Magnetismus Band V, Verlag J.Ambrosius Barth Leipzig, 1928

Grotrian O.: Die Geometrie der Gleichstrommaschinen, Springer-Verlag Berlin, 1917

Haberland G.: Gleichstrommaschinen, Elektrotechnische Lehrbücher Band III, Bibliographie der gesamten Technik 353, Verlag Max Jänecke Leipzig, 1942

Haberland G.: Wechselstrommaschinen, Elektrotechnische Lehrbücher Band IV, Bibliographie der gesamten Technik 353, Verlag Max Jänecke Leipzig, 1942

Hallo H.S.: Umformer, Verlag Hackmeister und Thal Leipzig, 1913

Hanncke W.: Die Berechnung von elektrischen Kleinmotoren, Verlag Hirzel Stuttgart, 1966

Heiles F.: Wicklungen elektrischer Maschinen und ihre Herstellung, Springer-Verlag Berlin/Göttingen/Heidelberg, 1953

Heinrich W.: Das Bürstenproblem im Elektromaschinenbau, Verlag Oldenbourg München/Berlin, 1930

Heubach J.: Der Drehstrommotor, Springer-Verlag Berlin, 1923

Heyland A.: Experimentelle Untersuchungen an Induktionsmaschinen, Verlag F.Enke Stuttgart, 1900

Hobart H.M.: Motoren für Gleich- und Drehstrom, Springer-Verlag Berlin, 1905

Holzt A., Königslöw A.V.: Synchrone Wechselstrommaschinen, Verlag Moritz Schäfer Leipzig, 1932

Humburg K.: Die Gleichstrommaschine, Sammlung Göschen 1. Teil Band 257; 2. Teil Band 881, Verlag Walter de Gruyter u. Co. Berlin, 1940

Humburg K.: Die synchrone Maschine, Sammlung Göschen Band 1146 Verlag Walter de Gruyter u. Co. Berlin, 1942

Ippen J.: Die asynchronen Drehstrommotoren, Springer-Verlag Berlin, 1924

Jordan H.: Geräuscharme Elektromotoren, Verlag W.Girardet Essen, 1950

Jordan/Weis: Asynchronmaschinen, Vieweg Braunschweig, 1969

Jordan/Weis: Synchronmaschinen,
Band I : Vollpolmaschinen, 1970
Band II : Schenkelpolmaschinen, 1971
Vieweg Braunschweig

Kapp G.: Elektrische Kraftübertragung, Springer-Verlag Berlin, 1895

Kapp G.: Dynamomaschinen für Gleich- und Wechselstrom und Transformatoren, Springer-Verlag Berlin, 1904

Kapp G.: Elektromechanische Konstruktionen, Springer-Verlag Berlin, 1902

Kehse W.:Neuere Gleichstrommaschinen, Verlag F.Enke Stuttgart, 1936

Kinzbrunner C.: Prüfung von Gleichstrommaschinen, Springer-Verlag Berlin, 1904

Kinzbrunner C.: Die Gleichstrommaschine, Sammlung Göschen, Verlag W. de Gruyter Berlin, 1911

Klamt J.: Berechnung und Bemessung elektrischer Maschinen, Springer-Verlag Berlin/Göttingen/Heidelberg, 1962

Kollert J.: Die Wechselstrommaschinen, Transformatoren und Motoren, Verlag Oskar Leiner Leipzig, 1923

Komar G.: Turbogeneratoren mit Wasserstoffkühlung SVT Band 98, VEB Verlag Technik Berlin, 1953

Königshofer T.: Die praktische Berechnung elektrischer Maschinen, Techn. Verlag G.Cram Berlin, 1959

Kovacs K.P.: Betriebsverhalten von Asynchronmaschinen, VEB Verlag Technik Berlin, 1957

Kovacs K.P.: Symmetrische Komponenten in Wechselstrommaschinen, Verlag Birkhäuser Basel, 1962

Kovács/Rácz: Transiente Vorgänge in Wechselstrommaschinen, Band I, Verein der ungarischen Akademie der Wissenschaften Budapest, 1959

Krug K.: Das Kreisdiagramm der Induktionsmaschinen, Springer-Verlag Berlin, 1911

Kucera J., Hapl J.: Wicklungen der Wechselstrommaschinen, VEB Verlag Technik Berlin, 1956

Laible Th.: Die Theorie der Synchronmaschine im nichtstationären Betrieb unter Berücksichtigung der modernen amerikanischen Literatur, Springer-Verlag Berlin/Göttingen/Heidelberg, 1952

Leunig O.: Elektrische Maschinen, Umspanner und Gleichrichter,
    Verlag J.Beltz Langensalza/Berlin/Leipzig, 1940

Linker A.: Elektromaschinenbau, Springer-Verlag Berlin, 1925

Liwschitz G.: Die elektrischen Maschinen,
    Band I   : Einführung in die Theorie und Praxis, 1926
    Band II   : Konstruktion und Isolierung, 1931
    Band III : Berechnung und Bemessung, 1934
    Teubner-Verlag Berlin

Loocke G.: Elektrische Maschinenverstärker, Springer-Verlag
    Berlin/Göttingen/Heidelberg, 1958

Metzler K.: Entwurf von unkompensierten Reihenschlußmotoren,
    Verlag O.Leiner Leipzig, 1925

Meyer H.: Die Isolierung großer elektrischer Maschinen,
    Springer-Verlag Berlin/Göttingen/Heidelberg, 1962

Michael W.: Theorie der Wechselstrommaschinen in vektorieller
    Darstellung, Teubner-Verlag Leipzig/Berlin, 1937

Moeller Werr: Leitfaden der Elektrotechnik II/1 (Gleichstrom-
    maschinen), Teubner-Verlag Stuttgart, 1954

Moeller Werr: Leitfaden der Elektrotechnik III, Konstruktion
    elektrischer Maschinen, Teubner-Verlag Leipzig, 1950

Moeller Werr: Leitfaden der Elektrotechnik Teil 4 (Wechsel-
    strommaschinen), Teubner-Verlag Leipzig, 1935

Moritz K.: Berechnung und Konstruktion von Gleichstrommaschi-
    nen, Verlag Hackmeister und Thal Leipzig, 1921

Müller G.: Elektrische Maschinen, Grundlagen, Aufbau und
    Wirkungsweise, VEB Verlag Technik Berlin, 1970

Müller G.: Elektrische Maschinen, Theorie rotierender
    elektrischer Maschinen, VEB Verlag Technik Berlin, 1968

Müller P.: Die elektrischen Vollbahnen und das 50-Per-System,
    Siemens-Verlagsbuchhandlung Berlin, 1948

Neukirchen J.: Kohlebürsten etc., Oldenbourg-Verlag München/
    Berlin, 1934

Niethammer F.: Die Elektromotoren, ihre Arbeitsweise und
    Verwendungsmöglichkeit, Sammlung Göschen, Verlag
    Walter de Gruyter Berlin, 1920

Niethammer F.: Berechnung und Konstruktion der Gleichstrom-
    maschinen und Gleichstrommotoren, Verlag F.Enke
    Stuttgart, 1904

Niethammer F.: Moderne Gesichtspunkte für den Entwurf elektrischer Maschinen und Apparate, Oldenbourg-Verlag München, 1903

Nürnberg W.: Die Asynchronmaschine, Springer-Verlag Berlin/Göttingen/Heidelberg, 1963

Nürnberg W.: Prüfung elektrischer Maschinen, Springer-Verlag Berlin/Göttingen/Heidelberg, 1955

Ossanna G.: Theorie und Konstruktion der elektrischen Maschinen, Teil 1, Akademischer Elektro-Ingenieur-Verein München, 1912

Ossanna G.: Theorie und Konstruktion der elektrischen Maschinen, Teil 2, Akademischer Elektro-Ingenieur-Verein, 1912

ÖVE-M10: Elektrische Maschinen, ÖVE-Eigenverlag Wien, 1970

Pelcewsky W.: Elektrische Maschinenverstärker, VEB Verlag Technik Berlin, 1962

Pichelmayer K.: Wechselstromerzeuger, Sammlung Göschen Nr. 547, Verlag Walter de Gruyter Berlin, 1911

Pichelmayer K.: Dynamobau, Berechnen und Entwerfen der elektrischen Maschinen und Transformatoren, Hirzel-Verlag Leipzig, 1908

Postnikow I.M.: Die Wahl optimaler geometrischer Abmessungen elektrischer Maschinen, VEB Verlag Technik Berlin, 1955

Prassler H.: Energiewandler der Starkstromtechnik, Bibliographisches Institut Mannheim, 1969

Punga F., Raydt O.: Drehstrommotoren mit Doppelkäfiganker, Springer-Verlag Berlin, 1931

Putz W.: Die Synchronmaschine, Sammlung Göschen Nr. 1146, Verlag Walter de Gruyter Berlin, 1970

Raskop F.: Ankerwickelei,
 Band I : Katechismus der Ankerwickelei, 1967
 Band II : Berechnungsbuch des Elektromaschinenbau-Handwerkes, 1971
 Technik Verlag H. Cram, Berlin

Reichle W.: Anlaufeigenschaften und Betriebsverhalten der Asynchronmotoren, Verlag Pflaum München, 1970

Reinhard F.: Prüfung und Abnahme elektrischer Maschinen, Verlag G.Braun Karlsruhe, 1960

Reiser J.: Elektrische Maschinen,
 Band I : Grundlagen und Transformatoren, 1968
 Band II : Induktionsmaschinen, 1969
 Band III : Gleichstrommaschinen, 1971
 Band IV : Wechselstrom-Kommutatormaschinen, Synchronmaschinen, 1970
 Verlag Hanser München

Rentzsch H.: Handbuch für Elektromotoren, Verlag Girardet Essen, 1973

Richter A.: Einphasenmotoren, Dorotheen-Verlag Stuttgart, 1972

Richter R.: Elektrische Maschinen,
        Band I   : Allgemeine Berechnungselemente,
                   Die Gleichstrommaschinen, 1967
        Band II : Synchronmaschine und Einankerumformer, 1963
        Band IV : Induktionsmaschinen für ein- und mehrphasigen
                   Wechselstrom, Regelsätze, 1950
        Band V   : Stromwendermaschinen für ein- und mehr-
                   phasigen Wechselstrom, Regelsätze, 1950
        Springer-Verlag Berlin/Göttingen/Heidelberg

Rosenberg E.: Die Gleichstrom-Querfeldmaschine, Springer-
        Verlag Berlin, 1928

Rummel E.: Asynchronmotoren und ihre Berechnung, Springer-
        Verlag Berlin, 1926

Sallinger F.: Die asynchronen Drehstrommaschinen mit und ohne
        Stromwender, Springer-Verlag Berlin, 1928

Sallinger F.: Die Gleichstrommaschine 1. Teil, Sammlung
        Göschen Nr. 257, Verlag Walter de Gruyter
        Berlin/Leipzig, 1923

Sallinger F.: Die Gleichstrommaschine 2. Teil, Sammlung
        Göschen Nr. 881, Verlag Walter de Gruyter Berlin/
        Leipzig, 1924

Schait H.F.: Kompensierte und synchronisierte Asynchron-
        motoren, Springer-Verlag Berlin, 1929

Schenkel M.: Die Kommutatormaschinen, Verlag Walter de Gruyter
        Berlin, 1924

Schönfelder K.: Hütte Band IVa: Mechanische Konstruktions-
        berechnung elektrischer Maschinen, Verlag W.Ernst
        u. Sohn Berlin, 1957

Schuisky W.: Induktionsmaschinen, Springer-Verlag Wien, 1957

Schuisky W.: Berechnung elektrischer Maschinen, Springer-
        Verlag Wien, 1960

Schulz E.: Entwurf und Konstruktion elektrischer Maschinen,
        Verlag Jänecke Leipzig, 1920

Schulz E., Weickert F.: Die Krankheiten elektrischer
        Maschinen, Verlag Jänecke Leipzig, 1942

Seiz W.: Wechselstrommaschinen, E.v.Rziha: Starkstromtechnik
        Band 1, Verlag W.Ernst u. Sohn Berlin, 1955

Sequenz H.: Herstellung der Wicklungen elektrischer
        Maschinen, Springer-Verlag Wien, 1973

Sequenz H.: Wicklungen elektrischer Maschinen
        Band I   : Wechselstrom-Ankerwicklungen, 1950
        Band II : Wenderwicklungen, 1952
        Band III : Wechselstrom-Sonderwicklungen, 1954
        Springer-Verlag Wien

Siemens G.: Die elektrische Maschine, Siemens Verlag Berlin,
        1923

Späth H.: Elektrische Maschinen, Springer-Verlag Berlin/
        Heidelberg/New York, 1973

Taegen,Hommes: Einführung in die Theorie elektrischer
        Maschinen,
        Band I :Transformatoren und Gleichstrommaschinen, 1970
        Band II :Synchron- und Asynchronmaschinen, 1972
        Verlag Vieweg Braunschweig

Thompson S.P.: Die dynamoelektrischen Maschinen,
        Teil 1 : 1896
        Teil 2 : 1897
        Verlag Wilhelm Knapp Halle/Saale

Thompson S.P.: Mehrphasige Ströme in Wechselstrommotoren,
        Verlag Wilhelm Knapp Halle/Saale, 1904

Tittel J.: Synchronmaschinen, E.v.Rziha: Starkstromtechnik
        Band I, Verlag W.Ernst u. Sohn Berlin, 1955

Töfflinger K.: Der Einphasen-Bahnmotor, Oldenbourg-Verlag
        München/Berlin, 1930

Unger F.: Induktionsmaschinen, Sammlung Göschen Nr. 1140,
        Verlag Walter de Gruyter u. Co. Berlin, 1940

VDE-Buchreihe Band I: Sonderbauformen elektrischer Maschinen,
        VDE-Verlag Berlin, 1958

Vidmar M.: Wirkungsweise elektrischer Maschinen, Springer-
        Verlag Berlin, 1928

Vogt K., u.a.: Elektrische Maschinen, Berechnung rotierender
        elektrischer Maschinen, VEB Verlag Technik Berlin, 1972

Weber A.: Die gebräuchlichsten Gleichstromwicklungen,
        Verlag Max Hittenkofer Strelitz in Mecklenburg, 1922

Weh H.: Elektrische Netzwerke und Maschinen; Matrizendar-
        stellung, Verlag Bibliographisches Institut Mannheim,
        1968

Wenger M.: Untersuchungen an der synchronen Einphasen-
        Maschine, Oldenbourg-Verlag München/Berlin, 1910

Wiedemann,Kellenberger: Konstruktion elektrischer Maschinen,
        Springer-Verlag Berlin/Heidelberg/New York, 1967

Wotruba R.: Grundzüge der Elektrotechnik Band II, Verlag
        Schmidt u. Co.Berlin, 1910

Zipp H.: Dynamomaschinen, Verlag E.H. Moritz Stuttgart,
        1908

Zorn M.: Die Gleichstrommaschine, E.v.Rziha: Starkstrom-
        technik Band I, Verlag W.Ernst u. Sohn Berlin, 1955

Elektrische Antriebe

AEG-Handbücher Band 16: Berechnung von Regelkreisen in der
    Antriebstechnik, Verlag Elitera Berlin, 1973

Bederke,Ptassek,Rothenbach,Vaske: Elektrische Antriebe und
    Steuerungen, Verlag B.G.Teubner Stuttgart, 1969

Berkitz P.: Induktionsmotoren, Verlag M. Krayn Berlin, 1903

Bühler H.: Einführung in die Theorie geregelter Gleichstrom-
    Antriebe, Verlag Birkhäuser Basel/Stuttgart, 1962

Heumann/Stumpe: Thyristoren, Eigenschaften und Anwendungen,
    Verlag B.G.Teubner Stuttgart, 1969

Hopferwieser S.E.: Elektromotoren und elektrische Antriebe,
    Verlag Keller u. Co. Luzern, 1946

Hütte: Band IVa, Verlag W.Ernst u. Sohn Berlin, 1957

Jakobi B.: Elektromotorische Antriebe, Oldenbourg-Verlag
    München/Berlin, 1910

Joffe A.B.: Elektrische Lokomotivantriebe, VEB Verlag Technik
    Berlin, 1962

Kübler E.: Stromrichter Band II, Teil 3 aus: Leitfaden der
    Elektrotechnik, Verlag B.G.Teubner Stuttgart, 1967

Kümmel F.: Elektrische Antriebstechnik, Springer-Verlag
    Berlin/Heidelberg/New York, 1971

Lappe R.: Stromrichter, Verlag B.G.Teubner Stuttgart, 1958

Lappe R.: Thyristorstromrichter für Antriebsregelungen,
    VEB Verlag Technik Berlin, 1970

Lehmann W.: Die Elektrotechnik und die elektrischen Antriebe,
    Springer-Verlag Berlin, 1922

Leonard A.: Elektrische Antriebe, Verlag F.Enke Stuttgart,
    1949

Leonard W.: Regelung in der elektrischen Antriebstechnik,
    Verlag B.G.Teubner Stuttgart, 1974

Meller K.: Die Elektromotoren, Springer-Verlag Berlin, 1923

Meyer M.: Thyristoren in der technischen Anwendung,
    Band I: Stromrichter mit erzwungener Kommutierung,
    Siemens-Verlag Berlin/München, 1967

Mohr O., VDE: Steuerungen und Regelungen elektrischer
    Antriebe, VDE-Verlag Berlin, 1958

Pfaff G.: Regelung elektrischer Antriebe, Oldenbourg-Verlag
    München/Wien, 1971

Rasch G.: Regelung der Motoren elektrischer Bahnen,
    Springer-Verlag Berlin, Oldenbourg-Verlag München,
    1899

Richter W.: Leistungselektronik in der Antriebstechnik,
        Teil I   : Gleichstromantriebe, 1968
        Teil II : Drehstromantriebe, 1971
        Verlag Stam Düsseldorf

Schait H.F.: Der Drehstrom-Induktionsregler, Springer-
        Verlag Berlin, 1927

Schiebler C.: Elektromotoren für den aussetzenden Betrieb
        und Planung von Hebezeugantrieben, Hirzel-Verlag
        Leipzig, 1926

Schuisky W.: Elektromotoren, Springer-Verlag Wien, 1951

Schwaiger A.: Elektrische Förderanlagen, Sammlung Göschen
        Nr. 678, Verlag Walter de Gruyter u. Co. Berlin, 1921

Schwaiger A.: Elektromotorische Antriebe, Sammlung Göschen
        Nr. 827, Verlag Walter de Gruyter u. Co. Berlin, 1938

Steimel K., Jötten R.: Energieelektronik und geregelte
        elektrische Antriebe, VDE-Buchreihe Band 11,
        VDE-Verlag Berlin, 1966

Timascheff A.: Stabilität elektrischer Drehstrom-Kraftüber-
        tragungen, Springer-Verlag Berlin, 1940

Ungruh F., Jordan H.: Gleichlaufschaltungen von Asynchron-
        motoren, Verlag Vieweg Braunschweig, 1964

VEM-Handbuch: Die Technik elektrischer Antriebe, Grundlagen,
        VEB Verlag Technik Berlin, 1971

Wasserrab Th.: Schaltungslehre der Stromrichtertechnik,
        Springer-Verlag Berlin/Göttingen/Heidelberg, 1962

Zabransky H.: Die wirtschaftliche Regelung von Drehstrom-
        motoren durch Drehstrom-Gleichstromkaskaden,
        Springer-Verlag Berlin, 1927

Zabransky H.: Die Drehzahlregelung von Asynchronmotoren
        durch Wechselstrom-Kommutatormaschinen, Verlag
        C.Heymann Berlin, 1934

Zentrales Entwicklungs- und Konstruktionsbüro:
        Die Technik der elektrischen Antriebe,
        VEB Verlag Technik Berlin, 1964

NAMEN - UND SACHVERZEICHNIS

Printed in the United States
By Bookmasters